Die Bonus-Seite

Ihr Vorteil als Käufer dieses Buches

Auf der Bonus-Webseite zu diesem Buch finden Sie zusätzliche Informationen und Services. Dazu gehört auch ein kostenloser **Testzugang** zur Online-Fassung Ihres Buches. Und der besondere Vorteil: Wenn Sie Ihr **Online-Buch** auch weiterhin nutzen wollen, erhalten Sie den vollen Zugang zum **Vorzugspreis**.

So nutzen Sie Ihren Vorteil

Halten Sie den unten abgedruckten Zugangscode bereit und gehen Sie auf **www.sap-press.de**. Dort finden Sie den Kasten **Die Bonus-Seite für Buchkäufer**. Klicken Sie auf **Zur Bonus-Seite/ Buch registrieren**, und geben Sie Ihren **Zugangscode** ein. Schon stehen Ihnen die Bonus-Angebote zur Verfügung.

Ihr persönlicher **Zugangscode**

8gmq-b64k-ysui-ra9z

SAP®-Finanzwesen – Customizing

SAP PRESS

SAP PRESS ist eine gemeinschaftliche Initiative von SAP und Galileo Press. Ziel ist es, Anwendern qualifiziertes SAP-Wissen zur Verfügung zu stellen. SAP PRESS vereint das fachliche Know-how der SAP und die verlegerische Kompetenz von Galileo Press. Die Bücher bieten Expertenwissen zu technischen wie auch zu betriebswirtschaftlichen SAP-Themen.

Jürgen Weiss
SEPA-Umstellung mit SAP
430 S., 3., aktualisierte und erweiterte Auflage 2012, geb.
ISBN 978-3-8362-1987-7

Heinz Forsthuber, Jörg Siebert
Praxishandbuch SAP-Finanzwesen
657 S., 4., erweiterte Auflage 2010, geb., mit Referenzkarte
ISBN 978-3-8362-1556-5

Eric Bauer, Jörg Siebert
Das neue Hauptbuch in SAP ERP Financials
503 S., 2., aktualisierte und erweiterte Auflage 2010, geb.
ISBN 978-3-8362-1453-7

Martin Munzel, Renata Munzel
SAP-Controlling – Customizing
746 S., 2011, geb.
ISBN 978-3-8362-1631-9

Aktuelle Angaben zum gesamten SAP PRESS-Programm finden Sie unter *www.sap-press.de*.

Renata Munzel, Martin Munzel

SAP®-Finanzwesen – Customizing

Galileo Press

Bonn • Boston

Liebe Leserin, lieber Leser,

vielen Dank, dass Sie sich für ein Buch von SAP PRESS entschieden haben.

Ein Bild sagt manchmal mehr als 1.000 Worte. Darum können Sie sicher sein, dass das Covermotiv dieses gewichtigen Werkes nicht zufällig ausgewählt wurde. Genauso, wie die Gewichtsstücke mit Bedacht zusammengestellt werden müssen, um eine mechanische Waage auszutarieren, muss beim SAP-Customizing die jeweils passende Einstellung gefunden werden, damit das System die gewünschten Ergebnisse liefert. Und eben diese passende Einstellung vorzunehmen, das ist die Kunst (und ist mit Sicherheit komplexer als die Bedienung von Großmutters Obstwaage).

Nachdem die erste Auflage dieses Buches drei Jahre alt und zu einem Grundpfeiler unseres FI-Programms geworden ist, freue ich mich sehr, Ihnen nun die zweite Auflage vorzustellen. Die Autoren Renata und Martin Munzel haben sich aufgemacht, das Buch noch einmal zu verbessern, wo nötig zu aktualisieren und mit weiteren Inhalten anzureichern. So finden Sie brandaktuelle Informationen zur Steuerbilanz/E-Bilanz, zur SEPA-Umstellung und zur Nutzung des DART-Tools. Ich bin sicher, dass Sie von diesem Fachbuch profitieren werden.

Wir freuen uns stets über Lob, aber auch über kritische Anmerkungen, die uns helfen, unsere Bücher zu verbessern. Am Ende dieses Buches finden Sie daher eine Postkarte, mit der Sie uns Ihre Meinung mitteilen können. Als Dankeschön verlosen wir unter den Einsendern regelmäßig Gutscheine für SAP PRESS-Bücher.

Ihre Patricia Sprenger
Lektorat SAP PRESS

Galileo Press
Rheinwerkallee 4
53227 Bonn

patricia.sprenger@galileo-press.de
www.sap-press.de

Auf einen Blick

Der Name Galileo Press geht auf den italienischen Mathematiker und Philosophen Galileo Galilei (1564–1642) zurück. Er gilt als Gründungsfigur der neuzeitlichen Wissenschaft und wurde berühmt als Verfechter des modernen, heliozentrischen Weltbilds. Legendär ist sein Ausspruch *Eppur si muove* (Und sie bewegt sich doch). Das Emblem von Galileo Press ist der Jupiter, umkreist von den vier Galileischen Monden. Galilei entdeckte die nach ihm benannten Monde 1610.

Lektorat Patricia Sprenger
Korrektorat Monika Klarl, Köln
Einbandgestaltung Silke Braun
Titelbild Fotolia/14942175/ragno
Typografie und Layout Vera Brauner
Herstellung Iris Warkus
Satz Typographie & Computer, Krefeld
Druck und Bindung Beltz Druckpartner, Hemsbach

Gerne stehen wir Ihnen mit Rat und Tat zur Seite:
patricia.sprenger@galileo-press.de bei Fragen und Anmerkungen zum Inhalt des Buches
service@galileo-press.de für versandkostenfreie Bestellungen und Reklamationen
thomas.losch@galileo-press.de für Rezensionsexemplare

Bibliografische Information der Deutschen Nationalbibliothek
Die Deutsche Nationalbibliothek verzeichnet diese Publikation in der Deutschen Nationalbibliografie; detaillierte bibliografische Daten sind im Internet über *http://dnb.d-nb.de* abrufbar.

ISBN 978-3-8362-1827-6

2., aktualisierte und erweiterte Auflage 2012

Inhalt

In dieser Einleitung erhalten Sie einen Überblick über den Aufbau dieses Buches und erfahren darüber hinaus, an wen es sich richtet.

Einleitung

In diesem Buch erläutern wir ausführlich alle wesentlichen Customizing-Einstellungen des Finanzwesens in SAP ERP. Es ist als Leitfaden konzipiert, der Ihnen neben der Beschreibung der einzelnen Transaktionen im Customizing praktische Hinweise dazu gibt, wie Sie bei der Durchführung eines Einführungsprojekts im SAP-Finanzwesen vorgehen sollten. Außerdem zeigen wir Ihnen, welche Abhängigkeiten zwischen den einzelnen Einstellungen bestehen.

Beginnend mit der Definition und Zuordnung der Organisationseinheiten bauen wir schrittweise ein durchgängiges Beispiel auf und erläutern dabei jeweils, welche konzeptionellen Überlegungen im Vorfeld angestellt werden sollten. Besonderes Augenmerk richten wir auf die Vorbereitung internationaler Rollout-Projekte. An den relevanten Stellen haben wir spezielle Hinweise dazu eingebaut, was bei solchen Rollout-Projekten zu beachten ist.

Das neue Hauptbuch als neue Funktionalität in SAP ERP ist naturgemäß ein wichtiges Thema in diesem Buch. Da einem Großteil der SAP-Bestandskunden früher oder später die Migration auf das neue Hauptbuch ins Haus steht, gehen wir auch auf die Vorbereitung und Durchführung von Upgrade-Projekten ein.

Ein weiteres wichtiges Ziel ist es für uns, der engen Verzahnung des Finanzwesens mit den anderen Funktionen in SAP ERP Rechnung zu tragen. Daher haben wir der Integration mit anderen Modulen ein eigenes Kapitel gewidmet und überschreiten auch an anderen Stellen die Grenzen dessen, was technisch gesehen als Finanzwesen gilt.

An wen richtet sich dieses Buch?

Dieses Buch richtet sich an Leser, die mit der Anwendung und den Prozessen des SAP-Finanzwesens bereits vertraut sind und sich nun auch mit der Konfiguration des Systems auseinandersetzen möchten.

SAP-Berater und SAP-Inhouse-Betreuer, die sich bereits mit anderen SAP-Modulen auskennen und nun auch in das Modul FI einsteigen möchten, können dieses Buch nutzen, um Schritt für Schritt das Customizing des Finanzwesens zu erlernen. Ähnliches gilt für Anwender aus der Finanzbuchhaltung, die ihren Tätigkeitsbereich um die Konfiguration erweitern möchten.

Für erfahrene FI-Berater bzw. FI-Inhouse-Betreuer kann dieses Buch als umfassendes Nachschlagewerk für das Customizing dienen und ist vor allem durch die Erläuterung der neuen Funktionalitäten in SAP ERP interessant.

Das Buch ist außerdem sehr gut für die Vorbereitung auf die SAP-Zertifizierung geeignet.

Als Ergänzung zu diesem Buch empfehlen wir das Buch »Praxishandbuch SAP-Finanzwesen« von Heinz Forsthuber und Jörg Siebert, das ebenfalls bei SAP PRESS erschienen ist und sich auf die Anwendungsseite des SAP ERP-Finanzwesens konzentriert.

Aufbau des Buches

Das Buch ist in 16 Hauptkapitel gegliedert. Im Einzelnen geht es dabei um die folgenden Themen:

In **Kapitel 1, »Grundlagen«**, skizzieren wir den Entwicklungsweg von SAP R/3 zu SAP ERP und beschreiben die wesentlichen Neuerungen, die SAP ERP mit sich bringt. Außerdem legen wir dar, aus welcher Motivation heraus SAP die neuen Funktionalitäten entwickelt hat und welche die wichtigsten Weiterentwicklungen für das Finanzwesen sind.

Kapitel 2, »Einstieg in SAP ERP«, beschreibt den konzeptionellen Aufbau von SAP ERP mit besonderem Schwerpunkt im Bereich »Finanzen«. Wir erläutern den modularen Aufbau des Systems und die wichtigsten neuen Begriffe. Außerdem beschreiben wir grundlegende, immer wiederkehrende Konzepte in der SAP-Anwendung, wie etwa das Anlegen von Programmvarianten, das Einplanen von

Hintergrundjobs sowie Batch-Input-Mappen. Außerdem zeigen wir Ihnen den Einstieg in das Customizing-Menü und legen beispielhaft ein Customizing-Projekt an.

Die Organisationseinheiten sind Gegenstand von **Kapitel 3, »Organisationseinheiten und Definitionen«**. Wir definieren alle wichtigen Strukturen im Finanzwesen und Controlling und erklären ausführlich deren Zusammenhänge. Darüber hinaus beschreiben wir an dieser Stelle, welche Einstellungen im Customizing notwendig sind, um die Organisationseinheiten anzulegen. Abgerundet wird das Kapitel durch einige grundlegende Hinweise zur Vorgehensweise beim Aufbau der Organisationsstruktur.

In **Kapitel 4, »Globale Einstellungen im SAP-Finanzwesen«**, zeigen wir Ihnen, welche globalen Einstellungen notwendig sind, bevor Sie mit den weiteren Komponenten beginnen können. Neben einigen Grundlagen für den Aufbau des neuen Hauptbuches stellen wir Ihnen die neuen Konzepte »Ledger« und »Ledger-Gruppe« vor. Weiter geht es dann mit den Einstellungen zu Belegen, zur Umsatzsteuer sowie zu Validierungen und Substitutionen.

Mit **Kapitel 5, »Das neue Hauptbuch«**, steigen wir dann tief ins neue Hauptbuch ein. Wir befassen uns dabei zunächst mit dem generellen Konzept und zeigen Ihnen die Möglichkeiten auf, die Sie zum Abbilden einer parallelen Rechnungslegung haben. Weitere wichtige Punkte dieses Kapitels sind die technischen Einstellungen zum Aktivieren des neuen Hauptbuches, die benötigten Stammdaten sowie die neue Funktionalität der Belegaufteilung. Zum Abschluss geben wir Ihnen einige Hinweise, die Sie beim Übergang vom klassischen zum neuen Hauptbuch beachten sollten.

Das neue Hauptbuch steht deutlich im Mittelpunkt Ihres Interesses, wenn Sie sich mit SAP ERP Financials beschäftigen. Nichtsdestotrotz ist das klassische Hauptbuch nach wie vor relevant, da es zurzeit noch weiter verbreitet ist als das neue Hauptbuch. Wir zeigen in **Kapitel 6, »Das klassische Hauptbuch«**, auf, welche Alternativen Ihnen im klassischen Hauptbuch zu den neuen Konzepten »Ledger-Lösung« und »Belegaufteilung« zur Verfügung stehen.

Ab dem Jahr 2012 ist die elektronische Steuerbilanz, auch E-Bilanz genannt, ein sehr wichtiges Thema für alle bilanzierenden Unternehmen. Die Abbildungsmöglichkeiten der E-Bilanz in SAP ERP sowohl im klassischen als auch im neuen Hauptbuch sowie die Übermittlungseventualität lernen Sie in **Kapitel 7, »Steuerbilanz/E-Bilanz in SAP ERP«**, kennen.

Kapitel 8, »Debitorenbuchhaltung«, hat die Debitorenbuchhaltung zum Thema. Wir beschreiben hier die notwendigen Einstellungen zu den Stammdaten, wie z. B. Kontengruppen oder Matchcodes. Es folgt die Erläuterung der Geschäftsvorfälle wie Rechnungs- und Gutschriftenbuchung, Vorerfassung, Verbuchung von Zahlungen sowie Ausgleichsbuchungen. Außerdem widmen wir dem Thema »Kreditmanagement« einen eigenen Abschnitt. Weitere Punkte dieses Kapitels sind die Sonderhauptbuchvorgänge, das Mahnwesen, die Verzinsung sowie die periodischen Arbeiten.

In **Kapitel 9, »Kreditorenbuchhaltung«**, machen wir dann gleich mit derselben weiter. Da einige wesentliche Einstellungen für die Debitoren und Kreditoren gleichermaßen gelten, ergänzen wir hier nur die Punkte, die nicht schon im vorangegangenen Kapitel behandelt wurden. So gehen wir auf die kreditorischen Stammdaten ein und vor allem auf die ausgehenden Zahlungen mittels des Zahlprogramms. In diesem Zusammenhang schildern wir Ihnen auch die Besonderheiten der Umstellung auf die SEPA-Zahlungen (SEPA = Single Euro Payments Area). Abgerundet wird das Kapitel durch die Beschreibung der periodischen Arbeiten zu den Kreditoren, wie etwa die Saldenbestätigung oder Umgliederung.

Das umfangreichste Thema beschreiben wir in **Kapitel 10, »Anlagenbuchhaltung«.** Zunächst stellen wir die wichtigsten Organisationseinheiten wie den Bewertungsplan und den Bewertungsbereich vor und vergleichen anschließend die unterschiedlichen Ansätze zur parallelen Rechnungslegung miteinander. Außerdem erläutern wir die Einstellungen zu den Stammdaten (z. B. Anlagenklassen, Bildaufbau oder Benutzerfelder), die Integration mit dem Hauptbuch und die Abschreibung. Zum Abschluss werfen wir noch einen Blick auf die verfügbaren Berichte im Anlageninformationssystem.

In **Kapitel 11, »Bankbuchhaltung«**, führen wir das Anlegen der Hausbanken vor und beschreiben die wichtigsten Geschäftsvorfälle wie das Kassenbuch, die Scheckeinreichung und den elektronischen Kontoauszug.

Die Verbesserung des Ablaufes der Abschlussarbeiten ist der Schwerpunkt von **Kapitels 12, »Optimierung der Abschlussarbeiten«**. Zu Beginn dieses Kapitels zeigen wir auf, welche Verbesserungen SAP ERP im Hinblick auf das Thema »Fast Close« mit sich bringt. Anschließend erklären wir Ihnen die Konfiguration der wichtigsten beiden Werkzeuge von SAP zur maschinellen Unterstützung des Abschlusses: Schedule Manager und Closing Cockpit.

In **Kapitel 13, »GDPdU mithilfe des DART-Tools in SAP ERP«**, schildern wir Ihnen, wie Sie die steuerrelevanten Daten laut GDPdU (Grundsätze zum Datenzugriff und zur Prüfbarkeit digitaler Unterlagen) automatisiert aus SAP ERP extrahieren können. In diesem Zusammenhang lernen Sie die wichtigsten Einstellungen und die Einsatzmöglichkeiten des Werkzeugs DART (Data Retention Tool) kennen.

In **Kapitel 14, »Berichtswesen im SAP-Finanzwesen«**, befassen wir uns mit dem Berichtswesen in SAP ERP Financials. Wir stellen Ihnen hier die verschiedenen Reporting-Möglichkeiten vor und beschreiben dann detailliert anhand von Beispielen, wie Sie Berichte mit dem QuickViewer sowie mithilfe der Instrumente SAP Query und Recherche-Berichte anlegen können.

Wie bereits erwähnt, haben wir der Integration des Finanzwesens mit den anderen Modulen aus SAP ERP ein eigenes Kapitel gewidmet: **Kapitel 15, »Integration des SAP-Finanzwesens mit anderen Komponenten«**. Wir erläutern hier die Verknüpfungen der FI-Stammdaten mit den Stammdaten des Controllings und geben einen Überblick über die Kontenfindung in Vertrieb und Materialwirtschaft. Außerdem verdeutlichen wir, inwiefern die Stammdaten der einzelnen SAP ERP-Module miteinander verknüpft sind.

In **Kapitel 16, »Vorbereitung des Produktivstarts und Datenübernahme«**, geben wir Ihnen praktische Hinweise dazu, welche Einstellungen Sie vor Beginn und nach Abschluss einer Datenübernahme vornehmen müssen, welche Daten Sie üblicherweise übernehmen und wie Sie dies tun können. Hierzu stellen wir Ihnen das wichtigste Migrationswerkzeug in SAP ERP vor, die Legacy System Migration Workbench (LSMW).

Im **Anhang** fassen wir noch einmal alle wichtigen Menüpfade zusammen. Außerdem finden Sie hier Index und Glossar.

Wie können Sie mit dem Buch arbeiten?

In den ersten drei Kapiteln definieren und erklären wir eine Reihe von Grundbegriffen, die im weiteren Verlauf des Buches immer wieder auftauchen. Sollten Sie mit diesen Begriffen schon vertraut sein, können Sie gleich in das Kapitel 4, »Globale Einstellungen im SAP-Finanzwesen«, einsteigen. Denn ab hier sind die einzelnen Kapitel weitgehend unabhängig voneinander zu lesen, und wenn es Interdependenzen zu anderen Abschnitten gibt, weisen wir Sie darauf hin.

Wo immer vorhanden, haben wir zusätzlich zu den Menüpfaden im Customizing auch den entsprechenden Transaktionscode angegeben. Viele Customizing-Einstellungen verfügen jedoch nur über den allgemeinen Code SPRO – in solchen Fällen haben wir die Information über den Transaktionscode entsprechend weggelassen. Eine Liste der verwendeten Menüpfade und Transaktionscodes finden Sie im Anhang.

Wir verwenden mehrere Orientierungshilfen, die Ihnen die Arbeit mit diesem Buch erleichtern sollen. In grauen Informationskästen sind Inhalte zu finden, die wissenswert und hilfreich sind, aber etwas abseits der eigentlichen Erläuterung stehen. Damit Sie diese Informationen besser einordnen können, haben wir die Kästen mit Symbolen gekennzeichnet:

[!] ▸ **Achtung**
Mit diesem Symbol warnen wir Sie vor häufig gemachten Fehlern oder Problemen, die auftreten können.

[+] ▸ **Tipp/Hinweis**
Mit diesem Symbol werden Tipps markiert, die Ihnen die Arbeit erleichtern werden, und Hinweise, die Ihnen z. B. dabei helfen, weiterführende Informationen zu dem besprochenen Thema zu finden.

[zB] ▸ **Beispiel**
Anhand von Beispielen aus unserer Beratungspraxis erläutern und vertiefen wir das besprochene Thema.

Danksagungen

Wir möchten uns ganz besonders bei Jörg Siebert bedanken, der uns den entscheidenden Anstoß gegeben hat, dieses Buch zu schreiben, und der uns mit vielen hilfreichen Hinweisen und Ratschlägen zur Seite stand.

Auch bei Christa Forster bedanken wir uns für ihre große Hilfe, ebenso wie bei Anja Schäfer, Silke und Karl-Heinz Munzel sowie Achim Gensheimer, die Korrektur gelesen und uns Feedback gegeben haben.

Großer Dank gebührt auch unseren Lektorinnen Eva Tripp und Patricia Sprenger für ihre Geduld und Unterstützung bei der Entstehung unseres ersten Buches, das mittlerweile in der zweiten Auflage vorliegt.

Kein Buchautor sollte vergessen, sich bei seiner Mutter zu bedanken, also danken wir Aleksandra Supernak und Hanna Munzel dafür, dass sie uns immer wieder einmal Freiräume geschaffen haben, indem sie sich um unsere Kinder gekümmert haben.

Spezieller Dank gebührt unseren drei kleinen Söhnen Vincent, Philip und Jan. Trotz aller Neugier darüber, was wir da die ganze Zeit treiben, haben sie davon abgesehen, uns beim Schreiben mit Fragen zu löchern, Dateien zu löschen, den USB-Stick mit der Sicherungskopie zu verschlucken, unsere Notizzettel zu Konfetti zu verarbeiten oder unsere Sekundärliteratur vollzumalen. Ihnen widmen wir dieses Buch.

Renata Munzel und **Martin Munzel**

SAP ERP bietet gegenüber SAP R/3 eine Reihe von Weiterentwicklungen, vor allem im Finanzwesen. Dieses Kapitel gibt Ihnen einen Überblick über diese Neuerungen.

1 Grundlagen

SAP ERP (ERP steht für *Enterprise Resource Planning*) ist das aktuelle Kernprodukt von SAP; SAP ERP ist seit 2004 für Kunden verfügbar. Wie das Vorgängersystem SAP R/3 unterstützt es alle wesentlichen Prozesse in Wirtschaftsunternehmen, wie etwa im Finanzwesen, in der Personalwirtschaft und in der Logistik. Darüber hinaus stehen zahlreiche *Landesversionen* sowie spezielle *Branchenlösungen* zur Verfügung, um Besonderheiten für bestimmte Länder bzw. Industriezweige abzudecken. Zwei herausragende Eigenschaften beider Systeme sind die Online-Verbuchung von Daten sowie die enge Integration zwischen den einzelnen Funktionen, durch die ein hoher Grad an Transparenz und Datenaktualität erreicht wird.

Im Folgenden gehen wir darauf ein, was sich im Wesentlichen von SAP R/3 zu SAP ERP geändert hat, um anschließend noch einige grundlegende Begriffe des SAP-Finanzwesens zu klären.

1.1 Von SAP R/3 zu SAP ERP

Von SAP R/3 zu SAP ERP

Das System *SAP R/3* wurde im Jahr 1992 von SAP auf den Markt gebracht und basiert auf einer *Client-Server-Architektur*. Das R steht dabei für *Realtime* (Echtzeit) und die 3 für die drei Ebenen, aus denen ein SAP R/3-System besteht (Datenbank, Applikation, Präsentation).

Client-Server-Architektur

Die Client-Server-Architektur war ein wichtiger Erfolgsfaktor für SAP R/3, denn diese damals neue Technik ließ leistungsstarke IT-Systeme für einen wesentlich größeren Kundenkreis erschwinglich werden. Bis dahin basierten die meisten betriebswirtschaftlichen IT-Systeme (wie z. B. auch das SAP-Vorgängersystem R/2) auf sogenannten *Mainframes*, also zentralen, leistungsstarken und sehr teuren Großrechnern. Die Anwender kommunizierten mit dem Mainframe über sogenannte »dumme« Terminals, die im Prinzip nur aus Monitoren und Tastaturen bestanden, aber keine Computer im eigentlichen Sinn waren.

In einer Client-Server-Architektur werden hingegen die wesentlichen Aufgaben (Datenbank, Applikation, Präsentation) eines Systems wie SAP R/3 auf mehrere kleinere Rechner verteilt, deren Kosten sich nur auf den Bruchteil der Kosten für ein Mainframe belaufen. Darüber hinaus sind sie leichter skalierbar, also an die Größe eines Unternehmens anpassbar, und austauschbar, so dass sie in kürzeren Zyklen modernisiert werden können.

Entwicklung der Unternehmensstrukturen

Aus betriebswirtschaftlich-organisatorischer Sicht unterstützte die Einführung eines integrierten Systems wie SAP R/3 auch die Abkehr von den in den 80er-Jahren vorherrschenden vertikalen Unternehmensstrukturen, die rein funktional ausgerichtet waren (siehe Abbildung 1.1). In dieser Zeit wurden IT-Systeme überwiegend dazu eingesetzt, einzelne Funktionen abzudecken und das entsprechende Reporting zu gewährleisten. Diese Systeme waren in der Regel nicht einmal miteinander verknüpft.

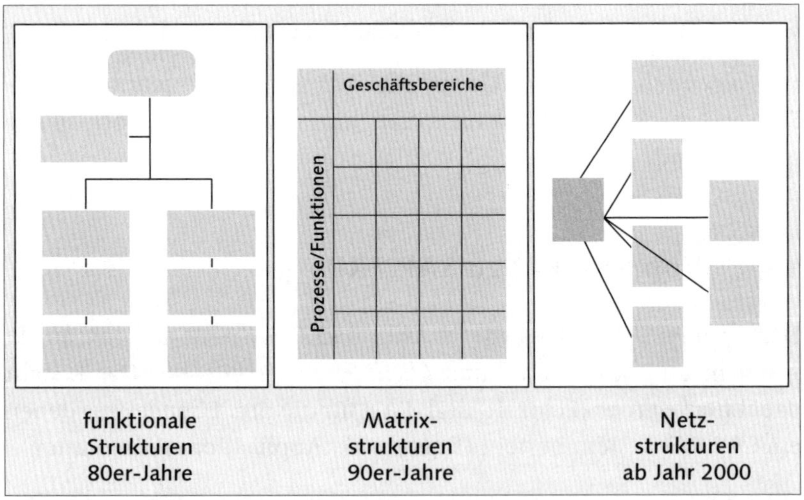

Abbildung 1.1 Veränderung der Unternehmensstrukturen

Entwicklung der Geschäftsprozesse

In den 90er-Jahren begannen die Unternehmen, ihre Geschäftsprozesse an Matrixstrukturen auszurichten, und benötigten dementsprechend IT-Systeme, die die Prozesse wie auch den Informationsaustausch zwischen den Unternehmenseinheiten unterstützten. Ein integriertes System wie SAP R/3 konnte hier einen großen Beitrag dazu leisten; in der Regel wurde aber innerhalb der Unternehmen eine Reihe von IT-Systemen eingesetzt, die über Schnittstellen miteinander kommunizierten. Schnittstellen bringen nicht nur einen gewissen Wartungsaufwand mit sich, sondern auch Medienbrüche im Prozess und damit Informationsverluste entlang der Prozesskette.

Betrachtete man die Unternehmen in den 90er-Jahren hingegen als Ganzes, so wiesen sie gewisse Ähnlichkeiten mit den Abteilungen der 80er-Jahre auf: Sie standen wie Monolithen für sich und waren nicht darauf ausgerichtet, mit anderen Unternehmen in großem Umfang Informationen auszutauschen. Das Internet hatte bis zum Ende der 90er-Jahre noch keine große Bedeutung für die Geschäftswelt.

Bedeutung des Internets

Mit dem Durchbruch des Internets zu Beginn des 21. Jahrhunderts wuchs rapide die Anforderung, über IT-Systeme mit anderen Unternehmen, Investoren und Stakeholdern zusammenzuarbeiten. Heute sollen bereitgestellte Informationen für Externe möglichst einfach, etwa über Webbrowser, zugänglich sein.

Technologie von SAP ERP

SAP R/3 war ein homogenes, in sich geschlossenes System und damit auf die Geschäftswelt der 90er-Jahre ausgerichtet. Es ist den heutigen Anforderungen der Unternehmen im Hinblick auf Systemoffenheit und Flexibilität nicht mehr gewachsen. Die Antwort von SAP auf die Anforderungen der Unternehmen im 21. Jahrhundert heißt SAP ERP. Es ist ein nach außen »offenes« System, das sich hierdurch einfach in eine heterogene Systemlandschaft einbinden lässt. Gleichzeitig ermöglicht es die Verarbeitung von Informationen über System- und Prozessgrenzen hinweg und vermeidet so Systembrüche mit damit einhergehenden Informationsverlusten.

Die technologische Grundlage von SAP ERP bildet *SAP NetWeaver*. Dabei handelt es sich um eine Applikationsplattform, auf der die zentralen Komponenten wie der Portalserver und der SAP NetWeaver Application Server (SAP NetWeaver AS) vereint sind. Darüber hinaus bietet SAP NetWeaver über eine serviceorientierte Architektur (SOA) eine Vielzahl von Integrationsmöglichkeiten mit anderen Systemen – auch Nicht-SAP-Systemen – und unterstützt dabei gängige Internetstandards wie HTTP, XML und Webservices.

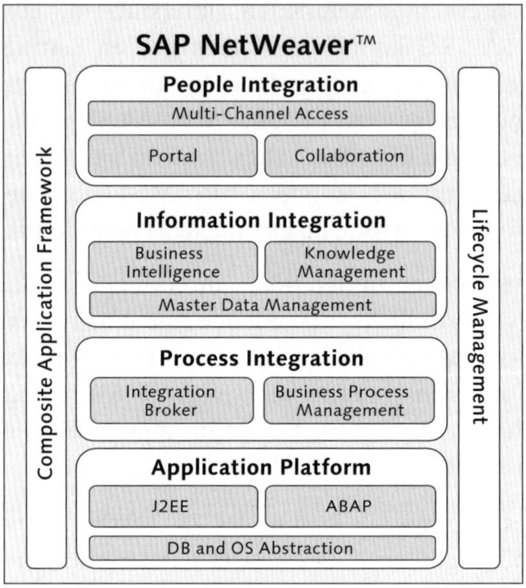

Abbildung 1.2 SAP NetWeaver

SAP NetWeaver

SAP NetWeaver bildet die technologische Grundlage, um Unternehmen im Hinblick auf die vier im Folgenden dargestellten wesentlichen Aspekte zu integrieren (siehe auch Abbildung 1.2):

- **Integration von Personen mithilfe von SAP NetWeaver Mobile Infrastructure, Microsoft Office-Integration und SAP NetWeaver Portal**
  Durch SAP NetWeaver Mobile Infrastructure ist es in SAP ERP möglich, mittels Handheld-Geräten auf das System zuzugreifen, wodurch sich ganz neue Möglichkeiten, beispielsweise für Mitarbeiter im Außendienst, ergeben, um auf aktuelle Daten zugreifen zu können. SAP NetWeaver Portal bietet einen Einstieg per Single Sign-on in SAP ERP sowie alle weiteren über SAP NetWeaver verknüpften Applikationen. Über einen Webbrowser können die Anwender dann auf einen Blick Informationen aus allen Applikationen verarbeiten. Damit ist es nicht mehr notwendig, das herkömmliche SAP GUI als Benutzeroberfläche einzusetzen. Dies bietet zum einen den Vorteil, dass global agierende Unternehmen das SAP GUI nicht mehr auf jedem PC installieren müssen; zum anderen kann das Erscheinungsbild der Transaktionen leichter an individuelle Bedürfnisse angepasst werden, als es im SAP GUI der Fall ist.

- **Integration von Prozessen über SAP NetWeaver Process Integration (PI)**
  SAP NetWeaver Process Integration erlaubt es, durchgängige Prozesse über verschiedene Systeme, insbesondere Nicht-SAP-Systeme, hinweg zu etablieren. Wie bereits im letzten Punkt dargestellt, ist es in SAP NetWeaver Portal möglich, mittels selbst definierter Transaktionen auf unterschiedliche Systeme zuzugreifen. SAP NetWeaver Process Integration stellt dabei eine einheitliche Infrastruktur für die zugehörigen Schnittstellen zur Verfügung und sorgt dafür, dass die bearbeiteten Daten in den entsprechenden Systemen fortgeschrieben werden.
- **Integration von Informationen (über SAP NetWeaver Business Warehouse und SAP NetWeaver Master Data Management)**
  SAP NetWeaver BW (zwischenzeitlich Business Intelligence genannt) stellt ein einheitliches und umfassendes Reporting-Werkzeug für eine heterogene Systemlandschaft zur Verfügung. Daten aus unterschiedlichen Systemen – auch Nicht-SAP-Systemen – können hier in selbst definierten Strukturen gespeichert, aufbereitet und ausgewertet werden. Durch die Konzepte SAP NetWeaver BW Accelerator und Near Real-Time Reporting ist es zudem möglich geworden, die Daten im Minutentakt aus den Applikationen in SAP NetWeaver BW zu laden und sie bis zu 100-mal schneller auszuwerten. Mithilfe von SAP NetWeaver Master Data Management sind Unternehmen in der Lage, Stammdaten zentral zu verwalten und sie mit allen angeschlossenen Systemen (wiederum können dies sowohl SAP-Systeme als auch andere Systeme sein) abzugleichen.
- **Übergreifende Applikationsplattform (mithilfe des SAP NetWeaver AS)**
  Dank dieser Technologie ist es möglich, Applikationen sowohl unter ABAP als auch unter Java zu entwickeln und zu betreiben.

1.2 Die wichtigsten Neuerungen in SAP ERP Financials

Komponenten von SAP ERP Financials

SAP ERP Financials besteht aus den folgenden fünf Bereichen (siehe Abbildung 1.3):

- Financial Accounting
- Management Accounting

- Corporate Governance
- Financial Supply Chain Management
- Treasury

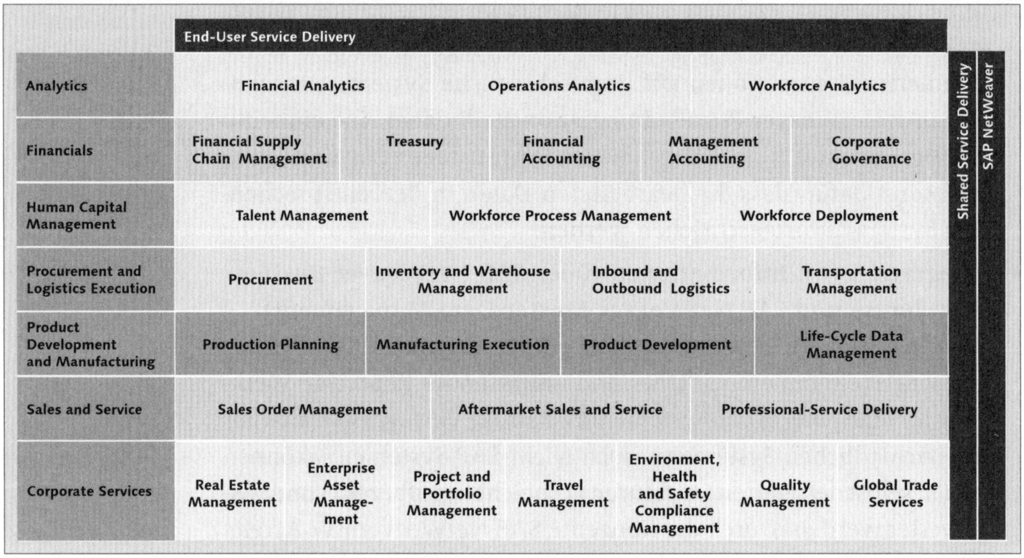

Abbildung 1.3 Solution Map von SAP ERP

In den folgenden Abschnitten werden wir diese Komponenten näher beschreiben.

1.2.1 Financial Accounting und Management Accounting

Bei *Financial Accounting* und *Management Accounting* handelt es sich um die Nachfolger der SAP R/3-Module FI (Rechnungswesen) und CO (Controlling). SAP bietet hier eine Reihe neuer oder verbesserter Funktionen an, die als sogenannte *Business Extensions* realisiert sind. Bei einer rein technischen Migration von SAP R/3 auf SAP ERP sind alle Business Extensions zunächst inaktiv, so dass dem Kunden nach der Migration die gleiche Funktionalität wie in SAP R/3 zur Verfügung steht. Die Business Extensions können dann nachträglich einzeln aktiviert werden.

Das neue Hauptbuch

Die herausragende Neuerung in Financial Accounting und Management Accounting ist das *neue Hauptbuch*. Alle aus SAP R/3 bekannten Funktionen bleiben dennoch weiter erhalten. Darüber hinaus hat sich SAP von der Deloitte & Touche GmbH Wirtschaftsprüfungsgesellschaft am 22.12.2005 die Ordnungsmäßigkeit der Funktionalitäten zur Finanzbuchhaltung in SAP ERP Financials bestätigen lassen. Der positive Prüfungsbericht kann unter *http://services.sap.com/certificates* eingesehen werden.

Mit dem neuen Hauptbuch ist SAP ein großer Wurf gelungen, um für das Finanz- und Rechnungswesen eine völlig neue technologische Grundlage zu schaffen. Im Hinblick auf die Kundenanforderungen war es notwendig, die seit 2005 verbindlichen Abschlüsse nach IFRS (*International Financials Reporting Standards*) zu unterstützen sowie der immer stärkeren Verbreitung des Umsatzkostenverfahrens Rechnung zu tragen. Aus technischer Sicht ist es zwar in SAP R/3 durchaus möglich, Umsatzkostenverfahren nach IFRS abzubilden; es ist jedoch notwendig, neben dem Hauptbuch eine ganze Reihe weiterer Komponenten einzusetzen, um dies zu erreichen. In der Regel setzt man dafür neben dem Hauptbuch in FI die Profit-Center-Rechnung (EC-PCA), das Gemeinkostencontrolling (CO-OM), die Marktsegment- und Ergebnisrechnung (CO-PA) und eventuell das Umsatzkosten-Ledger ein. Hieraus resultiert jedoch eine redundante Datenhaltung, da jeder gebuchte Beleg im Hauptbuch einen weiteren Beleg in den anderen genannten Modulen erzeugt. Darüber hinaus gibt es in SAP R/3 eine Reihe funktionaler Einschränkungen, die aus dem komplizierten Zusammenspiel zwischen den Teilmodulen resultieren, wie die folgenden Beispiele zeigen:

- Umbuchungen innerhalb eines Moduls werden in einigen Fällen nicht in die anderen Module übernommen, was sich wiederum negativ auf die Nachvollziehbarkeit solcher Buchungen auswirkt. So sind z. B. Kostenstellenumbuchungen in CO-OM nicht im Hauptbuch sichtbar und Umbuchungen in EC-PCA in keinem anderen Modul.
- Forderungen und Verbindlichkeiten können nur im Nachhinein auf die einzelnen Profit-Center aufgeteilt werden. Damit sind die Informationen nicht online verfügbar, und zudem geht bei der nachträglichen Übernahme der Posten die Verbindung zum Originalbeleg verloren.
- Für einige Buchungen ist bei deren Erfassung keine eindeutige Zuordnung zu einem Profit-Center möglich (z. B. Bank, Kasse). Daher müssen diese Buchungen zunächst auf einem Profit-Center gesammelt und zum Monatsabschluss per Umlage oder Verteilung verrechnet werden. Auch hier sind die Informationen nicht online verfügbar.

Mit dem neuen Hauptbuch bietet SAP ERP ein Finanzwesen »aus einem Guss«. Um z. B. eine Segmentberichterstattung laut IFRS zu erstellen, benötigen Sie neben dem Hauptbuch keine weiteren Neben-Ledger. So können Sie selbst definieren, welche Kriterien (z. B. Profit-Center, Segment, Kostenstelle, Funktionsbereich) in den Hauptbuchbelegen fortgeschrieben werden und somit auf aggregierter Ebene auswertbar sein sollen. Informationen, die in SAP R/3 in Einzelbelegen im Umsatzkosten-Ledger oder in der Profit-Center-Rechnung getrennt abgelegt wurden, sind nun direkt im Hauptbuchbeleg enthalten. Damit sparen Sie nicht nur Speicherplatz in Ihrer Datenbank, sondern Sie haben auch weniger Abstimmungsaufwand.

Belegaufteilung

Ein weiterer wichtiger Aspekt des neuen Hauptbuches ist die Belegaufteilung. Damit ist es möglich, Belege bereits bei der Erfassung automatisch über mehrere Profit-Center aufzuteilen – anstatt diese nachträglich umzubuchen, wie es in SAP R/3 der Fall war. So erhalten Sie Online-Auswertungen über Ihre Forderungen und Verbindlichkeiten nach Profit-Center, Segment usw. und haben darüber hinaus eine direkte Verknüpfung zum Originalbeleg.

[+]

Internetseite »www.FICO-Forum.de«

Auf der deutschsprachigen Internetseite *www.FICO-Forum.de* haben Sie die Gelegenheit, sich zum neuen Hauptbuch und zu FI/CO-Themen mit anderen SAP-Benutzern auszutauschen.

1.2.2 SAP-Lösungen für Governance, Risk, and Compliance

Grundlagen von Governance, Risk, and Compliance

In den *SAP-Lösungen für Governance, Risk, and Compliance* (GRC) sind alle Funktionalitäten zusammengefasst, die dazu dienen, die relevanten rechtlichen Vorschriften zur Kontrolle und Prüfbarkeit sowie zum Risikomanagement zu erfüllen, wie etwa der *Sarbanes-Oxley Act (SOX)*, *Basel II*, *GDPdU* oder *KonTraG* (Gesetz zur Kontrolle und Transparenz im Unternehmensbereich).

Ein erster Schritt zur Einhaltung von Richtlinien sind Ansätze zur Beschleunigung der Abschlussaktivitäten im Finanzwesen. Hierzu hat SAP zum einen den bereits aus SAP R/3 bekannten Schedule Manager zum *Closing Cockpit* aufgerüstet. Das Closing Cockpit dient dazu, einen übergreifenden Ablaufplan für den Monatsabschluss zu erstellen und den einzelnen Aktivitäten verantwortliche Mitarbeiter zuzuordnen. Anhand eines Gantt-Charts kann dann der Fortschritt überwacht werden.

Das neue Hauptbuch leistet einen weiteren Beitrag dazu, den Periodenabschluss zu beschleunigen, da durch die Online-Belegaufteilung zum Periodenende weniger Aktivitäten anfallen.

Die wichtigsten GRC-Komponenten sind folgende:

- SAP Process Control
- SAP Access Control
- SAP Risk Management

SAP Process Control

Durch die Sections 302 und 404 des Sarbanes-Oxley Acts sind Unternehmen, die in den USA geschäftlich tätig sind, verpflichtet, einen kontinuierlichen Kontrollprozess im Unternehmen zu etablieren. Im Rahmen dieses Prozesses ist regelmäßig zu prüfen, welche Unternehmenseinheiten in die Prüfung einbezogen werden sollen, wie diese hierarchisch angeordnet sind, welche Geschäftsprozesse davon betroffen sind und welche Risiken dort bestehen. SAP hat zu diesem Zweck das Werkzeug *SAP Process Control* entwickelt. Es dient dazu, die entsprechenden Organisationseinheiten und Prozesse zu erfassen und zu katalogisieren. Darüber hinaus kann SAP Process Control Workflow-Prozesse starten, um periodisch oder durch bestimmte Ereignisse benötigte Informationen einzufordern. Solche Informationen und Berichte können ebenfalls in diesem Tool abgelegt werden.

SAP Access Control

Ebenfalls für die Einhaltung von SOX, aber auch in Richtung KonTraG zielen neue Funktionalitäten zur Vergabe und Überwachung von Benutzerberechtigungen (Werkzeug *SAP Access Control*):

- Mithilfe des *Compliance Calibrators* kann überwacht werden, ob anhand der vergebenen Berechtigungen Risiken bestehen, wie z. B. hinsichtlich eines Sachbearbeiters, der sowohl Kreditorenstammsätze anlegen als auch Zahlungen durchführen darf. Diese Prüfungen basieren auf einem von SAP erstellten Regelwerk, das kundenindividuell erweitert werden kann. Der Compliance Calibrator kann mit SAP Process Control verknüpft werden.
- Das *Enterprise Role Management* ist ein Profilgenerator, der beim Anlegen oder Ändern von Benutzerberechtigungen Verstöße gegen Regeln entdeckt, die im Compliance Calibrator definiert worden sind. So kann das Enterprise Role Management eventuelle Verstöße verhindern oder sie zumindest aufzeichnen.
- Mithilfe des *Compliant User Provisioning* (vormals *Access Enforcer*) können Fachabteilungen Berechtigungen selbst beantragen, erteilen und entziehen und hierdurch die IT-Abteilung entlasten.

- Für Notfälle kann ein sogenannter *Superuser Privilege Management* (vormals *Firefighter* genannt) eingesetzt werden, der über sehr umfangreiche Berechtigungen verfügt. Alle Aktionen dieses Notfall-Users werden zu Dokumentationszwecken detailliert aufgezeichnet.

SAP Risk Management

SAP Risk Management ist ein zentraler Monitor, mit dessen Hilfe Sie alle Risiken des Unternehmens erfassen und bewerten können.

1.2.3 Financial Supply Chain Management

Inhalte des Financial Supply Chain Managements

Unter dem früheren Oberbegriff *Financial Supply Chain Management* (FSCM) bietet SAP eine Reihe von Komponenten an, die helfen sollen, die Liquidität von Unternehmen zu verbessern. Allgemein zielen diese Komponenten darauf ab, das Umlaufvermögen zu verringern, die Planung des Cashflows zu erleichtern und insgesamt die Betriebsausgaben zu senken (siehe Abbildung 1.4).

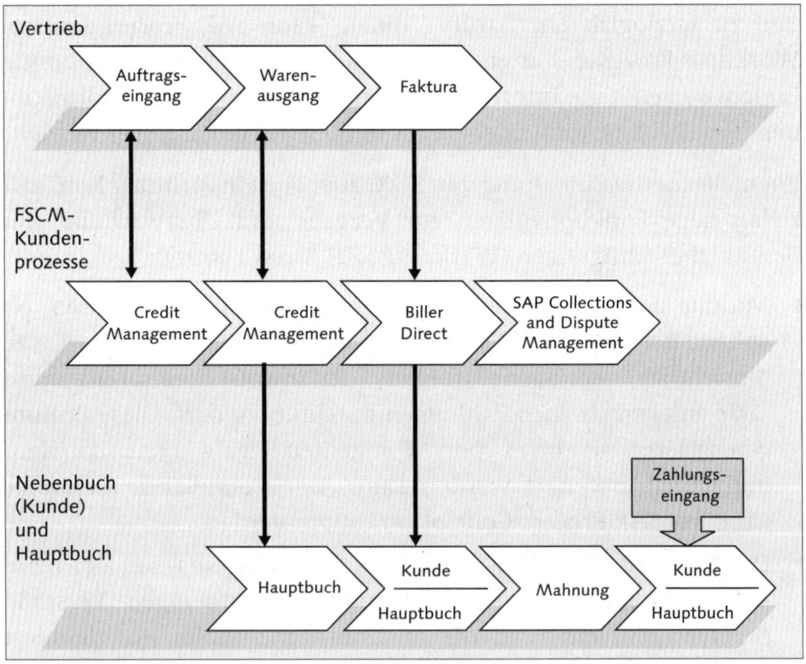

Abbildung 1.4 Financial Supply Chain Management mit Verbindungen zu anderen Komponenten

SAP Credit Management

In das *SAP Credit Management* können Sie im Rahmen der Bonitätsprüfung Informationen von externen Auskunfteien importieren und diese dort verwenden, oder Sie entwickeln eigene Scorecards und Bewertungsverfahren. Mithilfe des SAP Credit Managements können Sie die Kreditlimits für Kunden zentral und länderübergreifend verwalten und Kreditprüfungen in Vertrieb, Logistik und Finanzwesen vornehmen. Durch die offene Architektur von SAP NetWeaver ist es möglich, externe Nicht-SAP-Systeme in die Kreditprüfung einzubeziehen und die Kreditlimits anhand eigener Vorgaben durch das System dynamisch anpassen zu lassen. Bei bestimmten Ereignissen (z. B. dem negativen Ergebnis einer Kreditprüfung) können Workflow-Prozesse angestoßen werden, die den zuständigen Sachbearbeiter auffordern, Maßnahmen zu ergreifen (z. B. den Kunden anrufen, eine Anzahlung anzufordern oder auch den Kunden komplett für Lieferungen zu sperren).

SAP Electronic Bill Presentment and Payment

Mithilfe von *SAP Electronic Bill Presentment and Payment* ist es möglich, den Fakturierungsprozess zu rationalisieren. Durch die Funktionalität *SAP Biller Direct* können Sie Geschäftspartnern elektronische Fakturen zum Download zur Verfügung stellen. Die Geschäftspartner können dann selbst ihr Konto verwalten und die Bezahlungen veranlassen.

SAP Collections and Dispute Management

Die Komponente *SAP Collections and Dispute Management* dient dazu, Klärungsfälle im Zusammenhang mit offenen Debitorenrechnungen frühzeitig zu erkennen und zu klären. Dabei ist es möglich, aus einem strittigen Beleg heraus einen Workflow zu starten, um Kollegen aus Vertrieb, Logistik und Finanzbuchhaltung einzubinden. Diese legen alle notwendigen Informationen zu einem Streitfall ab, den sie anschließend zur Bearbeitung weitergeben können.

Collections Management trägt zu folgenden Zwecken bei:

- zur proaktiven Strukturierung, Klassifizierung und Minimierung des Forderungsbestands
- zur Dokumentation von Zahlungsversprechen
- zum Anlegen von Klärungsfällen (integriert)
- zur Minderung des Kreditlimits bei gebrochenen Zahlungsversprechen

Dispute Management unterstützt in folgenden Fällen:

- bei der Strukturierung und Bearbeitung von Kundenreklamationen
- bei der Zusammenarbeit über Abteilungsgrenzen hinweg

- bei der Steigerung der Effizienz
- bei der Minimierung der Außenstände

1.2.4 SAP Treasury and Risk Management

SAP Treasury and Risk Management

Die Komponente *SAP Treasury and Risk Management* dient der Verwaltung von Investitionen in Wertpapieren und Einlagen. SAP Treasury and Risk Management liefert einen Überblick über Abschlüsse und einen Tagesfinanzstatus, erlaubt das Management von Zins- und Währungsrisiken und hilft, Kreditrisiken zu steuern bzw. zu begrenzen.

Zu SAP Treasury and Risk Management gehören die folgenden Komponenten:

- SAP Cash and Liquidity Management
- SAP In-House Cash
- SAP Bank Communication Management

SAP Cash and Liquidity Management

Mit SAP *Cash and Liquidity Management* bietet SAP ein umfassendes Werkzeug zur Planung, Steuerung und Prognose des Cashflows. Die Komponenten von SAP Cash and Liquidity Managements sammeln Informationen über den aktuellen Finanzstatus anhand von Kontoauszügen, Avisen, eingereichten Schecks usw. Darauf basierend, stehen umfangreiche Reports über beispielsweise den Tagesfinanzstatus, die Liquiditätsvorschau und die Scheckrücklaufanalyse zur Verfügung. Zu guter Letzt übernimmt SAP Cash and Liquidity Management die Disposition der Zahlungsströme über das Kontenclearing und das Erteilen von Anweisungen an das Zahlprogramm oder von Anweisungen zur Geldaufnahme.

SAP In-House Cash

Die Komponente *SAP In-House Cash* dient der Abwicklung interner und externer Zahlungen und dem Cash-Pooling in Firmengruppen oder Konzernen. SAP In-House Cash funktioniert wie eine virtuelle Bank, bei der alle Tochterunternehmen über Konten verfügen. Hierdurch können die Zahl der benötigten Bankkonten und Auslandsüberweisungen reduziert und die Cash-Ressourcen optimiert werden.

SAP Bank Communication Management

Mithilfe von *SAP Bank Communication Management* können Sie die Bankenkommunikation besser verwalten, als wenn Sie mit mehreren Schnittstellen zu Ihren Banken arbeiten.

1.3 Fazit

Wir haben in diesem Kapitel erläutert, mit welcher Zielsetzung SAP das System SAP R/3 zu SAP ERP weiterentwickelt hat, und Ihnen einen Überblick darüber gegeben, welche technologischen Neuerungen SAP ERP gegenüber SAP R/3 bietet. Darüber hinaus haben wir Ihnen die wichtigsten Weiterentwicklungen im Bereich »Financials« vorgestellt: die Komponenten »Financial Accounting« und »Management Accounting« mit dem neuen Hauptbuch, die SAP-Lösungen für Governance, Risk, and Compliance, das frühere Financial Supply Chain Management mit seinen Unterfunktionen und schließlich SAP Treasury and Risk Management. Im nächsten Kapitel steigen wir nun ins System ein.

In diesem Kapitel lernen Sie den Aufbau von SAP ERP kennen und erhalten einen Überblick über grundlegende Konzepte des SAP-Systems.

2 Einstieg in SAP ERP

Wir widmen uns nun dem konzeptionellen Aufbau von SAP ERP, insbesondere des Bereichs »Financials«. Zunächst stellen wir Ihnen in diesem Zusammenhang einige wichtige neue Konzepte in SAP ERP vor, wie z. B. Business Functions und Business Extensions, und beschreiben dann den logischen Aufbau von SAP ERP mit der SAP ERP Central Component (ECC) sowie den einzelnen Modulen.

Im Anschluss daran klären wir die grundlegenden Begriffe *Mandant*, *Customizing* und *Transaktion*, um Ihnen einige wichtige und in diesem Buch häufig wiederkehrende Konzepte zu erläutern. Hierzu gehören das Starten von ABAP-Programmen, die über keinen eigenen Transaktionscode verfügen, das Anlegen und Benutzen von Varianten, das Erstellen von Hintergrundjobs, das Abspielen von Batch-Input-Mappen und schließlich die Namenskonvention für Customizing-Objekte.

Des Weiteren zeigen wir Ihnen das Customizing-Menü und erstellen beispielhaft ein Customizing-Projekt. Dabei lernen Sie, wie Sie einen Customizing-Transportauftrag anlegen und diesen freigeben. Hierzu stellen wir Ihnen das von SAP empfohlene Drei-Systeme-Modell vor, innerhalb dessen Sie Ihre Customizing-Einstellungen transportieren.

2.1 Aufbau von SAP ERP

Betriebswirtschaftliche Anwendungen in SAP ERP

Die technologische Basis von SAP ERP ist SAP NetWeaver. Auf SAP NetWeaver laufen die betriebswirtschaftlichen Anwendungen: ECC, die anwendungsübergreifenden Funktionen, die Business Functions und die Branchenlösungen.

Unter den anwendungsübergreifenden Funktionen finden Sie Anwendungen, die keinem speziellen betriebswirtschaftlichen Bereich zugeordnet werden können, wie etwa Workflow, Archivierung, EDI, Dokumentenverwaltung, Länderversionen oder Nachrichtenwesen.

Branchenlösungen

Exemplarische Branchenlösungen sind z. B. SAP for Mining, SAP for Oil & Gas, SAP for Defense & Security oder SAP for Telecommunications. Branchenlösungen bieten über den Standard hinausgehende Funktionalitäten, um die speziellen Anforderungen bestimmter Branchen abzudecken. Anders als in den Releases von SAP R/3 müssen Branchenlösungen nicht mehr eigens installiert werden. Vielmehr sind diese in der Standardinstallation enthalten und können nachträglich aktiviert werden.

Business Functions

Eine Business Function ist eine in sich abgeschlossene betriebswirtschaftliche Funktion, die allerdings nicht sofort verfügbar ist, sondern erst speziell aktiviert werden muss. Die nachträgliche Aktivierung ist wichtig für die Migration von SAP R/3 auf SAP ERP. Auf diese Weise wird sichergestellt, dass Kunden nach einer Migration zunächst auf derselben Datenbasis weiterarbeiten können und keine Änderungen in den bestehenden Prozessen dadurch verursacht werden, dass in SAP ERP plötzlich neue Funktionalitäten verfügbar sind. Die Business Functions erlauben es Kunden somit, zunächst ein rein technisches Upgrade ohne Prozessänderungen durchzuführen und die neue Funktionalität später schrittweise und gezielt einzuführen. SAP bietet hier sowohl Erweiterungen für die Standardfunktionalität (*Enterprise Extensions*) als auch für Branchenlösungen (*Industry Business Functions*) an. Beispiele aus dem Bereich »Financials« sind das Closing Cockpit, das den Schedule Manager ablöst, oder das Depreciation Calculation Program, das neue Funktionalitäten für die Abschreibung von Anlagen bietet.

SAP ERP Central Component

Den Kern der betriebswirtschaftlichen Funktionalität von SAP ERP bildet die SAP ERP Central Component (ECC), die in die Bereiche »Rechnungswesen«, »Logistik« und »Personalwirtschaft« unterteilt ist. Außerdem enthält ECC sogenannte *Business Packages*, die vorgefertigte Anwendungen für Portale beinhalten.

Module im Rechnungswesen

Innerhalb der einzelnen Bereiche von ECC finden Sie die bereits aus SAP R/3 bekannten Module; dies sind im Rechnungswesen im Einzelnen folgende:

- Rechnungswesen allgemein (AC)
- Finanzwesen (FI)
- Banking
- Controlling (CO)
- Investitionsmanagement (IM)
- Projektsystem (PS)
- Provisionsmanagement
- Unternehmenscontrolling (EC)
- Immobilienmanagement (RE)
- Public Sector Management
- Management des internen Kontrollsystems (FIN-CGV-MIC)
- Financial Supply Chain Management
  Der Begriff *Financial Supply Chain Management* (FSCM) wurde als Komponentenbezeichnung inzwischen aufgelöst. Die hierunter verorteten Lösungen, wie etwa SAP Collections and Dispute Management, existieren aber nach wie vor.

Sie haben nun das generelle, logische Konzept von SAP ERP kennengelernt. Nun sehen wir uns an, wie ein konkretes SAP-System aussehen kann. Hierzu klären wir zunächst noch einige wichtige Begriffe.

2.2 Grundlegende Begriffe

Mandant

Die Daten des SAP-Systems sind in *Mandanten* organisiert. Ein Mandant ist eine für sich handelsrechtlich, organisatorisch und datentechnisch abgeschlossene Einheit. Jeder Mandant verfügt über getrennte Stammsätze und einen eigenständigen Satz von Tabellen. Unterschiedliche Mandanten setzen Sie also ein, wenn Sie mehrere Firmen in einem System aufsetzen und dabei eine möglichst hohe Abgrenzung zwischen den einzelnen Firmen etablieren möchten. Es gibt jedoch einige Systemeinstellungen, die mandantenübergreifend sind, so dass Aktivitäten in einem Mandanten Auswirkungen auf einen anderen Mandanten haben können. Eine vollkommene Unabhängigkeit zwischen zwei Firmen erreichen Sie letztlich nur über jeweils eigene Systeme.

Customizing

Benutzer melden sich jeweils an einem Mandanten an, um im SAP-System arbeiten zu können. Dabei unterscheidet man zwischen dem *Anwendungsbereich* und dem *Customizing-Bereich*. Im Anwendungsbereich werden alle betriebswirtschaftlichen Aktivitäten durchgeführt, wie beispielsweise das Buchen von Dokumenten oder das Erfassen von Warenbewegungen oder Rechnungen. Im Customizing werden hingegen die Grundeinstellungen für das SAP-System vorgenommen. Man legt hier die Organisationsstruktur des Unternehmens fest und stellt alle Prozesse den Anforderungen entsprechend ein.

Transaktion

Jede Aktivität in SAP ERP, sowohl in der Anwendung als auch im Customizing, wird über eine *Transaktion* abgearbeitet. Im Rahmen einer Transaktion wird ein Programm (entweder vom Anwender oder von einem anderen Programm) gestartet; es werden Daten eingegeben und/oder verändert, und am Ende der jeweiligen Transaktion werden die veränderten Daten auf der Datenbank fortgeschrieben. Wird die Transaktion aus irgendeinem Grund vorher abgebrochen (z. B. manuell durch den Anwender, aufgrund eines Fehlers oder weil die Verbindung des Anwenders zum Server unterbrochen wurde), werden die veränderten Daten wieder zurückgerollt, d. h. in den Zustand zurückversetzt, in dem sie sich vor dem Starten der Transaktion befanden. Auf diese Weise werden Inkonsistenzen auf der Datenbank vermieden; wenn man eine Transaktion nicht zu Ende führen konnte, kann man sich darauf verlassen, dass man letztlich keine Daten auf der Datenbank verändert oder gar zerstört hat.

2.3 Häufig benutzte Funktionen

Wir stellen Ihnen in diesem Abschnitt einige wichtige Konzepte vor, die Ihnen im weiteren Verlauf des Buches wieder begegnen werden. In diesem Zusammenhang zeigen wir Ihnen, wie Sie ein ABAP-Programm aufrufen und eine Variante dazu anlegen, wie Sie einen Job im Hintergrund starten und wie Sie eine Batch-Input-Mappe abspielen.

2.3.1 ABAP-Programm ausführen und Varianten verwalten

Programme ausführen

Wann immer Sie in SAP ERP eine Transaktion ausführen, rufen Sie ein ABAP-Programm auf. In der Regel geschieht dies über einen Transaktionscode. Es gibt jedoch eine Reihe von Programmen, für die kein Transaktionscode existiert. Diese Programme können Sie vom

Anwendungsmenü aus über System • Dienste • Reporting oder über die Transaktion SE38 aufrufen (siehe Abbildung 2.1).

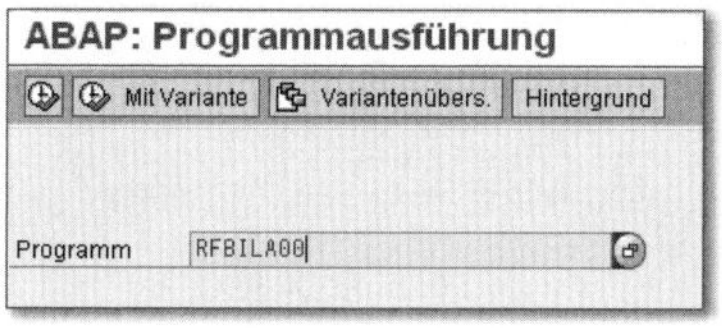

Abbildung 2.1 Programm ausführen

Variante erstellen

Wenn Sie ein ABAP-Programm ausführen, können Sie die entsprechenden Aufrufparameter pflegen. Falls Sie dasselbe Programm häufig mit denselben oder ähnlichen Parametern aufrufen, bietet es sich an, diese in einer *Variante* zu hinterlegen (dies gilt unabhängig davon, ob Sie das Programm über die Transaktion SE38 oder über eine eigene Transaktion aufgerufen haben). Indem Sie eine Variante zu einem Programm erstellen, speichern Sie alle benötigten Parameter ab. Geben Sie hierzu zunächst die entsprechenden Werte ein, und betätigen Sie anschließend den Button Als Variante sichern (siehe Abbildung 2.2).

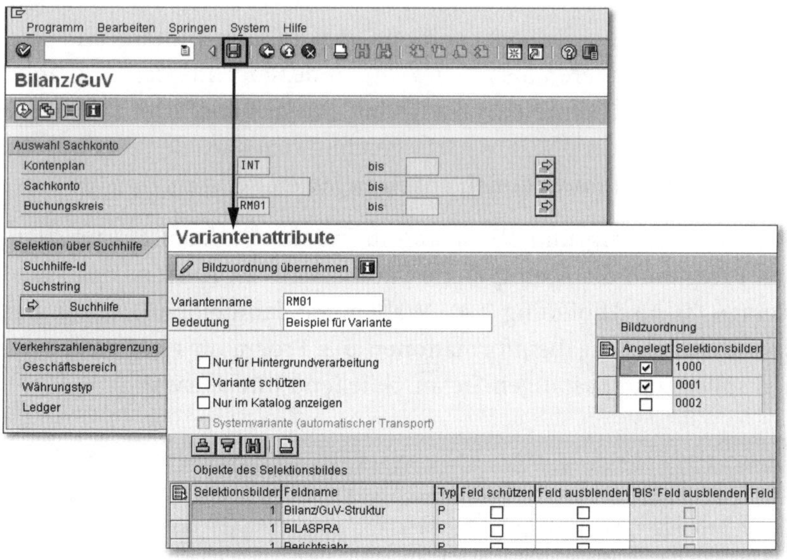

Abbildung 2.2 Variante anlegen

Geben Sie nun einen Namen und eine Bezeichnung ein, und sichern Sie die neue Variante. Um die Variante beim nächsten Ausführen des

Programms zu benutzen, klicken Sie zunächst auf den Button VARIANTE HOLEN (siehe Abbildung 2.3) und geben anschließend den entsprechenden Variantennamen ein, oder Sie machen die gesuchte Variante über die Suchhilfe ausfindig.

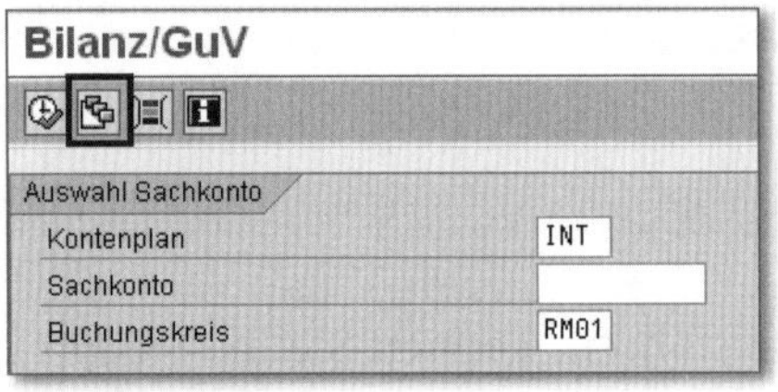

Abbildung 2.3 Variante aufrufen

2.3.2 Hintergrundverarbeitung

Programme im Hintergrund starten

Einige Programme laufen so lange, dass Sie sie nicht online starten können: Zum einen kann es passieren, dass ein lang laufendes Programm durch einen Timeout abgebrochen wird, weil es die im System voreingestellte maximale Laufzeit überschritten hat; zum anderen müssten Sie Ihren Rechner die ganze Zeit über eingeschaltet und mit dem Netzwerk verbunden lassen.

Daher können Sie die sogenannten *Langläufer* im Hintergrund starten. Hierzu definieren Sie einen *Job*, mit dessen Hilfe das Programm ausgeführt wird, ohne dass Sie es auf Ihrem Bildschirm sehen. Sie können den Status des Jobs verfolgen und sich nach dessen Ende die ausgegebenen Informationen anzeigen lassen.

Um einen Hintergrundjob zu starten, wählen Sie vom entsprechenden Programm die Menüpunkte PROGRAMM • IM HINTERGRUND AUSFÜHREN (siehe Abbildung 2.4). Wählen Sie dann einen Drucker aus, über den die Ausgabeinformationen des Programms gedruckt werden sollen, und bestätigen Sie anschließend Ihre Auswahl.

[+]

Prüfung des Drucks und Druckvorschau

Prüfen Sie nun, ob Sie die gesamte Ausgabe des Programms direkt ausdrucken möchten. Denn es gibt Reports, die eine Ausgabe von tausend oder mehr Seiten erstellen. Im Fenster HINTERGRUND-DRUCKPARAMETER können Sie über den Button EIGENSCHAFTEN einstellen, ob Sie die Ergebnisse direkt ausgeben oder ob Sie sie zunächst in den Drucker-Spool stellen möchten. Vom Drucker-Spool aus können Sie sich zunächst die Druckvorschau ansehen und dann eventuell ausdrucken.

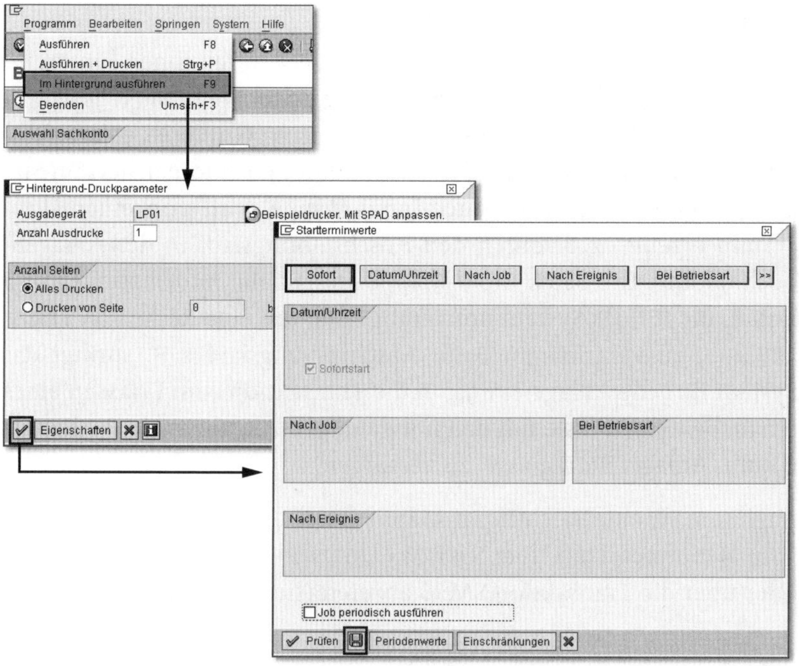

Abbildung 2.4 Programm im Hintergrund starten

Anschließend können Sie den Starttermin des Jobs festlegen. Wählen Sie hierzu den Button SOFORT aus, oder geben Sie über die Felder STARTDATUM und STARTZEIT eine spätere Startzeit vor. Sichern Sie schließlich den Job.

Starttermin festlegen

Nachdem Sie den Job gestartet haben, können Sie über die Menüpunkte SYSTEM • EIGENE JOBS (Transaktion SMX) den aktuellen Status abrufen (siehe die Jobübersicht in Abbildung 2.5).

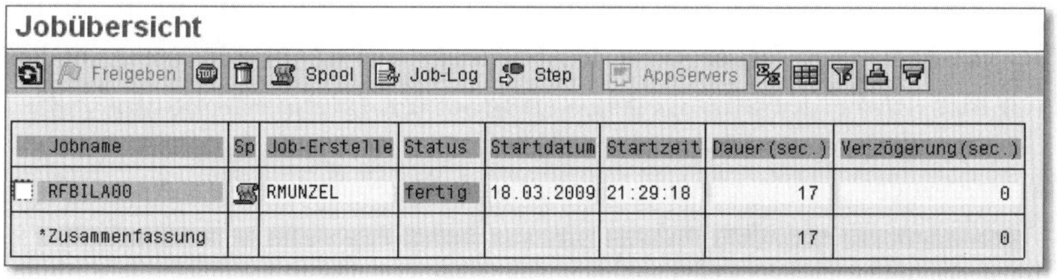

Jobname	Sp	Job-Erstelle	Status	Startdatum	Startzeit	Dauer(sec.)	Verzögerung(sec.)
RFBILA00		RMUNZEL	fertig	18.03.2009	21:29:18	17	0
*Zusammenfassung						17	0

Abbildung 2.5 Jobübersicht

Wenn der Job vollendet ist, können Sie sich über den Button SPOOL die Ausgabe des Programms ansehen.

Jobübersicht

2.3.3 Batch-Input-Verarbeitung

Batch-Input

In einigen Fällen müssen Sie viele ähnliche Transaktionen hintereinander ausführen, was sehr zeitaufwendig wäre, wenn Sie jede Transaktion manuell erfassen müssten. Aus diesem Grund ist es möglich, mithilfe von *Batch-Input-Mappen* Transaktionen automatisiert im Stapel zu verarbeiten. Eine Batch-Input-Mappe wird von einem Programm erzeugt, z. B. durch den Abschreibungslauf in der Anlagenbuchhaltung. Die Batch-Input-Mappe enthält alle Informationen und Daten, die für das System notwendig sind, um eine Reihe von Transaktionen zu verarbeiten. Beim Abschreibungslauf z. B. springt das System für jede Anlage einmal in die Transaktion zum Erfassen eines Finanzbeleges, um sie mit den notwendigen Angaben wie Buchungsdatum, Anlage, Betrag usw. zu versorgen.

Nachdem Sie eine Batch-Input-Mappe erstellt haben, können Sie diese vom Hauptmenü aus über System • Dienste • Batch-Input • Mappen oder über die Transaktion SM35 abrufen (siehe Abbildung 2.6).

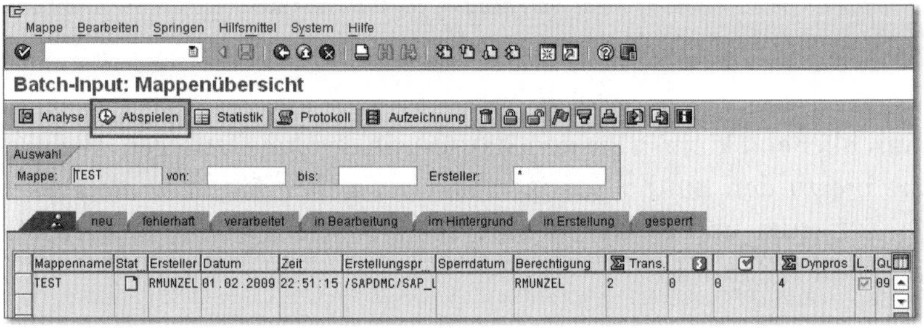

Abbildung 2.6 Übersicht über die Batch-Input-Mappen

Batch-Input-Mappe abspielen

Um eine Batch-Input-Mappe abzuspielen, markieren Sie sie und klicken dann auf den Button Abspielen. Das System fragt nun nach, ob Sie die Mappe sichtbar oder im Hintergrund abspielen oder ob Sie sich nur die Fehler anzeigen lassen möchten (siehe Abbildung 2.7).

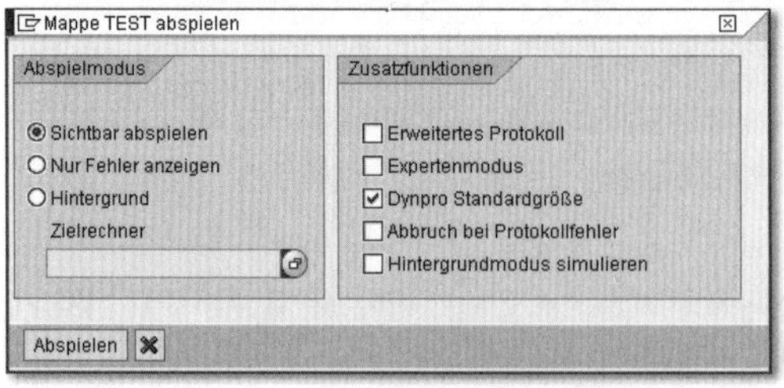

Abbildung 2.7 Abspielen einer Batch-Input-Mappe

Falls Sie die Batch-Input-Mappe sichtbar abspielen lassen möchten, zeigt Ihnen das System jeden einzelnen Verarbeitungsschritt an, den Sie vor dessen Verarbeitung erst bestätigen müssen. Diese Option sollten Sie nur verwenden, wenn Sie zum ersten Mal mit einem bestimmten Programm zum Erstellen von Batch-Input-Mappen arbeiten und sich nicht sicher sind, wie es funktioniert. Wählen Sie die Option NUR FEHLER ANZEIGEN, verarbeitet das System die Mappe im Hintergrund und hält immer an, wenn es auf einen Fehler stößt. Diesen Fehler können Sie nun genau analysieren und feststellen, durch welche Daten er verursacht wurde.

Wenn Sie bereits mit der Funktionalität der Batch-Input-Mappen vertraut sind, werden Sie Ihre Batch-Input-Mappen im Hintergrund ausführen. Sobald eine Mappe fertigverarbeitet ist, zeigt das System in der Mappenübersicht an, wie viele Fehler dabei aufgetreten sind. Die fehlerhaften Transaktionen können Sie nun noch einmal nachbearbeiten, indem Sie die betreffende Batch-Input-Mappe erneut starten.

2.3.4 Namenskonventionen

SAP sieht für Programme und Customizing-Objekte eine Namenskonvention vor, nach der alle vom Kunden erstellten Objekte mit »Z« beginnen sollten. Für Programme ist dies Pflicht, für Customizing-Objekte lediglich eine Empfehlung. Wir raten Ihnen allerdings, dieser Empfehlung zu folgen, da es Ihnen sonst passieren kann, dass von Ihnen angelegte Objekte bei einem Release-Wechsel verloren gehen. Nehmen wir als Beispiel die Sortierschlüssel für Debitoren: Im SAP-Standard sind diese von 000 bis 039 durchnummeriert. Legen Sie nun einen eigenen Schlüssel mit dem Wert 040 an, laufen Sie Gefahr, dass das SAP-System im nächsten Release einen neuen Standardschlüssel mit derselben Nummer erstellt; Ihr Sortierschlüssel würde dann überschrieben.

2.4 Überblick über die Customizing-Oberfläche

Customizing-Oberfläche

Die Customizing-Oberfläche erreichen Sie über die Transaktion SPRO oder aus der Anwenderoberfläche über den Pfad WERKZEUGE • CUSTOMIZING • IMG • PROJEKTBEARBEITUNG. Der IMG (*Implementation Guide*) ist eine Baumstruktur mit allen Customizing-Aktivitäten, die für ein bestimmtes Projekt notwendig sind. Der SAP-Referenz-IMG enthält dabei die Maximalausprägung, also alle verfügbaren Customizing-Transaktionen. Sie können sich den SAP-Referenz-IMG von dieser Stelle aus über den Button SAP REFERENZ-IMG ansehen. Es empfiehlt sich, für anstehende SAP-Projekte jeweils ein eigenes Customizing-Projekt im IMG anzulegen. Hierzu wählen Sie zunächst SPRINGEN • PROJEKTVERWALTUNG (siehe Abbildung 2.8).

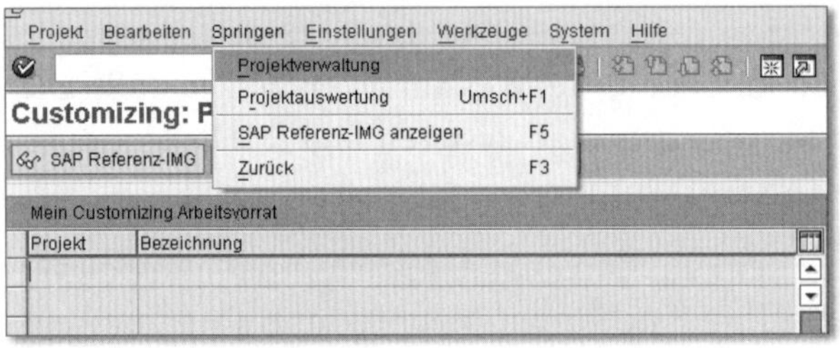

Abbildung 2.8 Customizing – Projektverwaltung

Customizing – Projekte verwalten

Wählen Sie anschließend die Menüpunkte PROJEKT • ANLEGEN. Nun müssen Sie einen Projektnamen angeben (in unserem Fall »Financials«). In der Sicht ALLGEMEINE DATEN geben Sie daher den Titel des Projekts an und pflegen hier eventuell weitere Daten wie Projektstatus, Projektdaten, Plandaten oder Ist-Daten. In der Registerkarte UMFANG wählen Sie den Projektumfang aus (siehe Abbildung 2.9).

Abbildung 2.9 Auswahl des Projektumfangs

Über den Button AUSWAHL ÄNDERN wählen Sie die Anwendungskomponenten aus, die Sie in Ihrem Projekt verwenden möchten (siehe Abbildung 2.10).

Abbildung 2.10 Auswahl der Anwendungskomponenten für das Projekt »Financials«

Anschließend sichern Sie die Daten über den Pfad CUSTOMIZINGPROJEKT • SICHERN. Nun müssen Sie noch den Button PROJEKT-IMG GENERIEREN betätigen, bevor Sie den IMG verwenden können. Aus Performancegründen empfiehlt es sich, die IMG-Generierung im Hintergrund zu starten (siehe Abbildung 2.11).

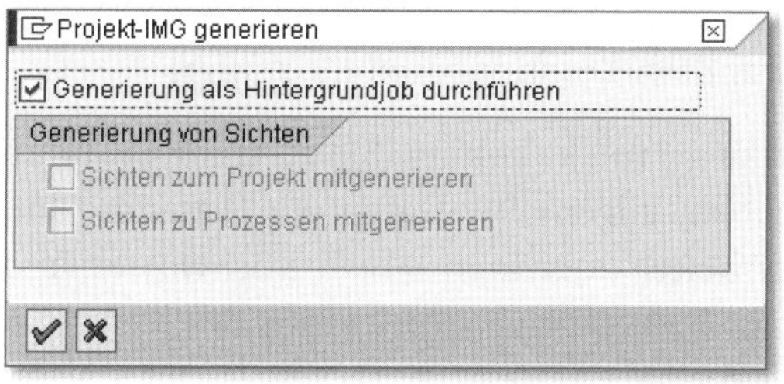

Abbildung 2.11 Generierung des Projekt-IMGs im Hintergrund

Die weiteren Sichten (Projektsichten, Projektmitarbeiter, Statuswerte, Stichwörter, Dokumentationsarten, Transportaufträge und Crossreferenz) pflegen Sie optional.

Projekt in den Arbeitsvorrat aufnehmen

Nach dem Sichern und Generieren des Projekt-IMGs nehmen Sie das neue Projekt aus der Customizing-Oberfläche (Customizing: Projektbearbeitung) über den Button links neben dem Button ARBEITSVORRAT VERWALTEN in den Arbeitsvorrat auf (siehe Abbildung 2.12).

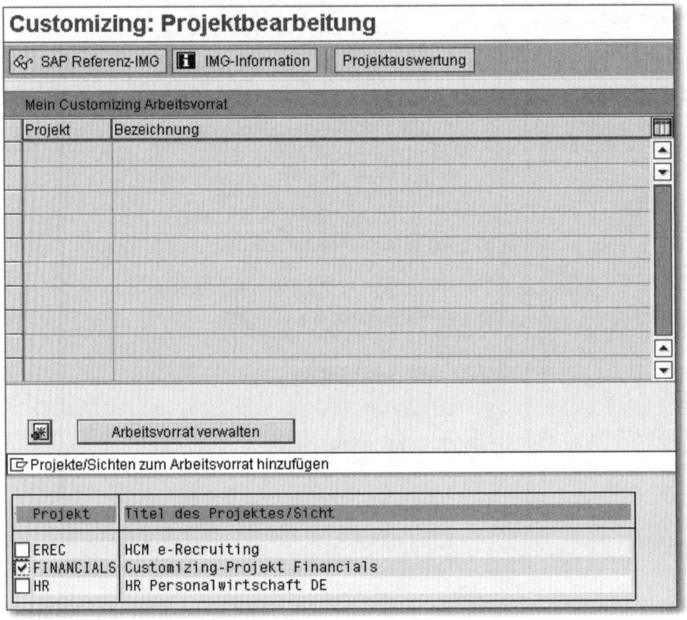

Abbildung 2.12 Aufnahme des Projekts in den Arbeitsvorrat

Ab jetzt können Sie über die Transaktion SPRO und per Doppelklick auf den Projektnamen Ihr eigenes Projekt (in unserem Fall das Projekt »Financials«) auswählen (siehe Abbildung 2.13).

Im IMG-Einführungsleitfaden sehen Sie mehr Anwendungskomponenten als Sie ausgewählt haben. Dies liegt daran, dass das SAP-System automatisch alle verwandten Komponenten hinzufügt.

In Ihrem eigenen Customizing-Projekt können Sie zu jeder Customizing-Aktivität Status vergeben, allgemeine Daten wie Anfangs- und Endedatum pflegen, Mitarbeiter zuordnen sowie Stichwörter und Notizen hinzufügen.

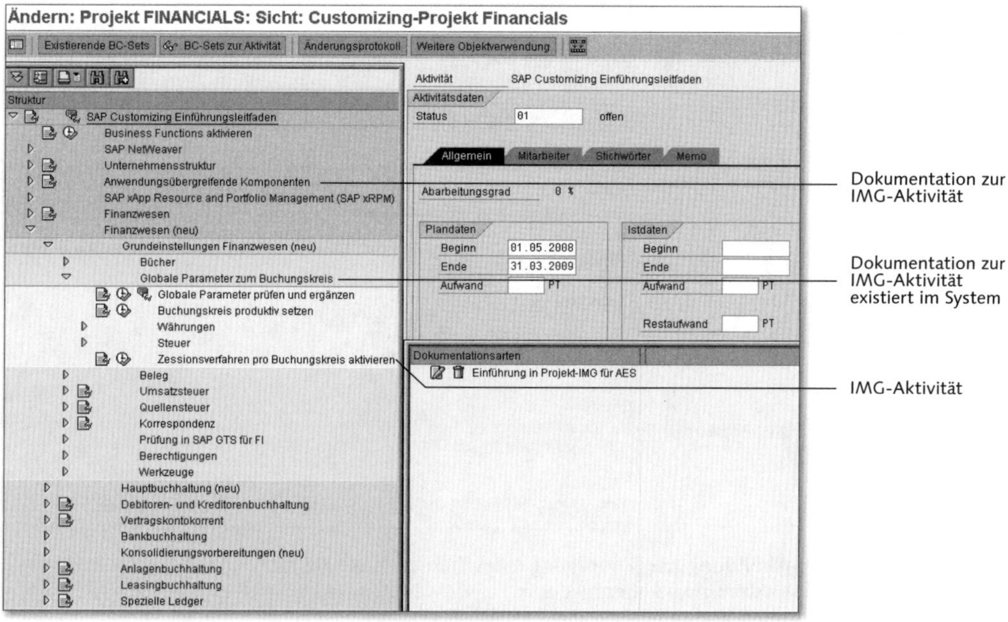

Abbildung 2.13 IMG – Sicht für das Projekt »Financials«

Zusätzlich können Sie alle Customizing-Einstellungen direkt im System dokumentieren; dies ist sehr empfehlenswert, da Sie damit die Dokumentation an derselben Stelle speichern wie das Customizing selbst und kein weiteres System etablieren müssen, was neben zusätzlichem Aufwand auch die Gefahr von Inkonsistenzen birgt.

Transportauftrag

Nach jeder Customizing-Änderung werden Sie nach einem *Transportauftrag* gefragt. In einem Transportauftrag speichern Sie alle vorgenommenen Änderungen. Nach dessen Freigabe können Sie den Auftrag in ein anderes System transportieren. Aus diesem Grunde sollten Sie Ihre Transportaufträge pro Aktivität oder Thema anlegen und sie eindeutig beschriften, so dass Sie bei der Freigabe genau wissen, welche Änderungen Sie übertragen (siehe Abbildung 2.14).

Über die Transaktion SE10 können Sie sich Ihre Transportaufträge anzeigen lassen, sie bearbeiten oder freigeben; in Abbildung 2.15 ist die Auftragsfreigabe zu sehen.

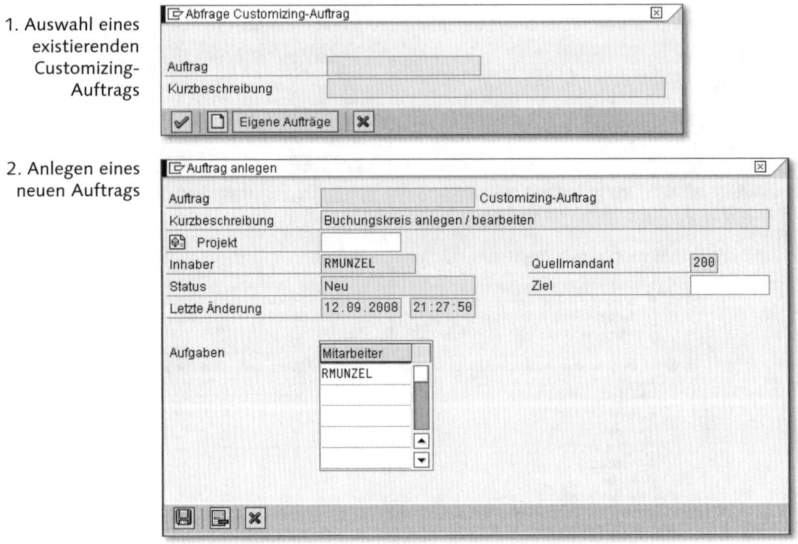

Abbildung 2.14 Zuordnung eines Transportauftrags im Zuge von Customizing-Änderungen

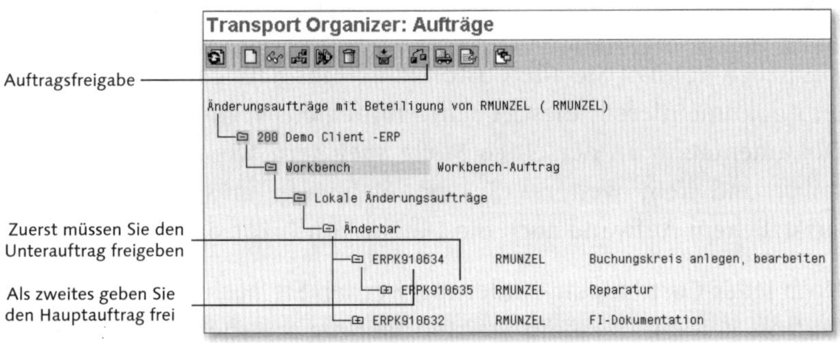

Abbildung 2.15 Freigabe eines Transportauftrags

[!]

Änderungen in Customizing

Customizing-Änderungen sollten Sie nur im Entwicklungssystem vornehmen und sie erst nach der erfolgreichen Durchführung von Tests ins Produktivsystem transportieren. Nehmen Sie Customizing-Änderungen niemals direkt im Produktivsystem vor.

Drei-Systeme-Modell

Empfehlenswert ist ein Drei-Systeme-Modell, das aus einem Entwicklungssystem, einem Konsolidierungssystem und einem Produktivsystem besteht (siehe Abbildung 2.16). Im Entwicklungssystem können Sie alle Änderungen sowie erste Tests durchführen und sie anschließend in das Konsolidierungssystem transportieren, in dem Sie Ihre Änderungen ausführlich testen. Erst nach der erfolgreichen Testdurchführung transportieren Sie die Transportaufträge weiter ins Produktivsystem. Sowohl Konsolidierungssystem als auch Produktivsystem sollten für direkte Änderungen gesperrt sein. Um unter Produktivbedingungen testen zu können, benötigen Sie im Konsolidierungssystem Stamm- und Bewegungsdaten, idealerweise aus der Produktivumgebung. Daher sollten Sie das Produktivsystem regelmäßig in das Konsolidierungssystem kopieren, um dort mit relativ aktuellen Daten Tests vornehmen zu können.

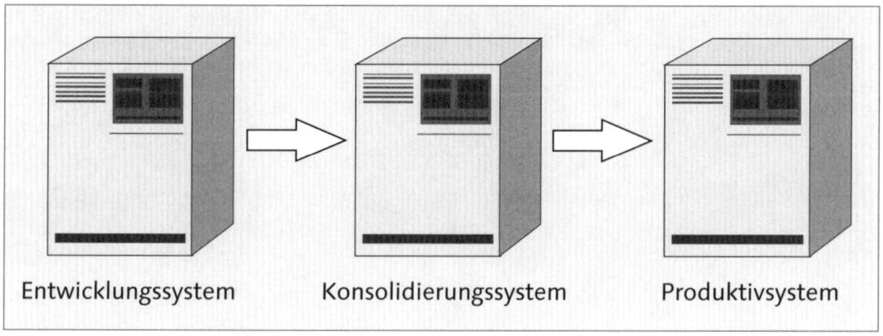

Abbildung 2.16 Empfohlenes Drei-Server-Modell

2.5 Fazit

In diesem Kapitel bot sich Ihnen die Gelegenheit, sich konkret mit dem SAP-System vertraut zu machen. Hierzu haben Sie zunächst einen Überblick über den Aufbau von SAP ERP erhalten und einige wichtige Begriffe kennengelernt. Des Weiteren haben Sie häufig benutzte Konzepte wie das Ausführen von Programmen, die Variantenverwaltung, Hintergrundjobs und die Batch-Input-Verarbeitung kennengelernt. Abschließend haben wir Ihnen das Customizing-Menü vorgestellt. Nun wissen Sie, wie man Customizing-Projekte anlegt und sie dokumentiert und wie ein Drei-Systeme-Konzept aussieht.

Im folgenden Kapitel 3, »Organisationseinheiten und Definitionen«, beschäftigen wir uns mit den grundlegenden Organisationseinheiten in der Finanzbuchhaltung in SAP ERP Financials.

Die Organisationsstrukturen schaffen die Grundlage, auf der Sie Ihr System aufbauen. Wir stellen Ihnen in diesem Kapitel die wichtigsten Elemente der Organisationsstrukturen sowie deren Verknüpfungen vor.

3 Organisationseinheiten und Definitionen

Bevor Sie mit dem Customizing beginnen, sollten Sie sich Gedanken darüber machen, wie Ihre Firma im System abgebildet werden soll. Hierzu steht Ihnen in SAP ERP eine Reihe von Organisationseinheiten zur Verfügung. *Organisationseinheiten* repräsentieren die grundlegende Struktur Ihres Unternehmens, anhand derer Sie Ihre Prozesse ausrichten. In diesem Kapitel erklären wir Ihnen die wichtigsten Organisationseinheiten in SAP ERP, die im Bereich »Finanzwesen« benötigt werden, sowie deren Abhängigkeiten untereinander. Dabei gehen wir zunächst auf die für die Finanzbuchhaltung elementaren Strukturen wie Buchungskreis, Kontenplan, Bewertungsplan, Geschäftsjahr und Gesellschaft ein. Der Kreditkontrollbereich ist für das Kreditmanagement von zentraler Bedeutung, während der Geschäftsbereich, das Segment, der Kostenrechnungskreis, das Profit-Center und der Funktionsbereich die Grundlage für das Controlling und die Konzernberichterstattung bilden. Wir empfehlen, die einzelnen Organisationseinheiten in der gleichen Reihenfolge anzulegen, in der wir sie Ihnen hier vorstellen.

Der Vollständigkeit halber erläutern wir Ihnen im Anschluss daran noch einige Organisationseinheiten, die nicht zum Rechnungswesen gehören, die Ihnen aber im Laufe des weiteren Buches noch einmal begegnen werden. Hierzu gehören z. B. Werk, Verkaufsorganisation und Einkaufsorganisation.

Zum Abschluss des Kapitels geben wir Ihnen einige Ratschläge dazu, was Sie beim Aufbau Ihrer Unternehmensorganisation in SAP ERP berücksichtigen sollten, beispielsweise hinsichtlich der Anzahl der zu verwendenden Kostenrechnungskreise, des Einsatzes von Geschäftsbereichen oder Profit-Centern, der Einsatzmöglichkeiten von Segmenten und der zu wählenden Organisationsstruktur im Kreditmanagement.

3.1 Buchungskreis

Was ist ein Buchungskreis?

Der *Buchungskreis* repräsentiert in SAP ERP eine selbständig bilanzierende Einheit und ist damit die kleinste organisatorische Einheit des externen Rechnungswesens. In einem internationalen Unternehmen, dessen Geschäftsaktivitäten über mehrere Länder verteilt sind, wird in der Regel für jedes Land mindestens ein Buchungskreis angelegt. Für einen Buchungskreis ist es möglich, einen gesetzlichen Einzelabschluss (Monatsabschluss und Jahresabschluss) mit kompletter Bilanz sowie Gewinn- und Verlustrechnung (GuV) zu erstellen. Das Definieren eines Buchungskreises ist obligatorisch. Denn ohne einen Rahmen für die Finanzbuchhaltung können Sie auch keine logistischen Prozesse abbilden. Zur Erstellung eines neuen Buchungskreises können Sie im Customizing einen vorhandenen Buchungskreis kopieren und die Buchungskreiseinstellungen hierzu nachträglich anpassen.

Diese Vorgehensweise der Kopie eines existierenden Buchungskreises zur Erstellung eines eigenen Buchungskreises unter der Berücksichtigung eines Landes-Templates ist sehr zu empfehlen. So wird z. B. ein deutscher Buchungskreis vom Buchungskreis DE01 mit dem Country Template DE kopiert. Auf diese Weise werden bestimmte Landeseinstellungen übernommen. Auf keinen Fall sollten Sie aber den Buchungskreis 0001 als eigenen Buchungskreis anpassen, da dieser von SAP für verschiedene Buchungskreis-Updates verwendet wird.

Buchungskreis anlegen

Das Kopieren und Anpassen des Buchungskreises erfolgt im Customizing-Menü unter SAP CUSTOMIZING-EINFÜHRUNGSLEITFADEN • UNTERNEHMENSSTRUKTUR • DEFINITION • FINANZWESEN • BUCHUNGSKREIS BEARBEITEN, KOPIEREN, LÖSCHEN, PRÜFEN • AKTIVITÄT: BUCHUNGSKREIS KOPIEREN, LÖSCHEN, PRÜFEN (siehe Abbildung 3.1). Alternativ können Sie diesen Schritt auch über die Transaktion EC01 ausführen.

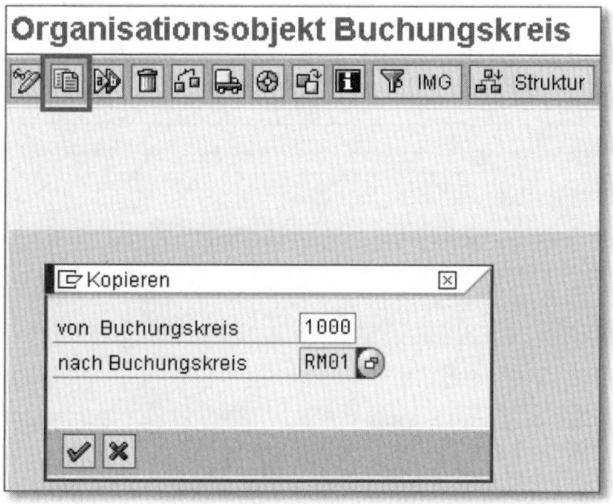

Abbildung 3.1 Buchungskreis kopieren

Für dieses Beispiel haben wir den Buchungskreis »Kinderspiel« (RM01) angelegt. Das Unternehmen »Kinderspiel« ist ein Spielzeughersteller, der in drei Geschäftszweige aufgeteilt ist: Kunststoffspielzeug, Holzspielzeug und Kinderbücher. Alle abhängigen Einstellungen werden in Bezug zu diesem Buchungskreis vorgenommen.

Ins Customizing gelangen Sie über die Transaktion SPRO oder über das Anwendungsmenü unter Werkzeuge • Customizing • IMG • Projektbearbeitung • SAP Referenz-IMG.

Nachdem Sie den Buchungskreis kopiert haben, können Sie die kopierten Daten über den Customizing-Pfad Unternehmensstruktur • Definition • Finanzwesen • Buchungskreis bearbeiten, kopieren, löschen, prüfen • Aktivität: Buchungskreisdaten bearbeiten anpassen (siehe Abbildung 3.2).

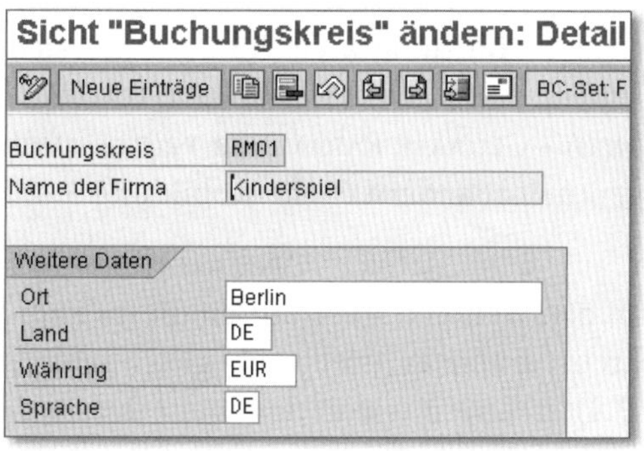

Abbildung 3.2 Buchungskreisdaten bearbeiten

Adressdaten zum Buchungskreis pflegen

Wenn Sie auf das Symbol mit dem Briefumschlag klicken, können Sie die Adressdaten anpassen, wie es in Abbildung 3.3 dargestellt ist.

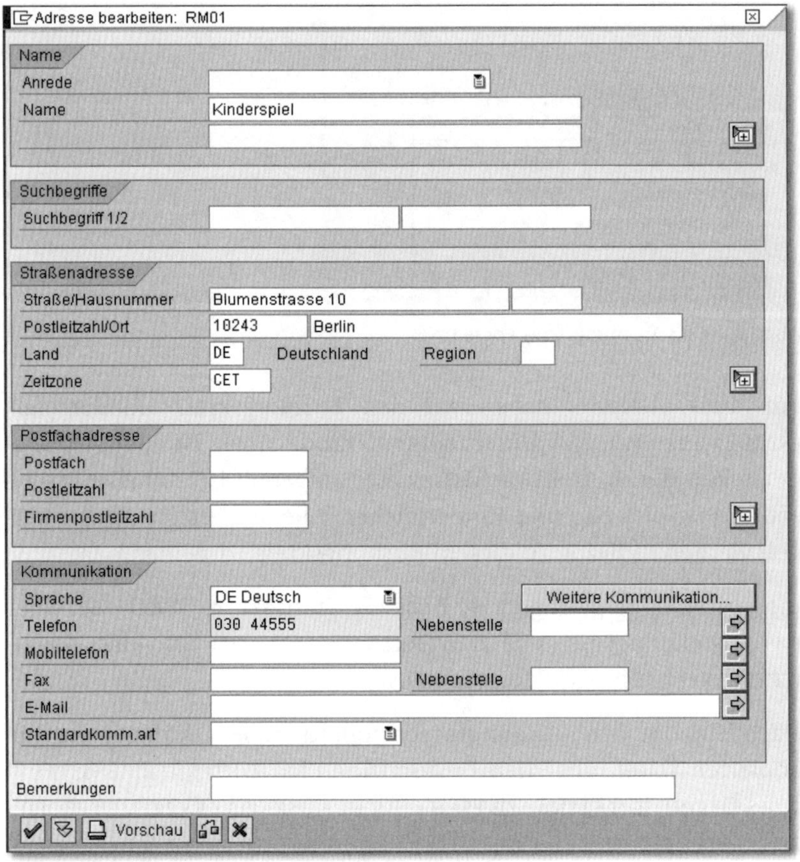

Abbildung 3.3 Adresse bearbeiten

Globale Parameter zum Buchungskreis

Alle kopierten Einstellungen zum Buchungskreis können Sie sich über den Customizing-Menüpfad Finanzwesen (neu) • Grundeinstellungen Finanzwesen (neu) • Globale Parameter prüfen und ergänzen anschauen und eventuell abändern (siehe Abbildung 3.4).

Die Organisationseinheiten aus dem Bereich Organisation der Buchhaltung erklären wir in den weiteren Abschnitten dieses Kapitels, und bestimmte Verfahrensparameter (siehe die gleichnamige Registerkarte in Abbildung 3.4) erläutern wir in den weiteren Kapiteln des Buches.

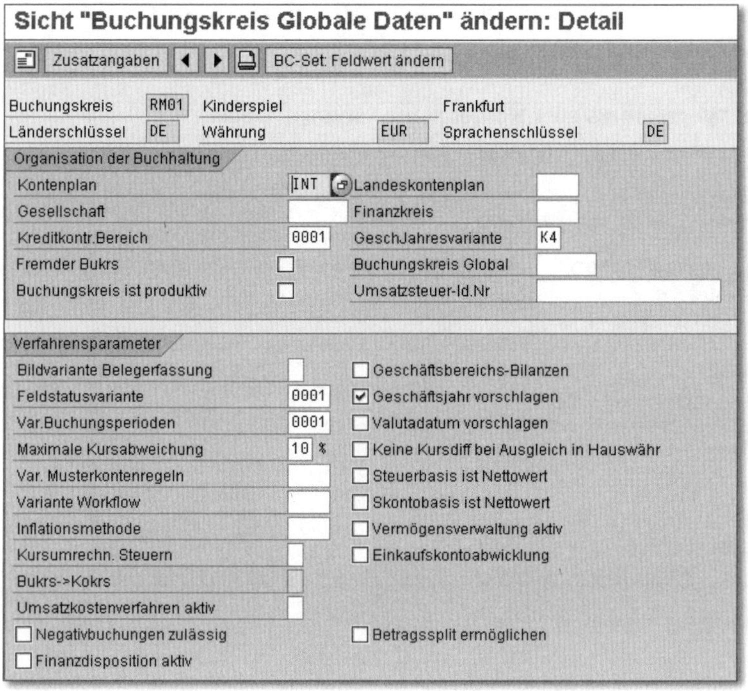

Abbildung 3.4 Globale Parameter zum Buchungskreis ändern

3.2 Kontenplan

Was ist ein Kontenplan?

Der *Kontenplan* bildet das strukturierte Verzeichnis aller Sachkonten (Hauptbuchkonten) und gibt damit den Rahmen für eine ordnungsgemäße Darstellung von Buchhaltungsdaten vor. Jedem Buchungskreis muss zwingend ein Kontenplan zugeordnet werden. Der zugeordnete Kontenplan wird *operativer Kontenplan* genannt, d. h., dass die Buchungen des Tagesgeschäfts auf den Konten des operativen Kontenplans durchgeführt werden. Der operative Kontenplan wird sowohl von der Buchhaltung als auch vom Controlling verwendet. Bei der Definition des Kontenplans entscheiden Sie, wie viele Stellen die Sachkontennummer haben soll und ob die Integration mit den für das Controlling relevanten Kostenarten manuell oder automatisch erfolgen soll. Diese Entscheidung sollte auf jeden Fall mit der Controllingabteilung abgestimmt werden (siehe auch Abschnitt 3.9, »Kostenrechnungskreis«). Die Einstellungen zum Kontenplan können Sie über die Transaktion OB13 oder über den folgenden IMG-Pfad vornehmen: Finanzwesen (neu) • Hauptbuchhaltung (neu) • Stammdaten •

Sachkonten • Vorarbeiten • Kontenplanverzeichnis bearbeiten (siehe Abbildung 3.5).

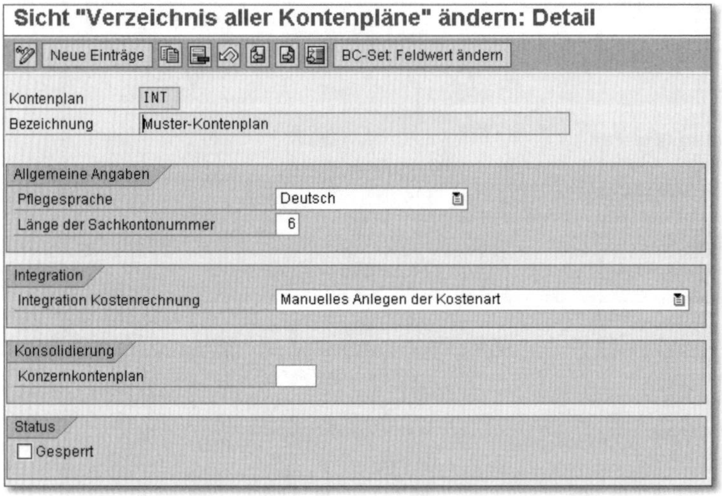

Abbildung 3.5 Kontenplanverzeichnis bearbeiten

Kontenplan zuordnen

Ein Kontenplan kann mehreren Buchungskreisen zugeordnet werden. Falls Sie Änderungen zu einem Kontenplan vornehmen, beachten Sie bitte, dass die Änderungen für alle Buchungskreise gelten, die den gleichen Kontenplan nutzen.

Dem Buchungskreis RM01 wurde durch die Buchungskreiskopie der Kontenplan INT zugeordnet. Sie ordnen den Kontenplan über die Transaktion OB62 oder folgenden Pfad zu: Finanzwesen (neu) • Hauptbuchhaltung (neu) • Stammdaten • Sachkonten • Vorarbeiten • Buchungskreis einem Kontenplan zuordnen (siehe Abbildung 3.6).

Abbildung 3.6 Zuordnung eines Buchungskreises zum Kontenplan

Zuordnung von Kontenplan zu Buchungskreis ändern

Eventuell möchten Sie noch die Zuordnung des Kontenplans zum Buchungskreis ändern. Dazu müssen Sie allerdings erst alle vorhandenen Buchungskreisdaten löschen. Dies geschieht über den Menüpfad Finanzwesen (neu) • Hauptbuchhaltung (neu) • Vorbe-

REITUNG PRODUKTIVSTART • NEUINSTALLATION • LÖSCHEN VON TESTDATEN • LÖSCHEN VON BEWEGUNGSDATEN • BUCHUNGSKREISDATEN LÖSCHEN (Transaktion OBR1).

Löschung der Buchungskreisdaten

[!]

Bei der Transaktion OBR1 ist besondere Vorsicht geboten, denn sie darf nur in einem Testsystem ausgeführt werden bzw. im Produktivsystem im Rahmen der Vorbereitungen zum Produktivstart. Nach dem Produktivstart können Sie somit die Zuordnung von Kontenplan zu Buchungskreis nicht mehr ändern!

Konzernkontenplan

Es ist möglich, dem Buchungskreis einen weiteren Kontenplan zuzuordnen, den *Konzernkontenplan*. Der Konzernkontenplan wird wiederum dem operativen Kontenplan zugeordnet (siehe Abbildung 3.7), falls Konzernkontenplan und operativer Kontenplan nicht identisch sind.

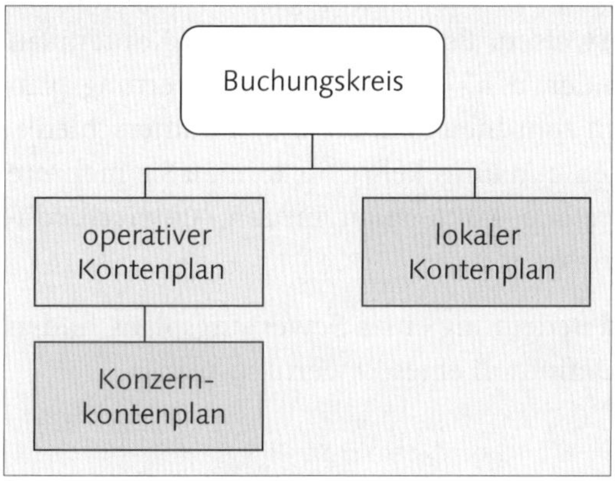

Abbildung 3.7 Mögliche Zuordnung von Buchungskreis und Kontenplan

Landeskontenplan

Außerdem können Sie noch einen *Landeskontenplan* hinzufügen. Dieser wird benötigt, falls z. B. ein Konzernkontenplan als operativer Kontenplan zugeordnet wurde, aber die Abschlussberichte wegen rechtlicher Anforderungen auf der Basis von lokalen Konten erstellt werden müssen. Eine detaillierte Vorstellung der Vor- und Nachteile beim Arbeiten mit einem oder mehreren Kontenplänen finden Sie in Abschnitt 3.13, »Empfehlungen für den Aufbau Ihrer Organisationsstruktur«.

Umschlüsselung von Sachkonten

Falls Sie mit drei unterschiedlichen Kontenplänen arbeiten, müssen beim Anlegen von Sachkonten jedem Konto eine Landeskontonummer (alternative Kontonummer) und eine Konzernkontonummer zugeordnet werden. Durch diese Zuordnung ist eine automatische Umschlüsselung von operativen Konten in lokale Konten und in Konzernkonten möglich. Lokale Konten werden für den lokalen Abschluss benötigt und Konzernkonten für die Konsolidierung. Der operative Kontenplan wird oft von der Muttergesellschaft vorgeschrieben; er muss aber nicht immer mit dem Konsolidierungskontenplan (Konzernkontenplan) übereinstimmen.

3.3 Bewertungsplan

Was ist ein Bewertungsplan?

Der *Bewertungsplan* ist die höchste Organisationseinheit in der Anlagenbuchhaltung und unabhängig von anderen Organisationseinheiten definierbar. Ihren Bewertungsplan verbinden Sie mit Ihrem Buchungskreis. Sie können einen Bewertungsplan mehreren Buchungskreisen zuordnen, aber jeder Buchungskreis kann nur auf einen Bewertungsplan verweisen. Bewertungsplan und Kontenplan sind unabhängig voneinander, d. h., dass Sie einen Bewertungsplan mehreren Buchungskreisen zuordnen können, die mit unterschiedlichen Kontenplänen arbeiten und umgekehrt. So können Sie mehrere Buchungskreise, die denselben Kontenplan nutzen, unterschiedlichen Bewertungsplänen zuweisen.

Details zur Definition und Bedeutung eines Bewertungsplans finden Sie in Abschnitt 10.2.1, »Definition eines Bewertungsplans«.

3.4 Geschäftsjahr

Geschäftsjahresvariante

Damit Geschäftsvorgänge bestimmten Zeiträumen zugeordnet werden können, muss ein Geschäftsjahr mit den entsprechenden Buchungsperioden festgelegt werden. Hierzu wird eine *Geschäftsjahresvariante* definiert. Die Zuordnung einer Geschäftsjahresvariante zu einem Buchungskreis ist obligatorisch.

Das Geschäftsjahr kann, muss aber nicht mit dem Kalenderjahr konform sein. So kann beispielsweise ein Geschäftsjahr von Oktober bis September festgelegt sein, damit die Jahresabschlusstätigkeiten nicht mit den Feiertagen Ende Dezember zusammenfallen (siehe Abbildung 3.8).

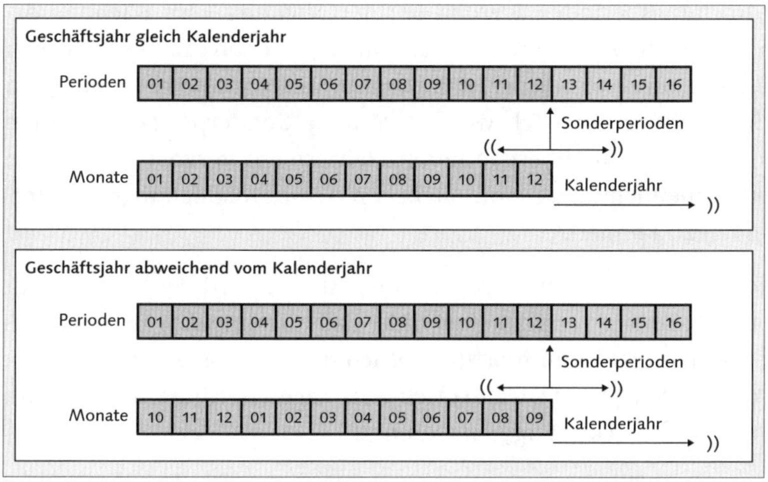

Abbildung 3.8 Beispiel für Geschäftsjahresvarianten

Die Geschäftsjahresvarianten können jahresunabhängig oder jahresabhängig definiert werden. Jahresunabhängig bedeutet, dass in jedem Jahr die Periodenanzahl sowie das Start- und das Endedatum der einzelnen Perioden gleich sind.

Geschäftsjahr gleich Kalenderjahr [zB]

Jedes Geschäftsjahr besteht aus zwölf Perioden, die den Kalendermonaten entsprechen. Die Start- und Enddaten der einzelnen Perioden stimmen daher mit den Monaten überein. Läuft also das Geschäftsjahr von Oktober bis September, beginnt die erste Periode in jedem Geschäftsjahr am 01. Oktober und endet am 31. Oktober.

Jahresabhängige Geschäftsjahresvariante

Bei einer jahresabhängigen Geschäftsjahresvariante können die Perioden hingegen von Jahr zu Jahr unterschiedlich sein. So finden Sie beispielsweise in britischen Unternehmen oft Geschäftsjahre, in denen die Perioden einzelnen Kalenderwochen oder vier Kalenderwochen entsprechen.

In der Regel empfiehlt es sich, jahresunabhängige Geschäftsjahresvarianten zu verwenden.

Buchungsperioden und Sonderperioden

Beim Anlegen der Geschäftsjahresvariante definieren Sie *Buchungsperioden* und *Sonderperioden*. Die Sonderperioden sind für Jahresabschlussbuchungen gedacht, die extra als solche ausgewiesen und nicht in einer der normalen Perioden zu sehen sein sollen. Die maximale Anzahl von Perioden beträgt 999.

Die Buchungsperioden werden bei der Buchung vom Buchungsdatum abgeleitet, ausgenommen der Sonderperioden, die beim Buchen explizit angegeben werden müssen und nicht automatisch aus dem Buchungsdatum ermittelt werden können. Sonderperioden werden auch für die Datenübernahme am Jahresende verwendet, um die Übernahmebuchungen von täglichen Geschäftsbuchungen unterscheiden zu können.

Rumpfgeschäftsjahr

Viele Standardgeschäftsjahresvarianten sind im SAP-System vordefiniert und können verwendet werden. Falls Sie eine eigene Geschäftsjahresvariante anlegen möchten, beachten Sie, dass Sie der Periode, die dem Monat Februar entspricht, 29 Tage zuordnen müssen, um Schaltjahre berücksichtigen zu können.

In Ausnahmefällen ist es notwendig, eine Geschäftsjahresvariante zu definieren, die weniger Buchungsperioden als ein normales Geschäftsjahr enthält. Eine solche Variante wird *Rumpfgeschäftsjahr* genannt. Ein Rumpfgeschäftsjahr kann z. B. nötig werden, wenn ein Unternehmen verkauft wird und deshalb der Jahresabschluss früher als üblich durchgeführt werden muss. Das Rumpfgeschäftsjahr und die Anzahl der Buchungsperioden müssen definiert werden, bevor die Perioden selbst angelegt werden können. In unserem Beispiel haben wir dem Buchungskreis RM01 die Standardgeschäftsjahresvariante K4 zugeordnet (das Geschäftsjahr entspricht dem Kalenderjahr, das zwölf normale Perioden von Januar bis Dezember und vier Sonderperioden enthält). Diese Zuordnung wurde gleich bei der Buchungskreiskopie übernommen (siehe Abbildung 3.4 am Anfang dieses Kapitels).

Die Einstellungen zu den Geschäftsjahresvarianten erreichen Sie im Customizing über den Menüpfad FINANZWESEN (NEU) • GRUNDEINSTELLUNGEN FINANZWESEN (NEU) • BÜCHER • GESCHÄFTSJAHR UND BUCHUNGSPERIODEN • GESCHÄFTSJAHRESVARIANTE PFLEGEN (RUMPFGESCHÄFTSJAHR PFLEGEN) oder über die Transaktion OB29.

3.5 Gesellschaft

Was ist eine Gesellschaft?

Eine *Gesellschaft* ist eine Organisationseinheit, die dazu dient, das Unternehmen für die Konsolidierung zu gliedern. Dazu ordnen Sie alle Ihre Buchungskreise je einer Gesellschaft zu (es ist jedoch auch möglich, mehrere Buchungskreise in einer Gesellschaft zusammenzufassen). Wenn Sie nun Geschäftstransaktionen zwischen den einzelnen Buchungskreisen buchen, werden die hiervon betroffenen Gesellschaftsnummern im Buchungsbeleg fortgeschrieben. Anhand dieser Informationen können Sie nun die Teilfirmen konsolidieren und auf Basis dessen einen Konzernabschluss erstellen.

Das Anlegen von Gesellschaften ist optional und in unserem Beispiel nicht relevant, weil wir in diesem Buch keinen Konzernabschluss erstellen werden.

Gesellschaft zum Buchungskreis zuordnen

Sie pflegen Gesellschaften im Customizing über den Menüpfad UNTERNEHMENSSTRUKTUR • DEFINITION • FINANZWESEN • GESELLSCHAFT DEFINIEREN.

Eine Gesellschaft dürfen Sie nur dann mehreren Buchungskreisen zuordnen, falls die folgenden Bedingungen erfüllt sind:

- Alle Buchungskreise nutzen denselben Kontenplan.
- Alle Buchungskreise arbeiten mit derselben Geschäftsjahresvariante.

Die Hauswährungen der einzelnen Buchungskreise dürfen unterschiedlich sein.

Partnergesellschaft zuordnen

Eine Gesellschaft ordnen Sie im Customizing über den Menüpfad UNTERNEHMENSSTRUKTUR • ZUORDNUNG • FINANZWESEN • BUCHUNGSKREIS • GESELLSCHAFT ZUORDNEN oder unter FINANZWESEN (NEU) • GRUNDEINSTELLUNGEN FINANZWESEN (NEU) • GLOBALE PARAMETER PRÜFEN UND ERGÄNZEN einem Buchungskreis zu.

Damit bei den Transaktionen zwischen den Teilfirmen Ihres Konzerns die Gesellschaftsnummern jeweils in den Belegen fortgeschrieben werden, müssen Sie außerdem noch die jeweilige Gesellschaft in die Debitoren- und in die Kreditorenstammdaten der Teilfirmen eintragen.

3.6 Kreditkontrollbereich

Was ist ein Kreditkontrollbereich?

Ein *Kreditkontrollbereich* wird definiert, um dem Risiko von Zahlungsausfällen zu begegnen. So können Sie einzelnen Kunden oder auch Kundengruppen (sogenannten *Risikoklassen*) individuelle Kreditlimits zugestehen, in deren Rahmen diese Waren bestellen können. Überzieht ein Kunde sein Limit, indem er entweder zu viel bestellt hat oder mit seinen Zahlungen zu stark im Rückstand ist, kann das SAP-System Sie dabei unterstützen, entsprechende Gegenmaßnahmen einzuleiten. Die Bandbreite reicht hier von der Liefersperre für die offenen Aufträge des Kunden über die Auftragssperre bis hin zur kompletten Sperrung des Kundenkontos.

Abbildung 3.9 Beispiel für ein zentrales Kreditmanagement

Dezentrales oder zentrales Kreditmanagement

Ihr Kreditmanagement können Sie dezentral organisieren, indem Sie zu jedem Buchungskreis einen eigenen Kreditkontrollbereich anlegen (siehe Abbildung 3.9). Alternativ können Sie aber auch mehrere Buchungskreise einem Kreditkontrollbereich zuordnen und das Kreditmanagement damit zentralisieren, wie es in Abbildung 3.10 dargestellt ist.

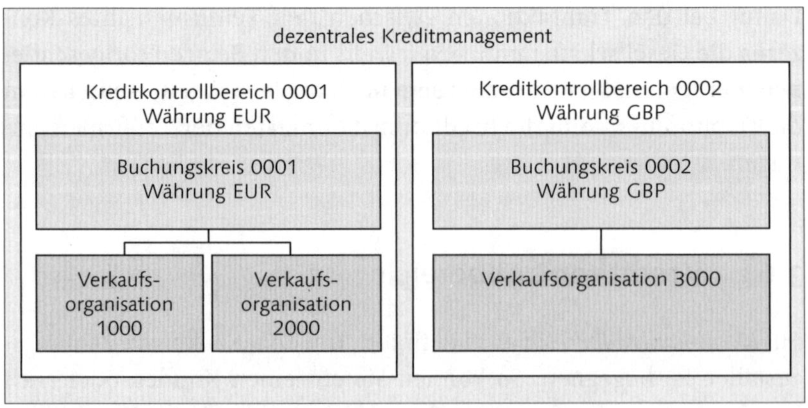

Abbildung 3.10 Beispiel für ein dezentrales Kreditmanagement

Bei der Zuordnung von Buchungskreisen zu Kreditkontrollbereichen lässt Ihnen das System größtmögliche Freiheit und bietet Ihnen die folgenden Optionen:

- **User Exit**
  Ein User Exit ist eine Technik von SAP, die es Ihnen ermöglicht, Ihre eigene Ablauflogik an fest vorgeschriebenen Stellen im SAP-System anhand von ABAP-Programmcode abzubilden.
- **Ableitung anhand des Vertriebsbereichs**
  Der Vertriebsbereich setzt sich aus den Organisationseinheiten »Verkaufsorganisation«, »Vertriebskanal« und »Sparte«, die im Modul SD (Vertrieb) definiert werden, zusammen. Aus den unterschiedlichen Kombinationen dieser Einheiten können Sie jeweils den Kreditkontrollbereich ermitteln.
- **Zuordnung im Kundenstamm**
  Sie können bei Debitoren in den Stammdaten fest vorgeben, zu welchem Kreditkontrollbereich er gehören soll.
- **Zuordnung des Buchungskreises**
  Schließlich können Sie auch Buchungskreise fest mit einem Kreditkontrollbereich verknüpfen.

Kreditkontrollbereich definieren und zuordnen

Der Kreditkontrollbereich wird im Customizing über den Menüpfad Unternehmensstruktur • Definition • Finanzwesen • Kreditkontrollbereich definiert.

Die Zuordnung des Kreditkontrollbereichs zum jeweiligen Buchungskreis erfolgt über den Menüpfad Unternehmensstruktur • Zuordnung • Finanzwesen • Buchungskreis • Kreditkontrollbereich zuordnen oder unter Finanzwesen (neu) • Grundeinstellungen Finanzwesen (neu) • Globale Parameter prüfen und ergänzen.

Die Einstellungen zum Kreditmanagement im Vertriebsbereich sind über den Menüpfad Vertrieb • Grundfunktionen • Kreditmanagement/Risikomanagement zu finden. Diese Einstellungen sollten unbedingt in enger Absprache und in Zusammenarbeit von Rechnungswesen- und Vertriebsteam vorgenommen werden.

3.7 Geschäftsbereich

Was ist ein Geschäftsbereich?

Der *Geschäftsbereich* ist eine Organisationseinheit des externen Rechnungswesens, die der Segmentberichterstattung dient. Durch einen Geschäftsbereich wird ein Tätigkeitsbereich oder Verantwortungsbereich abgebildet. Die Geschäftsbereiche legen Sie unabhängig von anderen Organisationseinheiten wie z. B. dem Buchungskreis an. Mehrere Buchungskreise können die gleichen Geschäftsbereiche verwenden (siehe Abbildung 3.11).

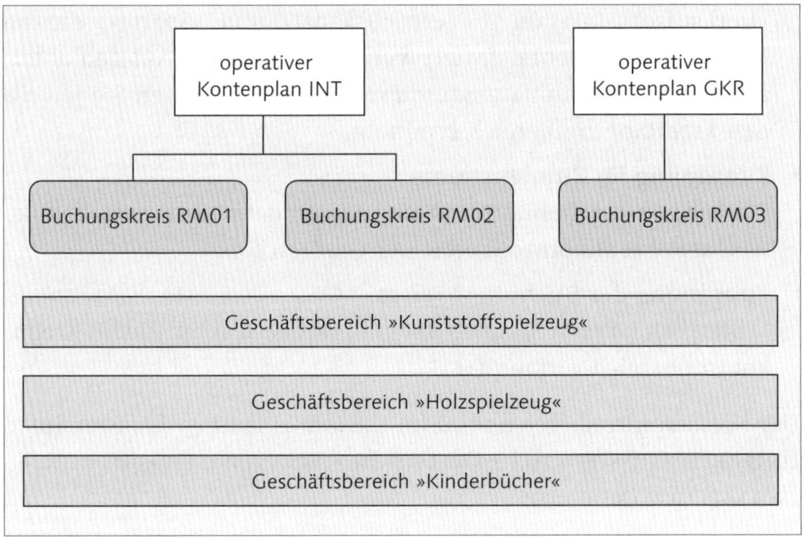

Abbildung 3.11 Mögliche Verwendung von Geschäftsbereichen

Verwendung für Geschäftsbereiche

Geschäftsbereiche werden über den Customizing-Pfad UNTERNEHMENSSTRUKTUR • DEFINITION • FINANZWESEN • GESCHÄFTSBEREICH DEFINIEREN definiert.

Mithilfe von Geschäftsbereichen können Sie Abschlüsse für interne Zwecke (pro Geschäftszweig) erstellen. Die Abschlüsse können auf einen Buchungskreis begrenzt oder buchungskreisübergreifend pro Geschäftsbereich vorgenommen werden. Da nicht alle Buchungspositionen den Geschäftsbereichen zuzuordnen sind, ist es nicht möglich, komplette Bilanzen zu erstellen. So können insbesondere Bankbuchungen, Kassenbuchungen, Kapital und Steuern nur manuell oder indirekt zugeordnet werden, und Sie können kein Hauptbuchkonto einem Geschäftsbereich direkt zuordnen.

Geschäftsbereichsableitung für Bilanzkonten

Hier ein grober Überblick, wie Geschäftsbereiche in anderen Bilanzpositionen abgeleitet werden können:

- **Anlagenbestände**
  Anlagenbestände werden den entsprechenden Geschäftsbereichen im Stammsatz zugeordnet. So werden alle Buchungen auf das Anlagenbestandskonto automatisch mit dem dazugehörigen Geschäftsbereich versehen, der wiederum an alle anderen Belegzeilen des Buchhaltungsbelegs weitergegeben wird.
- **Materialbestände**
  Materialien werden einem Geschäftsbereich über die Kombination »Sparte/Werk« (siehe Abschnitt 3.12, »Andere Organisationseinheiten«) zugeordnet. Bei jeder Materialbestandsbuchung wird der dazugehörige Geschäftsbereich berücksichtigt, und das Materialbestandskonto wird mit dem entsprechenden Geschäftsbereich bebucht. Der Geschäftsbereich in den restlichen Belegzeilen wird entweder aus dem Controllingkontierungsobjekt oder aus dem Materialstammsatz abgeleitet.
- **Debitoren- und Kreditorenbuchungen**
  Die Stammdaten von Kreditoren und Debitoren können keinem Geschäftsbereich zugeordnet werden. Der Geschäftsbereich bei den debitorischen und kreditorischen Buchungen wird in der Regel aus der Gegenposition übernommen. Falls Sie das neue Hauptbuch nicht nutzen oder das Online-Splitting nicht aktiviert haben, müssen Sie hierzu ein separates Programm (Nachbelastung Bilanz) starten. Genaueres finden Sie hierzu in Kapitel 6, »Das klassische Hauptbuch«.

Konto	Geschäftsbereich	Betrag (EUR)
Debitor/Forderung		3.570
Erlös 1	0001	–1.000
Erlös 2	0002	–2.000
Steuern		–570

Tabelle 3.1 Buchungsbeispiel für eine Debitorenrechnung

Im Beispiel in Tabelle 3.1 sehen Sie eine Debitorenrechnung, die zwei Erlöspositionen mit unterschiedlichen Geschäftsbereichen enthält. Die Nachbelastung teilt sowohl die Forderung als auch die Steuerposition proportional zu den Erlöspositionen auf die Geschäftsbereiche auf (siehe Tabelle 3.2).

Konto	Geschäftsbereich	Betrag (EUR)
Forderung		–3.570
Forderung	0001	1.190
Forderung	0002	2.380
Steuern		570
Steuern	0001	–190
Steuern	0002	–380

Tabelle 3.2 Geschäftsbereichsübernahme aus der Gegenposition durch den Nachbelastungslauf

Geschäftsbereichsableitung für GuV-Konten

Bei Buchungen in der GuV werden die Geschäftsbereiche aus den Controllingobjekten übernommen (z. B. Kostenstelle, Innenauftrag, Kundenauftrag, Produktionsauftrag). Der jeweilige Geschäftsbereich kann den Controllingobjekten im Stammsatz direkt zugeordnet werden.

3.8 Segment

Was ist ein Segment?

Das *Segment* ist eine neue Einheit im neuen Hauptbuch von SAP ERP, um Segmentberichte zu erstellen. Auf der Basis von Segmenten können Sie alternativ oder zusätzlich zu Profit-Center und Geschäftsbereichen eine Segmentberichterstattung definieren.

Segmente werden im Customizing über den Menüpfad Unternehmensstruktur • Definition • Finanzwesen • Segment definieren definiert (siehe Abbildung 3.12).

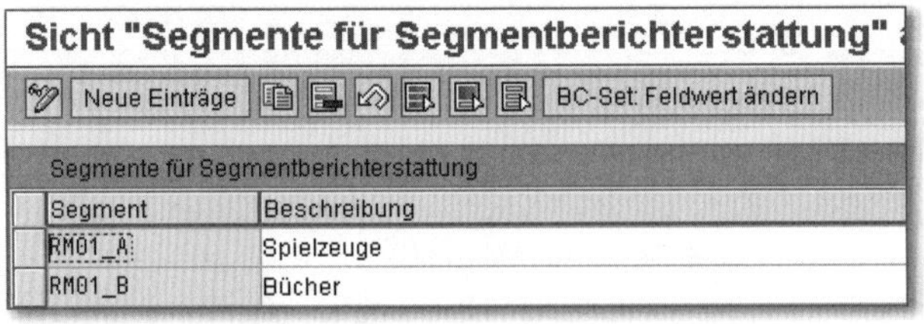

Abbildung 3.12 Segment definieren

Segmentableitung

Ein Segment wird unabhängig von anderen Organisationseinheiten wie beispielsweise dem Buchungskreis angelegt. Die Ableitung eines

Segments erfolgt in der Regel über eine Segmentzuordnung in den Profit-Center-Stammdaten (siehe Abbildung 3.28 in Abschnitt 3.10.1, »Profit-Center-Rechnung im klassischen Hauptbuch«). Falls Sie die Profit-Center-Rechnung nicht nutzen oder keine eindeutige Zuordnung der Profit-Center zu den Segmenten vornehmen können, können Sie die Segmente auch ableiten. Diese Einstellung finden Sie über den Customizing-Pfad FINANZWESEN (NEU) • GRUNDEINSTELLUNGEN FINANZWESEN (NEU) • WERKZEUGE • KUNDENERWEITERUNGEN • BUSINESS ADD-INS (BADIS) • ABLEITUNG SEGMENT • SEGMENT ABLEITEN.

Sie können dabei Regeln definieren, anhand derer Sie aus bestimmten Stammdatenfeldern das Segment ableiten. Falls dies nicht ausreicht, steht Ihnen auch der Absprung in ein BAdI (*Business Add-in*) zur Verfügung. Dabei handelt sich um eine Weiterentwicklung der User Exits.

In unserem Beispiel ordnen wir die Profit-Center direkt den Segmenten zu, wie es aus Abbildung 3.13 hervorgeht.

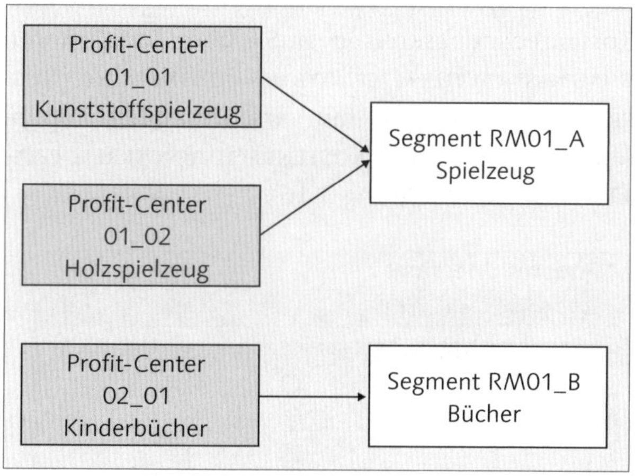

Abbildung 3.13 Zuordnung von Segmenten zu Profit-Centern

Ändern des Segments in den Profit-Center-Stammdaten

Wenn Sie ein Segment in den Stammdaten eines Profit-Centers eingetragen haben, können Sie diese Zuordnung nicht ohne Weiteres ändern. Um Segmentänderungen dennoch zuzulassen, rufen Sie die Transaktion SE16 auf (siehe Abbildung 3.14) und aktivieren in der Tabelle V_FAGL_SEGM_PRCT das Feld SEG. IN PRCTR ÄNDERN (Segment in Profit-Center ändern, siehe Abbildung 3.15). Ein Segment können Sie jedoch nur ändern, solange das entsprechende Profit-Center nicht bebucht wurde.

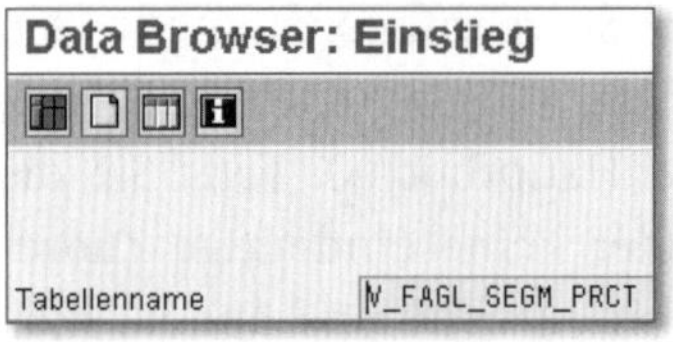

Abbildung 3.14 Änderung der Tabelle V_FAGL_SEGM_PRCT

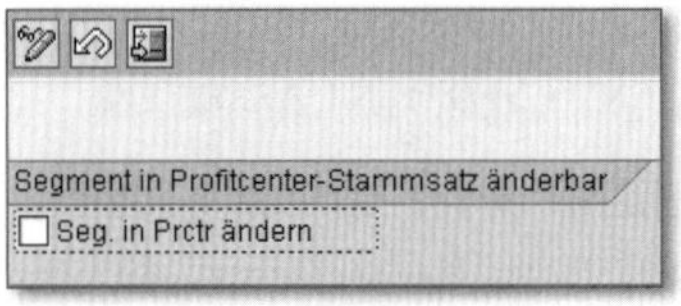

Abbildung 3.15 Aktivierung der Option »Seg. in Prctr ändern«

3.9 Kostenrechnungskreis

Kostenrechnungskreis anlegen

Ein *Kostenrechnungskreis* ist eine Organisationseinheit, für die eine vollständige, in sich geschlossene Kostenrechnung durchgeführt werden kann. Einen Kostenrechnungskreis legen Sie über den Customizing-Pfad Unternehmensstruktur • Definition • Controlling • Kostenrechnungskreis pflegen an. Im nun erscheinenden Popup-Fenster wählen Sie erneut die Option Kostenrechnungskreis pflegen (Transaktion OX06, siehe Abbildung 3.16).

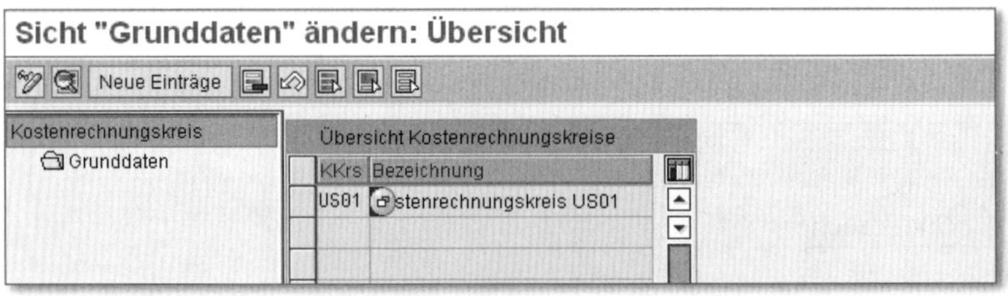

Abbildung 3.16 Kostenrechnungskreis anlegen

Wenn Sie nun auf die Schaltfläche Neue Einträge klicken, können Sie einen neuen Kostenrechnungskreis anlegen.

Innerhalb eines Kostenrechnungskreises stehen Ihnen die folgenden Stammdaten zur Verfügung:

- Kostenarten
- Kostenstellen

- Profit-Center
- weitere Controllingobjekte wie z. B. Innenaufträge, Projekte, Kostenträger, Ergebnisobjekte und Fertigungsaufträge

Wie in Abschnitt 3.2, »Kontenplan«, beschrieben, werden die Konten des Kontenplans sowohl in der Finanzbuchhaltung als auch im Controlling verwendet. Konten, die mit einer Nebenkontierung wie z. B. einer Kostenstelle bebucht werden sollen, müssen hierzu als *Kostenart* im Kostenrechnungskreis angelegt werden. Kostenarten, die einem Konto in der Finanzbuchhaltung entsprechen, nennt man *primäre Kostenarten*. Es gibt auch *sekundäre Kostenarten*, die für Leistungsverrechnungen im Controlling verwendet werden und nicht mit einem Konto verknüpft sind.

Kostenstellen sind hierarchisch angeordnet und repräsentieren die Unternehmenshierarchie im Sinne von Verantwortungsbereichen. *Profit-Center* werden ausführlich in Abschnitt 3.10, »Profit-Center«, erläutert.

Zuordnung von Kostenrechnungskreis zu Buchungskreis

Einem Kostenrechnungskreis können ein oder mehrere Buchungskreise zugeordnet werden; ein Buchungskreis kann hingegen nur einem Kostenrechnungskreis angehören.

Beide Organisationseinheiten können nur miteinander verknüpft werden, wenn der Kostenrechnungskreis und der Buchungskreis denselben Kontenplan und dieselbe Geschäftsjahresvariante verwenden, während die Verwendung unterschiedlicher Währungen möglich ist. Beim Anlegen des Kostenrechnungskreises (siehe Abbildung 3.17) haben Sie über den Button KOKRS = BUKRS entsprechend die Möglichkeit, den Kostenrechnungskreis analog zum Buchungskreis aufzusetzen. Wenn Sie hier einen Buchungskreis zuordnen, werden alle notwendigen Parameter dieses Buchungskreises an den Kostenrechnungskreis übertragen.

In unserem Beispiel haben wir für den Buchungskreis RM01 analog einen Kostenrechnungskreis RM01 angelegt.

Nachdem Sie die Grunddaten gepflegt haben, müssen Sie noch weitere Einstellungen zum Kostenrechnungskreis vornehmen. Hierzu verwenden Sie im Customizing-Leitfaden den Menüpfad CONTROLLING • CONTROLLING ALLGEMEIN • ORGANISATION • KOSTENRECHNUNGSKREIS PFLEGEN. Im daraufhin erscheinenden Popup-Fenster wählen

Sie erneut die Option Kostenrechnungskreis pflegen (Transaktion OKKP, siehe Abbildung 3.18).

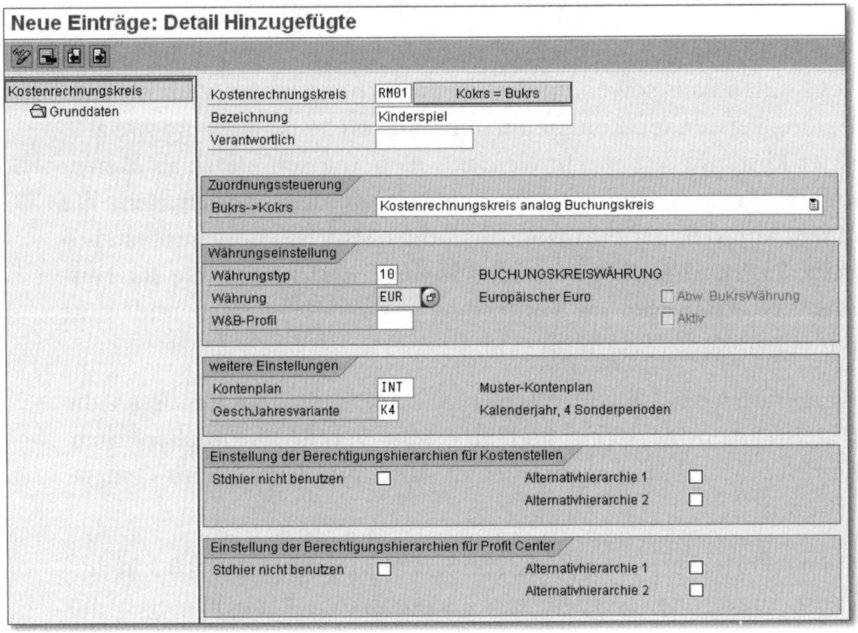

Abbildung 3.17 Detaildaten zum Kostenrechnungskreis

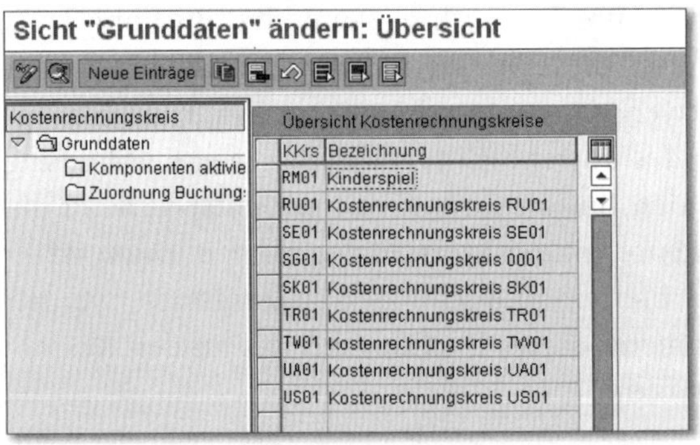

Abbildung 3.18 Grunddaten zum Kostenrechnungskreis

Grunddaten zum Kostenrechnungskreis

Doppelklicken Sie nun auf Ihren Kostenrechnungskreis (siehe Abbildung 3.19), und es erscheint fast das gleiche Bild wie in Abbildung 3.17, das sich nur darin unterscheidet, dass Sie hier zusätzlich eine Kostenstellen-Standardhierarchie als notwendige Voraussetzung für den Einsatz der Kostenstellenrechnung festlegen können. Geben Sie nun noch einen Namen für die Standardhierarchie ein.

Zuordnung von Buchungskreis zu Kostenrechnungskreis

Im nächsten Schritt müssen Sie dem Kostenrechnungskreis mindestens einen Buchungskreis zuordnen. Hierzu doppelklicken Sie im linken Bildschirmteil auf die Option ZUORDNUNG BUCHUNGSKREISE. Klicken Sie anschließend auf NEUE EINTRÄGE, und fügen Sie einen oder mehrere Buchungskreise hinzu.

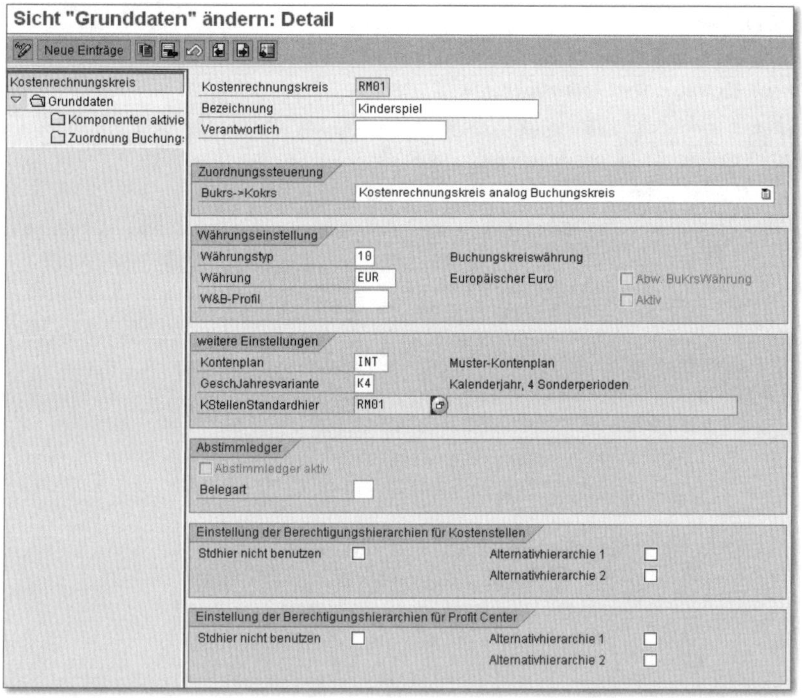

Abbildung 3.19 Grunddaten des Kostenrechnungskreises mit Standardhierarchie

Im Beispiel wurde der Buchungskreis RM01 dem Kostenrechnungskreis RM01 zugeordnet (siehe Abbildung 3.20).

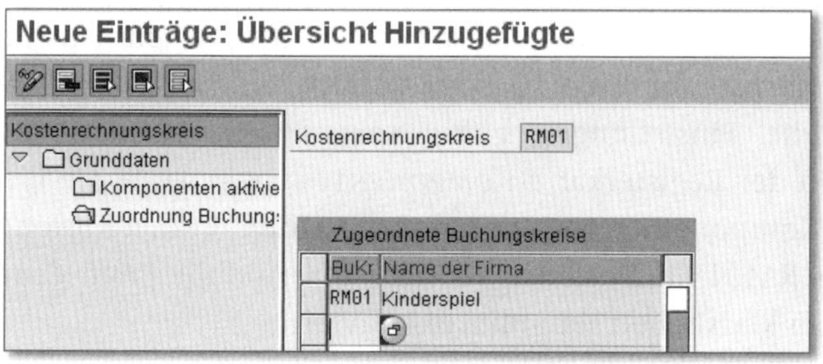

Abbildung 3.20 Zuordnung Buchungskreis zu Kostenrechnungskreis

Komponenten zum Kostenrechnungskreis aktivieren

Speichern Sie zunächst Ihre Einträge. Falls Sie dies nicht tun, bricht das SAP-System im nächsten Schritt ab, weil Sie keine Komponenten aktivieren können, ohne zuvor einen Buchungskreis zugeordnet zu haben. Klicken Sie als Nächstes auf die Option KOMPONENTEN AKTIVIEREN, um wesentliche Controllingfunktionen aktiv zu schalten. Klicken Sie erneut auf die Schaltfläche NEUE EINTRÄGE (siehe Abbildung 3.21).

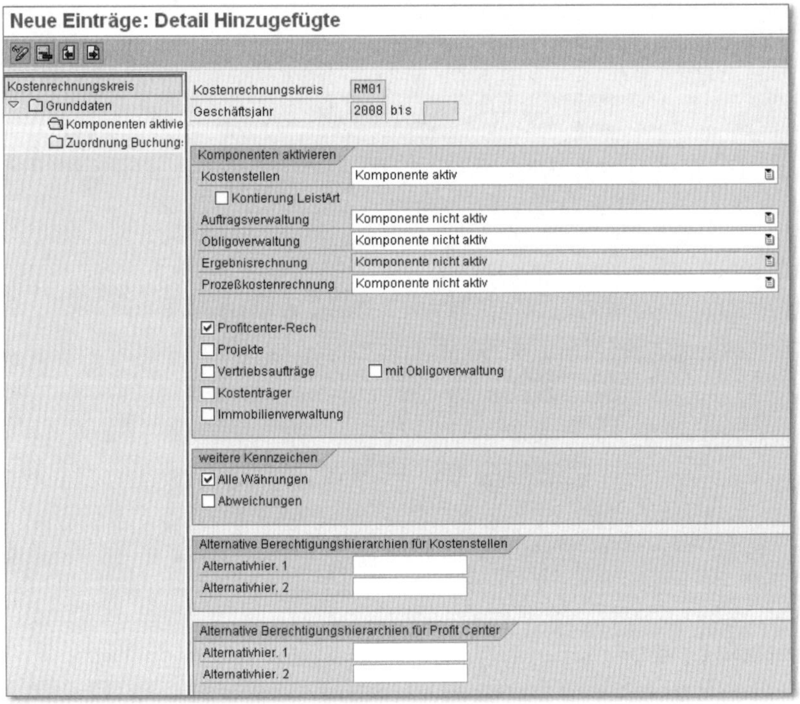

Abbildung 3.21 Komponenten im Kostenrechnungskreis aktivieren

In diesem Schritt legen Sie fest, welche Teilkomponenten des Controllings Sie für den Kostenrechnungskreis nutzen möchten. Hierzu geben Sie zunächst im Feld GESCHÄFTSJAHR an, ab welchem Geschäftsjahr die Einstellungen gültig sein sollen. Wählen Sie anschließend in der Registerkarte KOMPONENTEN AKTIVIEREN die für Sie relevanten Komponenten aus. Im Beispiel wurden für den Kostenrechnungskreis RM01 die Kostenstellenrechnung und die *Profit-Center-Rechnung* (im klassischen Hauptbuch) aktiviert.

3.10 Profit-Center

Profit-Center-Definition

Die Profit-Center-Rechnung in SAP ERP dient der internen Berichterstattung nach dem Gesamtkosten- oder dem Umsatzkostenverfahren sowie der Segmentberichterstattung im Sinne von IFRS. Über *Profit-Center* können Sie das Gesamtunternehmen in eigenständige, ergebnisverantwortliche Teilbereiche gliedern, um z. B. die Segmente laut IFRS abzubilden (siehe Abschnitt 3.8, »Segment«). Profit-Center werden, ähnlich wie Kostenstellen, innerhalb eines Kostenrechnungskreises in einer *Standardhierarchie* gegliedert (siehe Abbildung 3.22). Ausgehend vom höchsten Knoten, der Standardhierarchie, können sogenannte *Profit-Center-Gruppen* als weitere Hierarchieknoten angelegt werden. Profit-Center-Gruppen dienen nur der Strukturierung der Hierarchie und sind nicht direkt bebuchbar.

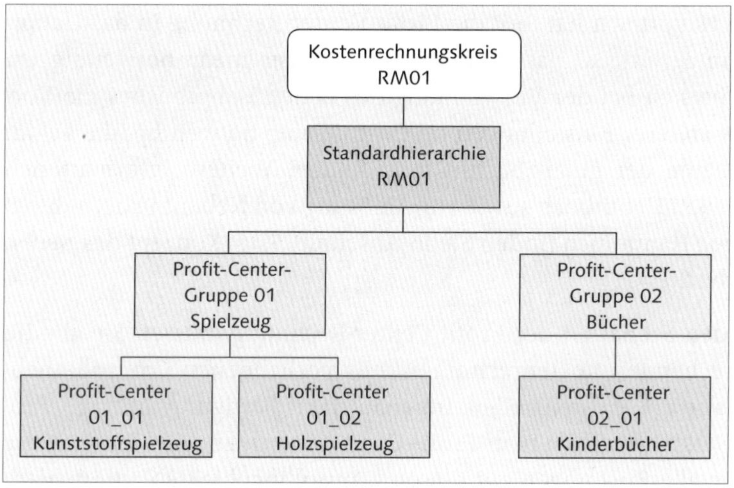

Abbildung 3.22 Profit-Center-Hierarchie

Profit-Center können sowohl buchungskreisspezifisch als auch buchungsübergreifend sein. Dies bedeutet, dass Sie für jedes Profit-Center festlegen können, für welche Buchungskreise desselben Kostenrechnungskreises es bebuchbar sein soll. In Abbildung 3.23 ist ein denkbares Szenario dargestellt: Der Kostenrechnungskreis RM01 enthält die Profit-Center 01_01, 01_02 und 02_01, und die Buchungskreise RM01 und RM02 sind beide dem Kostenrechnungskreis RM01 zugeordnet. Für den Buchungskreis RM01 sind die Profit-Center 01_01 und 01_02 aktiv, und für den Buchungskreis RM02 sind die Profit-Center 01_02 und 02_01 freigeschaltet.

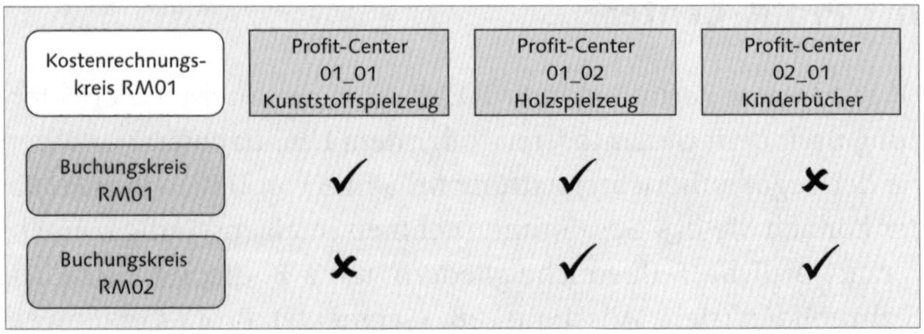

Abbildung 3.23 Verknüpfungen zwischen Buchungskreisen und Profit-Centern

Konfiguration der Profit-Center-Rechnung

Wie Sie die Konfiguration der Profit-Center-Rechnung vornehmen, hängt davon ab, ob Sie das klassische oder das neue Hauptbuch einsetzen. Im Zusammenspiel mit dem klassischen Hauptbuch stellt die Profit-Center-Rechnung ein Nebenbuch dar, dessen Konfiguration Sie über das Customizing-Menü im Controlling vornehmen. Mit dem neuen Hauptbuch hat SAP die Profit-Center-Rechnung in das Hauptbuch integriert, so dass kein eigenes Ledger mehr notwendig ist. Allerdings ist bei der Verwendung des neuen Hauptbuches die Vornahme anderer Einstellungen im Customizing notwendig, die Sie im Menübaum der Finanzbuchhaltung finden. Weitere Informationen zum neuen Hauptbuch sowie zur Ablösung von Nebenbüchern durch das neue Hauptbuch finden Sie in Abschnitt 5.1, »Konzept des neuen Hauptbuches«.

In beiden Szenarien der Profit-Center-Rechnung müssen Sie alle im entsprechenden Kostenrechnungskreis vorhandenen Controllingobjekte (also z. B. Kostenstellen, Innenaufträge, Fertigungsaufträge, Projekte, Kostenträger) einem Profit-Center zuordnen. Auf diese Weise werden alle Buchungen auf diesen Controllingobjekten automatisch auch in der Profit-Center-Rechnung fortgeschrieben. Darüber hinaus haben Sie die Möglichkeit, Bilanzpositionen Profit-Centern zuzuordnen und somit eine komplette Bilanz je Profit-Center zu erstellen. Die Vorgehensweise hierzu unterscheidet sich in beiden möglichen Ansätzen an einigen Stellen, daher stellen wir Ihnen im Folgenden die notwendigen Customizing-Einstellungen für beide Ansätze vor.

3.10.1 Profit-Center-Rechnung im klassischen Hauptbuch

Zuordnung von Controllingobjekten zu Profit-Centern

Wenn Sie das klassische Hauptbuch einsetzen, müssen Sie zunächst die *Profit-Center-Rechnung* im Kostenrechnungskreis aktivieren. Dies können Sie direkt bei der Pflege des Kostenrechnungskreises tun, wie wir es in Abschnitt 3.9, »Kostenrechnungskreis«, insbesondere anhand von Abbildung 3.21, erläutert haben.

Um die weiteren Grundeinstellungen vorzunehmen, wählen Sie im Customizing den Menüpfad Controlling • Profit-Center-Rechnung • Grundeinstellungen • Einstellungen für den Kostenrechnungskreis • Einstellungen für den Kostenrechnungskreis pflegen, oder Sie verwenden die Transaktion OKE5 (siehe Abbildung 3.24).

Analog zu den Einstellungen zur Kostenstellenrechnung legen Sie zunächst eine Standardhierarchie für die Profit-Center fest (in unserem Beispiel die Hierarchie RM01).

Darüber hinaus können Sie in dieser Transaktion einige Einstellungen zur Binnenumsatzeliminierung, zur parallelen Bewertung sowie für ALE-Szenarien vornehmen (ALE steht für *Application Link Enabling* und erlaubt die Kopplung mehrerer SAP-Systeme). Diese Einstellungen zu erklären, liegt allerdings nicht im Fokus dieses Buches, so dass wir uns hier nur auf die notwendigen Einstellungen für unser einfaches Beispiel konzentrieren.

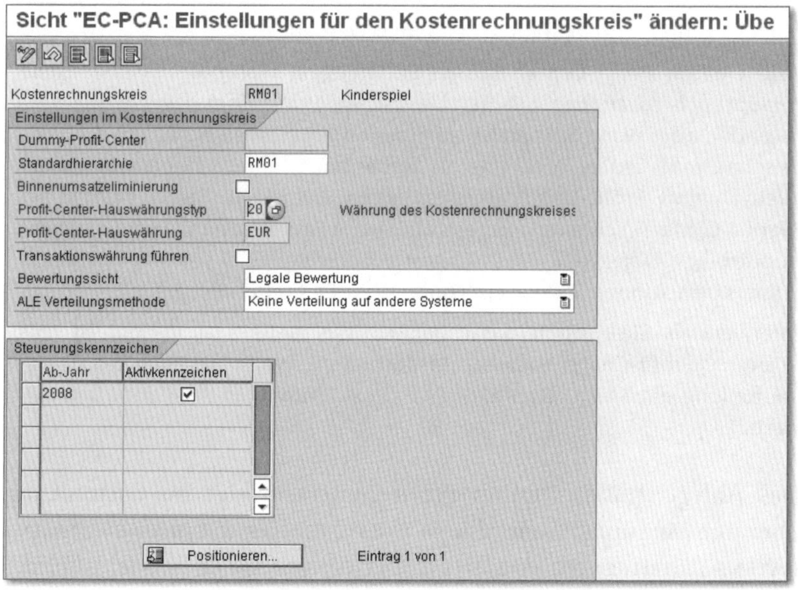

Abbildung 3.24 Einstellungen zur Profit-Center-Rechnung im Kostenrechnungskreis

Dummy-Profit-Center

Im klassischen Hauptbuch stellt die Profit-Center-Rechnung ein Nebenbuch dar; dies bedeutet unter anderem, dass alle Buchungen des Hauptbuches nicht notwendigerweise automatisch in der Profit-Center-Rechnung fortgeschrieben werden. Standardmäßig erfolgt die Fortschreibung nur für Buchungen auf Controlling-Objekte, also für GuV-Buchungen zu Kostenarten (das SAP-System stellt technisch sicher, dass Kostenarten immer zusammen mit einem Controllingobjekt gebucht werden). Wie bereits erwähnt, müssen Sie jedes Controlling-Objekt einem Profit-Center zuordnen; das System stellt aber nicht automatisch sicher, dass Sie das auch tun. Für den Fall, dass das SAP-System bei einer Buchung in der Profit-Center-Rechnung kein gültiges Profit-Center ermitteln kann, zieht es stattdessen das sogenannte *Dummy-Profit-Center* heran. Damit wird sichergestellt, dass alle Belege aus dem Controlling auch in der Profit-Center-Rechnung fortgeschrieben werden und sich keine Abweichungen zwischen den Teilmodulen ergeben.

[!]

Dummy-Profit-Center

Beachten Sie, dass Sie das Dummy-Profit-Center nur dann benötigen, wenn Sie die klassische Profit-Center-Rechnung verwenden! Da im neuen Hauptbuch die Profit-Center-Rechnung integrierter Bestandteil des Hauptbuches ist, ist somit bereits automatisch sichergestellt, dass alle Belege ordnungsgemäß fortgeschrieben werden.

Ein Dummy-Profit-Center *müssen* Sie anlegen, wenn Sie das klassische Hauptbuch zusammen mit der klassischen Profit-Center-Rechnung verwenden oder wenn Sie parallel zum neuen Hauptbuch zusätzlich die klassische Profit-Center-Rechnung als Nebenbuch führen. Denn solange Sie kein Dummy-Profit-Center angelegt haben, werden die Belege nicht in der Profit-Center-Rechnung fortgeschrieben, wenn versäumt wurde, einem Controlling-Objekt ein Profit-Center zuzuordnen. Für jeden Kostenrechnungskreis können Sie nur ein Dummy-Profit-Center anlegen.

Verwenden Sie jedoch ausschließlich das neue Hauptbuch, ist das Dummy-Profit-Center *optional*. Insbesondere, wenn Sie auch die Belegaufteilung einsetzen, empfiehlt SAP, kein Dummy-Profit-Center anzulegen.

Das Anlegen eines Dummy-Profit-Centers erfolgt im Customizing über den Menüpfad Controlling • Profit-Center-Rechnung • Stammdaten • Profitcenter • Dummy-Profitcenter anlegen oder über die Transaktion KE59 (siehe die Abbildungen 3.25 und 3.26).

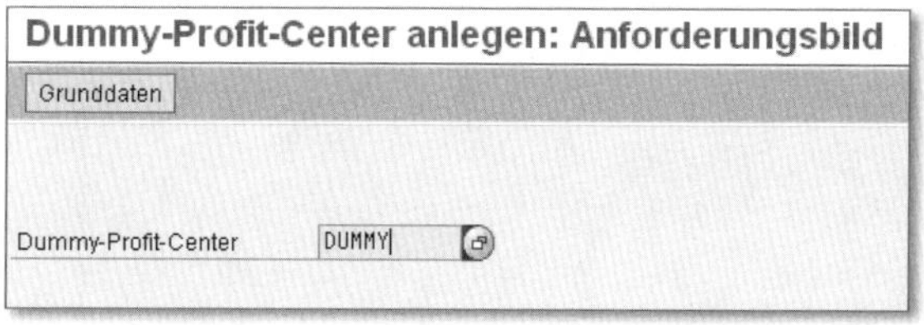

Abbildung 3.25 Dummy-Profit-Center anlegen

Vergeben Sie einen Namen für das Dummy-Profit-Center, z. B. »Dummy«, und klicken Sie anschließend auf den Button GRUNDDATEN. Geben Sie dann eine Bezeichnung (Kurztext) und eine Beschreibung (Langtext) ein, und geben Sie außerdem den gewünschten Hierarchiebereich (einen Knoten in der Standardhierarchie) an. Im Beispiel wurde das Dummy-Profit-Center direkt unter den obersten Knoten der Standardhierarchie gehängt (siehe Abbildung 3.26).

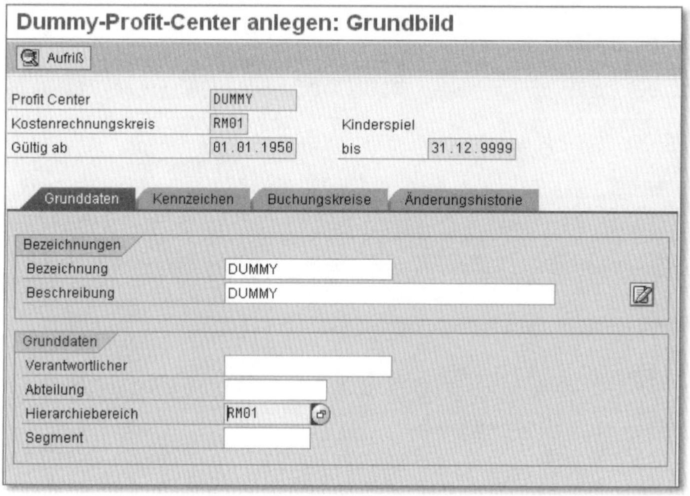

Abbildung 3.26 Pflegen des Dummy-Profit-Centers

Bevor Sie die Stammdaten für Ihre Profit-Center anlegen können, sollten Sie die Standardhierarchie weiter aufbauen, indem Sie weitere Profit-Center-Gruppen einfügen. In unserem Beispiel enthält die Standardhierarchie bisher nur den obersten Knoten RM01.

Profit-Center-Standardhierarchie pflegen

Wir möchten nun noch die Gruppen 01 (Spielzeug) und 02 (Bücher) anlegen. Wählen Sie hierzu den Customizing-Pfad CONTROLLING • PROFIT-CENTER-RECHNUNG • STAMMDATEN • PROFITCENTER • STANDARDHIERARCHIE PFLEGEN (siehe Abbildung 3.27).

Abbildung 3.27 Profit-Center-Standardhierarchie pflegen

Profit-Center-Stammdaten pflegen

Nun haben Sie alle Voraussetzungen dafür geschaffen, dass Sie die Stammdaten für Ihre Profit-Center anlegen können. Dies erledigen Sie im Customizing unter Controlling • Profit-Center-Rechnung • Stammdaten • Profitcenter • Profit Center definieren • Aktivität: EC-PCA: Anlegen Profit Center oder über die Transaktion KE51. Dies funktioniert ähnlich wie das Anlegen des Dummy-Profit-Centers (siehe Abbildung 3.28).

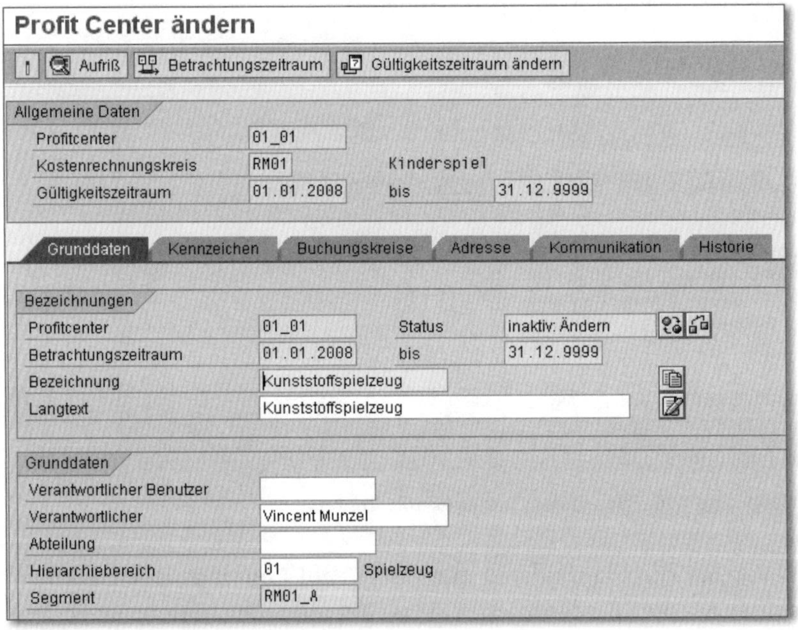

Abbildung 3.28 Profit-Center-Stammdaten pflegen

Online-Durchbuchungen aktivieren

Jetzt fehlen noch einige Einstellungen zur Aktivierung der Profit-Center, ohne die Sie in der Profit-Center-Rechnung keine Buchungen durchführen können. Die erste Einstellung ist die Aktivierung der Online-Durchbuchungen, die Sie im Customizing unter Controlling • Profit-Center-Rechnung • Grundeinstellungen • Einstellungen für den Kostenrechnungskreis • Durchbuchungen aktivieren • Steuerungsparameter Istdaten einstellen oder über die Transaktion 1KEF vornehmen.

Aktivieren Sie im nun erscheinenden Fenster Neue Einträge: Übersicht Hinzugefügte die Option Online-Übernahme (siehe Abbildung 3.29). Um später Ihre Profit-Center-Belege besser mit den vorgelagerten Modulen wie Finanzbuchhaltung und Kostenstellenrechnung abstimmen zu können, sollten Sie außerdem auch die Option Einzelposten einschalten. Dies kann sich allerdings negativ auf die Performance Ihres Systems auswirken und sollte daher sorgfältig mit dem Basis-Administrator abgeklärt werden.

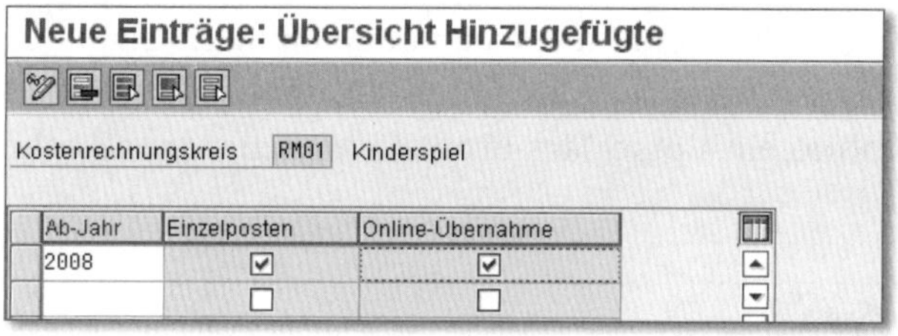

Abbildung 3.29 Durchbuchungen für die Profit-Center-Rechnung aktivieren

Bilanzpositionen nach Profit-Centern aufteilen

Wie bereits erwähnt, werden GuV-Buchungen auf Kostenarten automatisch in der Profit-Center-Rechnung fortgeschrieben. Darüber hinaus haben Sie die Möglichkeit, Bilanzpositionen nach Profit-Centern in folgender Weise aufzuteilen:

- Um Materialbestände je Profit-Center auswerten zu können, müssen Sie zunächst in allen Materialstammsätzen ein Profit-Center eintragen.
- Anlagenbestände können Sie in die Profit-Center-Rechnung übernehmen, indem Sie einen Anlagenstammsatz mit einem Controllingobjekt (Kostenstelle, Innenauftrag oder Projekt) verknüpfen; das Profit-Center der Anlage wird dann indirekt aus dem Controllingobjekt ermittelt.
- Forderungen und Verbindlichkeiten ordnet das System anhand des Gegenkontos in der Debitoren- bzw. Kreditorenrechnung einem Profit-Center zu (nach der gleichen Logik wie bei den Geschäftsbereichen, siehe Tabellen 3.1 und 3.2 in Abschnitt 3.7, »Geschäftsbereich«).

- Ware in Arbeit wird bei der Ermittlung aus dem Controllingobjekt hergeleitet, für die sie errechnet wird (z. B. Fertigungsauftrag, Kostenträger oder Projekt).

Vorschlag für die Profit-Center-Zuordnung

Sonstige manuell gebuchte Bilanzpositionen sowie GuV-Buchungen auf Sachkonten, für die Sie keine Kostenart angelegt haben, können Sie ebenfalls in die Profit-Center-Rechnung übernehmen. Hierzu müssen Sie jedem der betroffenen Konten zunächst ein Vorschlags-Profit-Center zuordnen. Falls bei einer Buchung kein anderes Profit Center angegeben wird (z. B. manuell durch den Sachbearbeiter), wird das Vorschlags-Profit-Center verwendet. Um die entsprechenden Einstellungen vorzunehmen, wählen Sie im Customizing den Menüpfad Controlling • Profit-Center-Rechnung • Istbuchungen • Zusätzliche Bilanz- und GuV-Konten auswählen • Konten auswählen oder die Transaktion 3KEH. Im nun erscheinenden Bildschirm geben Sie einzelne Konten oder Bereiche von Konten ein, denen Sie über den Button PrCtr Findung ein Vorschlags-Profit-Center zuordnen (siehe Abbildung 3.30).

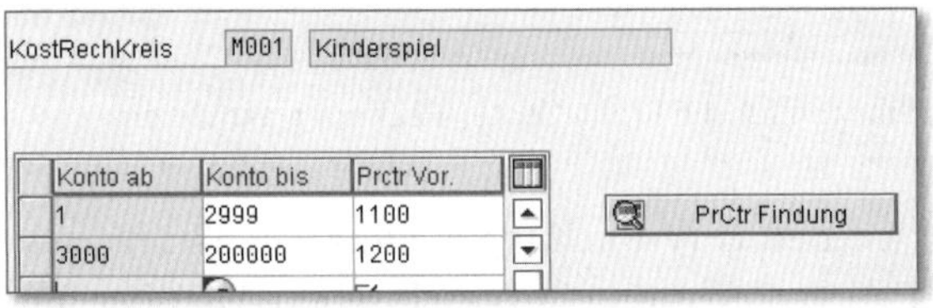

Abbildung 3.30 Zusätzliche Bilanz- und GuV-Konten auswählen

Das Vorschlags-Profit-Center wird nur für den Fall herangezogen, dass das System bei einer Buchung kein Profit-Center ermitteln kann. Wird bei einer FI-Buchung z. B. ein Profit-Center manuell eingegeben oder bei einer Anlagenbewegung automatisch ein anderes Profit-Center ermittelt, wird das ermittelte Profit-Center in die Buchung übernommen und das Vorschlags-Profit-Center überschrieben.

Besonderer Umgang mit bestimmten Bestandskonten

Für bestimmte Bilanzkontenarten (Bestandskonten für Anlagen, Material und Ware in Arbeit sowie Abstimmkonten für Forderungen und Verbindlichkeiten) stellt das SAP-System spezielle Reports zur monatlichen Übernahme der Buchungen in die Profit-Center-Rechnung zur Verfügung. In diesem Zusammenhang müssen Sie die folgenden Wechselwirkungen bei der Auswahl von zusätzlichen Bilanz- und GuV-Konten beachten:

- Abstimmkonten für Forderungen und Verbindlichkeiten können nur über spezielle Übernahmereports korrekt übernommen werden. Diese Konten dürfen Sie hier daher nicht mit auswählen, da Sie sonst doppelte Werte in der Profit-Center-Rechnung erhalten.
- Für Anlagenkonten und Ware in Arbeit haben Sie die Wahl, ob Sie sie online übernehmen – dann müssen Sie den entsprechenden Konten ein Vorschlags-Profit-Center zuordnen. Möchten Sie die Werte hingegen nur periodisch übernehmen, tragen Sie sie hier nicht ein.
- Materialbestände können Sie online oder monatlich übernehmen, oder eine Kombination aus beiden Optionen wählen, da bei der monatlichen Übernahme eventuell online übernommene Posten gelöscht werden. Für die Online-Übernahme der Materialbestände müssen Sie den Materialbestandskonten ebenfalls ein Vorschlags-Profit-Center zuordnen.

Nun haben Sie einen groben Überblick über die notwendigen Einstellungen zur Profit-Center-Rechnung im klassischen Hauptbuch erhalten. Technisch gesehen handelt es sich hierbei um ein Controllingthema. Da »Controlling« aber nicht der Hauptgegenstand dieses Buches ist, vertiefen wir die klassische Profit-Center-Rechnung, für die ein eigenes Kapitel notwendig wäre, nicht weiter. Eine ausführliche Beschreibung der Profit-Center-Rechnung, der ein ganzes Kapitel gewidmet ist, finden Sie in unserem Buch »SAP-Controlling – Customizing«, das ebenfalls bei SAP PRESS erschienen ist.

Im folgenden Abschnitt zeigen wir Ihnen die notwendigen Einstellungen im neuen Hauptbuch.

3.10.2 Profit-Center-Rechnung im neuen Hauptbuch

Der Sinn und Zweck der *Profit-Center-Rechnung* ist im neuen Hauptbuch derselbe wie im klassischen Hauptbuch: Die Anwendung der Profit-Center-Rechnung eröffnet Ihnen die Möglichkeit, Ihr Unternehmen in ergebnisverantwortliche Teilbereiche zu gliedern, und Sie werden hierdurch in die Lage versetzt, Bilanz- und GuV-Buchungen einzelnen Profit-Centern zuzuordnen.

Profit-Center-Rechnung und neues Hauptbuch

Anders als in der klassischen Profit-Center-Rechnung, die ein Nebenbuch darstellt, ist die Profit-Center-Rechnung nahtlos in das neue Hauptbuch integriert. So ist das Feld PROFIT-CENTER Teil der Summentabelle FAGLFLEXT, die Sie für Auswertungen im neuen Hauptbuch verwenden können. Damit ist es möglich, direkt aus dem Hauptbuch heraus Analysen auf Profit-Center-Ebene durchzuführen, ohne dabei in ein Nebenbuch verzweigen oder gar eine Abstimmung zwischen Haupt- und Nebenbuch durchführen zu müssen.

Profit-Center-Fortschreibung

Um im neuen Hauptbuch das gewünschte Profit-Center als Merkmal in die Tabelle FAGLFLEXT aufzunehmen und es somit in Belegen fortzuschreiben, müssen Sie zunächst das Szenario FIN_PCA (Profit-Center-Fortschreibung) aktivieren. Hierzu wählen Sie im Customizing den Menüpfad FINANZWESEN (NEU) • GRUNDEINSTELLUNGEN FINANZWESEN (NEU) • BÜCHER • LEDGER • SZENARIOS UND KUNDENEIGENE FELDER LEDGERN ZUORDNEN (siehe Abbildung 3.31). Weitere Details zu dieser Thematik finden Sie in Abschnitt 4.2.2, »Szenarien und kundeneigene Felder Ledgern zuordnen«, und in SAP-Hinweis 826357.

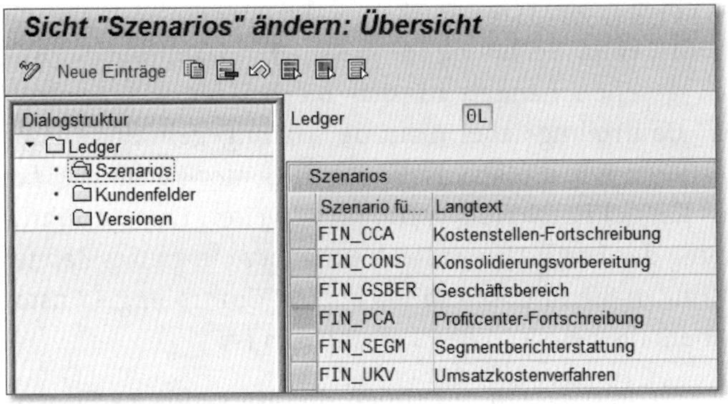

Abbildung 3.31 Profit-Center-Fortschreibung aktivieren

[!]

Nachträgliches Aktivieren bzw. Deaktivieren nicht erlaubt!

Während die klassische Profit-Center-Rechnung als Nebenbuch nicht dem externen Berichtswesen dient und somit nicht revisionspflichtig ist, ist die Profit-Center-Rechnung im neuen Hauptbuch Teil des Hauptbuches und unterliegt der Revisionspflicht. Dies hat zur Folge, dass Sie Szenarien, und damit auch die *Profit-Center-Fortschreibung*, nachträglich nicht mehr aktivieren oder deaktivieren dürfen. Dies verbietet SAP in SAP-Hinweis 891144 ausdrücklich.

Daraus folgt, dass Sie vor dem Produktivstart im neuen Hauptbuch genau festlegen müssen, ob und wie Sie die Profit-Center-Rechnung einsetzen möchten.

Aufteilen von Forderungen und Verbindlichkeiten auf die Profit-Center in Echtzeit

In der klassischen Profit-Center-Rechnung können Sie Forderungen und Verbindlichkeiten nicht in Echtzeit auf die einzelnen Profit-Center aufteilen; erst mit einem speziellen Programm zur Nachbelastung der Bilanz ist es möglich, die Debitoren- bzw. die Kreditorenpositionen im gleichen Verhältnis wie die GuV-Positionen im Beleg aufzuteilen. Ein Beispiel für dieses Szenario finden Sie in Abschnitt 3.7, »Geschäftsbereich«. Im neuen Hauptbuch ist dieser Umweg nicht mehr notwendig, wenn Sie die Funktionalität der Belegaufteilung nutzen. Denn mithilfe der Belegaufteilung ist es möglich, Belege (z. B. zu Forderungen und Verbindlichkeiten) bereits beim Buchen automatisch profit-center-genau aufzuteilen. Hierzu wählen Sie zunächst den Customizing-Pfad Finanzwesen (neu) • Hauptbuchhaltung (neu) Geschäftsvorfälle • Belegaufteilung • Belegaufteilungsmerkmale für Hauptbuchhaltung definieren (siehe Abbildung 3.32). Um die Erstellung einer Bilanz je Profit-Center zu ermöglichen, sollten Sie den Parameter Nullsaldo für das entsprechende Merkmal aktivieren. So stellen Sie sicher, dass in jedem Beleg der Saldo je Profit-Center null ist. Deklarieren Sie das betreffende Merkmal außerdem als Mussfeld, stellen Sie sicher, dass in jeder Buchung ein Profit-Center zugeordnet wird. Kann kein Profit-Center vom SAP-System ermittelt werden, bricht das System die Buchung mit einer Fehlermeldung ab.

Abbildung 3.32 Profit-Center als Belegaufteilungsmerkmal definieren

Belegaufteilung aktivieren

Nach der Definition der Belegaufteilungsmerkmale müssen Sie noch die Belegaufteilung aktivieren. Dies tun Sie unter Finanzwesen (neu) • Hauptbuchhaltung (neu) Geschäftsvorfälle • Belegaufteilung • Belegaufteilung aktivieren (siehe Abbildung 3.33). Der Parameter Vererbung bedeutet hier, dass Belegzeilen, die ohne ein aufzuteilendes Merkmal gebucht werden, also in unserem Falle das Profit-Center, das entsprechende Merkmal aus der Gegenposition übernehmen. Mithilfe der Optionen Standardkontierung und Konstante können Sie Regeln dazu definieren, wie bestimmte Merkmalswerte überschrieben werden können, wenn zum Zeitpunkt der Buchung kein sinnvoller Wert ermittelt werden kann. Weiterführende Informationen zur Belegaufteilung finden Sie in Abschnitt 5.2.3, »Belegaufteilung«.

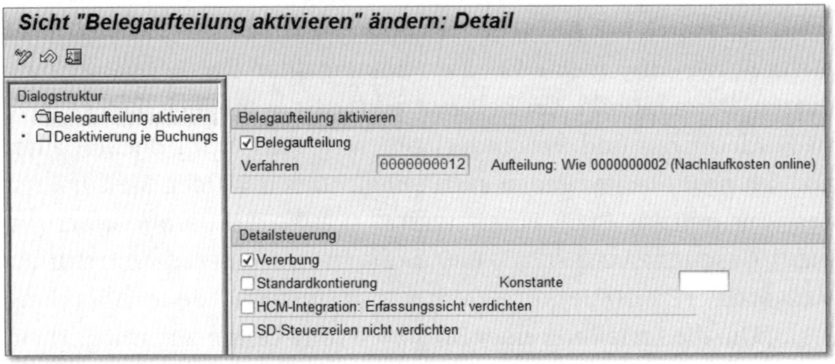

Abbildung 3.33 Belegaufteilung aktivieren

[!]

Belegaufteilung für Dummy-Profit-Center

Wie wir bereits im vorangegangenen Abschnitt dargelegt haben, benötigen Sie für die Profit-Center-Rechnung im neuen Hauptbuch kein *Dummy-Profit-Center*. Denn Buchungen, die keinem Profit-Center zugeordnet werden können, werden mit einem leeren Eintrag für das Feld Profit-Center fortgeschrieben und können weiterbearbeitet werden (z. B. anhand einer Umbuchung oder Verteilung).

Wie die Belegaufteilung das Dummy-Profit-Center behandelt, hängt davon ab, welche Komponenten Sie aktiviert haben. Für den Fall, dass Sie die klassische Profit-Center-Rechnung nicht aktiviert haben, behandelt das System das Dummy-Profit-Center wie ein normales Profit-Center. Für Belege, die auf Dummy-Profit-Center gebucht wurden, wird das Dummy-Profit-Center also nicht durch die Belegaufteilung (über Vererbung oder Zuordnung einer Konstanten) überschrieben.

Daher wiederholen wir auch an dieser Stelle noch einmal die Empfehlung von SAP, kein Dummy-Profit-Center zu verwenden, wenn Sie ausschließlich die Profit-Center-Rechnung im neuen Hauptbuch einsetzen. Weitere Details zu diesem Thema finden Sie in SAP-Hinweis 1085921.

Profit-Center-Stammsatz

Die Stammdatenpflege für Profit-Center im neuen Hauptbuch beinhaltet im Wesentlichen dieselben Funktionalitäten und Pflegemasken wie die klassische Profit-Center-Rechnung. Die entsprechenden Pflegetransaktionen finden Sie nun aber auch im Menü des Hauptbuches, sowohl im Customizing unter FINANZWESEN (NEU) • HAUPTBUCHHAL-

Tung (neu) Stammdaten • Profitcenter als auch im Anwendungsmenü unter Rechnungswesen • Finanzwesen • Hauptbuch • Stammdaten • Profitcenter. Die wichtigste Änderung ist, dass Sie die Standardhierarchie für Profit-Center nun nicht mehr in den Einstellungen zum Kostenrechnungskreis definieren, sondern über den neuen Menüpfad Finanzwesen (neu) • Hauptbuchhaltung (neu) Stammdaten • Profitcenter • Profitcenter-Standardhierarchie im KostRechKreis anlegen (siehe Abbildung 3.34).

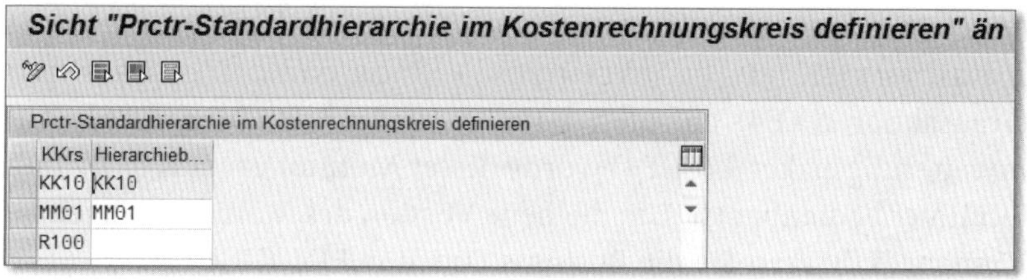

Abbildung 3.34 Profit-Center-Standardhierarchie anlegen

Hier definieren Sie je Kostenrechnungskreis lediglich den Namen für die Hierarchie; die Hierarchie selbst pflegen Sie über Finanzwesen (neu) • Hauptbuchhaltung (neu) Stammdaten • Profitcenter • Standardhierarchie definieren (Transaktion KCH4). Es steht Ihnen hier dieselbe Funktionalität zur Verfügung, wie wir sie bereits im vorangegangenen Abschnitt 3.10.1, »Profit-Center-Rechnung im klassischen Hauptbuch«, in Abbildung 3.27 dargestellt haben. Auch die Pflege der Gruppen und Stammdaten der Profit-Center hat sich gegenüber der klassischen Profit-Center-Rechnung nicht verändert.

Vorschlags-Profit-Center hinterlegen

Wie in der klassischen Profit-Center-Rechnung steht Ihnen auch im neuen Hauptbuch eine Transaktion zur Verfügung, mit deren Hilfe Sie für Bilanzkonten sowie für GuV-Konten, für die keine Kostenart angelegt ist, *Vorschlags-Profit-Center* hinterlegen können. So werden Belege zu diesen Konten mit den Vorschlagswerten gebucht, wenn das System zum Zeitpunkt der Buchung kein anderes Profit-Center ermitteln kann. Die entsprechende Transaktion erreichen Sie über den Menüpfad Finanzwesen (neu) • Hauptbuchhaltung (neu) Stammdaten • Profitcenter • Vorschlagsprofitcenter Konten zuordnen. Diese Transaktion ähnelt der entsprechenden Transaktion 3KEH in der klassischen Profit-Center-Rechnung, bezieht sich aber auf das Hauptbuch.

[!]

Vorschlagswerte

Auch die Funktionalität zum Hinterlegen von Vorschlagswerten können Sie mithilfe von Konstanten über die Belegaufteilung abbilden. Achten Sie darauf, dass Sie Vorschlagswerte nur für Konten hinterlegen, die nicht an der Belegaufteilung teilnehmen.

Um die Zuordnung von Controllingobjekten zu Profit-Centern zu überwachen, stellt das SAP-System einen Überwachungsmonitor zur Verfügung, den Sie über FINANZWESEN (NEU) • HAUPTBUCHHALTUNG (NEU) STAMMDATEN • PROFITCENTER • ZUORDNUNGEN VON KONTIERUNGSOBJEKTEN ZU PROFITCENTERN • ZUORDNUNGEN ÜBERPRÜFEN (Transaktion 1KE4) aufrufen können (siehe Abbildung 3.35). Mit Erweiterungspaket 4 (EHP4) wurde dieser Monitor erneuert, der nun intuitiver bedienbar ist. Um die neue Version des Monitors nutzen zu können, aktivieren Sie die Business Function FIN_GL_CI_2.

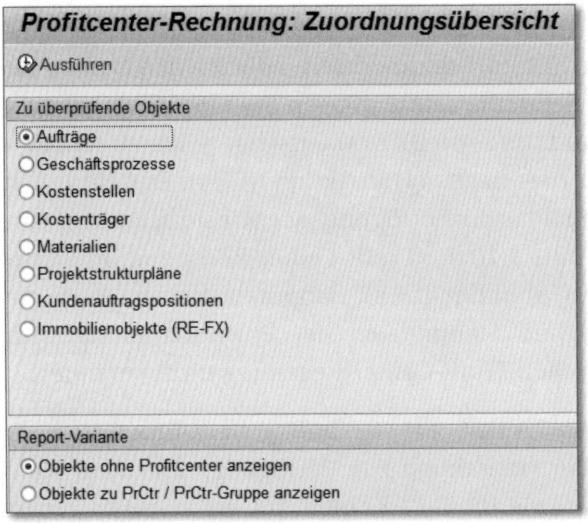

Abbildung 3.35 Zuordnungsübersicht für Controllingobjekte

Klassische Profit-Center-Rechnung im neuen Hauptbuch

Abschließend möchten wir noch einmal darauf hinweisen, dass es technisch durchaus möglich ist, auch die klassische Profit-Center-Rechnung in Verbindung mit dem neuen Hauptbuch zu nutzen; SAP empfiehlt dies jedoch nicht. Eine detaillierte Beschreibung der möglichen Probleme, die dabei auftreten können, finden Sie in SAP-Hinweis 826357.

3.11 Funktionsbereich

Funktionsbereiche für das Umsatzkostenverfahren

Funktionsbereiche benötigen Sie nur dann, wenn Sie Ihr Ergebnis nach dem *Umsatzkostenverfahren* (UKV) ausweisen möchten. Anhand der Funktionsbereiche können Sie für jede Buchung in der GuV die Funktion ermitteln, unter der sie im Ergebnis gezeigt werden soll. Im neuen Hauptbuch sind die Funktionsbereiche für das Umsatzkostenverfahren bereits integriert. Sollten Sie das alte Hauptbuch nutzen, bietet SAP Ihnen grundsätzlich drei Möglichkeiten, um das UKV abzubilden:

- **Im Rahmen eines speziellen Ledgers**
  Spezielle Ledger sind eine Funktionalität von SAP ERP, um weitere Bücher (Ledger) für die Finanzbuchhaltung zu führen. In diesen Büchern können Sie eine Reihe von Merkmalen sowie deren Ableitung definieren, die Ihnen im Hauptbuch nicht zur Verfügung stehen.
- **Als UKV-Ledger**
  Wenn Sie keine speziellen Ledger nutzen, können Sie ein sogenanntes *UKV-Ledger* anlegen. Dies ist im Prinzip auch ein spezielles Ledger, das aber im SAP-System bereits vordefiniert ist und als einziges Merkmal den jeweiligen Funktionsbereich enthält. Sie müssen das UKV-Ledger lediglich aktivieren und den Buchungskreisen zuordnen, für die es gelten soll.
- **Über die Profit-Center-Rechnung**
  Funktionsbereiche können standardmäßig in Profit-Center-Belegen fortgeschrieben werden. Wenn Sie also die Profit-Center-Rechnung nutzen, benötigen Sie für das UKV keine weiteren Ledger.

Um zu verdeutlichen, wozu Funktionsbereiche benötigt werden, sehen wir uns ein Beispiel an, in dem unser Betrieb sein Ergebnis einmal nach dem Gesamtkostenverfahren und einmal nach dem Umsatzkostenverfahren ausweist.

Beispiel für das Gesamtkostenverfahren

Tabelle 3.3 zeigt die GuV unseres Beispielunternehmens nach dem Gesamtkostenverfahren. Sie erkennen, dass in den drei Profit-Centern unseres Unternehmens Waren im Wert von insgesamt 135.000 EUR verkauft worden sind (Hinweis zur Darstellung: Haben-Werte werden als negative und Soll-Werte als positive Zahlen ausgewiesen). Hinzu kommt ein Bestandszuwachs von insgesamt 50.000 EUR;

Waren also, die gefertigt und auf Lager gelegt wurden. Damit ergibt sich eine sogenannte *Gesamtleistung* von 185.000 EUR. Des Weiteren werden die aufgelaufenen Kosten dargestellt, in unserem Beispiel auf die Positionen »Materialaufwand«, »Personalaufwand« und »Abschreibungen« reduziert. Laut Betriebsergebnis hat das Unternehmen einen Gewinn in Höhe von 43.000 EUR erzielt.

Konten	Profit-Center 01_01 (EUR)	Profit-Center 01_02 (EUR)	Profit-Center 02_01 (EUR)	Gesamt (EUR)
Umsatzerlöse	–50.000	–25.000	–60.000	–135.000
Bestandsveränderung	–10.000	–5.000	–35.000	–50.000
Gesamtleistung	**–60.000**	**–30.000**	**–95.000**	**–185.000**
Materialaufwand	20.000	10.000	35.000	65.000
Personalaufwand	15.000	5.000	40.000	60.000
Abschreibungen	5.000	2.000	10.000	17.000
Betriebsergebnis	**–20.000**	**–13.000**	**–10.000**	**–43.000**

Tabelle 3.3 Beispiel für das Gesamtkostenverfahren

Um einen solchen Report im SAP-System darzustellen, können Sie z. B. einen Bericht im Report Painter oder in SAP NetWeaver BW (ehemals SAP NetWeaver BI) erstellen, der als Zeilen die Hauptbuchkonten und als Spalten die Profit-Center enthält. Die Zuordnung, welcher Wert in welcher Zeile erscheint, wird damit eindeutig über das Sachkonto definiert.

Beispiel für das Umsatzkostenverfahren

Sehen wir uns nun einmal dieselben Zahlen nach dem Umsatzkostenverfahren an (siehe Tabelle 3.4). Einer der Hauptunterschiede zum Gesamtkostenverfahren ist, dass als Herstellkosten nur die Kosten ausgewiesen werden, die für den Verkauf von Waren angefallen sind. Nicht relevant sind hingegen die Kosten für die Herstellung von Waren, die sich noch im Lager befinden. Der Wert der Waren, die hergestellt, aber noch nicht verkauft worden sind, trägt im Umsatzkostenverfahren entsprechend nicht zum Ergebnis bei. In unserem Beispiel sind also die Bestandsveränderungen und die Kosten, die bei deren Herstellung angefallen sind, nicht ausgewiesen, und das Betriebsergebnis ist somit dasselbe.

Konten	Profit-Center 01_01 (EUR)	Profit-Center 01_02 (EUR)	Profit-Center 02_01 (EUR)	Gesamt (EUR)
Umsatzerlöse	–50.000	–25.000	–60.000	–135.000
Materialverbrauch	10.000	6.000	15.000	31.000
Personalkosten	8.000	2.000	12.000	22.000
Abschreibungen	1.000	1.000	6.000	8.000
Herstellkosten	19.000	9.000	33.000	61.000
Bruttoergebnis	–31.000	–16.000	–27.000	–74.000
Materialverbrauch	2.000		4.000	6.000
Personalkosten	2.000	1.000	2.000	5.000
Abschreibungen	1.000		2.000	3.000
Vertriebskosten	5.000	1.000	8.000	14.000
Materialverbrauch	1.000		3.000	4.000
Personalkosten	2.000		1.000	3.000
Abschreibungen	1.000		1.000	2.000
F&E-Kosten	4.000		5.000	9.000
Materialverbrauch				
Personalkosten	1.000	1.000	3.000	5.000
Abschreibungen	1.000	1.000	1.000	3.000
Verwaltungskosten	2.000	2.000	4.000	8.000
Betriebsergebnis	**–20.000**	**–13.000**	**–10.000**	**–43.000**

Tabelle 3.4 Beispiel für das Umsatzkostenverfahren

Der zweite Hauptunterschied zum Gesamtkostenverfahren ist, dass alle Kosten in die Funktionen »Herstellkosten«, »Vertriebskosten«, »Forschungs- und Entwicklungskosten« sowie »Verwaltungskosten« aufgeteilt werden. Dies bedeutet, dass die einzelnen Positionen wie »Materialverbrauch«, »Personalkosten« und »Abschreibungen« nun nicht mehr gesamt je Konto ausgewiesen, sondern nach Funktionen dargestellt werden.

Für die Darstellung im Report des SAP-Systems bedeutet dies, dass Sie im Umsatzkostenverfahren eine Möglichkeit benötigen, um die Kosten in Funktionen aufzugliedern. Denn es genügt nun nicht mehr, in den Zeilen des Reports lediglich die einzelnen Konten auszuweisen. Genau dafür ist die Organisationseinheit »Funktionsbereich« gedacht, mit deren Hilfe, die Kosten den einzelnen Funktionen zugeordnet werden.

Funktionsbereiche pflegen

Um das Umsatzkostenverfahren mit Funktionsbereichen zu nutzen, sind einige Schritte notwendig. Zunächst legen Sie im Customizing über FINANZWESEN • GRUNDEINSTELLUNGEN FINANZWESEN • BUCHUNGSKREIS • UMSATZKOSTENVERFAHREN • FUNKTIONSBEREICH • FUNKTIONSBEREICH DEFINIEREN alle Funktionsbereiche an, die Sie benötigen (siehe Abbildung 3.36).

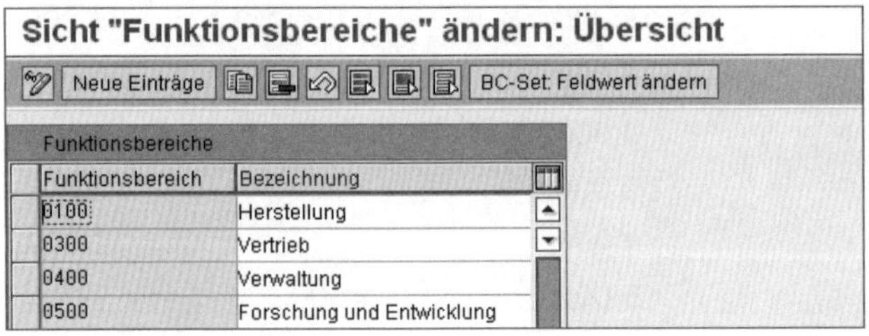

Abbildung 3.36 Funktionsbereiche anlegen

Anschließend müssen Sie festlegen, wie die Funktionsbereiche bei den Buchungen ermittelt werden sollen. In diesem Zusammenhang bieten sich Ihnen die folgenden Möglichkeiten:

- **Manuelle Eingabe**
  Durch diese Vorgabe zwingen Sie die Sachbearbeiter in der Buchhaltung, bei jeder Buchung einen Funktionsbereich auszuwählen und einzugeben. Der Vorteil dieser Vorgehensweise ist, dass Sie keine weiteren Ableitungen oder Zuordnungen definieren müssen. Nachteilig ist hingegen, dass Sie die Wahrscheinlichkeit von Eingabefehlern erhöhen.
- **Ableitung über Substitution**
  In einer sogenannten *Substitution* können Sie Regeln definieren, nach denen die Funktionsbereiche ermittelt werden sollen, beispielsweise dass der Funktionsbereich auf »Herstellkosten« gesetzt wird, wenn das Konto »Materialverbrauch« auf eine Fertigungskostenstelle gebucht wird. Die Substitution greift bei einer Buchung automatisch. Dieses Verfahren hat den Vorteil, dass Sie sehr flexibel sind; der große Nachteil ist jedoch, dass Sie im Nachhinein schlecht nachvollziehen können, warum in einem bestimmten Fall genau dieser Funktionsbereich ermittelt wurde und nicht ein anderer. Substitutionen müssen sehr sorgfältig getestet werden, bevor Sie sie im Produktivbetrieb einsetzen, da Sie Gefahr laufen, dass sich systematische Fehler einschleichen, die Sie nicht ohne Weiteres bemerken.

- **Zuordnung von Konten zum Funktionsbereich**
  Für bestimmte Konten können Sie fest vorgeben, dass sie immer zum selben Funktionsbereich gehören sollen. Diese Methode ist nur sinnvoll für Konten (z. B. Umsatzerlöse, Steuern oder sonstige Ausgaben), die nicht in unterschiedlichen Funktionen auftauchen können.
- **Zuordnung zu Controllingobjekten**
  Das System erlaubt Ihnen, für Controllingobjekte wie Kostenstellen, Aufträge, Projekte usw. einen Funktionsbereich vorzugeben. Bei Fertigungsaufträgen, Instandhaltungsaufträgen oder Innenaufträgen tragen Sie den Funktionsbereich in der Auftragsart ein; bei Projekten können Sie den Funktionsbereich im Projektprofil vorgeben und bei Kostenstellen individuell. Der Vorteil der Methode »Zuordnung zu Controllingobjekten« ist, dass die Ermittlung des Funktionsbereichs leicht nachvollziehbar ist. Wenn Sie aber mehrere Segmente oder Profit-Center einsetzen, könnte es passieren, dass Sie Ihre Kostenstellenstruktur aufblähen müssen. Denn Sie müssen dann für jede Kombination aus Funktion und Profit-Center eine Kostenstelle definieren, z. B. »Herstellkosten für Profit-Center 01_01«, »Herstellkosten für Profit-Center 01_02«, »Herstellkosten für Profit-Center 02_01« usw.
- **Umsatzkostenverfahren in Vorbereitung aktivieren**
  Falls Sie mehrere der genannten Möglichkeiten nutzen, um den Funktionsbereich zu ermitteln, prüft das System als Erstes, ob es eine Zuordnung des entsprechenden Controllingobjekts zum Funktionsbereich gibt. Als Nächstes schaut es nach, ob das gebuchte Konto bereits einen Funktionsbereich enthält. Ist dies der Fall, wird der zuvor ermittelte Wert anhand des Controllingobjekts überschrieben. Analog überschreibt die Substitution die vorherigen Schritte, während eine manuelle Eingabe Vorrang vor allen anderen Methoden hat.

Damit Sie die Funktionsbereiche in den Kontenstammdaten und Controllingobjekten eintragen können, müssen Sie zur Vorbereitung zunächst das Umsatzkostenverfahren aktivieren. Dies erledigen Sie im Customizing über den Menüpfad FINANZWESEN • GRUNDEINSTELLUNGEN FINANZWESEN • BUCHUNGSKREIS • UMSATZKOSTENVERFAHREN • UMSATZKOSTENVERFAHREN ZUR VORBEREITUNG AKTIVIEREN. Wählen Sie Ihren Buchungskreis aus, und setzen Sie den Status des UKV auf IN VORBEREITUNG (siehe Abbildung 3.37).

Falls Sie die Funktionsbereiche lediglich im Zusammenhang mit der Profit-Center-Rechnung nutzen möchten, sind Sie jetzt bereits fertig.

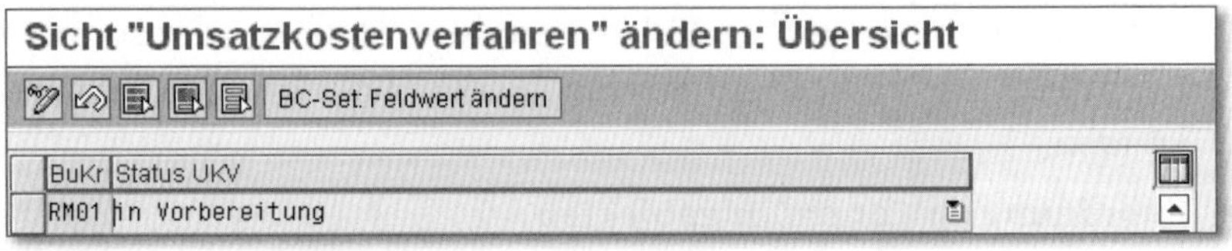

Abbildung 3.37 Umsatzkostenverfahren zur Vorbereitung aktivieren

UKV-Ledger aktivieren

Falls Sie das UKV-Ledger oder ein spezielles Ledger nutzen möchten, müssen Sie außerdem noch die Menüpunkte Finanzwesen • Grundeinstellungen Finanzwesen • Buchungskreis • Umsatzkostenverfahren • Ledger für Umsatzkostenverfahren einrichten sowie Finanzwesen • Grundeinstellungen Finanzwesen • Buchungskreis • Umsatzkostenverfahren • Umsatzkostenverfahren aktivieren ausführen.

3.12 Andere Organisationseinheiten

Die wichtigsten Organisationseinheiten in der Finanzbuchhaltung haben wir nun ausführlich diskutiert. Zur besseren Übersicht liefern wir noch die Definitionen der wichtigsten Strukturen des SAP-Systems, die nicht zum Finanzwesen gehören, aber im Rest des Buches noch einmal auftauchen.

- **Hauswährung**
  Sie haben die Möglichkeit, für Ihren Buchungskreis im klassischen Hauptbuch bis zu zwei weitere Währungen zu definieren, die Sie zusätzlich zur Buchungskreiswährung mitführen können. Hauswährungen legen Sie im Customizing unter Finanzwesen • Grundeinstellungen Finanzwesen • Buchungskreis • Parallele Währungen • Zusätzliche Hauswährungen definieren an (siehe auch Abbildung 3.38). Im neuen Hauptbuch definieren Sie parallele Währungen im Rahmen der Ledger-Definition.

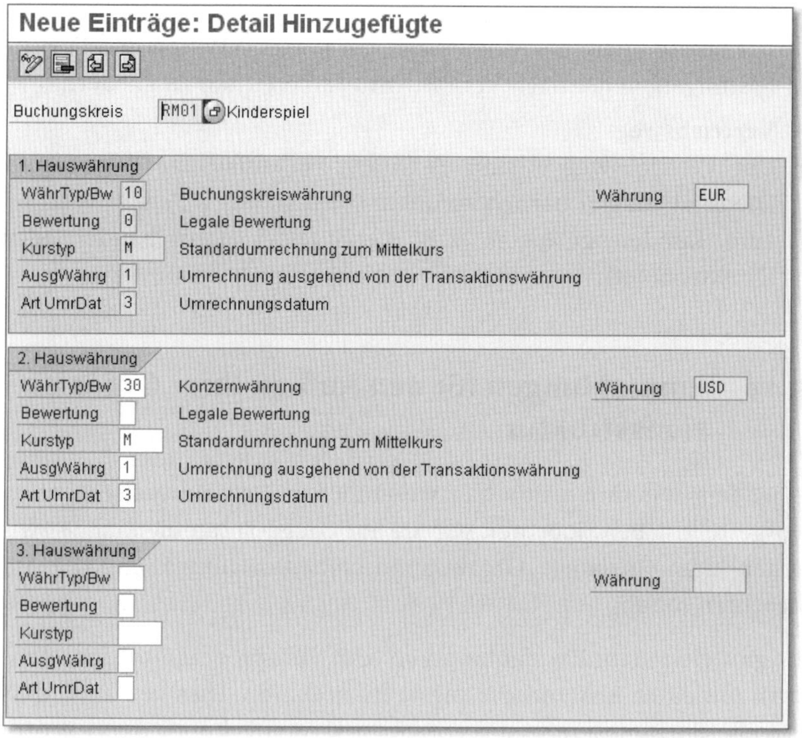

Abbildung 3.38 Hauswährungen definieren

- **Ledger**
  Mit dem neuen Hauptbuch bietet SAP ERP mit Ledgern (Büchern) eine neue Möglichkeit, parallele Rechnungslegung nach unterschiedlichen Vorschriften (z. B. HGB, IAS) abzubilden. So können Sie zusätzlich zum führenden Ledger mehrere weitere Ledger definieren, die jeweils für eine Rechnunglegungsvorschrift stehen. Dies nehmen Sie im Customizing unter Finanzwesen • Finanzwesen (neu) • Grundeinstellungen Finanzwesen (neu) • Bücher • Ledger • Ledger der Hauptbuchhaltung definieren vor.
- **Werk**
  Das Werk ist die grundlegende Organisationseinheit für die Logistik. Auf Basis eines Werkes können Sie die Grundeinstellungen für Materialwirtschaft, Produktion, Instandhaltung usw. aufbauen.
- **Verkaufsorganisation**
  Die Verkaufsorganisation ist eine Einheit im Vertrieb, aufgrund derer Waren verkauft, geliefert und fakturiert werden können.

- **Sparte**
  Die Sparte bietet die Möglichkeit, im Vertrieb Waren und Dienstleistungen weiter nach Verantwortungsbereichen zu gliedern.
- **Vertriebsweg**
  Der Vertriebsweg erlaubt es Ihnen, verkaufsfähige Waren und Dienstleistungen danach zu unterscheiden, auf welchem Weg sie zum Kunden gelangen (z. B. Großhandel, Einzelhandel oder Direktverkauf).

3.13 Empfehlungen für den Aufbau Ihrer Organisationsstruktur

Zahl der Kostenrechnungskreise

Nachdem wir Ihnen nun alle wesentlichen Organisationseinheiten vorgestellt haben, möchten wir Sie auf einige Zusammenhänge zwischen den einzelnen Organisationseinheiten hinweisen, die Sie beachten sollten.

Es gibt eine klare Empfehlung von SAP, für das gesamte Unternehmen nur einen Kostenrechnungskreis zu führen. Dies bedeutet, dass Sie alle Buchungskreise diesem einen Kostenrechnungskreis zuordnen, was Ihnen die folgenden Vorteile bringt:

- Ein Buchungskreis darf einem Kostenrechnungskreis nur dann zugeordnet werden, wenn beide dieselbe Geschäftsjahresvariante und denselben Kontenplan verwenden. Damit gewährleisten sie, dass alle Buchungskreise denselben Kontenplan verwenden, und stellen so eine grundlegende Standardisierung sicher.
- Stammdaten wie Kostenarten, Kostenstellen und Profit-Center müssen je Kostenrechnungskreis angelegt werden. Bei nur einem Kostenrechnungskreis verringern Sie den Aufwand für die Stammdatenpflege erheblich.
- Im Controlling können Sie buchungskreisübergreifende Auswertungen vornehmen. In SAP ERP ist es aber nicht möglich, Daten aus unterschiedlichen Kostenrechnungskreisen in einem Bericht anzuzeigen.
- Grundlegende Funktionen im Controlling sind nur innerhalb eines Kostenrechnungskreises möglich, wie etwa buchungskreisübergreifender Verkauf, Transferpreise, Verrechnungen im Controlling oder werksübergreifende Kalkulation.

Geschäftsbereiche oder Profit-Center?

Beide Organisationseinheiten bieten ähnliche Funktionalitäten an. SAP hat aber die parallele Entwicklung von zwei ähnlichen Funktionalitäten aufgegeben und konzentriert sich nun auf den Ausbau der Profit-Center-Rechnung. Wie Sie in SAP-Hinweis 321190 nachlesen können, werden die Geschäftsbereiche zwar nach wie vor unterstützt, aber nicht mehr weiterentwickelt. Vielmehr werden alle neu aufkommenden Anforderungen in der Profit-Center-Rechnung abgebildet. Vor diesem Hintergrund bieten die Profit-Center gegenüber den Geschäftsbereichen eine Reihe von Vorteilen:

- Im Gegensatz zu Geschäftsbereichen verfügen Profit-Center über eine hierarchische Gliederung.
- Nur für Profit-Center ist eine automatische Binnenumsatzeliminierung möglich.
- Bei Controllingobjekten wie Kostenstellen, Innenaufträgen usw., auf die bereits gebucht wurde, kann der Geschäftsbereich nicht mehr geändert werden; eine Änderung des Profit-Centers ist jedoch nachträglich möglich. Hierdurch lassen sich organisatorische Änderungen mittels der Profit-Center leichter umsetzen.
- In der Profit-Center-Rechnung stehen umfangreiche Werkzeuge zur Verteilung und Umlage von Werten zwischen Profit-Centern zur Verfügung. Umbuchungen zwischen Geschäftsbereichen können hingegen nur manuell vorgenommen werden.
- Die Segmente, die mit dem neuen Hauptbuch eingeführt wurden, können bei der Verwendung von Profit-Centern wesentlich einfacher genutzt werden als beim Einsatz von Geschäftsbereichen, da sie im Stammsatz der Profit-Center eingetragen werden können. Bei der Nutzung von Geschäftsbereichen kann ein Segment nur über das BAdI ermittelt werden.

Wir raten Ihnen daher, die Profit-Center-Rechnung zu nutzen und von einer Neueinführung von Geschäftsbereichen abzusehen.

Verwendung von Segmenten

Die Profit-Center-Rechnung verfügt über alle Funktionalitäten, die Sie für eine Segmentberichterstattung benötigen (wie z. B. Zuordnung der Controllingobjekte, Auswertbarkeit von Material- und Anlagenbeständen, Forderungen und Verbindlichkeiten usw.). Segmente benötigen Sie nur dann, wenn Ihre Segmentstruktur nicht mit der Organisationsstruktur übereinstimmt.

Abbildung 3.39 zeigt ein Beispiel für ein solches Szenario: Während bei der deutschen Zentrale der Firma Kinderspiel die Organisationsstruktur der Segmentstruktur entspricht, weicht die Organisation der österreichischen Niederlassung davon ab. Denn die Profit-Center-Struktur wurde dort nach Unternehmensfunktionen aufgebaut. So gehört die Fertigung für Kunststoff- und Holzspielzeug ebenso zur selben Profit-Center-Gruppe wie die Disposition. Um die Berichtsanforderungen der deutschen Zentrale zu erfüllen, werden die österreichischen Profit-Center nun den entsprechenden Segmenten zugeordnet.

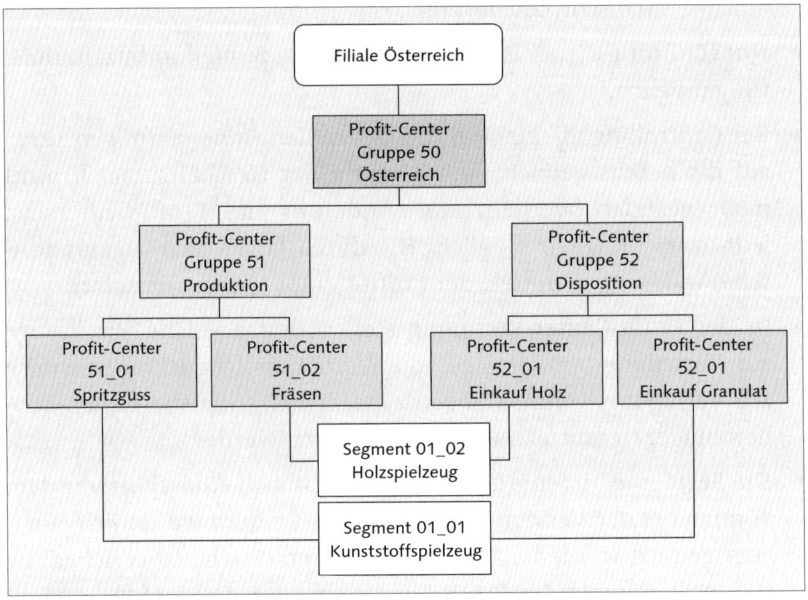

Abbildung 3.39 Abweichende Organisationsstruktur

Zuordnung von Buchungskreisen zu Kreditkontrollbereichen

Falls ein Kreditkontrollbereich mehrere Buchungskreise mit unterschiedlichen Währungen enthält, werden die offenen Aufträge, Lieferungen und Fakturen aus dem Vertrieb sowie die offenen Posten in der Finanzbuchhaltung in die Kreditkontrollbereichswährung umgerechnet. Ein solches Szenario erschwert die Arbeit für den Vertrieb und die Debitorenbuchhaltung wesentlich: Nehmen wir an, die Kreditkontrollbereichswährung sei USD und die Buchungskreiswährung EUR. Wenn nun ein Kunde im Vertrieb anruft und sich erkundigt, wie hoch sein verbliebenes Kreditlimit in Euro ist, bekommt der Sachbearbeiter vom System nur einen Betrag in USD angezeigt. Diesen muss er dann erst zum Tageskurs umrechnen, bevor er dem Kunden die gewünschte Auskunft geben kann. Ähnliche Schwierigkeiten gibt es, wenn man z. B. nachvollziehen möchte, warum das SAP-System einen bestimmten Auftrag in EUR wegen überzogenen Kreditlimits in USD gesperrt hat – stets muss man die Währungen umrechnen. Daher empfehlen wir, Buchungskreise nur Kreditkontrollbereichen, die in derselben Währung geführt werden, zuzuordnen.

3.14 Fazit

Sie haben nun die wichtigsten SAP-Organisationseinheiten im Finanzwesen kennengelernt. Darunter ist der Buchungskreis die einzige Einheit, die eindeutig festgelegt ist und für die Sie keinen Spielraum bei der Definition haben. Alle anderen Organisationseinheiten sind aber so generisch, dass Sie erst eine für Ihr Unternehmen geeignete Struktur finden müssen. Falls Sie eine Neueinführung oder eine Reorganisation von SAP ERP planen, nehmen Sie sich zu Anfang des Projekts genug Zeit, um Ihre Organisationsstruktur sorgfältig zu definieren. Organisationseinheiten, die Sie einmal im Produktivsystem angelegt und bebucht haben, können Sie nur sehr schwer wieder entfernen. Spätere Reorganisationen, wie z. B. das Zusammenführen von mehreren Kontenplänen oder Kostenrechnungskreisen, können Sie nur mithilfe des Services *System Landscape Optimization* von SAP und unter beträchtlichem Zeit- und Kostenaufwand durchführen. Beherzigen Sie daher auch unsere Hinweise auf mögliche Fallstricke in Abschnitt 3.13, »Empfehlungen für den Aufbau Ihrer Organisationsstruktur«.

In den globalen Einstellungen des Finanzwesens von SAP ERP treffen Sie grundlegende Entscheidungen, etwa ob Sie das neue Hauptbuch aktivieren. Außerdem bereiten Sie den Einsatz von Ledgern und Belegen vor. Dieses Kapitel zeigt Ihnen, wie Sie die gobalen Einstellungen bestmöglich umsetzen.

4 Globale Einstellungen im SAP-Finanzwesen

In Kapitel 3, »Organisationseinheiten und Definitionen«, haben wir Ihnen gezeigt, welche Organisationseinheiten Ihnen in SAP ERP Financials zur Verfügung stehen. Nun kommen wir zu den globalen Einstellungen, die die Basis für Ihre Geschäftsprozesse und Buchungsabläufe bilden.

Wir beginnen mit der grundsätzlichen Entscheidung, ob Sie das neue Hauptbuch einsetzen möchten oder nicht. Hierzu erläutern wir, welche Punkte bei dessen Aktivierung zu beachten sind.

Der nächste Abschnitt befasst sich mit der Definition der Bücher bzw. der Ledger. In diesem Zusammenhang stellen wir Ihnen die neue Summentabelle im neuen Hauptbuch vor (FAGLFLEXT) und zeigen Ihnen, wie Sie Ledger anlegen und zuordnen. Dabei erläutern wir den Begriff des führenden Ledgers und zeigen Möglichkeiten auf, um zusätzliche Währungen in einem Ledger mitzuführen oder Szenarien bzw. zusätzliche Felder zuzuordnen. Anschließend beschäftigen wir uns mit dem Umsatzkostenverfahren und zeigen Ihnen, wie Sie es aktivieren und wie Sie die Funktionsbereiche anlegen und zuordnen. Weiter geht es dann mit den Ledger-Gruppen zur Abbildung der parallelen Rechnungslegung, inklusive der Erläuterung des Begriffs des repräsentativen Ledgers.

Im darauffolgenden Abschnitt geht es um die globalen Einstellungen zum Buchungskreis. Hier gehen wir auf die diversen Parameter ein, die Sie im Zusammenhang mit einem Buchungskreis einstellen können.

Die Belege und deren Aufbau bilden den Mittelpunkt von Abschnitt 4.4, »Definition von Belegen und Belegaufbau«. In diesem Abschnitt führen wir Ihnen die notwendigen Einstellungen zum Belegkopf vor, wie z. B. die Belegarten und Nummernkreise, sowie zu den Belegpositionen, einschließlich Buchungsschlüsseln und Feldstatusvarianten.

Weiter geht es mit den Einstellungen zur Umsatzsteuer, bevor wir das Kapitel mit einigen weiteren Einstellungen wie z. B. Validierungen, Substitutionen und Korrespondenz abschließen.

4.1 Aktivierung des neuen Hauptbuches

Bevor Sie mit der Definition von Büchern anfangen können, müssen Sie sich entscheiden, ob Sie mit dem neuen Hauptbuch arbeiten möchten oder nicht. Bei allen Neueinführungen von SAP ERP ist das neue Hauptbuch bereits aktiv.

[!]

Aktivierung des neuen Hauptbuches

Als Neukunde haben Sie die Wahlmöglichkeit, mit dem bereits aktivierten Hauptbuch zu arbeiten oder das neue Hauptbuch zu deaktivieren und das klassische Hauptbuch zu nutzen. SAP empfiehlt allerdings ausdrücklich, mit dem neuen Hauptbuch zu arbeiten, um eine möglicherweise später anstehende Migration zu vermeiden.

Neues Hauptbuch aktivieren

Wenn Sie bereits mit dem klassischen Hauptbuch produktiv arbeiten, einen Releasewechsel auf SAP ERP durchgeführt haben und ins neue Hauptbuch wechseln möchten, müssen Sie das neue Hauptbuch explizit aktivieren. Dies tun Sie über die Transaktion FAGL_ACTIVATION oder im Customizing über den Menüpfad Finanzwesen • Grundeinstellungen Finanzwesen • Neue Hauptbuchhaltung aktivieren (siehe Abbildung 4.1), allerdings erst nach der Migration ins neue Hauptbuch. Zum Thema »Migration« lesen Sie Abschnitt 5.3, »Übergang vom klassischen zum neuen Hauptbuch«.

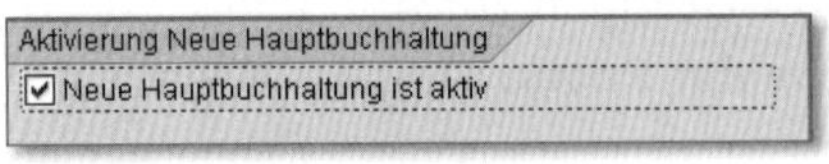

Abbildung 4.1 Neues Hauptbuch aktivieren

Aktivierung des klassischen Customizing-Pfads

Die Aktivierung des neuen Hauptbuches erfolgt auf Mandantenebene, d. h., dass Sie es nicht auf einzelne Organisationseinheiten wie z. B. Buchungskreise einschränken können. Wenn Sie das neue

Hauptbuch aktivieren, ändert sich das Aussehen des SAP-Anwendungsmenüs: Einige Transaktionen kommen neu hinzu, während andere wegfallen. Den klassischen Customizing-Pfad können Sie mit dem Programm RFAGL_SWAP_IMG_OLD ein- oder ausschalten. Diese Änderung gilt systemweit.

Releasewechsel und Aktivierung des neuen Hauptbuches [!]

Wenn Sie einen Releasewechsel von SAP R/3 auf SAP ERP durchführen, dürfen Sie dabei auf keinen Fall gleich das neue Hauptbuch mit aktivieren! Denn da das neue Hauptbuch mit anderen Tabellen arbeitet als das klassische, müssen Ihre historischen Daten beim Systemumstieg noch konvertiert werden – und dies ist nicht im Rahmen einer Migration möglich, sondern kann erst erfolgen, wenn die historischen Daten bereits im SAP ERP-System vorliegen.

SAP bietet einen eigenen Service für Kunden an, die auf SAP ERP migriert sind und das neue Hauptbuch einsetzen möchten. Ein solcher Umstieg ist ein kleines Projekt für sich, und wir empfehlen Ihnen dringend, diesen SAP-Service in Anspruch zu nehmen. In Abschnitt 5.3, »Übergang vom klassischen zum neuen Hauptbuch«, gehen wir noch detaillierter auf die Umstellung vom klassischen auf das neue Hauptbuch ein.

Für das von uns in diesem Buch verwendete Beispiel haben wir das neue Hauptbuch aktiviert.

Die Customizing-Einstellungen für das neue Finanzwesen mit dem neuen Hauptbuch schalten Sie mithilfe des Programms RFAGL_SWAP_IMG_NEW an und aus, ohne die neue Hauptbuchhaltung zu aktivieren (siehe Abbildung 4.2).

Abbildung 4.2 Customizing-Einstellungen für das neue Finanzwesen

Falls Sie sich für die Nutzung des klassischen Hauptbuches entschieden haben, sind die Einstellungen in Abschnitt 4.2, »Bücher«, nicht für Sie relevant. Ihre Customizing-Einstellungen nehmen Sie dann im klassischen Finanzwesen vor (siehe Abbildung 4.3).

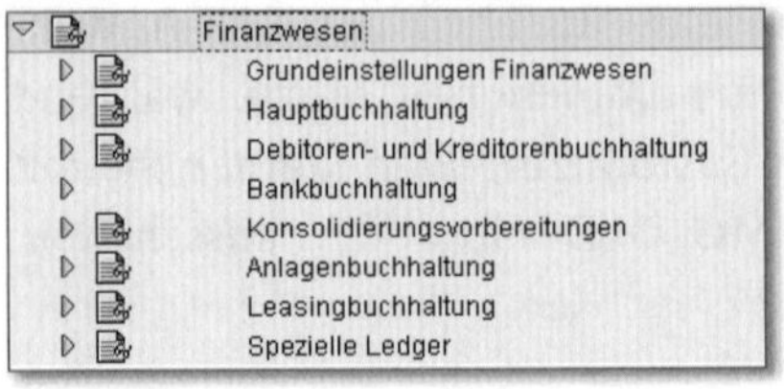

Abbildung 4.3 Customizing-Einstellungen für das klassische Finanzwesen

Die restlichen Einstellungen aus diesem Abschnitt sind größtenteils für das klassische und das neue Hauptbuch identisch, obwohl Sie über einen anderen Customizing-Pfad einsteigen (Finanzwesen). In diesem Buch verwenden wir die Customizing-Pfade nach der Aktivierung des neuen Hauptbuches, d. h. über FINANZWESEN (NEU).

4.2 Bücher

Verwendung von Büchern/Ledgern

Ein *Buch* oder *Ledger* ist ein Ausschnitt aus einer Datenbanktabelle. In einem Buch finden Sie die Verkehrszahlen und Belege, die in Verbindung zu eben diesem Buch gespeichert worden sind.

In SAP R/3 hatten Sie bereits mit den folgenden Ledgern, in Abhängigkeit Ihrer Anforderungen, zu tun:

- **General Ledger 00**
  Dieses Ledger wird für die Abbildung der gültigen Rechnungslegungsvorschriften verwendet.
- **UKV-Ledger 0F**
  Dieses Ledger wird für die Erstellung einer GuV nach dem Umsatzkostenverfahren eingesetzt.
- **Profit-Center-Ledger 8A**
  Das Profit-Center-Ledger dient der Segmentberichterstattung in den Profit-Centern.

Neue Summentabelle FAGLFLEXT

In SAP ERP wurde die Anzahl der Ledger reduziert. Hierzu wurde die Tabelle, aus der die Informationen für ein Legder gelesen werden, erweitert. Abbildung 4.4 zeigt einen Vergleich zwischen den Tabellen GLT0 (klassisches Hauptbuch) und FAGLFLEXT (neues Hauptbuch).

In der Summentabelle des neuen Hauptbuches steht Ihnen eine Reihe weiterer Felder wie z. B. PROFIT CENTER, KOSTENSTELLE oder FUNKTIONSBEREICH zur Verfügung, anhand derer Sie Summensätze bilden und somit Auswertungen in Berichten vornehmen können. Hierdurch sind Sie in der Lage, eine Segmentberichterstattung anhand von Kostenstellen, Profit-Centern oder Segmenten im Hauptbuch abzubilden, wahlweise auch nach dem Umsatzkostenverfahren. Alle Daten hierzu finden Sie in der Tabelle FAGLFLEXT. Für die Branchenlösung *Public Sector Management* existiert die analoge Tabelle FMGLFLEXT. Um eine Segmentberichterstattung im klassischen Hauptbuch abzubilden, benötigen Sie zusätzliche Ledger.

klassisches Hauptbuch
Summentabelle GLT0
Auswahl der zur Verfügung stehenden Felder

Feld	Kurzbeschreibung
...	...
BUKRS	Buchungskreis
RYEAR	Geschäftsjahr
RACCT	Kontonummer
RBUSA	Geschäftsbereich
...	...
...	...
...	...
...	...
...	...
...	...

neues Hauptbuch
Summentabelle FAGLFLEXT
Auswahl der zur Verfügung stehenden Felder

Feld	Kurzbeschreibung
...	...
RYEAR	Geschäftsjahr
RACCT	Kontonummer
COST_ELEM	Kostenart
BUKRS	Buchungskreis
RCNTR	Kostenstelle
PRCTR	Profit-Center
RFAREA	Funktionsbereich
RBUSA	Geschäftsbereich
SEGMENT	Segment für Seg.-Bericht
...	...

Abbildung 4.4 Vergleich der Tabelleninhalte des klassischen und neuen Hauptbuches

4.2.1 Ledger definieren und zuordnen

Führendes Ledger

Im neuen Hauptbuch können Sie mehrere Ledger anlegen: ein sogenanntes *führendes Ledger* und ein *nicht-führendes Ledger*.

[+]

Führendes Ledger

Je Mandant gibt es genau ein führendes Ledger; standardmäßig werden nur Werte des führenden Ledgers ins Controlling gebucht.

Die Auswertungen aller Ledger basieren auf derselben Summentabelle FAGLFLEXT. Um die parallele Rechnungslegung abzubilden, z. B. nach HGB und IAS, können Sie mit mehreren Ledgern arbeiten.

Diese Logik beschreiben wir genauer in Kapitel 6, »Das klassische Hauptbuch«.

In SAP ERP wird ein führendes Ledger 0L ausgeliefert, das für alle Buchungskreise führend ist (siehe Abbildung 4.5). Das führende Ledger arbeitet immer mit der Geschäftsjahresvariante und der Buchungsperiodenvariante des Buchungskreises (siehe Abschnitt 4.3, »Globale Einstellungen zu einem Buchungskreis«).

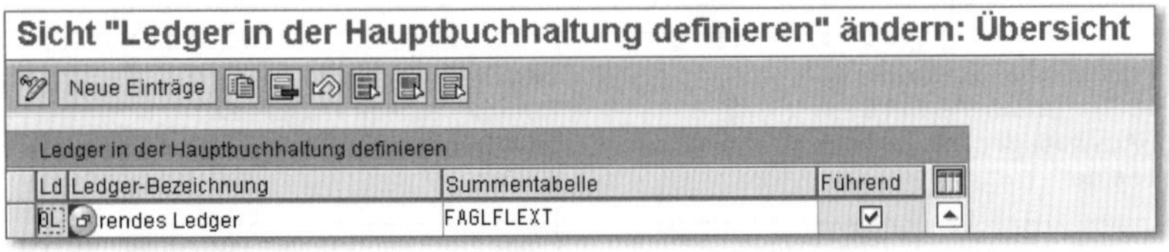

Abbildung 4.5 Definition des führenden Ledgers

Die einzelnen Ledger können Sie über den Customizing-Pfad Finanzwesen (neu) • Grundeinstellungen Finanzwesen (neu) • Bücher • Ledger • Ledger der Hauptbuchhaltung definieren anlegen. Mit der Definition der Ledger können Sie allerdings erst anfangen, wenn Sie die Einstellungen zum Geschäftsjahr und zu den Buchungsperioden für Ihren Buchungskreis vorgenommen haben.

Über den Customizing-Pfad Finanzwesen (neu) • Grundeinstellungen Finanzwesen (neu) • Bücher • Ledger • Währungen des führenden Ledgers definieren können Sie dem Buchungskreis weitere parallele Währungen zuordnen (siehe Abbildung 4.6).

Zusätzliche Währungen

Zusätzlich zur Währung, die Sie dem Buchungskreis als Hauswährung zugeordnet haben, können Sie noch weitere Währungen definieren. Bei jeder Buchung werden die Beträge in parallele Währungen umgerechnet und in den Tabellen gespeichert. Sie können die weiteren Währungen definieren als:

- Konzernwährung
- Hartwährung
- Indexwährung
- Gesellschaftswährung

Über das Feld Bewertung (Bewertungstyp) steuern Sie, für welche Zwecke Sie die Währung zugeordnet haben: legale Bewertung, Konzernbewertung oder Profit-Center-Bewertung.

Mithilfe des Felds Kurstyp legen Sie fest, wie die Werte umgerechnet werden sollen. Die Eingabe »M« bedeutet beispielsweise »Standardumrechnung zum Mittelkurs«. Sie haben außerdem die Möglichkeit, zum Briefkurs oder zum Geldkurs umzurechnen.

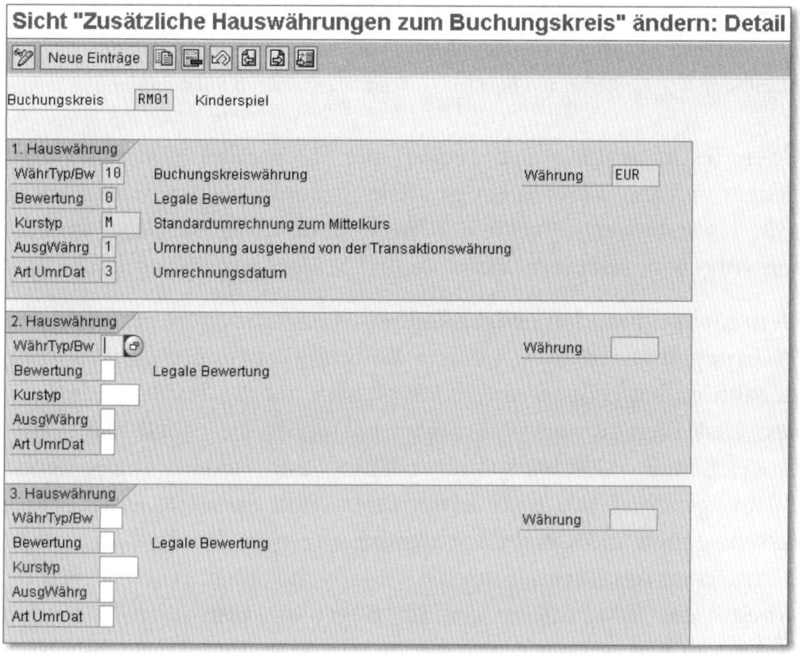

Abbildung 4.6 Definition zusätzlicher Hauswährungen

Anhand der Ausgangswährung für die Währungsumrechnung (Feld Ausg.Währg) entscheiden Sie, ob die Werte von der Transaktionswährung oder von der ersten Hauswährung aus umgerechnet werden sollen. Über das Feld Feld Art UmrDat wählen Sie aus drei Optionen, welches Datum für den Umrechnungskurs gelten soll:

- Belegdatum
- Buchungsdatum
- Umrechnungsdatum

Nachdem Sie die Ledger der Hauptbuchhaltung definiert haben, können Sie jetzt die nicht-führenden Ledger dem Buchungskreis zuordnen. Dies tun Sie über den Customizing-Pfad Finanzwesen (neu) • Grundeinstellungen Finanzwesen (neu) • Bücher • Ledger • Nichtführende Ledger definieren und aktivieren (siehe Abbildung 4.7).

Abbildung 4.7 Einstellungen für nicht-führende Ledger pro Buchungskreis

Über die nicht-führenden Ledger, die Sie parallel zum führenden Ledger anlegen, können Sie parallele Rechnungslegungsvorschriften z. B. das Steuerrecht für die *E-Bilanz* abbilden. Wie Sie dabei am besten vorgehen, erläutern wir in Kapitel 5, »Das neue Hauptbuch«.

Dem nicht-führenden Ledger können Sie zwei weitere abweichende Währungen zuordnen. Die erste Währung ist immer die Währung des führenden Ledgers und damit gleichzeitig die des Buchungskreises. Zusätzlich zu den Währungen haben Sie die Möglichkeit, eine abweichende Geschäftsjahresvariante und eine abweichende Buchungsperiodenvariante zuzuordnen. Falls Sie diese Einträge frei lassen, gelten die Geschäftsjahresvariante und die Buchungsperiodenvariante des Buchungskreises. Wie weiter oben bereits erwähnt, arbeitet das führende Ledger, im Gegensatz zum nicht-führenden Ledger, immer mit der Geschäftsjahresvariante und der Buchungsperiodenvariante des Buchungskreises.

4.2.2 Szenarien und kundeneigene Felder Ledgern zuordnen

Vordefinierte Szenarien

Einzelnen Ledgern ordnen Sie sogenannte *Szenarien* zu. Damit legen Sie fest, welche Felder für ein Ledger fortgeschrieben werden sollen. SAP liefert bereits vordefinierte Szenarien aus; Sie können keine weiteren Szenarien anlegen. Die von SAP ausgelieferten Szenarien sehen Sie in Abbildung 4.8.

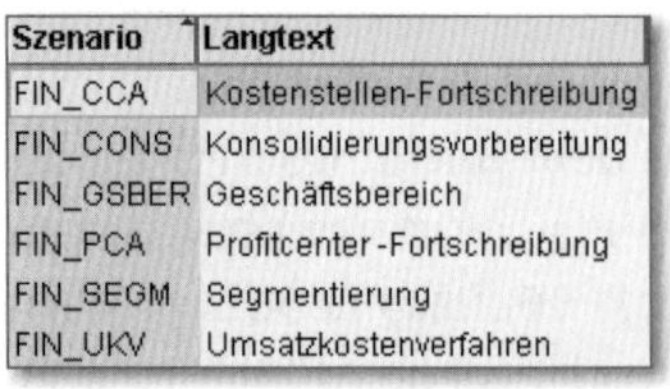

Szenario	Langtext
FIN_CCA	Kostenstellen-Fortschreibung
FIN_CONS	Konsolidierungsvorbereitung
FIN_GSBER	Geschäftsbereich
FIN_PCA	Profitcenter-Fortschreibung
FIN_SEGM	Segmentierung
FIN_UKV	Umsatzkostenverfahren

Abbildung 4.8 Szenarien im SAP ERP-System

In den vordefinierten Szenarien werden die folgenden Felder fortgeschrieben:

- **Kostenstellen-Fortschreibung (FIN_CCA)**
  Kostenstelle und Senderkostenstelle
- **Konsolidierungsvorbereitung (FIN_CONS)**
  Partnergesellschaft und Bewegungsart
- **Geschäftsbereich (FIN_GSBER)**
  Geschäftsbereich und Partnergeschäftsbereich
- **Profitcenter-Fortschreibung (FIN_PCA)**
  Profit-Center und Partner-Profit-Center
- **Segmentierung (FIN_SEGM)**
  Profit-Center, Segment und Partnersegment
- **Umsatzkostenverfahren (FIN_UKV)**
  Funktionsbereich und Partnerfunktionsbereich

Einem Ledger können Sie mehrere Szenarien zuordnen. Ordnen Sie z. B. dem Ledger 0L die Szenarien »Segmentierung« und »Umsatzkostenverfahren« zu, werden im Ledger 0L die folgenden Felder auf der Datenbanktabelle fortgeschrieben: PROFIT CENTER, SEGMENT, PARTNER-SEGMENT, FUNKTIONSBEREICH und PARTNERFUNKTIONSBEREICH.

Sie können zwar keine weiteren Szenarien anlegen, jedoch Kundenfelder definieren und zuordnen. Die Zuordnung von Szenarien und kundeneigenen Feldern nehmen Sie über den Customizing-Pfad FINANZWESEN (NEU) • GRUNDEINSTELLUNGEN FINANZWESEN (NEU) • BÜCHER • LEDGER • SZENARIOS UND KUNDENEIGENE FELDER LEDGERN ZUORDNEN vor. Wie Sie hier im Einzelnen vorgehen, lesen Sie im nächsten Abschnitt.

4.2.3 Kundeneigene Felder definieren

Kundeneigene Felder

Falls Ihnen die standardmäßig vorgegebenen Felder im neuen Hauptbuch nicht ausreichen, haben Sie die Möglichkeit, kundeneigene Felder zu definieren. Diese Felder werden in Rechnungswesenbelegen in Standardtransaktionen bebucht und in den CO-Einzelposten fortgeschrieben. Auch können Sie die Standardtabelle FAGLFLEXT um eigene Felder erweitern.

Die neuen eigenen Felder müssen Sie zunächst in den Kontierungsblock aufnehmen, um sie bei der Buchung pflegen zu können. Dies tun Sie über den Customizing-Pfad FINANZWESEN (NEU) • GRUNDEINSTELLUNGEN FINANZWESEN (NEU) • BÜCHER • FELDER • KUNDENEIGENE FELDER • KONTIERUNGSBLOCK BEARBEITEN oder über die Transaktion OXK3, wenn Sie den Button FELDER AUFNEHMEN anklicken (siehe Abbildung 4.9).

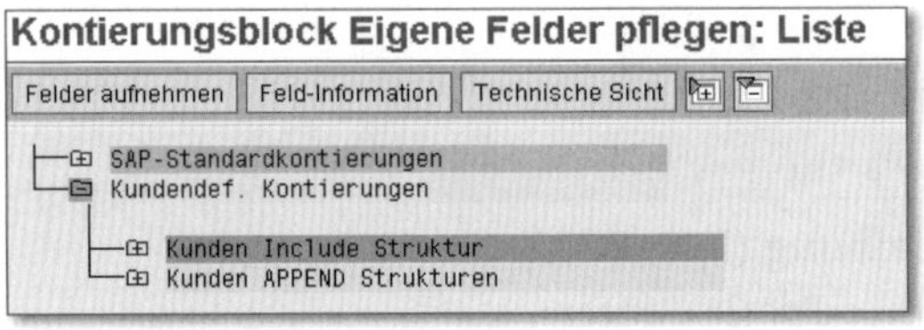

Abbildung 4.9 Kontierungsblock für kundeneigenes Feld bearbeiten

Jetzt können Sie Ihre neuen Felder definieren. Hierzu müssen Sie Ihre Änderungen einer Entwicklungsklasse zuordnen; anschließend pflegen Sie FELDNAME, FELDBEZEICHNUNG, DATENTYP und FELDLÄNGE (siehe Abbildung 4.10).

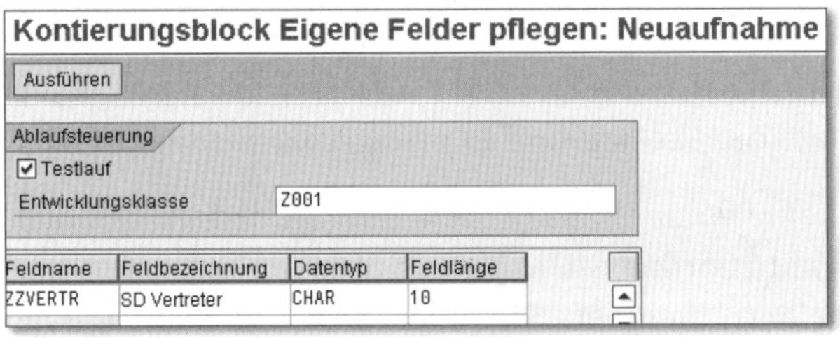

Abbildung 4.10 Beispiel für die Neuaufnahme eines Kundenfeldes

Um die Daten zu sichern, deaktivieren Sie das Feld TESTLAUF.

Die beschriebenen Änderungen können Sie nur durchführen, wenn Sie als Entwickler für das System registriert sind; eine solche Registrierung können Sie über den Service Marketplace von SAP vornehmen.

Wenn Sie die Definition des eigenen Feldes abgeschlossen haben, müssen Sie noch die folgenden Schritte erledigen, damit Sie das neue Feld bebuchen und auswerten können:

Kundeneigenes Feld aktivieren

Über den Customizing-Pfad FINANZWESEN (NEU) • GRUNDEINSTELLUNGEN FINANZWESEN (NEU) • BÜCHER • FELDER • FELDSTATUSVARIANTEN DEFINIEREN können Sie das neu angelegte Feld zur Buchung freischalten (als Kann- oder Muss-Eingabe definieren, siehe Abbildung 4.11).

Die kundeneigenen Felder sind in der Gruppe Zusatzkontierungen zu finden. Weiteres zu Feldstatusgruppen lesen Sie in Abschnitt 4.4.2, »Belegposition«.

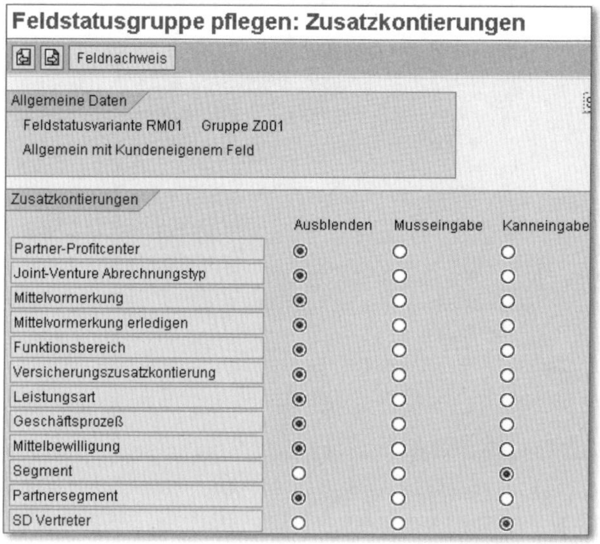

Abbildung 4.11 Kundeneigenes Feld als Kann-Eingabe in der Feldstatusgruppe definieren

Neben den Feldstatusgruppen für Sachkonten müssen Sie das Feld auch im Feldstatus für die Sachkontenbuchungsschlüssel 40 und 50 freischalten. Dies tun Sie über den Customizing-Pfad FINANZWESEN (NEU) • GRUNDEINSTELLUNGEN FINANZWESEN (NEU) • BELEG • BUCHUNGSSCHLÜSSEL DEFINIEREN oder über die Transaktion OB41.

Pflege der kundeneigenen Felder [+]

Falls die kundeneigenen Felder nur in bestimmten Konten gebucht werden sollen, empfiehlt es sich, sie im Buchungsschlüssel als Kann-Eingabe zu definieren und die weitere Steuerung (Muss-Eingabe oder Ausblenden) über die Feldstatusgruppen für Sachkonten abzubilden (siehe Abbildung 4.12). So können Sie für jedes Konto steuern, wie das entsprechende Feld zu behandeln ist.

Neues Feld in Summentabelle aufnehmen

Über den Customizing-Pfad FINANZWESEN (NEU) • GRUNDEINSTELLUNGEN FINANZWESEN (NEU) • BÜCHER • FELDER • KUNDENEIGENE FELDER • FELDER IN SUMMENTABELLE AUFNEHMEN oder über die Transaktion • FAGL_GINS nehmen Sie das kundeneigene Feld in die Summentabelle FAGLFLEXT oder in eine eigene Tabelle auf.

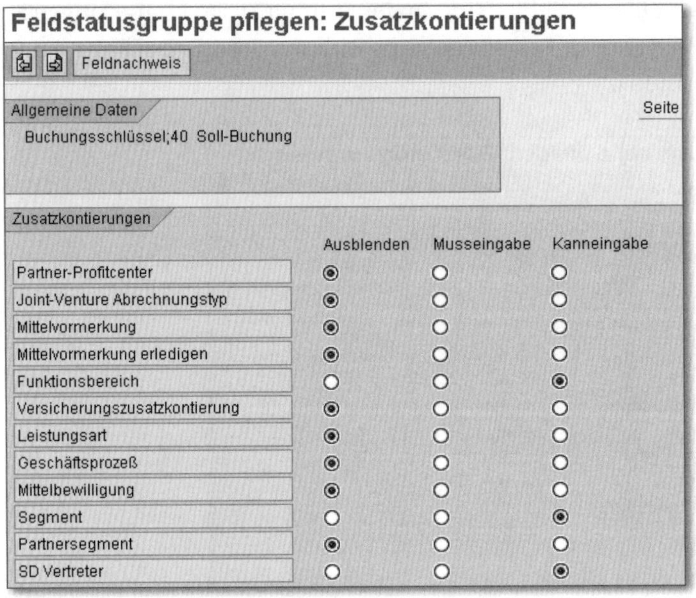

Abbildung 4.12 Kundeneigenes Feld als Kann-Eingabe für den Buchungsschüssel 40 (Soll-Buchung Sachkonten definieren)

Hierzu wählen Sie den Button ÄNDERN und tragen in das Feld FELDNAME den technischen Namen Ihres neuen Feldes ein (siehe Abbildung 4.13).

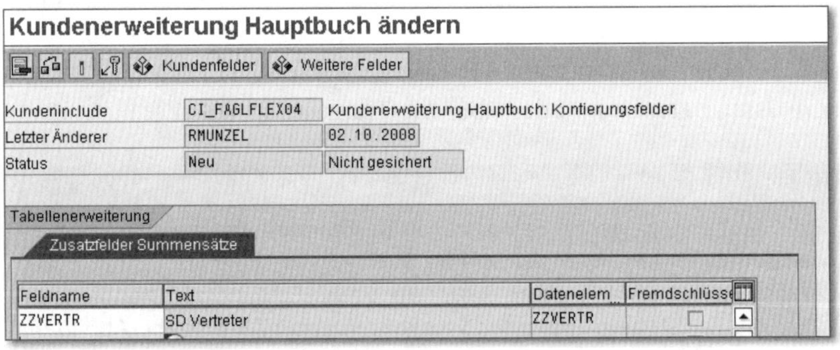

Abbildung 4.13 Erweiterung der Summentabelle um ein eigenes Feld

Im Anschluss sichern Sie Ihre Angaben und aktivieren die entsprechende Tabelle. Um die Erweiterungen zu überprüfen, klicken Sie auf den Button PRÜFEN. Falls die Aktion korrekt abgeschlossen wurde, erhalten Sie eine entsprechende Meldung (siehe Abbildung 4.14).

Abbildung 4.14 Prüfung der erweiterten Tabelle

Kundeneigene Felder Ledgern zuordnen

Um das eigene Feld in den Ledgern fortzuschreiben, müssen Sie es diesen zuordnen. Dies tun Sie über den Customizing-Pfad Finanzwesen (neu) • Grundeinstellungen Finanzwesen (neu) • Bücher • Ledger • Szenarios und kundeneigene Felder Ledgern zuordnen. Eigene Felder können Sie sowohl dem führendem Ledger als auch nicht-führenden Ledgern zuordnen, in Abhängigkeit davon, für welche Zwecke Sie das jeweilige Feld benötigen (siehe Abbildung 4.15).

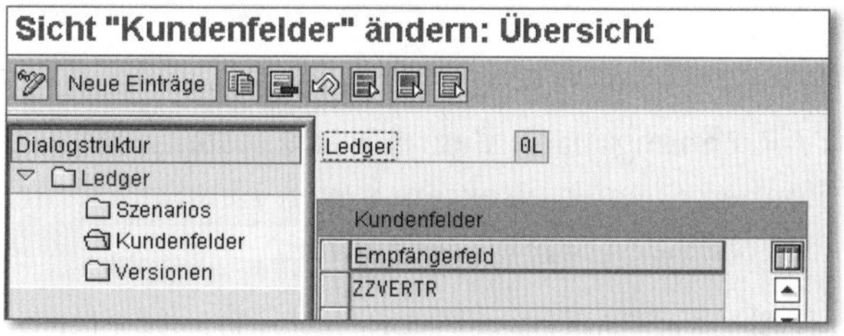

Abbildung 4.15 Kundeneigenes Feld den Ledgern zuordnen

Neues Feld in Enjoy-Transaktionen

Das kundeneigene Feld können Sie erst mit den Enjoy-Transaktionen bebuchen, wenn Sie es in die Erfassungsvarianten der Enjoy-Transaktionen aufgenommen haben. Der entsprechende Customizing-Pfad lautet Finanzwesen (neu) • Grundeinstellungen Finanzwesen (neu) • Bücher • Felder • kundeneigene Felder • kundeneigene Felder in Enjoy-Transaktionen aufnehmen (siehe Abbildung 4.16).

Abbildung 4.16 Kundeneigenes Feld den Enjoy-Transaktionen zuordnen

Belegaufteilung nach kundeneigenen Feldern

Falls Sie sich dazu entscheiden, die Belegaufteilung nach kundeneigenen Feldern vorzunehmen, müssen Sie das entsprechende Feld als Belegaufteilungsmerkmal für Hauptbücher definieren. Die Einstellungen hierzu finden Sie unter FINANZWESEN (NEU) • HAUPTBUCHHALTUNG (NEU) • GESCHÄFTSVORFÄLLE • BELEGAUFTEILUNG • BELEGAUFTEILUNGSMERKMALE FÜR HAUPTBUCHHALTUNG DEFINIEREN (siehe Abbildung 4.17). Mehr zur Belegaufteilung erfahren Sie in Abschnitt 5.2.3, »Belegaufteilung«.

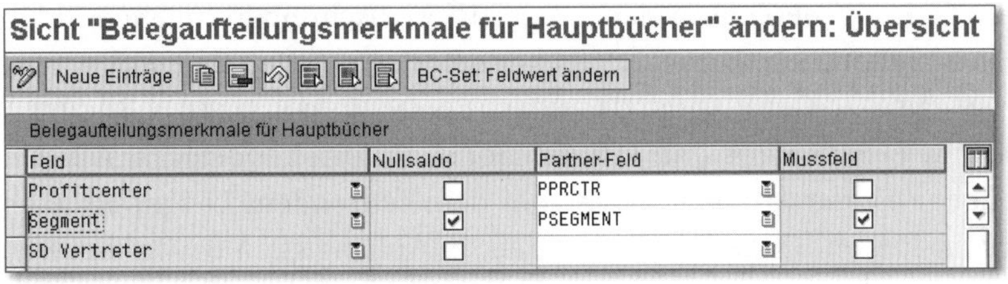

Abbildung 4.17 Belegaufteilungsregeln für kundeneigenes Feld definieren

4.2.4 Umsatzkostenverfahren aktivieren

Wenn Sie Ihre GuV-Rechnung nach dem Umsatzkostenverfahren erstellen möchten, können Sie dies direkt im neuen Hauptbuch tun. Hierbei sollten Sie die folgenden Schritte ausführen:

Funktionsbereiche definieren

Prüfen Sie zuerst, ob die von SAP ausgelieferten Funktionsbereiche Ihren Anforderungen genügen, und definieren Sie eventuell neue unter dem Customizing-Pfad Finanzwesen (NEU) • GRUNDEINSTELLUNGEN FINANZWESEN (NEU) • BÜCHER • FELDER • STANDARDFELDER • FUNKTIONSBEREICH FÜR UMSATZKOSTENVERFAHREN • FUNKTIONSBEREICH DEFINIEREN.

In Abschnitt 3.11, »Funktionsbereich«, haben wir bereits ausführlich erklärt, welche Möglichkeiten Sie haben, um Funktionsbereiche für Buchungen zu ermitteln: entweder über Stammdaten (z. B. von Sachkonten oder Kostenstellen) oder mithilfe einer Substitution.

Funktionsbereichen Stammdaten zuordnen

Um Funktionsbereiche in den Stammdaten von Sachkonten, Kostenstellen usw. einzutragen, müssen Sie zunächst dafür sorgen, dass das Feld für den Funktionsbereich in der entsprechenden Stammdatenpflege eingabebereit ist. Hierzu aktivieren Sie zunächst das Umsatzkostenverfahren zur Vorbereitung über den Customizing-Pfad FINANZWESEN (NEU) • GRUNDEINSTELLUNGEN FINANZWESEN (NEU) • BÜCHER • FELDER • STANDARDFELDER • FUNKTIONSBEREICH FÜR UMSATZ-

KOSTENVERFAHREN • UMSATZKOSTENVERFAHREN ZUR VORBEREITUNG AKTIVIEREN. Nach diesem Schritt werden noch keine Funktionsbereiche fortgeschrieben oder abgeleitet.

Die Funktionsbereiche können Sie per Massenänderung in die Stammdaten eintragen, und zwar über den Customizing-Pfad FINANZWESEN (NEU) • GRUNDEINSTELLUNGEN FINANZWESEN (NEU) • BÜCHER • FELDER • STANDARDFELDER • FUNKTIONSBEREICH FÜR UMSATZKOSTENVERFAHREN • FUNKTIONSBEREICH EINTRAGEN • FUNKTIONSBEREICH IN SACHKONTENSTAMMDATEN EINTRAGEN oder über die Transaktion OB_GLACC11. Analog zu den Sachkonten können Sie die Kostenartenstammdaten, die Kostenstellenarten und die Auftragsarten pflegen.

Eine Substitution für das Umsatzkostenverfahren definieren Sie über den Customizing-Pfad FINANZWESEN (NEU) • GRUNDEINSTELLUNGEN FINANZWESEN (NEU) • WERKZEUGE • VALIDIERUNG/SUBSTITUTION • SUBSTITUTION FÜR DAS UMSATZKOSTENVERFAHREN DEFINIEREN UND AKTIVIEREN. Weitere Details hierzu finden Sie in Abschnitt 3.11, »Funktionsbereich«.

Nachdem Sie die Stammdaten gepflegt und/oder die Ableitungsregeln definiert haben, aktivieren Sie das Umsatzkostenverfahren über den Customizing-Pfad FINANZWESEN (NEU) • GRUNDEINSTELLUNGEN FINANZWESEN (NEU) • BÜCHER • LEDGER • UMSATZKOSTENVERFAHREN AKTIVIEREN. Ab jetzt werden die Funktionsbereiche bei Buchungen in der GuV in Ihren Buchungskreis abgeleitet und fortgeschrieben.

Funktionsbereiche im Kontenstammsatz und Kostenartenstammsatz [+]

Sie haben die Möglichkeit, Funktionsbereiche in den Stammdaten von Konten und Kostenarten zu pflegen. Bei Primärkostenarten (für die auch ein Kontenstammsatz vorliegt) sollten Sie den Funktionsbereich im Kontenstammsatz pflegen. Der Funktionsbereich wird dann auch bei Buchungen im Controlling fortgeschrieben. Bei Sekundärkostenarten tragen Sie den Funktionsbereich der Kostenart ein.

4.2.5 Ledger-Gruppe definieren und Rechnungslegungsvorschriften zuordnen

Definition einer Ledger-Gruppe

Wenn Sie mit unterschiedlichen Ledgern arbeiten, müssen Sie für jeden zu buchenden Beleg entscheiden, in welchem Ledger er fortgeschrieben werden soll. Dabei kommt es oft vor, dass eine große Anzahl von Belegen in mehreren Ledgern identisch verbucht werden müssen, da sich die Rechnungslegungsvorschriften der betreffenden Ledger sehr ähneln. Um einen Beleg bei der Erfassung gleichzeitig in mehreren Ledgern fortzuschreiben, stehen Ihnen *Ledger-Gruppen* zur Verfügung. Eine *Ledger-Gruppe* ist eine Zusammenfassung von mehreren Ledgern, die die gleichen Funktionen oder Prozesse abbilden sollen. Wenn Sie bei einem Buchungsvorgang eine Ledger-Gruppe angeben, wird der entsprechende Beleg in allen Ledgern dieser Gruppe fortgeschrieben.

[zB]

Ledger-Gruppen für abweichende Buchungen

Sie führen die Ledger 0L IAS, Z1 (US-GAAP), Z2 (HGB) und Z3 (Steuerrecht). Für gewisse Rückstellungen zum Quartalsabschluss führen Sie Buchungen durch, die in HGB und US-GAAP identisch sind, in IAS und im Steuerrecht jedoch abweichen. Daher erstellen Sie eine Ledger-Gruppe, die die Ledger HGB und US-GAAP umfasst. Sie buchen dann die entsprechenden Rückstellungen in diese Ledger-Gruppe und müssen die Belege nicht für jedes Ledger einzeln erfassen.

Eine Ledger-Gruppe, die nur das IAS bzw. nur das Steuerrecht umfasst, wurde schon analog zum IAS-Ledger automatisch angelegt. Alle Rückstellungen, die nur für das IAS oder nur für das Steuerrecht gelten, erfassen Sie dann in dieser Ledger-Gruppe.

Eine Ledger-Gruppe erstellen Sie über den Customizing-Pfad Finanzwesen (neu) • Grundeinstellungen Finanzwesen (neu) • Bücher • Ledger • Ledger-Gruppe definieren. Bei der Belegbuchung geben Sie dann die gewünschte Ledger-Gruppe in die Erfassungsmaske ein. Falls Sie das entsprechende Feld leer lassen, werden alle dem Buchungskreis zugeordneten Ledger fortgeschrieben (siehe Abbildung 4.18).

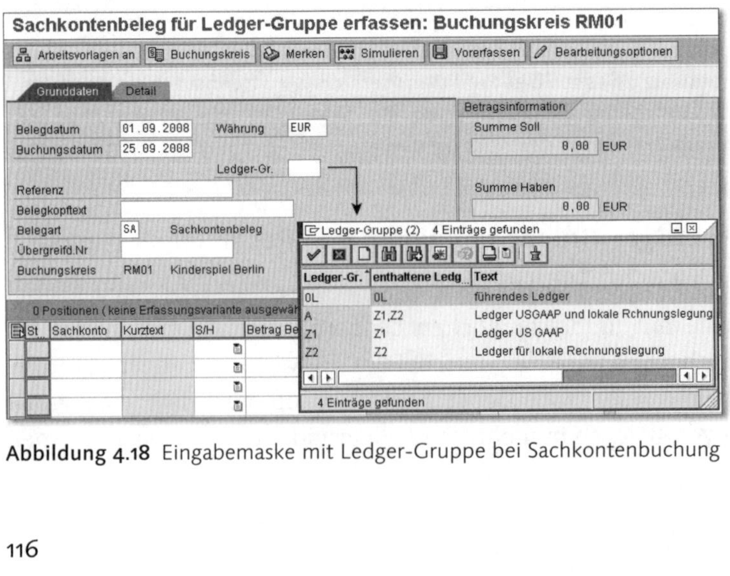

Abbildung 4.18 Eingabemaske mit Ledger-Gruppe bei Sachkontenbuchung

Bei jeder Ledger-Definition wird vom System automatisch eine Ledger-Gruppe mit demselben Namen angelegt. Diese automatisch angelegte Ledger-Gruppe beinhaltet nur ein Ledger (siehe Abbildung 4.19).

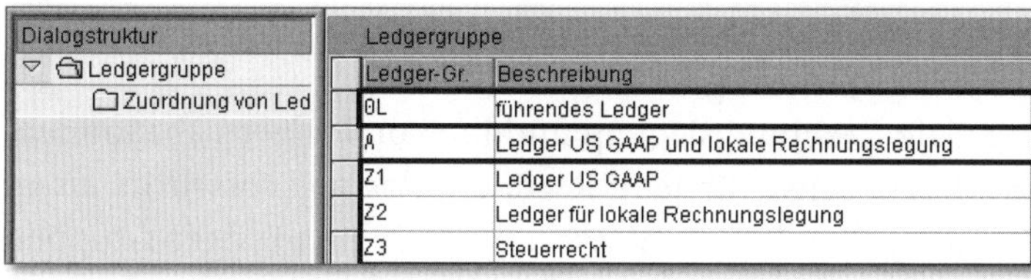

Abbildung 4.19 Automatisch angelegte Ledger-Gruppen mit einem Ledger

Diese automatisch angelegte Ledger-Gruppe können Sie verändern, weitere Ledger hinzufügen oder neue Ledger-Gruppen anlegen.

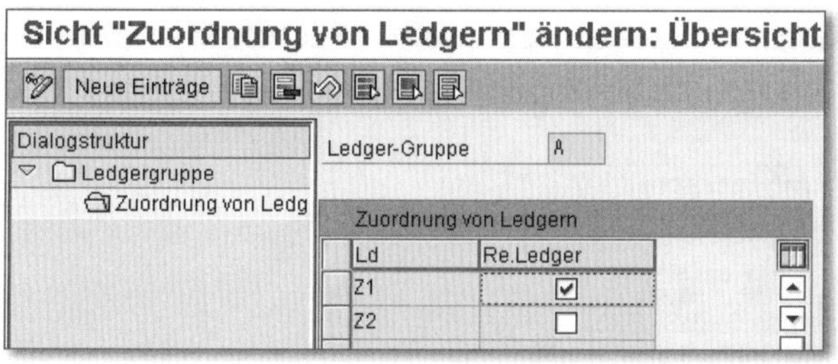

Abbildung 4.20 Manuell angelegte Ledger-Gruppe mit mehreren Ledgern

Repräsentatives Ledger

Im Rahmen der Zuordnung der Ledger zu einer Ledger-Gruppe definieren Sie ein Ledger als *repräsentatives Ledger* (siehe Abbildung 4.20): Wenn Sie einer Ledger-Gruppe u. a. das führende Ledger zugeordnet haben, wird dieses als repräsentatives Ledger gekennzeichnet. Enthält eine Ledger-Gruppe nur ein Ledger, ist dieses automatisch repräsentativ. Sollten Sie einer Ledger-Gruppe mehrere Ledger mit einer anderen Geschäftsjahresvariante zugeordnet haben, als Sie im Buchungskreis verwenden, können Sie ein beliebiges Ledger als repräsentativ kennzeichnen. Falls eines von diesen Ledgern dieselbe Geschäftsjahresvariante beinhaltet wie der Buchungskreis, muss dieses Ledger das repräsentative sein.

Bei jeder Buchung prüft das System, ob die Buchungsperioden des repräsentativen Ledgers geöffnet sind. Ist dies der Fall, bucht das SAP-System in alle Ledger der entsprechenden Ledger-Gruppe.

[!]

Fortschreibung in den Ledgern einer Ledger-Gruppe

Falls Sie einer Ledger-Gruppe mehrere Ledger zugeordnet haben und die Buchungsperioden des repräsentativen Ledgers geöffnet sind, schreibt das System die Belege in allen Ledgern fort, auch wenn die Buchungsperioden der anderen Ledger geschlossen sind; relevant sind nur die Buchungsperioden des repräsentativen Ledgers.

Parallele Rechnungslegung über Ledger

Um die parallele Rechnungslegung mithilfe von Ledgern abzubilden, definieren Sie zunächst für jede Rechnungslegungsvorschrift einen Schlüssel und ordnen diese Schlüssel den einzelnen Ledger-Gruppen zu. Auf diese Weise bestimmen Sie, dass die Belege zu einer bestimmten Rechnungslegungsvorschrift in der entsprechenden Ledger-Gruppe gebucht werden.

Rechnungslegungsvorschriften mit Ledger-Gruppen verknüpfen

Die Rechnungslegungsvorschriften definieren Sie über den Customizing-Pfad Finanzwesen (neu) • Grundeinstellungen Finanzwesen (neu) • Bücher • Parallele Rechnungslegung • Rechnungslegungsvorschriften definieren (siehe Abbildung 4.21).

Sicht "Rechnungslegungsvorschriften"

Neue Einträge

Rechnungslegungsvorschriften

Rechnung...	Bezeichnung der Rechnungslegungsvorschr.
GAAP	US Generally Accepted Accounting Principles
HGB	Handelsgesetzbuch
IAS	International Accounting Standards
TAX	Steuerrecht

Abbildung 4.21 Definition der Rechnungslegungsvorschriften

Anschließend verknüpfen Sie die Rechnungslegungsvorschriften mit den Ledger-Gruppen über Finanzwesen (neu) • Grundeinstellungen Finanzwesen (neu) • Bücher • Parallele Rechnungslegung • Rechnungslegungsvorschrift Ledger-Gruppen zuordnen (siehe Abbildung 4.22).

Sicht "Zuordnung RechLegVorschrift zu Ziel

Neue Einträge

Zuordnung RechLegVorschrift zu Ziel-Ledger-Gruppe

Rechnungs...	Ziel-Ledger-Grup...	Beschreibung
GAAP	0L	führendes Ledger
HGB	Z2	Ledger für lokale Rechnungslegung
IAS	0L	führendes Ledger
TAX	Z3	Steuerbilanz

Abbildung 4.22 Zuordnung der Rechnungslegungsvorschriften zu den Ledgern bzw. Ledger-Gruppen

In bestimmten Funktionen des Rechnungswesens, z. B. bei der Fremdwährungsbewertung (siehe Abschnitt 5.2.6, »Periodische Arbeiten/Abschlussarbeiten«) oder der manuellen Abgrenzung (siehe Abschnitt 5.2.5, »Manuelle Abgrenzung«), können Sie jeweils auswählen, unter welcher Rechnungslegungsvorschrift und damit in welche Ledger-Gruppe Sie buchen möchten. Belege, die ohne explizite Angabe einer Rechnungslegungsvorschrift erfasst werden, werden in alle Ledger gebucht.

Die wesentlichen Ledger-Einstellungen haben Sie nun kennengelernt: wie sie angelegt werden, wie Sie kundeneigene Felder erstellen können, welche Besonderheiten das Umsatzkostenverfahren birgt und wie Sie Ledger zu Gruppen zusammenfassen können. Im Folgenden wenden wir uns den Belegen und deren Aufbau zu.

4.3 Globale Einstellungen zu einem Buchungskreis

Die wichtigsten Festlegungen zu einem Buchungskreis nehmen Sie im Customizing über den Menüpfad Finanzwesen (neu) • Grundeinstellungen Finanzwesen (neu) • Globale Parameter prüfen und ergänzen vor (siehe Abbildung 4.23).

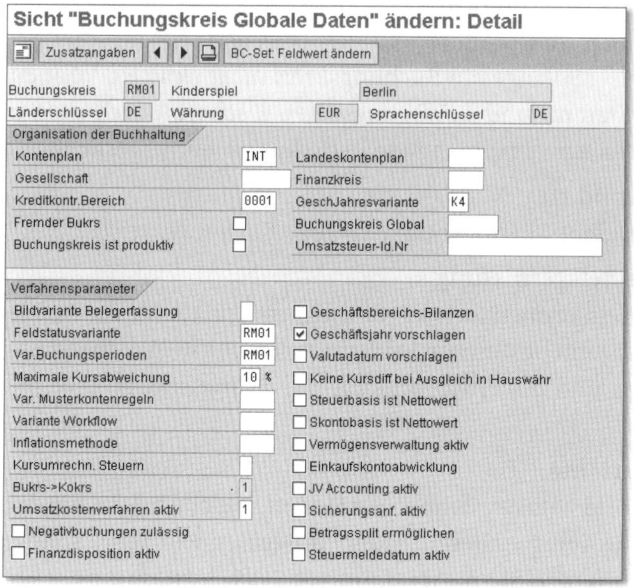

Abbildung 4.23 Globale Einstellungen zum Buchungskreis RM01

Globale Einstellungen zum Buchungskreis

Die folgenden Zuordnungen zum Buchungskreis haben Sie schon in Kapitel 3, »Organisationseinheiten und Definitionen«, kennengelernt: Kontenplan, Landeskontenplan, Gesellschaft, Geschäftsjahresvariante und Kreditkontrollbereich.

In diesem Abschnitt erläutern wir Ihnen weitere Elemente, die mit dem Buchungskreis verbunden sind oder Ihnen zur Verfügung stehen:

[+]

Notwendige Einstellungen im Rahmen der Buchungskreisdefinition

Sie müssen nicht alle Felder in den globalen Daten pflegen, um Buchungen durchführen zu können; obligatorisch ist das Befüllen der Felder KONTENPLAN, GESCHÄFTSJAHRESVARIANTE, FELDSTATUSVARIANTE und BUCHUNGSPERIODENVARIANTE.

- **Finanzkreis**
  Der Finanzkreis ist eine Organisationseinheit, in deren Rahmen Sie Finanzmittel planen, steuern und kontrollieren können.
- **Fremder Bukrs**
  Diese Organisationseinheit wird nicht mehr verwendet.
- **Buchungskreis Global**
  Falls Sie mehrere miteinander verknüpfte SAP-Systeme einsetzen, können Sie den darin enthaltenen Buchungskreisen über diese Definition eine globale Kennung zuordnen.
- **Buchungskreis ist produktiv**
  Es handelt sich hierbei um ein Kennzeichen für produktive Buchungskreise. Solange ein Buchungskreis nicht aktiv ist, können Sie beliebig Stamm- und Bewegungsdaten löschen; durch diesen Eintrag werden die entsprechenden Löschprogramme gesperrt.
- **Umsatzsteuer-Id.Nr**
  Umsatzsteueridentifikationsnummer Ihres Buchungskreises.
- **Bildvariante Belegerfassung**
  Über dieses Feld ordnen Sie eine Bildschirmvariante für die Belegerfassung zu. Denn bestimmte Felder werden nur in manchen Ländern gepflegt, und die entsprechende Steuerung erfolgt über die Bildvariante.
- **Feldstatusvariante**
  Anhand der Feldstatusvariante legen Sie fest, welche Felder bei der Belegerfassung eingabebereit oder ausgeblendet sein sollen. Details hierzu finden Sie in Abschnitt 4.4.2, »Belegposition«.

- **Var. Buchungsperioden**
  Auf Basis der Buchungsperiodenvariante legen Sie den Beginn und das Ende einer Buchungsperiode fest. Die einzelnen Perioden können Sie pro Kontoart (Anlagen, Debitoren, Kreditoren und Sachkonten) öffnen und schließen (siehe Abschnitt 5.2.6, »Periodische Arbeiten/Abschlussarbeiten«).
- **Maximale Kursabweichung**
  In diesem Feld bestimmen Sie die zulässige Kursabweichung zu den im System hinterlegten Kursen bei der Vornahme von Buchungen in Fremdwährung.
- **Var. Musterkontenregeln**
  Hier können Regeln hinterlegt werden, über die festlegt wird, wie Werte aus einem Musterkonto in den Stammsatz eines Sachkontos zu übertragen sind.
- **Variante Workflow**
  Anhand einer Workflow-Variante können Sie z. B. festlegen, bis zu welcher Betragsgrenze und von wem vorerfasste Belege freigegeben werden können.
- **Inflationsmethode**
  Die Inflationsmethode ist nur für Hochinflationsländer relevant.
- **Kursumrechn.Steuern**
  In dieses Feld können Sie einen Kurs für Steuerzeilen eintragen, der vom Kurs für die Steuerbasisbeträge abweicht.
- **Umsatzkostenverfahren aktiv**
  Hierbei handelt es sich um den Status für das Umsatzkostenverfahren.
- **Negativbuchungen zulassen**
  Dieses Kennzeichen bewirkt, dass beim Stornieren von Belegen nicht die Verkehrszahlen auf der anderen Kontoseite erhöht, sondern sie vielmehr auf der ursprünglichen Kontoseite wieder zurückgenommen werden. Ist dieses Kennzeichen gesetzt, stellt sich nach dem Storno eines Beleges der Kontostand der angesprochenen Konten so dar, als wäre dieser Beleg nie gebucht worden. Anderenfalls würden durch den Beleg und den Stornobeleg die Verkehrszahlen des betreffenden Kontos auf der Soll- und auf der Haben-Seite jeweils um den gleichen Betrag erhöht.
- **Finanzdisposition aktiv**
  Wenn dieses Kennzeichen gesetzt ist, werden zusätzliche Informationen bei Bestellungen, Rechnungen oder Zahlungen bereitgestellt und gespeichert.

- **Geschäftsbereich-Bilanzen**
  Durch die Aktivierung dieser Option werden pro Geschäftsbereich eine Bilanz und eine GuV erstellt.
- **Geschäftsjahr vorschlagen**
  In Anzeige- bzw. Änderungsfunktionen wird durch die Aktivierung dieser Option das Geschäftsjahr vorgeschlagen. Dieses Kenneichen sollten Sie markieren, falls Sie mit geschäftsjahresabhängigen Nummernkreisen arbeiten (siehe Abschnitt 4.4.1, »Belegkopf«).
- **Valutadatum vorschlagen**
  Bei Belegpositionen mit Valutadatum wird das Tagesdatum als Valutadatum vorgeschlagen.
- **Keine Kursdiff bei Ausgleich in Hauswähr**
  Dieses Kennzeichen bewirkt, dass bei in Fremdwährung geführten Posten, die in Hauswährung ausgeglichen werden, der im Beleg gespeicherte Hauswährungsbetrag als der auszugleichende Betrag angesehen wird. Andernfalls muss der betreffende Betrag in Fremdwährung ausgeglichen werden.
- **Steuerbasis ist Nettowert**
  Ist dieser Parameter aktiv, wird der Basisbetrag für die Berechnung der Umsatzsteuer um den Skontobetrag korrigiert.
- **Skontobasis ist Nettowert**
  Wenn Sie diese Option einschalten, wird der Basisbetrag für die Berechnung des Skontos um die Umsatzsteuer korrigiert.
- **Vermögensverwaltung aktiv**
  Diese Option wird benötigt, um Zahlungsinformationen in die Komponente SAP Treasury and Risk Management weiterzuleiten.
- **Einkaufskontoabwicklung**
  Wenn dieses Kennzeichen aktiv ist, wird jede externe Beschaffung auf dem Einkaufskonto registriert.
- **JV Accounting aktiv**
  Hierüber wird gekennzeichnet, dass der betreffende Buchungskreis Teil eines Joint Ventures ist.
- **Sicherungsanf. aktiv**
  Durch diesen Schalter aktivieren Sie Sicherungsanforderungen in der Komponente SAP Treasury and Risk Management, mit deren Hilfe Sie Wechselkursrisiken mindern können.

- **Betragssplit ermöglichen**
  Über dieses Kennzeichen ermöglichen Sie es, Belege z. B. anhand des Zahlweges oder der Zahlungsbedingungen zu splitten.
- **Steuermeldedatum aktiv**
  Wenn diese Option aktiviert ist, wird das Steuermeldedatum in den Belegen fortgeschrieben.

Nachdem Sie alle wesentlichen Einstellungen zum Buchungskreis gepflegt haben, wenden wir uns als Nächstes den Belegen und deren Aufbau zu.

4.4 Definition von Belegen und Belegaufbau

Finanzbeleg

Ein *Finanzbeleg* in SAP ERP entsteht als Nachweis einer Buchung in der Finanzbuchhaltung. Durch die Verwendung unterschiedlicher Belegarten können Sie verschiedene Geschäftsvorfälle unterscheiden. Im SAP-System können nur vollständige Belege gebucht werden. Das heißt, dass Sie nur Belege sichern können, bei denen der Saldo aus den Soll- und Haben-Positionen null ergibt und bestimmte Felder, wie die Felder BELEGDATUM, BUCHUNGSDATUM, BELEGART, BUCHUNGSSCHLÜSSEL, KONTONUMMER und BETRÄGE gepflegt sind. Ein Beleg besteht aus einem *Belegkopf* und mindestens zwei *Belegpositionen* (siehe Abbildung 4.24).

<table>
<tr>
<td rowspan="2">Der Belegkopf beinhaltet u.a. folgende Felder:

Belegdatum,
Währung,
Umrechnungskurs,
Buchungsdatum,
Ledger-Gruppe (nur beim neuen Hauptbuch),
Referenz,
Belegkopftext,
Belegart,
Buchungskreis</td>
<td>Position 1 beinhaltet u.a. folgende Felder:

Buchungsschlüssel (Soll-Haben-Buchung),
Kontonummer,
Betrag,
Bewegungsart,
Steuerkennzeichen,
Zuordnung,
Kontierungsobjekte</td>
</tr>
<tr>
<td>Position 2 beinhaltet u.a. folgende Felder:

Buchungsschlüssel (Soll-Haben-Buchung),
Kontonummer,
Betrag,
Bewegungsart,
Steuerkennzeichen,
Zuordnung,
Kontierungsobjekte</td>
</tr>
</table>

Abbildung 4.24 Aufbau eines Rechnungswesenbelegs

4.4.1 Belegkopf

Belegarten

Alle Eingaben, die Sie im Belegkopf vornehmen, beziehen sich auf den gesamten Beleg, also auf alle Belegpositionen. Im Belegkopf tragen Sie u. a. die Belegart ein, anhand derer Sie verschiedene Geschäftsvorfälle unterscheiden und bestimmen, in welchem Nummernkreis der Beleg gebucht wird. Belegarten definieren Sie über den Customizing-Pfad FINANZWESEN (NEU) • GRUNDEINSTELLUNGEN FINANZWESEN (NEU) • BELEG • BELEGARTEN.

Um Ihre Belegarten anzulegen, stehen die folgenden drei Transaktionen zur Auswahl:

- Belegarten der Erfassungssicht definieren (Transaktion OB47)
- Belegarten der Erfassungssicht in einem Ledger definieren
- Belegarten der Hauptbuchsicht definieren

Erfassungssicht und Hauptbuchsicht

Zunächst klären wir vorab die Begriffe *Erfassungssicht* und *Hauptbuchsicht*, die wir ausführlich in Abschnitt 5.2.3, »Belegaufteilung«, behandeln: Wenn Sie die Belegaufteilung im neuen Hauptbuch nutzen, können Sie Belege bereits beim Buchen nach bestimmten Kriterien splitten, z. B. nach Segment. Während des Buchungsvorganges können Sie zwischen der Erfassungssicht und der Hauptbuchsicht hin- und herspringen. In der Erfassungssicht sehen Sie den Beleg so, wie Sie ihn eingegeben haben, während die Hauptbuchsicht den Beleg so anzeigt, wie er nach der Belegaufteilung in das führende und in die nicht-führenden Ledger gebucht wird.

Belegarten bei einem Ledger

In Abhängigkeit dessen, wie Sie Ihre Ledger konzipiert haben, gibt es nun verschiedene mögliche Szenarien dazu, wie Sie Ihre Belegarten festlegen:

Die erste Möglichkeit ist, dass Sie mit nur einem (dem führenden) Ledger arbeiten. In diesem Fall definieren Sie alle Belegarten in der Transaktion BELEGARTEN DER ERFASSUNGSSICHT DEFINIEREN (siehe Abbildung 4.25) und ordnen ihnen *Nummernkreise* zu (was Nummernkreise sind, erläutern wir weiter unten in diesem Abschnitt).

[zB]

Zuordnung der Nummernkreise bei Vorliegen eines Ledgers

Bei Vorliegen eines Ledgers sieht die Zuordnung der Nummernkreise folgendermaßen aus:

- Belegart SA (Sachkontenbeleg), Nummernkreis 01
- Belegart SB (Sachkontenbuchung), Nummernkreis 12

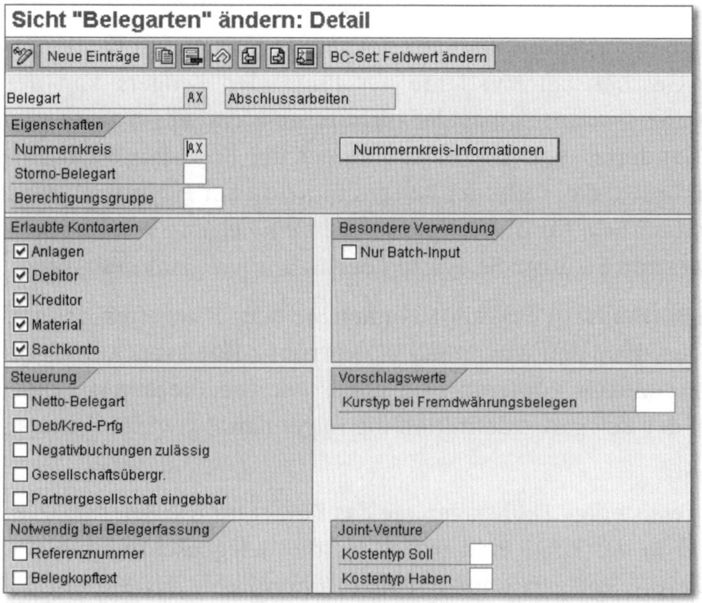

Abbildung 4.25 Maske zur Belegartendefinition

Belegarten bei mehreren Ledgern

Wenn Sie ein führendes Ledger und ein oder mehrere nicht-führende Ledger verwenden, gehen Sie wie folgt vor: Legen Sie über BELEGARTEN DER ERFASSUNGSSICHT DEFINIEREN die Belegarten an, die sich in allen Ledgern auswirken. Belegarten, die nicht in alle Ledger gebucht werden sollen, müssen Sie hingegen differenzieren. Buchungen, die nur für das führende Ledger bestimmt sind, legen Sie ebenfalls über die Transaktion BELEGARTEN DER ERFASSUNGSSICHT DEFINIEREN an. Für die Buchungen in nicht-führende Ledger nutzen Sie hingegen die Transaktion BELEGARTEN DER ERFASSUNGSSICHT IN EINEM LEDGER DEFINIEREN.

[zB]

Zuordnung der Nummernkreise bei Vorliegen von mehreren Ledgern

Bei Vorliegen mehrerer Ledgers sieht die Zuordnung der Nummernkreise folgendermaßen aus:

Belegarten der Erfassungssicht definieren:

- Belegart SA (Sachkontenbeleg), Nummernkreis 01 (für alle Ledger)
- Belegart SB (Sachkontenbuchung), Nummernkreis 12 (für alle Ledger)
- Belegart SX (Abschlussbuchungen), Nummernkreis 90 (nur führendes Ledger)

Belegarten der Erfassungssicht in einem Ledger definieren:

- Belegart SX (Abschlussbuchungen Ledger Z1), Nummernkreis 91
- Belegart SX (Abschlussbuchungen Ledger Z2), Nummernkreis 92

Belegarten bei mehreren Ledgern; abweichende Geschäftsjahresvariante

Falls Sie mit einem führenden und einem oder mehreren nicht-führenden Ledgern arbeiten und dabei in mindestens einem Buchungskreis die Geschäftsjahresvariante des führenden Ledgers von der Geschäftsjahresvariante eines der nicht-führenden Ledger abweicht, liegt ein Sonderfall vor. Die Belegnummer der Erfassungssicht entspricht in diesem Fall nicht der Belegnummer in der Hauptbuchsicht. Sie müssen deshalb für die Hauptbuchsicht eine eigene Belegart definieren. Dies tun Sie über Belegarten der Hauptbuchsicht definieren.

Über den Button NEUE EINTRÄGE können Sie neue Belegarten definieren oder sie über den Menüpfad BEARBEITEN • KOPIEREN ALS BESTEHENDE BELEGARTEN kopieren und anpassen. Die einzelnen Felder haben bei der Belegartendefinition die folgenden Auswirkungen:

- **Belegart**
  In das zweistellige Feld tragen Sie das Kürzel für die Belegart, z. B. AX, und in das lange Feld tragen Sie die Belegbeschreibung ein. Falls Sie die Belegart kopiert haben, übernimmt das System die Beschreibung aus der Vorlage. Ändern können Sie die Belegartbeschreibung in der Maske BELEGARTEN ÜBERSICHT ÄNDERN (siehe Abbildung 4.26).

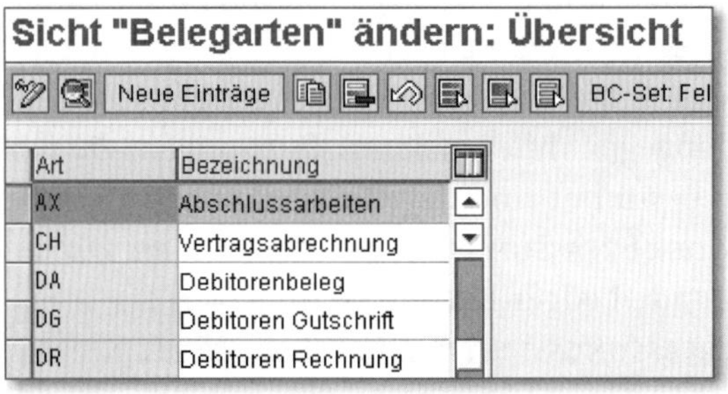

Abbildung 4.26 Übersicht »Belegarten«

- **Storno-Belegart**
  An dieser Stelle definieren Sie, welche Belegart das System heranziehen soll, wenn ein Beleg storniert wird. Fall Sie dieses Feld frei lassen, wird der Stornobeleg mit der Originalbelegart storniert.
- **Berechtigungsgruppe**
  Über dieses Feld können Sie eine Berechtigungsgruppe definieren, die Sie anschließend einer Belegart zuordnen. Auf diese Weise können Sie z. B. festlegen, dass nur ein bestimmter Personenkreis mit dieser Belegart buchen darf.

- **Erlaubte Kontoarten**
  Über dieses Feld steuern Sie, welche Kontoarten (Anlagen, Debitor, Kreditor, Material oder Sachkonto) anhand einer Belegart bebucht werden können.
- **Steuerung**
  An dieser Stelle können Sie die folgenden Einstellungen vornehmen:
  - Wenn Sie die Option NETTO-BELEGART aktivieren, werden Kreditorenbuchungen automatisch um den Skontobetrag reduziert.
  - Durch die Aktivierung der Option DEB/KRED-PRFG bewirken Sie, dass mit dieser Belegart nur ein Debitoren- oder ein Kreditorenkonto bebucht werden kann.
  - Wenn Sie das Feld NEGATIVBUCHUNGEN ZULÄSSIG aktivieren, können Sie fehlerhafte Buchungen anhand einer Negativbuchung korrigieren und damit die Auswirkungen auf die Verkehrszahlen eliminieren. Negativbuchungen sind nur dann zulässig, wenn Sie sie in den globalen Parametern des entsprechenden Buchungskreises aktiviert haben. In den Tabellen 4.1 und 4.2 sehen Sie je ein Beispiel zu einer Negativbuchung und zum Storno ohne Negativbuchung.

	Konto 100100 (EUR)		Konto 131100 (EUR)	
	Soll-Buchung	Haben-Buchung	Soll-Buchung	Haben-Buchung
Belegbuchung	1.000,00			–1.000,00
Negativbuchung	–1.000,00			1.000,00

Tabelle 4.1 Belegbuchung und Storno als Negativbuchung

	Konto 100100 (EUR)		Konto 131100 (EUR)	
	Soll-Buchung	Haben-Buchung	Soll-Buchung	Haben-Buchung
Belegbuchung	1.000,00		1.000,00	–1.000,00
Storno – keine Negativbuchung		–1.000,00		

Tabelle 4.2 Belegbuchung und Storno – keine Negativbuchung

  - Anhand der Option GESELLSCHAFTSÜBERGR. können Sie innerhalb eines Belegs mehrere Partnergesellschaften kontieren. Sofern Sie das Feld PARTNERGESELLSCHAFT EINGEBBAR aktiviert haben, können Sie die Partnergesellschaft manuell in den Beleg eintragen.

- **Notwendig bei Belegerfassung**
  Über diesen Parameter können Sie die Felder MIT REFERENZNUMMER und BELEGKOPFTEXT bei der Belegbuchung als Muss-Felder deklarieren.
- **Besondere Verwendung**
  Wenn Sie diesen Schalter und zusätzlich das Kennzeichen NUR BATCH- INPUT setzen, bestimmen Sie, dass eine Belegart nur für Batch-Input-Buchungen verwendet werden soll.
- **Kurstyp**
  In der Registerkarte VORSCHLAGSWERTE können Sie für diese Belegart einen Kurstyp eintragen, anhand dessen Fremdwährungsbelege umgerechnet werden sollen. Wenn Sie hier nichts angeben und Sie keinen Kurs im Belegkopf eingetragen haben, rechnet das System die Beträge standardmäßig anhand des Mittelkurses um.
- **Joint-Venture**
  In dieser Registerkarte können Sie für Joint-Venture-Gesellschaften bestimmte Kostentypen für Soll- und Haben-Buchungen zuordnen, die später durch das periodische Abrechnungsprogramm unterschiedlich behandelt werden.

Nummernkreise

Definition von Nummernkreisen

Durch die Zuordnung der Nummernkreise identifizieren Sie die Nummernvergabe für die Belege. Sie können die Nummernkreise entweder bei der Belegdefinition oder über den Customizing-Pfad FINANZWESEN (NEU) • GRUNDEINSTELLUNGEN FINANZWESEN (NEU) • BELEG • BELEGNUMMERNKREISE anlegen.

In Abhängigkeit dessen, ob Sie die Nummernkreise für Belege in Erfassungssicht oder Belege in Hauptbuchsicht definieren (siehe oben), wählen Sie im entsprechenden Ordner den Customizing-Punkt BELEGNUMMERNKREISE DER ERFASSUNGSSICHT DEFINIEREN (Transaktion FBN1 oder BELEGNUMMERNKREISE DER HAUPTBUCHSICHT DEFINIEREN (Transaktion FAGL_DOCNR). Im Einstiegsbild geben Sie Ihren Buchungskreis an und wählen anschließend einen der folgenden Buttons aus: INTERVALLE ANZEIGEN, INTERVALLE ÄNDERN oder STAND ÄNDERN.

Repräsentatives Ledger [+]

Falls Sie eine Ledger-Gruppe mit mehreren Ledgern definiert haben, übernimmt das repräsentative Ledger die Steuerung der Belegarten und Nummernkreise.

Anhand der Funktion INTERVALLE ANZEIGEN können Sie sich die Einträge anschauen. Über die Option INTERVALLE ÄNDERN ändern Sie Intervalle, fügen neue hinzu oder löschen alte (siehe Abbildung 4.27).

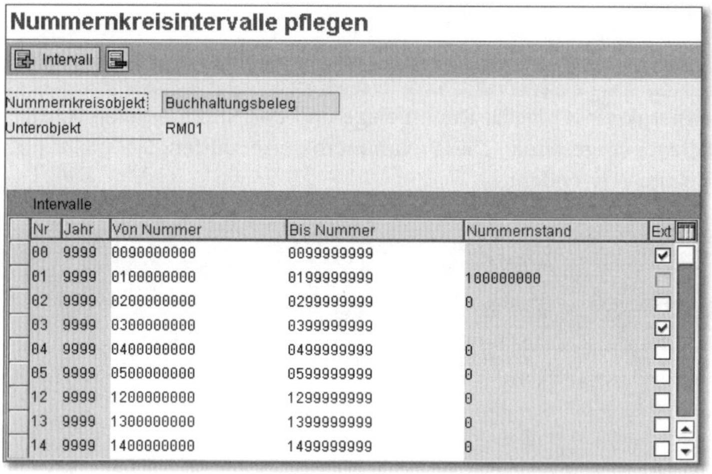
Nummernkreisintervalle pflegen

Intervall

Nummernkreisobjekt: Buchhaltungsbeleg

Unterobjekt: RM01

Intervalle

Nr	Jahr	Von Nummer	Bis Nummer	Nummernstand	Ext
00	9999	0090000000	0099999999		☑
01	9999	0100000000	0199999999	100000000	☐
02	9999	0200000000	0299999999	0	☐
03	9999	0300000000	0399999999		☑
04	9999	0400000000	0499999999	0	☐
05	9999	0500000000	0599999999	0	☐
12	9999	1200000000	1299999999	0	☐
13	9999	1300000000	1399999999	0	☐
14	9999	1400000000	1499999999	0	☐

Abbildung 4.27 Nummernkreisintervalle für Belegarten pflegen

Wenn Sie ein neues Intervall hinzufügen, geben Sie zunächst eine eindeutige Nummer als Kennzeichnung an. Intervalle können Sie entweder jahresabhängig oder jahresunabhängig verwalten: Nummernvergabe

- **Jahresabhängige Nummernvergabe**
  Bei der jahresabhängigen Nummernvergabe steht das gleiche Nummernintervall in jedem Geschäftsjahr erneut zur Verfügung, und Ihre Belege können Sie durch die Angabe des entsprechenden Geschäftsjahres und der Belegnummer eindeutig identifizieren. In diesem Fall müssen Sie für jedes Geschäftsjahr einen neuen Eintrag anlegen.
- **Jahresunabhängige Nummernvergabe**
  Definieren Sie die Nummernintervalle jahresunabhängig, wird dieselbe Belegnummer nur ein einziges Mal vergeben. Hier genügt ein Eintrag unter der Angabe des Jahres 9999.

Im Feld NUMMERNSTAND wird die zuletzt vergebene Nummer angezeigt.

Über das Feld EXT definieren Sie außerdem, ob die Nummernvergabe intern (automatisch vom System ermittelt) oder extern (manuelle Eingabe) stattfinden soll (siehe Abbildung 4.28). Eine externe Nummernvergabe ist beim Vorhandensein von Schnittstellen sinnvoll, falls Sie also Belegnummern aus einem anderen SAP-Modul (z. B. Rechnungen aus dem Vertrieb) oder aus externen Systemen übernehmen möchten.

[!]

Vorreservierte Nummernkreise X1 und X2

Der Nummernkreis X1 ist für Dauerbelege und der Nummernkreis X2 für Musterbelege vorgesehen. Diese Nummernkreise dürfen Sie nicht für andere Belege verwenden.

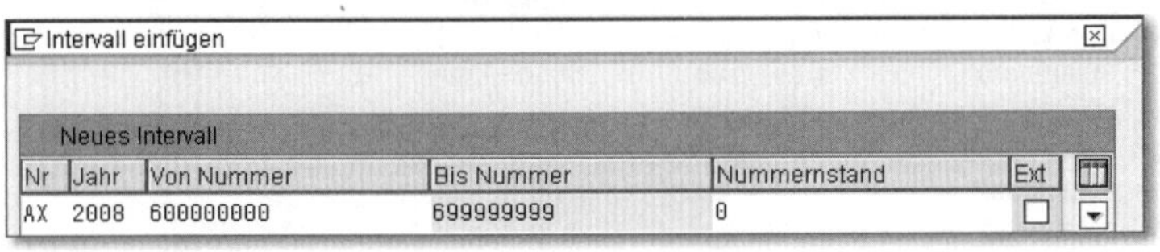
Intervall einfügen

Neues Intervall

Nr	Jahr	Von Nummer	Bis Nummer	Nummernstand	Ext
AX	2008	600000000	699999999	0	☐

Abbildung 4.28 Nummernkreisintervalle für Belegarten einfügen

Fall Sie ein Intervall löschen möchten, müssen Sie den entsprechenden Eintrag markieren und den Button INTERVALL LÖSCHEN anklicken. Achten Sie dabei darauf, dass Sie das zu löschende Intervall keiner verwendeten Belegart zugeordnet haben!

Über die Option STAND ÄNDERN können Sie den Nummernstand verändern. Das entsprechende Feld ist dann eingabebereit (siehe Abbildung 4.29).

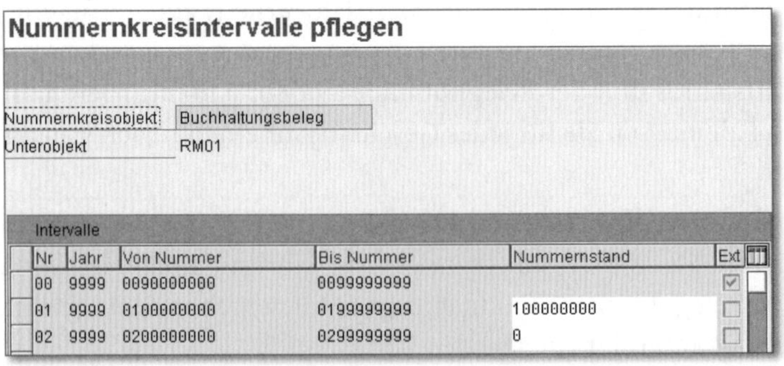
Nummernkreisintervalle pflegen

Nummernkreisobjekt: Buchhaltungsbeleg

Unterobjekt: RM01

Intervalle

Nr	Jahr	Von Nummer	Bis Nummer	Nummernstand	Ext
00	9999	0090000000	0099999999		☑
01	9999	0100000000	0199999999	100000000	☐
02	9999	0200000000	0299999999	0	☐

Abbildung 4.29 Nummernstand für die Belegartenintervalle pflegen

Keine Transporte von Nummernkreisen [!]

Es sollte niemals vorkommen, dass Sie im Produktivsystem den Nummernstand von Belegnummernkreisen verändern müssen. Denn hierdurch können Lücken in der Belegnummerierung entstehen, falls Sie den Nummernstand erhöhen. Setzen Sie hingegen den Stand niedriger als zuvor, gibt es Buchungsabbrüche, wenn das System versucht, anhand einer schon existierenden Belegnummer zu buchen. Unter gar keinen Umständen sollten Sie Nummernkreise von einem System in ein anderes kopieren, weil hierdurch der Stand des Ursprungssystems in das Zielsystem übernommen wird!

4.4.2 Belegposition

Wie bereits erwähnt, besteht ein Beleg aus einem Belegkopf und mindestens zwei Positionen. In die Belegpositionen geben Sie Informationen zu je einer bestimmten Position ein, z. B. Betrag, Kontonummer, Buchungsseite, Kontierungsobjekte. Wir erklären Ihnen im Folgenden die wichtigsten Einstellungen, die die Belegpositionen steuern.

Buchungsschlüssel

Was steuern Buchungsschlüssel?

Die Definition von *Buchungsschlüsseln* erreichen Sie über den Customizing-Pfad FINANZWESEN (NEU) • GRUNDEINSTELLUNGEN FINANZWESEN (NEU) • BELEG • BUCHUNGSSCHLÜSSEL DEFINIEREN oder über die Transaktion OB41. Aus der Liste der Buchungsschlüssel (siehe Abbildung 4.30) gelangen Sie per Doppelklick zur Definition des ausgewählten Schlüssels (siehe Abbildung 4.31). Über den Button ANLEGEN können Sie einen neuen Schlüssel definieren.

Konfiguration Buchhaltung pflegen : Buchungsschlüsse

Buchungsschl.	Bedeutung	Soll/Haben	Kontoart
01	Rechnung	Soll	Debitor
02	Storno Gutschrift	Soll	Debitor
03	Spesen	Soll	Debitor
04	Sonstige Forderung	Soll	Debitor
05	Zahlungsausgang	Soll	Debitor

Abbildung 4.30 Buchungsschlüssel

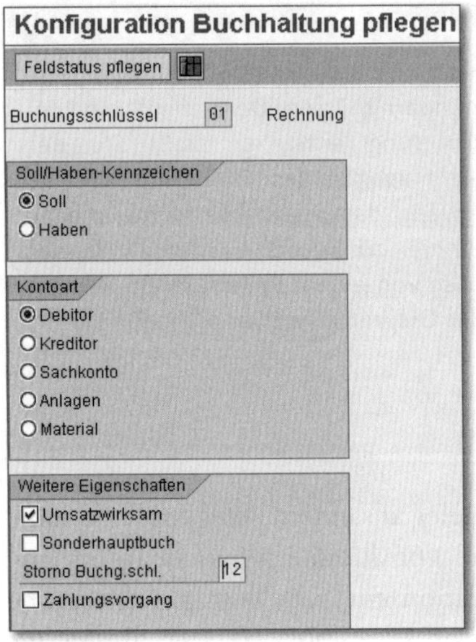

Abbildung 4.31 Buchungsschlüssel definieren

Über das Soll/Haben-Kennzeichen steuern Sie die Buchungsseite Soll oder Haben. Mit der Kontoart entscheiden Sie, welche Konten mit dem Buchungsschlüssel bebucht werden können sollen (Debitor, Kreditor, Sachkonto, Anlagen, Material). Im Gegensatz zu den Belegarten können Sie hier nur eine Kontoart auswählen. Über Weitere Eigenschaften steuern Sie, ob der Buchungsschlüssel umsatzwirksam sein soll, ob er für Buchungen mit Sonderhauptbuchkennzeichen vorgesehen ist, welcher Buchungsschlüssel bei einer Stornobuchung verwendet werden soll und ob der Buchungsschlüssel für Zahlungsbuchungen definiert worden ist. Die Felder UMSATZWIRKSAM und ZAHLUNGSVORGANG sind für Auswertungen relevant, damit Sie also Umsätze, Zahlungen und sonstige Buchungen auseinanderhalten können. Mehr zu Buchungen mit Sonderhauptbuchvorgängen lesen Sie in Abschnitt 8.4.1, »Sonderhauptbuchvorgänge«.

Feldstatus des Buchungsschlüssels

Jeder Buchungsschlüssel hat einen eigenen Feldstatus. Mit dem Feldstatus kennzeichnen Sie, welche Felder bei der Buchung mit diesem Buchungsschlüssel ausgeblendet sind, welche als Muss-Eingabe und welche als Kann-Eingabe angezeigt werden sollen (siehe Abbildung 4.32).

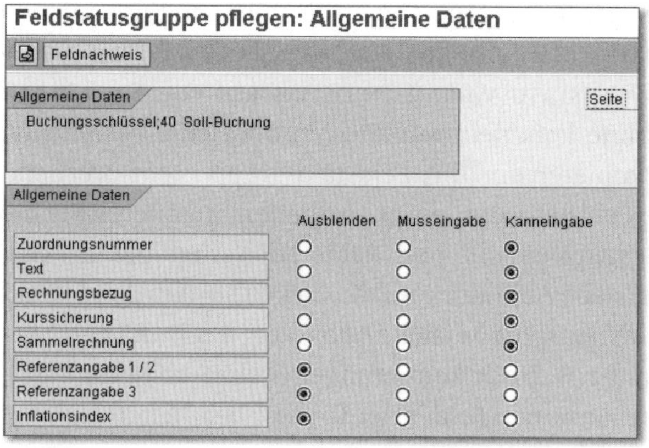

Abbildung 4.32 Feldstatussteuerung »Allgemeine Daten« für Buchungsschlüssel 40 (Soll-Buchung, Sachkonten)

Feldstatusvarianten

Feldstatusvarianten definieren

Eine *Feldstatusvariante* fasst mehrere Feldstatusgruppen zusammen. In einer Feldstatusgruppe können Sie festlegen, welche Felder beim Buchen ausgeblendet, als Kann-Eingabe oder als Pflichteingabe dargestellt werden sollen (siehe Abbildung 4.33).

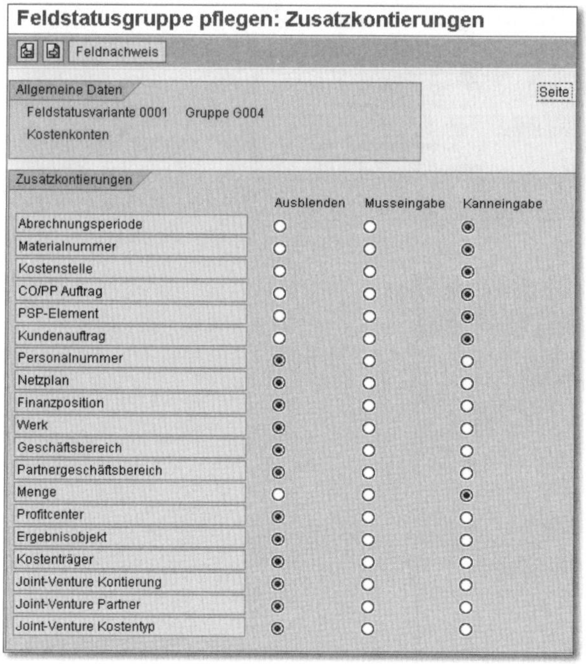

Abbildung 4.33 Definition der Kontierungsfelder in der Feldstatusgruppe G004

Die entsprechenden Einstellungen nehmen Sie über den Customizing-Pfad FINANZWESEN (NEU) • GRUNDEINSTELLUNGEN FINANZWESEN (NEU) • BÜCHER • FELDER • FELDSTATUSVARIANTEN DEFINIEREN vor. Sie können Ihre Feldstatusvariante komplett neu anlegen oder eine bestehende Feldstatusvariante kopieren und Ihre Feldstatusgruppen entsprechend anpassen. Um eine Feldstatusgruppe zu bearbeiten, markieren Sie die entsprechende Feldstatusvariante und wählen den Menüpunkt FELDSTATUSGRUPPEN aus (siehe Abbildung 4.34). Klicken Sie nun doppelt auf die ausgewählte Feldstatusgruppe (siehe Abbildung 4.35) und anschließend auf eine Gruppe, z. B. Zusatzkontierungen (siehe Abbildung 4.36). Nun können Sie die einzelnen Felder der Gruppe bearbeiten.

Abbildung 4.34 Feldstatusvariante auswählen

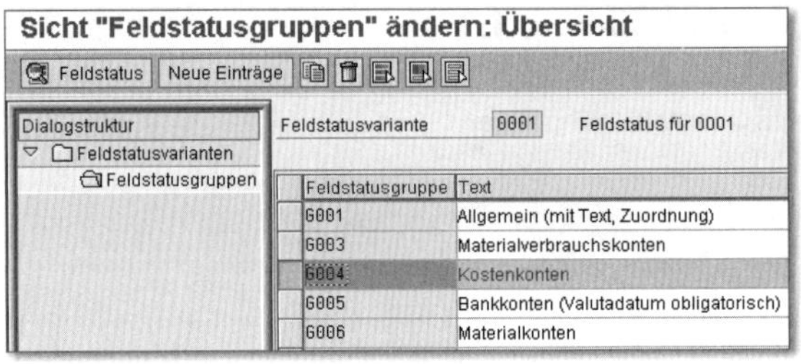

Abbildung 4.35 Feldstatusgruppe auswählen

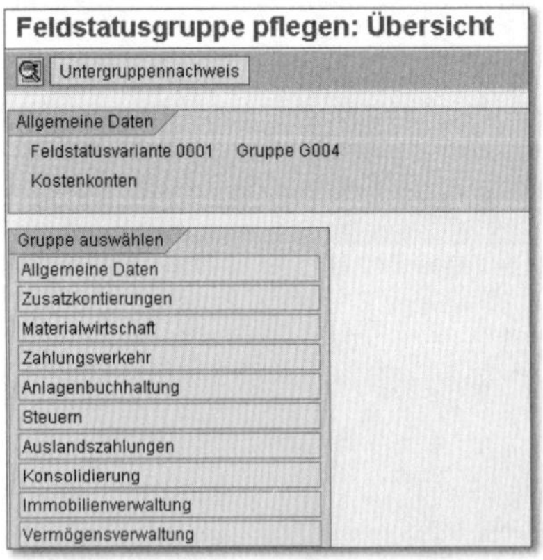

Abbildung 4.36 Gruppen in der Feldstatusgruppe G004 (Kostenkonten)

Feldstatusgruppe

Jedem Sachkonto ordnen Sie in den Sachkontenstammdaten eine Feldstatusgruppe zu. Viele Buchungsfehler können Sie vermeiden, wenn Sie die Feldstatusgruppen so anlegen, dass für jedes Konto nur relevante Buchungsfelder geöffnet sind.

[zB]

Feldauswahl in den Feldstatusgruppen

Einer Feldstatusvariante haben Sie mehrere Feldstatusgruppen zugeordnet. Unter anderen haben Sie die Gruppe G005 für die Bankkonten und die Gruppe G004 für die Kostenkonten definiert. In der Gruppe G004 spezifizieren Sie Kontierungsfelder wie z. B. KOSTENSTELLE, INNENAUFTRAG oder PRODUKTIONSAUFTRAG als Kann-Felder. In der Gruppe G005 kennzeichnen Sie z. B. das Feld VALUTADATUM als Muss-Feld und blenden die Kontierungsfelder aus.

Wir empfehlen Ihnen, den Feldstatus anhand der Zuordnung im Sachkonto zu bestimmen und nicht über den Buchungsschlüssel. Da Sie wesentlich mehr Konten als Buchungsschlüssel haben, verschafft Ihnen dieser Weg viel mehr Flexibilität als die Zuordnung über den Buchungsschlüssel.

Die Feldstatusvariante ordnen Sie dem Buchungskreis über den Customizing-Pfad FINANZWESEN (NEU) • GRUNDEINSTELLUNGEN FINANZWESEN (NEU) • BÜCHER • FELDER • BUCHUNGSKREIS FELDSTATUSVARIANTEN ZUORDNEN zu.

Die Abhängigkeiten zwischen Feldstatusvariante, Feldstatusgruppen, Buchungskreis und Sachkonten stellt Abbildung 4.37 dar.

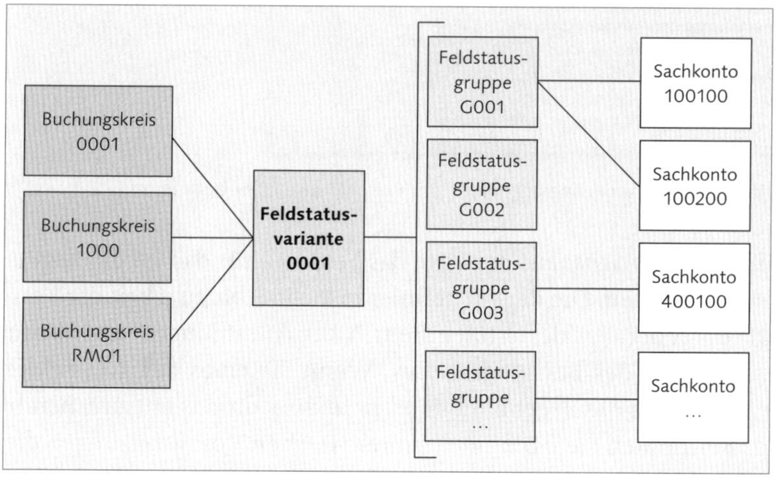

Abbildung 4.37 Abhängigkeiten zwischen Feldstatusvariante, Feldstatusgruppen, Buchungskreis und Sachkonten

Belegänderungsregeln

Definition der Belegänderungsregeln

Durch die *Belegänderungsregeln* bestimmen Sie, welche Felder in bereits gebuchten Belegen nachträglich noch geändert werden können. Außerdem erstellen Sie Regeln dazu, unter welchen Voraussetzungen Änderungen vorgenommen werden dürfen. Einige Felder wie BETRAG, KONTONUMMER, NEBENKONTIERUNG usw. sind von vornherein ausgenommen, da sie in keinem Fall nachträglich geändert werden dürfen.

Die Belegänderungsregeln legen Sie über den Customizing-Pfad FINANZWESEN (NEU) • GRUNDEINSTELLUNGEN FINANZWESEN (NEU) • BELEG • BELEGÄNDERUNGSREGELN • BELEGÄNDERUNGSREGELN BELEGPOSITION fest. Änderungsregeln können Sie z. B. für das Feld MAHNSTUFE definieren (siehe Abbildung 4.38).

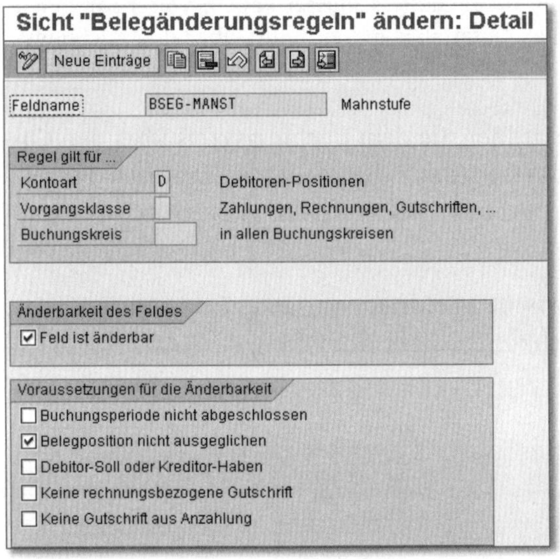

Abbildung 4.38 Änderungsregeln für das Feld »Mahnstufe« definieren

Wählen Sie zunächst aus der Liste das Feld aus, für das Sie die Regeln anlegen möchten. Die Regeln definieren Sie in Abhängigkeit der Kontoart, der Vorgangsklasse (hier steht A für Anzahlungen und W für Wechsel) und des Buchungskreises. Wenn Sie eines der drei Felder leer lassen, gilt die Regel ohne Einschränkung für das entsprechende Feld. Bestimmen Sie dann noch, unter welchen Voraussetzungen die Regel gelten soll, wenn z. B. die Buchungsperiode nicht abgeschlossen ist oder, wie im Beispiel, die Belegposition nicht ausgeglichen ist.

Analog dazu können Sie über den Customizing-Pfad FINANZWESEN (NEU) • GRUNDEINSTELLUNGEN FINANZWESEN (NEU) • BELEG • BELEGÄNDERUNGSREGELN • BELEGÄNDERUNGSREGELN BELEGKOPF die Regeln für die Felder im Belegkopf festlegen.

Toleranzgruppen für Mitarbeiter

Toleranzgruppen anlegen

Anhand der *Toleranzgruppen* können Sie Betragsgrenzen definieren und sie den Mitarbeitern (Systembenutzern) zuordnen. Die Beträge definieren Sie in der jeweiligen Buchungskreiswährung. Durch die Angabe der Betragsgrenzen bestimmen Sie Folgendes:

- bis zu welchem Betrag ein Mitarbeiter einen Beleg erfassen darf
- bis zu welchem Betrag ein Mitarbeiter eine Belegposition auf einem Debitoren- oder Kreditorenkonto erfassen darf
- wie viel Prozent Skonto ein Mitarbeiter pro Belegposition gestatten darf
- dass anfallende Zahlungsdifferenzen automatisch auf ein separates Aufwands- oder Ertragskonto gebucht werden
  Zu den Zahlungsdifferenzen müssen Sie je Toleranzgruppe noch die folgenden Einstellungen vornehmen:
  - bis zu welchem Betrag oder Prozentsatz die Differenzen gebucht werden sollen
  - bis zu welchen Differenzbeträgen das SAP-System das Skonto korrigieren soll

Die Definition der Toleranzgruppen nehmen Sie pro Buchungskreis vor. Falls Sie allen Mitarbeitern dieselben Toleranzen zuordnen möchten, lassen Sie das Feld TolGru leer. Sie müssen aber mindestens einen Eintrag pro Buchungskreis definieren. Die Einstellungen dazu finden Sie im Customizing-Pfad Finanzwesen (neu) • Grundeinstellungen Finanzwesen (neu) • Beleg • Toleranzgruppen • Toleranzgruppen für Mitarbeiter definieren (siehe Abbildung 4.39).

Toleranzgruppen zuordnen

Nun ordnen Sie die Toleranzgruppen den einzelnen Benutzern zu, und zwar über den Customizing-Pfad FINANZWESEN (NEU) • GRUNDEINSTELLUNGEN FINANZWESEN (NEU) • BELEG • TOLERANZGRUPPEN • BENUTZER/TOLERANZGRUPPEN ZUORDNEN (siehe Abbildung 4.40).

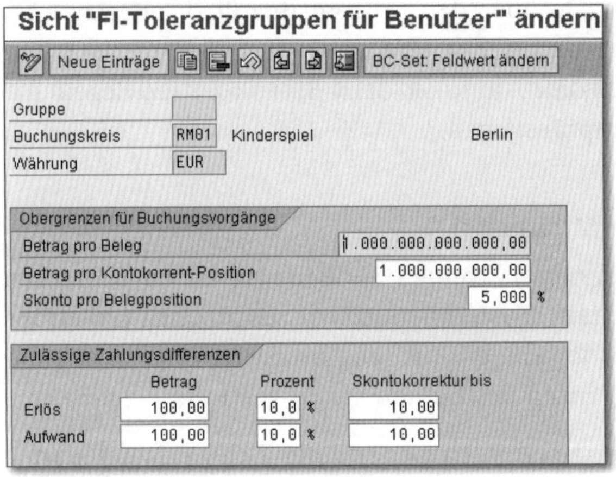

Abbildung 4.39 Toleranzgruppen für den Buchungskreis RM01 definieren

Abbildung 4.40 Toleranzgruppe dem Benutzer zuordnen

Texte für Belegpositionen definieren

Textfelder definieren

In den Belegpositionen steht je ein Textfeld zur Verfügung. Falls Sie bestimmte Texte öfter verwenden möchten, können Sie für die Textfelder *Text-Schablonen* anlegen. Hierzu definieren Sie eine sogenannte *Text-Id* und den dazugehörigen Text. Geben Sie nun bei einer Buchung die Text-Id ein, wird der hinterlegte Text automatisch übernommen. Sie können auch Variablen eingeben, deren Wert dynamisch beim Buchen ermittelt und in das Textfeld übernommen wird. Die folgenden Variablen stehen Ihnen zur Verfügung: $BLD (Belegdatum), $BUD (Buchungsdatum), $ZFB (Zahlungsfristenbasisdatum), $BUP (Buchungsperiode) und $XBL (Referenzbelegnummer siehe Abbildung 4.41).

Die Einstellungen dazu nehmen Sie über den Customizing-Pfad Finanzwesen (neu) • Grundeinstellungen Finanzwesen (neu) • Beleg • Texte für Belegpositionen hinterlegen vor.

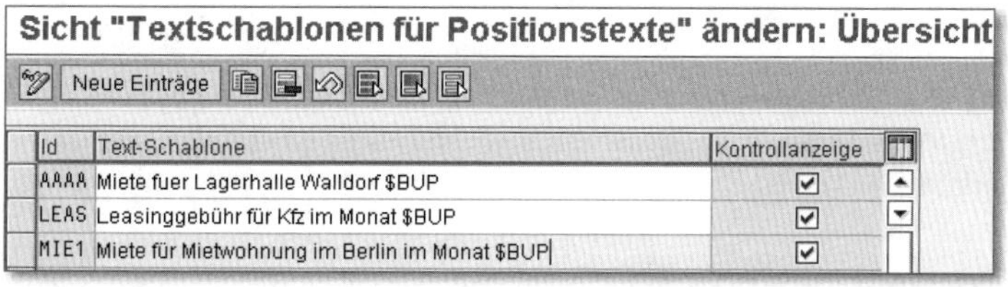

Abbildung 4.41 Definition von Text-Schablonen für das Textfeld in den Belegpositionen

Vorschlagswerte für die Belegbuchung

Vorschlagswerte hinterlegen

Um die Fehlerquote bei Buchungen zu verringern und die Arbeit im SAP-System zu vereinfachen, können Sie Vorschlagswerte für die Felder BELEGART, BUCHUNGSSCHLÜSSEL, GESCHÄFTSJAHR und VALUTADATUM hinterlegen. Die Einstellungen zu den Belegarten und Buchungsschlüsseln nehmen Sie im Customizing über den Pfad Finanzwesen (NEU) • GRUNDEINSTELLUNGEN FINANZWESEN (NEU) • BELEG • VORSCHLAGSWERTE • VORSCHLAGSWERTE DEFINIEREN oder über die Transaktion OBU1 vor. Hier können Sie für bestimmte Transaktionen die Belegart und den Buchungsschlüssel vorschlagen (siehe Abbildung 4.42).

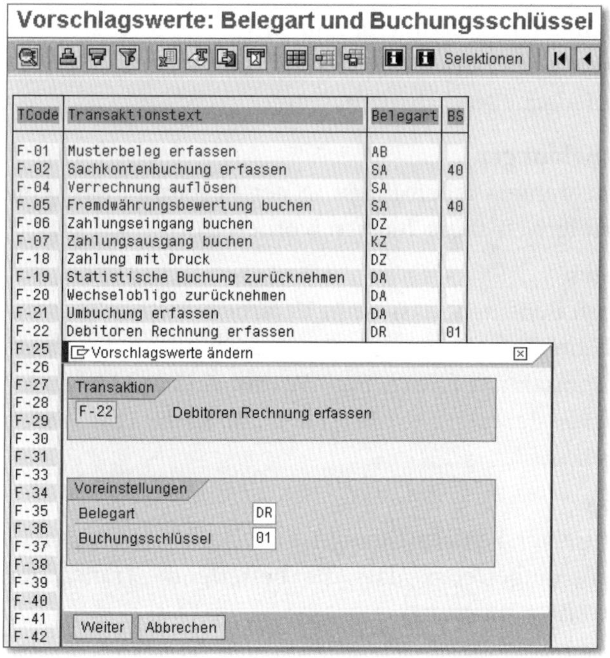

Abbildung 4.42 Vorschlagswerte – Belegarten und Buchungsschlüssel für Buchungsbelege hinterlegen

[!] **Mandantenunabhängige Einstellungen**

Einstellungen zu Belegart und Buchungsschlüssel als Vorschlagswerte sind mandantenunabhängig, d. h., dass sich Ihre Änderungen auf alle Mandanten auswirken.

Geschäftsjahr vorschlagen

Über den Customizing-Pfad FINANZWESEN (NEU) • GRUNDEINSTELLUNGEN FINANZWESEN (NEU) • BELEG • VORSCHLAGSWERTE • GESCHÄFTSJAHRESVORSCHLAG ERMÖGLICHEN können Sie das Geschäftsjahr pro Buchungskreis vorschlagen lassen. Mit dieser Einstellung bewirken Sie, dass in der Beleganzeigefunktion und in der Belegänderungsfunktion das zuletzt verwendete Geschäftsjahr erscheint. Diese Einstellung ist nur sinnvoll, wenn Sie im betreffenden Buchungskreis eine jahresabhängige Belegnummernvergabe verwenden.

Valutadatum vorschlagen

Analog können Sie im Customizing über den Menüpfad FINANZWESEN (NEU) • GRUNDEINSTELLUNGEN FINANZWESEN (NEU) • BELEG • VORSCHLAGSWERTE • VALUTADATUM VORSCHLAGEN das Valutadatum je Buchungskreis vorbelegen. Durch diese Einstellung wird bei der Erfassung von Belegpositionen, die ein Valutadatum benötigen, das Tagesdatum als Valutadatum eingesetzt.

Nachrichtentypen

Nach jeder abgeschlossenen Transaktion im SAP-System erhalten Sie eine *Nachricht*, die Sie über den Erfolg der Transaktion informiert. Es gibt drei unterschiedliche Nachrichtentypen:

- **Informationsmeldungen**
  Informationsmeldungen teilen Ihnen in der Regel mit, dass eine Transaktion erfolgreich abgeschlossen worden ist.
- **Warnmeldungen**
  Warnmeldungen bedeuten, dass beim Verarbeiten einer Transaktion ein Problem aufgetreten ist, das jedoch nicht zu einem Abbruch der Transaktion führte. Eine Warnmeldung können Sie durch das Drücken der (¢)-Taste übergehen und so die Transaktion zu Ende bringen.
- **Fehlermeldung**
  Beim Auftreten einer Fehlermeldung ist zuvor ein derart gravierendes Problem aufgetreten, dass die betreffende Transaktion abgebrochen werden musste.

Über die *Nachrichtensteuerung* können Sie für bestimmte Nachrichten den Typ ändern. So können Sie z. B. für eine Nachricht, die im Standard als Fehlermeldung eingestellt ist, die Sie aber nicht als Fehler betrachten, den Typ auf INFORMATIONSMELDUNG oder WARNMELDUNG umstellen. Diese Einstellungen gelten mandantenweit, können bei Bedarf aber auch auf einzelne Benutzer beschränkt werden; für alle anderen Benutzer gilt dann die SAP-Standardeinstellung. Beachten Sie jedoch, dass SAP Änderungen nur für einige bestimmte Nachrichten erlaubt; für den Großteil der Nachrichten ist es nicht möglich, den Typ zu ändern.

Den Customizing-Pfad zur Nachrichtensteuerung erreichen Sie über FINANZWESEN (NEU) • GRUNDEINSTELLUNGEN FINANZWESEN (NEU) • BELEG • VORSCHLAGSWERTE • NACHRICHTENSTEUERUNG FÜR BELEGBEARBEITUNG ÄNDERN. Wählen Sie zunächst ein Arbeitsgebiet aus (z. B. F5, Belegbearbeitung). Über den Button NEUE EINTRÄGE suchen Sie anschließend eine Nachricht aus der Nachrichtenliste aus und tragen entsprechend Ihren Anforderungen einen Benutzernamen und den neuen Meldungstyp ein. Dabei können Sie noch unterscheiden, ob Ihre Änderung nur für Dialogbuchungen (also manuell erfasste Buchungen) oder auch für Buchungen im Batch-Input gelten soll.

Nachrichtenänderung [zB]

Im Arbeitsgebiet F5 möchten Sie die Nachricht 212, »Kurs & weicht vom Tabellenkurs & um & % ab«, wie folgt anpassen:

Für den Benutzer X soll diese Nachricht bei der Batch-Input-Verarbeitung als Error erscheinen; im Standard sehen Sie diese Nachricht als Warnung (siehe Abbildung 4.43).

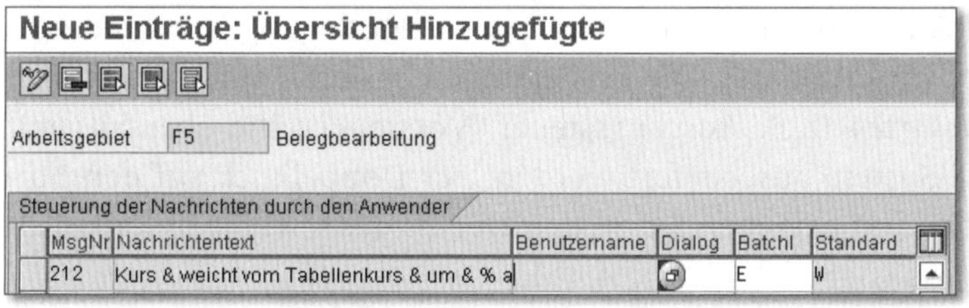

Abbildung 4.43 Nachrichtensteuerung im Arbeitsgebiet F5 (Meldungsnummer 212 anpassen)

4.5 Umsatzsteuer

Umsatzsteuer ermitteln

In all den Ländern, in denen SAP ERP eingesetzt werden kann, gelten unterschiedliche Umsatzsteuersätze, und die Umsatzsteuer wird je

Land auf eine andere Weise ermittelt. In SAP ERP stehen Ihnen zwei wesentliche Mittel zur Verfügung, um diese Komplexität abzubilden: das *Kalkulationsschemata* (siehe Abbildung 4.44) und das *Steuerkennzeichen*.

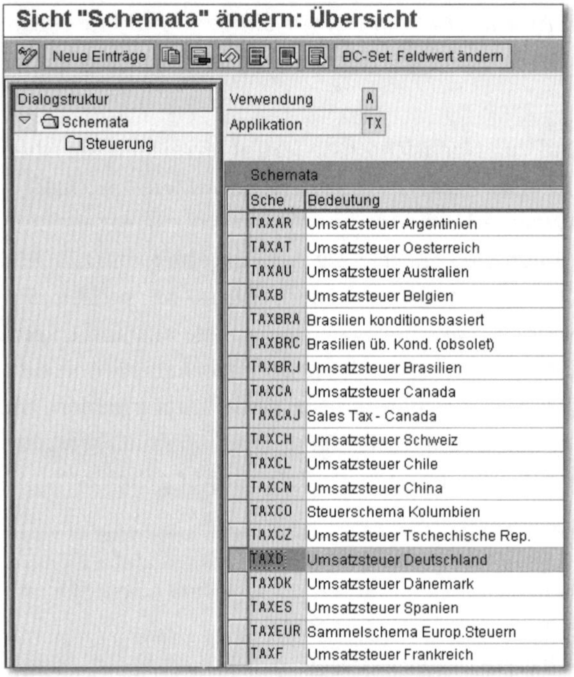

Abbildung 4.44 Die Liste der ausgelieferten länderabhängigen Kalkulationsschemata

Kalkulationsschema definieren

Im Kalkulationsschema definieren Sie die Festlegungen zur Berechnung der Umsatzsteuer. Die Festlegungen basieren auf sogenannten *Konditionsarten* (z. B. Ausgangssteuer, Vorsteuer), die ebenfalls mit dem SAP-System ausgeliefert werden. Per Doppelklick auf den Button STEUERUNG gelangen Sie zu den Details des jeweiligen Kalkulationsschemas (siehe Abbildung 4.45).

Wir raten Ihnen dringend, die voreingestellten Konditionsarten und Kalkulationsschemata nicht zu ändern. Bei Gesetzesänderungen stellt SAP die notwendigen Anpassungen im System in Form von Hot Packages zur Verfügung, die in Ihr System eingespielt werden können. Nur in seltenen Fällen reichen die Voreinstellungen nicht aus, und Sie müssen die Berechnungsregeln an Ihre eigenen Bedürfnisse anpassen.

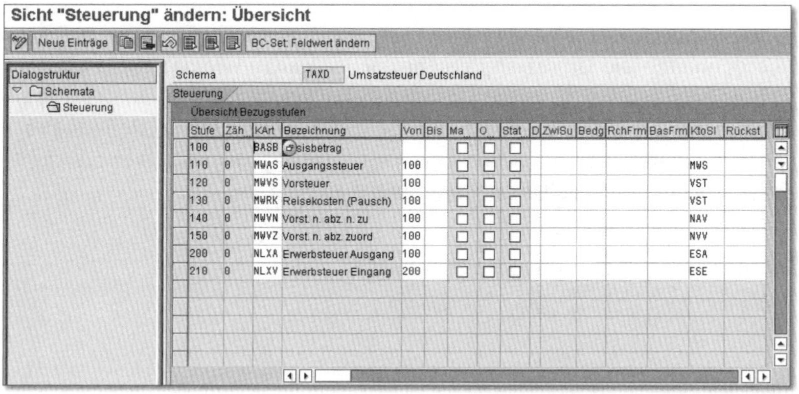

Abbildung 4.45 Steuerung des Kalkulationsschemas TAXD

Die entsprechenden Einstellungen nehmen Sie über den Customizing-Pfad Finanzwesen (neu) • Grundeinstellungen Finanzwesen (neu) • Umsatzsteuer • Grundeinstellungen • Kalkulationsschemata prüfen unter der Aktivität Schemata definieren vor. Das für Deutschland relevante Kalkulationsschema heißt TAXD.

Kalkulationsschema zuordnen

Über Finanzwesen (neu) • Grundeinstellungen Finanzwesen (neu) • Umsatzsteuer • Grundeinstellungen • Land Kalkulationsschema zuordnen verknüpfen Sie ein Kalkulationsschema mit dem entsprechenden Land (siehe Abbildung 4.46).

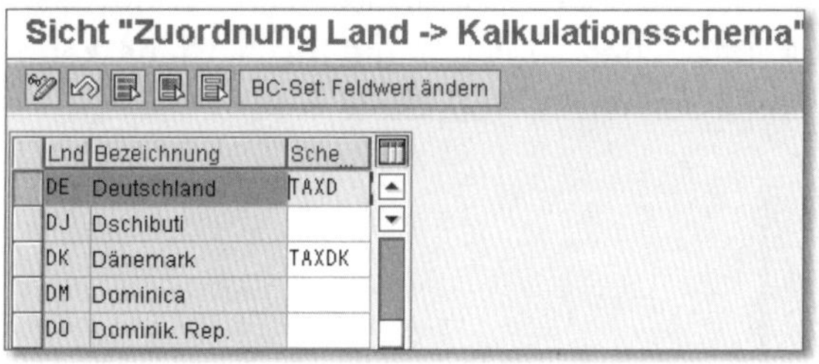

Abbildung 4.46 Zuordnung des Kalkulationsschemas zum Land

Steuerkennzeichen definieren

Nachdem Sie definiert haben, wie die Umsatzsteuer ermittelt werden soll, müssen Sie noch die Steuersätze festlegen. Dies tun Sie anhand von Umsatzsteuerkennzeichen im Customizing über den Menüpfad Finanzwesen (neu) • Grundeinstellungen Finanzwesen (neu) • Umsatzsteuer • Berechnung • Umsatzsteuerkennzeichen definieren oder über die Transaktion FTXP (siehe Abbildung 4.47).

[+] **Umsatzsteuerkennzeichen pro Land**

Sie definieren die Umsatzsteuerkennzeichen genau wie das Kalkulationsschema pro Land, d. h., diese Einstellungen gelten für alle Buchungskreise, die Sie diesem Land zugeordnet haben. Für internationale Rollout-Projekte bedeutet dies, dass Sie für jedes Land eigene Steuerkennzeichen pflegen können, ohne Überschneidungen zu erhalten.

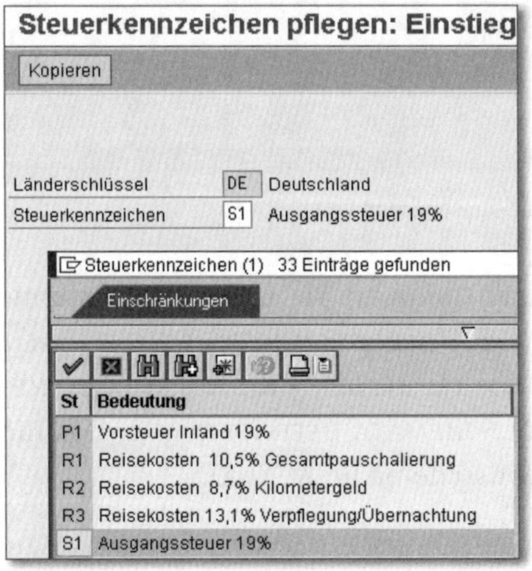

Abbildung 4.47 Liste der definierten Steuerkennzeichen

Geben Sie ein Steuerkennzeichen ein, oder wählen Sie eines aus der Steuerkennzeichenliste aus. Über den Button KOPIEREN können Sie ein bereits definiertes Kennzeichen kopieren und Ihr Zielsteuerkennzeichen entsprechend anpassen (siehe Abbildung 4.48).

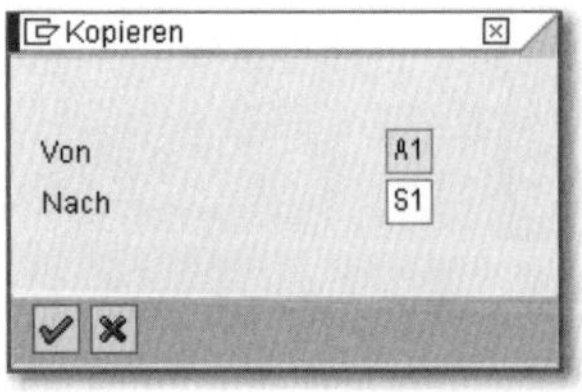

Abbildung 4.48 Kopie des Steuerkennzeichens A1

Folgende Details können Sie pro Steuerkennzeichen definieren:

- **Steuersatz**
  Durch einen Eintrag im Feld STEUER-PROZ.SATZ aktivieren Sie die Zeile. Wieder ausschalten können Sie die Zeile, indem Sie entweder den Button ZEILE DEAKTIVIEREN anklicken oder den Prozentsatz

löschen (siehe Abbildung 4.49). Sie sehen, dass Ihnen bei der Definition die gleichen Steuertypen zur Verfügung stehen, wie die, die Sie im Steuerschema definiert haben (siehe Abbildung 4.45).

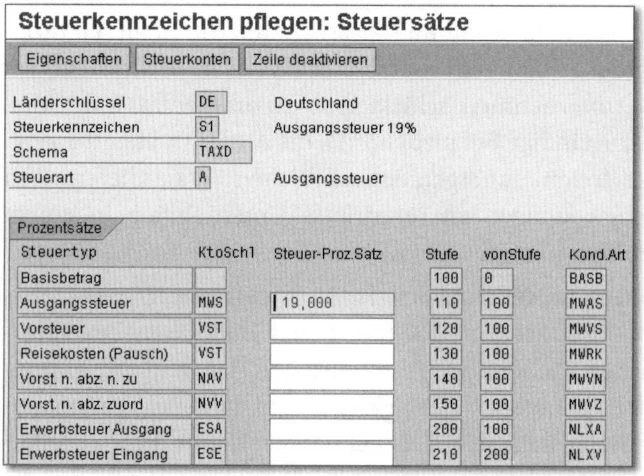

Abbildung 4.49 Prozentsatz für das Steuerkennzeichen definieren

▶ **Eigenschaften**
Über den Button Eigenschaften können Sie weitere Einstellungen zum Steuerkennzeichen festlegen (siehe Abbildung 4.50).

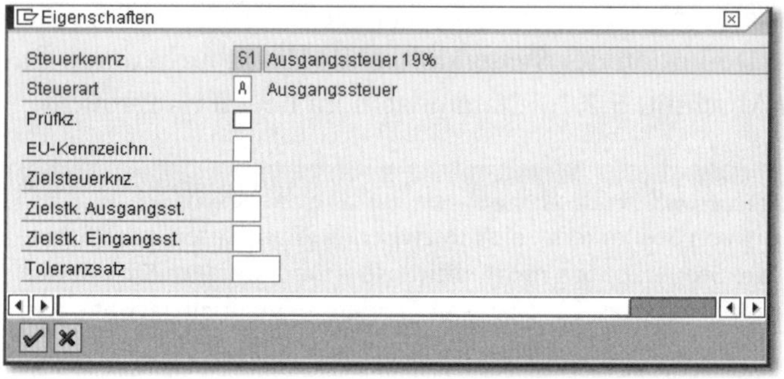

Abbildung 4.50 Eigenschaften zum Steuerkennzeichen definieren

Hier können Sie zunächst die Beschreibung zum Steuerkennzeichen pflegen sowie die Steuerart (Ausgangssteuer oder Vorsteuer). Über das Prüfkennzeichnen aktivieren Sie die Rechenprüfung: Falls Sie den Steuerbetrag manuell eingeben und der Betrag mit dem vom System errechneten Betrag nicht identisch ist, gibt das System eine Fehlermeldung aus. Wenn das Prüfkennzeichen nicht aktiv ist, erhalten Sie eine Warnmeldung. Mithilfe des Toleranzsatzes legen Sie den Prozentsatz fest, der als Toleranz zwischen dem eingegebenen und dem errechneten Steuerwert vom System akzeptiert wird.

Anhand der EU-Kennzeichnung klassifizieren Sie Steuerkennzeichen, die in der zusammenfassenden Meldung zu berücksichtigen sind: Jedes Unternehmen schickt eine zusammenfassende Meldung an die zuständige Finanzbehörde, die Auskunft über die getätigten steuerfreien innergemeinschaftlichen Warenlieferungen und Warenbewegungen an registrierte Unternehmen in einem bestimmten Zeitraum gibt.

Die Felder ZIELSTEUERKENNZEICHEN, ZIELSTEUERKENNZEICHEN AUSGANGSSTEUER und ZIELSTEUERKENNZEICHEN EINGANGSSTEUER werden in manchen Ländern wie Frankreich und Italien für die gestundete Steuer benötigt. Bei gestundeten EU-Erwerbssteuern verwenden Sie anstelle des Zielsteuerkennzeichens die Zielsteuerkennzeichen »Ausgangssteuer« und »Eingangssteuer«, da die Ursprungserwerbssteuer ebenso als Ausgangs- und Eingangssteuer gebucht wurde.

- **Steuerkonten**
  Über den Button STEUERKONTEN haben Sie die Möglichkeit, ein Sachkonto aus Ihrem Kontenplan zuzuordnen, auf dem die Umsatzsteuerbeträge für das Steuerkennzeichen gebucht werden sollen. Die Definition der Steuerkonten als Hauptbuchkonten finden Sie in Abschnitt 5.2.1, »Stammdaten im neuen Hauptbuch«.

[!]

Pflege der Steuerkennzeichen nach dem Transport

Beim Transport von Steuerkennzeichen zwischen Mandanten oder Systemen werden die Steuerkonten nicht mittransportiert, sondern Sie müssen die Steuerkonten im Zielsystem bzw. Zielmandanten manuell nachpflegen.

Steuerkennzeichen mit Sachkonten verknüpfen

Über den Customizing-Pfad FINANZWESEN (NEU) • GRUNDEINSTELLUNGEN FINANZWESEN (NEU) • UMSATZSTEUER • BUCHUNG • STEUERKONTEN HINTERLEGEN oder über die Transaktion OB40 haben Sie eine weitere Möglichkeit, um den Steuerkennzeichen Sachkonten zuzuordnen. Führen Sie hierzu einen Doppelklick auf den ausgewählten Vorgang (z. B. MWS für Ausgangsteuer) aus, und geben Sie Ihren Kontenplan ein. Nun können Sie das Sachkonto für alle Ausgangsteuerkennzeichen zuordnen. Falls Sie die Sachkonten pro Steuerkennzeichen zuordnen möchten, müssen Sie über den Button REGELN das Feld STEUERKENNZEICHEN aktivieren und Ihre Einstellungen speichern (siehe die Abbildungen 4.51 bis 4.53).

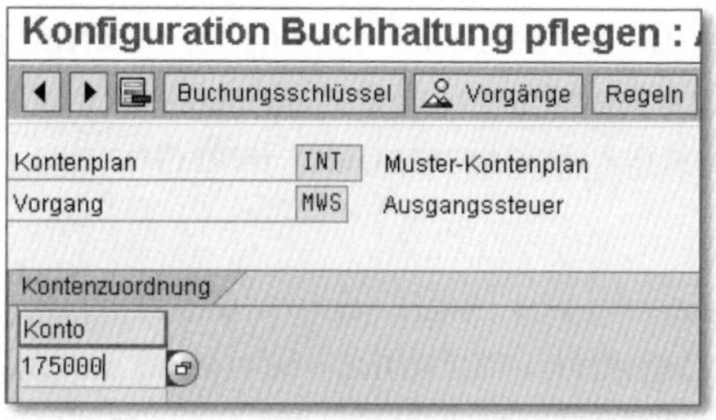

Abbildung 4.51 Ein Sachkonto für alle Ausgangsteuerkennzeichen pflegen

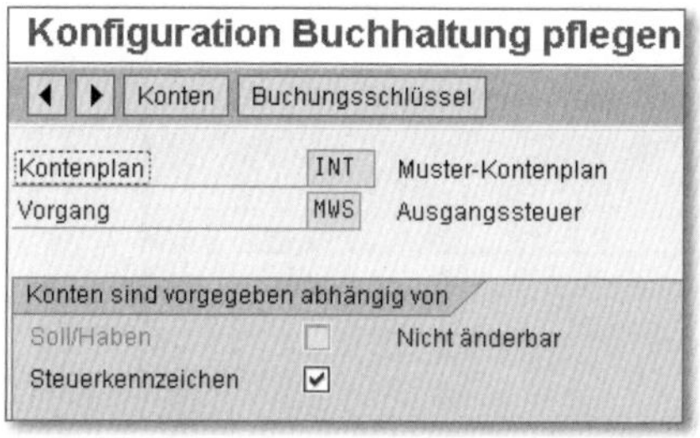

Abbildung 4.52 Regeln bei der Kontenpflege für Steuerkennzeichen ändern

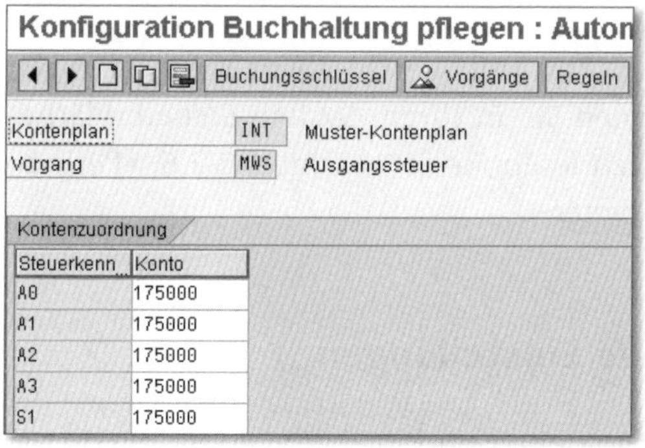

Abbildung 4.53 Sachkonten pro Steuerkennzeichen für die Ausgangsteuer pflegen

Kursdifferenzenkonto einstellen

Über den Customizing-Pfad FINANZWESEN (NEU) • GRUNDEINSTELLUNGEN FINANZWESEN (NEU) • UMSATZSTEUER • BUCHUNG • KONTO FÜR KURSDIFFERENZBUCHUNG HINTERLEGEN oder über die Transaktion OBYY können Sie ein weiteres Sachkonto aus Ihrem Kontenplan für Kursdifferenzen zuordnen.

Das Kursdifferenzenkonto für die Steuer benötigen Sie, falls Sie bei einer Buchung in Fremdwährung für die Umrechnung der Steuern einen anderen Kurs als für den Basisbetrag verwenden. In solchen Fällen entstehen Kursdifferenzen in der Hauswährung. Um zu erlauben, dass ein anderer Kurs für die Steuerzeile eingegeben werden kann, nutzen Sie den Customizing-Pfad FINANZWESEN (NEU) • GRUNDEINSTELLUNGEN FINANZWESEN (NEU) • UMSATZSTEUER • BERECHNUNG • KURSUMRECHNUNG ÄNDERN.

Nicht-steuerrelevante Vorgänge

Über den Customizing-Pfad FINANZWESEN (NEU) • GRUNDEINSTELLUNGEN FINANZWESEN (NEU) • UMSATZSTEUER • BUCHUNG • STEUERKENNZEICHEN F. NICHT STEUERRELEVANTE VORGÄNGE ZUORDNEN (Transaktion OBCL) nennen Sie nicht steuerbare Vorgänge pro Buchungskreis (siehe Abbildung 4.54).

Sicht "Zuordn. Bukrs -> nicht steuerbare Vorgänge" ändern: Üb

BC-Set: Feldwert ändern

BuKr	Name der Firma	Ort	Kennz.	Kennz.	Jurisdict.C
PL01	Country Template PL	Poland	XV	XA	
PT01	Country Template PT	Portugal	S0	L0	
RM01	Kinderspiel	Berlin	V0	A0	
RU01	Country Template RU	Russia	V0	E0	
SE01	Country Template SE	Sweden	I0	U0	
SG01	SAP Asia	Singapore	V0	A0	

Abbildung 4.54 Nicht-steuerrelevante Kennzeichen pro Buchungskreis definieren

Nachdem Sie die in diesem Abschnitt beschriebenen Einstellungen vorgenommen haben, können Sie in Ihrem System Steuererklärungen erstellen. Näheres hierzu lesen Sie in Abschnitt 5.2.6, »Periodische Arbeiten/Abschlussarbeiten«.

4.6 Weitere globale Einstellungen

Sie haben nun die wichtigsten globalen Einstellungen im Finanzwesen kennen gelernt. Wir gehen nun noch auf einige weitere Konzepte ein, die grundlegend für die weitere Arbeit im System sind.

4.6.1 Validierung und Substitution

Validierung definieren

Weitere wichtige Funktionen sind die *Validierung* und die *Substitution*. Unter Validierung versteht man eine zusätzliche Prüfung, die zu verschiedenen sogenannten Prüfzeitpunkten durchgeführt werden kann: beim Erfassen des Belegkopfes, beim Erfassen einer Belegposition oder beim Sichern des gesamten Belegs. Für jeden Buchungskreis können Sie je eine Validierung pro Prüfzeitpunkt einstellen. Validierungen pflegen Sie über den Customizing-Pfad Finanzwesen (neu) • Grundeinstellungen Finanzwesen (neu) • Werkzeuge • Validierung/Substitution • Validierung in Buchhaltungsbelegen oder über die Transaktion OB28 (siehe Abbildung 4.55).

Abbildung 4.55 Eine existierende Validierung dem Buchungskreis zuordnen

In der Sicht Validierung von Buchhaltungsbelgen ändern können Sie je Buchungskreis und Zeitpunkt eine existierende Validierung zuordnen oder diese per Doppelklick auf die entsprechende Zeile verändern. Durch den Eintrag im Feld AktivGrad entscheiden Sie, ob und wann Ihre Validierung aktiv ist. Zur Verfügung stehen Ihnen folgende Eintragsmöglichkeiten:

- 0 = inaktiv
- 1 = aktiv
- 2 = aktiv, außer für die Batch-Input-Verarbeitung

Eine neue Validierung legen Sie über die Menüpunkte Umfeld • Validierung an. Wählen Sie hierzu zunächst den passenden Prüfzeitpunkt aus (im Beispiel aus Abbildung 4.56 die Belegposition), und erstellen Sie anschließend über den Button Validierung anlegen eine neue Validierung. Sie müssen dann eine Nachrichtenklasse angeben, zu der Sie die Nachricht zuordnen, die durch die Validierung ausgegeben werden soll. Sofern Sie noch keine Nachrichtenklasse für diese Zwecke haben, legen Sie zunächst eine an.

Eine Validierung kann mehrere Schritte umfassen, wobei in jedem Schritt eine eigene Prüfung durchgeführt werden kann. Ein Schritt besteht aus der Definition einer Voraussetzung, der Durchführung einer Prüfung und dem Erstellen einer Nachricht.

Eine Voraussetzung besteht wiederum aus einer logischen Bedingung, die erfüllt sein muss, damit die Prüfung im nächsten Schritt überhaupt durchgeführt wird. Für die Definition der Voraussetzung können Sie alle Felder verwenden, die im Belegkopf (Tabelle BKPF), in der Belegposition (Tabelle BSEG) oder in den allgemeinen Systemdaten (z. B. Benutzername oder aktuelles Datum) stehen. Im Beispiel wurde als Voraussetzung angeführt, dass das zu buchende Sachkonto gleich 476100 sein muss. Im nächsten Schritt, der Prüfung, geben Sie einen weiteren logischen Ausdruck an. Wenn die Prüfung negativ ausfällt, also der Ausdruck nicht erfüllt ist, gibt das System schließlich eine Meldung aus, die Sie bei der Nachricht hinterlegen.

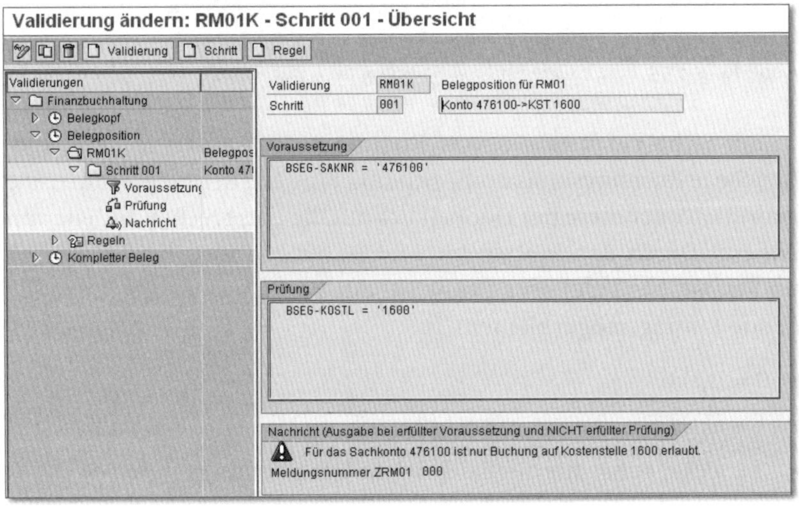

Abbildung 4.56 Beispiel für eine Validierung

Im Beispiel wird die Validierung nur unter der Voraussetzung aktiv, dass das zu bebuchende Konto die Nummer 476100 hat. Für diesen Fall wird überprüft, ob die angegebene Kostenstelle 1600 ist. Wurde eine andere Kostenstelle eingegeben, gibt das System die Fehlermeldung »Für das Sachkonto 476100 ist nur Buchung auf Kostenstelle 1600 erlaubt« aus.

Substitution definieren

Bei einer Substitution können Sie beim Buchen eines Belegs automatisch bestimmte Felder mit einem anderen Wert überschreiben lassen. Der Aufbau einer Substitution ist sehr ähnlich dem einer Validierung. Sie pflegen Substitutionen im Customizing über Finanzwesen (neu) • Grundeinstellungen Finanzwesen (neu) • Werkzeuge •

VALIDIERUNG/SUBSTITUTION • SUBSTITUTION IN BUCHHALTUNGSBELEGEN (Transaktion OBBH). Ein anderer Menüpfad, der Ihnen für die Definition einer Substitution im Rechnungswesen zur Verfügung steht, ist: FINANZWESEN (NEU) • GRUNDEINSTELLUNGEN FINANZWESEN (NEU) • WERKZEUGE • VALIDIERUNG/SUBSTITUTION • SUBSTITUTION FÜR DAS UMSATZKOSTENVERFAHREN DEFINIEREN UND AKTIVIEREN. Auch hier erfolgt die Zuordnung anhand eines Zeitpunktes und eines Buchungskreises, und auch eine Substitution kann mehrere Schritte umfassen. Zu einem Schritt definieren Sie analog zur Validierung eine Voraussetzung, und sofern diese erfüllt ist, wird der Substitutionsschritt ausgeführt.

Im Beispiel aus Abbildung 4.57 wird für das Umsatzkostenverfahren bei Buchungen auf das Konto 800000 automatisch der Funktionsbereich 0300 eingesetzt.

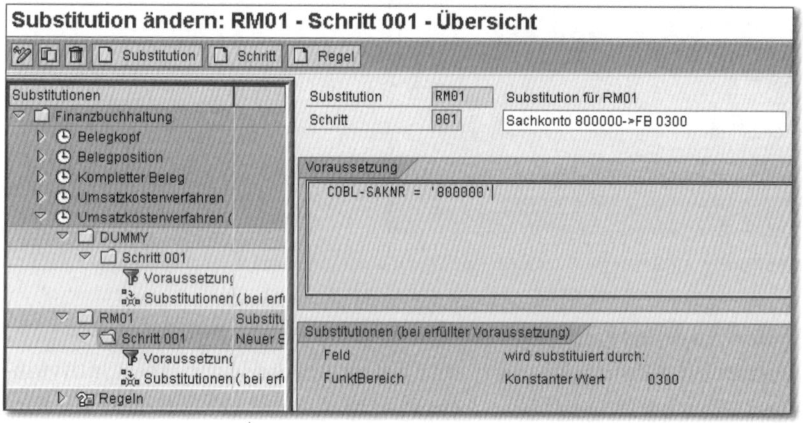

Abbildung 4.57 Beispiel für eine Substitution

4.6.2 Korrespondenz

SAP ERP unterstützt Sie bei Erstellung der Korrespondenz z. B. mit Ihren Debitoren, Kreditoren oder Banken. Hierzu stehen Ihnen *Korrespondenzarten* (z. B. Zahlungsmitteilung oder Offene-Posten-Liste) und *Korrespondenzformulare* zur Verfügung. Über die Korrespondenzarten legen Sie einige Grundeinstellungen fest, die buchungskreisübergreifend gültig sind. Sie können dann zu jedem Buchungskreis eigene Korrespondenzformulare hinterlegen. Um die Formulare zu verarbeiten, müssen Sie außerdem noch Druckprogramme angeben, um zu steuern, wie die Daten aus den Formularen verarbeitet werden sollen.

Korrespondenzarten

Sie können entweder die ausgelieferten Korrespondenzarten verwenden oder auf deren Basis eigene Definitionen anlegen.

Die Einstellungen nehmen Sie über den Customizing-Pfad Finanzwesen (neu) • Grundeinstellungen Finanzwesen (neu) • Korrespondenz • Korrespondenzarten definieren oder über die Transaktion OB77 vor (siehe Abbildung 4.58 als Beispiel für den Kontoauszug).

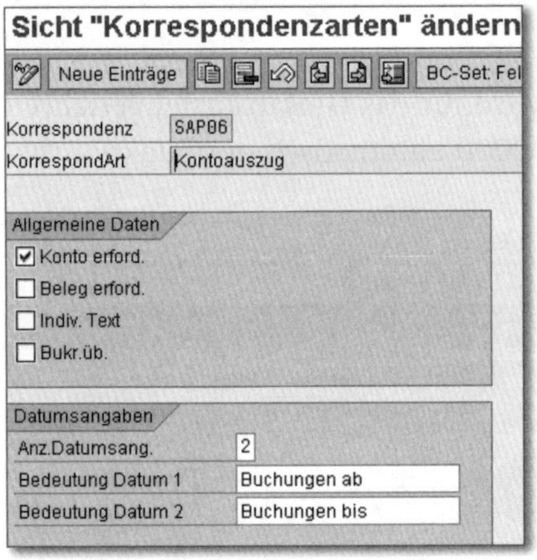

Abbildung 4.58 Beispiel – Definition der Korrespondenzart »Kontoauszug«

In den Allgemeinen Daten entscheiden Sie, ob Sie für Ihre Korrespondenzart eine Kontonummer, eine Belegnummer oder einen individuellen Text benötigen. Hier können Sie auch angeben, dass Sie Ihre Korrespondenzart buchungskreisübergreifend einsetzen möchten.

In den Datumsangaben legen Sie fest, wie viele Datumsfelder Sie verwenden möchten und welche Bedeutung sie haben.

[!]

Korrespondenzarten

Die Definition der Korrespondenzarten ist mandantenübergreifend.

Die definierten Korrespondenzarten müssen Sie unter dem Punkt Reportzuordnung für Korrespondenzart treffen den Druckprogrammen zuordnen. SAP stellt standardmäßig eine Reihe von Druckprogrammen für die unterschiedlichsten Szenarien zur Verfügung, Sie können aber auch eigene programmieren. Die Zuordnung der Korrespondenzarten zu den Druckprogrammen können Sie buchungskreisabhängig treffen; wenn Sie das Feld Buchungskreis leer lassen, gilt die Einstellung für alle Buchungskreise (siehe Abbildung 4.59).

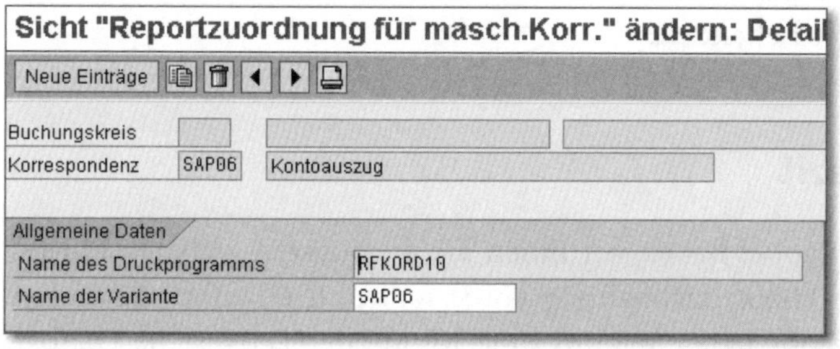

Abbildung 4.59 Zuordnung der Korrespondenzart SAP06 (Kontoauszug) zum Druckprogramm

Korrespondenzformulare

Die Texte für Ihre Korrespondenz erstellen Sie in bestimmten Formularen (z. B. in SAPscript oder als PDF), die Sie den Druckprogrammen zuordnen. Die Einstellungen nehmen Sie über den Customizing-Pfad Finanzwesen (neu) • Grundeinstellungen Finanzwesen (neu) • Korrespondenz • SAPscript-basierte Formulare unter den Punkten Formulare für Korrespondenz definieren (Transaktion SE71) und Formularnamen für Korrespondenzdruck hinterlegen oder über den Customizing-Pfad Finanzwesen (neu) • Grundeinstellungen Finanzwesen (neu) • Korrespondenz • PDF-basierte Formulare unter den Punkten Formulare für Korrespondenz definieren (Transaktion SFP) und Formularnamen für Korrespondenzdruck hinterlegen vor.

Standardformulare [!]

Die Standardformulare sollten Sie nicht verändern, sondern die ausgelieferten Formulare kopieren und an Ihre Anforderungen anpassen.

Weitere Ausführungen zum Erstellen von Formularen würden leider den Rahmen dieses Buches sprengen, weshalb wir an dieser Stelle nicht näher darauf eingehen können.

4.6.3 Berechtigungen

Bedeutung der Berechtigungen

Um bestimmte Aktionen in SAP ERP starten zu können, benötigen Sie *Berechtigungen*. Berechtigungen können auf unterschiedlichen Ebenen vergeben werden, wie z. B. abhängig vom Buchungskreis, Kontierungsobjekt, Konto etc. Dazu werden Berechtigungen in Rollen zusammengefasst, die im Stammsatz des Benutzers eingetragen werden. Da die Vergabe von Berechtigungen kein Finanzthema im eigentlichen Sinne ist, wird dieses Thema in diesem Buch nicht umfassender behandelt.

4.7 Fazit

In diesem Kapitel haben wir Ihnen die wichtigsten globalen Einstellungen zur Finanzbuchhaltung vorgestellt und erläutert. In diesem Zusammenhang haben wir uns zunächst mit den Ledgern beschäftigt: Wir haben Ihnen gezeigt, wie Ledger angelegt und zugeordnet werden, wie Sie kundeneigene Felder und Ledger-Gruppen definieren können und was Sie tun müssen, um das Umsatzkostenverfahren zu aktivieren. Danach sind wir auf die globalen Einstellungen zum Buchungskreis eingegangen, um uns dann den Einstellungen zu den Belegen zu widmen: Wir haben erläutert, was beim Erstellen von Belegarten im Hinblick auf die verwendeten Ledger zu beachten ist und welche Einstellungen zu den Belegpositionen notwendig sind. Zum Abschluss des Kapitels haben wir Ihnen die Themen »Validierungen«, »Substitutionen« und die »Korrespondenz« erläutert.

Das neue Hauptbuch ist die wichtigste Neuerung in SAP ERP. In diesem Kapitel lernen Sie, wie Sie es konfigurieren und einsetzen können, um die parallele Rechnungslegung zu implementieren.

5 Das neue Hauptbuch

Wie wir bereits in den vorangegangenen Kapiteln ausgeführt haben, ist das neue Hauptbuch die größte und weit reichendste Neuerung in SAP ERP gegenüber SAP R/3. In Abschnitt 4.1, »Aktivierung des neuen Hauptbuches«, haben wir Ihnen gezeigt, wie Sie es aktivieren. In diesem Kapitel erläutern wir Ihnen nun die wesentlichen Einstellungen, mit deren Hilfe Sie das neue Hauptbuch konfigurieren können.

Hierzu gehen wir zunächst auf das grundlegende Konzept des neuen Hauptbuches ein und verdeutlichen, welche Möglichkeiten Sie haben, um dort die parallele Rechnungslegung abzubilden: die Kontenlösung und die Ledger-Lösung. Wir zeigen Ihnen, auf welche Weise die externe Berichterstattung mit dem Management-Reporting in Einklang gebracht werden kann und wie Sie die GuV nach dem Umsatzkostenverfahren erstellen können.

Anschließend gehen wir zu den technischen Einstellungen über, die Sie vornehmen müssen, um das neue Hauptbuch einzurichten. In diesem Rahmen diskutieren wir die benötigten Stammdaten wie Sachkonten, Profit-Center und Segmente sowie die Möglichkeiten der Enjoy-Transaktionen. Eine wichtige Neuerung des neuen Hauptbuchs ist die Belegaufteilung, mit der wir uns ausführlich beschäftigen. Des Weiteren beschreiben wir die notwendigen Einstellungen zum Ausgleichen von offenen Posten, die manuelle Abgrenzung und die periodischen Arbeiten.

Das Kapitel schließen wir mit einigen Empfehlungen ab, die Sie beim Übergang vom klassischen zum neuen Hauptbuch beachten sollten.

5.1 Konzept des neuen Hauptbuches

Verbindungen zwischen Hauptbuchhaltung und anderen Bereichen

Die zentrale Aufgabe der Hauptbuchhaltung ist die Gesamtdarstellung des externen Rechnungswesens. Das *Hauptbuch* nimmt alle Geschäftsvorfälle des Unternehmens auf, die sowohl im Hauptbuch selbst als auch in den Nebenbüchern gebucht werden (siehe Abbildung 5.1), und dient damit als ganzheitlicher Nachweis.

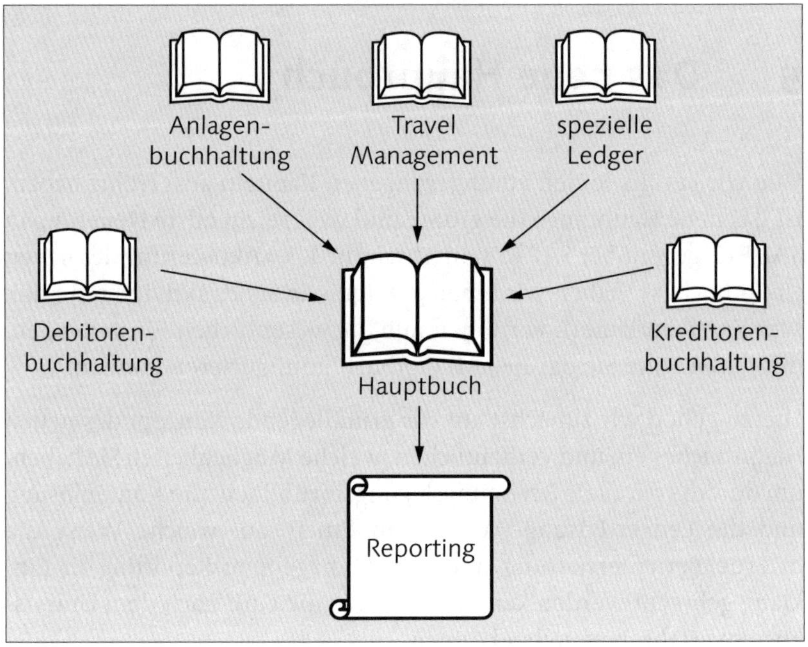

Abbildung 5.1 Verbindungen zwischen Hauptbuch und Nebenbüchern

Die *Kreditorenbuchhaltung* bildet die Buchhaltungsdaten der Kreditoren ab. Die Buchungen auf den Kreditorenkonten verknüpfen Sie wiederum über ein spezielles Abstimmkonto mit dem Hauptbuch. Genaueres zum Thema »Abstimmkonten« lesen Sie in Abschnitt 8.1.1, »Kontengruppe«.

Die *Debitorenbuchhaltung* stellt die Buchhaltungsdaten der Debitoren dar. Die Debitorenkonten werden analog zu den Kreditorenkonten über ein Abstimmkonto mit dem Hauptbuch verbunden.

Die *Anlagenbuchhaltung* verwaltet die Anlagen des Unternehmens und alle Buchungen auf den Anlagenkonten.

Spezielle Ledger nutzen Sie, falls Sie zusätzliche Ledger zum Hauptbuch anlegen möchten. Sie erlauben Ihnen, die gebuchten Daten anhand zusätzlicher, im Hauptbuch nicht verfügbarer Kriterien auszuwerten. Da das neue Hauptbuch nun umfangreiche Auswertungsmöglichkeiten bietet, haben die speziellen Ledger an Bedeutung verloren.

Das *Travel Management* unterstützt Sie bei der Verwaltung der Reisevorgänge, vom Reiseantrag bis hin zur Reisekostenerstattung.

Wie schon in den vorangegangenen Abschnitten erwähnt, ist das neue Hauptbuch aufgrund der geänderten Kundenanforderungen entstanden. Denn immer mehr Unternehmen benötigen Finanzabschlüsse aus verschiedenen, im Folgenden aufgeführten Sichten:

- parallele Rechnungslegung
- Integration zwischen externem Reporting und Management-Reporting
- GuV nach dem Umsatzkostenverfahren
- Segmentberichterstattung

Im klassischen Hauptbuch sind zur Abbildung dieser Anforderungen mehrere Applikationen (General Ledger, Profit-Center-Ledger, Ergebnisrechnung, UKV-Ledger) erforderlich. Ziel des neuen Hauptbuches ist es, alle Anforderungen in einer Funktionalität abbilden zu können. Lesen Sie hierzu auch den SAP-Hinweis 756146.

5.1.1 Parallele Rechnungslegung

Abbildung der parallelen Rechnungslegung

Im neuen Hauptbuch haben Sie die Möglichkeit, auf zweierlei Art und Weise Buchungen nach unterschiedlichen Vorschriften vorzunehmen und Berichte zu erstellen. Die erste Möglichkeit ist die *Kontenlösung*, die Sie auch schon in SAP R/3 nutzen konnten; die zweite Option ist die *Ledger-Lösung*, die eine neue Funktionalität des neuen Hauptbuches darstellt. Unter der Ledger-Lösung sind nicht die speziellen Ledger (FI-SL) zu verstehen, sondern die Möglichkeit, weitere Ledger im neuen Hauptbuch anzulegen.

Kontenlösung

Was ist die Kontenlösung?

Für die Kontenlösung bilden Sie Kontengruppen, auf die Sie buchen möchten. Eine Kontengruppe besteht aus Konten, die für alle Rechnungslegungsvorschriften (z. B. lokales Recht und IAS) relevant sind, wie etwa Kassen- und Bankkonten oder Forderungen und Verbindlichkeiten. In weiteren Kontengruppen fassen Sie Konten zusammen, die nach lokalem Recht und IAS unterschiedlich bebucht werden. Hierzu gehören z. B. Anlagenbestandskonten oder Rückstellungen.

Empfohlener Kontenplanaufbau für die Kontenlösung

Bei der Anwendung der Kontenlösung ist es empfehlenswert, den *Kontenplan* so aufzubauen, dass Sie schnell erkennen können, welche Konten für welche Zwecke verwendet werden. Sie können z. B. die Konten für verschiede Gruppen mit unterschiedlichen Präfixen versehen (siehe Tabelle 5.1).

Kontopräfix	Kontonummer	Kontoeinsatz
A	XXXXXX	gemeinsame Konten
B	XXXXXX	lokale Konten
C	XXXXXX	IAS-Konten

Tabelle 5.1 Vorschlag für die Kontenplanstrukturierung bei der Kontenlösung

Für jede Kontengruppe definieren Sie jeweils ein *Ergebnisvortragskonto*. Das Ergebnisvortragskonto ordnen Sie jedem GuV-Konto (Erfolgskonto) zu. Auf das Ergebnisvortragskonto übertragen Sie am Geschäftsjahresende die Salden von allen GuV-Konten, denen Sie im Sachkontenstammsatz dieses Ergebnisvortragskonto zugeordnet haben. Somit ordnen Sie allen gemeinsam genutzten GuV-Konten das Ergebnisvortragskonto für die gemeinsame Konten zu. Allen lokalen GuV-Konten ordnen Sie das Ergebnisvortragskonto für die lokalen Konten zu und entsprechend den GuV-Konten für die IAS-Vorschriften das IAS-Ergebnisvortragskonto. Mehr zum Thema »Kontendefinition und Zuordnung« lesen Sie in Abschnitt 5.2.1, »Stammdaten im neuen Hauptbuch«.

Vollständige Buchungen oder Deltabuchungen bei der Kontenlösung

Bei der Kontenlösung für die die *parallele Rechnungslegung* buchen Sie in vielen Fällen doppelt. Denn Sie buchen einmal auf den lokalen Konten nach lokalen Vorschriften und einmal auf den IAS-Konten nach den IAS-Vorschriften. Hierbei müssen Sie sich entscheiden, ob

Sie *vollständige Buchungen* oder *Deltabuchungen* vornehmen möchten. Bei vollständigen Buchungen werden alle Werte doppelt gebucht, bei Delta-Buchungen nur die Unterschiede zwischen beiden Vorschriften.

Vollständige Buchungen und Deltabuchungen [zB]

Den Unterschied zwischen den beiden Vorgehensweisen verdeutlichen wir anhand eines Beispiels aus dem Bereich »Anlagenbuchhaltung«. Für den Dezember des laufenden Jahres buchen Sie die folgenden Abschreibungen:

- laut lokalen Vorschriften: 800,00 EUR
- laut IAS-Vorschriften: 1.000,00 EUR

Die vollständigen Buchungen lauten wie folgt:

- Abschreibungsaufwand, lokal: 800,00 EUR
- Wertberichtigung, lokal: –800,00 EUR
- Abschreibungsaufwand nach IAS: 1.000,00 EUR
- Wertberichtigung nach IAS: –1.000,00 EUR

Bei der Verwendung der Deltabuchungen buchen Sie:

- Abschreibungsaufwand, lokal: 800,00 EUR
- Wertberichtigung, lokal: –800,00 EUR
- Abschreibungsaufwand nach IAS: 200,00 EUR
- Wertberichtigung nach IAS: –200,00 EUR

Die Deltabuchungen sind in der Regel erklärungsbedürftig und können nicht in allen Komponenten eingesetzt werden. Daher empfehlen wir aus den im Folgenden dargestellten Gründen, die Methode der vollständigen Buchungen zu nutzen:

- leichte Nachvollziehbarkeit
- Durchgängigkeit (in allen Komponenten verwendbar)
- mehr Sicherheit bei der Prüfung

Um Berichte nach den lokalen Rechnungslegungsvorschriften zu erstellen, verwenden Sie nur gemeinsam genutzte und lokale Konten. Für Berichte nach IAS nutzen Sie entsprechend die gemeinsam genutzten und die IAS-Konten (siehe Abbildung 5.2).

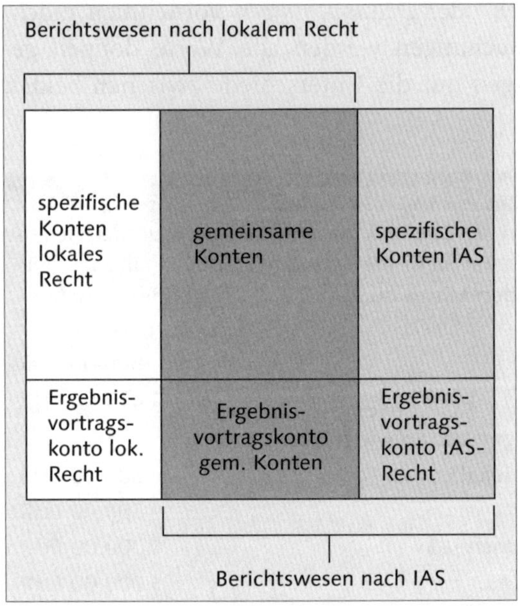

Abbildung 5.2 Kontengruppierung und Berichtswesenaufbau im Rahmen der Kontenlösung

Ledger-Lösung

Was ist die Ledger-Lösung?

Bei der Anwendung der Ledger-Lösung arbeiten Sie mit mindestens *einem führenden Ledger*. Für die Abbildung der parallelen Rechnungslegung können Sie noch weitere, *nicht-führende Ledger* anlegen (siehe Abbildung 5.3).

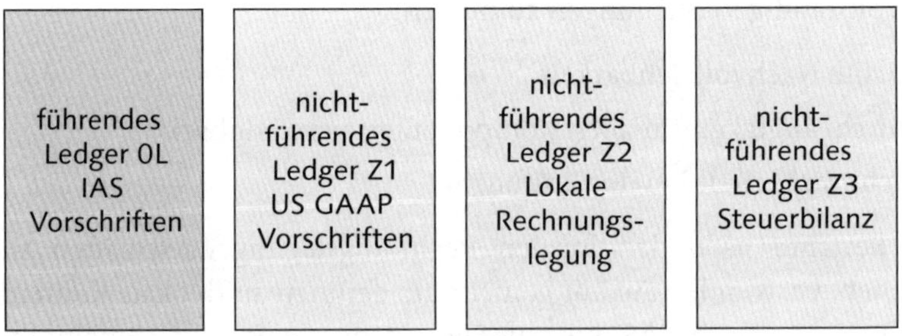

Abbildung 5.3 Beispiel – Definition von Ledgern für die Ledger-Lösung

Wie Sie die Ledger im Customizing definieren, haben Sie bereits in Abschnitt 4.2, »Bücher«, gelesen.

In der *Belegerfassungsmaske* in der Anwendung steht Ihnen das Feld LEDGER-GR. zur Verfügung. Falls Sie dieses Feld leer lassen, werden

Ihre Belege in allen Ledgern fortgeschrieben. Wenn Sie eine *Ledger-Gruppe* oder ein Ledger in das Feld LEDGER-GR eintragen, werden Ihre Belege nur in das ausgesuchte Ledger gebucht. Abhängig von den Buchungsvorschriften buchen Sie Ihre Belege also in alle Ledger oder nur in von Ihnen ausgewählte Ledger (siehe Abbildung 5.4).

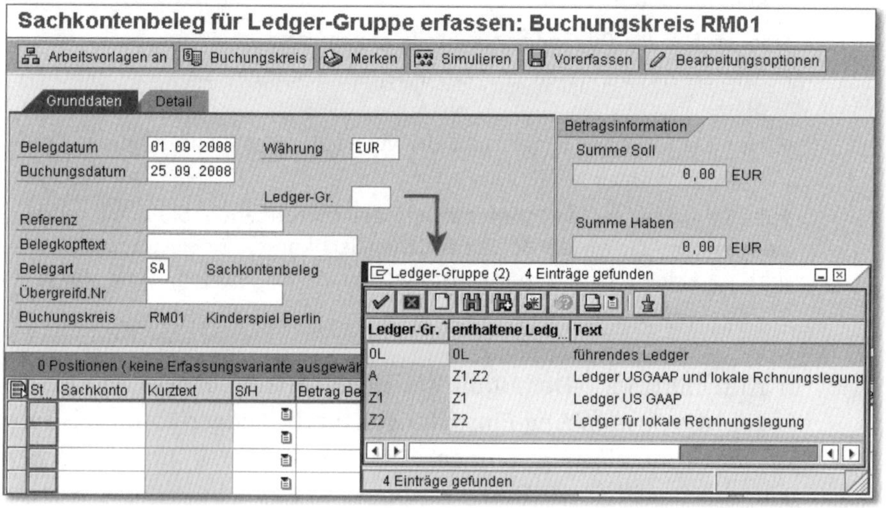

Abbildung 5.4 Belegerfassungsmaske mit dem Feld »Ledger-Gr.« für die Ledger-Lösung

Bei manuellen Buchungen tragen Sie die Ledger-Gruppe von Hand ein. Für die *Abschlussarbeiten* (wie z. B. Fremdwährungsbewertung), die Sie per Programm starten, benötigen Sie Customizing-Einstellungen. Denn anhand der Customizing-Einstellungen erkennt das System, welche Werte in welchen Ledgern fortzuschreiben sind; die Werte werden in allen Ledgern auf denselben Sachkonten fortgeschrieben. Über die Konfiguration des Systems für die Abschlussarbeiten erfahren Sie mehr in Abschnitt 5.2.6, »Periodische Arbeiten/Abschlussarbeiten«.

Vor- und Nachteile der Ledger-Lösung [+]

Die Kontenlösung und die Ledger-Lösung sind grundsätzlich als gleichwertig zu betrachten, beachten Sie aber den SAP-Hinweis 779251. Prinzipiell müssen Sie sich allerdings für einen von beiden Lösungsansätzen entscheiden und Ihre Customizing-Einstellungen durchgehend dahingehend vornehmen.

[+]

Vor- und Nachteile der Ledger-Lösung

Das Szenario der Ledger-Lösung bringt die folgenden Vorteile:

- Für jede Rechnungslegungsvorschrift führen Sie ein separates Ledger.
- Sie benötigen weniger Sachkonten als bei der Kontenlösung.
- In einem Buchungskreis können Sie mit mehreren Geschäftsjahresvarianten arbeiten.

Dem stehen die folgenden Nachteile gegenüber:

- Falls Sie mit mehreren Ledgern arbeiten, benötigen Sie mehr Speicherplatz.
- Nur das führende Ledger gibt die Werte der Kostenarten an das Controlling weiter.

Falls Sie bisher mit der Kontenlösung gearbeitet haben, Sie damit zufrieden sind und die Anzahl der zusätzlichen Sachkonten für Sie akzeptabel ist, gibt es keinen Grund zur Umstellung von der Kontenlösung auf die Ledger-Lösung.

In Abschnitt 5.2, »Definition des neuen Hauptbuches«, lernen Sie sowohl die Customizing-Einstellungen für die Ledger-Lösung als auch für die Kontenlösung kennen. Die Kontenlösung im klassischen Hauptbuch stellen wir Ihnen nochmals in Kapitel 6, »Das klassische Hauptbuch«, als Alternativlösung zum neuen Hauptbuch vor.

5.1.2 Integration von legalem Reporting und Management-Reporting

Legales Reporting und Management-Reporting im neuen Hauptbuch

In SAP R/3 konnten Sie in der Profit-Center-Rechnung eine *Ergebnisrechnung* für interne Verantwortungsbereiche aufbauen. In SAP ERP wurde die Basistabelle FAGLFLEXT für das neue Hauptbuch u. a. um die Objekte Profit-Center und Partner-Profit-Center erweitert und damit die Profit-Center-Rechnung in das neue Hauptbuch integriert. Auch wird in SAP ERP das Szenario FIN_PCA (Profit-Center-Fortschreibung) ausgeliefert, siehe hierzu den Abschnitt 4.2.2, »Szenarien und kundeneigene Felder Ledgern zuordnen«, und SAP-Hinweis 826357. Mit der Integration der Profit-Center im neuen Hauptbuch und der Belegaufteilung (zur Belegaufteilung siehe den Abschnitt 5.2.3, »Belegaufteilung«), erhalten Sie nun die Möglichkeit, komplette Bilanzen pro Profit-Center mit Nullsalden zu erstellen. Hinsichtlich der Zuordnung von Objekten zu den Profit-Centern hat sich seit SAP R/3 allerdings nichts geändert. Sie können weiterhin die Profit-Center in die Stammdaten anderer Objekte eintragen (siehe Abbildung 5.5). Beachten Sie dabei, dass Sie Objekte nur Profit-Centern innerhalb desselben Kostenrechnungskreises zuordnen können.

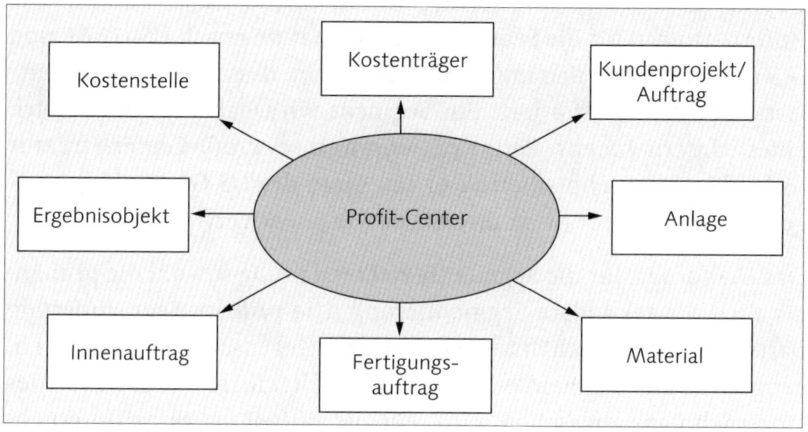

Abbildung 5.5 Profit-Center-Zuordnung

5.1.3 GuV nach dem Umsatzkostenverfahren

In SAP ERP stehen Ihnen folgende Möglichkeiten für die Erstellung der GuV nach *Umsatzkostenverfahren* zur Verfügung:

- Kontenlösung in der Hauptbuchhaltung
- Ergebnisrechnung
- Umsatzkosten-Ledger

Die Kontenlösung führt zu einem sehr umfangreichen Kontenplan. Wenn Sie eine GuV nach dem Umsatzkostenverfahren in der Ergebnisrechnung erstellen, haben Sie keine Vergleichsmöglichkeit mit der GuV nach dem *Gesamtkostenverfahren*, die Sie im Hauptbuch erstellen. Daher ist für das Umsatzkosten-Ledger die Aktivierung eines zusätzlichen Ledgers notwendig.

UKV und GKV im neuen Hauptbuch

Die für das neue Hauptbuch ausgelieferte Basistabelle FAGLFLEXT enthält den entsprechenden Funktionsbereich als eigenes Feld. Hierdurch können Sie Ihre GuV im Hauptbuch sowohl nach dem Gesamtkostenverfahren als auch nach dem Umsatzkostenverfahren erstellen. Zu diesem Zweck wird das Szenario FIN_UKV (Umsatzkostenverfahren) ausgeliefert, das Sie Ihrem Ledger entsprechend zuordnen müssen (siehe die Abschnitte 5.1.2, »Integration von legalem Reporting und Management-Reporting«, und 5.1.4, »Segmentberichterstattung«).

5.1.4 Segmentberichterstattung

Segmentberichterstattung vorbereiten

In der Tabelle FAGLFLEXT finden Sie die Entität »Segment«. Dieses Objekt können Sie für die *Segmentberichterstattung* nutzen. Die Anforderungen für die Segmentberichterstattung nach US-GAAP und IAS unterscheiden sich unter anderem darin, dass das US-GAAP eine fast volle Bilanz erfordert. Ein Segment wird dabei als Teilbereich eines Unternehmens definiert. Wenn Ihre Profit-Center-Struktur nicht die Unternehmensstruktur im Sinne des US-GAAP widerspiegelt, können Sie für diese Zwecke das Segment verwenden.

Das IAS fordert für die Segmentberichterstattung sowohl die primäre als auch die sekundäre Segmentierung. Die primäre Segmentierung basiert auf dem Geschäftssegment, das im Gegensatz zur sekundären, geografischen, Segmentierung als unterscheidbare Teilaktivität des Unternehmens angesehen wird. Für die Aufteilung Ihres Unternehmens in Segmente können Sie ebenso die Entität »Segment« verwenden. Falls nötig, können Sie für das geografische Segment ein kundeneigenes Feld anlegen.

Um volle Bilanzen pro Segment erstellen zu können, müssen Sie für das Objekt »Segment« die Belegaufteilung und den Nullsaldo definieren bzw. aktivieren. Die entsprechenden Customizing-Einstellungen erläutern wir in Abschnitt 5.2.3, »Belegaufteilung«.

5.2 Definition des neuen Hauptbuches

Bevor Sie mit den Customizing-Einstellungen zum neuen Hauptbuch beginnen, sollten Sie die folgenden Customizing-Einstellungen abgeschlossen haben:

- Definition der Organisationseinheiten
- Konfiguration der Grundeinstellungen
- die Entscheidung für den Einsatz der Konten- oder der Ledger-Lösung im Rahmen der parallelen Rechnungslegung

Im Folgenden beschäftigen wir uns zunächst mit den Stammdaten.

5.2.1 Stammdaten im neuen Hauptbuch

Stammdatenüberblick im neuen Hauptbuch

Zu den *Stammdaten* im neuen Hauptbuch gehören:

- Sachkonten
- Profit-Center
- Segmente

Sachkonten legen Sie in Verbindung zu Ihrem Kontenplan an, und *Profit-Center* sind einem Kostenrechnungskreis untergeordnet. *Segmente* sind unabhängig von anderen Organisationseinheiten. Die Definition von Kostenrechnungskreis, Profit-Center und Segment haben Sie in Kapitel 3, »Organisationseinheiten und Definitionen«, kennengelernt. In diesem Abschnitt lesen Sie, wie Sie die Sachkonten definieren.

Wie Sie Ihren Kontenplan anlegen und Ihrem Buchungskreis zuordnen können, haben Sie ebenfalls bereits in Kapitel 3 gelesen. Einen alternativen Customizing-Pfad finden Sie direkt in der Hauptbuchhaltung unter FINANZWESEN (NEU) • HAUPTBUCHHALTUNG • STAMMDATEN • SACHKONTEN • VORARBEITEN • KONTENPLANVERZEICHNIS BEARBEITEN (Transaktion OB13) und BUCHUNGSKREIS EINEM KONTENPLAN ZUORDNEN (Transaktion OB62).

Einen Kontenplan können Sie mehreren Buchungskreisen zuordnen, und jedes Konto können Sie in jedem Buchungskreis etwas anders steuern. Aus diesem Grund besteht jedes Sachkonto aus zwei Definitionsteilen: der *Sachkontendefinition* im Kontenplan und der Sachkontendefinition im Buchungskreis (siehe Abbildung 5.6).

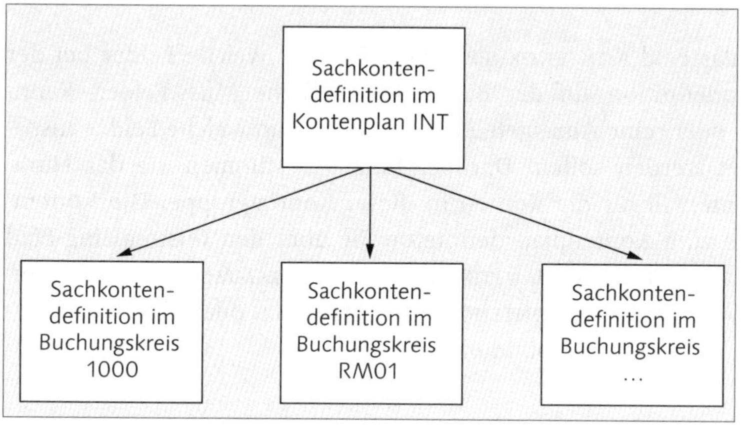

Abbildung 5.6 Sachkontendefinition in Kontenplan und Buchungskreis

Sachkontendefinition

Bei der Sachkontendefinition im Kontenplan tragen Sie Daten ein, die für alle Buchungskreise identisch sind (siehe Abbildung 5.7).

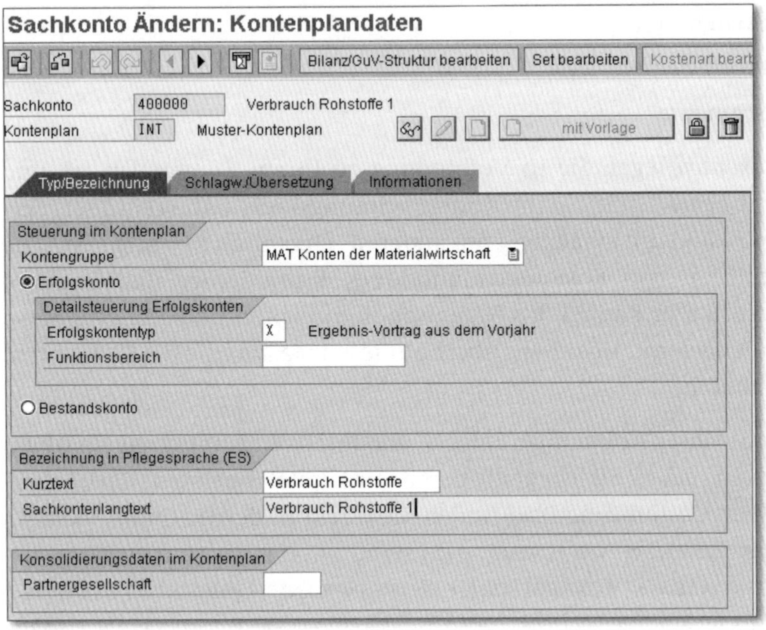

Abbildung 5.7 Kontenplanabhängige Sachkontenstammdaten (Transaktion FSP0)

Auf der Kontenplanebene definieren Sie die Kontonummer, ordnen die Kontengruppe über das entsprechende Feld zu und entscheiden über das Anklicken der Optionen ERFOLGSKONTO oder BESTANDSKONTO, ob ein Konto als Erfolgskonto oder Bestandskonto geführt werden soll. Außerdem pflegen Sie die Beschreibung des betrachteten Kontos.

Kontengruppe

Über das Feld KONTENGRUPPE legen Sie fest, welche Felder bei der Kontendefinition auf der Buchungskreisebene Muss-Felder, Kann-Felder oder reine Anzeigefelder sein sollen und welche Felder ausgeblendet werden sollen. Darüber hinaus bestimmen Sie das Nummernintervall für die Konten in dieser Kontengruppe. Die Kontengruppe zum Kontenplan definieren Sie über den Customizing-Pfad FINANZWESEN (NEU) • HAUPTBUCHHALTUNG • STAMMDATEN • SACHKONTEN • VORARBEITEN • KONTENGRUPPE DEFINIEREN oder über die Transaktion OBD4 (siehe Abbildung 5.8).

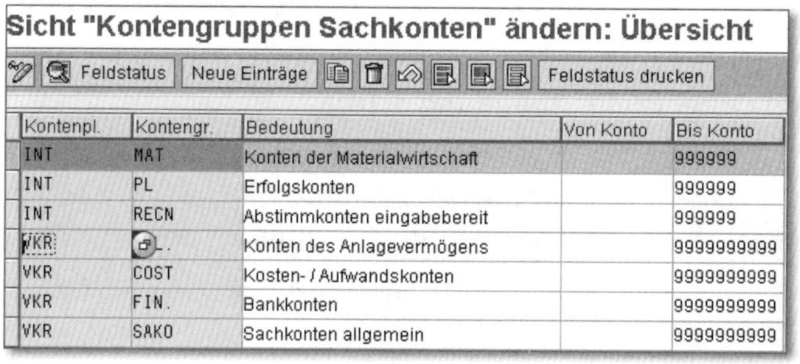

Sicht "Kontengruppen Sachkonten" ändern: Übersicht

Feldstatus | Neue Einträge | Feldstatus drucken

Kontenpl.	Kontengr.	Bedeutung	Von Konto	Bis Konto
INT	MAT	Konten der Materialwirtschaft		999999
INT	PL	Erfolgskonten		999999
INT	RECN	Abstimmkonten eingabebereit		999999
VKR	[illegible]L.	Konten des Anlagevermögens		9999999999
VKR	COST	Kosten- / Aufwandskonten		9999999999
VKR	FIN.	Bankkonten		9999999999
VKR	SAKO	Sachkonten allgemein		9999999999

Abbildung 5.8 Kontengruppendefinition für die Sachkontenstammdaten

Analog zur Feldstatusgruppe, die wir in Kapitel 4, »Globale Einstellungen im SAP-Finanzwesen«, erläutert haben, definieren Sie die in Abbildung 5.9 gezeigte Feldsteuerung, indem Sie nacheinander erst auf die Kontengruppe und dann auf die GRUPPE doppelklicken.

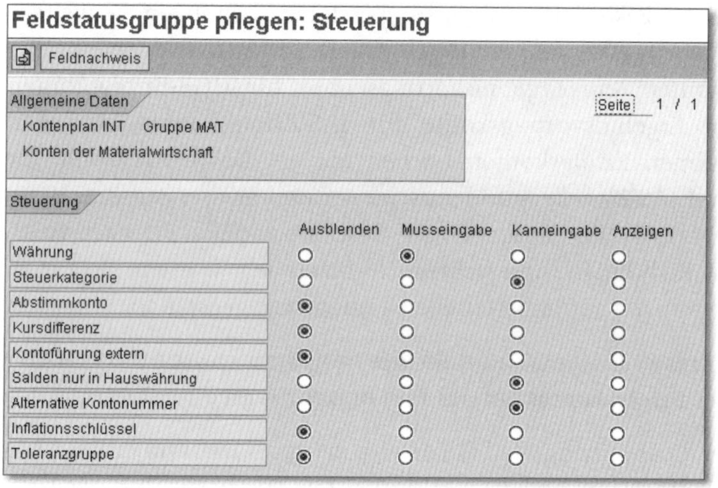

Abbildung 5.9 Feldverwaltung für die Kontengruppe MAT und die Feldgruppe »Steuerung«

Kennzeichen »Bestandskonto« oder »Erfolgskonto«

Wenn Sie die Option ERFOLGSKONTO auswählen, definieren Sie dieses Konto als GuV-Konto und über die Option BESTANDSKONTO entsprechend als *Bilanzkonto* (siehe Abbildung 5.7). Falls Sie die parallele Rechnungslegung über die Kontenlösung abbilden möchten, ordnen Sie das Sachkonto einem entsprechenden Erfolgskontentyp zu.

Gewinnvortragskonto

Dieser legt für GuV-Konten fest, auf welches Gewinnvortragskonto das Ergebnis im Rahmen des Jahresabschlusses übertragen werden soll. Den Erfolgskontentyp definieren Sie über den Customizing-Pfad

Finanzwesen (neu) • Hauptbuchhaltung • Stammdaten • Sachkonten • Vorarbeiten • Ergebnisvortragskonto festlegen oder über die Transaktion OB53 (siehe Abbildung 5.10).

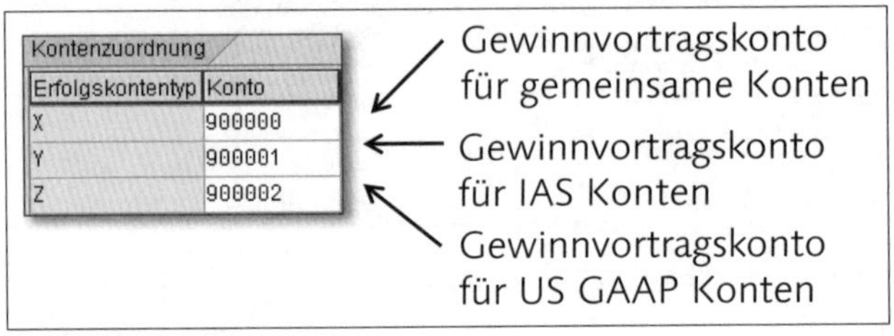

Abbildung 5.10 Zuordnung der Kontonummer zum Erfolgskontentyp

Falls Sie am Jahresende nur einen Abschluss (z. B. nach HGB) erstellen, müssen Sie nur ein Ergebnisvortragskonto definieren und diesem alle Erfolgskonten zuordnen. Falls Sie zwei Abschlüsse (z. B. HGB und IAS) auf Basis der Kontenlösung erstellen, benötigen Sie weitere Ergebnisvortragskonten: ein Ergebnisvortragskonto für gemeinsame Erfolgskonten, ein Ergebnisvortragskonto für HGB-Erfolgskonten und ein Ergebnisvortragskonto für IAS-Erfolgskonten. Auf den gemeinsamen Erfolgskonten buchen Sie die Geschäftsvorfälle für HGB- und IAS-Zwecke auf identische Art und Weise. Auf den HGB- und IAS-Erfolgskonten buchen Sie Geschäftsvorfälle, die nach HGB- und IAS-Richtlinien unterschiedlich behandelt werden, wie z. B. Abschreibungen auf immaterielle Vermögensgegenstände.

Beim Jahreswechsel wird mithilfe des Programms Saldovortrag der Saldo des Erfolgskontos auf das Ergebnisvortragskonto übertragen.

Über den Customizing-Pfad Finanzwesen (neu) • Hauptbuchhaltung (neu) • Periodische Arbeiten • Vortragen • Detaillierung der GuV Konten vornehmen oder die Transaktion GLCF können Sie festlegen, dass Sie den Saldo der Erfolgskonten auf das Ergebnisvortragskonto mit einer weiteren Kontierung übertragen möchten. Als Kontierung können Sie jedes Merkmal verwenden, das Sie dem Ledger über den Customizing-Pfad Finanzwesen (neu) • Grundeinstellungen Finanzwesen (neu) • Bücher • Ledger • Szenarios und kundeneigene Felder Ledgern zuordnen zugewiesen haben.

Sachkontensteuerung

Bei der Sachkontendefinition im Buchungskreis können Sie das Sachkonto buchungskreisabhängig steuern (siehe Abbildung 5.11).

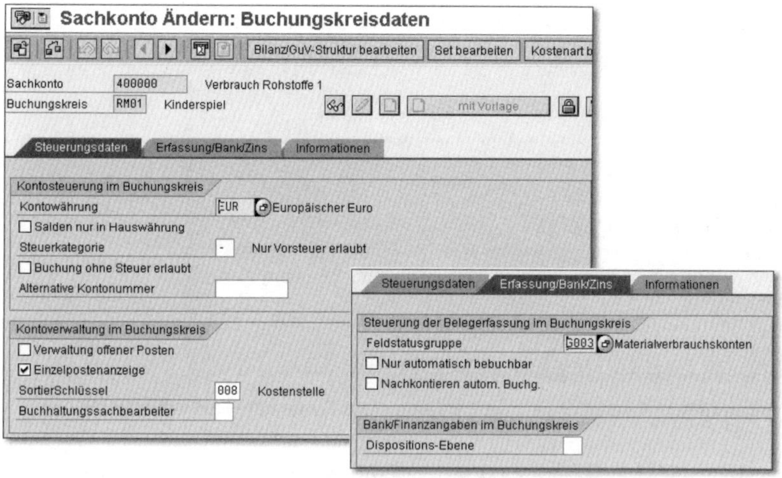

Abbildung 5.11 Buchungskreisabhängige Sachkontenstammdaten (Transaktion FSS0)

Den buchungskreisabhängigen Stammdaten ordnen Sie den *Sortierschlüssel* und die *Feldstatusgruppe* zu. Die Definition und die Verwendung der Feldstatusgruppe haben wir bereits in Kapitel 4, »Globale Einstellungen im SAP-Finanzwesen«, beschrieben.

Der Sortierschlüssel übernimmt Einträge aus anderen (bis zu vier) Feldern und überträgt sie in das Feld ZUORDNUNG.

Verwendung des Sortierschlüssels [zB]

In Ihrem System haben Sie Einstellungen für das Rechnungswesen und die Materialwirtschaft vorgenommen. In der Materialwirtschaft bestellen Sie Ware und legen zu diesem Zweck eine Bestellung mit mehreren Bestellpositionen an. Die Rechnung und Warenbewegungen auf dem Wareneingangs/Rechnungseingangsverrechnungskonto (WE/RE-Konto) buchen Sie pro Position. Wenn Sie dem WE/RE-Konto den Sortierschlüssel 014 (Bestellnummer) zuordnen, sehen Sie im Feld ZUORDNUNG eine Zeichenfolge, die aus Bestellnummer und Bestellposition besteht. Das Feld ZUORDNUNG können Sie z. B. für das automatische Ausgleichsprogramm nutzen. Vergleichen Sie hierzu das Beispiel aus Abschnitt 5.2.4, »Ausgleich offener Posten«.

Den Sortierschlüssel legen Sie über den Customizing-Pfad FINANZWESEN (NEU) • DEBITOREN- UND KREDITORENBUCHHALTUNG • DEBITORENKONTEN • EINZELPOSTEN • ANZEIGEN EINZELPOSTEN • ANZEIGEN EINZELPOSTEN OHNE ALV • STANDARDSORTIERUNG FÜR EINZELPOSTEN FESTLEGEN oder über die Transaktion FS00 fest (siehe Abbildung 5.12).

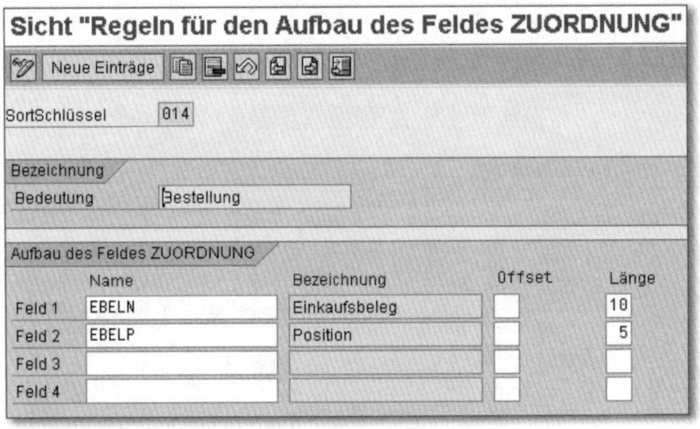

Abbildung 5.12 Einstellungen zur Definition des Sortierschlüssels »Bestellung«

Sie wissen nun, wie Sie Sachkontenstammsätze anlegen. Im nächsten Abschnitt zeigen wir Ihnen, was Sie beachten müssen, wenn Sie Ihre Sachkonten mithilfe von Enjoy-Transaktionen bebuchen möchten.

5.2.2 Belege im neuen Hauptbuch über Enjoy-Transaktionen buchen

Enjoy-Transaktion

Schon in Release 4.6 von SAP R/3 standen Ihnen neben den herkömmlichen Buchungstransaktionen die *Enjoy-Transaktionen* zur Verfügung. Diese ermöglichen es Ihnen, alle Daten zu einem Beleg in einer Enjoy-Maske zu erfassen. Für die Enjoy-Transaktionen wird vom SAP-System standardmäßig die Belegart SA für die Sachkontenbuchung vorgeschlagen. Sie können aber auch über den Customizing-Pfad Finanzwesen (neu) • Hauptbuchhaltung • Geschäftsvorfälle • Sachkontenbuchung Enjoy • Belegarten für Enjoy-Transaktionen definieren pro Kontoart und Vorgang eine andere Vorschlagsbelegart zuordnen. Diese Einstellung können Sie sowohl buchungskreisabhängig als auch buchungskreisunabhängig vornehmen. Wenn das Feld Belegart eingabebereit ist, können Sie die vorgeschlagene Belegart beim Buchen überschreiben.

Über den Customizing-Pfad Finanzwesen (neu) • Hauptbuchhaltung • Geschäftsvorfälle • Sachkontenbuchung Enjoy • Buchungsschlüssel für Sachkontenbuchung hinterlegen (Transaktion OBX1) ordnen Sie die Buchungsschlüssel der Sachkontenpositionen für die Erfassung von Sachkontenbuchungen zu; die Buchungsschlüssel können Sie während Buchungen nicht ändern (siehe Abbildung 5.13).

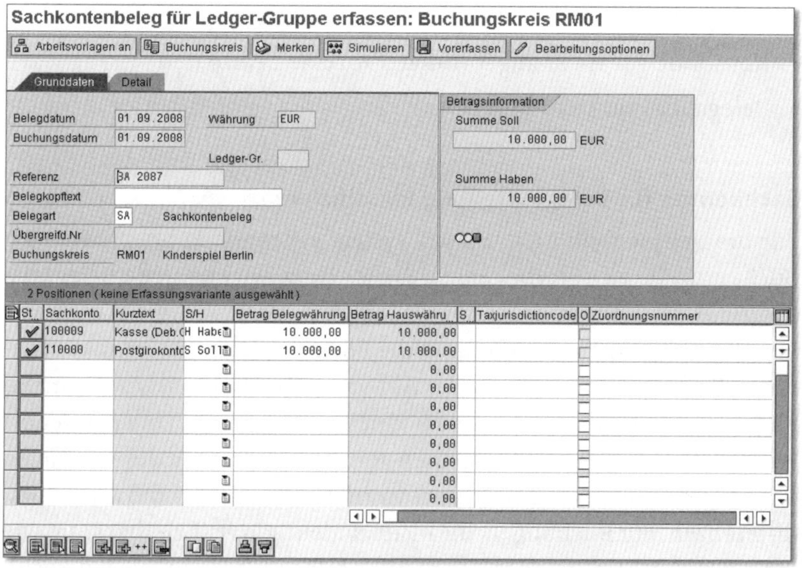

Abbildung 5.13 Erfassungsmaske bei der Sachkontenbuchung mit der Enjoy-Transaktion

Kundeneigene Felder in der Enjoy-Transaktion

In Abschnitt 4.2.3, »Kundeneigene Felder definieren«, haben Sie bereits gelesen, wie Sie kundeneigene Felder in die Enjoy-Transaktionen aufnehmen. Die gleichen Einstellungen können Sie über den Customizing-Pfad FINANZWESEN (NEU) • HAUPTBUCHHALTUNG • GESCHÄFTSVORFÄLLE • SACHKONTENBUCHUNG ENJOY • KUNDENEIGENE FELDER IN ENJOY-TRANSAKTIONEN AUFNEHMEN vornehmen.

Im nächsten Abschnitt beschäftigen wir uns mit einer der wesentlichen Neuerungen im neuen Hauptbuch: der Belegaufteilung.

5.2.3 Belegaufteilung

Bedeutung der Belegaufteilung

Im neuen Hauptbuch steht Ihnen eine neue Funktionalität zur Verfügung: die *Belegaufteilung* in Echtzeit (Online-Splitting). Durch die Belegaufteilung haben Sie die Möglichkeit, Bilanzen für zusätzliche Dimensionen, wie z. B. Profit-Center oder Segmente, jederzeit zu erstellen. Um diese Funktionalität nutzen zu können, müssen Sie die folgenden Customizing-Einstellungen vornehmen:

- Sachkonten für Belegaufteilung klassifizieren
- Belegarten für Belegaufteilung klassifizieren
- Nullsaldo-Verrechnungskonto definieren

- Belegaufteilungsmerkmale für Hauptbuchhaltung definieren
- Konstante für nicht zugeordnete Prozesse bearbeiten
- Belegaufteilung aktivieren

Sachkonten für Belegaufteilung klassifizieren

Zuordnung der Sachkonten zu den Positionstypen

Für die Belegaufteilung muss das System erkennen können, wie jede Buchungszeile zu verarbeiten ist. Daher ist es wichtig, jede Belegzeile aufgrund der Kontonummer einem eindeutigen *Positionstyp* zuzuordnen. Positionstypen dienen dazu, die Buchungszeilen zu charakterisieren, z. B. als Debitor, Anlage oder Aufwand. Die Positionstypen sind im SAP-System fest vorgegeben und können nicht verändert oder erweitert werden. Bestimmte Konten können vom System anhand des jeweiligen Vorgangs automatisch zugeordnet werden, wie z. B. Skonto oder Kursdifferenzen. Für Buchungen, die nicht eindeutig klassifizierbar sind, wie etwa Bankbuchungen oder Bestandsbuchungen, ordnen Sie den Positionstyp hingegen manuell zu. Die entsprechende Zuordnung nehmen Sie über den Customizing-Pfad FINANZWESEN (NEU) • HAUPTBUCHHALTUNG • GESCHÄFTSVORFÄLLE • BELEGAUFTEILUNG • SACHKONTEN FÜR BELEGAUFTEILUNG KLASSIFIZIEREN vor (siehe Abbildung 5.14).

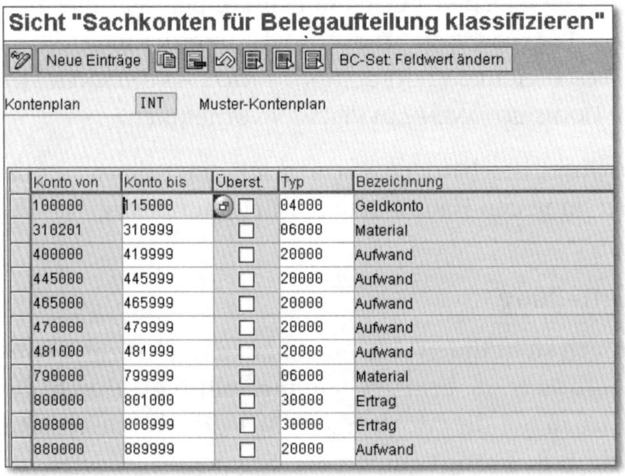

Sicht "Sachkonten für Belegaufteilung klassifizieren"

Neue Einträge | BC-Set: Feldwert ändern

Kontenplan INT Muster-Kontenplan

Konto von	Konto bis	Überst.	Typ	Bezeichnung
100000	115000	☐	04000	Geldkonto
310201	310999	☐	06000	Material
400000	419999	☐	20000	Aufwand
445000	445999	☐	20000	Aufwand
465000	465999	☐	20000	Aufwand
470000	479999	☐	20000	Aufwand
481000	481999	☐	20000	Aufwand
790000	799999	☐	06000	Material
800000	801000	☐	30000	Ertrag
808000	808999	☐	30000	Ertrag
880000	889999	☐	20000	Aufwand

Abbildung 5.14 Sachkonten den Positionstypen zuordnen

Das Feld ÜBERST. (Übersteuerung) können Sie je für abweichende *Abstimmkonten* aktivieren. Damit wird die systeminterne Ableitung des Positionstyps durch die Ableitung nach Konten übersteuert. Näheres zu Abstimmkonten und abweichenden Abstimmkonten erfahren Sie in den Abschnitten 8.1.1, »Kontengruppe«, und 8.4.1, »Sonderhauptbuchvorgänge«.

Falls Sie ein Konto bebuchen möchten, Sie dieses Konto aber keinem Positionstyp zugeordnet haben und das Konto nicht klassifiziert werden kann, erhalten Sie eine Fehlermeldung, und der entsprechende Beleg kann nicht gebucht werden.

Belegarten für Belegaufteilung klassifizieren

Zuordnung der Belegarten zu den Geschäftsvorfällen

Die Belegaufteilung erfolgt anhand der Klassifikation von Geschäftsvorfällen und Positionstypen. Der *Geschäftsvorfall* liefert also wichtige Informationen darüber, welche Positionstypen z. B. in einem Geschäftsvorfall zugelassen sind. Die Geschäftsvorfälle ordnen Sie wiederum den Belegarten zu. Die ausgelieferten Belegarten sind standardmäßig bereits den Geschäftsvorfällen zugeordnet. Falls es erforderlich ist, können Sie noch weitere Belegarten anlegen. Die Geschäftsvorfälle ordnen Sie Ihren Belegarten über den Customizing-Pfad FINANZWESEN (NEU) • HAUPTBUCHHALTUNG • GESCHÄFTSVORFÄLLE • BELEGAUFTEILUNG • BELEGARTEN FÜR BELEGAUFTEILUNG KLASSIFIZIEREN zu (siehe Abbildung 5.15).

Sicht "FI-Belegart für Belegaufteilung klassifizieren" ändern:

Art	Bezeichnung	Vorfall	Variante	Bezeichnung	Bezeichnung
AA	Anlagenbuchung	0000	0001	Unspezifizierte Buchung	Standard
AB	Buchhaltungsbeleg	0000	0001	Unspezifizierte Buchung	Standard
AF	AfA-Buchungen	0000	0001	Unspezifizierte Buchung	Standard
AN	Anlagenbuchung netto	0000	0001	Unspezifizierte Buchung	Standard
AP					
AX	Abschlussarbeiten				
CH	Vertragsabrechnung				
DA	Debitorenbeleg	0200	0001	Debitorenrechnung	Standard
DG	Debitoren Gutschrift	0200	0001	Debitorenrechnung	Standard
DR	Debitoren Rechnung	0200	0001	Debitorenrechnung	Standard
DZ	Debitoren Zahlung	1000	0001	Zahlung	Standard
EU	Euro Rundungsdiff				
EX	Externe Nummer	0000	0001	Unspezifizierte Buchung	Standard
HD	Genehmigte Spesen HD				
KA	Kreditorenbeleg	0300	0001	Kreditorenrechnung	Standard
KG	Kreditoren Gutschr.	0300	0001	Kreditorenrechnung	Standard
KN	Kreditoren netto	0300	0001	Kreditorenrechnung	Standard
KP	Kontenpflege	1010	0001	Ausgleichstransaktione	Standard
KR	Kreditoren Rechnung	0300	0001	Kreditorenrechnung	Standard
KZ	Kreditoren Zahlung	0000	0001	Unspezifizierte Buchung	Standard

Abbildung 5.15 Zuordnung der Geschäftsvorfälle und deren Varianten zu den Belegarten

Sie haben nicht die Möglichkeit, weitere Geschäftsvorfälle zu definieren, können aber zu den vorgegebenen Geschäftsvorfällen Varianten anlegen. Die entsprechenden Einstellungen nehmen Sie über den Customizing-Pfad FINANZWESEN (NEU) • HAUPTBUCHHALTUNG • GESCHÄFTSVORFÄLLE • BELEGAUFTEILUNG • ERWEITERTE BELEGAUFTEILUNG • GESCHÄFTSVORFALLVARIANTEN DEFINIEREN vor.

Falls das SAP-System einen Buchungsvorgang anhand von Geschäftsvorfällen, Positionstypen und automatischer Ermittlung nicht klassifizieren kann, kann der entsprechende Beleg nicht gebucht werden.

Nullsaldo-Verrechnungskonto definieren

Definition der Verrechnungskonten für Bilanzen mit dem Saldo null

Falls Sie Bilanzen mit dem Saldo null pro Entität (z. B. Segment oder Profit-Center) erstellen möchten, prüft das System, ob die Positionen in jedem Beleg pro Segment einen Nullsaldo ergeben. Wenn dies nicht der Fall ist, erzeugt das System automatisch zusätzliche Verrechnungszeilen auf dem zugeordneten Nullsaldo-Verrechnungskonto (siehe Tabelle 5.2).

Konto	Betrag (EUR)	Segment
Bank	1.000	RM01_A
Forderung	–1.000	RM01_B
Verrechnungskonto	1.000	RM01_B
Verrechnungskonto	–1.000	RM01_A

Tabelle 5.2 Beispiel für die Verwendung von Nullsaldo-Verrechnungskonten

Das Verrechnungskonto ordnen Sie über den Customizing-Pfad FINANZWESEN (NEU) • HAUPTBUCHHALTUNG • GESCHÄFTSVORFÄLLE • BELEGAUFTEILUNG • SALDO-NULL-VERRECHNUNGSKONTO DEFINIEREN oder über die Transaktion GSP_KD zu (siehe Abbildung 5.16).

Abbildung 5.16 Zuordnung des Verrechnungskontos für den Nullsaldo pro Segment

Belegaufteilungsmerkmale für Hauptbuchhaltung definieren

Merkmale für die Belegaufteilung definieren

Über diese Option definieren Sie, für welche Merkmale (z. B. Profit-Center, Segment) Sie die Belegaufteilung durchführen möchten. Auch können Sie hier kennzeichnen, ob Sie pro Merkmal einen Nullsaldo benötigen. Diese Einstellung ist notwendig, falls Sie Nullbilanzen für Merkmale erstellen möchten. Sie können Merkmale auch als Muss-Feld aktivieren. Hierdurch legen Sie fest, dass die entsprechenden Merkmale bei jeder Buchung, ob manuell oder maschinell, gesetzt werden müssen, z. B. durch eine Substitution. Die Einstellungen zu den Belegaufteilungsmerkmalen nehmen Sie über den Customizing-Pfad FINANZWESEN (NEU) • HAUPTBUCHHALTUNG • GESCHÄFTSVORFÄLLE • BELEGAUFTEILUNG • BELEGAUFTEILUNGSMERKMALE FÜR HAUPTBUCHHALTUNG DEFINIEREN vor (siehe Abbildung 5.17).

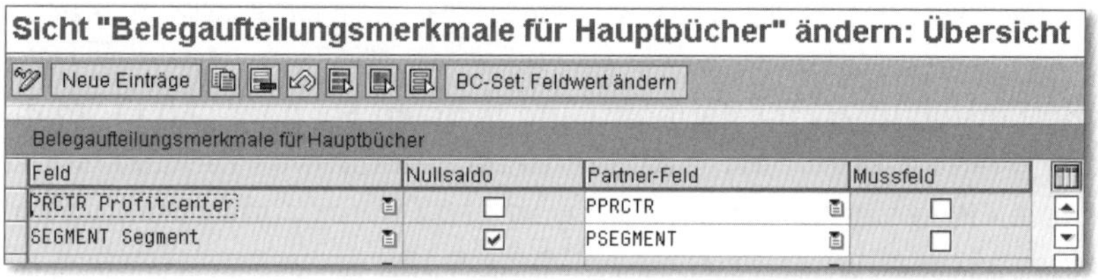

Abbildung 5.17 Belegaufteilungsmerkmale im neuen Hauptbuch

Konstante für nicht zugeordnete Prozesse bearbeiten

Konstante bei nicht zugeordneten Geschäftsvorfällen

In bestimmten Situationen sind Sie nicht in der Lage, sofort das endgültige Merkmal zuzuordnen. In diesem Fall haben Sie die Möglichkeit, für jedes Aufteilungsmerkmal eine *Konstante* zu definieren; die Konstante wird vom System bebucht, falls kein anderer Wert gefunden wird.

[zB]

Buchung auf eine Konstante

Sie registrieren einen Geldeingang auf Ihrem Bankkonto und auf dem Bankverrechnungskonto. Direkt bei der Geldeingangsbuchung können Sie noch nicht das endgültige Segment zuordnen, und in diesem Fall buchen Sie den Geschäftsvorfall auf die Konstante (in diesem Beispiel RM99). Erst wenn Sie der Zahlung die entsprechende Rechnung zugeordnet haben, kennen Sie das richtige Segment. Falls Sie Bilanzen mit einem Nullsaldo pro Segment erstellen, entstehen bei der Ausgleichsbuchung auf dem Bankverrechnungskonto Zusatzbuchungen auf dem Verrechnungskontosegment (siehe Abbildung 5.18).

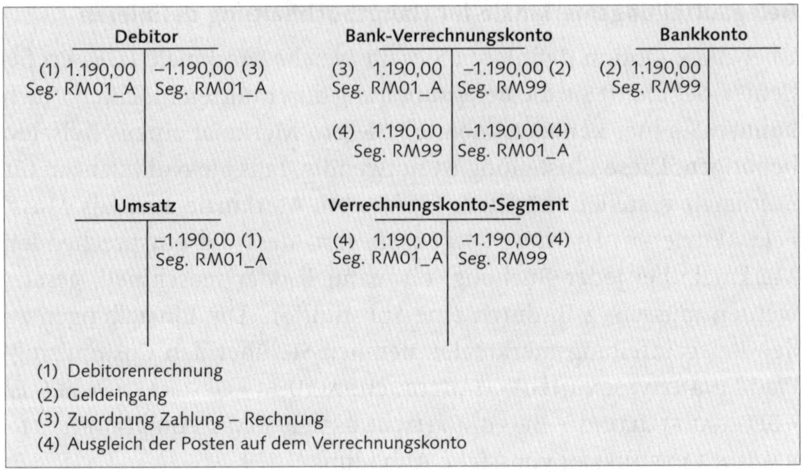

Abbildung 5.18 Beispiel für eine Bankbuchung mit Konstante und die entsprechende Ausgleichsbuchung mit den Positionen auf dem Verrechnungskontosegment

Die Einstellungen für die Konstante nehmen Sie über den Customizing-Pfad FINANZWESEN (NEU) • HAUPTBUCHHALTUNG • GESCHÄFTSVORFÄLLE • BELEGAUFTEILUNG • KONSTANTE FÜR NICHT ZUGEORDNETE PROZESSE BEARBEITEN vor (siehe Abbildung 5.19).

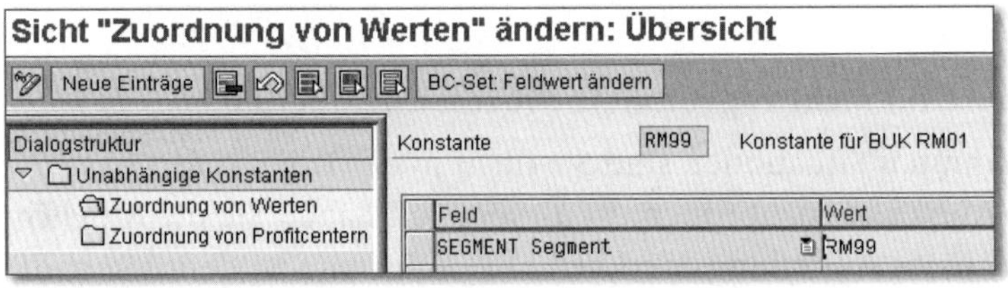

Abbildung 5.19 Zuordnung der Konstante für eineindeutige Buchungen

Belegaufteilung aktivieren

Über den Customizing-Pfad FINANZWESEN (NEU) • HAUPTBUCHHALTUNG • GESCHÄFTSVORFÄLLE • BELEGAUFTEILUNG • BELEGAUFTEILUNG AKTIVIEREN aktivieren Sie die Belegaufteilung für den gesamten Mandanten (siehe Abbildung 5.20).

Aktivierung der Belegaufteilung

Im ersten Schritt aktivieren Sie die Belegaufteilung für alle Buchungskreise; über die Funktion DEAKTIVIERUNG JE BUCHUNGSKREIS können Sie zuvor automatisch bestimmte Buchungskreise aus der Belegaufteilung ausschließen.

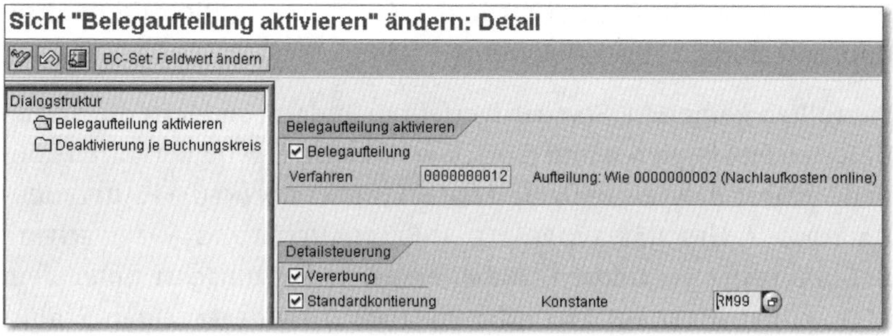

Abbildung 5.20 Belegaufteilung aktivieren

Hierbei müssen Sie beachten, dass Sie zwischen Buchungskreisen mit aktivierter und nicht aktivierter Belegaufteilung keine buchungskreisübergreifenden Buchungsvorgänge vornehmen können.

Aktivierung der Vererbung

Wenn Sie das Feld Vererbung aktivieren, übernehmen Sie für Positionen, die ohne Aufteilungsmerkmal gebucht worden sind, Merkmale aus der Gegenposition.

[zB]

Merkmalsübernahme aus der Gegenposition

Sie erfassen eine Kreditorenrechnung mit den folgenden Positionen:

- Kreditor: –1.190,00 EUR, kein Segment
- Aufwand: 1.000,00 EUR, Segment RM01_A
- Steuer: 190,00 EUR, kein Segment

Durch die Vererbung wird das Segment bei der Belegbuchung aus der Aufwandsposition in die Kreditorenposition (Verbindlichkeiten) und in die Steuerposition übernommen:

- Kreditor: –1.190,00 EUR, Segment RM01_A
- Aufwand: 1.000,00 EUR, Segment RM01_A
- Steuer: 190,00 EUR, Segment RM01_A

Die Option Standardkontierung können Sie verwenden, um in Buchungspositionen eine Konstante in nicht kontierte (und nicht vererbte) Positionen einzutragen.

Aufteilungsverfahren

SAP liefert mehrere *Standardaufteilungsverfahren* für die Belegaufteilung aus. Unter einem Aufteilungsverfahren versteht man die Summe der *Aufteilungsregeln* für alle Geschäftsvorfälle. Anhand eines Aufteilungsverfahrens definieren Sie, auf Basis welcher Geschäftsvorfälle eine Belegaufteilung durchgeführt und wie in den einzelnen Geschäftsvorfällen die einzelnen Positionstypen behandelt werden sollen (z. B. wie die Kontierung in der Kreditorenposition aus der Kreditorenrechnung abgeleitet werden soll).

Sie sollten keine SAP-Standardverfahren ändern, sondern die vordefinierten erst kopieren und danach verändern. Eigene Verfahren können Sie über den Customizing-Pfad FINANZWESEN (NEU) • HAUPTBUCHHALTUNG • GESCHÄFTSVORFÄLLE • BELEGAUFTEILUNG • ERWEITERTE BELEGAUFTEILUNG anlegen. Dabei erstellen Sie zunächst unter dem Menüpunkt BELEGAUFTEILUNGSVERFAHREN DEFINIEREN einen Schlüssel. Unter BELEGAUFTEILUNGSREGEL DEFINIEREN legen Sie die Logik für das Verfahren fest, und unter dem Menüpunkt BELEGAUFTEILUNGSVERFAHREN ZUORDNEN ordnen Sie schließlich das ausgewählte Aufteilungsverfahren zu. Diese Zuordnung gilt auf Mandantenebene.

Nun erläutern wir den Aufbau der Logik im Standardaufteilungsverfahren 0000000012 (Aufteilung: Debitor, Kreditor, Steuer, Geld, BuKrsVerr. (Nachlaufkosten online) für Kreditorenpositionen.

Zuordnung der Geschäftsvorfälle zum Aufteilungsverfahren

Im ersten Schritt entscheiden Sie, welche Geschäftsvorfälle dem Aufteilungsverfahren (in unserem Beispiel 0000000012) zugeordnet werden sollen (siehe Abbildung 5.21).

Verfahren	Auft	Vorfall	Geschäftsvorfall	Variante	Variante
0000000012	teil	0000	Unspezifizierte Buchung	0001	Standard
0000000012	Aufteil	0100	Umbuchung von GuV-Konto auf E	0001	Standard
0000000012	Aufteil	0200	Debitorenrechnung	0001	Standard
0000000012	Aufteil	0300	Kreditorenrechnung	0001	Standard
0000000012	Aufteil	0400	Bankkontoauszug	0001	Standard
0000000012	Aufteil	0500	Steuervoranmeldung (Zahllast)	0001	Standard
0000000012	Aufteil	0600	Wareneingang zur Bestellung	0001	Standard
0000000012	Aufteil	1000	Zahlung	0001	Standard
0000000012	Aufteil	1010	Ausgleichstransaktionen (Konter	0001	Standard
0000000012	Aufteil	1020	Rücknahme Ausgleich	0001	Standard

Abbildung 5.21 Standardaufteilungsverfahren 0000000012 mit zugeordneten Geschäftsvorfällen

Da wir uns mit der Aufteilung der Kreditorenpositionen beschäftigen, ist für unser Beispiel die Zuordnung des Aufteilungsverfahrens zum Geschäftsvorfall 0300 (Kreditorenrechnung) relevant. Dem Verfahren 0000000012 in Kombination mit dem Geschäftsvorfall 0300 ist die Standardvariante 0001 zugewiesen. Diese Variante legt fest, welche Geschäftsvorfälle mit welchen Positionstypen gebucht werden dürfen.

Wenn Sie in der Dialogstruktur auf ZU BEARBEITENDE POSITIONSTYPEN klicken, gelangen Sie in das Bild, das in Abbildung 5.22 dargestellt ist. Darin sehen Sie, welche Positionstypen für das Aufteilungsverfahren 0000000012 und den Geschäftsvorfall 0300 ausgewählt worden sind.

Zuordnung der Positionstypen zum Aufteilungsverfahren

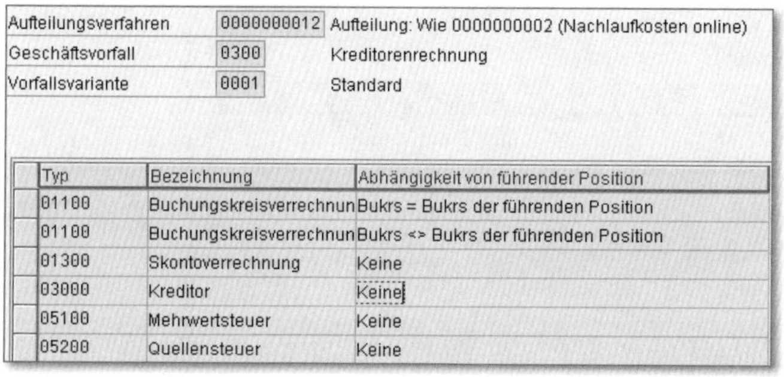

Abbildung 5.22 Positionstypen zum Geschäftsvorfall »Kreditorenrechnung«

Per Doppelklick auf den Positionstyp 3000 (Kreditor) steuern Sie, wie dieser Positionstyp aufgeteilt werden soll. In unserem Fall gilt die Aufteilung gemäß den Basispositionstypen (siehe Abbildung 5.23).

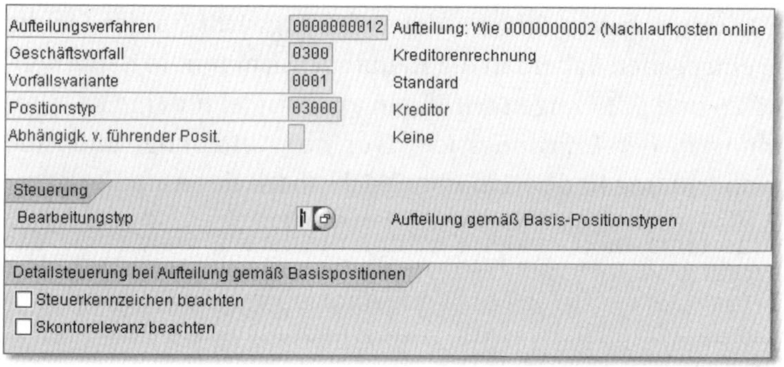

Abbildung 5.23 Die Steuerung der Kreditorenposition in der Kreditorenrechnung – Aufteilung gemäß Basispositionstypen

Zum Schluss ordnen Sie, wie es aus Abbildung 5.24 hervorgeht, die zulässigen *Basispositionstypen* zum Aufteilungsverfahren zu. Die entsprechende Maske erreichen Sie über die Option BASIS-POSITIONSTYPEN in der Dialogstruktur.

Zuordnung der Basispositionstypen

In unserem Aufteilungsverfahren wird die Kreditorenposition in der Kreditorenrechnung wie die Basisposition (in den meisten Fällen ist das ein Aufwandskonto, ein Bestandskonto oder ein Verrechnungskonto) kontiert.

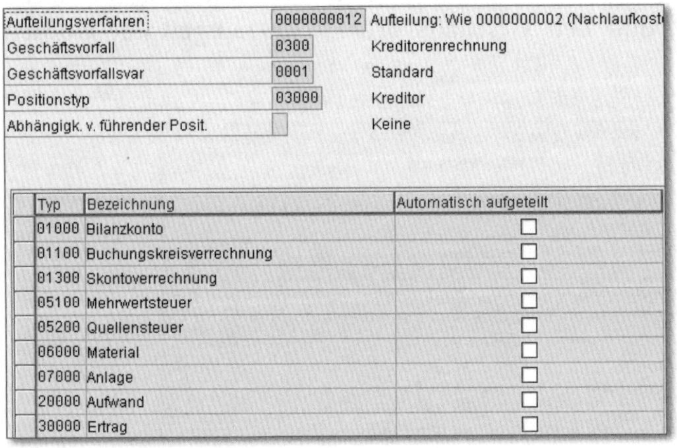

Abbildung 5.24 Zugeordnete Basispositionstypen einer Kreditorenposition in der Kreditorenrechnung

Wenn Sie die Belegaufteilung für Ihren Buchungskreis aktiviert haben, können Sie bereits beim Buchen eines Belegs prüfen, wie die nicht kontierten Positionen laut Ihrem Aufteilungsverfahren kontiert werden. Hierzu schalten Sie von der Erfassungssicht (in der Sie die Buchung eingegeben haben) in die Hauptbuchsicht um. In den Abbildungen 5.25 und 5.26 zeigen wir Ihnen ein Beispiel für eine Kreditorenrechnung in der Erfassungssicht (vor der Aufteilung) und eine Kreditorenrechnung in der Hauptbuchsicht (nach der Aufteilung).

Die Kreditorenposition in der Kreditorenrechnung wurde wie das Aufwandskonto (Basisposition) aufgeteilt.

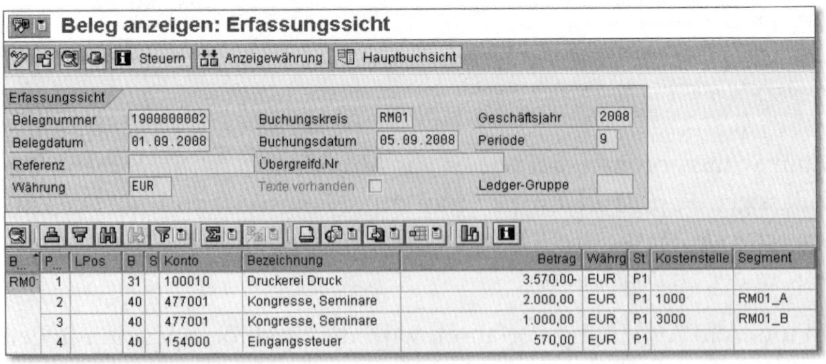

Abbildung 5.25 Kreditorenrechnung in der Erfassungssicht vor der Belegaufteilung

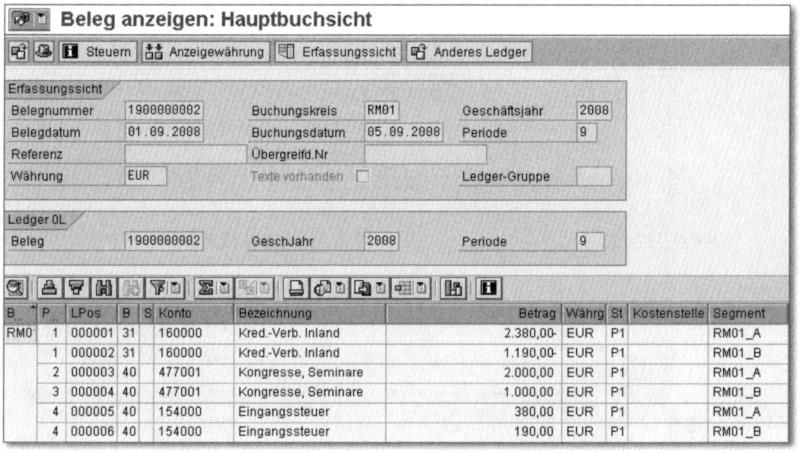

Abbildung 5.26 Kreditorenrechnung in der Hauptbuchsicht nach der Belegaufteilung

Nun haben Sie die Einstellungen kennengelernt, die für die Belegaufteilung notwendig sind. Im folgenden Abschnitt kommen wir zum nächsten wesentlichen Punkt, den Sie im Customizing beachten müssen, dem Ausgleich von offenen Posten.

5.2.4 Ausgleich offener Posten

Grundlagen zum Ausgleich von offenen Posten

Einige Ihrer Sachkonten werden Sie als offene-Posten-geführt definieren. Sobald Sie auf diesen Verrechnungskonten buchen, müssen Sie die offenen Posten ausgleichen.

[zB]

Ausgleich nach einem gemeinsamen Schlüssel

Sie nutzen im SAP ERP-System das Rechnungswesen und die Materialwirtschaft. In der Materialwirtschaft bestellen Sie Ware und buchen den Wareneingang und Rechnungseingang. Diese beiden Buchungen buchen Sie auf dem Verrechnungskonto für Wareneingang und Rechnungseingang 191100 (WE/RE-Fremdbezug).

Sie schicken Ihrem Lieferanten eine Bestellung (Bestellnummer 1250) mit zwei Bestellpositionen (Pos. 01 und Pos. 02). Sie bestellen Ware X für 1.000,– EUR netto und Ware Y für 2.000,– EUR netto. Nach einer Woche bekommen Sie die Rechnung zu Ihrer Bestellung und nach zwei weiteren Tagen Ihre Ware. In Abbildung 5.27 sehen Sie die Buchungen zu diesen Belegen.

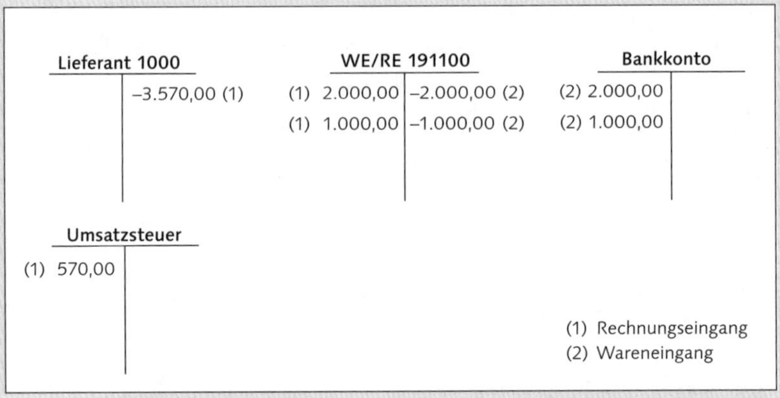

Abbildung 5.27 Rechnungseingangs- und Wareneingangsbuchung

Nach den obigen Buchungen haben Sie auf dem WE/RE-Konto vier offene Positionen, die Sie ausgleichen müssen. Um zusammengehörende Positionen auszugleichen, benötigen Sie für diese Positionen einen gemeinsamen Schlüssel.

In diesem Fall besteht der Schlüssel aus der Bestellnummer und der Bestellposition und wurde laut Sortierschlüssel in das Feld ZUORDNUNG eingetragen. Für die Buchungen zu Bestellposition 01 über 2.000 EUR lautet der Schlüssel 125001 (zusammengesetzt aus der Bestellnummer und der Position), und die Schlüsselnummer für die Buchungen zu Bestellposition 02 über 1.000 EUR ist 125002.

Manueller und maschineller Ausgleich der offenen Posten

Im SAP-System können Sie Ihre Ausgleichsbuchungen manuell oder maschinell vornehmen. Die Einstellungen nehmen Sie über den Customizing-Pfad FINANZWESEN (NEU) • HAUPTBUCHHALTUNG • GESCHÄFTSVORFÄLLE • AUSGLEICH OFFENER POSTEN vor. Für den manuellen Ausgleich der offenen Posten können Sie den Zeilenaufbau für die auszugleichenden Belege definieren. Dies bedeutet, dass Sie festlegen, welche Informationen bei der Einzelpostenbearbeitung zur Verfügung stehen sollen. Diese Einstellungen nehmen Sie über den Customizing-Pfad BEARBEITUNG DER OFFENEN POSTEN • ZEILENAUFBAU DEFINIEREN oder über die Transaktion O7Z4S vor (siehe Abbildung 5.28).

Anschließend definieren Sie über den Customizing-Pfad BEARBEITUNG DER OFFENEN POSTEN • STANDARDZEILENAUFBAU AUSWÄHLEN oder die Transaktion O7V3 einen Standardzeilenaufbau.

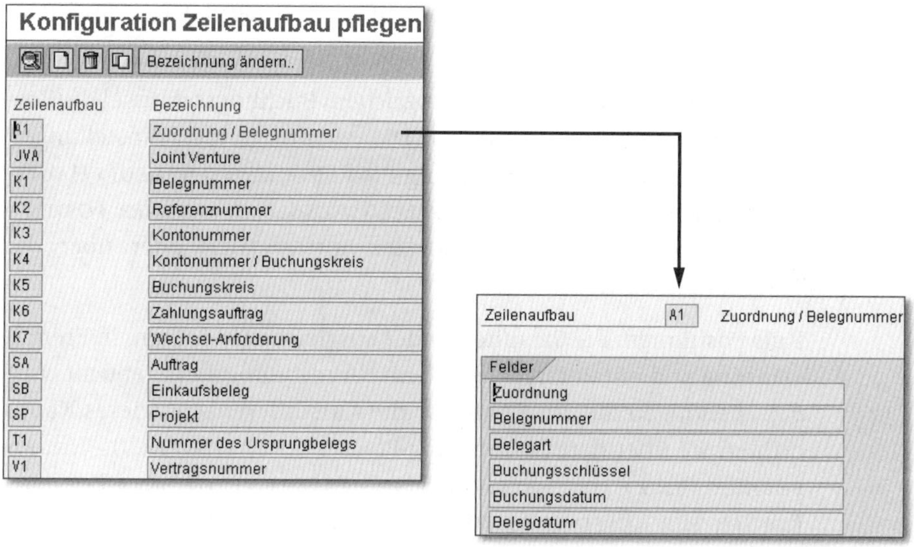

Abbildung 5.28 Zeilenaufbau pflegen

Selektions-, Such- und Sortierfelder

Um bestimmte Belegpositionen schneller zu finden, können Sie weitere Felder als Selektionsfelder, Suchfelder oder Sortierfelder benennen. Die Selektionsfelder legen Sie über den Customizing-Pfad Bearbeitung DER OFFENEN POSTEN • SELEKTIONSFELDER AUSWÄHLEN oder über die Transaktion O7F1 fest (siehe Abbildung 5.29).

Abbildung 5.29 Definition der Selektionsfelder

Analog können Sie die Suchfelder und die Sortierfelder über den Customizing-Pfad BEARBEITUNG DER OFFENEN POSTEN • SUCHFELDER AUSwählen (Transaktion O7F3) und über Sortierfelder auswählen (Transaktion O7F2) anlegen.

Auch können Sie definieren, mit welchem Buchungsschlüssel die Posten ausgeglichen werden sollen. Die entsprechenden Einstellungen nehmen Sie über den Customizing-Pfad Finanzwesen (neu) • Hauptbuchhaltung • Geschäftsvorfälle • Ausgleich offener Posten • Buchungsschlüssel für Ausgleich hinterlegen oder über die Transaktion OBXH vor.

Falls Positionen, die Sie miteinander ausgleichen möchten, in Fremdwährung und mit unterschiedlichem Umrechnungskurs gebucht wurden, benötigen Sie ein Konto für die Kursdifferenzen. Dieses Konto ordnen Sie über den Customizing-Pfad Finanzwesen (neu) • Hauptbuchhaltung • Geschäftsvorfälle • Ausgleich offener Posten • Konten für Kursdifferenzen hinterlegen oder über die Transaktion OB09 zu.

Einstellungen zum maschinellen Ausgleich

Für den *maschinellen Ausgleich*, den Sie periodisch starten, nehmen Sie die in Abbildung 5.30 dargestellten Einstellungen über den Customizing-Pfad Finanzwesen (neu) • Hauptbuchhaltung • Geschäftsvorfälle • Ausgleich offener Posten • Maschinelles Ausgleichen vorbereiten vor. Die Regeln für den maschinellen Ausgleich pflegen Sie kontenplanabhängig oder kontenplanunabhängig für bestimmte Konten mit Kontenartzuordnung. Bis zu fünf Kriterien können Sie als Ausgleichsregeln definieren. So können Sie in unserem Beispiel zusammengehörige Positionen nach Bestellnummer und Positionsnummer finden. Das heißt, dass Sie als Kriterium 1 die Bestellnummer und als Kriterium 2 die Positionsnummer eintragen könnten. Alternativ können Sie das Feld Zuordnung verwenden, weil in diesem Feld sowohl die Bestellnummer als auch die Positionsnummer übernommen wurden. Wenn die Währung und die frei definierbaren Kriterien identisch sind und der Saldo der Posten null beträgt, werden die entsprechenden Posten ausgeglichen und die Ausgleichsbelege gebucht.

Abbildung 5.30 Regeldefinition für den maschinellen Ausgleich

Sie wissen nun, welche Einstellungen erforderlich sind, um Belege ausgleichen zu können. Im Folgenden behandeln wir das Thema »Abgrenzung«.

5.2.5 Manuelle Abgrenzung

Abgrenzungsbuchungen (Accrual Engine)

Abgrenzungen buchen Sie, um Aufwendungen wie z. B. Versicherungsbeiträge, Leasing-Raten oder Rückstellungen für Mitarbeiterbeteiligungen periodisch zu verteilen. Hierbei unterstützt Sie die *Accrual Engine*, ein Werkzeug zum automatischen Erstellen von Abgrenzungsbuchungen in der Finanzbuchhaltung. Sie geben der Accrual Engine eine manuelle Abgrenzungsbuchung sowie einige Basisdaten für den zugrunde liegenden Geschäftsvorfall vor. Darauf basierend errechnet das System die Abgrenzungsbeträge und erstellt die dazugehörigen periodischen Buchungen (siehe Abbildung 5.31).

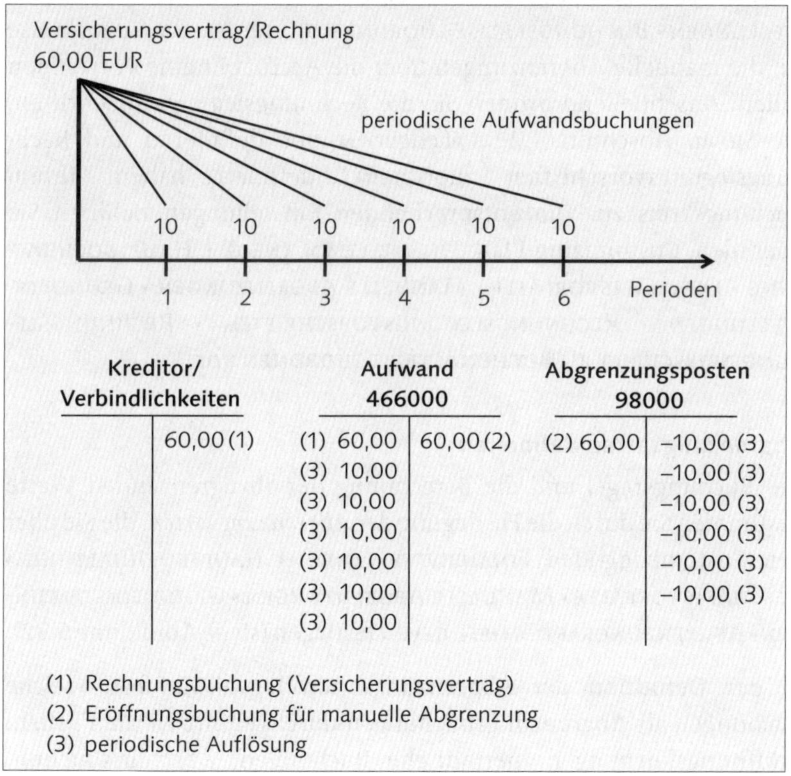

Abbildung 5.31 Versicherungsvertrag als Buchungsbeispiel für Abgrenzungsposten

Um diese Funktion nutzen zu können, müssen Sie die folgenden Customizing-Einstellungen vornehmen:

- Buchungskreise für manuelle Abgrenzungen zuordnen
- Abgrenzungsarten definieren
- Abgrenzungsobjekttypen und Nummernkreisintervalle für Abgrenzungsobjekte definieren
- Abgrenzungsmethode anlegen
- Buchungssteuerung und Kontenfindung definieren

Im folgenden Abschnitt zeigen wir Ihnen die notwendigen Customizing-Einstellungen für Versicherungsverträge.

Buchungskreise für manuelle Abgrenzungen zuordnen

Buchungskreis zuordnen

Über den Customizing-Pfad Finanzwesen (neu) • Hauptbuchhaltung • Geschäftsvorfälle • Manuelle Abgrenzungen • Grundeinstellungen • Buchungskreise zuordnen ordnen Sie Buchungskreise zu, die manuelle Abgrenzungen über die Accrual Engine verwenden sollen. Anschließend ordnen Sie die Rechnungslegungsvorschriften, die Sie in Abschnitt 4.2.5, »Ledger-Gruppe definieren und Rechnungslegungsvorschriften zuordnen«, definiert haben, Ihrem Buchungskreis zu. Die entsprechenden Einstellungen nehmen Sie über den Customizing-Pfad Finanzwesen (neu) • Hauptbuchhaltung • Geschäftsvorfälle • Manuelle Abgrenzungen • Grundeinstellungen • Rechnungslegungsvorschriften • Rechnungslegungsvorschrift zu Buchungskreis zuordnen vor.

Abgrenzungsarten definieren

Die Buchungsregel und die Berechnung der abzugrenzenden Werte bestimmen Sie durch die Festlegung der *Abgrenzungsarten*, die Sie über den Customizing-Pfad Finanzwesen (neu) • Hauptbuchhaltung • Geschäftsvorfälle • Manuelle Abgrenzungen • Grundeinstellungen • Abgrenzungsarten definieren festlegen (siehe Abbildung 5.32).

Abgrenzungsarten

In der Definition der Abgrenzungsarten legen Sie fest, welche Buchungen als Abgrenzungsbuchungen durchgeführt werden sollen: Eröffnungsbuchungen, periodische Buchungen, Abschlussbuchungen oder alle Buchungen. Auch haben Sie die Möglichkeit, Abgrenzungsarten als abgeleitet zu definieren, d.h. als Summe oder Differenz von anderen Abgrenzungsarten.

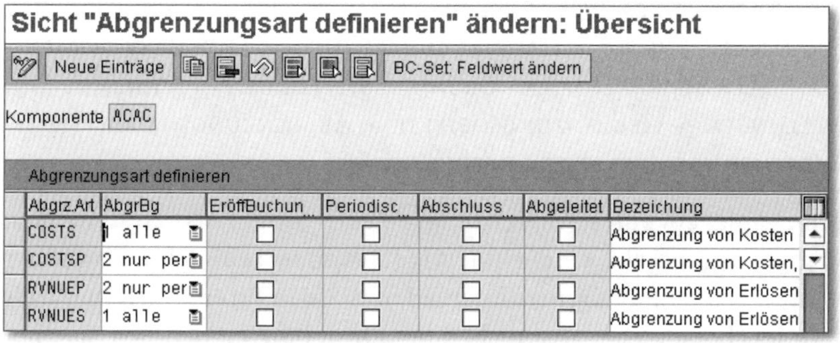

Abbildung 5.32 Einstellungen für die Abgrenzungsarten

Geschäftsjahr für die Abgrenzungsarten öffnen

Um Ihre Abgrenzungsbuchungen durchführen zu können, müssen Sie das Geschäftsjahr für die Abgrenzungsbuchungen öffnen, und zwar über den Customizing-Pfad FINANZWESEN (NEU) • HAUPTBUCHHALTUNG • GESCHÄFTSVORFÄLLE • MANUELLE ABGRENZUNGEN • GRUNDEINSTELLUNGEN • GESCHÄFTSJAHR FÜR ABGRENZUNGSBUCHUNGEN ÖFFNEN. Hier tragen Sie das zuletzt abgeschlossene Geschäftsjahr ein, für das Sie keine Korrekturen an Abgrenzungsobjekten und keine Abgrenzungsbuchungen mehr vornehmen können. Das aktuelle Geschäftsjahr wird automatisch mit dem Saldovortrag in die Accrual Engine eingetragen.

Abgrenzungsobjekttypen und Nummernkreisintervalle für Abgrenzungsobjekte definieren

Abgrenzungsobjekttypen definieren

Über *Abgrenzungsobjekttypen* können Sie Ihre Abgrenzungsobjekte gruppieren und steuern. So können Sie beispielsweise Versicherungen, Mieten oder Abonnements als verschiedene Objekttypen anlegen (siehe Abbildung 5.33).

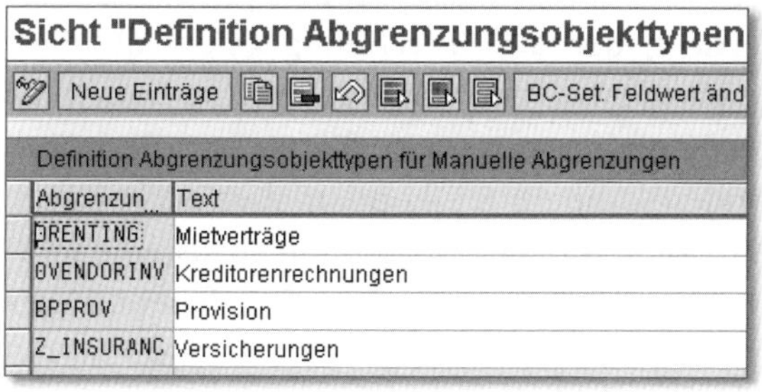

Abbildung 5.33 Beispiele für Abgrenzungsobjekttypen

Nummernkreise für Abgrenzungsobjekte definieren

Die Abgrenzungsobjekte legen Sie über den Customizing-Pfad FINANZWESEN (NEU) • HAUPTBUCHHALTUNG • GESCHÄFTSVORFÄLLE • MANUELLE ABGRENZUNGEN • GRUNDEINSTELLUNGEN • TECHNISCHE EINSTELLUNGEN • ABGRENZUNGSOBJEKTE • ABGRENZUNGSOBJEKTTYPEN • ABGRENZUNGSOBJEKTTYPEN DEFINIEREN fest.

Beim Anlegen eines Abgrenzungsobjekts ordnet das System dem Abgrenzungsobjekt eine eindeutige Nummer zu. Diese Nummer stammt aus dem Nummernintervall, das Sie in Ihrem Buchungskreis definiert haben. Die entsprechenden Einstellungen nehmen Sie über den Customizing-Pfad FINANZWESEN (NEU) • HAUPTBUCHHALTUNG • GESCHÄFTSVORFÄLLE • MANUELLE ABGRENZUNGEN • GRUNDEINSTELLUNGEN • TECHNISCHE EINSTELLUNGEN • ABGRENZUNGSOBJEKTE • NUMMERNKREISE FÜR ABGRENZUNGSOBJEKTE DEFINIEREN oder über die Transaktion ACAC_NUMOBJ vor. Für manuelle Abgrenzungen müssen Sie Ihr Nummernintervall im Nummernkreis 01 anlegen (siehe Abbildung 5.34).

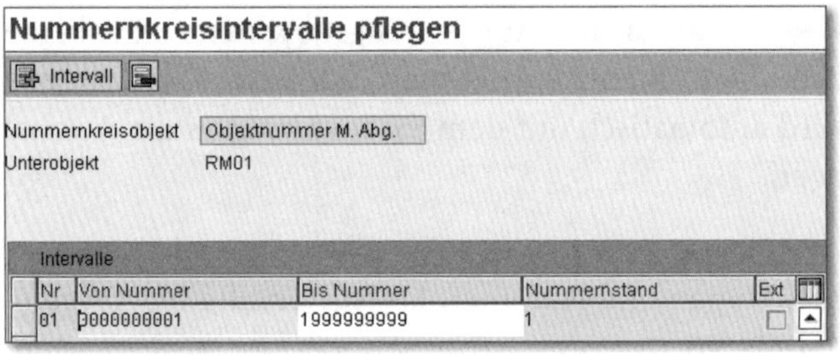

Abbildung 5.34 Nummernintervall für Abgrenzungsobjekte

Abgrenzungsmethode anlegen

Abgrenzungsmethode

Das System rechnet die Abgrenzungsbeträge anhand der *Abgrenzungsmethode* aus; hinter der Abgrenzungsmethode ist wiederum ein Funktionsbaustein hinterlegt, der die Berechnung genau definiert (z. B. lineare Verteilung, periodengenau). Im Customizing finden Sie eine Reihe ausgelieferter Funktionsbausteine, die Sie für die manuelle Abgrenzung verwenden können; Sie können aber auch eigene Funktionsbausteine entwickeln. Ihre neuen Funktionsbausteine müssen Sie dann noch für die Abgrenzungsmethoden klassifizieren. Dies tun Sie über den Customizing-Pfad FINANZWESEN (NEU) • HAUPTBUCHHALTUNG • GESCHÄFTSVORFÄLLE • MANUELLE ABGRENZUNGEN • ABGRENZUNGSBERECHNUNG • ABGRENZUNGSMETHODEN • FUNKTIONSBAUSTEINE FÜR ABGRENZUNGSMETHODEN ENTWICKELN (siehe Abbildung 5.35).

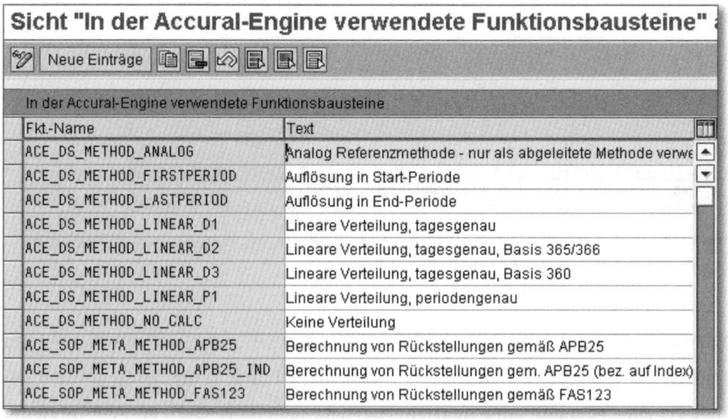

Sicht "In der Accural-Engine verwendete Funktionsbausteine"

In der Accural-Engine verwendete Funktionsbausteine

Fkt.-Name	Text
ACE_DS_METHOD_ANALOG	Analog Referenzmethode - nur als abgeleitete Methode verwe
ACE_DS_METHOD_FIRSTPERIOD	Auflösung in Start-Periode
ACE_DS_METHOD_LASTPERIOD	Auflösung in End-Periode
ACE_DS_METHOD_LINEAR_D1	Lineare Verteilung, tagesgenau
ACE_DS_METHOD_LINEAR_D2	Lineare Verteilung, tagesgenau, Basis 365/366
ACE_DS_METHOD_LINEAR_D3	Lineare Verteilung, tagesgenau, Basis 360
ACE_DS_METHOD_LINEAR_P1	Lineare Verteilung, periodengenau
ACE_DS_METHOD_NO_CALC	Keine Verteilung
ACE_SOP_META_METHOD_APB25	Berechnung von Rückstellungen gemäß APB25
ACE_SOP_META_METHOD_APB25_IND	Berechnung von Rückstellungen gem. APB25 (bez. auf Index)
ACE_SOP_META_METHOD_FAS123	Berechnung von Rückstellungen gemäß FAS123

Abbildung 5.35 Funktionsbausteine mit Berechnungsregeln für die Vornahme von manuellen Abgrenzungen

Nur die hier zugeordneten Funktionsbausteine können Sie Ihren Abgrenzungsmethoden zuordnen. Die Abgrenzungsmethoden legen Sie über den Customizing-Pfad FINANZWESEN (NEU) • HAUPTBUCHHALTUNG • GESCHÄFTSVORFÄLLE • MANUELLE ABGRENZUNGEN • ABGRENZUNGSBERECHNUNG • ABGRENZUNGSMETHODEN • ABGRENZUNGSMETHODEN DEFINIEREN fest (siehe Abbildung 5.36).

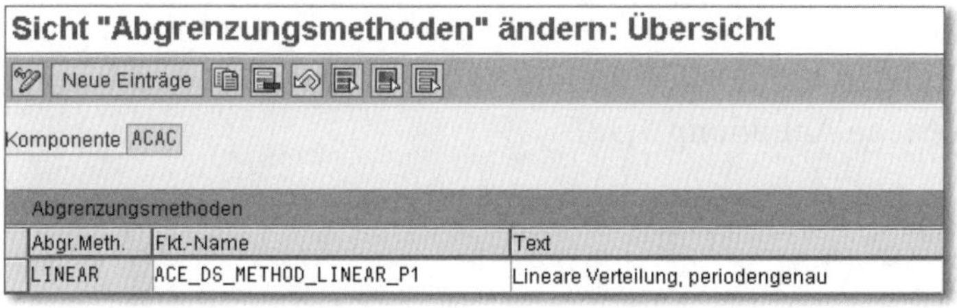

Sicht "Abgrenzungsmethoden" ändern: Übersicht

Komponente ACAC

Abgrenzungsmethoden

Abgr.Meth.	Fkt.-Name	Text
LINEAR	ACE_DS_METHOD_LINEAR_P1	Lineare Verteilung, periodengenau

Abbildung 5.36 Beispiel für eine Abgrenzungsmethode mit periodengenauer, linearer Verteilung

Buchungssteuerung und Kontenfindung definieren

Als Nächstes benötigt das SAP-System Informationen dazu, wie Ihre Abgrenzungsbelege gesteuert werden sollen. Über den Customizing-Pfad FINANZWESEN (NEU) • HAUPTBUCHHALTUNG • GESCHÄFTSVORFÄLLE • MANUELLE ABGRENZUNGEN • ABGRENZUNGSBUCHUNG • BUCHUNGSSTEUERUNG DEFINIEREN definieren Sie pro Buchungskreis, Rechnungslegungsvorschrift und Abgrenzungsart eine Buchungsregel (siehe Abbildung 5.37).

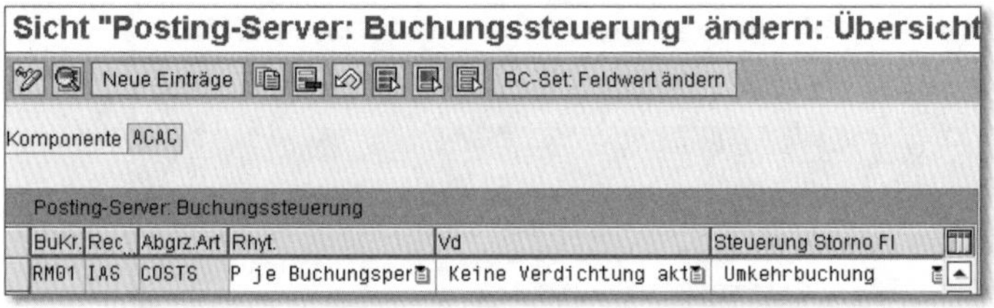

Abbildung 5.37 Buchungssteuerung für den Buchungskreis RM01, die Rechnungslegungsvorschrift IAS und die Abgrenzungsart COSTS

Rhythmus für Abgrenzungsbuchungen

Nun definieren Sie, in welchem Rhythmus (z. B. täglich, periodisch, halbjährlich, jährlich) die Buchungen durchgeführt und ob Ihre Belege verdichtet in das Finanzwesen übermittelt werden sollen. Außerdem legen Sie fest, ob pro Abgrenzungsposition und Abgrenzungsart eine eigene Buchungsposition erzeugt werden soll und wie die Stornobuchung erfolgen soll (als Negativbuchung oder als Umkehrbuchung).

Kontenzuordnung für die Abgrenzungsbuchungen

Für die endgültige Buchung und Kontenfindung definieren Sie über den Customizing-Pfad Finanzwesen (neu) • Hauptbuchhaltung • Geschäftsvorfälle • Manuelle Abgrenzungen • Abgrenzungsbuchung • Kontenfindung • Einfache Kontenfindung • Regelwerk definieren oder über die Transaktion ACEADET ein Regelwerk mit Schritten in logischer Reihenfolge. So können Sie beispielsweise im ersten Schritt des Regelwerks die Belegartenfindung für Ihre Abgrenzungsbuchungen hinterlegen und im zweiten Schritt die Sachkonten zuordnen (siehe Abbildung 5.38).

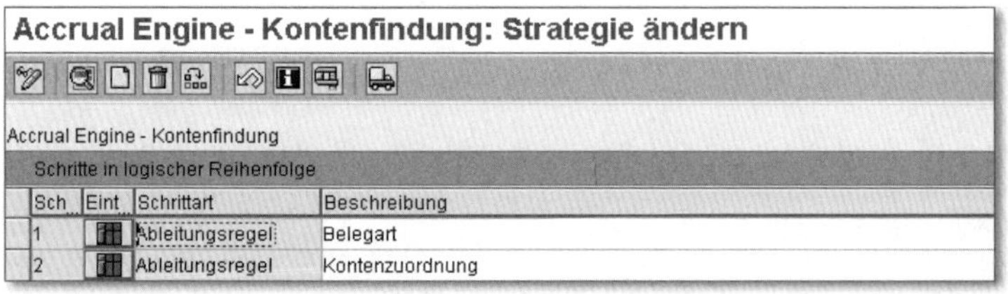

Abbildung 5.38 Regelwerk für die Kontenfindung bei der Buchung von manuellen Abgrenzungsbelegen

Ziel- und Quellfelder

Per Doppelklick auf den jeweiligen Schritt definieren Sie die Abhängigkeiten zwischen den Quell- und Zielfeldern. Sie können damit für das Zielfeld einen Wert in Abhängigkeit vom Wert im Quellfeld ableiten. Im Beispiel aus Abbildung 5.39 legen wir fest, dass die Belegart des Zielfeldes von der Rechnungslegungsvorschrift des Quellfeldes bestimmt wird.

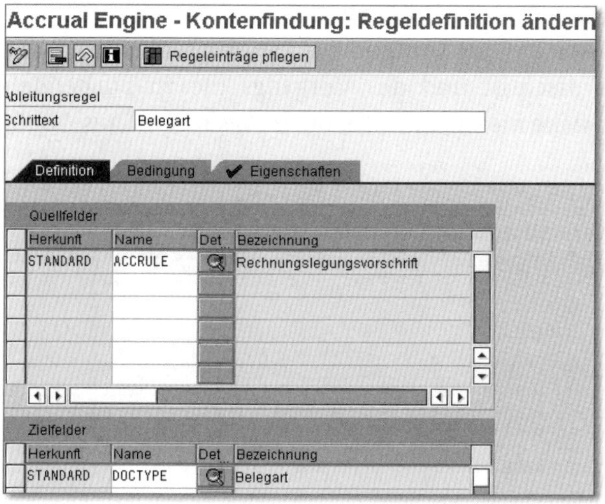

Abbildung 5.39 Abhängigkeiten zwischen Quell- und Zielfeldern und Belegart

Über den Button REGELEINTRÄGE PFLEGEN oder über den Customizing-Pfad FINANZWESEN (NEU) • HAUPTBUCHHALTUNG • GESCHÄFTSVORFÄLLE • MANUELLE ABGRENZUNGEN • ABGRENZUNGSBUCHUNG • KONTENFINDUNG • EINFACHE KONTENFINDUNG • WERTE ZUM REGELWERK FESTLEGEN bzw. über die Transaktion ACEADETCUST ordnen Sie die Werte den Quell- und Zielfeldern zu. In unserem Beispiel haben wir festgelegt, dass anhand der Belegart SA gebucht wird, wenn die Rechnungslegungsvorschrift IAS oder US-GAAP lautet (siehe Abbildung 5.40).

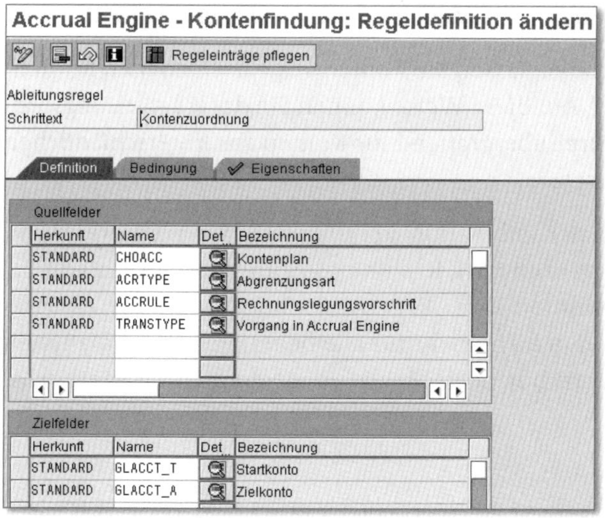

Abbildung 5.40 Abhängigkeiten zwischen Quell- und Zielfeldern und Sachkonten

In den Abbildungen 5.41 und 5.42 sehen Sie ein komplexeres Beispiel: Hier werden anhand des Kontenplans, der Abgrenzungsart, der Rechnungslegungsvorschrift und des Vorgangs die zu buchenden Konten hinterlegt (siehe hierzu auch das Buchungsbeispiel aus Abbildung 5.31).

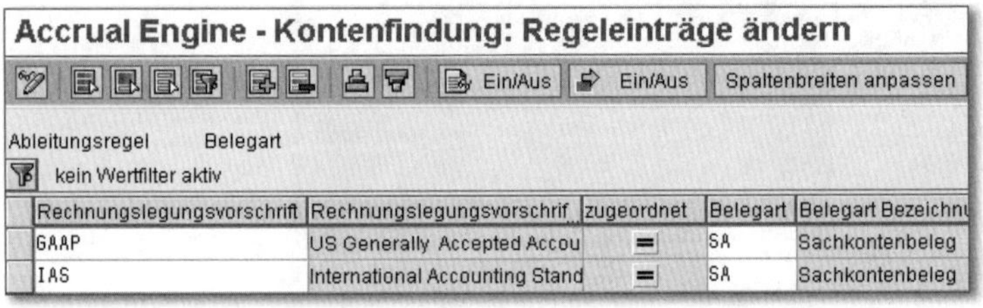

Abbildung 5.41 Belegartfindung für die manuelle Abgrenzung

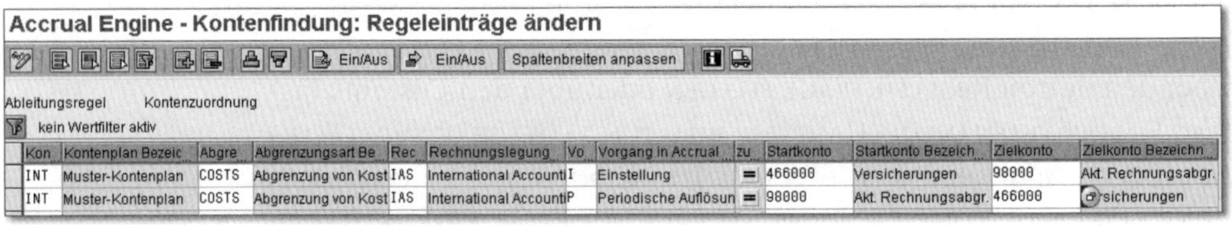

Abbildung 5.42 Kontenfindung für die manuelle Abgrenzung

Kontenfindung für mehrere Buchungskreise

Falls Sie Einstellungen für mehrere Buchungskreise und unterschiedliche Kontenpläne vornehmen, ist die Kontenfindung sehr umfangreich. Die Definition des Regelwerks können Sie vereinfachen, indem Sie mit *Kontensymbolen* und *Merkmalskombinationen* arbeiten.

Unter Kontensymbolen fassen Sie Konten aus verschiedenen Kontenplänen zusammen. Auf diese Weise können Sie das Abgrenzungsprogramm buchungskreisübergreifend für Konten aus unterschiedlichen Kontenplänen einsetzen.

Mit einer Merkmalskombination kombinieren Sie mehrere Merkmale wie z. B. Abgrenzungsart, Rechnungslegungsvorschrift und Vorgang. Bei der Definition Ihres Regelwerks müssen Sie die entsprechenden Einträge nun nicht mehr für alle benötigten Kombinationen vornehmen, sondern nur noch für die zuvor definierten Merkmalskombinationen.

[zB]

Merkmalskombination für die Abgrenzungskontenfindung

Definition einer Merkmalskombination:

Quellfelder	**Zielfelder**
▸ Abgrenzungsart = COSTS ▸ Rechnungslegungsvorschrift = IAS ▸ Vorgang = I	Merkmalskombination 0001
▸ Abgrenzungsart = COSTS ▸ Rechnungslegungsvorschrift = IAS ▸ Vorgang = P	Merkmalskombination 0002

Kontenfindung mit einer Merkmalskombination:

Quellfelder	**Zielfelder**
▸ Kontenplan = IAS	Startkonto = 466000
▸ Merkmalskombination = 0001	Zielkonto = 98000

Die manuelle Abgrenzung können Sie im Rahmen der parallelen Rechnungslegung sowohl mit der Kontenlösung als auch beim Einsatz der Ledger-Lösung verwenden: Bei der Anwendung der Kontenlösung ermitteln Sie die entsprechenden Konten in Abhängigkeit von der jeweiligen Rechnungslegungsvorschrift, und bei der Ledger-Lösung ordnen Sie einer Rechnungslegungsvorschrift das relevante Ledger zu.

Vergleich von Abgrenzungsbuchungen mit Dauerbuchungen

Die Abgrenzungsbuchungen sind mit den Dauerbuchungen vergleichbar. Allerdings müssen Sie bei den Dauerbuchungen feste Werte pro Dauerbuchungsbeleg definieren, während Sie bei der parallelen Rechnungslegung mehrere Belege buchen. Die manuelle Abgrenzung hat gegenüber den Dauerbuchungen die folgenden Vorteile:

- automatische Berechnung der periodischen Buchungen
- automatische Korrektur der periodischen Buchungen bei Änderungen der Grunddaten
- geeignet für parallele Rechnungslegung
- Simulationsmöglichkeiten (siehe Abbildung 5.43)
- eigenes Informationssystem (siehe Abbildung 5.44)

Bei der Analyse der Abgrenzungsobjekte können Sie sich sowohl gebuchte als auch simulierte Werte anzeigen lassen.

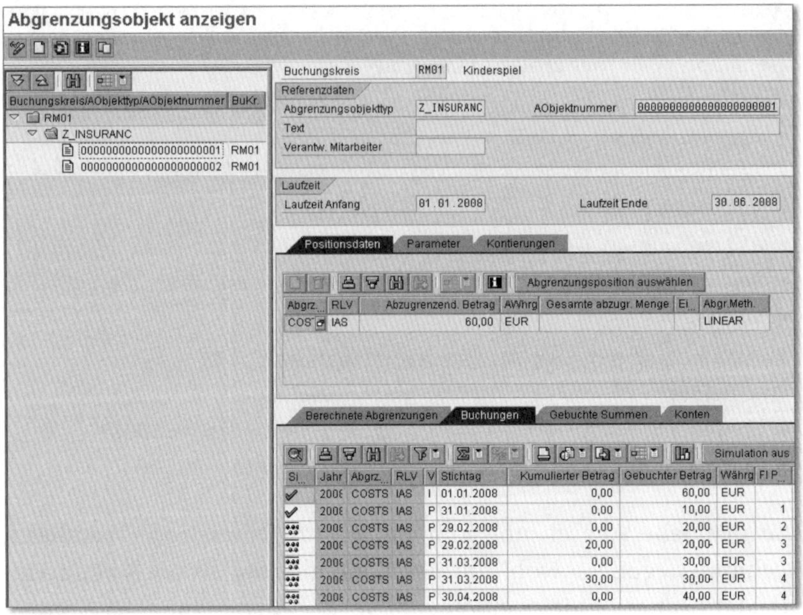

Abbildung 5.43 Simulation der Abgrenzungsobjekte

Darüber hinaus finden Sie im Informationssystem für manuelle Abgrenzungen gebuchte, simulierte oder gebuchte und simulierte Werte als Summen oder Einzelposten.

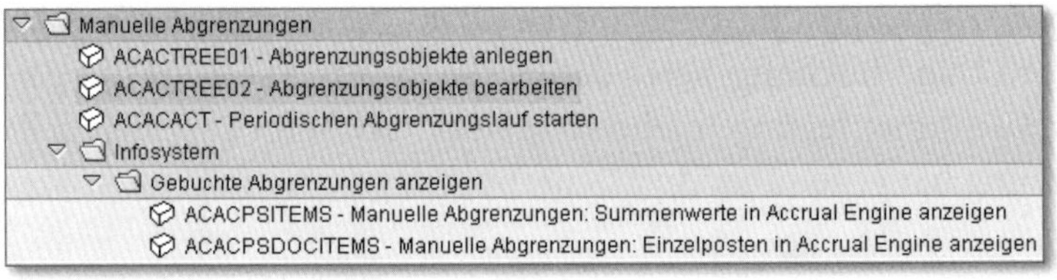

Abbildung 5.44 Informationssystem für Abgrenzungsobjekte

Im folgenden Abschnitt erklären wir Ihnen die Einstellungen, die Sie für die periodischen Arbeiten bzw. die Abschlussarbeiten benötigen.

5.2.6 Periodische Arbeiten/Abschlussarbeiten

Unter den *periodischen Arbeiten* versteht man Prozesse, die regelmäßig, also z. B. monatlich oder jährlich, durchgeführt werden. In diesem Abschnitt lernen Sie die Einstellungen zu den im Folgenden dargestellten wichtigsten periodischen Prozessen und Funktionen im Hauptbuch kennen:

- Buchungsperioden öffnen und schließen
- Fremdwährungsbewertung für Sachkonten
- Analyse und Umbuchung auf dem WE/RE-Konto (Wareneingangs-/Rechnungseingangsverrechnungskonto)
- Aufbau der Bilanz- und GuV-Struktur
- Umsatzsteuervoranmeldung

Welche Einstellungen Sie zu den einzelnen Prozessen vornehmen müssen, lesen Sie in den folgenden Abschnitten.

Buchungsperioden öffnen und schließen

Buchungsperiodensteuerung

Am Periodenende geben Sie neue Perioden zur Buchung frei, d. h., dass Sie neue Perioden öffnen und alte Perioden schließen, um weitere Buchungen in diesen Perioden zu vermeiden. Sie öffnen und schließen Perioden in Verbindung zu der *Buchungsperiodenvariante*, die Sie Ihrem Buchungskreis zugeordnet haben. Perioden können Sie pro Kontenart (Anlagen = A, Debitoren = D, Kreditoren = K, Sachkonten = S) schließen oder für alle Kontenarten zusammen (+). Dies tun Sie über den Customizing-Pfad FINANZWESEN (NEU) • GRUNDEINSTELLUNGEN FINANZWESEN (NEU) • BÜCHER • GESCHÄFTSJAHR UND BUCHUNGSPERIODEN • BUCHUNGSPERIODEN • BUCHUNGSPERIODEN ÖFFNEN UND SCHLIESSEN.

Zugang zu dieser Transaktion haben Sie ebenfalls über die Anwendung, und die Änderungen zu den Buchungsperioden können Sie im Produktivsystem vornehmen, auch wenn das System für Customizing-Änderungen gesperrt ist (siehe Abbildung 5.45).

Sicht "Buchungsperioden: Zeiträume festlegen" ändern: Übersicht

Neue Einträge | BC-Set: Feldwert ändern

Var.	K	Von Konto	Bis Konto	Von Per. 1	Jahr	Bis Per. 1	Jahr	Von Per. 2	Jahr	Bis Per. 2	Jahr
RM01	+			12	2008	1	2009	13	2008	16	2008
RM01	A		ZZZZZZZZZZ	12	2008	1	2009	13	2008	16	2008
RM01	D		ZZZZZZZZZZ	12	2008	1	2009	13	2008	16	2008
RM01	K		ZZZZZZZZZZ	12	2008	1	2009	13	2008	16	2008
RM01	M		ZZZZZZZZZZ	12	2008	1	2009	13	2008	16	2008
RM01	S		ZZZZZZZZZZ	12	2008	1	2009	13	2008	16	2008

Abbildung 5.45 Buchungsperioden öffnen und schließen

Fremdwährungsbewertung für Sachkonten

Einstellungen für die Fremdwährungsbewertung

Positionen oder Salden auf Ihren Sachkonten, die Sie in Fremdwährung gebucht haben, müssen Sie zum Jahresende in Hauswährung oder in eine parallele Währung (z. B. Konzernwährung) umrechnen, also bewerten. Dabei bewerten Sie entweder die Salden der Sachkonten, die keine offenen Posten führen (z. B. Bankkonten), oder bei den Sachkonten wie z. B. dem Wareneingangs-/Rechnungseingangskonto die Einzelposten, die zum Stichtag der Bewertung noch offen sind. Für die Fremdwährungsbewertung müssen Sie die folgenden Customizing-Einstellungen vornehmen:

- Umrechnungskurse pflegen
- Bewertungsmethoden definieren
- Bewertungsbereiche definieren
- Rechnungslegungsvorschrift anlegen und zuordnen
- Konten für die Fremdwährungsbuchungen zuordnen

Den *Umrechnungskurs* benötigen Sie, um einen Betrag in eine andere Währung umzurechnen. Die Umrechnungskurse pflegen Sie über den Customizing-Pfad SAP NETWEAVER • ALLGEMEINE EINSTELLUNGEN • WÄHRUNGEN • UMRECHNUNGSKURSE EINGEBEN oder in der Anwendung unter RECHNUNGSWESEN • FINANZWESEN • HAUPTBUCH • UMFELD • LFD. EINSTELLUNGEN • UMRECHNUNGSKURSE EINGEBEN (Transaktion S_BCE_68000174). Bei der Umrechnungskurspflege geben Sie einen Kurstyp an, z. B. »M« für Mittelkurs, eine Relation zwischen zwei Währungen und das Datum, ab dem der Kurs gültig sein soll.

Bewertungsmethoden

Die anzuwendenden *Bewertungsmethoden* definieren Sie über den Customizing-Pfad FINANZWESEN (NEU) • HAUPTBUCHHALTUNG (NEU) • PERIODISCHE ARBEITEN • BEWERTEN • BEWERTUNGSMETHODEN DEFINIEREN. In der Bewertungsmethode legen Sie fest, nach welchem Verfahren die jeweilige Bewertung durchgeführt werden soll (z. B. Niederstwertprinzip) und ob bestimmte Gruppen für die Bewertung gebildet werden sollen (z. B. Kreditoren oder Debitoren nach Konzernzugehörigkeit). Außerdem bestimmen Sie, wie die ermittelten Belege gebucht (verdichtet oder pro Einzelposten) und mit welcher Belegart die Buchungen erfolgen sollen. Auch bestimmen Sie hier den Kurstyp, der für die Bewertung bzw. Umrechnung gelten soll (siehe Abbildung 5.46).

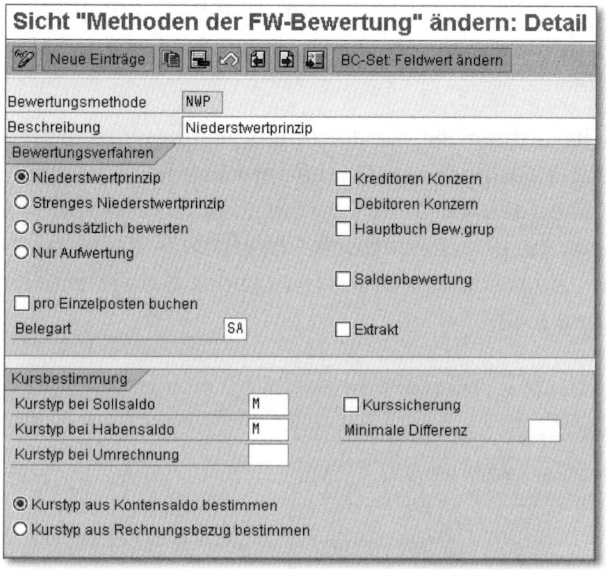

Abbildung 5.46 Definition einer Bewertungsmethode für die Fremdwährungsbewertung

Bewertungsbereiche

Im nächsten Schritt definieren Sie *Bewertungsbereiche* und ordnen diese einer Bewertungsmethode zu, und zwar über den Customizing-Pfad FINANZWESEN (NEU) • HAUPTBUCHHALTUNG (NEU) • PERIODISCHE ARBEITEN • BEWERTEN • BEWERTUNGSBEREICHE DEFINIEREN (siehe Abbildung 5.47).

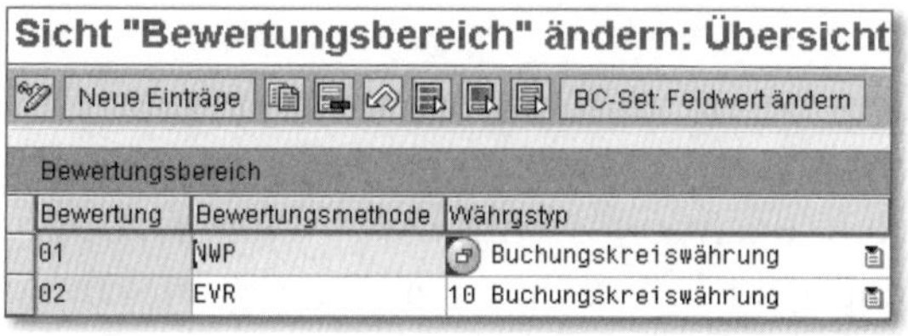

Abbildung 5.47 Definition eines Bewertungsbereichs und Zuordnung des Bewertungsbereichs zu einer Bewertungsmethode

Ein Bewertungsbereich kann nur einer Bewertungsmethode zugeordnet werden, aber umgekehrt kann eine Bewertungsmethode zu mehreren Bewertungsbereichen gehören.

In Abhängigkeit des Bewertungsbereichs können Sie unterschiedliche Aufwands- und Ertragskonten aus Kursdifferenzen hinterlegen, die Sie benötigen, falls Sie für Ihre parallele Rechnungslegung die

Kontenlösung gewählt haben. Die hier definierten Bewertungsbereiche können Sie auch für andere Abschlussarbeiten (z. B. die Umgliederung) verwenden.

Zuordnung der Rechnungslegungsvorschriften

Im nächsten Schritt ordnen Sie die Rechnungslegungsvorschriften den einzelnen Ledger-Gruppen zu. Die entsprechenden Einstellungen nehmen Sie über den Customizing-Pfad FINANZWESEN (NEU) • HAUPTBUCHHALTUNG (NEU) • PERIODISCHE ARBEITEN • BEWERTEN • ZUORDNUNG RECHNUNGSLEGUNGSVORSCHRIFT LEDGER-GRUPPE PRÜFEN vor (siehe Abbildung 5.48).

Abbildung 5.48 Zuordnung der Rechnungslegungsvorschrift einer Ledger-Gruppe

Die Rechnungslegungsvorschriften definieren Sie wiederum über den Customizing-Pfad FINANZWESEN (NEU) • GRUNDEINSTELLUNGEN FINANZWESEN (NEU) • BÜCHER • PARALLELE RECHNUNGSLEGUNG • RECHNUNGSLEGUNGSVORSCHRIFTEN DEFINIEREN (siehe Abschnitt 4.2.5, »Ledger-Gruppe definieren und Rechnungslegungsvorschriften zuordnen«).

Anschließend verknüpfen Sie im Customizing über FINANZWESEN (NEU) • HAUPTBUCHHALTUNG (NEU) • PERIODISCHE ARBEITEN • BEWERTEN • BEWERTUNGSBEREICH RECHNUNGSLEGUNGSVORSCHRIFT ZUORDNEN die Rechnungslegungsvorschriften mit den für sie relevanten Bewertungsbereichen (siehe Abbildung 5.49).

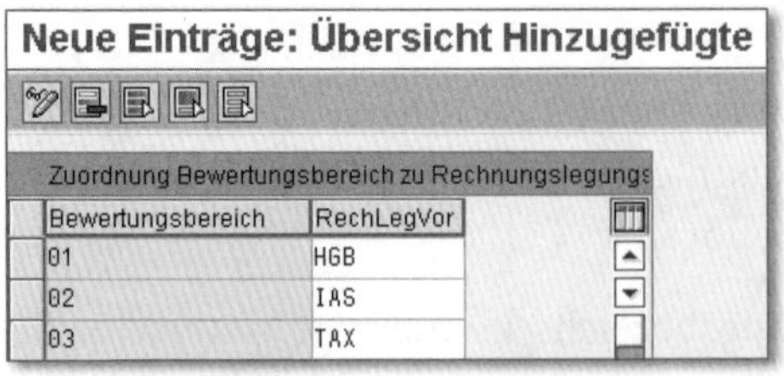

Abbildung 5.49 Zuordnung von Bewertungsbereich zu Rechnungslegungsvorschrift

Für die *Fremdwährungsbewertung* stehen Ihnen zwei Möglichkeiten zur Verfügung: die Bewertung anhand von Stornobuchungen oder die Bewertung anhand von Deltabuchungen.

Fremdwährungsbewertung anhand von Stornobuchungen

Bei der Bewertung anhand von Stornobuchungen lassen Sie bei jedem Lauf die Bewertung in Bezug zum Ursprungsbeleg neu errechnen und die Bewertung der Vorperiode automatisch stornieren. In Tabelle 5.3 sehen Sie ein Beispiel für die Methode der Stornobuchungen nach jedem Bewertungslauf.

Ursprungsrechnung, Umrechnungskurs 1,8		Fremdwährungsbewertung 1 mit Stornobuchung, Bewertungskurs 1,7 zum Stichtag 1		Fremdwährungsbewertung 2 mit Stornobuchung, Bewertungskurs 1,73 zum Stichtag 2	
Fremdwährung (z. B. GBP)	**Hauswährung (EUR)**	**Bewertung**	**Storno**	**Bewertung**	**Storno**
1.000,00	1.800,00	–100,00	100,00	–70,00	70,00

Tabelle 5.3 Beispiel für die Fremdwährungsbewertung anhand von Stornobuchungen

Fremdwährungsbewertung anhand von Deltabuchungen

Bei der Deltalogik berechnen Sie beim ersten Fremdwährungsbewertungslauf Werte in Bezug zum Ursprungsbeleg, und in jedem weiteren Lauf beziehen Sie sich auf die Werte aus dem letzen Lauf. Ein Beispiel für die Deltalogik bei der Fremdwährungsbewertung sehen Sie in Tabelle 5.4.

Ursprungsrechnung, Umrechnungskurs 1,8		Fremdwährungsbewertung 1 mit Deltabuchung, Bewertungskurs 1,7 zum Stichtag 1		Fremdwährungsbewertung 2 mit Deltabuchung, Bewertungskurs 1,73 zum Stichtag 2	
Fremdwährung (z. B. GBP)	**Hauswährung (EUR)**	**Bewertung**	**kein Storno**	**Bewertung**	**kein Storno**
1.000,00	1.800,00	–100,00		+ 30,00	

Tabelle 5.4 Beispiel für Fremdwährungsbewertung anhand von Deltabuchungen

In vielen Unternehmen wird die Methode der Stornobuchungen nach jedem Lauf bevorzugt, weil sie besser nachvollziehbar ist. Falls Sie die Deltalogik nutzen möchten, aktivieren Sie diese Methode über den Customizing-Pfad FINANZWESEN (NEU) • HAUPTBUCHHALTUNG (NEU) • PERIODISCHE ARBEITEN • BEWERTEN • DELTA-LOGIK AKTIVIEREN.

Konten für die Fremdwährungsbewertung zuordnen

Die Sachkonten, auf die die Werte der Fremdwährungsbewertung gebucht werden, ordnen Sie über den Customizing-Pfad FINANZWESEN (NEU) • HAUPTBUCHHALTUNG (NEU) • PERIODISCHE ARBEITEN • BEWERTEN • FREMDWÄHRUNGSBEWERTUNG • AUTOMATISCHE BUCHUNGEN FÜR FREMDWÄHRUNGSBEWERTUNG VORBEREITEN oder über die Transaktion OBA1 zu. Per Doppelklick auf einen Vorgang hinterlegen Sie Konten für die Bewertung von Fremdwährungsbeständen und für die Bewertung der offenen Posten. Gleichzeitig haben Sie hier die Möglichkeit, Konten pro Bewertungsbereich zu hinterlegen, falls Sie die parallele Rechnungslegung nach der Kontenlösung abbilden möchten (siehe Abbildung 5.50).

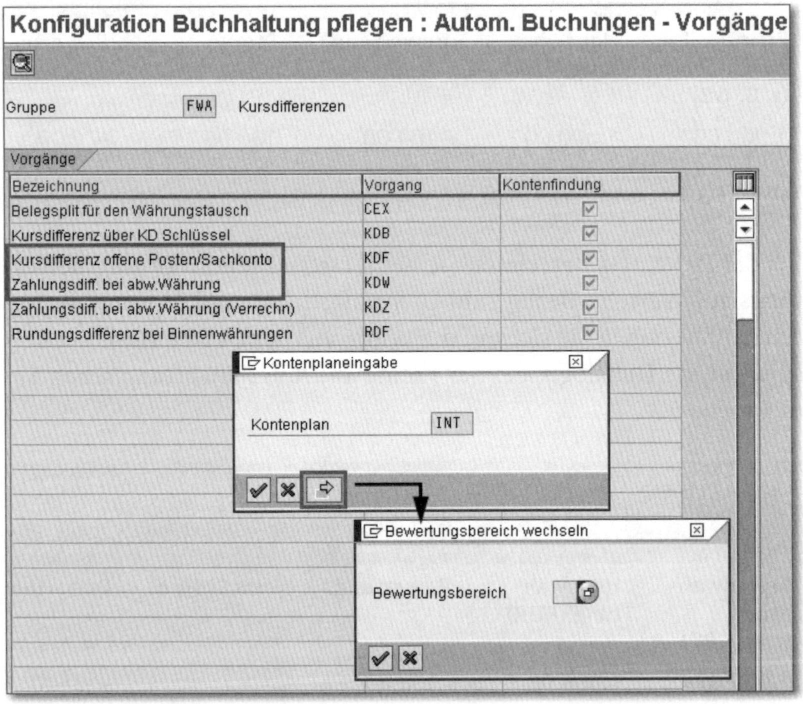

Abbildung 5.50 Vorgangsliste für Kursdifferenzen und Auswahl des Bewertungsbereichs

Fremdwährungsbestände

Die Bewertungskonten für Fremdwährungsbestände hinterlegen Sie im Vorgang KDB; hier können Sie einen Kursdifferenzschlüssel definieren. Je Kursdifferenzschlüssel können Sie wiederum verschiedene Aufwands- und Ertragskonten hinterlegen (siehe Abbildung 5.51). Den Kursdifferenzschlüssel tragen Sie in den Stammdaten der betreffenden Sachkonten in der Registerkarte STEUERUNGSDATEN ein.

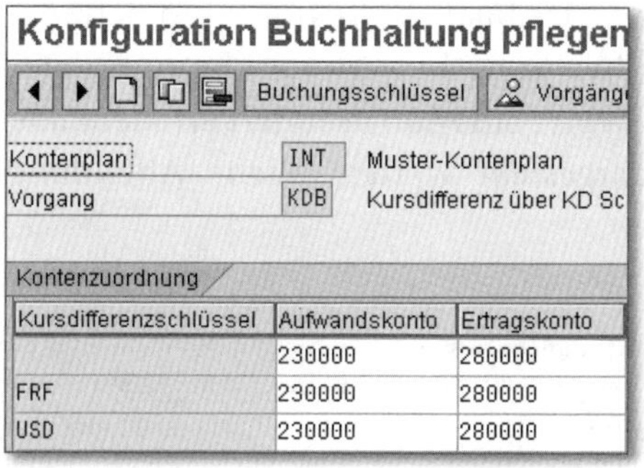

Abbildung 5.51 Fremdwährungsbewertung – Kontenfindung für Fremdwährungsbestände

Offene Posten

Bei den offenen Posten handelt es sich sowohl um normale Sachkonten (z. B. Verrechnungskonten) als auch um Abstimmkonten (Forderungen und Verbindlichkeiten). Die Bedeutung der Abstimmkonten lernen Sie in Abschnitt 8.1.1, »Kontengruppe«, kennen. Die Bewertungskonten für offene Posten können Sie pro Währung hinterlegen. Falls Sie Ihre Buchungen pro Währung nicht differenzieren, lassen Sie das Feld WÄHRUNG leer (siehe Abbildung 5.52).

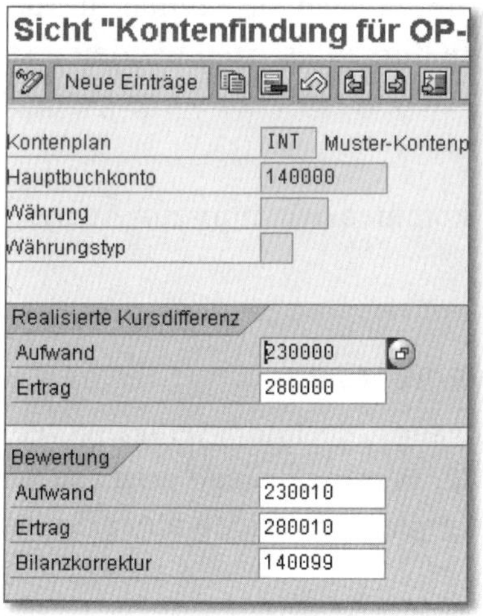

Abbildung 5.52 Fremdwährungsbewertung – Kontenfindung für offene Posten

Bilanzkorrekturkonto

Für die Bewertung hinterlegen Sie die Konten für die Fremdwährungsbewertung (Aufwands- oder Ertragskonten) und ein *Bilanzkorrekturkonto*. Das Bilanzkorrekturkonto ist die Gegenposition zum Fremdwährungsbewertungskonto, um direkte Buchungen auf dem bewerteten Konto zu vermeiden. Das Bilanzkorrekturkonto befindet sich zusammen mit dem Fremdwährungsbewertungskonto in einer Bilanzposition, in der auf diese Weise am Monatsende/Periodenende immer die richtigen Werte dargestellt werden (siehe Abbildung 5.53).

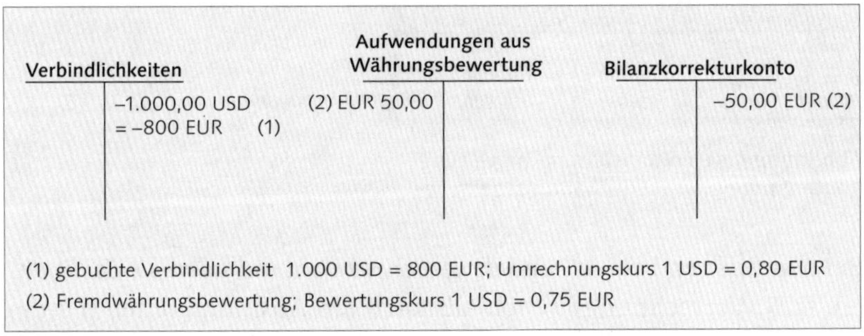

Abbildung 5.53 Buchungslogik bei der Fremdwährungsbewertung – Verwendung eines Bilanzkorrekturkontos

Falls Sie die Belegaufteilung aktiviert haben, werden Ihre Belegpositionen entsprechend mit Aufteilungsmerkmal gebucht.

Unter demselben Customizing-Punkt hinterlegen Sie Konten für die realisierten Kursdifferenzen. Realisierte Kursdifferenzen werden erst gebucht, wenn die entsprechenden Posten bezahlt und ausgeglichen sind.

Von der Fremdwährungsbewertung kommen wir nun zur Analyse des WE/RE-Kontos.

Analyse und Umbuchung auf dem WE/RE-Konto

Analyse des WE/RE-Kontos

Auf dem WE/RE-Konto (Wareneingangs-/Rechnungseingangsverrechnungskonto) registrieren Sie alle Wareneingänge und Rechnungseingänge. Wenn das Konto am Ende der Periode einen Saldo ausweist, bedeutet dies:

- **Soll-Saldo**
  Sie haben Rechnungen bekommen, aber die Ware wurde noch nicht geliefert.
- **Haben-Saldo**
  Sie haben Ware bekommen, aber noch keine Rechnung.

Zum Periodenende/Jahresende muss das WE/RE-Konto einen Nullsaldo ausweisen. In SAP ERP steht Ihnen ein *Analyse-Programm* zur Verfügung, das das WE/RE-Konto analysiert. Dieses Programm nimmt außerdem zum Periodenende oder Jahresende Korrekturbuchungen vor, um die Salden entweder auf ein Konto berechnet, aber nicht geliefert oder auf ein Konto geliefert, aber nicht berechnet umzubuchen (siehe Abbildung 5.54).

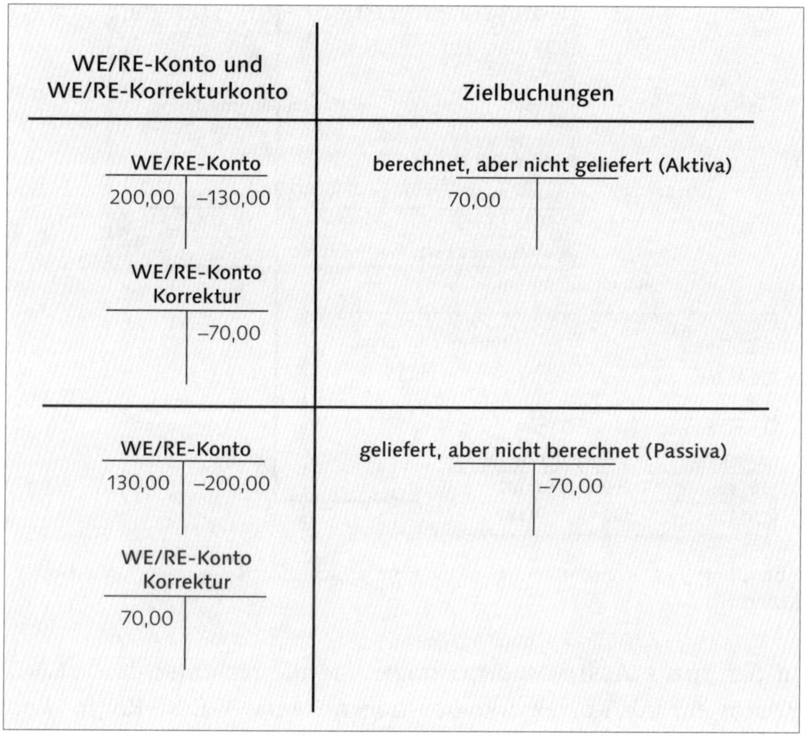

Abbildung 5.54 Buchungslogik auf dem WE/RE-Konto zum Perioden- oder Jahresende

Am ersten Tag der nächsten Periode wird die Korrekturbuchung zurückgenommen, und auf dem WE/RE-Konto sehen Sie wieder den Saldo aus Ihren Geschäftsvorfällen.

Kontenzuordnung für die WE/RE-Analyse

Um diese automatischen Buchungen durchführen zu können, pflegen Sie die Kontenfindung über den Customizing-Pfad Finanzwesen (neu) • Hauptbuchhaltung (neu) • Periodische Arbeiten • Umgliedern • Korrekturkonten für WE/RE-Verrechnung hinterlegen oder über die Transaktion OBYP (siehe Abbildung 5.55).

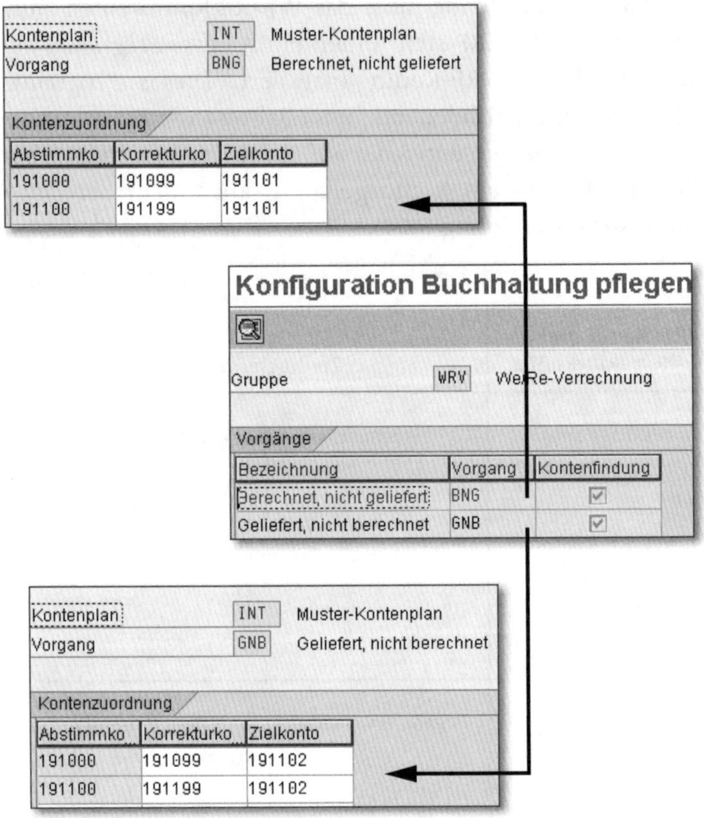

Abbildung 5.55 Kontenfindung zu den Korrekturbuchungen auf dem WE/RE-Konto

In der Spalte Abstimmkonto tragen Sie die Nummer des WE/RE-Kontos ein. Als Korrekturkonten tragen Sie das WE/RE-Konto »Korrektur« ein und als Zielkonto entweder das Konto »Geliefert, nicht berechnet« oder »Berechnet, nicht geliefert«.

Nachdem wir nun neben der Fremdwährungsbewertung auch die Analyse des WE/RE-Kontos behandelt haben, wenden wir uns nun der Struktur von Bilanz und GuV zu.

Aufbau der Bilanz- und GuV-Struktur

In SAP ERP haben Sie die Möglichkeit, beliebig viele Bilanz- und GuV-Strukturen zu definieren. Hierdurch können Sie Berichte nach unterschiedlichen Kriterien erstellen: Handelsbilanzabschluss, IAS-Abschluss, Bilanz für die Steuerbehörden, für interne Zwecke usw.

Bilanz- und GuV-Struktur definieren

Hinsichtlich der *Bilanz- und GuV-Struktur* definieren Sie, welche Positionen in welcher Reihenfolge und Hierarchie dargestellt werden sollen. Zu jeder Position definieren Sie einen Text, bestimmen den zugrunde liegenden Kontenplan und ordnen einzelne Konten oder Kontenintervalle zu.

Die Bilanz- und GuV-Struktur definieren Sie über den Customizing-Pfad Finanzwesen (neu) • Hauptbuchhaltung (neu) • Periodische Arbeiten • Dokumentieren • Bilanz-/GuV-Strukturen definieren. Zunächst legen Sie den Namen der Struktur und allgemeine Angaben fest. Ihre Struktur können Sie komplett neu definieren oder eine bestehende Struktur kopieren und entsprechend ändern (siehe Abbildung 5.56).

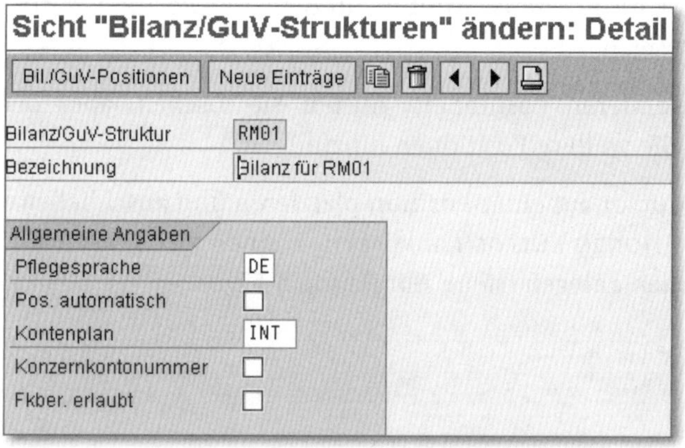

Abbildung 5.56 Allgemeine Angaben bei der Definition der Bilanz- und GuV-Struktur

Wenn Sie den Schalter Pos. automatisch aktivieren, vergibt das SAP-System die Schlüssel automatisch, bei 1 beginnend, fortlaufend für jede Position in der Bilanz- und GuV-Struktur. Andernfalls vergeben Sie die *Positionsschlüssel* manuell. Wenn Sie die Option Konzernkontonummer einschalten, ordnen Sie in der Struktur eine Konzernkontennummer zu. Mithilfe der Option Fkber. erlaubt haben Sie die Möglichkeit, entweder Konten oder Funktionsbereiche auf der untersten Ebene zuzuordnen.

Definition der Hierarchiestufen

Im zweiten Schritt legen Sie die einzelnen *Hierarchiestufen* fest und ordnen diesen die Konten zu. Jede Bilanzstruktur beinhaltet die folgenden »besonderen Positionen«:

- Aktiva
- Passiva
- Bilanzergebnis »Gewinn«
- Bilanzergebnis »Verlust«
- GuV-Ergebnis
- nicht zugeordnet
- Bilanzanhang

Das SAP-System ermittelt aus der Summe der Aktiva und Passiva das Bilanzergebnis und zeigt dieses in der entsprechenden Position an (Bilanzergebnis »Gewinn« oder Bilanzergebnis »Verlust«). Aus den Konten, die weder den Aktiva noch den Passiva zugeordnet worden sind, wird das GuV-Ergebnis ermittelt und in die Position »GuV-Ergebnis« übertragen.

Keine der »besonderen Positionen« dürfen Sie löschen, aber bei Bedarf können Sie weitere Positionen hinzufügen.

Wenn Sie den Cursor auf einer Position platzieren und anschließend den Button POSITIONEN ANLEGEN anklicken, können Sie weitere Stufen und Positionen anlegen (siehe Abbildung 5.57).

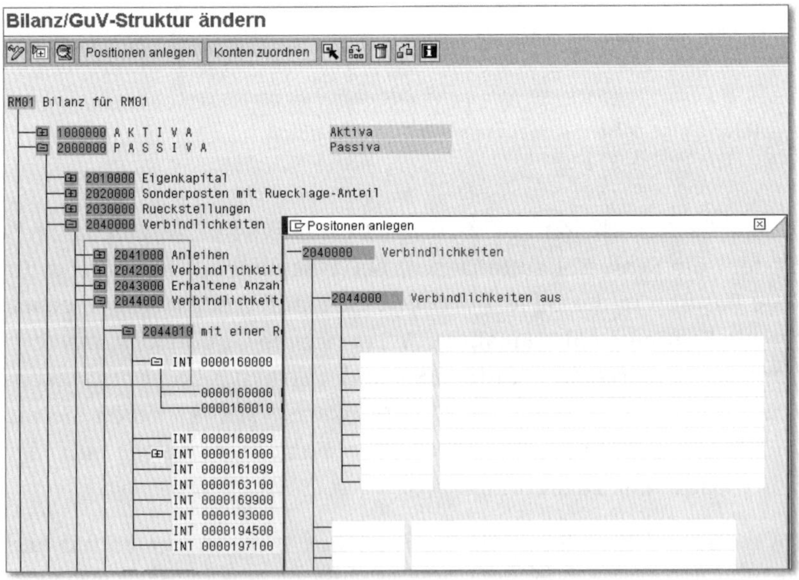

Abbildung 5.57 Positionen in Bilanz- und GuV-Struktur zuordnen

Maximal können Sie zehn Stufen definieren. Für jede Position rechnet das SAP-System die Summe bzw. die Zwischensumme aus. Per Doppelklick auf eine Position können Sie Positionstexte pflegen. Abschließend ordnen Sie auf der untersten Stufe über den Button KONTEN ZUORDNEN die Sachkonten zu bzw. über den Button FUNKTIONSBEREICHE ZUORDNEN die Funktionsbereiche.

Saldowechsel

Falls Sie bestimmte Konten (z. B. das Umsatzsteuerkonto) abhängig vom Saldo entweder der Position »Forderungen aus Umsatzsteuer« oder der Position »Verbindlichkeiten aus Umsatzsteuer« zuordnen möchten, definieren Sie einen sogenannten *Saldowechsel*. Sie ordnen nun zwei unterschiedlichen Positionen dieselben Konten mit Soll- und Haben-Saldo zu. Anschließend markieren Sie eine der beiden Positionen und wählen die andere Position in der Hierarchie aus. Im Menü entscheiden Sie über BEARBEITEN • SALDOWECHSEL • DEFINIEREN, welche der beiden Positionen die Soll-Position und welche die Haben-Position sein soll. Damit erreichen Sie, dass das Umsatzsteuerkonto in Abhängigkeit des Saldos in der entsprechenden Position angezeigt wird (siehe Abbildung 5.58).

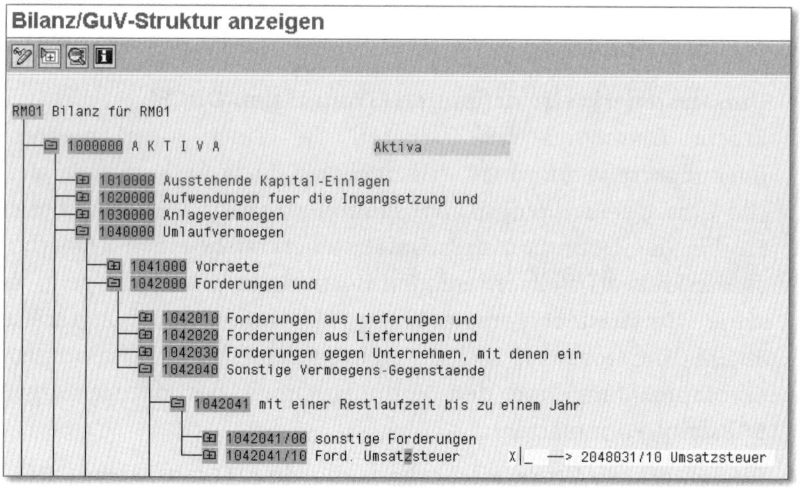

Abbildung 5.58 Definition des Saldowechsels in der Bilanz- und GuV-Struktur

Über BEARBEITEN • SALDOWECHSEL • LÖSCHEN können Sie diese Einstellung wieder zurücknehmen.

Die Bilanz- und GuV-Struktur können Sie auch als Recherche-Bericht erstellen. Denn in Recherche-Berichten ist nicht nur die Navigation flexibler, sondern Sie haben dort zusätzlich die Möglichkeit, SAP-Grafiken und den Excel-Listviewer zu nutzen. Mehr zur Definition eines Recherche-Berichts lesen Sie in Kapitel 14, »Berichtswesen im SAP-Finanzwesen«.

Zum Abschluss behandeln wir nun noch die Umsatzsteuervoranmeldung.

Umsatzsteuervoranmeldung

Erstellung der Umsatzsteuervoranmeldung

Als umsatzsteuerpflichtiges Unternehmen in Deutschland sind Sie verpflichtet, Ihre *Umsatzsteuervoranmeldung* in elektronischer Form an die Finanzbehörde zu übermitteln. Um diese Funktion in SAP ERP nutzen zu können, müssen Sie zunächst die technischen Einstellungen für die Behördenkommunikation über den Customizing-Pfad Finanzwesen (neu) • Hauptbuchhaltung (neu) • Periodische Arbeiten • Melden • Elektronische Behördenkommunikation vornehmen und die entsprechenden Parameter hinterlegen. Zusätzlich müssen Sie die allgemeinen Einstellungen zur Umsatzsteuervoranmeldung über den Customizing-Pfad Finanzwesen (neu) • Hauptbuchhaltung (neu) • Periodische Arbeiten • Melden • Umsatzsteuermeldung definieren:

- **Umsatzsteuerkreise definieren (Transaktion OBCF)**
  Einem *Umsatzsteuerkreis* können Sie einen oder mehrere Buchungskreise zuordnen, falls mehrere Buchungskreise die gleiche Umsatzsteueridentifikationsnummer haben. Auch bestimmen Sie bei der Definition des Umsatzsteuerkreises einen Trägerbuchungskreis als stellvertretenden Buchungskreis, der die gemeinsame Umsatzsteuervoranmeldung für andere Buchungskreise abgibt. Hier tragen Sie auch die Steuernummer für die Umsatzsteuervoranmeldung und den Formularnamen des dazugehörigen SAPscript-Formulars ein.
- **Buchungskreis Umsatzsteuerkreis zuordnen (Transaktion OBC6)**
  Hier ordnen Sie die Buchungskreise den Umsatzsteuerkreisen zu.
- **Steuerbasissalden gruppieren (Transaktion OBCG)**
  Hier ordnen Sie die Umsatzsteuerkennzeichen und Vorgangsschlüssel der jeweiligen *Gruppennummer* zu. Die Gruppennummer repräsentiert eine Position auf dem Umsatzsteuervoranmeldungsformular. Für die Papierform der Umsatzsteuervoranmeldung tragen Sie auch die Positionen für die Zwischensummen, Überträge

und Endsummen ein. Für die elektronische Umsatzsteuervoranmeldung pflegen Sie die Steuergruppenversion EDCL, aber Sie ordnen keine Zwischensummen, Überträge und Endsummen zu. Geben Sie außerdem in der Gruppennummer die amtliche Kennziffer der Steuerbeträge bzw. der Steuerbemessungsgrundlage des Formulars für die Umsatzsteuervoranmeldung an.

- **Steuersalden gruppieren (Transaktion OBCH)**
  Bei den Steuersalden gehen Sie analog zu den Steuerbasissalden vor.
- **Beträge für Umsatzsteuervoranmeldung eingeben**
  In diesem Menüpunkt pflegen Sie die Beträge für die Umsatzsteuervorauszahlung als Kombination aus Umsatzsteuerkreis, Jahr der Sondervorauszahlung, Betrag der Sondervorauszahlung und Währung.

Berechtigungsobjekt für Meldedaten [+]

Um die Meldedaten bearbeiten, anzeigen und versenden zu können, muss Ihrem User das Berechtigungsobjekt FOT_B2A_Vv zugeordnet werden.

Wir haben Ihnen nun die wesentlichen Customizing-Einstellungen zum neuen Hauptbuch vorgestellt. Abschließend geben wir Ihnen noch einige Hinweise, die Sie beachten sollten, falls Sie als SAP R/3-Kunde eine Migration auf SAP ERP durchgeführt haben und das neue Hauptbuch nutzen möchten.

5.3 Übergang vom klassischen zum neuen Hauptbuch

Bei Neukunden – also im Rahmen von Neueinführungen von SAP ERP – ist das neue Hauptbuch von Anfang an aktiviert. Da das neue Hauptbuch gegenüber dem klassischen Hauptbuch einige wesentliche Verbesserungen mit sich bringt, gibt es auch keinen Grund, weshalb Sie es nicht nutzen sollten.

Wenn Sie das klassische Hauptbuch in SAP R/3 bereits produktiv genutzt haben und eine *Migration* auf SAP ERP planen, müssen Sie in zwei oder sogar eventuell in drei Schritten vorgehen, um das neue Hauptbuch nutzen zu können.

Unicodeumstellung

Als erste Voraussetzung, bevor Sie Ihr SAP R/3-System überhaupt in SAP ERP überführen können, muss Ihr System *unicodefähig* sein. Unicode ist ein Standard zur Darstellung von Schriftzeichen und erlaubt es, alle Sprachen der Welt darzustellen. In Systemen, die Unicode nicht unterstützen, ist es nur eingeschränkt möglich, auf einem Bildschirm beispielsweise deutsche Sonderzeichen und japanische Schriftzeichen gleichzeitig darzustellen. Ab SAP ERP 6.0 werden nur noch Unicodesysteme unterstützt. Eine Unicodeumstellung erfordert neben den technischen Maßnahmen an der Serverdatenbank umfangreiche Überprüfungen an allen Programmen, Schnittstellen und Formularen, die Sie selbst im System erstellt haben. Der entsprechende Aufwand ist insbesondere dann nicht zu unterschätzen, wenn Sie Formulare in mehreren Sprachen oder speziell in asiatischen Sprachen verwenden. Ausführliche Informationen über Unicode finden Sie im Buch »mit SAP« von Nils Bürckel, Alexander Davidenkoff und Detlef Werner, erschienen bei SAP PRESS.

Technisches Upgrade von SAP R/3 auf SAP ERP

Wenn Ihr System unicodefähig ist, führen Sie ein *technisches Upgrade* von SAP R/3 auf SAP ERP durch. Dabei gehen Sie vor, wie Sie es bereits von einem Releasewechsel von SAP R/3 her kennen. Die Software Ihres SAP-Servers wird während des Upgrades so umgestellt, dass Sie danach über ein SAP ERP-System verfügen, das die Daten aus SAP R/3 enthält. Wie bereits in Abschnitt 2.1, »Aufbau von SAP ERP«, erwähnt, sind alle technischen Neuerungen (wie auch das neue Hauptbuch) von SAP ERP gegenüber SAP R/3 zunächst als sogenannte Business Functions gekapselt und deaktiviert. Damit ist sichergestellt, dass alle Funktionen und Prozesse, die Sie in SAP R/3 genutzt haben, weiterhin unverändert funktionieren.

[+]

Änderungen für den End-User nach der Umstellung auf das neue Hauptbuch

Auch wenn das technische Upgrade auf SAP ERP im ersten Schritt keine neue Funktionalität mit sich bringt, sollten Sie beachten, dass sich das Frontend für die Endanwender ebenso ändert wie das Aussehen einiger Transaktionen. Daher sollten Sie ein entsprechendes Training und sorgfältige Tests durchführen, um einen reibungslosen Übergang sicherzustellen.

Migrationsprojekt

Der Übergang vom klassischen zum neuen Hauptbuch erfolgt in einem separaten, sehr umfangreichen Projekt, innerhalb dessen die Logik der betriebswirtschaftlichen Prozesse im Rechnungswesen verändert wird. Aus diesem Grunde sollten Sie im Rahmen eines solchen Projekts auch keine zusätzlichen Umstellungen vornehmen, wie etwa die Umstellung des Kontenplans, die Einführung von unterschiedlichen Wertansätzen für die parallele Rechnungslegung, die Umstellung der führenden Bewertung oder die Einführung zusätzlicher Hauswährungen.

Kundenprogramme nach der Umstellung auf das neue Hauptbuch [+]

Beachten Sie, dass sich bei der Umstellung auf das neue Hauptbuch die grundlegenden Datenstrukturen in der Finanzbuchhaltung ändern, so dass sämtliche Programme und Reports, die auf die von der Umstellung betroffenen Tabellen zurückgreifen, nach der Aktivierung des neuen Hauptbuches nicht mehr funktionieren. Entsprechend müssen Sie die ABAP-Programme überprüfen und gegebenenfalls umschreiben. Manche Reports, die z. B. auf dem klassischen Hauptbuch oder auf der Profit-Center-Rechnung basieren, müssen Sie neu erstellen, da sich mit dem neuen Hauptbuch ganz andere Reporting-Möglichkeiten bieten.

Migrationsservice

Die Migration ins neue Hauptbuch können Sie nur zusammen mit dem kostenpflichtigen *Migrationsservice* von SAP durchführen; dieser Migrationsservice unterstützt Sie bei der technischen Umsetzung Ihrer Daten, aber nicht bei der Konzeption oder beim Customizing für das neue Hauptbuch. Zur Durchführung der Migration in das neue Hauptbuch sollten Sie die folgenden Schritte einplanen:

- Technisches Upgrade auf SAP ERP.
  Beim Upgrade auf SAP ERP 2005 (ECC 6.0) können Sie im Rahmen der Migration die Validierung der Belegaufteilung nutzen (als Migrationsszenario 3 auf der nächsten Seite zu finden). Die Validierung wird in SAP ERP 2004 (ECC 5.0) nicht angeboten, was aber nicht bedeutet, dass Sie beim Upgrade auf SAP ERP 2004 keine Migration durchführen können.
- Aufbau von Know-how im Bereich des neuen Hauptbuches und Analyse der relevanten existierenden Prozesse
- Konzeption für die neue Hauptbuchhaltung
- Einplanung und Vorbereitung der Migration in die neue Hauptbuchhaltung
- Kontaktaufnahme zum SAP-Migrationsservice über *NewGLMigration@sap.com*, siehe SAP-Hinweis 812919
- Einstellen und Testen des kompletten Customizings der neuen Hauptbuchhaltung, ohne diese zu aktivieren
- Pflege der Stammdaten
- Abstimmung der Daten in der klassischen Hauptbuchhaltung

- Arbeiten mit dem Migration Cockpit (siehe unten), das Ihnen vom SAP-Migrationsservice zur Verfügung gestellt wird
- Aktivieren der neuen Hauptbuchhaltung
- Abschließen der Migration
- Arbeiten mit der neuen Hauptbuchhaltung

[!] **Aktivierung des neuen Hauptbuches erst nach abgeschlossener Migration**

Vor der Migration dürfen Sie die neue Hauptbuchhaltung auf keinen Fall aktivieren. Denn wenn nur ein Beleg in der neuen Hauptbuchhaltung gebucht wurde, dürfen Sie die neue Hauptbuchhaltung nicht mehr deaktivieren, und bei aktiver neuer Hauptbuchhaltung können Sie keine Migration durchführen. Die Customizing-Pfade der neuen Hauptbuchhaltung können Sie mithilfe des Programms RFAGL_SWAP_IMG_NEW an- und ausschalten, ohne die neue Hauptbuchhaltung zu aktivieren.

Nachdem Sie Kontakt zum SAP-Migrationsservice aufgenommen haben und einen Fragebogen zur Migration ausgefüllt haben, wird Ihnen ein Migrationsszenario vorgeschlagen. SAP hat sechs Migrationsszenarien vorbereitet:

1. Zusammenführen der FI-Ledger
2. Migrationsszenario 1 + Profit-Center und/oder Special Ledger
3. Migrationsszenario 2 + Einführung der Belegaufteilung
4. Migrationsszenario 2 + Wechsel von der Kontenlösung zur Ledger-Lösung
5. Migrationsszenario 3 + Wechsel von der Kontenlösung zur Ledger-Lösung
6. nachträgliche Einführung der Belegaufteilung

Im nächsten Schritt finden eine *Remote-Service-Sitzung* und eine telefonische Feedback-Session zur Szenariovalidierung und Analyse des SAP-Systems statt, um festzustellen, ob das vom Kunden bestellte Migrationspaket mit seinem betriebswirtschaftlichen Szenario übereinstimmt. Nach der Szenariovalidierung wird Ihnen das Migration Cockpit zur Durchführung der Migration zur Verfügung gestellt.

Als Nächstes finden eine Remote-Service-Sitzung zur Testvalidierung und eine telefonische Feedback-Session statt, in der die Testmigration des Kunden auf Richtigkeit und Konsistenz geprüft wird. Während der produktiven Migration steht Ihnen auch am Wochenende ein 24-Stunden-Support durch das SAP Migration Back Office zur Verfügung.

Weitere Informationen zum Migrationsservice erhalten Sie unter *www.service.sap.com/GLMIG*. Erfahrungsberichte zu Projekten, die auch das neue Hauptbuch umfassten, finden Sie unter *www.FICO-Forum.de/hauptbuch*.

Migration Cockpit

Das *Migration Cockpit*, das Ihnen von SAP zur Verfügung gestellt wird, ist ein Tool, das Sie durch die komplette Migration führt. Im Migration Cockpit finden Sie vordefinierte Migrationsszenarien und eine Statusverwaltung. Zu jedem Projektschritt können Sie hier Protokolle, Notizen oder Dokumente anhängen. Um das Migration Cockpit nutzen zu können, benötigen Sie zwei Add-ons: DMIS, das im Februar 2007 mit SP0003 ausgeliefert wurde (siehe SAP-Hinweis 970531) und ein Migrations-Add-on, das vom SAP-Migrationsservice zur Verfügung gestellt wird.

Phasen der Migration

Das Migration Cockpit beinhaltet die folgenden Phasen, die mit den Phasen der Migration verbunden sind (siehe Abbildung 5.59):

- **Einrichtungsphase**
  Konfiguration der Migration und Einrichten von Business Add-ins sowie Abschätzung des erwarteten Datenvolumens in der neuen Hauptbuchhaltung – Migrationsphase 0 und 1.
- **Check-up-Phase**
  Plausibilitätsprüfungen der Bewegungsdaten im Zusammenhang mit dem Customizing in der neuen Hauptbuchhaltung. Für die Migration können Sie andere Belegaufteilungsregeln verwenden als in den täglichen Geschäftsvorfällen. Aus diesem Grund steht Ihnen im Migration Cockpit ein alternatives Customizing für die Belegaufteilung zur Verfügung. Die entsprechenden Einstellungen, die nur für die Migrationszwecke gelten, nehmen Sie in der Check-up-Phase vor – Migrationsphase 0 und 1.
- **Vorbereitungsphase**
  Vorbereitungen für die eigentliche Migration: z. B. Datenabgleich zwischen der klassischen und der neuen Hauptbuchhaltung – Migrationsphase 1.
- **Migrationsphase**
  Technische Übernahme der Daten und Abstimmung der migrierten Daten – Migrationsphase 1.

- **Validierungsphase**
  Überprüfung der Daten und Dokumentation der Migrationsergebnisse – Migrationsphase 1.
- **Aktivierungsphase**
  Abschluss der Migration und Aktivierung der neuen Hauptbuchhaltung – Migrationsphase 2.

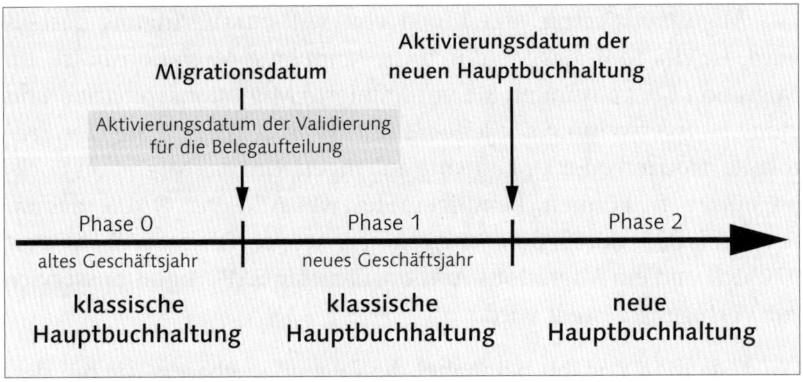

Abbildung 5.59 Das Phasenmodell der Migration

Das Migrationsdatum ist gleichzeitig der erste Tag des Geschäftsjahres: 01.01.GJ.

Das Aktivierungsdatum ist der Tag der Aktivierung der neuen Hauptbuchhaltung. Das Aktivierungsdatum und das Datum der Migration sollten möglich nah beieinander liegen, um das Volumen der Nachbuchungen zu minimieren.

Aus Phase 0 (vor dem Migrationsdatum) werden keine Einzelbelege übernommen. Für nicht mit offenen Posten geführte Konten wird der Saldovortrag ins Migrationsjahr durchgeführt. Nicht ausgeglichene Belege aus mit offenen Posten geführten Konten werden einzeln migriert.

Die Belege aus Phase 1 werden im Rahmen der Migration komplett nachgebucht, und eine eventuelle Belegaufteilung wird nachprozessiert. Belege, die in Phase 2 mithilfe der Belegaufteilung gebucht werden, sollten schon wesentlich früher (möglichst vor dem Migrationsdatum) einer Validierung unterzogen werden. Mithilfe der Validierung können Sie im Vorfeld problematische Geschäftsvorfälle erkennen und Ihre Einstellungen entsprechend korrigieren. Dies vereinfacht das spätere Nachbuchen der Belege in Rahmen der Migration.

In Phase 2 ist die neue Hauptbuchhaltung aktiv und arbeitet mit Ihren konfigurierten Einstellungen.

Die Migration ist ein sehr komplizierter und zeitaufwendiger Prozess, den Sie nicht unterschätzen sollten. Daher sollten Sie genügend Zeit, nicht nur für die technischen Aktivitäten, sondern auch für fachliche Überlegungen und Vorbereitungen einplanen. Die fachliche Vorbereitung benötigt in der Regel mehr Aufwand als die technische Umsetzung. Auch Sie sollten Sie sich genau überlegen, ob Sie die Migration mit der Belegaufteilung starten möchten und ob Sie als Kunde in der Lage sind, allen offenen Posten Aufteilungsregeln zuzuordnen. Falls Sie sich für die Belegaufteilung entscheiden, müssen Sie alle Prozesse (inklusive der Nachfolgeprozesse wie Zahlungen, insbesondere Teilzahlungen und Umsatzsteuerumbuchung) sehr gründlich getestet haben.

Empfehlenswert für die Migration sind die SAP-Schulung AC212 (Migration in das neue Hauptbuch) und das Buch »Das neue Hauptbuch in SAP ERP Financials« von Eric Bauer und Jörg Siebert, erschienen bei SAP PRESS. In diesem Buch wird der Migrationsprozess detailliert beschrieben.

5.4 Fazit

Sie haben nun die Konzeption des neuen Hauptbuches kennengelernt und erfahren, welche Schritte notwendig sind, um das entsprechende Customizing vorzunehmen. Sie wissen jetzt, welche Unterschiede sowie Vor- und Nachteile die Ledger-Lösung bzw. die Kontenlösung zum Abbilden der parallelen Rechnungslegung mit sich bringen und wie Sie die externe Berichterstattung mit dem Management-Reporting abstimmen können. Ein weiterer wichtiger Punkt, den wir Ihnen erklärt haben, ist die Belegaufteilung, die wesentliche Vorteile gegenüber den monatlichen Abstimmreports in der Profit-Center-Rechnung in SAP R/3 mit sich bringt. Neben einigen weiteren Einstellungen zu den wesentlichen Geschäftsvorfällen im Hauptbuch haben wir Ihnen abschließend dargelegt, welche Punkte Sie im Rahmen einer anstehenden Migration vom klassischen auf das neue Hauptbuch beachten müssen.

Im klassischen Hauptbuch stehen Ihnen die Funktionalitäten des neuen Hauptbuches wie Ledger-Lösung und Belegaufteilung nicht zur Verfügung. In diesem Kapitel zeigen wir Ihnen daher alternative Lösungsmöglichkeiten bei der Anwendung des klassischen Hauptbuches.

6 Das klassische Hauptbuch

Das *klassische Hauptbuch* in SAP ERP enthält die Funktionalitäten, die Sie aus SAP R/3 gewohnt sind. Wie in Kapitel 5, »Das neue Hauptbuch«, bereits erwähnt wurde, steht es in SAP ERP weiterhin zur Verfügung.

Viele Customizing-Einstellungen des neuen und des klassischen Hauptbuches sind ähnlich und wurden bereits in Kapitel 5 behandelt. Im klassischen Hauptbuch stehen Ihnen jedoch die Belegaufteilung und die Ledger-Lösung zum Abbilden der parallelen Rechnungslegung nicht zur Verfügung. Daher konzentrieren wir uns in diesem Kapitel darauf, Ihnen zu zeigen, welche Möglichkeiten sich Ihnen stattdessen im klassischen Hauptbuch bieten und wie Sie diese einstellen.

Zunächst stellen wir Ihnen die grundlegenden technischen Unterschiede zwischen dem klassischen und dem neuen Hauptbuch vor. Anschließend beschreiben wir die Nachbelastung, die im klassischen Hauptbuch die Funktion der Belegaufteilung erfüllt. Abschließend zeigen wir Ihnen die Funktionalität zum Abbilden der parallelen Rechnungslegung im klassischen Hauptbuch.

6.1 Das klassische Hauptbuch als Alternative zum neuen Hauptbuch

Falls Sie als Neukunde mit der Einführung von SAP ERP beginnen, gibt es keinen naheliegenden Grund, weshalb Sie nicht sofort mit dem neuen Hauptbuch arbeiten sollten. Dieses enthält aus betriebs- Tabelle GLT0 wirtschaftlicher Sicht die gleichen Funktionalitäten wie das klassische Hauptbuch, bietet aber durch seine Neuerungen eine Reihe von wichtigen Vorteilen, die wir in Abschnitt 1.2.1, »Financial Accounting und Management Accounting«, bereits ausführlich dargestellt haben. Es ist außerdem damit zu rechnen, dass SAP ab einem bestimmten Zeitpunkt das klassische Hauptbuch nicht mehr unterstützen wird, und sie somit später noch einmal eine Migration auf das neue Hauptbuch durchführen müssen.

Das klassische Hauptbuch nutzen Sie in der Regel nur, wenn Sie eine Migration von SAP R/3 auf SAP ERP durchgeführt haben (siehe hierzu auch Abschnitt 5.3, »Übergang vom klassischen zum neuen Hauptbuch«).

Aus technischer Sicht basiert das klassische Hauptbuch auf der Tabelle GLT0 (siehe Abbildung 6.1).

klassisches Hauptbuch
Summentabelle GLT0
Auswahl der zur Verfügung stehenden Felder

Feld	Kurzbeschreibung
...	...
BUKRS	Buchungskreis
RYEAR	Geschäftsjahr
RACCT	Kontonummer
RBUSA	Geschäftsbereich
...	...
...	...
...	...
...	...
...	...
...	...

Abbildung 6.1 Ausschnitt aus der Summentabelle GLT0 – Basis für das klassische Hauptbuch

Im Gegensatz zum neuen Hauptbuch werden in der Tabelle GLT0 nur Daten aus dem Umfeld des Rechnungswesens gespeichert; diese Daten sind im *General Ledger* 00 zu finden. Parallel zum klassischen

Hauptbuch (Ledger 00) stehen Ihnen für die Konsolidierungsvorbereitung das Ledger 09 (Tabelle GLT3), für das Umsatzkostenverfahren das Ledger 0F (Tabelle GLFUNCT), für die Profit-Center-Rechnung zum Zwecke der Segmentberichterstattung das Ledger 8A (Tabelle GLPCT) und für weitere kundenspezifische Abbildungen die speziellen Ledger zur Verfügung. Da die Daten in verschiedenen Tabellen gespeichert werden, benötigen Sie Abstimm- und Übernahmeprogramme, um die Datenkonsistenz sicherzustellen.

6.2 Nachbelastung als Alternative zur Belegaufteilung

Die wichtigste Funktionalität im klassischen Hauptbuch, die der Belegaufteilung und der Vererbung im neuen Hauptbuch entspricht, ist die *Nachbelastung*.

Mithilfe von *Nachbelastungsprogrammen* können Sie automatische Korrekturbuchungen zu den Ursprungsbelegen erzeugen. Es gibt zwei Arten von Nachbelastungen: die Nachbelastung der Bilanz und die Nachbelastung der GuV.

Nachbelastung Bilanz

Unter der Funktionalität *Nachbelastung Bilanz* versteht man die nachträgliche Zuordnung von Forderungen, Verbindlichkeiten und Steuern zu Geschäftsbereichen und/oder Profit-Centern.

Nachbelastung GuV

Nachbelastung GuV bedeutet eine Belastung eines Kontierungsobjekts (z. B. Geschäftsbereich, Profit-Center oder Kostenstelle) mit Aufwänden und Erträgen, die zum Zeitpunkt der Zahlung einer Debitorenrechnung oder Kreditorenrechnung entstehen. Hierbei handelt es sich insbesondere um Skonti und Kursdifferenzen.

Die Nachbelastung von Bilanz und GuV wird auf Basis der Kontierungen aus der entsprechenden Gegenposition im Beleg berechnet.

In den Tabellen 6.1 und 6.2 können Sie die Funktionalität »Nachbelastung Bilanz« nachvollziehen: Zunächst wurde eine Debitorenrechnung mit zwei Erlöspositionen gebucht, die auf zwei unterschiedliche Geschäftsbereiche kontiert worden sind (siehe Tabelle 6.1).

Konto	Geschäftsbereich	Betrag (EUR)
Debitor/Forderung		3.570,00
Erlös 1	0001	–1.000,00
Erlös 2	0002	–2.000,00
Steuern		–570,00

Tabelle 6.1 Buchungsbeispiel für eine Debitorenrechnung

Mithilfe des Programms »Nachbelastung Bilanz« werden die Forderungen und Verbindlichkeiten den Geschäftsbereichen und Profit-Centern zugeordnet. Das Programm prüft die Kontierungen in den Gegenpositionen und übernimmt sie entsprechend in die Positionen »Forderungen Korrektur« und »Steuern Korrektur«. Von den Positionen ohne Kontierung auf den Geschäftsbereich bzw. Profit-Center werden Umbuchungen auf die Korrekturpositionen vorgenommen und dabei entsprechend auf den entsprechenden Geschäftsbereich bzw. Profit-Center kontiert.

Um die Originalbuchungen von den Korrekturbuchungen unterscheiden zu können, definieren Sie zu jedem angesprochenen Konto ein *Korrekturkonto*, das Sie im Customizing zuordnen. Anschließend weisen Sie Konto und Korrekturkonto einer Bilanzposition zu (siehe Tabelle 6.2 und Abbildung 6.2).

Konto	Geschäftsbereich	Betrag (EUR)
Forderung Korrektur		–1.190,00
Forderung Korrektur		–2.380,00
Forderung Korrektur	0001	1.190,00
Forderung Korrektur	0002	2.380,00
Steuern Korrektur		190,00
Steuern Korrektur		380,00
Steuern Korrektur	0001	–190,00
Steuern Korrektur	0002	–380,00

Tabelle 6.2 Geschäftsbereichsübernahme aus der Gegenposition durch den Nachbelastungslauf

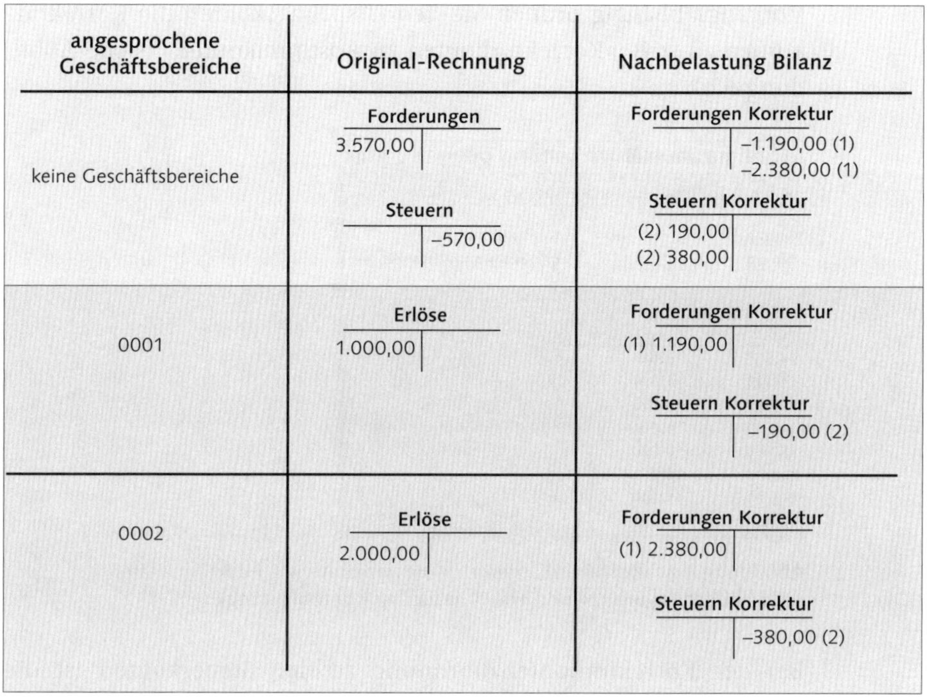

Abbildung 6.2 Buchungsbeispiel auf T-Konten für die Funktionalität »Nachbelastung Bilanz«

Kontenzuordnung für die Nachbelastung

Die Kontenzuordnung für das Nachbelastungsprogramm nehmen Sie in der Transaktion OBXM oder über den Customizing-Pfad FINANZWESEN • HAUPTBUCHHALTUNG • GESCHÄFTSVORFÄLLE • ABSCHLUSS • UMGLIEDERN • KONTEN FÜR NACHBELASTUNG HINTERLEGEN vor (siehe Abbildung 6.3).

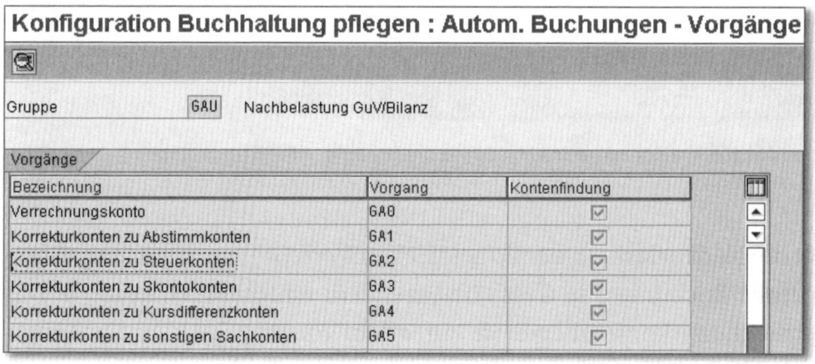

Abbildung 6.3 Einstieg in die Kontenfindung – Funktionalitäten »Nachbelastung Bilanz« und »Nachbelastung Kontenfindung«

Vorgangsabhängig ordnen Sie den Ursprungskonten die Korrekturkonten zu, z. B. »Korrekturkonten zu Abstimmkonten« (siehe Abbildung 6.4).

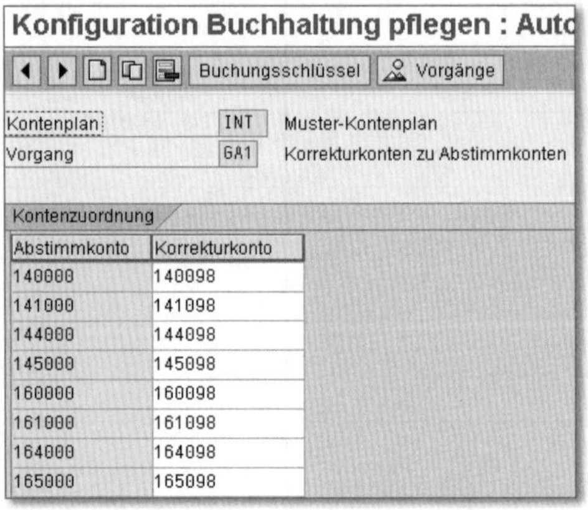

Abbildung 6.4 »Korrekturkonten zu Abstimmkonten« – Funktionalitäten »Nachbelastung Bilanz« und »Nachbelastung Kontenfindung«

Bei der Korrekturkontenzuordnung zu den Steuerkonten ist die Tabelle aus Abbildung 6.4 zwar mit »Abstimmkonto« überschrieben, es handelt sich hierbei aber um das in der Rechnung gebuchte Steuerkonto. Dem Steuerkonto ordnen Sie nun das Korrekturkonto zu (siehe Abbildung 6.5).

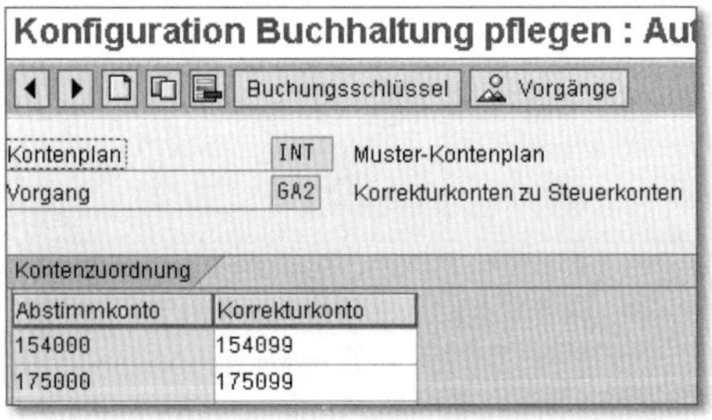

Abbildung 6.5 »Korrekturkonten zu Steuerkonten« – Funktionalitäten »Nachbelastung Bilanz« und »Nachbelastung Kontenfindung«

Verrechnungskonto für die Nachbelastung

Für die Nachbelastung benötigen Sie ein *Verrechnungskonto*, um saldoneutrale Buchungen je Geschäftsbereich durchführen zu können. Das Verrechnungskonto pflegen Sie unter dem Vorgang GA0. Die Buchungslogik auf dem Verrechnungskonto ist mit der Buchungslogik auf dem Verrechnungskonto für die Belegaufteilung im neuen Hauptbuch identisch, siehe Abschnitt 5.2.1, »Stammdaten im neuen Hauptbuch«.

6.3 Parallele Rechnungslegung im klassischen Hauptbuch

Parallele Rechnungslegung anhand der Kontenlösung

Im klassischen Hauptbuch können Sie die parallele Rechnungslegung auf Basis der *Kontenlösung* abbilden. Den Aufbau des Kontenplans bei der Kontenlösung haben Sie schon in Abschnitt 5.1, »Konzept des neuen Hauptbuches«, kennengelernt. Die Buchungslogiken im Rahmen der Kontenlösung sind im neuen und im klassischen Hauptbuch sehr ähnlich: Zunächst definieren Sie *Bewertungsbereiche*, die den unterschiedlichen Rechnungslegungsvorschriften wie z. B. HGB, IAS oder Steuerrecht entsprechen. Die Bewertungsbereiche legen Sie über den Customizing-Pfad Finanzwesen • Grundeinstellungen Finanzwesen • Buchungskreis • Parallele Rechnungslegung • Bewertungsbereiche definieren an (siehe Abbildung 6.6).

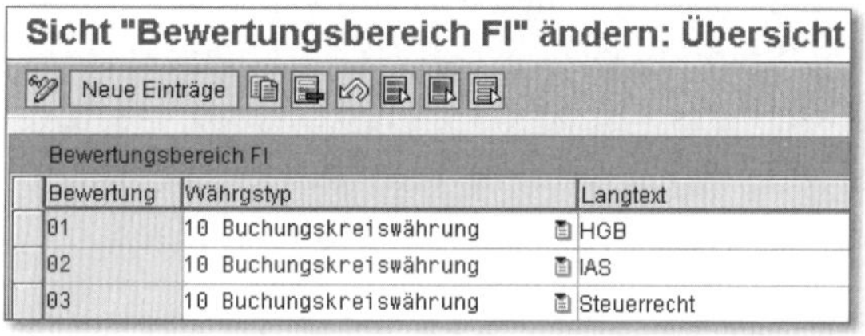

Abbildung 6.6 Definition der Bewertungsbereiche für die parallele Rechnungslegung

Nachdem Sie die Bewertungsbereiche definiert haben, können Sie für die folgenden Abschlussarbeiten unterschiedliche Konten bewertungsbereichsabhängig zuordnen:

- Fremdwährungsbewertung
- Abzinsung langlaufender Forderungen, Verbindlichkeiten und Rückstellungen
- Rasterung von Forderungen und Verbindlichkeiten

Bewertungsbereichsabhängige Kontenzuordnung

Die Konten für die Fremdwährungsbewertung ordnen Sie über den Customizing-Pfad Finanzwesen • Hauptbuchhaltung • Geschäftsvorfälle • Abschluss • Bewerten • Fremdwährungsbewertung • Automatische Buchungen für Fremdwährungsbewertung vorbereiten oder über die Transaktion OBA1 zu. Per Doppelklick auf den Vorgangsschlüssel, wie z. B. KDB oder KDF, haben Sie die Möglichkeit, Ihren Kontenplan anzugeben und den Bewertungsbereich auszuwählen, für den Sie die Konten pflegen möchten (siehe Abbildung 6.7).

Fremdwährungsbewertung

Über den Customizing-Pfad Finanzwesen • Hauptbuchhaltung • Geschäftsvorfälle • Abschluss • Bewerten • Fremdwährungsbewertung • Bewertungsmethoden definieren oder über die Transaktion OB59 legen Sie genau wie im neuen Hauptbuch die *Bewertungsmethode* an. Allerdings verbinden Sie die definierte Bewertungsmethode und die Bewertungsbereiche nicht im Customizing miteinander; vielmehr geben Sie die beiden entsprechenden Schlüssel erst in der Anwendung beim Ausführen des Programms an.

Abzinsung

Für die *Abzinsung* langlaufender Forderungen, Verbindlichkeiten und *Rückstellungen* definieren Sie die Berechnungsmethode in der Transaktion F107_PROVMETH oder über den Customizing-Pfad Finanzwesen • Hauptbuchhaltung • Geschäftsvorfälle • Abschluss • Bewerten • Abzinsung langlaufender Forderungen, Verbindlichkeiten und Rückstellungen • Berechnungsmethode definieren. Die Konten dazu können Sie bewertungsbereichsabhängig über den Customizing-Pfad Finanzwesen • Hauptbuchhaltung • Geschäftsvorfälle • Abschluss • Bewerten • Abzinsung langlaufender Forderungen, Verbindlichkeiten und Rückstellungen • Konten hinterlegen oder über die Transaktion OBBO anlegen.

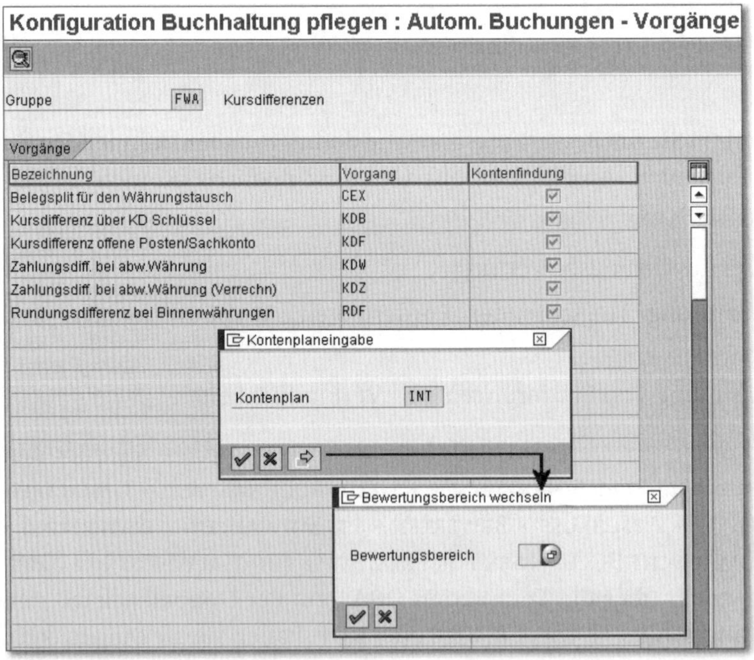

Abbildung 6.7 Vorgangsliste für Kursdifferenzen und Auswahl des Bewertungsbereichs

Rasterung

Sowohl die Rastermethode als auch die Korrektur- und Zielkonten zum Umbuchen und Rastern der Forderungen und Verbindlichkeiten definieren Sie über den Customizing-Pfad FINANZWESEN • HAUPTBUCHHALTUNG • GESCHÄFTSVORFÄLLE • ABSCHLUSS • UMGLIEDERN • UMBUCHEN UND RASTERN DER FORDERUNGEN UND VERBINDLICHKEITEN.

Mehr zu diesen Abschlussarbeiten finden Sie in den Kapiteln 8, »Debitorenbuchhaltung«, und 9, »Kreditorenbuchhaltung«.

6.4 Fazit

Das klassische Hauptbuch unterscheidet sich nur in wenigen Punkten vom neuen Hauptbuch, nämlich genau dort, wo das neue Hauptbuch verbesserte Funktionalität bietet. In diesem Kapitel haben wir Ihnen gezeigt, welche Alternativen Ihnen im klassischen Hauptbuch zur Belegaufteilung und zur Ledger-Lösung geboten werden.

Das klassische Hauptbuch sollten Sie in SAP ERP jedoch nur dann nutzen, wenn Sie eine Migration von SAP R/3 auf SAP ERP durchgeführt haben; Neukunden sollten gleich mit dem neuen Hauptbuch beginnen.

In diesem Kapitel schildern wir Ihnen kurz die Möglichkeiten, wie Sie das SAP ERP-System auf die Steuerbilanz/E-Bilanz vorbereiten können, um die Buchungsdaten später in elektronischer Form an die Empfänger zu übermitteln. Auch erwähnen wir hier einige Schnittstellen, die aktuell auf dem Markt zur Verfügung stehen.

7 Steuerbilanz/E-Bilanz in SAP ERP

Warum E-Bilanz?

Aufgrund der Änderung des Steuerbürokratieabbaugesetzes (SteuBAG) im Dezember 2008 sind Unternehmen in Deutschland gemäß § 5b EStG verpflichtet, die Bilanz und die Gewinn- und Verlustrechnung für die nach dem 31.12.2011 beginnenden Geschäftsjahre elektronisch an das Finanzamt zu übermitteln. Im BMF-Schreiben (BMF steht für Bundesministerium der Finanzen) zur E-Bilanz wurde eine Nichtbeanstandungsregelung für das Erstjahr kommuniziert, die besagt, dass die Bilanz- und GuV-Meldung für das Geschäftsjahr, das nach dem 31.12.2011 beginnt, noch in alter Abgabeform (Papierform) akzeptiert wird. Die in den Folgejahren getätigten Abschlüsse müssen hingegen in einem vorgeschriebenen Datensatz elektronisch übermittelt werden; die Verwaltung hat sich in diesem Zusammenhang für das Format *XBRL* (eXtensible Business Reporting Language) entschieden.

Die zu meldenden Daten enthalten die *Steuerbilanz* oder die *Handelsbilanz* mit einer Überleitungsrechnung zur Steuerbilanz.

Wenn wir davon ausgehen, dass in einem Unternehmen das Geschäftsjahr dem Kalenderjahr entspricht, müssen die Bilanz und die GuV-Rechnung für das Jahr 2012 also noch nicht zwingend elektronisch übermittelt werden. Für das Jahr 2013 ist die *E-Bilanz* hingegen schon verpflichtend, die im Jahr 2014 (nach dem Jahresabschluss 2013) abgegeben wird. Die logische Schlussfolgerung hieraus ist, die Datensätze für das komplette Jahr 2013 E-Bilanz-konform zu buchen. Das SAP-System muss also bis Ende 2012 für diese Buchungen vorbereitet sein.

Vorbereitung auf die E-Bilanz

Um das SAP-System auf die E-Bilanz vorzubereiten, müssen Sie mehrere Aspekte beachten:

- die Überleitungsrechnung als Sonderdokumentation oder Buchungen für E-Bilanz-Zwecke direkt im SAP-System
- Lösungsansätze für die parallele Rechnungslegung, in Abhängigkeit davon, ob Sie das klassische Hauptbuch oder das neue Hauptbuch mit der Ledger-Lösung verwenden
- Deltabuchungen oder vollständige Buchungen für verschiedene Rechnungslegungsvorschriften
- Möglichkeiten der Datenübertragung im XBRL-Format

Im weiteren Verlauf dieses Kapitels werden wir Ihnen die einzelnen Themen näher erläutern.

7.1 Überleitungsrechnung oder gebuchte Steuerbilanz

Überleitungsrechnung in die Steuerbilanz

Der Gesetzgeber verpflichtet Sie nicht dazu, die Steueransätze im führenden System zu buchen. Daher übergeben viele Unternehmer die *Überleitungsrechnung* von der Handelsbilanz zur Steuerbilanz an den Steuerberater. In solchen Fällen wird zum Handelsbilanzabschluss eine weitere Dokumentation erstellt, in der die Differenzen zwischen Handels- und Steuerbilanz dokumentiert werden. Diese Methode ist sehr einfach und leicht anzupassen, falls infolge von Betriebsprüfungen Korrekturen erforderlich sein sollten. Anderseits ist der Zugang zu den ursprünglichen Daten nicht konsistent, weil wir es mit getrennten Systemen zu tun haben.

Wie eingangs erläutert, sind die Unternehmen in Deutschland für die Geschäftsjahre nach dem 31.12.2012 dazu verpflichtet, die Steuerbilanz- und GuV-Daten elektronisch an die Finanzbehörden zu übermitteln. Wenn diese Übergabe durch eine externe Firma durchgeführt werden soll, muss diese in der Lage sein, die *XBRL-Schnittstelle* zu bedienen. Die extern beauftragte Firma wird also eine weitere Dienstleistung für die Datenübertragung über die XBRL-Schnittstelle berechnen, oder der Dateninhaber muss den Handels- bzw. Steuerbilanzabschluss in einem von dem Dienstleister gewünschten Format liefern (z. B. TXT oder XLS). Beide Lösungen wirken sich in der Regel kostenerhöhend aus.

Eine andere Alternative ist es, die Datensätze für die Steuerbilanz direkt im SAP-System zu buchen. Der Vorteil dieser Lösung ist die Datenkonsistenz und die hierdurch bessere Analysemöglichkeit. In den Abschnitten 5.1.1, »Parallele Rechnungslegung«, und 6.3, »Parallele Rechnungslegung im klassischen Hauptbuch«, haben wir Ihnen bereits die Buchungslogiken und die Auswertungsmöglichkeiten erläutert. Im folgenden Abschnitt finden Sie nun eine kurze Zusammenstellung dieser Möglichkeiten in Bezug auf die E-Bilanz.

Gebuchte Steuerbilanz

7.2 Ansatzmöglichkeiten für die parallele Rechnungslegung

In Abhängigkeit dessen, ob Sie mit dem klassischen oder mit dem neuem Hauptbuch arbeiten, stehen Ihnen verschiedene Alternativen zur Abbildung der parallelen Rechnungslegung zur Verfügung. Eine Zusammenstellung dieser Möglichkeiten finden Sie in Tabelle 7.1.

Steuerbilanz für die parallele Rechnungslegung

neues Hauptbuch		klassisches Hauptbuch		
Ledger-Lösung	Kontenlösung	Kontenlösung	mehrere Buchungskreise	spezielle Ledger
zusätzliches, nicht-führendes Ledger für die Abbildung der gewünschten Gesetzgebung, siehe Abschnitt 4.2, »Bücher«	Abbildung von verschiedenen Rechnungslegungen über zusätzliche Konten im selben Kontenplan, siehe Abschnitt 5.1.1, »Parallele Rechnungslegung«		Abbildung über einen weiteren Buchungskreis, der zusätzlich zum bilanzierenden Buchungskreis definiert wurde; aktuell wird diese Lösung nicht mehr neu eingeführt	zusätzliches Ledger (aber kein Ledger aus dem neuen Hauptbuch) für die Abbildung kundenspezifischer Anforderungen

Tabelle 7.1 Darstellungsmöglichkeiten für die parallele Rechnungslegung in SAP ERP

Die wichtigsten Unterschiede zwischen Handels- und Steuerbilanz

Unabhängig von der von Ihnen gewählten Lösung ist zu beachten, dass Sie das SAP-System im Vorfeld für diese Lösung konfigurieren müssen. Die wichtigsten Aspekte für die Sie Einstellungen zur Abbildung der E-Bilanz vornehmen müssen, weil sie von der Handelsbilanz abweichen, sind folgende:

- Anlagevermögen
- immaterielle Vermögensgegenstände
- selbst erstellte immaterielle Vermögensgegenstände
- entgeltlicher Geschäfts- und Firmenwert
- Abzinsung bzw. Wertminderung hinsichtlich langfristiger Forderungen und Verbindlichkeiten
- Rückstellungsbildung (Pensionsrückstellungen und Drohverlustrückstellungen)

In den Bereichen, die in der Anlagenbuchhaltung dargestellt werden, können Sie die parallele Rechnungslegung mithilfe der Bewertungsbereiche abbilden. Die Bewertungsbereiche sind unabhängig davon einsetzbar, ob Sie mit dem klassischen oder mit dem neuen Hauptbuch arbeiten (siehe die Abschnitte 10.2.2, »Definition der Bewertungsbereiche«, und 10.3, »Parallele Rechnungslegung in der Anlagenbuchhaltung«).

In den anderen Themenbereichen arbeiten Sie mit unterschiedlichen Bewertungsbereichen, die wiederum unterschiedliche Rechnungslegungsvorschriften repräsentieren.

Beim Einsatz des neuen Hauptbuches ordnen Sie die Bewertungsbereiche den entsprechenden Ledgern zu. Hierdurch können Sie die Buchungen auf denselben Konten durchführen, weil die wertmäßige Steuerung über die verschiedenen Ledger erfolgt (siehe Abschnitt 4.2.5, »Ledger-Gruppe definieren und Rechnungslegungsvorschriften zuordnen«).

Falls Sie mit dem klassischen Hauptbuch arbeiten, arbeiten Sie ebenfalls mit Bewertungsbereichen, ordnen ihnen aber abweichende Konten zu, weil Sie die Abschlüsse für die verschiedenen Rechnungslegungsvorschriften anhand von unterschiedlichen Konten durchführen. Diese Lösung haben Sie in diesem Buch als Kontenlösung kennengelernt. Als Hilfestellung lesen Sie zu diesem Thema Abschnitt 8.5, »Periodische Arbeiten«.

7.3 Deltabuchungen oder vollständige Buchungen

Buchungslogik

Eine weitere Entscheidung, die Sie treffen müssen, ist die Wahl der Buchungslogik. Unabhängig vom gewählten Ansatz können Sie die parallele Rechnungslegung auf der Basis von Deltabuchungen oder von vollständigen Buchungen darstellen.

Wir empfehlen Ihnen die Verwendung von vollständigen Buchungen, die in allen Bereichen durchgehend und unserer Meinung nach besser nachvollziehbar sind. Bei den Deltabuchungen können Sie die Ergebnisse hingegen immer nur im Zusammenhang mit den Ursprungsbuchungen analysieren, und manchmal müssen Sie auf mehrere Perioden, in denen Sie die Deltabuchungen registriert haben, zurückgreifen. Darüber hinaus können nicht alle Applikationen Deltabuchungen abbilden. Deltabuchungen stehen Ihnen z. B. bei der Fremdwertungsbewertung und in der Anlagenbuchhaltung zur Verfügung (siehe die Abschnitte 5.2.6, »Periodische Arbeiten/Abschlussarbeiten«, und Abschnitt 10.2.2, »Definition der Bewertungsbereiche«). In den anderen Bereichen können Sie parallel und automatisch nur vollständige Buchungen durchführen.

Wir haben Ihnen bereits erläutert, welche Entscheidungen Sie treffen müssen, um die E-Bilanz im SAP-System abbilden zu können. Die Logik ist analog zu den anderen parallelen Rechnungslegungen, die Sie möglicherweise schon in Ihrem System dargestellt haben. In diesem Zusammenhang sollten Sie unbedingt beachten, dass Sie neben dem technischen SAP-Wissen auch das entsprechende Know-how in der Steuerthematik benötigen, um das System richtig konfigurieren zu können. Nur wenn beide Bereiche abgedeckt sind, erreichen Sie Ihr Ziel.

Aber auch wenn die Daten für die Steuerbilanz bereits in Ihrem System vorliegen, ist Ihre Arbeit noch nicht beendet. Denn nun müssen Sie die Daten noch an die Steuerbehörden übermitteln – und dazu gibt es wieder mehrere Möglichkeiten. Die aktuell zur Verfügung stehenden Alternativen lernen Sie im nächsten Abschnitt kennen (Zeitpunkt der Drucklegung dieses Buches ist August 2012).

7.4 Verschiedene Möglichkeiten der Datenübertragung im XBRL-Format

Taxonomie der Steuerbilanz

Die E-Bilanz-Daten müssen im XBRL-Format und in den Positionen aus der veröffentlichen Taxonomie übermittelt werden. Unter dem Begriff *Taxonomie* versteht man einen amtlichen Kontenplan, der vom Bundesministerium der Finanzen festgelegt wurde. Es gibt eine Kerntaxonomie und Branchentaxonomien für folgende Branchen:

- Banken
- Versicherungen
- Land- und Forstwirte
- Unternehmen der Wohnungswirtschaft
- Krankenhäuser
- Pflegedienstleister
- Verkehrsunternehmen
- kommunale Eigenbetriebe

Die Branchentaxonomien stehen seit Juni 2011 fest und die finale Kerntaxonomie seit September 2011. Die Taxonomien finden Sie z. B. auf der Internetseite *www.esteuer.de*.

Bilanzdaten/ Steuerdaten im XBRL-Format

Im SAP-Standard können Sie Ihre Bilanzdaten nicht im XBRL-Format herunterladen. Auch können Sie in keinem der Standardtools die Zuordnung zu den vorgegebenen Taxonomiepositionen vornehmen. Um diese Bedingungen jedoch erfüllen zu können, können Sie auf eine der beiden Möglichkeiten zurückgreifen, die aktuell von SAP angeboten werden: SAP Disclosure Management und das SAP ERP-Client-Add-on für die E-Bilanz.

Alternativ können Sie eine der von mehreren Drittanbietern erstellten Fremdschnittstellen nutzen. In den weiteren Abschnitten skizzieren wir Ihnen kurz die derzeit existierenden Lösungen.

7.4.1 SAP Disclosure Management

Datenübertragung der Steuerbilanz/ E-Bilanz

Im Rahmen der Lösung SAP Disclosure Management werden die Daten in SAP ERP bereitgestellt. Die Lösung übernimmt die folgenden Aufgaben:

- Erzeugen der XML-Datei
- Validierung der XML-Datei

- Versand der Daten
- Dokumentenmanagement für spätere Zugriffe
- Versionierung für Änderungen
- Audit Trail für einen detaillierten Nachweis der übermittelten Daten
- User Management (Berechtigungen)

Eine graphische Darstellung dieser Lösung sehen Sie in Abbildung 7.1.

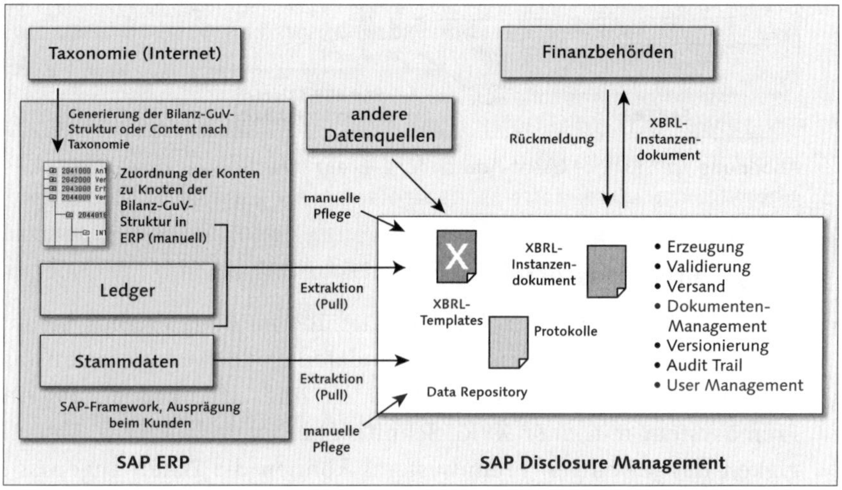

Abbildung 7.1 SAP Disclosure Management (Quelle: www.dsag.de/go/e-bilanz)

Das SAP Disclosure Management steht bereits zur Anwendung zur Verfügung und bietet jenseits der E-Bilanz viele weitere Funktionen. Diese SAP-Lösung wird über eine Zusatzlizenz zur Verfügung gestellt.

7.4.2 SAP ERP-Client-Add-on für E-Bilanz

Bei der zweiten »kleineren« Option, dem SAP ERP-Client-Add-on für E-Bilanz, handelt es sich um eine reine PC-Lösung, die im Vergleich zur ersten Option eindeutig die kostengünstigere Variante ist. Im Rahmen dieser Lösung wird ein externes Microsoft Excel-Template, das basierend auf der Bilanzstruktur nach der Kerntaxonomie erstellt wurde, lediglich in ein XBRL-Dokument umgewandelt und anschließend validiert und versendet. Den Ablauf dieser Lösung sehen Sie in Abbildung 7.2. Bei der Anwendung dieser Option können Sie keine Massenverarbeitung durchführen; eine Einschränkung, die diese Lösung für Konzerne weniger attraktiv erscheinen lässt.

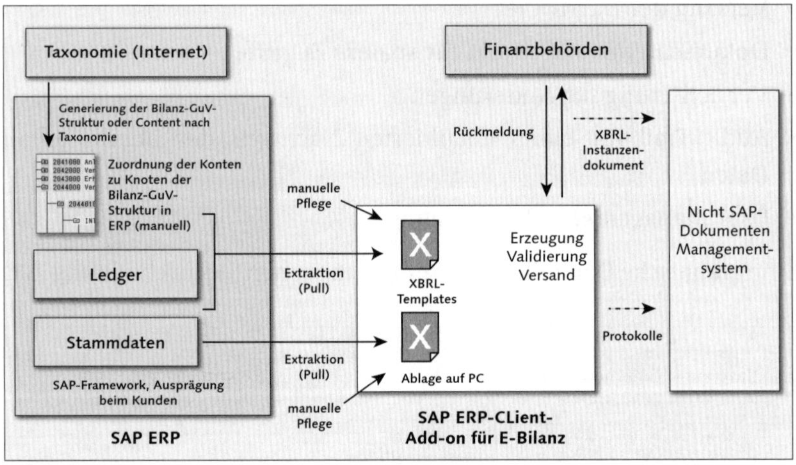

Abbildung 7.2 SAP ERP Client-Add-on für E-Bilanz (Quelle: www.dsag.de/go/e-bilanz)

7.4.3 Fremdsysteme

Lösungsansätze für die E-Bilanz-Schnittstelle von Drittanbietern

Bei dieser Lösung werden für die Datenübermittlung Fremdsysteme verwendet. Hierzu werden die Stammdaten und Bewegungsdaten aus dem SAP ERP-System heruntergeladen und anschließend in ein Fremdsystem mit einer XBRL-Schnittstelle hochgeladen. In Abhängigkeit des jeweiligen Fremdsystems können die Daten angepasst, validiert, archiviert und an die Behörden versendet werden. Eine Illustration dieser Lösung sehen Sie in Abbildung 7.3.

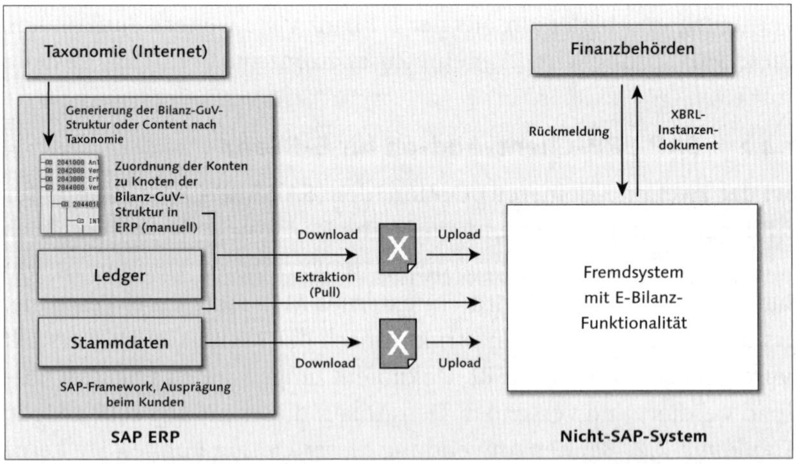

Abbildung 7.3 SAP ERP und Fremdsystem (Quelle: www.dsag.de/go/e-bilanz)

Auf dem Markt gibt es derzeit mehrere Drittanbieter für die XBRL-Schnittstelle mit E-Bilanz-Funktionalität. Im Folgenden sehen Sie eine alphabetische Liste der Add-on-Hersteller, die uns bei der Drucklegung dieses Buches bekannt waren.

- ABZ Reporting GmbH (*http://www.abz-reporting.com/german/produkte*
- ADDISON Software und Service GmbH (*http:// www.addison.de*)
- eBilanz Kit/AvenDATA GmbH (*http://www.ebilanz-kit.de*)
- adept consult AG (*http://www.adept-consult.de/Deutsch/Unternehmen.aspx*)
- AMANA consulting GmbH – SmartTaxBalance (*http://www.amana-consulting.de/index.php/produkte-leistungen/smarttax-e-bilanz-xbrl*)
- anubo GmbH & Co. KG (*http://e-bilanz-server.anubo.com*)
- Audicon GmbH (*http://www.audicon.net/produkte/e-bilanz-loesung*)
- CONVISTA Consulting AG (*http://www.convista.com/#/de/ConVista-ConsPrepTax*)
- ADDISON cs:Plus GmbH (*http://www.cs-plus-gmbh.de*)
- DATEV eG (*www.datev.de/e-bilanz*)
- eurodata GmbH & Co. KG (*http://de.eurodata.eu/*)
- hsp Handels-Software-Partner GmbH (*http://www.archivierungspflicht.de/de/produkte/optitax.html*)
- IKOR Products GmbH (*http://www.taxor.info*)
- INFOLOG GmbH (*http://www.infolog.de/de/standardsysteme/e-bilanz.html*)
- KPMG AG Wirtschaftsprüfungsgesellschaft (*http://www.kpmg.de/Themen/22898.htm*)
- LiNKiT Consulting GmbH (*http://linkit-consulting.de/loesungen/ebilanz-cockpit/*)
- Lynx Consulting Group (*http://www.lynx.de*)
- Plaut Aktiengesellschaft (*http://www.plaut.com/fileadmin/plaut/content/Management-Business-Consulting/Finance-Controlling/ebilanz/Plaut_eBilanz.pdf*)

[!]

Wichtige SAP-Hinweise zu beachten

Bei der Vorbereitung auf das Kontenmapping und die XBRL-Schnittstelle für die E-Bilanz-Daten sollten Sie vor allem die folgenden SAP-Hinweise beachten: 1463434, 1666580 und 1690315.

7.5 Fazit

Die Logik der E-Bilanz-Darstellung ist für Unternehmen, bei denen die parallele Rechnungslegung implementiert ist, kein neues Themengebiet. In diesem Abschnitt haben wir Ihnen eine Zusammenstellung möglicher Ansätze vorgestellt. Gleichzeitig haben wir Sie auf Themen hingewiesen, die aus Sicht der Handelsbilanz bzw. E-Bilanz unterschiedlich behandelt werden. Auch wenn Sie sich in dieser Thematik möglicherweise sicher fühlen, haben Sie feststellen können, dass die E-Bilanz-Einführung bedeutenden Aufwand mit sich bringen kann. Die Entscheidung darüber, wie Sie Ihre E-Bilanz-Daten vorbereiten (als Buchungen oder Überleitungsrechnung zur Handelsbilanz) und wie Sie die Daten an die Behörden übermitteln (mithilfe von SAP-Erweiterungen oder mithilfe eines Fremdsystems), sowie letztendlich das Kontenmapping wird Ihnen niemand abnehmen.

Wenn Sie sich zu diesem Thema weiter informieren bzw. austauschen möchten, empfehlen wir Ihnen die Lektüre des Buches »E-Bilanz und SAP« von Jörg Siebert und Martin Munzel (erschienen beim Verlag Espresso Tutorials) sowie die Internetseite *www.fico-forum.de*.

In diesem Kapitel zur Debitorenbuchhaltung beschäftigen wir uns mit Kundenstammdaten, mit Debitoren betreffenden Geschäftsvorfällen und mit dem Kreditmanagement.

8 Debitorenbuchhaltung

Die *Debitorenbuchhaltung* verwaltet die buchhalterischen Daten aller Kunden und ist eng mit der Hauptbuchhaltung verbunden. Alle Geschäftsvorfälle, die Sie in der Debitorenbuchhaltung buchen, finden Sie je nach Vorgang (z. B. Forderung, Zahlung oder Anzahlung) auf den entsprechenden Sachkonten wieder. Zur Analyse der debitorischen Posten stehen Ihnen in SAP ERP mehrere Berichte zur Verfügung, wie z. B. die Fälligkeitsanalyse für offene Posten, die Einzelpostenliste, die Liste der offenen Posten oder das Debitorenzahlungsverhalten. In der Debitorenbuchhaltung können Sie die Korrespondenz mit den Debitoren frei gestalten. Auch können Sie hierzu die im SAP-System angebotenen Mahnbriefe, Zahlungsmitteilungen, Saldenbestätigungen, Kontoauszüge usw. verwenden. Zur Registrierung der Zahlungseingänge stehen Ihnen mehrere Alternativen zur Verfügung.

Die debitorischen Vorgänge werden in der Debitorenbuchhaltung dokumentiert und können z. B. als Saldenlisten oder Umsätze angezeigt werden. Am Monats- oder Jahresende können Sie die in Fremdwährung gebuchten Posten neu bewerten, für Ihre zweifelhaften Forderungen ein Wertberichtigungsprogramm starten und die offenen Forderungen gerastert nach Restlaufzeiten anzeigen.

Die Debitorenbuchhaltung dient damit als Grundlage für die ordnungsgemäße Buchführung und gleichzeitig als Basis für andere Komponenten. Außerdem liefert die Debitorenbuchhaltung beispielsweise Informationen für die Liquiditätsplanung im Cash Management oder für das Kreditmanagement, wenn es um das Zahlungsverhalten der Kunden geht.

In diesem Kapitel wenden wir uns zunächst den Debitorenstammdaten zu und behandeln dabei u. a. detailliert die Kontengruppen und Matchcodes. Weiter geht es mit den klassischen debitorischen Geschäftsvorfällen, wie etwa Rechnungs- und Gutschriftenbuchungen, dem Vorgang der Vorerfassung, Zahlungen und dem Ausgleich von offenen Posten. Im Anschluss daran beschreiben wir das Kreditmanagement, wobei wir auch einen Blick auf die Customizing-Einstellungen des Vertriebs werfen. Im Rahmen der weiteren Einstellungen zur Debitorenbuchhaltung erläutern wir Themen wie Sonderhauptbuchvorgänge, Mahnwesen und Verzinsung. Wir beschließen das Kapitel mit einem Abschnitt über die periodischen Arbeiten, wie etwa Wertberichtigungen und Abzinsung.

8.1 Debitorische Stammdaten

Aufbau der Debitorenstammdaten

Bevor Sie Ihre Geschäftsvorfälle in der Debitorenbuchhaltung verbuchen können, benötigen Sie die entsprechenden *Debitorenstammdaten*. Die Stammdaten werden von verschiedenen Applikationen in SAP ERP genutzt und sind daher in die folgenden Bereiche aufgeteilt:

- **Allgemeine Daten**
  Die allgemeinen Daten legen Sie auf Mandantenebene an und pflegen hier z. B. Name und Adresse, Steuerinformationen und Bankverbindungen. Falls sich bestimmte Daten aus diesem Bereich ändern, führen Sie die Änderungen zentral für alle Buchungskreise und alle Verkaufsorganisationen durch, in denen der jeweilige Debitor verwendet wird (siehe Abbildung 8.1).
- **Buchungskreisdaten**
  Hier pflegen Sie die Daten buchungskreisabhängig, d. h., dass die Daten für jeden Buchungskreis neu erfasst werden müssen. In den Buchungskreisdaten finden Sie z. B. die Verbindung zur Hauptbuchhaltung (über das Abstimmkonto), die Zahlungsbedingungen, die Zahlwege und die Informationen zur Korrespondenz.
- **Vertriebsdaten**
  Die Vertriebsdaten benötigen Sie, falls Sie die Integration mit dem Vertrieb nutzen. Hier hinterlegen Sie z. B. die Verkaufsinformationen und die Fakturainformationen. Mehr zur Integration mit dem Vertrieb lesen Sie in Abschnitt 8.3, »Kreditmanagement als Optimierung des Prozesses ›Order-to-Cash‹«.

- **Kreditmanagementdaten**
  Kreditmanagementdaten legen Sie an, falls Sie das Kreditmanagement zur Überprüfung der Kundenbonität und des Zahlungsverhaltens nutzen möchten. Hier vergeben Sie pro Debitor ein Kreditlimit. Weitere Informationen zur Integration mit dem Kreditmanagement finden Sie in Abschnitt 8.3, »Kreditmanagement als Optimierung des Prozesses ›Order-to-Cash‹«.

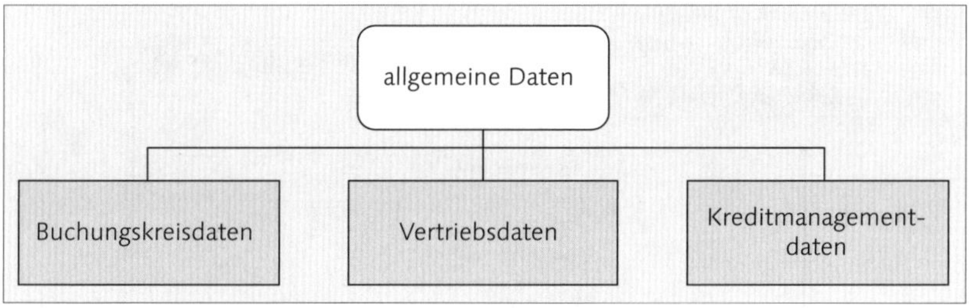

Abbildung 8.1 Debitorische Stammdaten, aufgeteilt in Bereiche

8.1.1 Kontengruppe

Bedeutung der Kontengruppe

Beim Anlegen von debitorischen Stammdaten wählen Sie immer eine *Kontengruppe* aus. Die Kontengruppe steuert, in welchem Nummernintervall ein Debitor angelegt wird und ob die Nummer intern oder extern vergeben werden soll. Außerdem beeinflusst die Kontengruppe, welche Felder beim Anlegen oder Ändern eingabebereit sein sollen, ob diese als Muss-Felder definiert oder ob sie änderbar sein sollen. Es gibt die besondere Kontengruppe »Conto pro Diverse« (CpD), die für sogenannte *CpD-Debitoren* vordefiniert ist. Darunter versteht man Kunden, mit denen Sie nur einmal oder sporadisch Geschäfte betreiben. Für solche Debitoren legen Sie keinen separaten, sondern einen gemeinsamen Stammsatz an. Daten wie Name, Adresse und Bankdaten pflegen Sie erst bei der Vornahme der entsprechenden Belegbuchungen.

Definition einer Kontengruppe

Kontengruppen legen Sie über den Customizing-Pfad FINANZWESEN (NEU) • DEBITOREN- UND KREDITORENBUCHHALTUNG • DEBITORENKONTEN • STAMMDATEN • ANLEGEN DER DEBITORENSTAMMDATEN VORBEREITEN • KONTENGRUPPE MIT BILDAUFBAU DEFINIEREN (DEBITOREN) an. Dabei legen Sie zuerst den Schlüssel der Kontengruppe an oder kopieren ihn und definieren anschließend den Feldstatus in einem Bereich wie z. B. ALLGEMEINE DATEN • ANSCHRIFT. Damit entscheiden Sie, welche Felder beim Anlegen von Debitorenstammdaten ausgeblendet und welche Felder als Muss-Eingabe oder als Kann-Eingabe erscheinen sollen (siehe die Abbildungen 8.2 und 8.3).

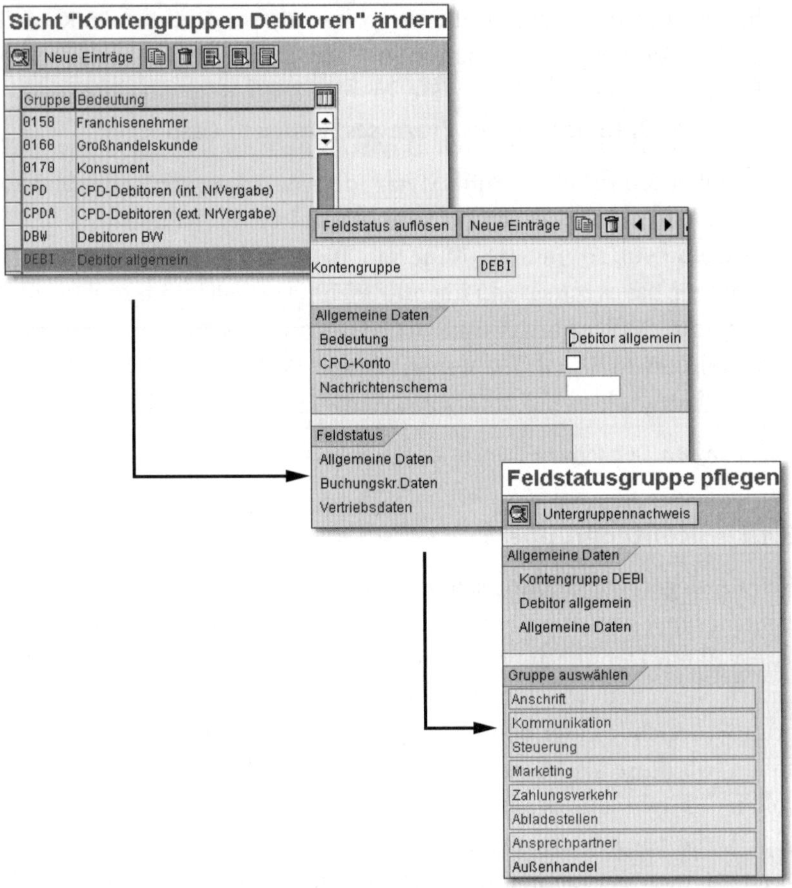

Abbildung 8.2 Definition der Kontengruppe »Debitoren« und des Feldstatusbereichs »Allgemeine Daten«

Per Doppelklick auf einen Feldstatus z. B. ALLGEMEINE DATEN steuern Sie die Felder, die in einer Gruppe, wie z. B. ANSCHRIFT, zur Verfügung stehen.

Nummernkreise definieren und zuordnen

Über den Customizing-Pfad FINANZWESEN (NEU) • DEBITOREN- UND KREDITORENBUCHHALTUNG • DEBITORENKONTEN • STAMMDATEN • ANLEGEN DER DEBITORENSTAMMDATEN VORBEREITEN • NUMMERNKREISE FÜR DEBITORENKONTEN ANLEGEN oder die Transaktion XDN1 definieren Sie die Nummernintervalle für die Kontengruppen. Hier entscheiden Sie auch, ob die Nummern extern oder intern zu vergeben sind. Eine externe Nummernvergabe ist zu empfehlen, wenn Sie bestimmte Debitorendaten aus einem externen System übernehmen und deren Nummern beibehalten möchten.

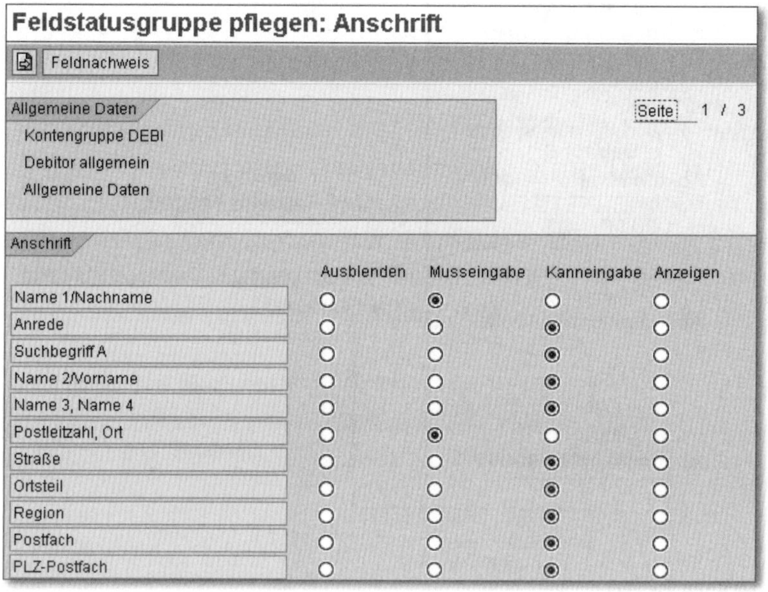

Abbildung 8.3 Pflege des Feldstatus für die Kontengruppe im Bereich »Allgemeine Daten • Anschrift«

Über den Customizing-Pfad Finanzwesen (neu) • Debitoren- und Kreditorenbuchhaltung • Debitorenkonten • Stammdaten • Anlegen der Debitorenstammdaten vorbereiten • Nummernkreise den Kontengruppen für Debitoren zuordnen ordnen Sie die Nummernintervalle den einzelnen Kontengruppen zu.

Kontengruppen dürfen nicht immer gelöscht werden [+]

Eine Kontengruppe dürfen Sie nur löschen, falls Sie keinen Stammsatz zu dieser Kontengruppe angelegt haben.

Beim Anlegen von debitorischen Stammdaten verbinden Sie die Debitorenbuchhaltung mit der Hauptbuchhaltung. Der Verbindungsschlüssel ist das sogenannte *Abstimmkonto* im Bereich Buchungskreisdaten in der Registerkarte Kontoführung. Die täglichen Geschäftsvorfälle, die Sie in Verbindung mit einem Debitor buchen, finden Sie im Hauptbuch auf dem entsprechenden Abstimmkonto (siehe Abbildung 8.4).

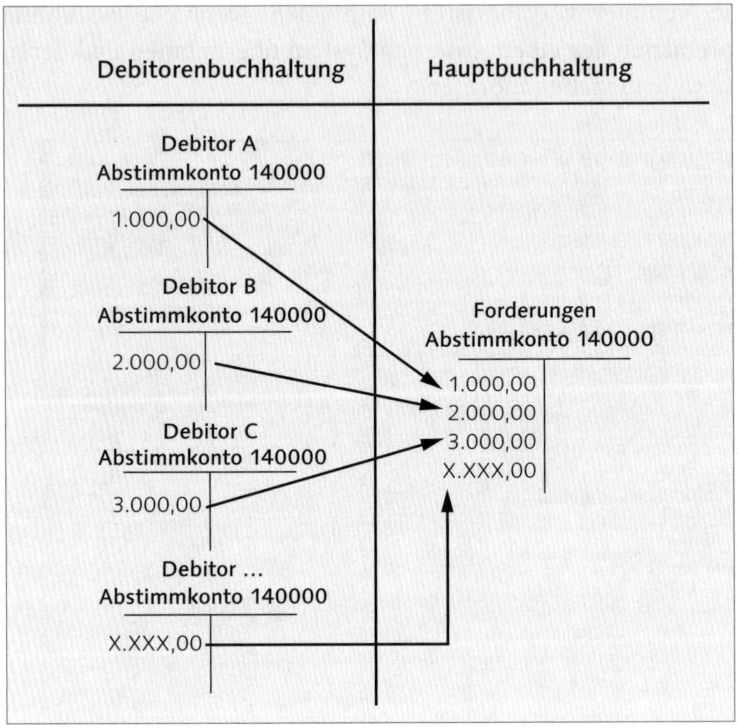

Abbildung 8.4 Verbindung zwischen der Debitorenbuchhaltung und der Hauptbuchhaltung über das Abstimmkonto

Steuerung der Felder pro Aktivität

Über den Customizing-Pfad FINANZWESEN (NEU) • DEBITOREN- UND KREDITORENBUCHHALTUNG • DEBITORENKONTEN • STAMMDATEN • ANLEGEN DER DEBITORENSTAMMDATEN VORBEREITEN • BILDAUFBAU PRO AKTIVITÄT DEFINIEREN (DEBITOREN) entscheiden Sie, welche Felder pro Aktivität (Anlegen, Ändern, Anzeigen) wie zu steuern sind (Ausblenden, Muss-, Kann- oder Anzeigefeld). Es ist sinnvoll, das in den Debitorenstammdaten zugeordnete Abstimmkonto nicht mehr für Änderungen freizugeben, da Sie sonst Buchungen zu ein und demselben Debitor auf unterschiedlichen Abstimmkonten wiederfinden. Dies können Sie wie folgt steuern: Unter AKTIVITÄTSTYP ÄNDERN DEBITOR (BUCHHALTUNG) und ÄNDERN DEBITOR (ZENTRAL) definieren Sie im Bereich BUCHUNGSKREISDATEN • KONTOFÜHRUNG das Abstimmkonto als Anzeigefeld (siehe Abbildung 8.5).

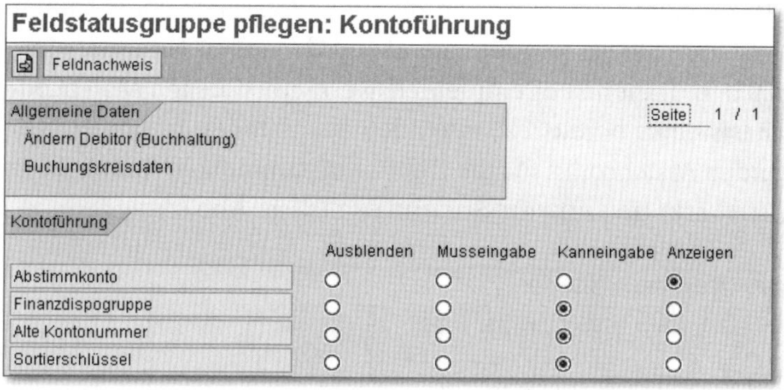

Abbildung 8.5 Abstimmkonto in der Änderungstransaktion als Anzeigefeld definieren

Zu empfehlende Stammdateneinordnung in den Kontengruppen [+]

Sie sollten Ihre Debitoren nicht in Kontengruppen pro Land, Stadt, Sachbearbeiter etc. gruppieren. Für derartige Auswertungen gibt es spezielle Felder im Stammsatz. Vielmehr ist es sinnvoll, die Debitoren den unterschiedlichen Kontengruppen anhand von handelsrechtlichen Bestimmungen zuzuordnen (z. B. für die Unterscheidung von fremden und verbundenen Unternehmen oder Inlands- bzw. Auslandforderungen).

8.1.2 Matchcodes für Debitorenstammdaten

Sie können Ihre im SAP-System angelegten Debitorenstammdaten mithilfe eines sogenannten *Matchcodes* suchen, falls Ihnen die Nummer des entsprechenden Debitors nicht bekannt sein sollte. In SAP ERP finden Sie eine Reihe voreingestellter Matchcodes. Falls Sie noch weitere Suchkriterien benötigen, können Sie Ihre individuellen Matchcodes über den Customizing-Pfad Finanzwesen (neu) • Debitoren- und Kreditorenbuchhaltung • Debitorenkonten • Stammdaten • Matchcode • Matchcodes für Debitoren pflegen oder über die Transaktion OB49 definieren.

Technischer Hintergrund für die Matchcodedefinition [+]

Das Anlegen von Matchcodes ist oft sehr hilfreich, erfordert aber ein gewisses Verständnis der Datenstrukturen in SAP ERP. Sie müssen nicht nur die technischen Namen der Felder kennen, sondern auch wissen, in welchen Tabellen sich die benötigten Felder befinden. Falls Sie dieses Hintergrundwissen nicht haben, sollten Sie sich mit Ihrer IT-Abteilung zusammensetzen.

Suchhilfe für die Debitorenstammdaten anlegen

Falls Sie Ihre Debitorenstammdaten aus einem Altsystem übernommen haben, möchten Sie sie vermutlich anhand der »alten Nummer« ausfindig machen. Daher ist es empfehlenswert, einen neuen Matchcode auf der Basis eines bereits existierenden Matchcodes anzulegen. Die existierenden Matchcodes für die Debitorenstammdaten finden Sie in der Registerkarte INKLUDIERTE SUCHHILFEN (siehe Abbildung 8.6).

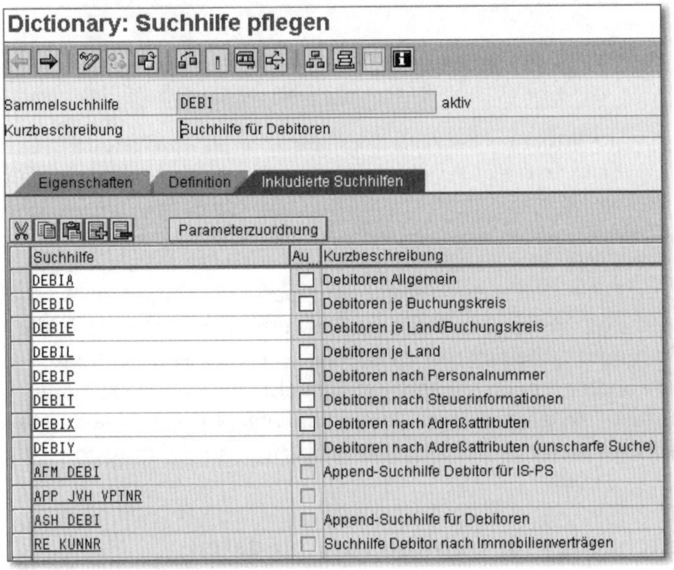

Abbildung 8.6 Matchcodes für die Debitorenstammdaten

Beispielsweise können Sie den Matchcode DEBIA (Debitoren je Buchungskreis) kopieren und Ihren neuen Matchcode DEBI1 (Debitoren nach alter Kontonummer) per Doppelklick bearbeiten. Hier entscheiden Sie, nach welchen Feldern Sie suchen möchten, und definieren außerdem die Reihenfolge für die Felder. Darüber hinaus benötigen Sie eine Selektionsmethode, anhand derer Sie dem SAP-System mitteilen, woher die Daten gelesen werden sollen. Diese muss als View oder als Tabelle angelegt werden (in unserem Beispiel Z_DEBI1, siehe Abbildung 8.7).

Selektionsmethode

Über die Transaktion SE11 legen Sie die Selektionsmethode als View an. Auch können Sie eine bereits existierende Selektionsmethode wie z. B. M_DEBID aus dem Matchcode DEBIA kopieren und entsprechend anpassen. Ihr neuer View muss als kundenspezifisches Objekt mit »Z*« anfangen.

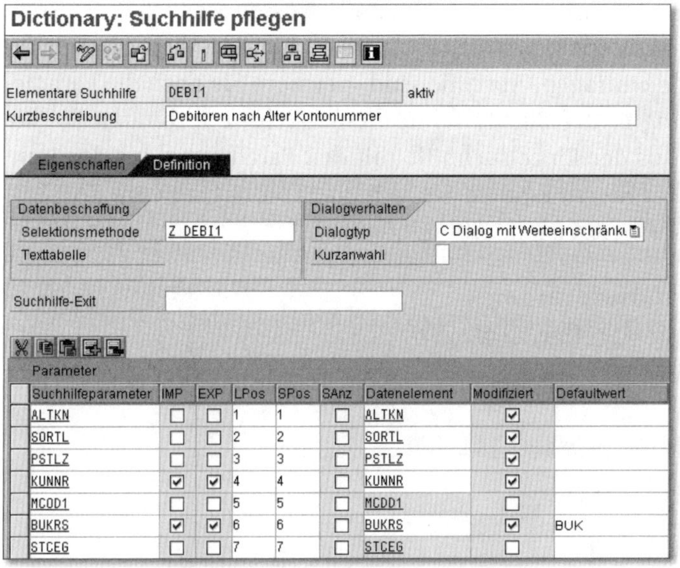

Abbildung 8.7 Neu angelegte Suchhilfe für Debitoren nach alter Kontonummer

In der Registerkarte VIEWFELDER tragen Sie Ihre möglichen Suchfelder ein, und in der Registerkarte TABELLEN/JOINBEDINGUNGEN pflegen Sie die Tabellen, in denen die Felder gelesen werden, sowie die Abhängigkeiten zwischen diesen Tabellen (siehe Abbildung 8.8).

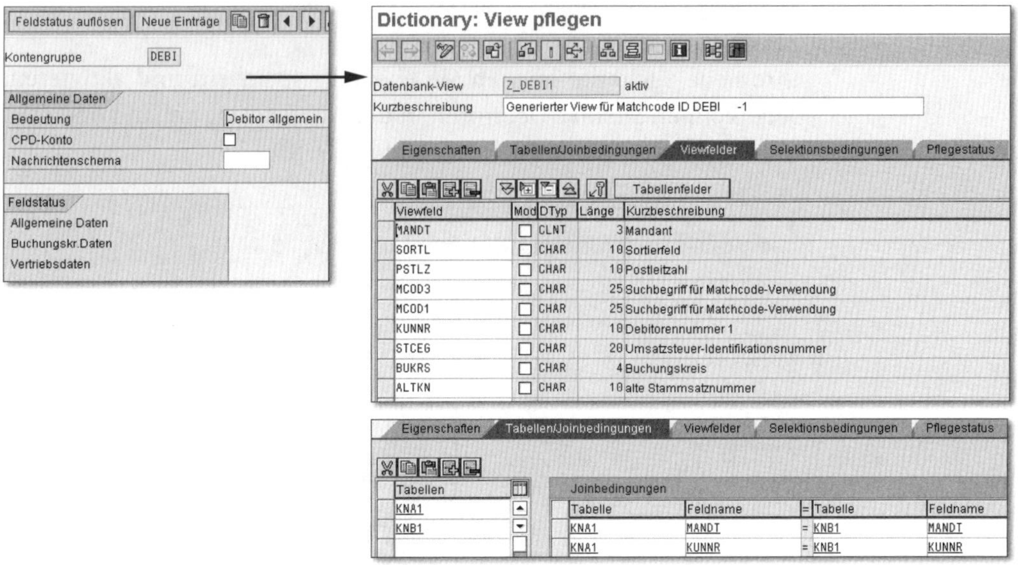

Abbildung 8.8 Eine Selektionsmethode als View für die Suchhilfe für die Debitorenstammdaten anlegen

Nachdem Sie Ihren View angelegt haben, müssen Sie Ihre Daten speichern und aktivieren; erst danach können Sie den View als Selektionsmethode eintragen. Abschließend speichern Sie noch die Parameterzuordnung in der Suchhilfe; in diesem Schritt verbinden Sie die Parameter aus der Einzelsuchhilfe mit den Parametern aus der Sammelsuchhilfe. Hierzu können Sie sich einen Vorschlag vom SAP-System erstellen lassen (siehe Abbildung 8.9).

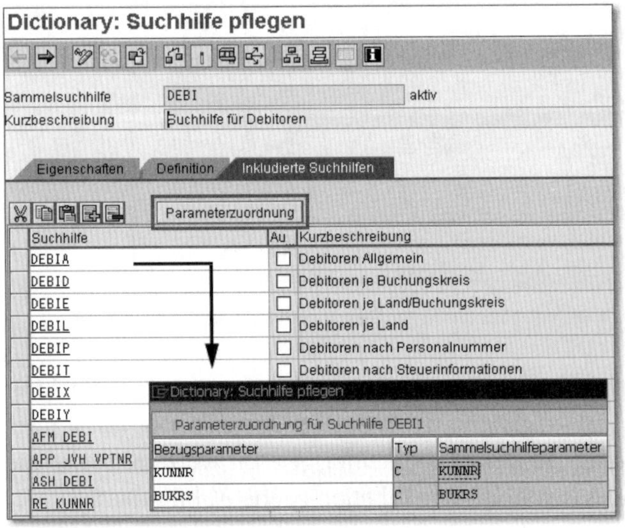

Abbildung 8.9 Parameterzuordnung in der Suchhilfe

Ihre neue Suchhilfe müssen Sie ebenfalls speichern und aktivieren. Jetzt können Sie Ihre Debitoren in der Anwendung anhand der alten Kontonummer finden (siehe Abbildung 8.10).

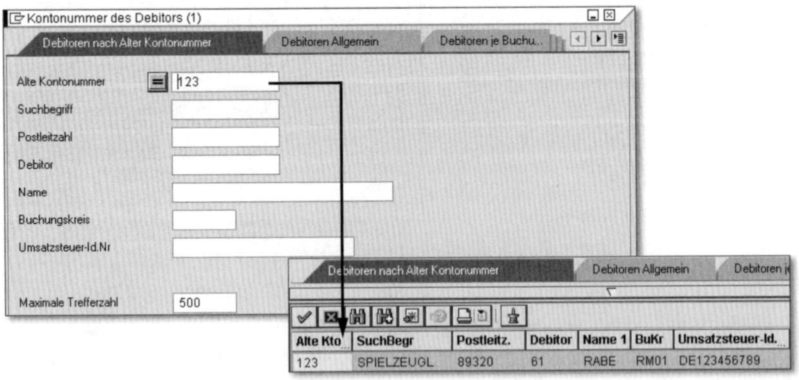

Abbildung 8.10 Der neu angelegte Matchcode (Suchhilfe) in der Anwendung

8.2 Klassische debitorische Geschäftsvorfälle

Zu den täglichen Geschäftsvorfällen in der Debitorenbuchhaltung gehören die Rechnungs- und Gutschriftenbuchung, die Belegvorerfassung, die Zahlungseingangsbuchung, der Ausgleich von offenen Posten und die Korrespondenz mit den Debitoren. Die debitorischen Geschäftsvorfälle basieren auf den Einstellungen, die Sie schon in Kapitel 4, »Globale Einstellungen im SAP-Finanzwesen«, kennengelernt haben: Belegaufbau, Belegarten, Buchungsschlüssel und Feldstatusgruppen. Typische Einstellungen im Bereich der Debitorenbuchhaltung lernen Sie im folgenden Abschnitt kennen.

8.2.1 Rechnungsbuchung/Gutschriftbuchung

Analog zum Hauptbuch haben Sie in der Debitorenbuchhaltung zwei Möglichkeiten, um Ihre Rechnungen bzw. Gutschriften zu erfassen: als *klassische Transaktionen* und als *Enjoy-Transaktionen*. In den Enjoy-Transaktionen können Sie die vorgangsabhängigen Belegarten, Steuerkennzeichen und Buchungsschlüssel hinterlegen.

Einstellungen zu den Belegarten in den Enjoy-Transaktionen

Die Einstellungen zu den Belegarten nehmen Sie über den Customizing-Pfad Finanzwesen (neu) • Debitoren- und Kreditorenbuchhaltung • Geschäftsvorfälle • Rechnungsausgang/Gutschriftausgang • Rechnungsausgang/Gutschriftausgang Enjoy • Belegarten für Enjoy-Transaktionen definieren vor (siehe Abbildung 8.11).

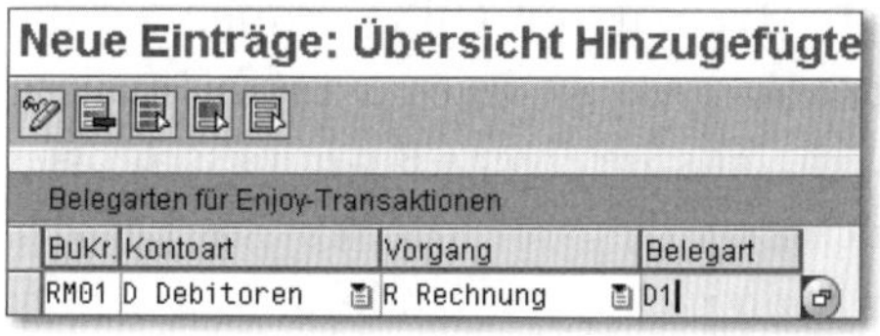

Abbildung 8.11 Belegartenzuordnung für die Enjoy-Transaktionen

Falls Sie hier keine Einstellungen vornehmen, schlägt das System standardmäßig die Belegart DR (Debitorenrechnung) vor; den Vorschlagswert können Sie überschreiben.

Einstellungen zu den Steuerkennzeichen in den Enjoy-Transaktionen

Die Einstellungen zu den Steuerkennzeichen pro Land werden über den Customizing-Pfad Finanzwesen (neu) • Debitoren- und Kreditorenbuchhaltung • Geschäftsvorfälle • Rechnungsausgang/Gutschriftausgang • Rechnungsausgang/Gutschriftausgang

Enjoy • Steuerkennzeichen pro Vorgang definieren (Transaktion OBZT) vorgenommen (siehe Abbildung 8.12).

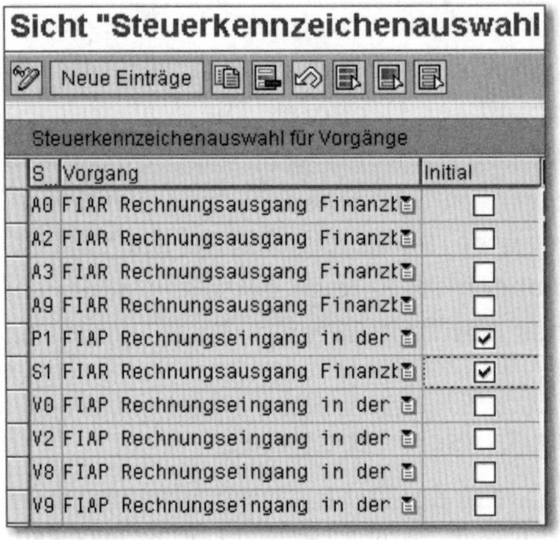

Abbildung 8.12 Steuerkennzeichen für Enjoy-Transaktionen definieren

Über diese Einstellungen wählen Sie die nur für bestimmte Vorgänge gültigen Steuerkennzeichen aus. Gleichzeitig können Sie einen Wert als Vorschlagswert definieren.

Einstellungen zu den Buchungsschlüsseln in den Enjoy-Transaktionen

Über den Customizing-Pfad Finanzwesen (neu) • Debitoren- und Kreditorenbuchhaltung • Geschäftsvorfälle • Rechnungsausgang/Gutschriftausgang • Rechnungsausgang/Gutschriftausgang Enjoy • Buchungsschlüssel für Rechnungs-/Gutschriftseingang hinterlegen oder über die Transaktion OBXJ ordnen Sie die jeweiligen Buchungsschlüssel pro Vorgang zu. Es ist empfehlenswert, diese Einstellungen nur zu ändern, falls Sie eigene Buchungsschlüssel definiert haben. Denn die Buchungsschlüssel können Sie bei der Buchung über die Enjoy-Transaktion nicht mehr ändern.

Zahlungsbedingungen definieren

Beim Buchen einer Rechnung geben Sie *Zahlungsbedingungen* an, aus denen das System ermittelt, wann ein Beleg zur Zahlung fällig ist und bis wann das Skonto abgezogen werden darf. In der Standardauslieferung sind Sie die gängigen Zahlungsbedingungen bereits vordefiniert. Falls Sie eigene Zahlungsbedingungen pflegen möchten, nehmen Sie die entsprechenden Einstellungen über den Customizing-Pfad Finanzwesen (neu) • Debitoren- und Kreditorenbuchhaltung • Geschäftsvorfälle • Rechnungsausgang/Gutschriftausgang • Zahlungsbedingungen pflegen vor (siehe Abbildung 8.13).

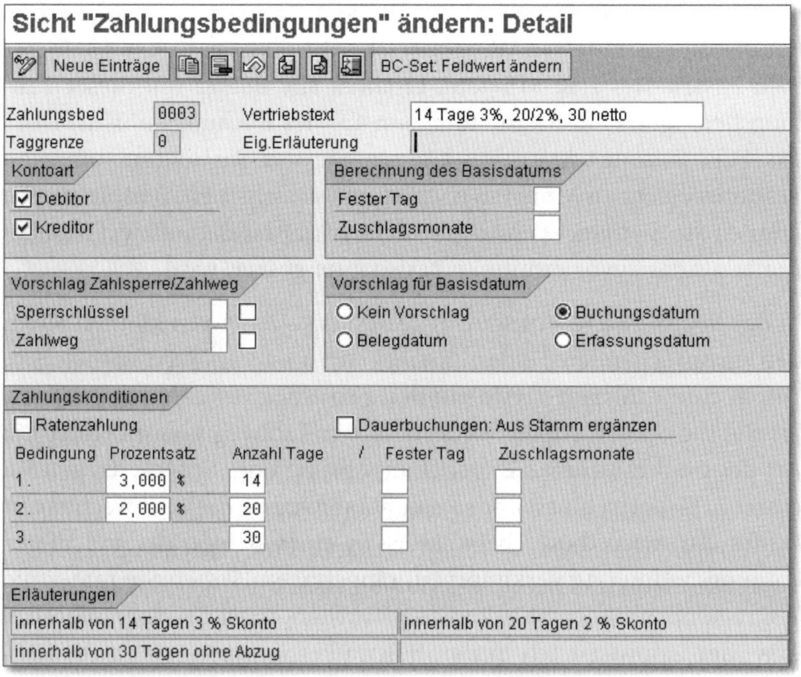

Abbildung 8.13 Beispieleinstellungen für Zahlungsbedingungen mit Skonto

Bei der Definition von Zahlungsbedingungen geben Sie einen vierstelligen Schlüssel und einen Vertriebstext (dieser kann auf die Rechnungen gedruckt werden) sowie eventuell eine Erläuterung ein. Über das Feld TAGGRENZE können Sie steuern, ob Sie innerhalb eines Monats – in Abhängigkeit des Datums – unterschiedliche Zahlungsbedingungen festlegen möchten. Geben Sie hier z. B. »15« ein, gilt diese Zahlungsbedingung nur vom 1. bis zum 15. jedes Monats; für den Rest des Monats müssen Sie dann noch mindestens eine weitere Bedingung einstellen.

Über den Bereich KONTOART steuern Sie, ob die jeweilige Zahlungsbedingung nur für Debitoren, nur für Kreditoren oder für beide gelten soll.

Das *Basisdatum* bildet die Grundlage für die Ermittlung von Fristen zur Fälligkeit und zum Skontoabzug. Im Bereich VORSCHLAG FÜR BASISDATUM können Sie einstellen, welches Datum aus dem zugrunde liegenden Beleg als Basisdatum gelten soll (Buchungsdatum, Belegdatum oder Erfassungsdatum); wählen Sie die Option KEIN VORSCHLAG, muss der Benutzer das Basisdatum beim Buchen manuell eingeben. Unter BERECHNUNG DES BASISDATUMS können Sie das Basisdatum mit einem festen Wert überschreiben lassen: Geben Sie in das Feld FESTER TAG z. B. »15« ein, erhalten alle Belege mit dieser Zahlungsbedingung ein Basisdatum zum 15. des Buchungsmonats. Über das Feld ZUSCHLAGSMONATE können Sie das Basisdatum um eine bestimmte Zahl an Monaten nach hinten verschieben. Beispielsweise können Sie hier eine 2 eintragen, damit das Basisdatum zwei Monate später als das zuvor ermittelte Basisdatum gesetzt wird.

In der Registerkarte VORSCHLAG ZAHLSPERRE/ZAHLWEG können Sie in den entsprechenden Feldern *Zahlsperren* und *Zahlwege* vorbelegen. Durch eine Zahlsperre wird ein Beleg so lange zur Zahlung gesperrt, bis Sie die Sperre wieder entfernen. Ein Zahlweg kennzeichnet die Art des Geldtransfers, z. B. per Überweisung oder Scheck. Tragen Sie einen Zahlsperrschlüssel oder einen Zahlweg in die entsprechenden Felder ein, wird dieser beim Erfassen eines Belegs, der mit dieser Zahlungsbedingung verknüpft ist, eingetragen. Setzen Sie hinter die Einträge noch die entsprechenden Häkchen, wird der Sperrschlüssel bzw. der Zahlweg auch in den Beleg übernommen, wenn die Zahlungsbedingung erst nachträglich in den Beleg aufgenommen wird.

Im Block ZAHLUNGSKONDITIONEN definieren Sie schließlich, wann Belege mit dieser Zahlungsbedingung fällig werden sollen und welche Bedingungen für den Skontoabzug gelten sollen. Sie können hier bis zu drei Schritte eingeben; die Grenze je Schritt geben Sie entweder als Anzahl von Tagen (ausgehend vom Basisdatum) an oder als festen Tag, eventuell in Kombination mit den Zuschlagsmonaten (nach dem gleichen Prinzip wie bei der Berechnung des Basisdatums oben). Unter PROZENTSATZ geben Sie für den entsprechenden Schritt an, wie viel Skonto einbehalten werden darf. Im Beispiel aus Abbildung 8.13 gilt z. B., dass bis 14 Tage nach dem Basisdatum 3 % Skonto abgezogen werden dürfen; zwischen 15 und 20 Tagen sind 2 % Skonto erlaubt, und ab 21 Tagen gibt es keinen Skontoabzug mehr. Nach 30 Tagen ist der Beleg schließlich überfällig.

Zahlungsbedingungen für Ratenzahlungen

Wenn Sie die Option RATENZAHLUNG ankreuzen, bedeutet dies, dass diese Zahlungsbedingung für *Ratenzahlungen* verwendet wird. In solchen Fällen sind alle weiteren Einstellungen in diesem Bildschirm (mit Ausnahme des Vertriebstextes und der Erläuterung) unwirksam. Daher müssen Sie noch unter FINANZWESEN (NEU) • DEBITOREN- UND KREDITORENBUCHHALTUNG • GESCHÄFTSVORFÄLLE • RECHNUNGSAUS-

Gang/Gutschriftausgang • Zahlungsbedingungen für Raten definieren (Transaktion OBB9) die Details zu dieser Ratenzahlung festlegen (siehe Abbildung 8.14).

Abbildung 8.14 Definition der Zahlungsbedingungen für die Ratenzahlung

Unter Zahlungsbedingung tragen Sie eine Zahlungsbedingung ein, die für Ratenzahlungen gekennzeichnet ist. Diese können Sie in beliebig viele Raten aufteilen, denen Sie in der Spalte Rate eine laufende Nummer zuweisen. Unter Prozent geben Sie an, welcher Prozentsatz vom Rechnungsbetrag mit der entsprechenden Rate beglichen werden soll. Schließlich tragen Sie in der letzten Spalte noch eine Zahlungsbedingung ein, die definiert, wann die jeweilige Rate fällig wird und welche Bedingungen für den Abzug von Skonto gelten sollen.

Wird ein Beleg mit einer Ratenzahlungsbedingung gebucht, teilt das SAP-System den gesamten Rechnungsbetrag in so viele einzelne Belege auf, wie Raten definiert sind. Auf diese Weise weist jeder Einzelbeleg seine eigene Fälligkeit anhand der jeweiligen Zahlungsbedingung aus.

8.2.2 Belegvorerfassung

Verwendung der Belegvorerfassung

In SAP ERP haben Sie die Möglichkeit, Belege vorzuerfassen und sie erst später zu buchen. Für eine solche Vorgehensweise kann es die folgenden Gründe geben:

- Bestimmte Sachbearbeiter verfügen generell nicht über die Berechtigung, um Belege zu buchen, oder nur bis zu einem bestimmten Betrag.
- Auf einer Rechnung ist keine oder eine fehlerhafte Zusatzkontierung ausgewiesen.

In den vorerfassten Belegen können Sie, im Gegensatz zu den gebuchten Belegen, Felder wie z. B. Beträge und Nebenkontierungen noch nachträglich verändern.

[!]

Mögliche Belegnummernlücken aufgrund vorerfasster Belege

Für einen vorerfassten Beleg wird die nächste freie Nummer aus dem Nummernkreis einer Belegart reserviert. Falls Sie einen vorerfassten Beleg löschen, wird die für diesen Beleg vorreservierte Nummer nicht mehr verwendet, so dass bei der Vergabe der Belegnummern Lücken entstehen können.

Die *Belegvorerfassung* können Sie z. B. im Rahmen eines Workflows einsetzen. So kann das SAP-System beispielsweise automatisch eine Nachricht an einen definierten Benutzer im System verschicken, sobald ein Beleg vorerfasst wurde, damit dieser den Beleg prüfen und buchen kann, sofern er in Ordnung ist. Abhängig vom Buchungsbetrag oder vom Debitor können Sie den Workflow an verschiedene Benutzer verschicken.

Erfassungsmaske für die Vorerfassung definieren

Falls Sie Belege über die klassischen Transaktionen erfassen, können Sie Erfassungsmasken mit ausgewählten und für Sie wichtigen Feldern definieren. Die für Sie relevanten Einstellungen zur Belegvorerfassung nehmen Sie in mehreren einzelnen Schritten über den Customizing-Pfad Finanzwesen (neu) • Debitoren- und Kreditorenbuchhaltung • Geschäftsvorfälle • Rechnungsausgang/Gutschriftausgang • Einstellungen zur Belegvorerfassung durchführen und prüfen vor.

8.2.3 Eingehende Zahlungen

Verschiedene Arten von Eingangszahlungen

Nachdem Sie eine Ausgangsrechnung im System erfasst haben, wird diese Rechnung in der Regel bezahlt. Die entsprechenden Zahlungen können Sie wie folgt buchen:

- **Manuell**
  Ihre Bankkontoauszüge buchen Sie im SAP-System per Hand. Diese Methode wird in der Regel in Firmen verwendet, die nur wenige Zahlungen registrieren.
- **Automatisch**
  Bei der automatischen Zahlungsbuchung nutzen Sie das automatische Zahlprogramm. Das automatische Zahlprogramm verwenden Sie in der Regel für ausgehende Zahlungen in der Kreditorenbuchhaltung, aber auch für das Begleichen von Gutschriften, das Auszahlen von Guthaben oder für den Bankeinzug in der Debitorenbuchhaltung. Die Customizing-Einstellungen zum Zahlprogramm finden Sie in Abschnitt 9.2.2, »Ausgehende Zahlung«.

- **Elektronisch**
  Sie spielen Ihren Kontoauszug von der Bank elektronisch als Datei ein. Die Customizing-Einstellungen zum elektronischen Kontoauszug finden Sie in Abschnitt 11.2.3, »Elektronischer Kontoauszug«.

Manuelle Zahlung

Bei *manuellen Zahlungen* ordnen Sie die Rechnung in der Regel direkt der entsprechenden Zahlung zu; Sie gleichen die Positionen also gleich bei der Zahlungsbuchung aus (siehe Abbildung 8.15).

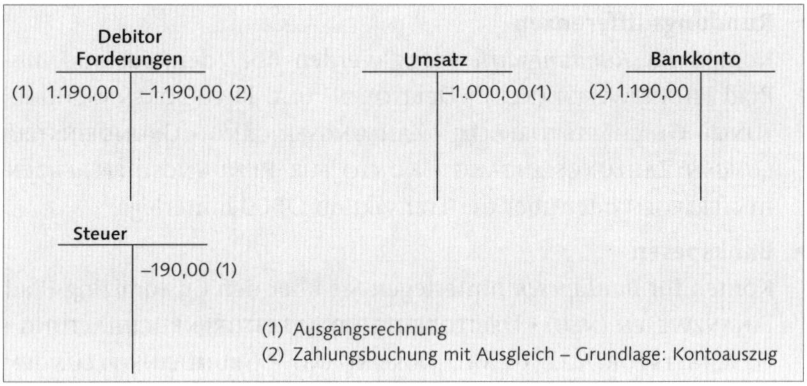

Abbildung 8.15 Manuelle Zahlung mit Rechnungszuordnung

Im Idealfall gibt es keine Differenzen zwischen Rechnungs- und Zahlungsbetrag; es kann allerdings vorkommen, dass bei der Zahlungsbuchung Differenzen zum Rechnungsbetrag entstehen, oder Sie möchten beim Zahlungseingang mit Ausgleich bestimmte Beträge, wie z. B. den Skontobetrag, automatisch ausbuchen.

Hierzu hinterlegen Sie im System Konten, die bei der Durchführung eines bestimmten Vorgangs verwendet werden:

- **Skontoaufwand**
  Konten für den *Skontoaufwand* hinterlegen Sie über den Customizing-Pfad FINANZWESEN (NEU) • DEBITOREN- UND KREDITORENBUCHHALTUNG • GESCHÄFTSVORFÄLLE • ZAHLUNGSEINGANG • GRUNDEINSTELLUNGEN ZAHLUNGSEINGANG • KONTEN FÜR SKONTOAUFWAND HINTERLEGEN oder über die Transaktion OBXI.
- **Über-/Unterzahlung**
  Konten für die *Über- bzw. Unterzahlung* werden unter FINANZWESEN (NEU) • DEBITOREN- UND KREDITORENBUCHHALTUNG • GESCHÄFTSVORFÄLLE • ZAHLUNGSEINGANG • GRUNDEINSTELLUNGEN

ZAHLUNGSEINGANG • KONTEN FÜR ÜBER-/UNTERZAHLUNG HINTERLEGEN (Transaktion OBXL) hinterlegt.

- **Kursdifferenzen**
  Konten für *Kursdifferenzen* hinterlegen Sie über den Customizing-Pfad FINANZWESEN (NEU) • DEBITOREN- UND KREDITORENBUCHHALTUNG • GESCHÄFTSVORFÄLLE • ZAHLUNGSEINGANG • GRUNDEINSTELLUNGEN ZAHLUNGSEINGANG • KONTEN FÜR KURSDIFFERENZEN HINTERLEGEN oder über die Transaktion OB09.
- **Rundungsdifferenzen**
  Konten für *Rundungsdifferenzen* werden über den Customizing-Pfad FINANZWESEN (NEU) • DEBITOREN- UND KREDITORENBUCHHALTUNG • GESCHÄFTSVORFÄLLE • ZAHLUNGSEINGANG • GRUNDEINSTELLUNGEN ZAHLUNGSEINGANG • KONTO FÜR RUNDUNGSDIFFERENZEN HINTERLEGEN oder über die Transaktion OB00 hinterlegt.
- **Bankspesen**
  Konten für *Bankspesen* hinterlegen Sie über den Customizing-Pfad FINANZWESEN (NEU) • DEBITOREN- UND KREDITORENBUCHHALTUNG • GESCHÄFTSVORFÄLLE • ZAHLUNGSEINGANG • GRUNDEINSTELLUNGEN ZAHLUNGSEINGANG • KONTEN FÜR BANKSPESEN HINTERLEGEN (DEBITOREN) oder über die Transaktion OBXK.
- **Zahlungsdifferenzen**
  Konten für *Zahlungsdifferenzen* werden unter FINANZWESEN (NEU) • DEBITOREN- UND KREDITORENBUCHHALTUNG • GESCHÄFTSVORFÄLLE • ZAHLUNGSEINGANG • GRUNDEINSTELLUNGEN ZAHLUNGSEINGANG • ZAHLUNGSDIFFERENZEN • KONTEN FÜR ZAHLUNGSDIFFERENZEN HINTERLEGEN oder über die Transaktion OBXL hinterlegt. Zu den Zahlungsdifferenzen können Sie auch *Differenzgründe* angeben, die Sie bei der Zuordnung der Zahlung zur entsprechenden Rechnung auswählen. Falls Sie Zahlungsdifferenzen verwenden, können Sie auch Ihre Konten für Zahlungsdifferenzen pro Differenzgrund zuordnen. Die Zahlungsdifferenzen definieren Sie über den Customizing-Pfad FINANZWESEN (NEU) • DEBITOREN- UND KREDITORENBUCHHALTUNG • GESCHÄFTSVORFÄLLE • ZAHLUNGSEINGANG • GRUNDEINSTELLUNGEN ZAHLUNGSEINGANG • ZAHLUNGSDIFFERENZEN • DIFFERENZGRÜNDE DEFINIEREN.

Toleranzen für Debitoren/Kreditoren

Analog zu den *Toleranzen*, die Sie schon in Abschnitt 4.4.2, »Belegposition«, kennengelernt haben, können Sie Toleranzen für Debitoren und Kreditoren über den Customizing-Pfad FINANZWESEN (NEU) • DEBItoren- und Kreditorenbuchhaltung • Geschäftsvorfälle • Zahlungseingang • Zahlungseingang manuell • Differenzen beim Ausgleichen • Toleranzen für Debitoren/Kreditoren definieren festlegen. Hier definieren Sie Beträge bzw. Prozentsätze für Zahlungsdifferenzen, die beim Ausgleich von offenen Posten automatisch auf die zugeordneten Konten gebucht werden, sowie die Behandlung der Zahlungsbedingungen hinsichtlich Restposten (siehe Abbildung 8.16).

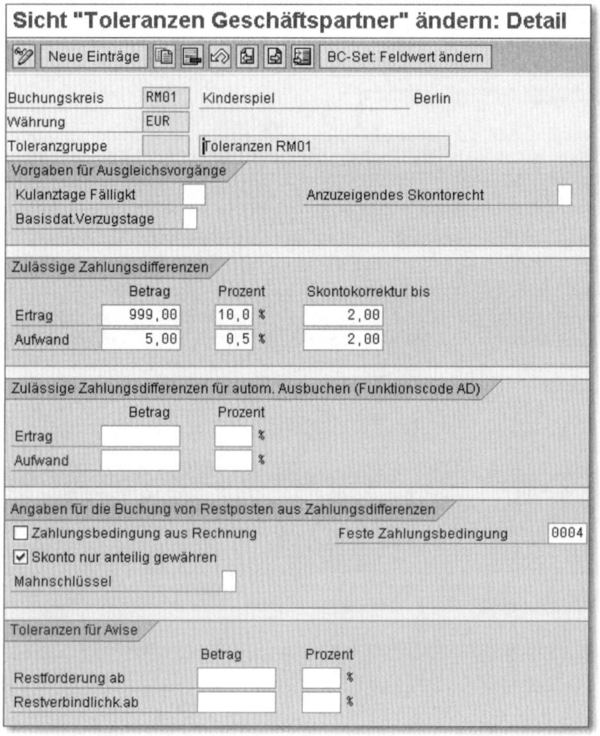

Abbildung 8.16 Beispiel für eine Toleranzgruppe für Debitoren und Kreditoren

Die definierten Toleranzgruppen ordnen Sie Ihren Debitoren bzw. Kreditoren in den Stammdaten unter Buchungskreisdaten • Zahlungsverkehr oder über die Transaktion FD02 zu.

8.2.4 Ausgleich von offenen Posten

Grundlagen für den manuellen bzw. maschinellen Ausgleich

Die offenen Posten auf den Debitorenkonten können Sie entweder manuell oder maschinell ausgleichen. In beiden Verfahren wird der Buchungsschlüssel für die Buchung von Ausgleichsbelegen automatisch zugeordnet. Den Standardbuchungsschlüssel können Sie über den Customizing-Pfad FINANZWESEN (NEU) • DEBITOREN- UND KREDITORENBUCHHALTUNG • GESCHÄFTSVORFÄLLE • AUSGLEICH OFFENER POSTEN • BUCHUNGSSCHLÜSSEL FÜR AUSGLEICH (OP) hinterlegen oder über die Transaktion OBXH ändern (siehe Abbildung 8.17).

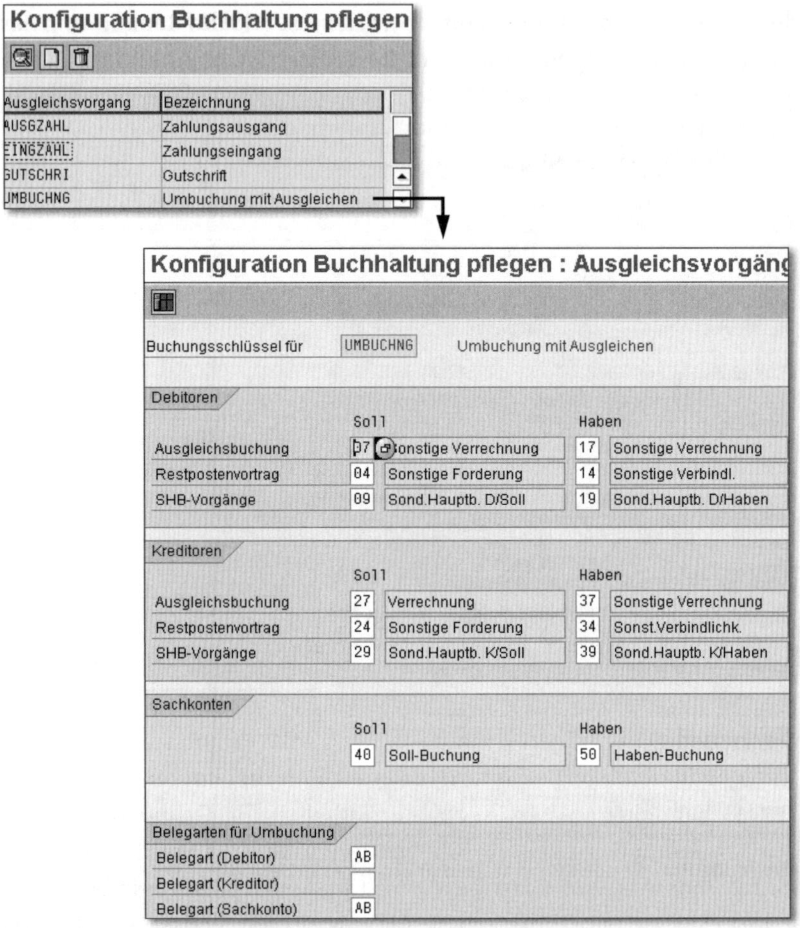

Abbildung 8.17 Einstellungen zu den Buchungsschlüsseln beim Ausgleich von offenen Posten

[+]

Buchungsschlüssel beim Ausgleich von offenen Posten

Es empfiehlt sich, den Buchungsschlüssel nur zu ändern, wenn Sie eigene Buchungsschlüssel angelegt haben und diese auch in diesem Umfeld verwenden möchten.

Zeilenaufbau für die Postenbearbeitung definieren und zuordnen

Über den Customizing-Pfad FINANZWESEN (NEU) • DEBITOREN- UND KREDITORENBUCHHALTUNG • DEBITORENKONTEN • EINZELPOSTEN • BEARBEITUNG DER OFFENEN POSTEN • ZEILENAUFBAU DEFINIEREN oder über die Transaktion O7Z4D können Sie festlegen, welche Felder beim manuellen Ausgleichen zur Verfügung stehen und in welcher Reihenfolge diese angezeigt werden sollen (siehe Abbildung 8.18).

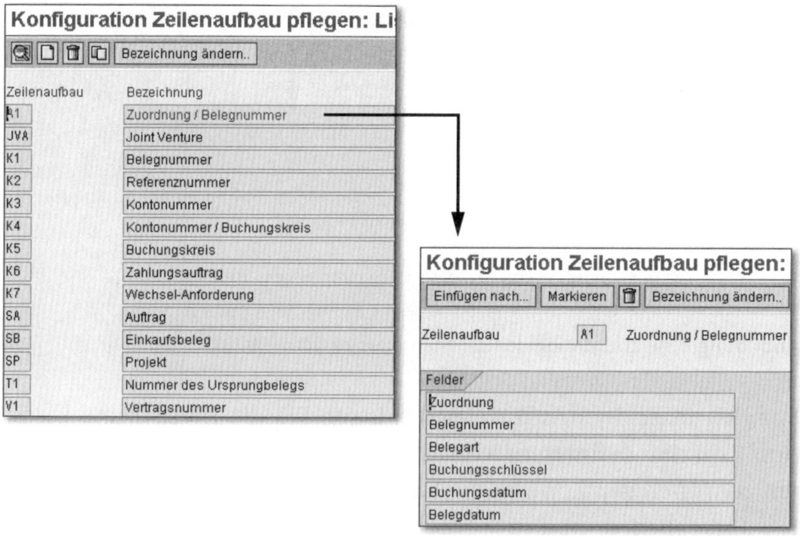

Abbildung 8.18 Definition des Zeilenaufbaus

Jedem Zeilenaufbau ordnen Sie nun einen maximal dreistelligen Schlüssel zu. Über den Customizing-Pfad FINANZWESEN (NEU) • DEBITOREN- UND KREDITORENBUCHHALTUNG • DEBITORENKONTEN • EINZELPOSTEN • BEARBEITUNG DER OFFENEN POSTEN • STANDARD-ZEILENAUFBAU AUSWÄHLEN oder über die Transaktion O7V3 können Sie pro Transaktion einen Schlüssel als Standard zuordnen (siehe Abbildung 8.19).

Beim Ausführen des *Ausgleichs von offenen Posten* in der Anwendung können Sie den im Customizing zugeordneten Standardzeilenaufbau durch einen anderen Zeilenaufbau ersetzen.

Maschineller Ausgleich

Auch steht Ihnen in SAP ERP ein Programm für den *maschinellen Ausgleich von offenen Posten* zur Verfügung. Dieses Programm fasst die Posten eines Kontos zusammen, falls das Abstimmkonto, die Währung, die Sonderhauptbuchkennzeichen und die frei definierbare Kriterien identisch sind.

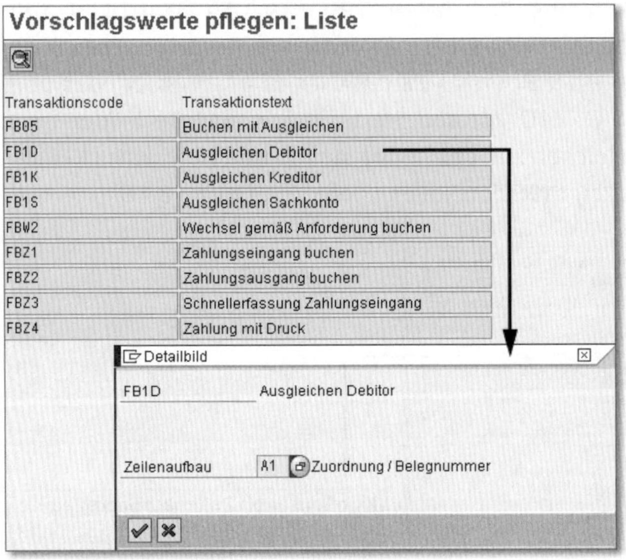

Abbildung 8.19 Zuordnung des Zeilenaufbaus zu den Transaktionen

Für den maschinellen Ausgleich müssen Sie die Konten und bis zu fünf Kriterien definieren, wonach das System die Posten auf den Konten zuordnen kann. Wenn der Saldo der Posten null ist, sind die Posten ausgeglichen, und es werden die Ausgleichsbelege gebucht. Für die Rechnungen und Zahlungen können Sie beispielsweise das Feld ZUORDNUNG verwenden. Die Zusammensetzung und die Bedeutung dieses Feldes haben Sie schon in Abschnitt 5.2.1, »Stammdaten im neuen Hauptbuch«, und 5.2.4, »Ausgleich offener Posten«, kennengelernt. Die Kriterien für den maschinellen Ausgleich pro Konto oder Konteninterval pflegen Sie über den Customizing-Pfad FINANZWESEN (NEU) • DEBITOREN- UND KREDITORENBUCHHALTUNG • GESCHÄFTSVORFÄLLE • AUSGLEICH OFFENER POSTEN • MASCHINELLES AUSGLEICHEN VORBEREITEN. In Abbildung 8.20 sehen Sie das Ergebnis des Ausgleichsprogramms für das Debitorenkonto 61 im Buchungskreis RM01. Das SAP-System hat hier zwei Posten mit derselben Zuordnungsnummer gefunden, und diese Positionen können maschinell ausgeglichen werden. Die entsprechenden Ausgleichsregeln kommen aus den oben genannten Customizing-Einstellungen, die auch in Abbildung 8.20 zu sehen sind.

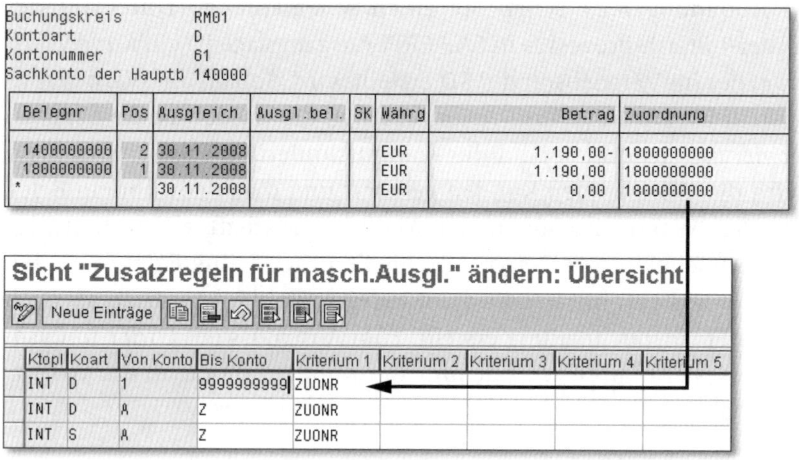

Abbildung 8.20 Pflege der Kriterien für den maschinellen Ausgleich

Konten für realisierte Kursdifferenzen beim Ausgleich von offenen Posten

Falls beim Ausgleich der offenen Posten Kursdifferenzen entstehen, werden diese automatisch auf das Konto »Realisierte Kursdifferenzen« gebucht. Das Konto für realisierte Kursdifferenzen hinterlegen Sie über den Customizing-Pfad FINANZWESEN (NEU) • HAUPTBUCHHALTUNG (NEU) • GESCHÄFTSVORFÄLLE • AUSGLEICH OFFENER POSTEN • KONTEN FÜR KURSDIFFERENZEN HINTERLEGEN oder über die Transaktion OB09.

Wir haben Ihnen nun die wesentlichen Customizing-Einstellungen zur Debitorenbuchhaltung gezeigt, die Sie benötigen, um Rechnungen und Zahlungen zu buchen. Im nächsten Abschnitt werfen wir einen Blick darauf, wie die Debitorenbuchhaltung in übergreifende Prozesse eingegliedert ist und wie sie dabei helfen kann, das Unternehmensergebnis zu verbessern.

8.3 Kreditmanagement als Optimierung des Prozesses »Order-to-Cash«

Übersicht über den Prozess »Order-to-Cash«

Der Prozess *Order-to-Cash* umfasst alle Teilprozesse von der Annahme einer Kundenbestellung über die Auftragsabwicklung, die Bereitstellung und den Versand von Waren, bis hin zur Rechnungserstellung und der Verbuchung der Eingangszahlung.

In Abbildung 8.21 sehen Sie einen schematischen Durchlauf des Order-to-Cash-Prozesses in SAP ERP: Ausgangslage ist ein *Kundenauftrag*, der im Vertriebsmodul SD erstellt wird. Sobald die Ware bereitgestellt ist, wird die *Auslieferung* erzeugt, die wiederum die *Kommissionierung* anstößt. Sobald die Kommissionierung abgeschlossen ist, wird die Ware an den Kunden geliefert und damit sowohl ein Beleg für den Warenausgang in der Materialwirtschaft als auch in der Finanzbuchhaltung erzeugt. Anschließend wird eine *Faktura* an den Kunden erstellt; hierbei wird ein Beleg sowohl im Vertrieb als auch in der Finanzbuchhaltung erstellt. Zum Abschluss des Order-to-Cash-Prozesses erfolgt die Verbuchung der Kundenzahlung in der Finanzbuchhaltung.

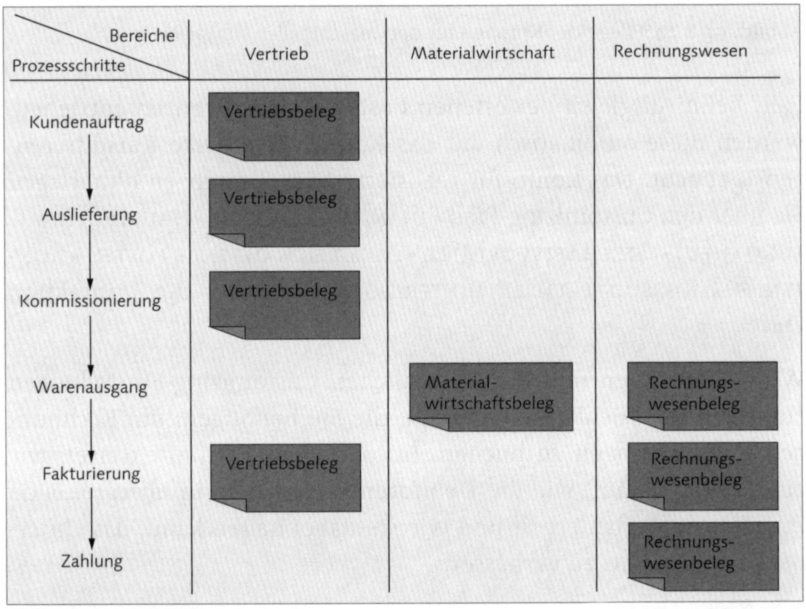

Abbildung 8.21 Typischer Order-to-Cash-Prozessfluss im Lager mit Verbindung zu anderen Bereichen

Rolle der Finanzbuchhaltung im Prozess »Order-to-Cash«

Wie Sie sehen, steht die Finanzbuchhaltung nicht als isolierte Insel im Unternehmen da; vielmehr ist sie integraler Bestandteil von übergreifenden Wertschöpfungsprozessen. Dies bedeutet zum einen, dass viele Entscheidungen darüber, wie ein Prozess eingestellt werden soll, mit angrenzenden Bereichen wie Vertrieb oder Materialwirtschaft abgestimmt werden müssen. Auch müssen im SAP-System einige Funktionen wie z. B. das Kreditmanagement oder die Kontenfindung als bereichs- bzw. abteilungsübergreifend eingestellt werden. Zum anderen erhält die Finanzbuchhaltung durch ihre Integration in den Order-to-Cash-Prozess die Möglichkeit, zum Unternehmenserfolg beizutragen.

Weitere Komponenten von SAP ERP Financials zur Prozessoptimierung

SAP ERP Financials bietet Ihnen mit den Komponenten »Kreditmanagement«, »Cash Collection« und »Collections and Dispute Management« mehrere Werkzeuge, um Ihre Order-to-Cash-Prozesskette aus Sicht der Finanzbuchhaltung zu optimieren. Folgende Vorteile sprechen für diese Applikation:

- **Verbesserung der Liquidität durch:**
  - Verminderung des Risikos von Zahlungsausfällen
  - frühestmögliches Eintreiben von offenen Forderungen
- **Kostenreduzierung durch:**
  - Vermeiden von Anwalts- und Gerichtskosten, die beim gerichtlichen Mahnverfahren bzw. bei Forderungen an insolvente Kunden fällig werden
  - Verringerung der Zinsbelastung durch schnelle Abwicklung von Klärungsfällen

In Abbildung 8.22 sehen Sie, an welchen Stellen im Order-to-Cash-Prozess die weiteren Komponenten greifen.

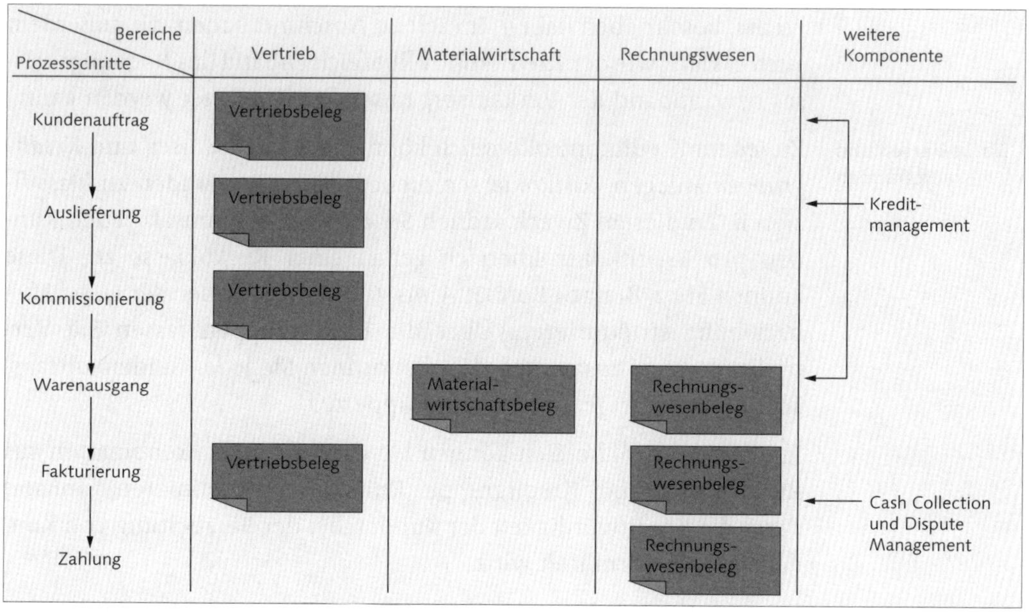

Abbildung 8.22 Optimierter Prozess »Order-to-Cash«

In diesem Abschnitt konzentrieren wir uns auf die Funktionalität des Kreditmanagements und zeigen dabei ausnahmsweise auch Einstellungen, die streng genommen nicht zur Finanzbuchhaltung, sondern zum Vertrieb gehören. Auf der anderen Seite würde es den Rahmen dieses Buches sprengen, wenn wir auch das Customizing der Lösungen beschreiben würden, die vormals unter dem Begriff *Financial Supply Chain Management* (FSCM) zusammengefasst wurden, z. B. SAP Collections and Dispute Management. Wir verweisen daher hinsichtlich dieses Punktes auf die Übersicht in Kapitel 2, »Einstieg in SAP ERP«, sowie auf weitere Literatur, wie z. B. das Buch »Financial Supply Chain Management«, das bei SAP PRESS erschienen ist, bzw. auf die Internetseite *www.FICO-Forum.de/ FSCM.php*.

Rolle des Kreditmanagements

Das *Kreditmanagement* dient dazu, das Risiko von Zahlungsausfällen zu minimieren, indem Sie die Kunden beim Anlegen oder Ändern von Kundenaufträgen und Warenlieferungen einigen Prüfungen unterziehen, beispielsweise hinsichtlich ihrer Zahlungsmoral oder hinsichtlich des Ausschöpfungsgrades ihres *Kreditlimits*. Fallen diese Prüfungen negativ aus, können Sie den entsprechenden Auftrag bzw. die Auslieferung sperren lassen, um zu verhindern, dass einem zahlungsunwilligen oder -unfähigen Kunden weiterhin Ware geliefert wird.

Kreditkontrollbereich

Die höchste Organisationseinheit des Kreditmanagements ist der *Kreditkontrollbereich*, den wir bereits in Abschnitt 3.6, »Kreditkontrollbereich«, beschrieben haben. Im selben Abschnitt haben wir außerdem auch erklärt, wie der Kreditkontrollbereich anhand des Buchungskreises bzw. anhand der Verkaufsorganisation hergeleitet werden kann.

Risikoklassen und Kreditgruppen

Zu jedem Kreditkontrollbereich können Sie *Risikoklassen* und *Kreditgruppen* anlegen. Risikoklassen dienen dazu, die Kunden zu klassifizieren. Zu diesem Zweck ordnen Sie im Kreditstammsatz jeden Kunden pro Kreditkontrollbereich genau einer Risikoklasse zu. Diese können Sie z. B. nach Bonität, Umsatz oder der Dauer der Geschäftsbeziehung strukturieren. Über die Kreditgruppen fassen Sie Vertriebsvorgänge zusammen. Hierbei ordnen Sie jede Kundenauftragsart und Lieferart je einer Kreditgruppe zu.

Je Kreditkontrollbereich können Sie dann für jede Kombination aus Risikoklasse und Kreditgruppe Prüfkriterien definieren, anhand derer die Kreditwürdigkeit der Kunden bei der Bearbeitung von Kundenaufträgen ermittelt wird.

Kreditlimit

Ein zentrales Werkzeug im Kreditmanagement ist das *Kreditlimit*. Das Kreditlimit wird für jeden Kunden individuell vergeben und kann bei

Bedarf angepasst werden. Bei Kreditprüfungen vergleicht nun das SAP-System die bestehenden offenen Posten in der Finanzbuchhaltung sowie die offenen Kundenaufträge. Überschreiten diese das Kreditlimit, kann das System wahlweise eine Warnung bzw. eine Fehlermeldung ausgeben oder den Auftrag zur Lieferung sperren.

Weitere Prüfkriterien im Kreditmanagement

Zusätzlich zur Prüfung des Kreditlimits können Sie noch weitere Kriterien festlegen, wie z. B. die Prüfung der Mahnstufe des Kunden oder des Alters des ältesten offenen Postens usw. Fällt eine dieser Prüfungen negativ aus, können Sie, wie bei der Überschreitung des Kreditlimits, festlegen, ob das System beim Bearbeiten eines Kundenauftrags eine Warnmeldung bzw. eine Fehlermeldung ausgeben oder ob es den Auftrag zur Lieferung sperren soll. Wird ein Auftrag gesperrt, kann er durch einen Sachbearbeiter manuell wieder freigegeben werden. Außerdem ist es möglich, periodisch einen Report laufen zu lassen, der alle gesperrten Kundenaufträge erneut einer Kreditprüfung unterzieht. Sollte sich in der Zwischenzeit etwas an der Kreditsituation des Kunden geändert haben und die Prüfung nun positiv ausfallen, wird der Auftrag automatisch wieder freigegeben.

Beispiel für den Aufbau des Kreditmanagements

In Abbildung 8.23 sehen Sie ein Beispiel für das Zusammenspiel der einzelnen Elemente im Kreditmanagement. Die Risikoklassen wurden hier anhand des Kundenumsatzes aufgestellt; Neukunden unterliegen somit strengeren Prüfungen als Kunden mit entsprechend höherem Umsatz.

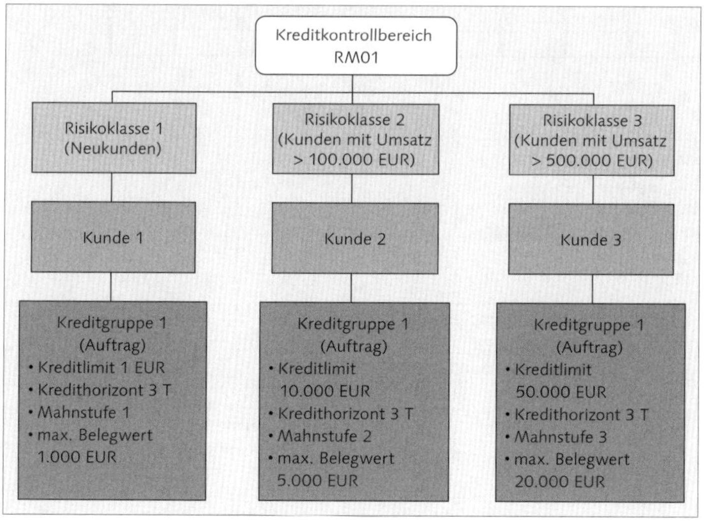

Abbildung 8.23 Zuordnungen im Kreditmanagement

Sie können die offenen Aufträge wahlweise statisch oder dynamisch auf das Kreditlimit hin prüfen. Bei einer statischen Prüfung werden alle offenen Aufträge berücksichtigt. Dies hat zur Folge, dass jeder Kundenauftrag, der angelegt wird, sofort einen Teil des Kreditlimits verbraucht, auch wenn er eine Lieferzeit von über einem Jahr haben sollte. So könnte es leicht passieren, dass ein Kunde sein Kreditlimit mit mehreren längerfristigen Aufträgen rasch aufgebraucht hat und seine neuen Aufträge wegen Überschreiten des Kreditlimits gesperrt werden. Die Sachbearbeiter im Kreditmanagement müssten dann entsprechend reagieren und entweder das Kreditlimit des Kunden erhöhen oder die neuen Aufträge manuell freigeben. Nutzen Sie hingegen die dynamische Kreditprüfung, können Sie einen sogenannten *Kredithorizont* von einer bestimmten Dauer in Tagen festlegen, so dass die Kreditlimitprüfung nur Kundenaufträge berücksichtigt, deren Lieferdatum in den Kredithorizont fällt. Aufträge mit einer längeren Lieferzeit, die nicht im Kredithorizont liegt, verbrauchen hierdurch also kein Kreditlimit. In Abbildung 8.24 sehen Sie ein Beispiel für ein solches Szenario: An Tag eins wird ein Kundenauftrag mit einer Lieferzeit von sechs Tagen angelegt, und der Kredithorizont beträgt drei Tage. Beim Anlegen des Auftrags fällt dieser damit noch nicht in den Kredithorizont und verbraucht somit kein Kreditlimit. Erst an Tag vier, also drei Tage vor der Lieferung, erreicht der Auftrag den Kredithorizont und verbraucht das Kreditlimit.

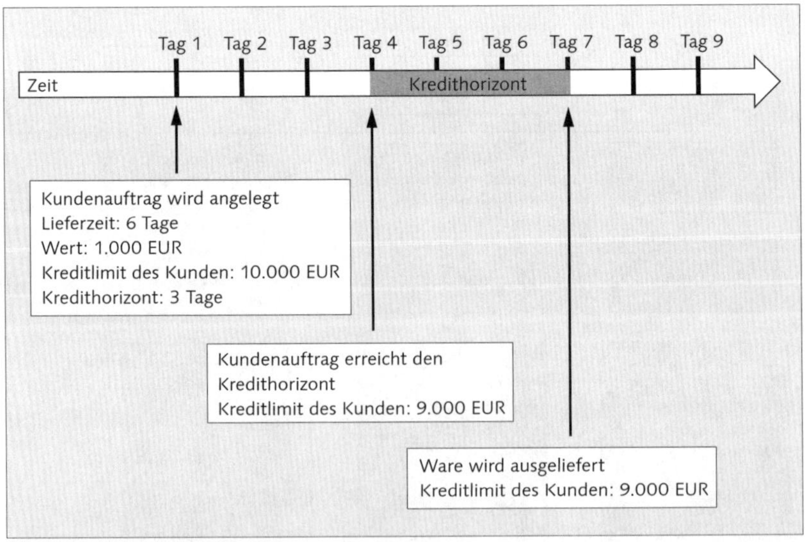

Abbildung 8.24 Kredithorizont

Wie bereits erwähnt, stellen Sie die Kreditprüfungen je Kombination von Risikoklasse und Kreditgruppe ein. Um bestimmte Kundenauftragsarten oder Lieferarten unterschiedlich zu behandeln, können Sie unterschiedliche Kreditgruppen einsetzen. Im Beispiel aus Abbildung 8.23 haben wir nur eine Kreditgruppe verwendet, da unser Beispielunternehmen ein homogenes Geschäft betreibt, das lediglich »Versand ab Lager« beinhaltet. Sollten Sie jedoch unterschiedliche Geschäftsprozesse mit sehr unterschiedlichen Lieferzeiten betreiben (z. B. Lieferung vom anonymen Lager, Kundeneinzelfertigung und Anlagenbau), könnten Sie überlegen, für jeden dieser Prozesse unterschiedliche Kundenauftragsarten zu verwenden und diese jeweils eigenen Kreditgruppen zuzuordnen. Hierdurch könnten Sie je Geschäftsprozess spezifische Kreditprüfungen einstellen.

Kreditkontrollbereich definieren

Wie bereits in Abschnitt 3.6, »Kreditkontrollbereich«, erwähnt, legen Sie einen Kreditkontrollbereich über den Customizing-Pfad Unternehmensstruktur • Definition • Finanzwesen • Kreditkontrollbereich definieren an (siehe Abbildung 8.25). Neben einem Namen und einer Währung geben Sie hier außerdem eine Geschäftsjahresvariante sowie die Einstellung zur *Kreditfortschreibung* an. Die Kreditfortschreibung steuert, wann die offenen Auftrags-, Liefer- und Fakturawerte, die das System benötigt, aktualisiert werden sollen, um das verbrauchte Kreditlimit zu ermitteln. Der Standardeintrag 000012 bewirkt beispielsweise, dass die Daten zu Lieferung, Faktura und Finanzbeleg beim Auftragseingang aktualisiert werden. Diesen Eintrag sollten Sie nutzen, sofern Sie einen Standardprozess verwenden, der über die genannten Stationen läuft.

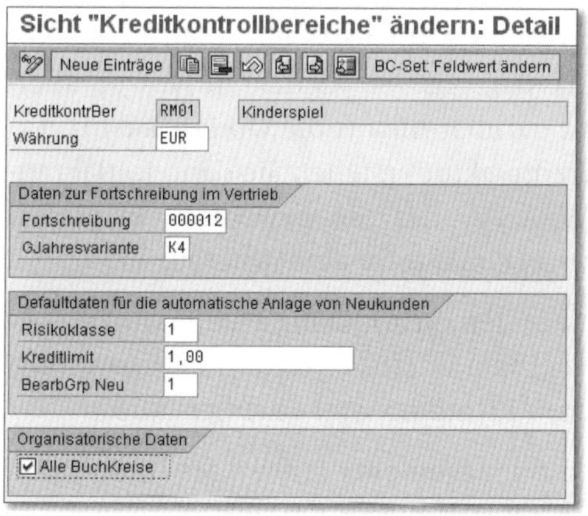

Abbildung 8.25 Kreditkontrollbereich anlegen

Im Block Defaultdaten für die automatische Anlage von Neukunden geben Sie Vorschlagswerte ein, die bei allen neu angelegten Kunden übernommen werden. Pflegen Sie hier eine Risikoklasse (üblicherweise die Klasse für Neukunden), ein Kreditlimit (ein Limit von 1 EUR bedeutet, dass der Kunde eine Vorauszahlung leisten muss) und eine Bearbeitergruppe. Unter Organisatorische Daten können Sie festlegen, ob der Kreditkontrollbereich in allen Buchungskreisen erlaubt sein soll. Damit schaffen Sie die Voraussetzung dafür, dass Sie einen Kreditkontrollbereich in mehreren Buchungskreisen verwenden können.

Kreditkontrollbereich dem Buchungskreis zuordnen

Unter Unternehmensstruktur • Zuordnung • Finanzwesen • Buchungskreis • Kreditkontrollbereich zuordnen können Sie einen Kreditkontrollbereich mit einem Buchungskreis verknüpfen. Sofern Sie es bei dieser Einstellung belassen, liegt eine 1:1-Zuordnung zwischen Buchungskreis und Kreditkontrollbereich vor. Möchten Sie hingegen pro Buchungskreis mehrere Kreditkontrollbereiche zulassen (und diese über die in Abschnitt 3.6, »Kreditkontrollbereich«, genannten Möglichkeiten von Fall zu Fall ermitteln lassen), erreichen Sie dies über den Customizing-Pfad Finanzwesen (neu) • Debitoren- und Kreditorenbuchhaltung • Kreditmanagement • Kreditkontrollkonto • Zuordnung Buchungskreis • Erlaubte Kreditkontrollbereiche.

Weitere Einstellungen zum Kreditmanagement im Finanzwesen

Als Nächstes nehmen Sie über den Customizing-Pfad Finanzwesen (neu) • Debitoren- und Kreditorenbuchhaltung • Kreditmanagement • Kreditkontrollkonto • Vorbereitende Einstellungen für Kreditmanagement durchführen einige Einstellungen zum *Kreditvektor* vor. Der Kreditvektor enthält komprimierte Daten aus der Finanzbuchhaltung für Kreditprüfungen und dient der Verbesserung der Performance. Hierzu müssen Sie zunächst über den Parameter Kreditvektor erstellen zulassen, dass Sie den Kreditvektor überhaupt einsetzen können, und darüber hinaus die Option Kreditvektor lesen aktivieren. Den Kreditvektor erstellen Sie dann initial mithilfe des Programms RFCMCRCV, das Sie periodisch einplanen sollten, um den Kreditvektor regelmäßig zu aktualisieren.

Die Risikoklassen legen Sie über den Customizing-Pfad Finanzwesen (neu) • Debitoren- und Kreditorenbuchhaltung • Kreditmanagement • Kreditkontrollkonto • Risikoklassen definieren fest.

In den Stammdaten des Kreditmanagements ordnen Sie Ihren Debitoren einen Kreditbearbeiter zu. Auf dieser Grundlage können Sie bestimmte Informationen zu einem Debitor direkt über einen Workflow zum zuständigen Sachbearbeiter versenden. Die Kreditbearbeiter werden wiederum Sachbearbeitergruppen zugeordnet. Jede Sachbearbeitergruppe ist für bestimmte Debitoren zuständig und kann ebenfalls in den Kreditmanagementstammdaten einem Debitor zugeordnet werden. Die Sachbearbeitergruppen erstellen Sie über den Customizing-Pfad Finanzwesen (neu) • Debitoren- und Kreditorenbuchhaltung • Kreditmanagement • Kreditkontrollkonto • Sachbearbeitergruppen definieren.

Unter Finanzwesen (neu) • Debitoren- und Kreditorenbuchhaltung • Kreditmanagement • Kreditkontrollkonto • Kreditbearbeiter definieren oder über die Transaktion OB51 legen Sie die Kreditsachbearbeiter an.

Einstellungen zum Kreditmanagement im Vertrieb

Wenn Sie das Modul SD verwenden, können Sie das Kreditmanagement nur nutzen, wenn Sie auch weitere Einstellungen im Customizing des Vertriebs vornehmen. Um den Rahmen dieses Buches nicht zu sprengen, beschränken wir uns nur auf die wichtigsten Einstellungen, die Sie hierzu vornehmen müssen. Beachten Sie außerdem auch, dass einige Vorarbeiten im Customizing des Vertriebs notwendig sind, um das Kreditmanagement einsetzen zu können.

[+]

Zusammenarbeit zwischen Finanzwesen und Vertrieb

Da vom Kreditmanagement sowohl Prozesse in der Finanzbuchhaltung als auch im Vertrieb betroffen sind, sollten Sie die Customizing-Einstellungen zum Kreditmanagement in enger Abstimmung mit Ihren Kollegen aus dem Vertrieb vornehmen und testen. Nur auf diese Weise können Sie sicher sein, dass die Bedürfnisse aus beiden Bereichen richtig abgedeckt sind.

Kreditgruppen

Legen Sie nun die Kreditgruppen unter Vertrieb • Grundfunktionen • Kreditmanagement/Risikomanagement • Kreditmanagement • Kreditgruppen definieren an.

Relevante Verkaufsbelege und Lieferbelege

Als Nächstes entscheiden Sie über den Customizing-Pfad Vertrieb • Grundfunktionen • Kreditmanagement/Risikomanagement • Kreditmanagement • Zuordnung Verkaufsbelege und Lieferbelege vornehmen oder über die Transaktion OVAK, welche Kundenauftrags- und Lieferarten überhaupt der Kreditprüfung unterliegen und welcher Kreditgruppe sie zugeordnet sein sollen (siehe Abbildung 8.26).

Für alle Auftragsarten, die nicht geprüft werden sollen, lassen Sie die Spalte KREDIT PRÜFEN leer; um die automatische Kreditprüfung durchführen zu lassen, tragen Sie für die entsprechenden Auftragsarten ein »D« ein.

[!]

Einfache Kreditlimitprüfung

Das SAP-System bietet Ihnen an dieser Stelle auch die Möglichkeit, eine einfache Kreditlimitprüfung durchzuführen. Hierbei handelt es sich um eine veraltete Funktionalität, die nicht mehr weiterentwickelt wird und von deren Benutzung SAP dringend abrät.

Mithilfe dieser Funktionalität können Sie Aufträge lediglich auf das Kreditlimit hin prüfen lassen; alle weiteren Einstellungen zur Risikoklasse sind wirkungslos. Ferner berücksichtigt das SAP-System bei der einfachen Kreditlimitprüfung nur die offenen Posten in der Finanzbuchhaltung und nicht die offenen Kundenaufträge.

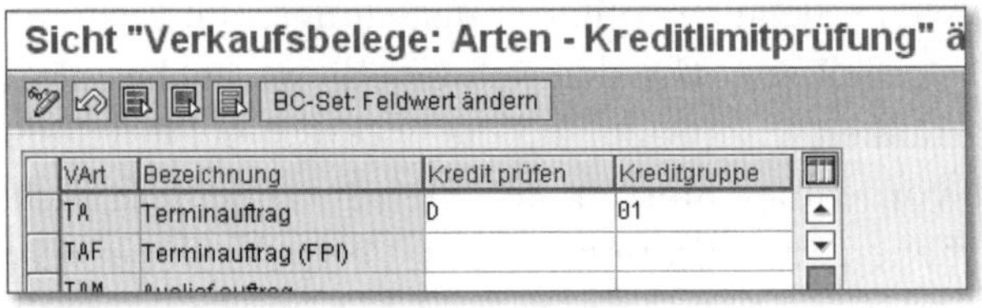

Abbildung 8.26 Auftragsarten den Kreditgruppen zuordnen

Einstellungen für die automatische Kreditkontrolle

Über den Menüpfad VERTRIEB • GRUNDFUNKTIONEN • KREDITMANAGEMENT/RISIKOMANAGEMENT • KREDITMANAGEMENT • AUTOMATISCHE KREDITKONTROLLE FESTLEGEN oder über die Transaktion OVA8 definieren Sie schließlich, welche Prüfungen je Kombination von Risikoklasse und Kreditgruppe durchgeführt werden sollen (siehe Abbildung 8.27).

Im Block PRÜFUNGEN stellen Sie ein, anhand welcher Kriterien das SAP-System die Kreditlimitprüfung durchführen und wie es bei einer negativen Prüfung reagieren soll. Hierbei entscheiden Sie zunächst, ob Sie die *statische* oder die *dynamische Kreditprüfung* verwenden möchten und kreuzen die entsprechende Option an; es ist allerdings nicht möglich, beide Optionen gleichzeitig auszuwählen. In der Spalte REAKTION legen Sie fest, welche Meldungsart das SAP-System ausgeben soll, falls die Prüfung negativ ausfallen sollte: keine Meldung, eine Warnmeldung oder eine Fehlermeldung. Zusätzlich können Sie sich in einer Warn- oder Fehlermeldung anzeigen lassen, um welchen Betrag das Kreditlimit überzogen wurde.

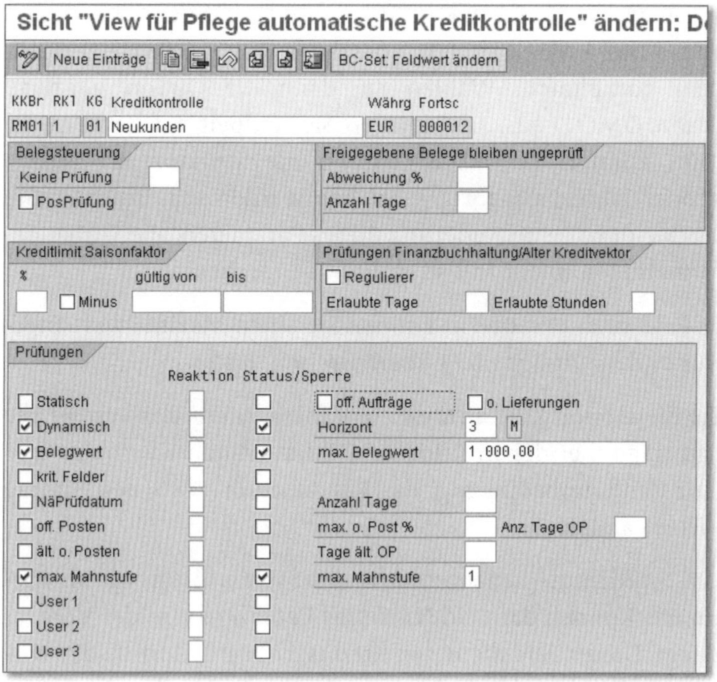

Abbildung 8.27 Automatische Kreditkontrolle

Falls Sie sich eine Fehlermeldung anzeigen lassen, beachten Sie, dass Kundenaufträge mit einer negativen Kreditprüfung nicht fertig angelegt werden können, da dies in der Regel auch nicht wünschenswert ist. Stattdessen empfehlen wir, die Option STATUS/SPERRE für alle Prüfungen auszuwählen, die Sie verwenden möchten. Damit können Kundenaufträge angelegt werden, die bei einer negativen Kreditprüfung jedoch zur Lieferung gesperrt werden.

Statische Kreditprüfung

Wenn Sie die *statische Kreditprüfung* verwenden, können Sie außerdem auswählen, ob zusätzlich zu den offenen Posten in der Finanzbuchhaltung auch die offenen Aufträge bzw. die offenen Lieferungen berücksichtigt werden sollen.

Dynamische Kreditprüfung

Für die *dynamischen Prüfung* geben Sie die Länge des Kredithorizonts im entsprechenden Feld an. Standardmäßig können Sie hier nur die Dauer in Monaten angeben. Falls Sie eine andere Periodizität nutzen möchten, (wie z. B. Tag, siehe das Beispiel in Abbildung 8.24), müssen Sie die Fortschreibung der Infostruktur S066 ändern, in der die Kreditinformationen zu den Debitoren gespeichert werden. Diese Einstellung können Sie im Customizing unter LOGISTIK ALLGEMEIN •

Logistik-Informationssystem (LIS) • Logistics Data Warehouse • Fortschreibung • Fortschreibungssteuerung • Fortschreibung aktivieren vornehmen. Wählen Sie dann die Option Vertrieb (Transaktion OMO1) aus, und klicken Sie doppelt auf den Eintrag S066. Nun können Sie auswählen, ob die Struktur auf Tages-, Monats- oder Jahresbasis fortgeschrieben werden soll. Beachten Sie bitte, dass Sie durch eine Änderung dieses Parameters alle vorhandenen Informationen in der Infostruktur S066 löschen.

Über das Feld max. Belegwert können Sie einen Maximalwert angeben, den Kundenaufträge nicht überschreiten dürfen.

Wenn Sie die Option Krit. Felder auswählen, sperrt das System alle Kundenaufträge, bei denen kritische Felder geändert wurden; dies betrifft die Zahlungsbedingung, das Valutadatum sowie den Eintrag »Zusätzliche Valutatage«.

»Nächstes Prüfdatum« bedeutet, dass das System prüft, ob im Kreditstamm des Kunden das Feld Nächstes Prüfdatum in der Vergangenheit liegt. Dieses Feld dient den Kreditsachbearbeitern also gewissermaßen als Merkzettel, bis wann sie die Kreditsituation eines bestimmten Kunden überprüfen und gegebenenfalls die Risikoklasse ändern möchten. Liegt das Prüfdatum in der Vergangenheit, geht das SAP-System davon aus, dass eine Überprüfung des betreffenden Kunden überfällig ist, und sperrt folglich sämtliche Aufträge von ihm, sofern diese Option aktiv ist.

Über die Option Off. Posten können Sie für einen Kunden eine Prüfung auf überfällige Posten durchführen. Hierzu geben Sie in das Feld max. o. Post % einen Prozentsatz und in das Feld Anz. Tage OP einen absoluten Wert ein. Das SAP-System ermittelt dann zunächst die Zahl der offenen Posten des Kunden, die länger fällig sind als die unter Anz. Tage OP angegebene Dauer. Ist der Prozentsatz der überfälligen Posten höher als der unter max. o. Post % eingetragene Prozentsatz, sperrt das System die Aufträge dieses Kunden.

Unter Ält. o. Posten können Sie eintragen, für welchen Zeitraum in Tagen die offenen Posten eines Kunden maximal bestehen dürfen.

Schließlich können Sie noch eine Prüfung auf die maximale Mahnstufe des Kunden vornehmen, indem Sie in das Feld max. Mahnstufe einen Eintrag vornehmen. Infolgedessen ermittelt das SAP-System, ob es für den betreffenden Kunden offene Posten gibt, für die eine Einstufung in die gleiche oder in eine höhere Mahnstufe vorliegt. Ist dies der Fall, werden die Aufträge dieses Kunden geblockt.

Die übrigen Parameter in dieser Transaktion haben die folgende Bedeutung:

Im Block BELEGSTEUERUNG können Sie unter KEINE PRÜFUNG eine *Routine* eintragen, in der Sie per ABAP-Code Bedingungen definieren, unter denen keine Kreditprüfung stattfinden soll (z. B. falls ein Auftrag per Kreditkarte bezahlt wird). Wählen Sie die Option POSPRÜFUNG aus, führt das System die Kreditprüfung nicht erst beim Sichern des Auftrags durch, sondern bereits beim Anlegen einer neuen Position.

Unter FREIGEGEBENE BELEGE BLEIBEN UNGEPRÜFT können Sie entscheiden, was mit Aufträgen passieren soll, die bereits erfolgreich geprüft und freigegeben worden sind. In das Feld ABWEICHUNG % tragen Sie einen Prozentsatz ein. Wenn nun ein Auftrag dahingehend geändert wird, dass sich der Auftragswert um weniger als den angegebenen Prozentsatz verändert, wird der entsprechende Kunde nicht erneut kreditgeprüft. Wurde beispielsweise ein Prozentsatz von 5 eingeben und bestellt der Kunde zu seinem Auftrag mit dem Volumen 100 noch nachträglich etwas im Wert von 5 oder weniger hinzu, findet keine erneute Kreditprüfung statt.

ANZAHL TAGE bedeutet, dass ein einmal freigegebener Auftrag für die hier angegebene Zahl von Tagen nicht erneut geprüft wird. Diese Einstellung ist empfehlenswert für Streckenaufträge, da eine nachträgliche Sperre keinen Sinn ergibt, wenn die Bestellung bereits an den Kunden versendet wurde.

Den Block KREDITLIMIT SAISONFAKTOR können Sie verwenden, um für einen bestimmten Zeitraum bei allen Kunden einer Risikoklasse das Kreditlimit temporär zu erhöhen oder zu senken. Geben Sie hierzu im Feld % den Prozentsatz ein, um den das Kreditlimit verändert werden soll; über das Feld MINUS entscheiden Sie, ob das Kreditlimit um den eingegebenen Prozentsatz erhöht (wenn das Feld MINUS leer ist) oder gesenkt werden soll (bei einem Haken im Feld MINUS). In die Felder GÜLTIG VON und BIS geben Sie den Zeitraum ein, für den der Saisonfaktor gelten soll.

Kreditmanagement in SAP ERP

In SAP ERP wurde das Kreditmanagement mit neuen Funktionalitäten aufgesetzt (der entsprechende ERP-Bereich wurde vormals mit dem Begriff *Financial Supply Chain Management* bezeichnet). Falls Sie nähere Informationen hierzu erhalten möchten, empfehlen wir die Schulung FSC020 (thematisiert Prozesse in den Komponenten »SAP Credit Management«, »SAP Biller Direct« sowie »SAP Collections and Dispute Management«).

8.4 Weitere Einstellungen in der Debitorenbuchhaltung

Neben den typischen Funktionen in der Debitorenbuchhaltung wie Rechnungs-/Gutschriftenbuchung, Zahlung oder Ausgleich können Sie in SAP ERP noch weitere Geschäftsvorfälle abbilden. Hierzu müssen Sie zusätzliche Customizing-Einstellungen im System vornehmen.

8.4.1 Sonderhauptbuchvorgänge

Bedeutung der Sonderhauptbuchvorgänge

In SAP ERP gibt es Buchungssätze, die logisch zur Debitorenbuchhaltung gehören, im Hauptbuch aber auf einem anderen Sachkonto abgebildet werden sollen als das im Stammsatz hinterlegte Abstimmkonto. Zu diesen Sondervorgängen gehören z. B. Anzahlungen, Bürgschaften oder Einzelwertberichtigungen von zweifelhaften Forderungen.

Sonderhauptbuchkennzeichen

Die im letzten Satz genannten Buchungssätze, gebucht auf ein im Hauptbuch vom Abstimmkonto abweichendes Sachkonto, werden *Sonderhauptbuchvorgänge* genannt. Die Sonderhauptbuchvorgänge buchen Sie mit *Sonderhauptbuchkennzeichen* und besonderen Buchungsschlüsseln. Hierdurch haben Sie die Möglichkeit, diese Buchungssätze sowohl im Nebenbuch als auch im Hauptbuch separat zu betrachten (siehe Abbildung 8.28).

Buchungsschlüssel für Sonderhauptbuchvorgänge

SAP liefert die voreingestellten Buchungsschlüssel 09, 19, 29 und 39 für Sonderhauptbuchvorgänge aus.

Die Eigenschaften der debitorischen Buchungsschlüssel 09 und 19 sehen Sie in Abbildung 8.29 (siehe auch Abschnitt 5.2.2, »Belege im Hauptbuch über Enjoy-Transaktionen buchen«).

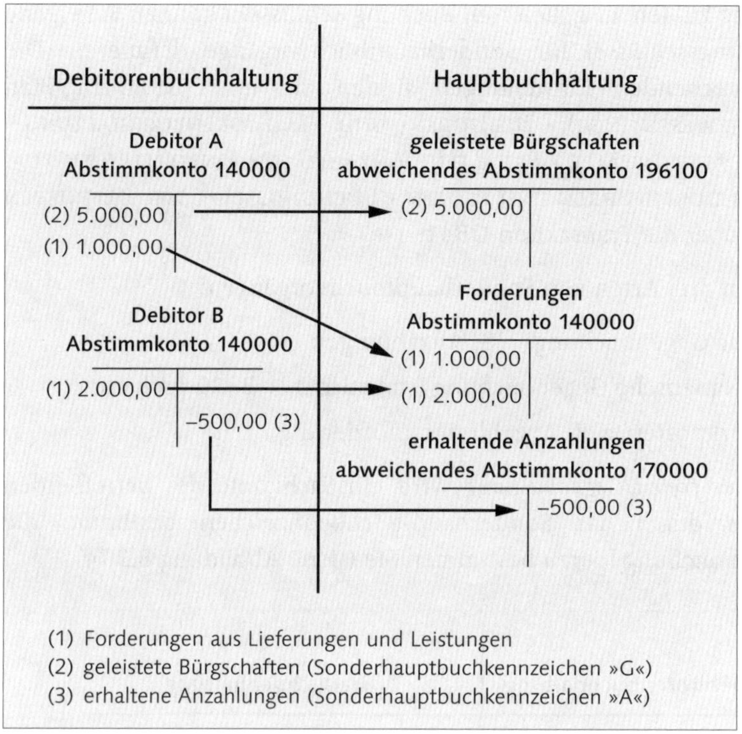

Abbildung 8.28 Buchungsbeispiele für Sonderhauptbuchvorgänge

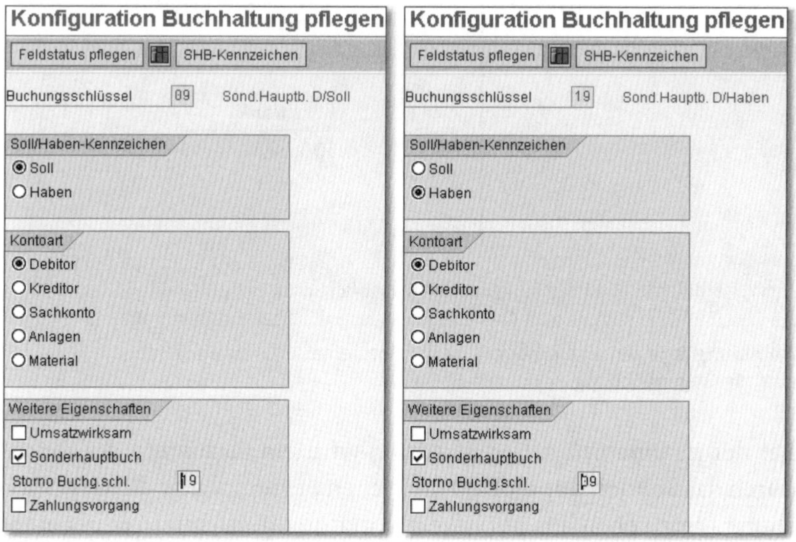

Abbildung 8.29 Debitorische Buchungsschlüssel für Sonderhauptbuchvorgänge

Analog zu den ausgelieferten Buchungsschlüsseln können Sie eigene Buchungsschlüssel für Sonderhauptbuchvorgänge definieren. Die entsprechenden Einstellungen finden Sie im Customizing-Pfad FINANZWESEN (NEU) • DEBITOREN- UND KREDITORENBUCHHALTUNG • GESCHÄFTSVORFÄLLE • ERHALTENE ANZAHLUNG • EINSTELLUNGEN ZUM BELEG DURCHFÜHREN UND PRÜFEN • BUCHUNGSSCHLÜSSEL DEFINIEREN oder über die Transaktion OB41.

Es gibt drei Arten von Sonderhauptbuchvorgängen:

- freie Gegenbuchung, z. B. Anzahlungen
- automatische Gegenbuchung (statistisch), z. B. Bürgschaften
- Merkposten, z. B. Anzahlungsanforderung

Sonderhauptbuchvorgang – freie Gegenbuchung

Bei der *freien Gegenbuchung* wird ein Sachkonto des betreffenden Belegs durch das Sonderhauptbuchkennzeichen bestimmt; die Gegenbuchung hierzu bestimmen Sie (siehe Abbildung 8.30).

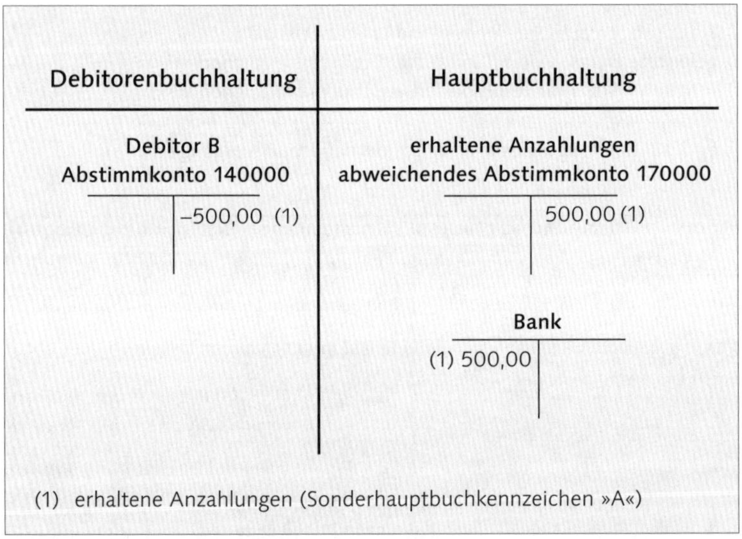

Abbildung 8.30 Anzahlungsbuchung mit Sonderhauptbuchkennzeichen als freie Gegenbuchung

Sonderhauptbuchvorgang – automatische Gegenbuchung

Bei der *automatischen Gegenbuchung* wird ein Sachkonto des Belegs durch das Sonderhauptbuchkennzeichen bestimmt und die Gegenbuchung hierzu ebenfalls im System vorkonfiguriert, wie z. B. bei einer Bürgschaft (siehe Abbildung 8.31). Solche Buchungen heißen *statisti-*

sche Buchungen, weil sie in der Regel gar nicht oder nur im Anhang der Bilanz angezeigt werden.

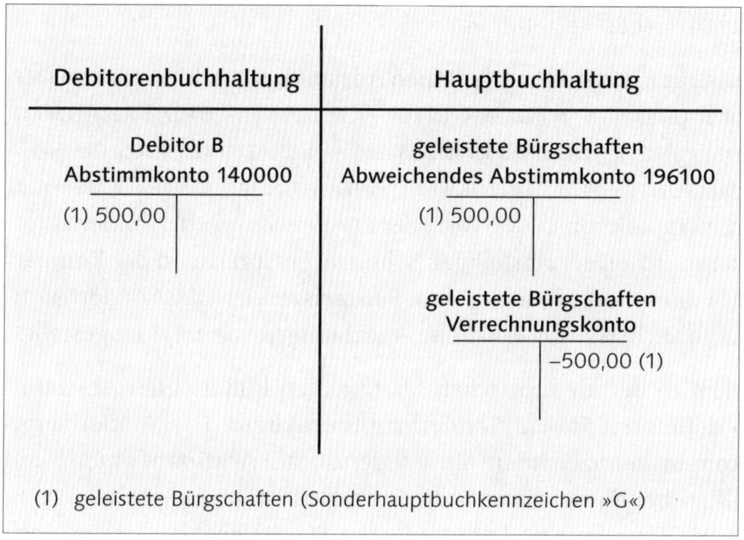

Abbildung 8.31 Bürgschaftsbuchung mit Sonderhauptbuchkennzeichen als automatische Gegenbuchung

Sonderhauptbuchvorgang – Merkposten

Merkposten sind keine echten Buchungen, denn für sie gibt es keine Gegenbuchungen, und sie werden im Hauptbuch nicht berücksichtigt. Allerdings können Sie sich Merkposten in den offenen Posten eines Debitors anzeigen lassen und diese auch für Mahnungen berücksichtigen. Als Merkposten können Sie z. B. eine Zahlungsanforderung dokumentieren (siehe Abbildung 8.32).

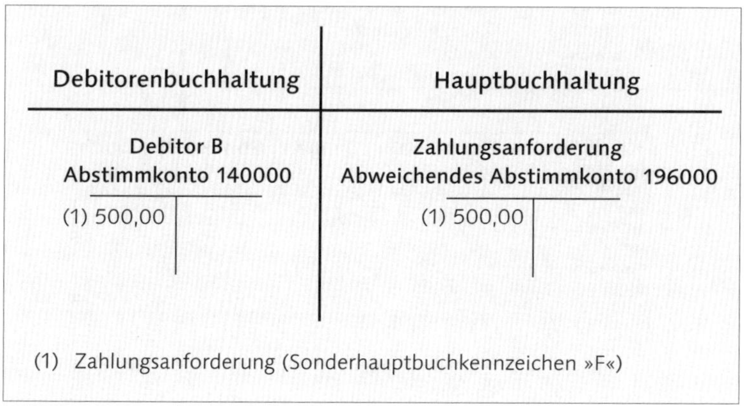

Abbildung 8.32 Zahlungsanforderung mit Sonderhauptbuchkennzeichen als Merkposten

Um Sonderhauptbuchvorgänge buchen zu können, benötigen Sie Sonderhauptbuchkennzeichen. Die Customizing-Einstellungen hierzu nehmen Sie für *Anzahlungen* und für sonstige Sonderhauptbuchkennzeichen getrennt vor.

Anzahlung als Sonderhauptbuchvorgang

Die Einstellungen zu den erhaltenen Anzahlungen nehmen Sie im Customizing über Finanzwesen (neu) • Debitoren- und Kreditorenbuchhaltung • Geschäftsvorfälle • Erhaltene Anzahlung • Abstimmkonten für debitorische Anzahlungen hinterlegen oder über die Transaktion OBXR vor. Hier können Sie eigene Sonderhauptbuchkennzeichen als einstelligen Schlüssel entsprechend der Kontoart (Debitor oder Kreditor) definieren. Beispielsweise ist das Sonderhauptbuchkennzeichen A für erhaltene Anzahlungen wie folgt eingestellt:

Zu jedem in den debitorischen Stammdaten hinterlegten Abstimmkonto definieren Sie ein Sonderhauptbuchkonto. Die Sonderhauptbuchkonten kennzeichnen Sie wiederum als Abstimmkonten, und Sie sollten bei diesen Konten die Einzelpostenanzeige aktivieren. In der Spalte Finanzdispo-Ebene pflegen Sie Daten, die Sie im Cash Management verwenden. In der Spalte AugSt-Verrechnung tragen Sie den Schlüssel für die Kontenfindung zur Steuerverrechnung bei Anzahlungen ein (siehe Abbildung 8.33).

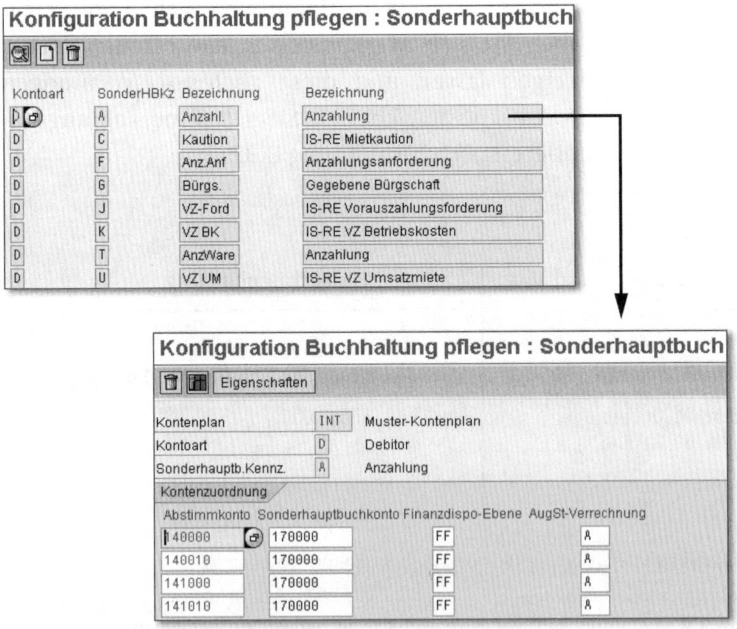

Abbildung 8.33 Kontenzuordnung für das Sonderhauptbuchkennzeichen »Anzahlung«

Den Schlüssel und die dazugehörigen Konten definieren Sie über den Customizing-Pfad FINANZWESEN (NEU) • DEBITOREN- UND KREDITORENBUCHHALTUNG • GESCHÄFTSVORFÄLLE • ERHALTENE ANZAHLUNG • KONTO FÜR STEUERVERRECHNUNG HINTERLEGEN (Transaktion OBXB).

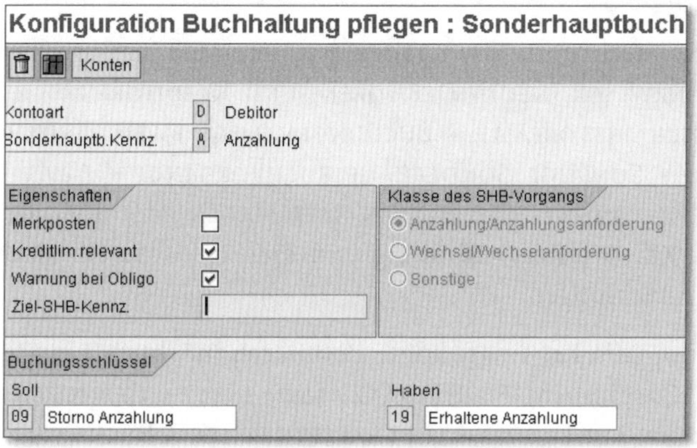

Abbildung 8.34 Eigenschaften zum Sonderhauptbuchkennzeichen »Anzahlung«

Über den Button EIGENSCHAFTEN können Sie weitere Daten zum Sonderhauptbuchkennzeichen pflegen (siehe Abbildung 8.34):

- **Merkposten**
  In diesem Feld bestimmen Sie, dass Merkpostenbuchungen nur Informationscharakter haben sollen, wie hier im Beispiel einer *Anzahlungsanforderung*.
- **Kreditlim.relevant**
  Diese Posten werden in der Kreditlimitprüfung berücksichtigt.
- **Warnungen bei Obligo**
  Über diese Option entscheiden Sie, dass Sie beim Buchen auf ein Debitorenkonto eine Auswertung über die gebuchten Sonderhauptbuchvorgänge erhalten.
- **Ziel-SHB-Kennz**
  Die Wahl dieser Option ist nur sinnvoll für Merkposten. So kann beispielsweise eine Anzahlung (Zielsonderhauptbuchkennzeichen A) der Zielvorgang für eine Anzahlungsanforderung (Sonderhauptbuchkennzeichen F) sein.
- **Klasse des SHB-Vorgangs**
  Über die Vornahme von Eingaben in diesem Bereich entscheiden Sie, ob es sich um eine Anzahlung bzw. eine Anzahlungsanforde-

rung, einen Wechsel bzw. eine Wechselanforderung oder um sonstige Sonderhauptbuchvorgänge handelt.

- **Buchungsschlüssel**
  Nur die in diesem Bereich angegebenen Buchungsschlüssel können Sie bei der Buchung mit Sonderhauptbuchkennzeichen verwenden.

Die sonstigen Sonderhauptbuchvorgänge definieren Sie im Customizing über Finanzwesen (neu) • Debitoren- und Kreditorenbuchhaltung • Geschäftsvorfälle • Buchungen mit abweichendem Abstimmkonto • Sonstige Sonderhauptbuchvorgänge • Abweichendes Abstimmkonto für Debitoren hinterlegen oder über die Transaktion OBXY. Die Kontenfindung und die Eigenschaften sind analog zu den Anzahlungen.

Automatisches Gegenkonto

Falls Sie ein automatisches Gegenkonto definieren möchten, tun Sie dies über den Customizing-Pfad Finanzwesen (neu) • Debitoren- und Kreditorenbuchhaltung • Geschäftsvorfälle • Buchungen mit abweichendem Abstimmkonto • Sonstige Sonderhauptbuchvorgänge • Konten für automatische Gegenbuchung hinterlegen oder über die Transaktion OBXS. Hier hinterlegen Sie sowohl Konten für Sonderhauptbuchvorgänge, die als Anzahlungen definiert worden sind, als auch für sonstige Sonderhauptbuchvorgänge (siehe Abbildung 8.35).

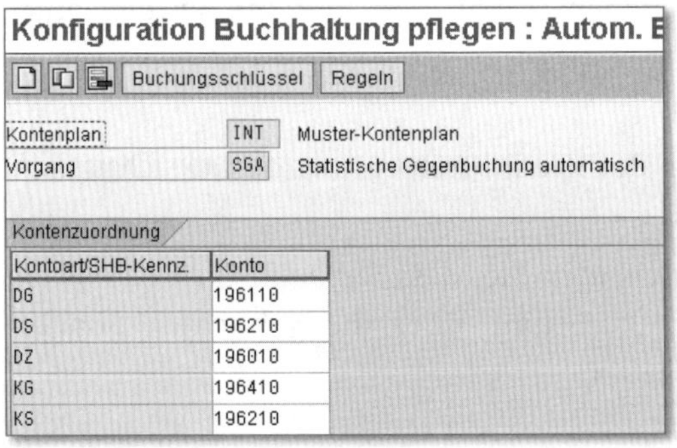

Abbildung 8.35 Kontenzuordnung für Sonderhauptbuchvorgänge mit automatischer Gegenbuchung

An dieser Stelle ordnen Sie einer Kombination aus Kontoart und Sonderhauptbuchkennzeichen ein Gegenkonto zu. Beispielsweise legen Sie für die Kontoart D (für Debitoren) und das Sonderhauptbuchkennzeichen G (geleistete Bürgschaften) das automatische Gegenkonto 196110 fest.

Die Einstellungen zu den debitorischen Sonderhauptbuchvorgängen in Verbindung mit Wechseln nehmen Sie unter FINANZWESEN (NEU) • BANKBUCHHALTUNG • GESCHÄFTSVORFÄLLE • WECHSELVORGÄNGE • UMKEHRWECHSEL • ERHALTENE UMKEHRWECHSEL • ABWEICHENDES ABSTIMMKONTO FÜR DEB. UMKEHRWECHSEL HINTERLEGEN oder über die Transaktion OBXYN vor.

8.4.2 Mahnverfahren

In SAP ERP steht Ihnen ein *Mahnprogramm* zur Verfügung, mit dessen Hilfe Sie automatisch Mahnbriefe an Ihre Geschäftspartner erstellen können. Um das Mahnprogramm nutzen zu können, müssen Sie zuerst ein oder mehrere sogenannte *Mahnverfahren* definieren. Den vierstelligen Schlüssel für das anzuwendende Mahnverfahren tragen Sie in die Debitorenstammdaten und eventuell auch in die Kreditorenstammdaten in der Registerkarte KORRESPONDENZ in den Buchungskreisdaten ein. Sie können beliebig viele Mahnverfahren definieren und diese Ihren Geschäftspartnern bei Bedarf zuordnen.

Mahnverfahren definieren

Mahnverfahren definieren Sie über den Customizing-Pfad FINANZWESEN (NEU) • DEBITOREN- UND KREDITORENBUCHHALTUNG • GESCHÄFTSVORFÄLLE • MAHNEN • MAHNVERFAHREN • MAHNVERFAHREN DEFINIEREN oder über die Transaktion FBMP.

In der Standardauslieferung finden Sie vordefinierte Mahnverfahren. Sie können ein existierendes Mahnverfahren als Vorlage nehmen, es kopieren und Ihren Bedürfnissen entsprechend anpassen (siehe Abbildung 8.36).

Abbildung 8.36 Neues Mahnverfahren anlegen oder existierendes Mahnverfahren bearbeiten

Über den Button NEUES VERFAHREN können Sie einen neuen Schlüssel und die Definition für Ihr Mahnverfahren anlegen. Wenn Sie schon einen Schlüssel für Ihr Mahnverfahren eingetragen haben, können Sie über MAHNVERFAHREN • KOPIEREN die Einstellungen aus einem existierenden Mahnverfahren übernehmen. Anschließend pflegen

Sie den Bereich Allgemeine Daten für Ihr Mahnverfahren (siehe Abbildung 8.37).

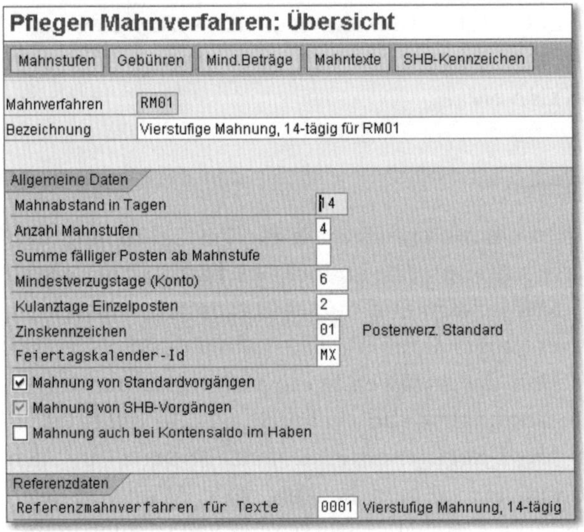

Abbildung 8.37 Der Bereich »Allgemeine Daten« für ein Mahnverfahren

Allgemeine Daten

Im Bereich Allgemeine Daten definieren Sie:

- **Mahnabstand in Tagen**
  Über die in diesem Feld angegebene Anzahl an Tagen bestimmen Sie, in welchen Abständen die Kunden zu den Konten angemahnt werden dürfen. Falls Sie z. B. einen *Mahnabstand* von 14 Tagen definiert haben, das Mahnprogramm jedoch schon nach zehn Tagen seit dem letzten Lauf starten, erstellt das System keine neue Mahnung.
- **Anzahl Mahnstufen**
  Über dieses Feld definieren Sie die höchste *Mahnstufe*, die mit diesem Mahnverfahren möglich ist.
- **Summe fälliger Posten ab Mahnstufe**
  Hier geben Sie an, ab welcher Mahnstufe alle offenen Posten eines Kontos aufsummiert werden sollen. Diese Angabe ist für das gerichtliche Mahnverfahren in Deutschland relevant, in das nur Belege einbezogen werden dürfen, die mindestens dreimal angemahnt worden sind. Tragen Sie also z. B. die Mahnstufe 3 ein, wird der gerichtliche *Mahnbescheid* über die Summe aller fälligen Posten mit einer Mahnstufe >= 3 erstellt. Wenn Sie keine Mahnstufe bzw.

die Mahnstufe 0 eingeben, werden alle fälligen Posten eines Kontos aufsummiert.

- **Mindestverzugstage (Konto)**
  In diesem Feld wird die Mindestanzahl an Tagen vorgegeben, die die einzelnen Posten auf einem Konto überfällig sein müssen, damit für sie eine Mahnung erstellt wird.
- **Kulanztage Einzelposten**
  Die Anzahl der Mindestverzugstage eines Postens muss größer als die Anzahl der *Kulanztage* sein; andernfalls können Sie keine Mahnung erstellen.
- **Zinskennzeichen**
  Falls Sie Mahnzinsen berechnen möchten, tragen Sie hier das *Zinskennzeichen* ein. Zinskennzeichen definieren Sie über den Customizing-Pfad Finanzwesen (neu) • Debitoren- und Kreditorenbuchhaltung • Geschäftsvorfälle • Abschluss • Bewerten • Diverse Bewertungen • Verzinsungsarten definieren (siehe Abschnitt 8.5.1, »Wertberichtigung von Forderungen«).
- **Feiertagskalender-Id**
  In das Feld Feiertagskalender-Id tragen Sie den Schlüssel für einen zuvor zu definierenden *Feiertagskalender* ein. Auf diese Weise können Sie sicherstellen, dass die Posten nicht am Wochenende oder an Feiertagen fällig werden. Den Feiertagskalender definieren Sie über den Customizing-Pfad SAP NetWeaver • Allgemeine Einstellungen • Kalender pflegen oder über die Transaktion SCAL.

Im Bereich Allgemeine Daten entscheiden Sie außerdem, ob Konten mit Haben-Saldo angemahnt und ob Standardvorgänge und/oder Sonderhauptbuchvorgänge beim Mahnlauf berücksichtigt werden sollen. Falls Sie Sonderhauptbuchvorgänge anmahnen möchten, klicken Sie zunächst auf den Button SHB-Kennzeichen und wählen anschließend die entsprechenden Vorgänge aus.

Nachdem Sie die allgemeinen Daten gepflegt haben, definieren Sie über die in Abbildung 8.38 gezeigten Buttons die weiteren Einstellungen.

Abbildung 8.38 Buttons für die Einstellungen zum Mahnverfahren

Mahnstufen

In der Definition der Mahnstufen definieren Sie die Verzugstage pro Mahnstufe und für welche Stufen Sie die Mahnzinsen berechnen möchten. In den Druckparametern entscheiden Sie noch, ob Sie die Posten immer anmahnen möchten, auch wenn Sie keine neuen Posten gebucht und die Mahnstufen sich nicht geändert haben. Posten können Sie entweder zu bestimmten oder zu allen Mahnstufen auflisten und außerdem Zahlungsfristen für die angemahnten Posten eingeben. Ein gerichtliches Mahnverfahren ist in der Regel erst vorgesehen, wenn Sie noch weitere Buchungen auf dem entsprechenden Kundenkonto vorgenommen haben. Über die Aktivierung des Feldes Immer Drucken bei Gerichtl. Mahnen können Sie ein Mahnschreiben erstellen, ohne zuvor neue Posten gebucht zu haben (siehe Abbildung 8.39).

Abbildung 8.39 Definition der Mahnstufen im Mahnverfahren

Mahngebühren

Bei der Definition der Mahngebühren tragen Sie über den Button Gebühren pro Mahnstufe und pro Währung Mahngebühren als einen festen Betrag oder als einen Prozentsatz der angemahnten Posten ein.

Mindestbeträge, Mindestprozentsätze

Über den Button Mind. Beträge legen Sie pro Währung und pro Mahnstufe Mindestbeträge oder Mindestprozentsätze für überfällige Posten fest, um Posten ab einer bestimmten Mahnstufe anzumahnen. Hier definieren Sie auch Mindestbeträge pro Mahnstufe, um Zinsen zu berechnen.

Mahntexte

Über den Button Mahntexte tragen Sie für Ihren Buchungskreis und eventuell für Ihre Mahnbereiche den Namen des Formulars pro Mahnstufe und für das gerichtliche Mahnverfahren ein. Die Mahnformulare definieren Sie als SAPscript-Formulare oder als SAP Smart Forms-Formulare über den Customizing-Pfad Finanzwesen (neu) • Debitoren- und Kreditorenbuchhaltung • Geschäftsvorfälle • Mahnen • Druck • Mahnformulare definieren (mit SAPscript) oder über die Transaktion SE71 bzw. über den Customizing-Pfad Finanzwesen (neu) • Debitoren- und Kreditorenbuchhaltung • Geschäftsvorfälle • Mahnen • Druck • Mahnformulare definieren (mit SAP Smart Forms) oder über die Transaktion SMARTFORMS.

Standardtexte

Über den Customizing-Pfad Finanzwesen (neu) • Debitoren- und Kreditorenbuchhaltung • Geschäftsvorfälle • Mahnen • Druck • Absenderangaben für Mahnformular hinterlegen können Sie Standardtexte für Ihre Formulare hinterlegen: Kopftext (ADRS_HEADER), Fußtext (ADRS_FOOTER), Unterschriftstext (ADRS_SIGNATURE) und Absender (ADRS_SENDER).

Mahnsachbearbeiter

Auch können Sie auf dem Mahnformular den zuständigen Mahnsachbearbeiter ausdrucken lassen. Die Kürzel für die Sachbearbeiter definieren Sie unter Anwendungsübergreifende Komponente • Stammdatensynchronisation • Customer-Vendor-Integration • Einstellungen des Finanzwesens • Mahndaten • Buchungskreissachbearbeiter definieren und ordnen diese in den Debitorenstammdaten unter den buchungskreisabhängigen Daten in der Registerkarte Korrespondenz zu.

Die Definition von Formularen als SAPscript- oder als SAP Smart Forms-Formular ist ein umfangreiches Thema, dessen Behandlung den Rahmen dieses Buches sprengen würde; daher gehen wir an dieser Stelle nicht näher darauf ein.

[+]

Einstellungen pro Mahnbereich und Mahnstufe

Bei der Definition des Mahnverfahrens sollten Sie über den Menüpfad Umfeld • Buchungskreisdaten die Einstellungen zum Mahnverfahren pro Mahnbereich und/oder pro Mahnstufe sowie die Sortierkriterien beachten.

Weitere Einstellungen zum Mahnverfahren

Zusätzlich zum Mahnverfahren können Sie für das Mahnprogramm *Mahnbereiche, Mahnschlüssel, Mahnsperrgründe* und eine *Mahngruppierung* definieren.

Falls es in Ihrem Unternehmen mehrere Abteilungen gibt, die für das Mahnverfahren verantwortlich sind, können Sie diese als Mahnbereiche abbilden. Die einzelnen Mahnbereiche bestimmen Sie über den Customizing-Pfad FINANZWESEN (NEU) • DEBITOREN- UND KREDITORENBUCHHALTUNG • GESCHÄFTSVORFÄLLE • MAHNEN • GRUNDEINSTELLUNGEN MAHNEN • MAHNBEREICHE DEFINIEREN und ordnen sie anschließend ebenfalls den debitorischen Stammdaten zu.

Anhand des Mahnschlüssels können Sie festlegen, dass bestimmte Posten nur bis zu einer maximalen Mahnstufe angemahnt werden können und eventuell im Mahnbrief extra ausgewiesen werden sollen. Den Mahnschlüssel legen Sie im Customizing unter FINANZWESEN (NEU) • DEBITOREN- UND KREDITORENBUCHHALTUNG • GESCHÄFTSVORFÄLLE • MAHNEN • GRUNDEINSTELLUNGEN MAHNEN • MAHNSCHLÜSSEL DEFINIEREN an.

Eine Mahnsperre verhindert, dass bestimmte Konten oder Posten angemahnt werden. Die Gründe für eine Mahnsperre definieren Sie über den Customizing-Pfad FINANZWESEN (NEU) • DEBITOREN- UND KREDITORENBUCHHALTUNG • GESCHÄFTSVORFÄLLE • MAHNEN • GRUNDEINSTELLUNGEN MAHNEN • MAHNSPERRGRÜNDE DEFINIEREN.

In der Regel erstellen Sie eine Mahnung pro Geschäftspartner. Sie können die Posten aber auch gruppieren und mehrere Mahnbriefe pro Konto und pro Gruppierungsschlüssel erstellen. Die Gruppierungsschlüssel definieren Sie über den Customizing-Pfad FINANZWESEN (NEU) • DEBITOREN- UND KREDITORENBUCHHALTUNG • GESCHÄFTSVORFÄLLE • MAHNEN • MAHNVERFAHREN • MAHNGRUPPIERUNG FESTLEGEN.

8.4.3 Verzinsung

In der Debitorenbuchhaltung besteht die Möglichkeit, die Konten automatisch zu verzinsen. Es gibt zwei Arten von Verzinsungen: die *Saldenverzinsung* und die *Postenverzinsung* (Überfälligkeitsverzinsung).

Saldenverzinsung

Die Saldenverzinsung wird hauptsächlich im Hauptbuch angewendet. In der Debitorenbuchhaltung können Sie diese Funktionalität beispielsweise für die Verzinsung von Mitarbeiterdarlehenskonten einsetzen, sofern Sie diese in den Debitorenstammdaten angelegt haben. Die Saldenverzinsung bezieht sich auf den Saldo eines Kontos in einem bestimmten Zeitraum und erfolgt anhand eines festgelegten Zinssatzes.

Postenverzinsung

Die Postenverzinsung basiert auf Einzelposten. Welche Einzelposten und welcher Zinssatz dabei berücksichtigt werden sollen, definieren Sie in den *Verzinsungskennzeichen*.

Verzinsungskennzeichen

Die Verzinsungskennzeichen bilden die Grundlage für die Verzinsung. Zunächst legen Sie nun über FINANZWESEN (NEU) • DEBITOREN- UND KREDITORENBUCHHALTUNG • GESCHÄFTSVORFÄLLE • VERZINSUNG • GRUNDEINSTELLUNGEN VERZINSUNG • VERZINSUNGSARTEN DEFINIEREN einen Schlüssel für ein Verzinsungskennzeichen an. Hierbei entscheiden Sie, ob es sich um eine Postenverzinsung oder eine Saldenverzinsung handeln soll (siehe Abbildung 8.40).

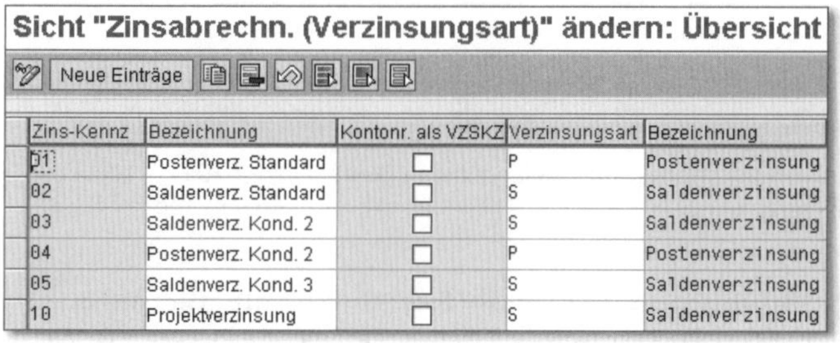
Sicht "Zinsabrechn. (Verzinsungsart)" ändern: Übersicht

Neue Einträge

Zins-Kennz	Bezeichnung	Kontonr. als VZSKZ	Verzinsungsart	Bezeichnung
01	Postenverz. Standard	☐	P	Postenverzinsung
02	Saldenverz. Standard	☐	S	Saldenverzinsung
03	Saldenverz. Kond. 2	☐	S	Saldenverzinsung
04	Postenverz. Kond. 2	☐	P	Postenverzinsung
05	Saldenverz. Kond. 3	☐	S	Saldenverzinsung
10	Projektverzinsung	☐	S	Saldenverzinsung

Abbildung 8.40 Grunddefinition der Verzinsungskennzeichen

Über denselben Customizing-Pfad finden Sie außerdem weitere Einstellungen, anhand derer Sie die Konditionen zu den Verzinsungskennzeichen »Auswahl der Posten«, »Zinsbestimmung«, »Zinsnachbearbeitung«, »Ausgabesteuerung« und »Zinsbuchung« definieren (siehe Abbildung 8.41). Bearbeiten Sie hierzu die folgenden Optionen:

- Überfälligkeitsverzinsung vorbereiten
- Postenverzinsung vorbereiten
- Saldenverzinsung vorbereiten (Transaktion OBAA)

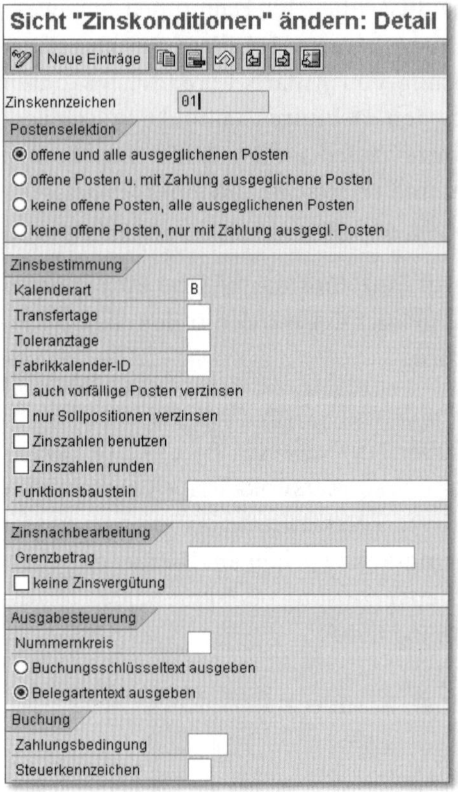

Abbildung 8.41 Zinskonditionen für das Verzinsungskennzeichen »01« als Überfälligkeitsverzinsung

Für die Zinsbestimmung geben Sie die Kalenderart und die Anzahl an Transfer- und Toleranztagen in den entsprechenden Feldern an. Über das Feld KALENDERART legen Sie fest, wie viele Zinstage pro Monat und Jahr für die Zinsberechnung relevant sein sollen. Unter den TRANSFERTAGEN versteht man die Tage, die eine Zahlungsbearbeitung möglicherweise benötigt, und über das Feld TOLERANZTAGE wird schließlich festgelegt, in welchem Zeitraum ein Debitor seine offenen Posten ausgleichen kann, ohne dass Zinsen berechnet werden.

In das Feld GRENZBETRAG geben Sie den minimalen Zinsbetrag pro Währung ein, um eine Zinsberechnung durchzuführen.

Die Aktivierung des Feldes KEINE ZINSVERGÜTUNG bewirkt, dass keine Zinsabrechnung erstellt wird, falls die Haben-Zinsen höher als die Soll-Zinsen sein sollten.

Bei der Überfälligkeitsverzinsung und der Postenverzinsung nehmen Sie weitestgehend dieselben Einstellungen vor, und die Änderungen in einem Punkt wirken sich in dem anderen Punkt aus. Dies betrifft allerdings nicht die Postenselektion.

[+]

Kontierungsinformationen in den Verzinsungsbelegen des neuen Hauptbuches

Falls Sie in der neuen Hauptbuchhaltung mit der Belegaufteilung arbeiten, können Sie die Kontierungsinformationen in die Verzinsungsbelege übernehmen. Hierzu müssen Sie aber bei der Definition der Postenverzinsung unter BUCHUNGSBEDINGUNGEN die Optionen BUCHUNG MIT RECHNUNGSBEZUG und ÜBERNAHME DER KONTIERUNGSINFORMATIONEN aktivieren.

Zinssatzermittlung

Für die Zinssatzermittlung wählen Sie den Customizing-Pfad FINANZWESEN (NEU) • DEBITOREN- UND KREDITORENBUCHHALTUNG • GESCHÄFTSVORFÄLLE • VERZINSUNG • ZINSBERECHNUNG • ZEITABHÄNGIGE KONDITIONEN DEFINIEREN (siehe Abbildung 8.42).

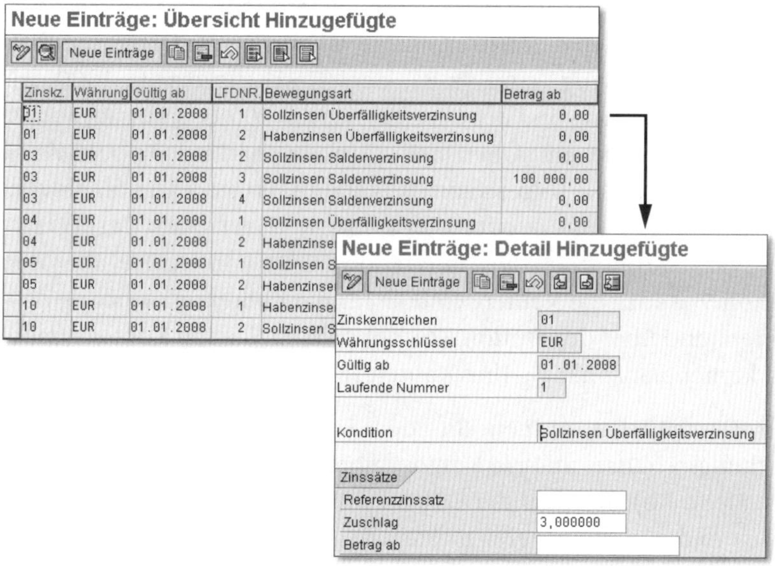

Abbildung 8.42 Pflege der zeitabhängigen Zinskonditionen

Für die *Zinskonditionen* pflegen Sie pro Zinskennzeichen und Währung das Gültigkeitsdatum, d. h., ab wann diese Zinskonditionen gelten sollen. Außerdem definieren Sie, ob es sich um Soll- oder Haben-Zinsen bzw. um eine Salden- oder Überfälligkeitsverzinsung handeln soll. Den gültigen Zinssatz tragen Sie in das Feld ZUSCHLAG ein.

Außerdem können Sie noch die *Referenzzinssätze* definieren. Wenn Sie z. B. den Referenzzinssatz »EUR_01_J_M EUR 01 Jahr Mittel« mit 4 % Verzinsung verwenden und dazu einen Zuschlag in Höhe von 3 % festlegen, beträgt Ihr gesamter Zinssatz 7 %. Falls Sie keinen Referenzzinssatz anwenden, wird nur der Zuschlag für die Zinsberechnung berücksichtigt.

Referenzzinssatz

Den Referenzzinssatz definieren Sie über den Customizing-Pfad FINANZWESEN (NEU) • DEBITOREN- UND KREDITORENBUCHHALTUNG • GESCHÄFTSVORFÄLLE • VERZINSUNG • ZINSBERECHNUNG • REFERENZZINSSÄTZE DEFINIEREN oder über die Transaktion OBAC, und die Zinssätze mit dem Gültigkeitsdatum für die Referenzzinssätze pflegen Sie über FINANZWESEN (NEU) • DEBITOREN- UND KREDITORENBUCHHALTUNG • GESCHÄFTSVORFÄLLE • VERZINSUNG • ZINSBERECHNUNG • ZINSWERTE EINGEBEN oder über die Transaktion OB83. Der eingegebene Wert ist so lange wirksam, bis Sie ein neues Gültigkeitsdatum eintragen.

Kontenfindung für die Verzinsung

Für die Kontenfindung bei der Überfälligkeitsverzinsung und Saldenverzinsung für Debitoren verwenden Sie fest definierte *Geschäftsvorfälle* und von Ihnen definierte *Kontensymbole*. Für die Debitorenüberfälligkeitsverzinsung sind z. B. der Geschäftsvorfall 1000 als Zinsertragsbuchung und der Geschäftsvorfall 2000 als Zinsaufwandsbuchung vorgesehen. Über den Customizing-Pfad FINANZWESEN (NEU) • DEBITOREN- UND KREDITORENBUCHHALTUNG • GESCHÄFTSVORFÄLLE • VERZINSUNG • BUCHUNG DER ZINSEN • DEBITOREN ÜBERFÄLLIGKEITSVERZINSUNG oder die Transaktion OBV1 können Sie über den Button SYMBOLE die Kontensymbole für die Kontenunterteilung definieren, und über den Button KONTEN ordnen Sie den Kontensymbolen kontenplanabhängig Ihre Konten zu (siehe Abbildung 8.43).

Pro Geschäftsfall ordnen Sie der Soll- und Haben-Seite einen Buchungsschlüssel und ein Kontosymbol zu. Die Kontenfindung können Sie in Abhängigkeit der Objekte »Buchungskreis«, »Zinskennzeichen« und »Geschäftsbereich« steuern. Wenn Sie für ein Objekt ein »+« eintragen, gilt der entsprechende Eintrag für alle Werte des entsprechenden Objekts. Die gleiche Logik gilt bei der Kontensymboldefinition. Wenn Sie für alle Währungen dasselbe Konto bebuchen, tragen Sie in der Spalte WÄHRUNG ein »+« ein. Wenn Sie beim Kontensymbol 1000 (Debitorenbuchung) in der Spalte SACHKONTO ein »+« eintragen, wird die Buchung hingegen auf den einzelnen Debitorenkonten vorgenommen.

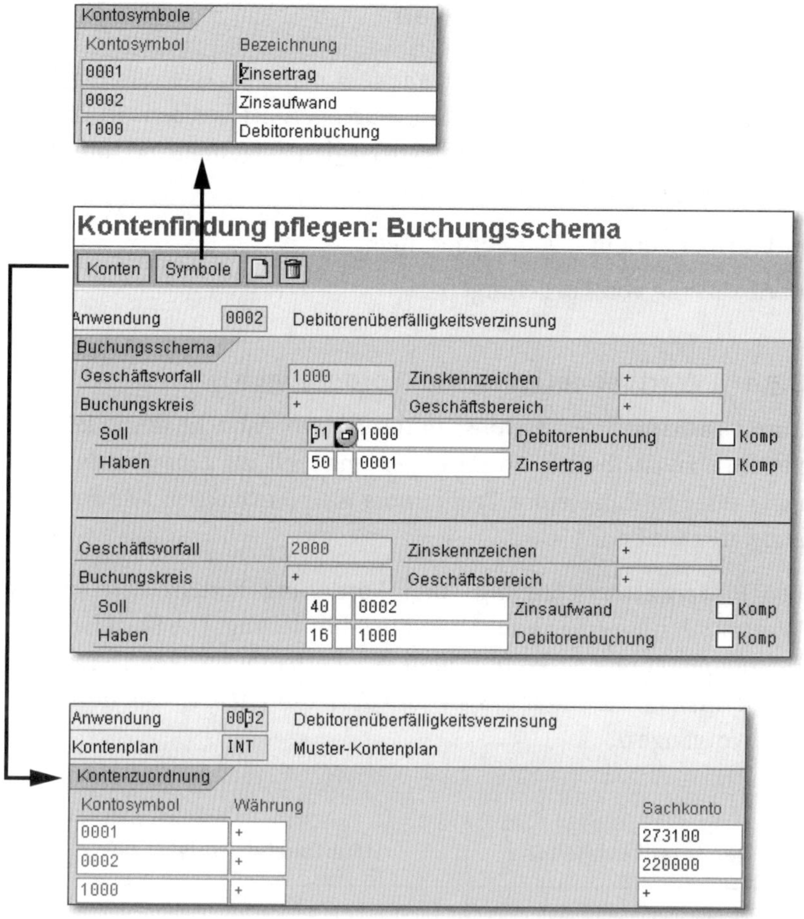

Abbildung 8.43 Kontenzuordnung für die Debitorenüberfälligkeitsverzinsung

Die gleiche Kontenfindungslogik gilt für die Saldenverzinsung. Die entsprechenden Einstellungen nehmen Sie im Customizing über den Menüpfad Finanzwesen (neu) • Debitoren- und Kreditorenbuchhaltung • Geschäftsvorfälle • Verzinsung • Buchung der Zinsen • Debitoren Saldenverzinsung oder über die Transaktion OBV3 vor.

Um die Debitorenposten zu verzinsen, müssen Sie in den debitorischen Buchungskreisdaten in der Registerkarte Kontoführung das Zinskennzeichen im entsprechenden Feld eintragen.

8.5 Periodische Arbeiten

Unter den *periodischen Arbeiten* versteht man Prozesse, die regelmäßig (z. B. monatlich oder jährlich) durchgeführt werden. In diesem Abschnitt lernen Sie Einstellungen zu den folgenden periodischen Prozessen und Funktionen kennen:

- Wertberichtigung von Forderungen
- Abzinsung von Forderungen

8.5.1 Wertberichtigung von Forderungen

Zum Geschäftsjahresabschluss in der Debitorenbuchhaltung können Sie Ihre zweifelhaften Forderungen manuell als *Einzelwertberichtigung* oder mithilfe eines Programms als *pauschalierte Wertberichtigung* abschreiben.

Einzelwertberichtigung

Die Einzelwertberichtigung einer Forderung bezieht sich auf die Wertminderung einer konkreten Einzelforderung. Die Einzelwertberichtigung können Sie mit dem Sonderhauptbuchkennzeichen E buchen (siehe Abbildung 8.44 und Abschnitt 8.4.1, »Sonderhauptbuchvorgänge«).

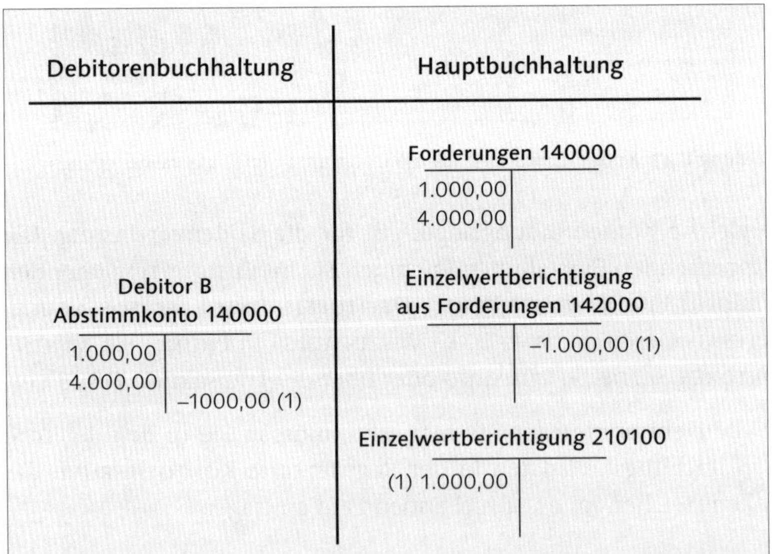

(1) Buchung einer Einzelwertberichtigung (Sonderhauptbuchkennzeichen »E«)

Abbildung 8.44 Buchungsschema einer Einzelwertberichtigung

Pauschalierte Wertberichtigung

Bei der *pauschalierten Wertberichtigung* gehen Sie davon aus, dass ein bestimmter Prozentsatz von Forderungen eines konkreten Debitors uneinbringlich ist. Für die pauschalierten Wertberichtigungen steht Ihnen im SAP ERP-System ein spezielles Programm zur Verfügung. Um dieses Programm nutzen zu können, müssen Sie zunächst einige Customizing-Einstellungen vornehmen: Unter FINANZWESEN (NEU) • DEBITOREN- UND KREDITORENBUCHHALTUNG • GESCHÄFTSVORFÄLLE • ABSCHLUSS • BEWERTEN • DIVERSE BEWERTUNGEN • WERTBERICHTIGUNGSSCHLÜSSEL HINTERLEGEN definieren Sie zunächst den Schlüssel für das *Wertberichtigungsprogramm*. In diesem *Wertberichtigungsschlüssel* legen Sie nun noch fest, für welche Bewertung z. B. IAS oder US GAAP und für welche Länder er gelten soll.

Den *Bewertungsschlüssel* tragen Sie ein, falls Sie für die parallele Rechnungslegung Bewertungsbereiche angelegt haben. Auch definieren Sie hier den Soll-Zinssatz (prozentualer Forderungsausfall) und die Überfälligkeitstage (siehe Abbildung 8.45).

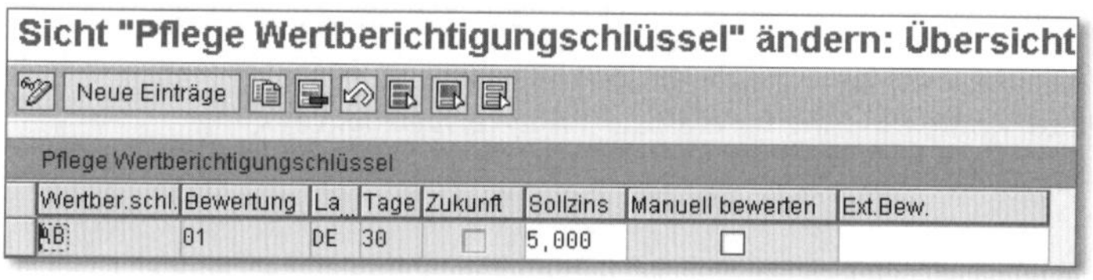

Abbildung 8.45 Definition des Werteberichtigungsschlüssels für die pauschalierte Einzelwertberichtigung

Den definierten Wertberichtigungsschlüssel ordnen Sie Ihren Debitoren in den Buchungskreisdaten in der Registerkarte KONTOFÜHRUNG zu.

Kontenzuordnung für die pauschalierte Wertberichtigung

Über den Customizing-Pfad FINANZWESEN (NEU) • DEBITOREN- UND KREDITORENBUCHHALTUNG • GESCHÄFTSVORFÄLLE • ABSCHLUSS • BEWERTEN • DIVERSE BEWERTUNGEN • KONTEN HINTERLEGEN oder über die Transaktion OBB0 ordnen Sie dem Forderungskonto für den Vorgang »Pauschalierte Wertberichtigung« ein Korrektur- und Zielkonto zu (siehe Abbildung 8.46). Diese Konten legen Sie kontenplanabhängig und eventuell bewertungsplanabhängig fest.

In Abbildung 8.47 sehen Sie die Buchungslogik zur pauschalierten Einzelwertberichtigung anhand Ihrer im SAP-System vorgenommenen Einstellungen.

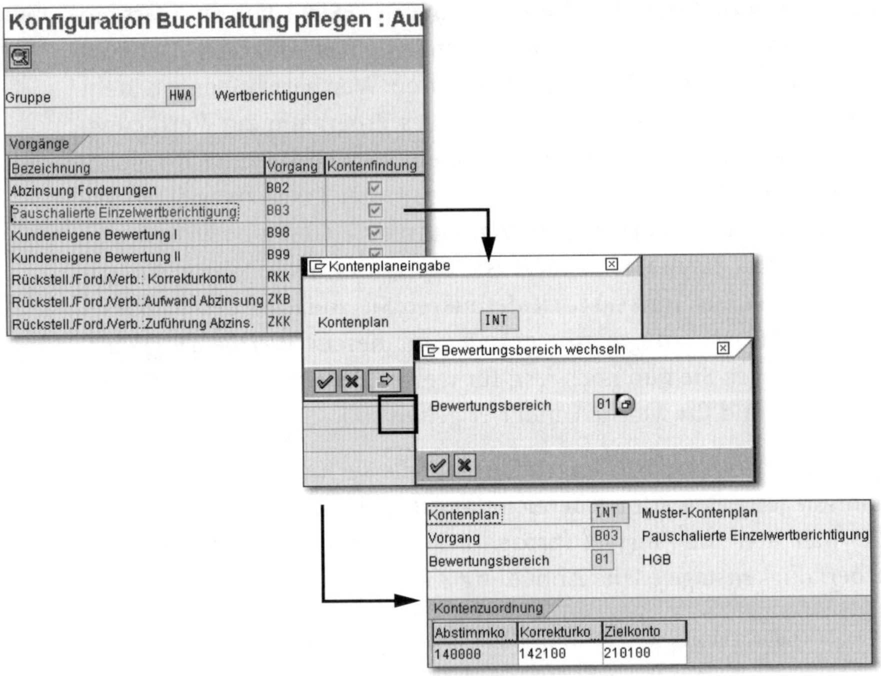

Abbildung 8.46 Kontenfindung für die pauschalierte Wertberichtigung im Bewertungsbereich 01 (HGB)

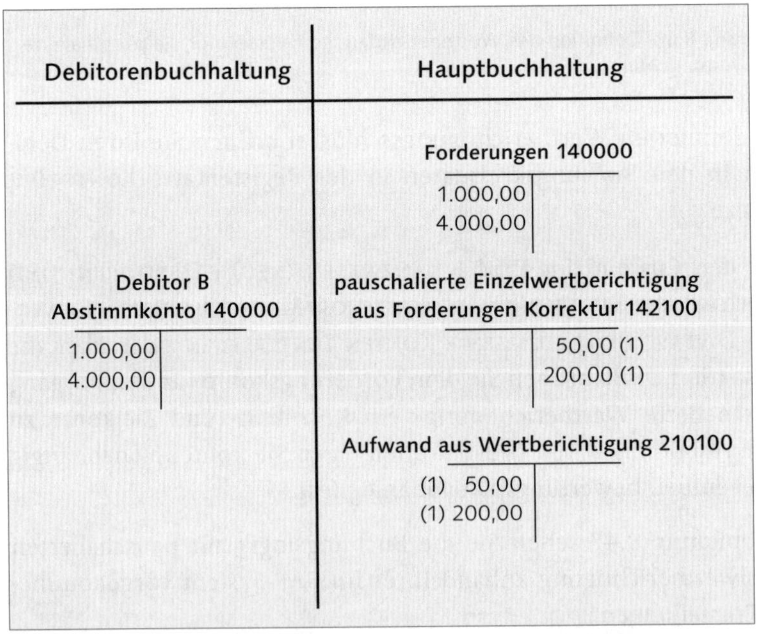

Abbildung 8.47 Buchungslogik für die pauschalierte Wertberichtigung

8.5.2 Abzinsung von Forderungen

Buchung der Abzinsung

Für offene Posten, die langfristig (z. B. erst in einem Jahr) anfallen, können Sie in SAP ERP eine *Abzinsung* berechnen lassen. Durch die Abzinsung stellen Sie den Barwert der Forderungen zum Bilanzstichtag dar. Hierzu benötigt das SAP-System die Prozentsätze, die Sie als Zinskennzeichen definiert haben (siehe Abschnitt 8.4.3, »Verzinsung«). Die Kontenfindung für die Abzinsung pflegen Sie über den Customizing-Pfad FINANZWESEN (NEU) • DEBITOREN- UND KREDITORENBUCHHALTUNG • GESCHÄFTSVORFÄLLE • ABSCHLUSS • BEWERTEN • DIVERSE BEWERTUNGEN • KONTEN HINTERLEGEN oder über die Transaktion OBB0 unter dem Vorgang B02 (Abzinsung Forderungen). Die Kontenfindungslogik und die Buchungslogik sind hier analog zur pauschalierten Einzelwertberichtigung (siehe Abschnitt 8.5.1, »Wertberichtigung von Forderungen«).

8.6 Fazit

In diesem Kapitel haben wir Ihnen zunächst die Grundeinstellungen für die Debitorenstammdaten vorgestellt und uns dann mit den Standardgeschäftsvorfällen wie Rechnungen, Zahlungen und Ausgleich von offenen Posten beschäftigt. Anschließend haben wir dargelegt, an welchen Stellen der Order-to-Cash-Prozess in SAP ERP Financials verbessert werden kann, und sind tiefer ins Kreditmanagement eingestiegen. Danach sind wir auf weitere Aspekte der Debitorenbuchhaltung wie Sonderhauptbuchvorgänge, Mahnwesen und Verzinsung und abschließend auf die periodischen Arbeiten wie Wertberichtigung und die Abzinsung von Forderungen eingegangen.

Neben den Stammdaten und Geschäftsvorfällen der Kreditorenbuchhaltung stehen das automatische Zahlprogramm und die SEPA-Umstellung im Fokus dieses Kapitels.

9 Kreditorenbuchhaltung

In der *Kreditorenbuchhaltung* erfassen Sie alle Geschäftsvorfälle, die in Bezug zu den Lieferanten stehen. Wie die Debitorenbuchhaltung bildet auch die Kreditorenbuchhaltung ein Nebenbuch, dessen Transaktionen (wie z. B. Verbindlichkeiten oder kreditorische Anzahlungen) Sie automatisch auch auf die entsprechenden Sachkonten des Hauptbuches buchen.

Das SAP-System stellt Ihnen eine Reihe von Berichten zur Verfügung, mit deren Hilfe Sie z. B. die Fälligkeitsanalyse oder eine Liste der offenen Posten aufrufen können. Darüber hinaus haben Sie diverse Möglichkeiten, um Korrespondenzen für die Kreditoren zu konfigurieren. Hierzu stehen Ihnen u. a. Zahlungsmitteilungen, Saldenbestätigungen oder Kontoauszüge zur Verfügung. Zu guter Letzt unterstützt Sie das System auch beim Buchen von Zahlungsausgängen.

Die in der Kreditorenbuchhaltung gebuchten Vorgänge können Sie sich als Saldenlisten oder Umsatzauswertungen anzeigen lassen. Zum Monats- oder Jahresende können Sie Fremdwährungsbelege neu bewerten und die offenen Verbindlichkeiten gerastert nach Restlaufzeiten darstellen. Die Kreditorenbuchhaltung unterstützt Sie bei der Einhaltung der Grundsätze der ordnungsgemäßen Buchführung und ist außerdem Grundlage für weitere Komponenten von SAP ERP, wie z. B. für das Cash Management im Rahmen der Liquiditätsplanung.

Zu Beginn dieses Kapitels erläutern wir die kreditorischen Stammdaten, insbesondere die Kontengruppen, sensible Felder und Sachbearbeiter. Im Rahmen der Geschäftsprozesse behandeln wir als Schwerpunkte die Rechnungs- und Gutschriftenbuchungen sowie die ausgehenden Zahlungen. Weiter geht es mit anderen Einstellungen, wie etwa den Sonderhauptbuchvorgängen und der Nachrichtensteuerung. Zum Abschluss des Kapitels beschäftigen wir uns noch mit den periodischen Arbeiten, und dabei vor allem mit der Saldenbestätigung und der Umgliederung.

9.1 Kreditorische Stammdaten

Aufbau der Kreditorenstammdaten

Analog zu den debitorischen Stammdaten benötigen Sie die Kreditorenstammdaten, bevor Sie Ihre Geschäftsvorfälle in der Kreditorenbuchhaltung buchen können. Wie auch bei den Debitoren werden die Kreditorenstammdaten von unterschiedlichen Applikationen verwendet und sind deshalb in die folgenden verschiedenen Bereiche aufgeteilt:

- **Allgemeine Daten**
  Die allgemeinen Daten, in denen Sie z. B. Namen und Adresse, Steuerinformationen und Bankverbindungen pflegen, legen Sie auf Mandantenebene an. Falls sich bestimmte Daten aus diesem Bereich ändern, führen Sie die Änderungen zentral für alle Buchungskreise und alle Einkaufsorganisationen durch, in denen der betreffende Kreditor angelegt wurde (siehe Abbildung 9.1).
- **Buchungskreisdaten**
  Hier pflegen Sie Daten buchungskreisabhängig, d. h., dass die Daten für jeden Buchungskreis neu erfasst werden müssen. In den Buchungskreisdaten finden Sie z. B. die Verbindung mit der Hauptbuchhaltung (über das Abstimmkonto), die Zahlungsbedingungen, die Zahlwege und die Informationen zur Korrespondenz.
- **Einkaufsorganisationsdaten**
  Die Einkaufsorganisationsdaten benötigen Sie, falls Sie die Integration mit der Materialwirtschaft nutzen. Hier hinterlegen Sie z. B. Einkaufsinformationen und Steuerungsdaten zu Einkaufsrechnungen und Bestellungen.

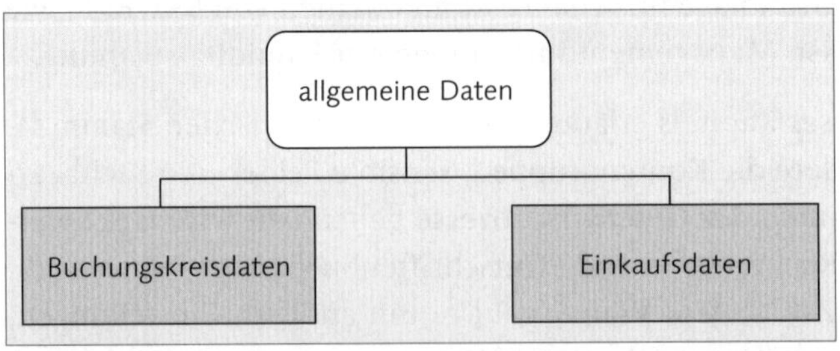

Abbildung 9.1 Kreditorische Stammdaten, aufgeteilt in Bereiche

9.1.1 Kontengruppe

Bedeutung der Kontengruppe

Die kreditorischen *Kontengruppen* erfüllen die gleiche Funktion wie die debitorischen Kontengruppen, daher legen Sie sie analog zu den debitorischen Kontengruppen an (siehe Abschnitt 8.1.1, »Kontengruppe«). Beim Anlegen von kreditorischen Stammdaten wählen Sie immer eine Kontengruppe aus. Die Kontengruppe steuert, in welchem Nummernintervall ein Kreditor angelegt wird und ob die Nummer intern oder extern vergeben werden soll. Darüber hinaus wird über die Kontengruppe festgelegt, welche Felder beim Anlegen oder Ändern eingabebereit bzw. änderbar und welche Felder davon Muss-Felder sein sollen.

Kontengruppe anlegen

Die Kontengruppe legen Sie über den Customizing-Pfad FINANZWESEN (NEU) • DEBITOREN- UND KREDITORENBUCHHALTUNG • KREDITORENKONTEN • STAMMDATEN • ANLEGEN DER DEBITORENSTAMMDATEN VORBEREITEN • KONTENGRUPPE MIT BILDAUFBAU DEFINIEREN (KREDITOREN) an. Hierbei kopieren Sie zunächst den Schlüssel der Kontengruppe, oder Sie legen einen neuen an. Anschließend pflegen Sie den Feldstatus je Bereich wie z. B. ALLGEMEINE DATEN • ANSCHRIFT, d. h., dass Sie entscheiden, welche Felder beim Anlegen von Kreditorenstammdaten ausgeblendet bzw. als Kann-Eingabe- oder Muss-Eingabefelder erscheinen sollen.

[+]

Kontengruppe CpD

Es gibt eine vordefinierte besondere Kontengruppe für sogenannte *CpD-Kreditoren* (siehe Abschnitt 8.1.1, »Kontengruppe«). Darunter versteht man Lieferanten, bei denen Sie nur ein- oder zweimal etwas bestellen. Für diese Kreditoren legen Sie keinen eigenen Stammsatz an, sondern Sie nutzen einen gemeinsamen. Erst beim Buchen eines Belegs pflegen Sie genauere Daten wie Name, Adresse oder Bankdaten.

Nummernkreise definieren

Die *Nummernkreise* für die Kreditorenkonten definieren Sie über den Customizing-Pfad FINANZWESEN (NEU) • DEBITOREN- UND KREDITORENBUCHHALTUNG • KREDITORENKONTEN • STAMMDATEN • ANLEGEN DER KREDITORENSTAMMDATEN VORBEREITEN • NUMMERNKREISE FÜR KREDITORENKONTEN ANLEGEN oder über die Transaktion XKN1. Hierbei entscheiden Sie auch, ob die Nummern extern oder intern zu vergeben sind. Anschließend ordnen Sie über den Customizing-Pfad FINANZWESEN (NEU) • DEBITOREN- UND KREDITORENBUCHHALTUNG • KREDITORENKONTEN • STAMMDATEN • ANLEGEN DER KREDITORENSTAMMDATEN

VORBEREITEN • NUMMERNKREISE DEN KONTENGRUPPEN FÜR KREDITOREN ZUORDNEN die Nummernintervalle den Kontengruppen zu.

Über den Customizing-Pfad FINANZWESEN (NEU) • DEBITOREN- UND KREDITORENBUCHHALTUNG • KREDITORENKONTEN • STAMMDATEN • ANLEGEN DER KREDITORENSTAMMDATEN VORBEREITEN • BILDAUFBAU PRO AKTIVITÄT DEFINIEREN (KREDITOREN) entscheiden Sie schließlich, welche Felder pro Aktivität (Anlegen, Ändern, Anzeigen) wie zu steuern sind (Ausblenden, Muss-, Kann- oder Anzeigefeld). Wie bei den Debitorenstammdaten ist es sinnvoll, das in den Kreditorenstammdaten zugeordnete Abstimmkonto nicht mehr zu ändern. Daher definieren Sie unter dem Aktivitätstyp ÄNDERN KREDITOR (BUCHHALTUNG) oder ÄNDERN KREDITOR (ZENTRAL) im Bereich BUCHUNGSKREISDATEN • KONTOFÜHRUNG das Abstimmkonto als Anzeigefeld.

9.1.2 Sensible Felder

Rolle der sensiblen Felder

Im SAP ERP-System können Sie bestimmte Stammdatenfelder als *sensible Felder* definieren. Falls Sie Änderungen in diesen Feldern vornehmen, wird das entsprechende Konto zur Zahlung gesperrt. Die Sperre bleibt so lange aktiv, bis ein zweiter autorisierter Mitarbeiter die Änderung prüft und bestätigt oder ablehnt. Damit erfüllen Sie das Vier-Augen-Prinzip, das besagt, dass wichtige Entscheidungen bzw. Änderungen nicht von einer einzelnen Person durchgeführt werden sollen. Das Ziel dieser Funktion ist es also, das Risiko von Fehlern und Missbrauch zu minimieren.

Sensible Felder für das Vier-Augen-Prinzip definieren

Oft werden Bankverbindungen und Zahlungsverkehrsdaten als sensible Felder definiert. Die entsprechenden Einstellungen erfolgen über den Customizing-Pfad FINANZWESEN (NEU) • DEBITOREN- UND KREDITORENBUCHHALTUNG • KREDITORENKONTEN • STAMMDATEN • ANLEGEN DER KREDITORENSTAMMDATEN VORBEREITEN • SENSIBLE FELDER FÜR 4-AUGEN-PRINZIP DEFINIEREN (KREDITOREN, siehe Abbildung 9.2).

Analog hierzu können Sie über den Customizing-Pfad FINANZWESEN (NEU) • DEBITOREN- UND KREDITORENBUCHHALTUNG • DEBITORENKONTEN • STAMMDATEN • ANLEGEN DER DEBITORENSTAMMDATEN VORBEREITEN • SENSIBLE FELDER FÜR 4-AUGEN-PRINZIP DEFINIEREN (DEBITOREN) auch sensible Felder für die Debitoren hinterlegen.

Abbildung 9.2 Sensible Felder für Kreditoren definieren

9.1.3 Name des Sachbearbeiters

Kürzel für den Sachbearbeiter

Auf den Korrespondenzformularen können Sie den Namen des jeweiligen Sachbearbeiters angeben. Hierzu definieren Sie einen Buchhaltungssachbearbeiter, den Sie anschließend den Kreditorenbuchungskreisdaten in der Registerkarte KORRESPONDENZ zuordnen. Den zweistelligen *Schlüssel für die Buchhaltungssachbearbeiter* definieren Sie über den Customizing-Pfad FINANZWESEN (NEU) • DEBITOREN- UND KREDITORENBUCHHALTUNG • KREDITORENKONTEN • STAMMDATEN • ANLEGEN DER KREDITORENSTAMMDATEN VORBEREITEN • BUCHHALTUNGSSACHBEARBEITER DEFINIEREN (siehe Abbildung 9.3).

Abbildung 9.3 Definition des Buchhaltungssachbearbeiters

Dieselben Kürzel für die Buchhaltungssachbearbeiter können Sie sowohl den kreditorischen als auch den debitorischen Stammdaten zuordnen.

9.2 Klassische kreditorische Geschäftsprozesse

Tägliche Geschäftsvorfälle in der Kreditorenbuchhaltung

Zu den täglichen Geschäftsvorfällen in der Kreditorenbuchhaltung gehören die Rechnungs-/Gutschriftenbuchung, die Belegvorerfassung, die Zahlungsausgangsbuchung, der Ausgleich von offenen Posten und die Korrespondenz mit den Kreditoren. Die kreditorischen Geschäftsvorfälle basieren auf den Einstellungen, die Sie schon in

Kapitel 4, »Globale Einstellungen im SAP-Finanzwesen«, kennengelernt haben: Belegaufbau, Belegarten, Buchungsschlüssel und Feldstatusgruppen. Die Einstellungen zu den kreditorischen Geschäftsprozessen im Bereich der Rechnungsbuchung bzw. Gutschriftenbuchung und des Ausgleichs von offenen Posten sind analog zu den Einstellungen, die wir schon in Abschnitt 8.2, »Klassische debitorische Geschäftsvorfälle«, vorgestellt haben. Aus diesem Grund beschreiben wir diese Prozesse und Einstellungen nur kurz und konzentrieren uns in diesem Abschnitt auf neue Themen wie z. B. das Zahlprogramm.

9.2.1 Rechnungsbuchung/Gutschriftenbuchung

Ebenso wie in der Debitorenbuchhaltung gibt es in der Kreditorenbuchhaltung zwei Möglichkeiten, um Rechnungen bzw. Gutschriften zu erfassen: über die *klassischen Transaktionen* und über die *Enjoy-Transaktionen*. In den Enjoy-Transaktionen können Sie analog zur Debitorenbuchhaltung die vorgangsabhängigen Belegarten, die Steuerkennzeichen und die Buchungsschlüssel hinterlegen.

Einstellungen für die Enjoy-Transaktionen

Die Einstellungen zu den Belegarten nehmen Sie über den Customizing-Pfad FINANZWESEN (NEU) • DEBITOREN- UND KREDITORENBUCHHALTUNG • GESCHÄFTSVORFÄLLE • RECHNUNGSEINGANG/GUTSCHRIFTEINGANG • RECHNUNGSEINGANG/GUTSCHRIFTEINGANG ENJOY • BELEGARTEN FÜR ENJOY-TRANSAKTIONEN DEFINIEREN vor.

Falls Sie hier keine Einstellungen vornehmen, schlägt das System standardmäßig die Belegart KR (Kreditorenrechnung) vor. Diesen Vorschlagswert können Sie aber überschreiben.

Die Einstellungen zu den Steuerkennzeichen pro Land nehmen Sie über den Customizing-Pfad FINANZWESEN (NEU) • DEBITOREN- UND KREDITORENBUCHHALTUNG • GESCHÄFTSVORFÄLLE • RECHNUNGSEINGANG/GUTSCHRIFTEINGANG • RECHNUNGSEINGANG/GUTSCHRIFTEINGANG ENJOY • STEUERKENNZEICHEN PRO VORGANG DEFINIEREN oder über die Transaktion OBZT vor.

Über den Customizing-Pfad FINANZWESEN (NEU) • DEBITOREN- UND KREDITORENBUCHHALTUNG • GESCHÄFTSVORFÄLLE • RECHNUNGSEINGANG/GUTSCHRIFTEINGANG • RECHNUNGSEINGANG/GUTSCHRIFTEINGANG ENJOY • BUCHUNGSSCHLÜSSEL FÜR RECHNUNGS-/GUTSCHRIFTSEINGANG HINTERLEGEN oder über die Transaktion OBXJ ordnen Sie schließlich die Buchungsschlüssel pro Vorgang zu. Es empfiehlt sich, diese Einstellungen nur zu ändern, falls Sie eigene Buchungsschlüssel definiert haben; die Buchungsschlüssel können Sie bei der Buchung über die Enjoy-Transaktion nicht mehr ändern.

Die Einstellungen zur Belegvorerfassung nehmen Sie in den einzelnen Optionen des Customizing-Pfades FINANZWESEN (NEU) • DEBITOREN- UND KREDITORENBUCHHALTUNG • GESCHÄFTSVORFÄLLE • RECHNUNGSEINGANG/GUTSCHRIFTEINGANG • EINSTELLUNGEN ZUR BELEGVORERFASSUNG DURCHFÜHREN UND PRÜFEN vor.

Zahlungsbedingungen

Die *Zahlungsbedingungen* können Sie über den Customizing-Pfad FINANZWESEN (NEU) • DEBITOREN- UND KREDITORENBUCHHALTUNG • GESCHÄFTSVORFÄLLE • RECHNUNGSEINGANG/GUTSCHRIFTEINGANG • ZAHLUNGSBEDINGUNGEN pflegen und sie über den Customizing-Pfad FINANZWESEN (NEU) • DEBITOREN- UND KREDITORENBUCHHALTUNG • GESCHÄFTSVORFÄLLE • RECHNUNGSEINGANG/GUTSCHRIFTEINGANG • ZAHLUNGSBEDINGUNGEN FÜR RATEN DEFINIEREN oder über die Transaktion OBB9 einstellen. Die entsprechenden Details haben wir in Abschnitt 8.2.1, »Rechnungsbuchung/Gutschriftbuchung«, erläutert.

9.2.2 Ausgehende Zahlung

Nachdem Sie eine Eingangsrechnung im SAP-System gebucht haben, ist in der Regel der nächste Schritt die Zahlung. Die Zahlungen können Sie entweder manuell oder automatisch buchen; beide Methoden beschreiben wir in den nächsten Abschnitten.

Manuelle Zahlung

Bei der Durchführung von manuellen Zahlungen gleichen Sie in der Regel die zu zahlenden Rechnungen direkt aus. Wie bei den manuellen eingehenden Zahlungen, die Sie in Abschnitt 8.2.3, »Eingehende Zahlungen«, kennengelernt haben, müssen Sie für automatische Buchungen, wie z. B. von Skontoertrag, Über-/Unterzahlung, Kursdifferenzen, Rundungsdifferenzen oder Zahlungsdifferenzen, Konten hinterlegen.

Zahlung mit dem Zahlprogramm

Einstellungen für das Zahlprogramm

Mithilfe des *Zahlprogramms* können Sie Ihren internationalen Zahlungsverkehr mit Debitoren und Kreditoren abwickeln. Mit SAP ERP werden die gängigen Einstellungen pro Land wie Zahlwege und Formulare ausgeliefert. Zusätzlich können Sie Ihre Definitionen frei anlegen.

Wenn Sie mit der Konfiguration des Zahlprogramms anfangen möchten, müssen Sie im Vorfeld Ihre *Hausbanken*, *Zahlwege* und *Formulare* anlegen.

Hausbanken anlegen

Unter einer Hausbank versteht man den Bankschlüssel der Bank, bei der der entsprechende Buchungskreis Bankkonten unterhält (z. B. Deutsche Bank). Bei einer Bank können Sie mehrere Bankkonten unterhalten (wie etwa Girokonto, Devisenkonto in USD usw.). Zu jedem Bankkonto legen Sie im SAP ERP-System einen Konto-ID-Schlüssel an.

Jedes Bankkonto wird in Ihrem Kontenplan als Sachkonto abgebildet. In die Definition der Konto-IDs tragen Sie die Nummer des Sachkontos aus Ihrem Kontenplan ein. Tabelle 9.1 stellt die Zusammenstellung der Daten bei der Hausbankendefinition dar.

Name der Bank	Hausbank-schlüssel	Name des Bankkontos	Konto-ID	Sach-konto
Deutsche Bank	DB	Girokonto	GIRO	113100
Deutsche Bank	DB	Devisenkonto USD	US$	113150

Tabelle 9.1 Zusammenstellung der Daten bei der Definition der Hausbanken

Die Einstellungen zu Ihren Hausbanken nehmen Sie über den Customizing-Pfad Finanzwesen (neu) • Bankbuchhaltung • Bankkonten • Hausbanken definieren oder über die Transaktion FI12 vor. Die genaue Beschreibung dieser Definitionen finden Sie in Abschnitt 11.1, »Definition der Hausbanken«.

Zahlwege definieren

Über den Zahlweg entscheiden Sie, mit welchem Verfahren Ihre Zahlungen geleistet werden sollen (z. B. Überweisung, Scheck oder Wechsel). Die Zahlwege legen Sie in zwei Schritten an: Zuerst definieren Sie die landesspezifischen und danach die buchungskreisspezifischen Einstellungen. Die Landeseinstellungen werden über den Customizing-Pfad Finanzwesen (neu) • Debitoren- und Kreditorenbuchhaltung • Geschäftsvorfälle • Zahlungsausgang • Zahlungsausgang automatisch • Zahlweg-/Bankenauswahl für Zahlprogramm • Zahlwege pro Land für Zahlungsverkehr einrichten vorgenommen (siehe Abbildung 9.4).

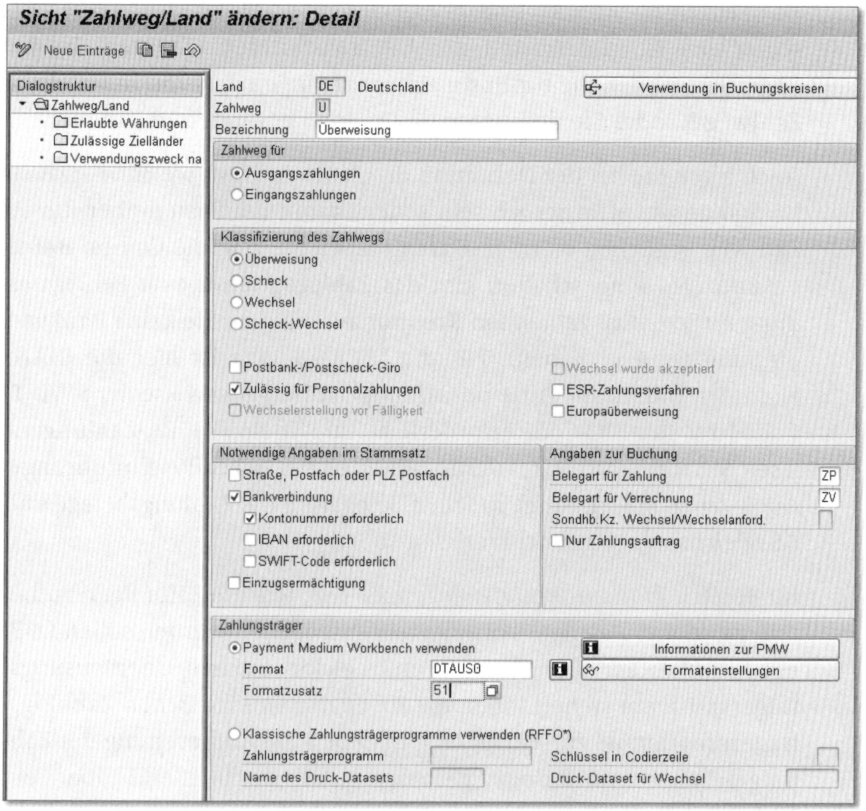

Abbildung 9.4 Landesspezifische Definition des Zahlwegs

Landesspezifische Einstellungen

Die landesspezifischen Einstellungen definieren Sie pro Land, in unserem Beispiel für Deutschland (DE). Hier entscheiden Sie zunächst, ob Sie es mit einer Ausgangs- oder mit Eingangszahlung zu tun haben.

Bei einer *Ausgangszahlung* spezifizieren Sie, ob die Zahlung per Überweisung, Scheck oder Wechsel erfolgen soll. Bei einer *Eingangszahlung* klassifizieren Sie die Zahlung als Lastschrift, Wechsel, Wechselanforderung, Zahlungsaufforderung oder Kartenzahlung.

Wenn Sie das Feld Postbank-/Postscheck-Giro aktivieren, werden für die Zahlung nur Postbank-Niederlassungen ausgewählt, die Girokonten führen.

Wenn Sie die Option Zulässig für Personalzahlungen auswählen, können Sie über diesen Zahlweg Überweisungen an Ihre Mitarbeiter durchführen.

Das Feld EUROPAÜBERWEISUNG markieren Sie, wenn Sie Beträge zwischen den Mitgliedstaaten der EU transferieren möchten. In der Regel verwenden Sie für Europaüberweisungen den voreingestellten Zahlweg R, oder Sie definieren dafür einen gesonderten Zahlweg.

Auch legen Sie bei der Definition des Zahlwegs fest, welche Angaben im Stammsatz erforderlich sein sollen, damit die Posten über diesen Zahlweg beglichen werden dürfen (haben Sie z. B. die Option BANKVERBINDUNG eingeschaltet, gibt das Zahlprogramm eine Fehlermeldung für jeden zu zahlenden Kreditor aus, zu dem Sie keine Bankverbindung gepflegt haben). Für die *SEPA-Zahlung* ist hier die IBAN-Nummer und für die Auslandszahlungen übergangsweise der SWIFT-Code bzw. der BIC-Code erforderlich. Zum Thema »SEPA-Zahlungen« lesen Sie Abschnitt 9.3, »Besonderheiten bei der SEPA-Einführung«. Auch geben Sie an, unter welchen Belegarten die Zahlungsbelege und Ausgleichsbelege gebucht werden sollen.

Im Bereich ZAHLUNGSTRÄGER legen Sie fest, wie die Zahlungen aufbereitet und mit welchem Formular sie ausgegeben werden sollen (z. B. per Scheckdruck oder Erstellen eines elektronischen Überweisungsträgers). Hierzu stehen Ihnen die sogenannten klassischen Zahlungsträgerprogramme zur Verfügung, in denen die Aufbereitung der Zahlungen über ABAP-Code gesteuert und anschließend über ein SAPscript- bzw. über SAP Smart Forms-Formulare ausgegeben werden kann. Bei dieser herkömmlichen Vorgehensweise ist es notwendig, für jeden neuen Zahlungsträgerstandard ein neues Programm zu erstellen. Alternativ können Sie die *Payment Medium Workbench* (PMW) einsetzen, mit deren Hilfe Sie Zahlungsträgerformate anhand eines generischen Zahlungsträgerprogramms mit einer grafischen Oberfläche erstellen können. Ein eigens erstelltes Programm ist dabei nicht mehr erforderlich. Das Erstellen von Zahlungsträgerformaten mithilfe der PMW oder von Formularen ist ein umfangreiches Thema, dessen nähere Erläuterung den Rahmen dieses Buches sprengen würde. Daher gehen wir nicht näher darauf ein.

In der Dialogstruktur oben links können Sie im Menüpunkt ERLAUBTE WÄHRUNGEN Ihre Zahlwege auf bestimmte Währungen beschränken, und ab Erweiterungspaket 5 für SAP ERP 6.0 (EHP5) steht Ihnen zusätzlich die Option ZULÄSSIGE ZIELLÄNDER zur Verfügung.

Varianten für klassische Zahlprogramme notwendig [!]

Um Druckprogramme mit den klassischen Zahlungsträgerprogrammen ausführen zu können, muss in der Anwendung mindestens eine Variante pro Druckprogramm für jeden zulässigen und verwendeten Zahlweg definiert worden sein. In einer Variante können Sie bestimmte Selektionsoptionen und Variablen für einen Bericht sichern.

Buchungskreisspezifische Einstellungen

Die buchungskreisspezifischen Einstellungen pro Zahlweg nehmen Sie über den Customizing-Pfad Finanzwesen (neu) • Debitoren- und Kreditorenbuchhaltung • Geschäftsvorfälle • Zahlungsausgang • Zahlungsausgang automatisch • Zahlweg-/Bankenauswahl für Zahlprogramm • Zahlwege pro Buchungskreis für Zahlungsverkehr einrichten vor (siehe Abbildung 9.5).

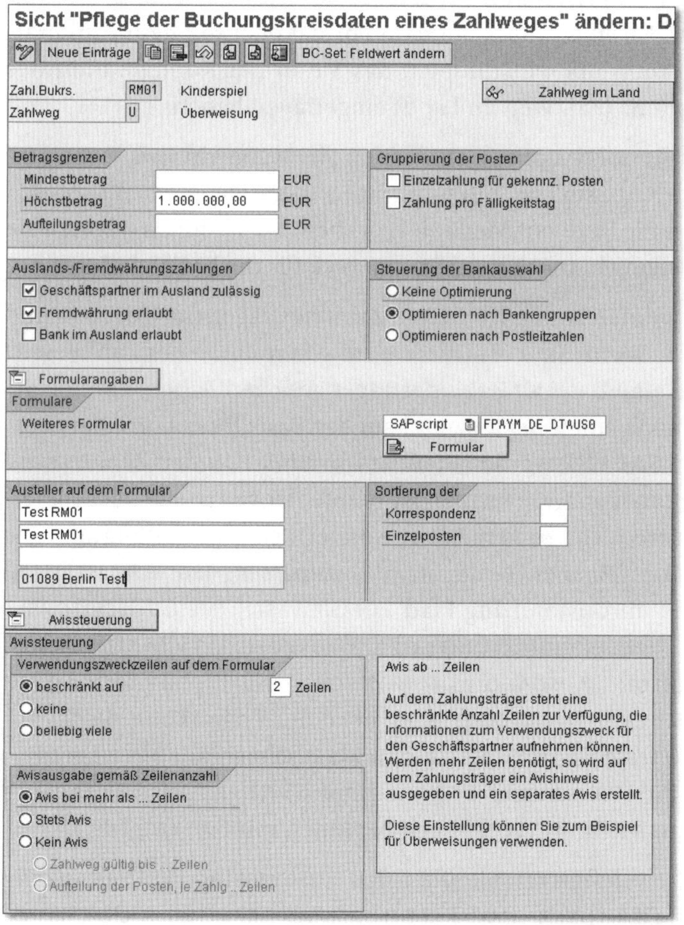

Abbildung 9.5 Buchungskreisspezifische Definition des Zahlwegs

Hier legen Sie die *Mindest- und Höchstbeträge* in den entsprechenden Feldern fest. Positionen, die diesen Betrag überschreiten, werden vom *Zahllauf* ausgeschlossen. Diese Prüfung findet jedoch nicht statt, falls der Zahlweg explizit in die entsprechende Belegposition eingegeben worden ist.

Des Weiteren können Sie im Feld AUFTEILUNGSBETRAG einen solchen definieren. Falls mehrere Positionen den Aufteilungsbetrag überschreiten, versucht das SAP-System, diese Positionen in mehrere Zahlungen aufzuteilen.

In den weiteren Optionen können Sie Ihre Posten gruppieren, entscheiden, ob Auslands- und Fremdwährungszahlungen zugelassen sein sollen und ob die Bankauswahl optimiert werden soll.

Im Bereich FORMULARANGABEN tragen Sie den Namen Ihres Formulars ein. Das *Formular* muss mit dem Format oder mit dem Zahlungsträgerprogramm übereinstimmen, das Sie in der Konfiguration des Zahlprogramms (Zahlweg im Land) eingetragen haben.

Im Bereich AVISSTEUERUNG entscheiden Sie, wann ein *Avis* in Verbindung mit den klassischen Zahlungsträgerprogrammen erstellt werden soll. Falls Sie die Payment Medium Workbench verwenden, können Sie diese Einstellungen im Verwendungszweck für die PMW definieren.

Formulare für das Zahlprogramm definieren

Formulare werden zusätzlich zu den Zahlungsträgern ausgegeben und ausgedruckt. Wenn Sie z. B. Überweisungen mithilfe des Zahlwegs U erstellt und eine Datei als Zahlungsträger gesichert haben, können Sie zusätzlich noch einen Begleitzettel auf der Basis Ihres Formulars ausdrucken. In SAP ERP werden Standardformulare zu den Zahlungsträgerprogrammen ausgeliefert. Es ist empfehlenswert, die ausgelieferten Formulare nicht zu verändern, sondern sie zu kopieren und die Kopie an Ihre eigenen Bedürfnisse anzupassen. Die Anpassungen nehmen Sie im Customizing-Pfad FINANZWESEN (NEU) • DEBITOREN- UND KREDITORENBUCHHALTUNG • GESCHÄFTSVORFÄLLE • ZAHLUNGSAUSGANG • ZAHLUNGSAUSGANG AUTOMATISCH • ZAHLUNGSTRÄGER • ZAHLUNGSFORMULARE DEFINIEREN oder über die Transaktion SE71 vor. Die ausgelieferten Formulare zu den klassischen Zahlungsträgerprogrammen für Deutschland beginnen mit F110_D_*, und Formulare zur Payment Medium Workbench beginnen mit FPAYM_DE_*.

Zahlprogramm-relevante Buchungskreise

Des Weiteren definieren Sie über den Customizing-Pfad FINANZWESEN (NEU) • DEBITOREN- UND KREDITORENBUCHHALTUNG • GESCHÄFTS-

VORFÄLLE • ZAHLUNGSAUSGANG • ZAHLUNGSAUSGANG AUTOMATISCH • ZAHLWEG-/ BANKENAUSWAHL FÜR ZAHLPROGRAMM • ALLE BUCHUNGSKREISE FÜR ZAHLUNGSVERKEHR EINRICHTEN alle Buchungskreise, die Sie im Zahlprogramm berücksichtigen möchten (siehe Abbildung 9.6).

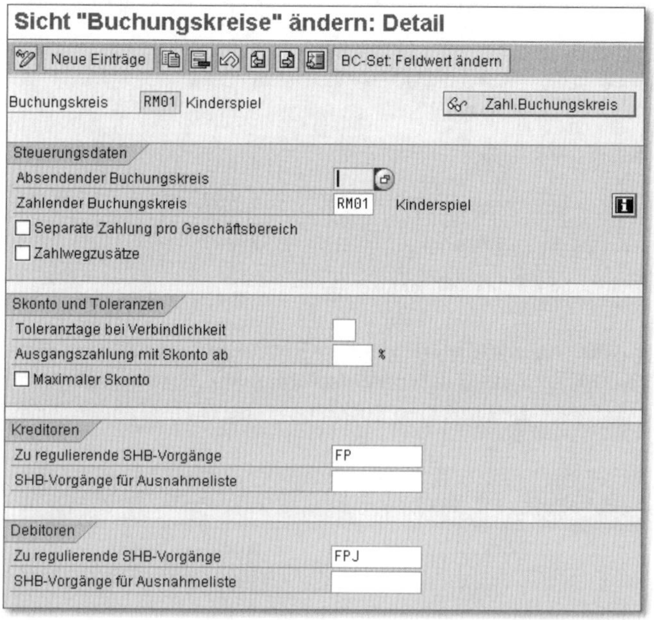

Abbildung 9.6 Einstellungen für Buchungskreise, die im Zahlprogramm berücksichtigt werden sollen

Hier können Sie im Block STEUERUNGSDATEN einen absendenden und einen zahlenden Buchungskreis für Ihren Buchungskreis definieren. Im *zahlenden Buchungskreis* werden die Zahlungen tatsächlich abgewickelt und die entsprechenden Buchungen auf den Sachkonten gebucht. Der *absendende Buchungskreis* ist der Absender auf dem Zahlungsträger, der allerdings vom zahlenden Buchungskreis abweichen kann.

Der absendende Buchungskreis nimmt Einfluss auf die Zusammenfassung von Posten aus verschiedenen Buchungskreisen zu einer Zahlung. Nur für Buchungskreise mit demselben zahlenden Buchungskreis und demselben absendenden Buchungskreis werden die Posten zu einer Zahlung zusammengefasst.

Der zahlende und der absendende Buchungskreis müssen im selben Land liegen, dieselbe Hauswährung und dieselben parallelen Währungen führen.

[zB]

Ein Buchungskreis zahlt für andere Buchungskreise

Sie arbeiten mit den drei Buchungskreisen A000, B000 und C000.

Buchungskreis A000 reguliert seine eigenen Posten und die Posten der Buchungskreise B000 und C000 durch die Vornahme einer gemeinsamen Zahlung. Auf dem Zahlungsträger ist also Buchungskreis A000 als Absender vermerkt (siehe Tabelle 9.2).

Buchungskreis	zahlender Buchungskreis	absendender Buchungskreis
A000	A000	A000
B000	A000	A000
C000	A000	A000

Tabelle 9.2 Gemeinsame Zahlung für drei Buchungskreise

Buchungskreis A000 reguliert seine eigenen Posten und die Posten der Buchungskreise B000 und C000 in separaten Zahlungen. Daher erscheinen auf dem Zahlungsträger die einzelnen Buchungskreise (siehe Tabelle 9.3).

Buchungskreis	zahlender Buchungskreis	absendender Buchungskreis
A000	A000	A000
B000	A000	B000
C000	A000	C000

Tabelle 9.3 Separate Zahlungen für drei Buchungskreise

Auch definieren Sie im Bereich STEUERUNGSDATEN, ob Sie die Zahlungen getrennt pro Geschäftsbereich durchführen und ob Sie *Zahlwegzusätze* verwenden möchten. Wenn Sie die Option ZAHLWEGZUSÄTZE markiert haben, können Sie Ihre Zahlungen nach Zahlwegzusätzen gruppieren. Die Zahlwegzusätze definieren Sie über den Customizing-Pfad FINANZWESEN (NEU) • DEBITOREN- UND KREDITORENBUCHHALTUNG • GESCHÄFTSVORFÄLLE • ZAHLUNGSAUSGANG • ZAHLUNGSAUSGANG AUTOMATISCH • ZAHLWEG-/BANKENAUSWAHL FÜR ZAHLPROGRAMM • ZAHLWEGZUSÄTZE HINTERLEGEN und ordnen diese anschließend in den buchungskreisabhängigen Stammdaten in der Registerkarte ZAHLUNGSVERKEHR VON KREDITOREN BZW. DEBITOREN zu. Als Nächstes legen Sie im Bereich SKONTO UND TOLERANZEN die *Toleranztage* und die Skontoeinstellungen fest. Hinsichtlich des Skontos können Sie eine prozentuale Untergrenze angeben oder immer mit maximalem Skonto zahlen. Schließlich tragen Sie noch in den Bereichen KREDITOREN und DEBITOREN die

Sonderhauptbuchvorgänge ein, die Sie mithilfe des Zahlprogramms regulieren möchten.

Einstellungen für die zahlenden Buchungskreise

Über den Customizing-Pfad FINANZWESEN (NEU) • DEBITOREN- UND KREDITORENBUCHHALTUNG • GESCHÄFTSVORFÄLLE • ZAHLUNGSAUSGANG • ZAHLUNGSAUSGANG AUTOMATISCH • ZAHLWEG-/BANKENAUSWAHL FÜR ZAHLPROGRAMM • ZAHLENDE BUCHUNGSKREISE FÜR ZAHLUNGSVERKEHR EINRICHTEN machen Sie die Angaben für die zahlenden Buchungskreise (siehe Abbildung 9.7).

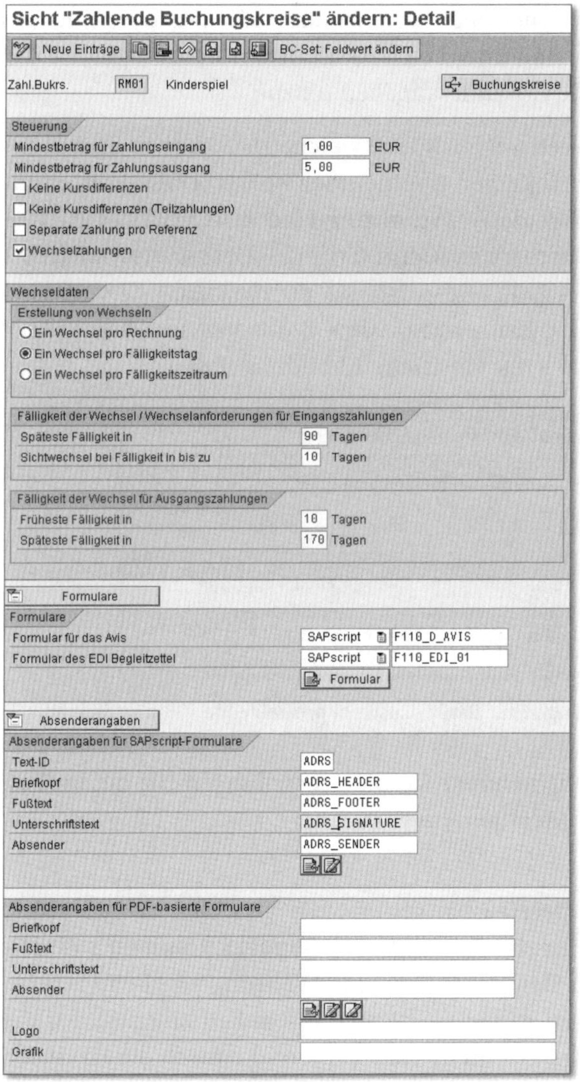

Abbildung 9.7 Einstellungen für die zahlenden Buchungskreise

Im Block Steuerung definieren Sie zunächst die *Mindestbeträge* für die Ein- und Ausgangszahlungen in den entsprechenden Feldern. Darüber hinaus legen Sie fest, ob das Zahlprogramm automatisch Kursdifferenzen buchen soll und ob Sie *Wechselzahlungen* abwickeln möchten. Falls Sie Wechselzahlungen berücksichtigen möchten, entscheiden Sie im Block Wechseldaten, wie viele Wechsel pro Konto in einem Zahlungslauf ausgestellt und welche offenen Posten laut Fälligkeitsterminen für den Zahlweg »Wechsel« berücksichtigt werden sollen.

Unter Formulare ordnen Sie die Formulare für die Avise und die EDI-Begleitzettel zu, und im Bereich Absenderangaben fügen Sie die Standardtexte für die Absenderangaben hinzu.

Im letzten Schritt legen Sie noch fest, welche Hausbanken und Bankkonten bestimmte Zahlungen übernehmen sollen. Diese Einstellungen nehmen Sie über den Customizing-Pfad Finanzwesen (neu) • Debitoren- und Kreditorenbuchhaltung • Geschäftsvorfälle • Zahlungsausgang • Zahlungsausgang automatisch • Zahlweg-/Bankenauswahl für Zahlprogramm • Bankenfindung für Zahlungsverkehr einrichten vor (siehe Abbildung 9.8).

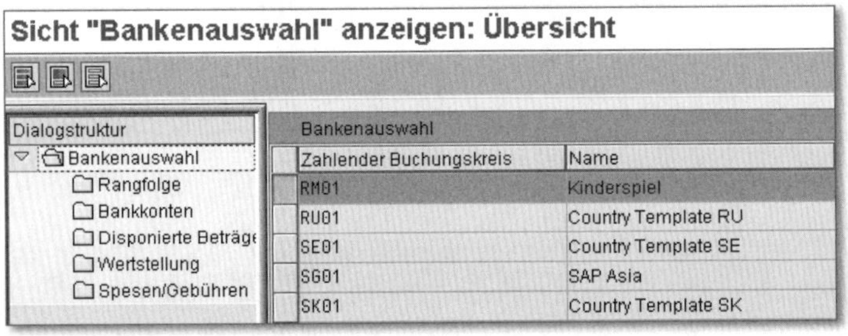

Abbildung 9.8 Einstellungen zur Bankenauswahl pro zahlendem Buchungskreis

In der Dialogstruktur nehmen Sie die Einstellungen für die im Folgenden erläuterten Menüpunkte vor:

- **Rangfolge**
  Hier geben Sie die Hausbanken an, die als erste, zweite, dritte Hausbank usw. für die Zahlungen in Betracht kommen soll. Die Einträge nehmen Sie pro Zahlweg und Währung vor. Beim Scheck-Wechsel-Verfahren geben Sie zwei Hausbanken an: zunächst die über die Rangfolge ermittelte Hausbank und danach die Haubank, die den Wechsel einlösen soll (siehe Abbildung 9.9).

Zahl.Bukrs. RM01

Rangfolge

ZW	Währg	Rangfolge	Hausbank	Hausbank	Konto für Wechsel
2		1	DB		
2	USD	1	DB		
T		1	DB	DRE	GIRO
U		1	DRE		
U		2	DB		
W		1	DRE		
W		2	DB		

Abbildung 9.9 Rangfolge für die Hausbanken bei zahlenden Buchungskreisen

- **Bankkonten**
  Hier legen Sie für jede Kombination aus Hausbank, Zahlweg und Währung fest, welches Bankkonto angesprochen und auf welchem Sachkonto die Zahlung gebucht werden soll (siehe Abbildung 9.10).

Zahlender Buchungskreis RM01 Kinderspiel

Bankkonten

Hausbank	Z	Währ	Konto-Id	Bankunterkonto	Verr.konto	Geb.kennz.	Geschber.
DB	2		GIRO	113102			
DB	2	USD	US$	113150			
DB	A		GIRO	113102			
DB	S		GIRO	113101			
DB	S	USD	US$	113150			
DB	T		GIRO	113101			
DB	U		GIRO	113102			
DB	W		GIRO	113111	196600		
DRE	A		GIRO	113202			
DRE	S		GIRO	113201			
DRE	U		GIRO	113202			
DRE	W		GIRO	113211	196600		

Abbildung 9.10 Bankkontenauswahl bei zahlenden Buchungskreisen

Die durch das Zahlprogramm ermittelten Zahlungen werden nicht direkt auf dem Sachkonto für die Bank registriert, sondern auf einem Sachkonto für das Bankunterkonto. Allerdings können Sie noch nicht direkt gegen das Bankkonto buchen; dies liegt darin begründet, dass Sie zum Zeitpunkt des Zahllaufs noch nicht sicher sein können, ob alle im Zahllauf erfassten Buchungen auch tatsächlich durchgeführt werden. Daher wird das Bankkonto erst mit dem Kontoauszug gegen das Bankunterkonto gebucht (siehe Abbildung 9.11).

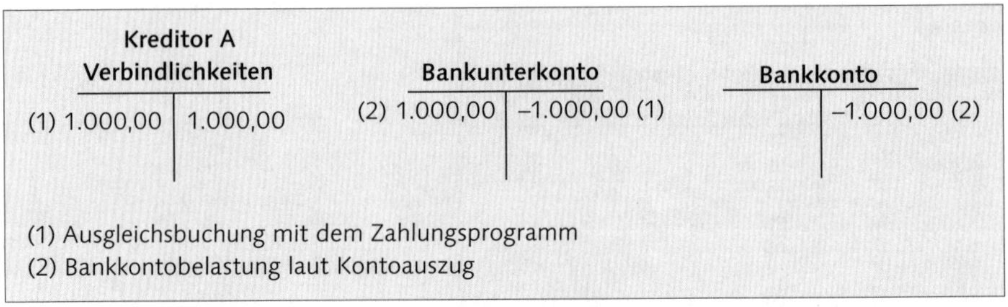

Abbildung 9.11 Bankkontenbuchung mit dem Zahlprogramm und laut Kontoauszug

Bei der Wechselzahlung benötigen Sie noch zusätzlich ein Verrechnungskonto als Gegenbuchung für die Buchung auf dem Bankunterkonto (siehe Abbildung 9.12).

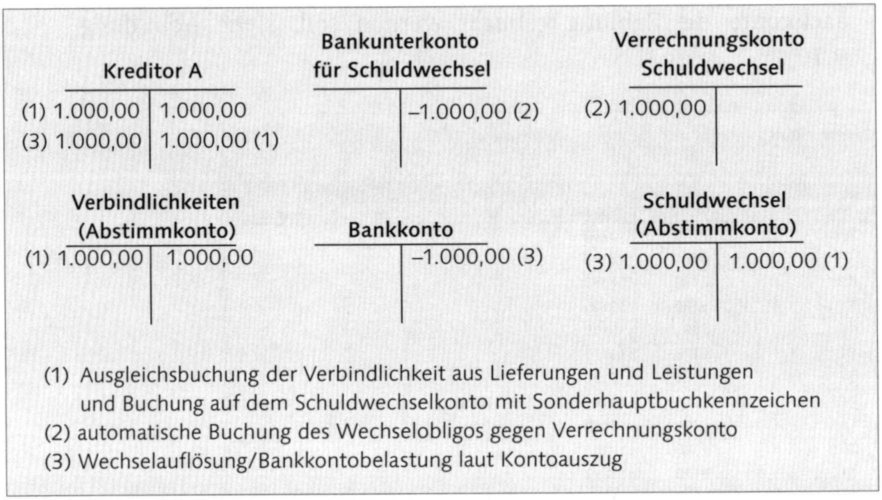

Abbildung 9.12 Bankkontenbuchung mit dem Zahlprogramm und laut Kontoauszug beim Wechsel

- **Disponierte Beträge**
  Hier tragen Sie pro Hausbank, Bankkonto und Währung das verfügbare Kapital ein. In der Spalte Tage bestimmen Sie die Tage bis zur Wertstellung. Dies verschafft Ihnen die Möglichkeit, Beträge zeitlich gestaffelt zu disponieren. Die Wertstellungstage nutzen Sie, falls Sie Wechselzahlungen vor dem Fälligkeitsdatum buchen möchten. Andernfalls können Sie hier »999« eintragen (siehe Abbildung 9.13).

Zahlender Buchungskreis RM01 Kinderspiel

Disponierte Beträge

Hausbank	Konto-Id	Tage	Währung	Verfügbar für Zahlungsa	Geplanter Zahlungseing
DB	GIRO	3	EUR	750.000,00	100.000,00
DB	GIRO	3	USD	750.000,00	100.000,00
DB	GIRO	10	EUR	1.000.000,00	
DB	GIRO	100	EUR	40.000,00	
DB	US$	3	USD	250.000,00	100.000,00
DRE	GIRO	3	EUR	650.000,00	100.000,00
DRE	GIRO	10	EUR	10.000,00	
DRE	GIRO	999	EUR	9.999.999.999.999,00	

Abbildung 9.13 Angabe der disponierten Beträge pro Hausbank, Bankkonto und Währung

- **Wertstellung**
  Hier geben Sie einen Betrag als benötigte Finanzdisposition pro Zahlweg, Hausbank und Bankkonto an, der z. B. bei einer Überweisung, unabhängig von dessen Größe, am nächsten Tag von der Bank abgezogen wird. Das heißt, dass dieser Betrag am nächsten Tag für diesen Zahlweg zur Verfügung stehen muss. Für den nächsten Tag tragen Sie in das Feld TAGE BIS ZUR WERTSTELLUNG den Wert »1« ein (siehe Abbildung 9.14).

Zahlender Buchungskreis RM01 Kinderspiel

Wertstellung

Zahlweg	Hausbank	Kont	Betragsgren	Währ	Tage bis zur
U	DB	GIRO	300,00	EUR	1

Abbildung 9.14 Angabe der Tage bis zur Wertstellung

- **Spesen/Gebühren**
  In diesem Menüpunkt können Sie zusätzliche Bankspesen für Zahlungseingänge und Zahlungsausgänge ermitteln.

Zahlungssperrgründe

Definition der Gründe für die Zahlsperre

Bestimmte Rechnungen oder Kreditoren- bzw. Debitorenkonten können Sie zur Zahlung sperren. Hierzu erstellen Sie *Zahlungssperrgründe*, in denen Sie einen Hinweis dazu hinterlegen können, warum die betreffende *Zahlsperre* gesetzt worden ist (z. B. verspätete Lieferung, mangelhafte Ware oder gesperrt durch die Rechnungsprüfung). Die einstelligen Schlüssel für die Zahlsperren definieren Sie über den Customizing-Pfad FINANZWESEN (NEU) • DEBITOREN- UND KREDITOREN-

BUCHHALTUNG • GESCHÄFTSVORFÄLLE • ZAHLUNGSAUSGANG • GRUNDEINSTELLUNGEN ZAHLUNGSAUSGANG • ZAHLUNGSSPERRGRÜNDE • ZAHLUNGSSPERRGRÜNDE DEFINIEREN (siehe Abbildung 9.15).

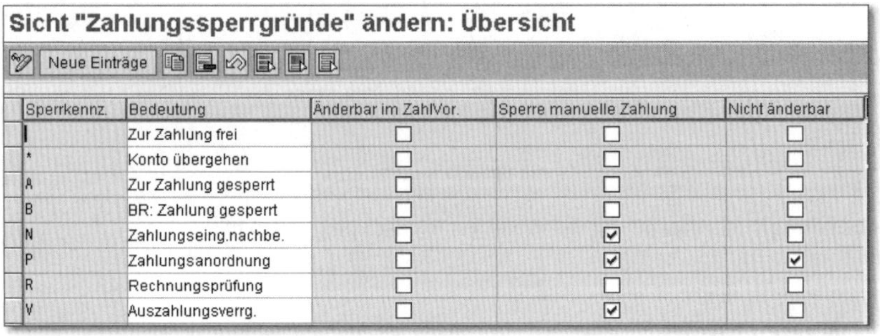
Sicht "Zahlungssperrgründe" ändern: Übersicht

Neue Einträge

Sperrkennz.	Bedeutung	Änderbar im ZahlVor.	Sperre manuelle Zahlung	Nicht änderbar
	Zur Zahlung frei	☐	☐	☐
*	Konto übergehen	☐	☐	☐
A	Zur Zahlung gesperrt	☐	☐	☐
B	BR: Zahlung gesperrt	☐	☐	☐
N	Zahlungseing.nachbe.	☐	☑	☐
P	Zahlungsanordnung	☐	☑	☑
R	Rechnungsprüfung	☐	☐	☐
V	Auszahlungsverrg.	☐	☑	☐

Abbildung 9.15 Definition der Zahlungssperrgründe

Bei der Definition der Zahlungssperrgründe können Sie entscheiden, ob das Kennzeichen im Vorschlag des Zahlprogramms manuell entfernt oder gesetzt werden können soll, ob die Sperre für manuelle Zahlungen gelten und ob sie änderbar sein soll. Falls Sie im Beleg eine Zahlsperre gesetzt haben, die als nicht änderbar definiert worden ist, können Sie diese Position nur innerhalb eines Workflows zur Zahlung freigeben. Dadurch, dass nur eine Sperre im Zahlungsfreigabe-Workflow berücksichtigt werden kann, können Sie auch nur eine Zahlsperre als nicht änderbar markieren.

Zuordnung der Zahlsperre

Die Zahlsperren können Sie in den kreditorischen bzw. debitorischen Buchungskreisstammdaten in der Registerkarte ZAHLUNGSVERKEHR und in den Zahlungsbedingungen hinterlegen. Wird die Sperre im Stammsatz eingetragen, finden Sie alle offenen Posten dieses Kontos in der Ausnahmeliste des Zahlprogramms. Besondere Bedeutung haben die Sperrschlüssel: *, + und A.

- Der Sperrschlüssel * im Stammsatz bewirkt, dass alle Posten des betreffenden Kontos im automatischen Zahlungsverkehr übergangen werden.
- Der Sperrschlüssel + im Stammsatz bewirkt, dass alle Posten übergangen werden, in denen nicht explizit ein Zahlweg vorgegeben ist.
- Der Sperrschlüssel A wird beim Erfassen einer Anzahlung generell automatisch gesetzt. A sollte daher weder gelöscht noch für andere Zwecke verwendet werden.

Zahlsperren als Vorschlagswerte für die Zahlungsbedingungen pflegen Sie über den Customizing-Pfad FINANZWESEN (NEU) • DEBITOREN- UND KREDITORENBUCHHALTUNG • GESCHÄFTSVORFÄLLE • ZAHLUNGSAUSGANG • GRUNDEINSTELLUNGEN ZAHLUNGSAUSGANG • ZAHLUNGSSPERRGRÜNDE • VORSCHLAGSWERTE FÜR ZAHLSPERRE DEFINIEREN.

Unterschiedliche Zahlungsmethoden in verschiedenen Ländern [+]

Beachten Sie bei internationalen Rollout-Projekten, dass die Einstellungen zum Zahlprogramm je Land vollkommen unterschiedlich sein können. Während z. B. in Deutschland die bevorzugten Zahlwege die Überweisung und der Bankeinzug sind, zahlt man in den USA üblicherweise per Scheck oder Kreditkarte, während in Südeuropa Wechselzahlungen nach wie vor üblich sind. In Italien kann es durchaus passieren, dass ein Bankeinzug vom Debitor kurz vor dem Abbuchen nicht freigegeben wird und hierdurch im zu regulierenden Beleg der Ausgleich wieder zurückgenommen werden muss. Aus den genannten Gründen benötigen Sie in der Regel für jedes Land ein unterschiedliches Druckprogramm und Formular bzw. müssen entsprechende Einstellungen in der Payment Media Workbench vornehmen.

9.3 Besonderheiten bei der SEPA-Einführung

Was ist SEPA?

SEPA-Zahlungen (SEPA = Single Euro Payments Area) sollen den Zahlungsverkehr in 32 Ländern (17 Euroländer, 13 EWR-Länder sowie Schweiz und Monaco) in der Währung EUR standardisieren und vereinfachen. Die SEPA-Einführung ist kein komplett neues Thema, denn der erste Schritt hierzu wurde schon im Jahr 2003 mit der EU-Überweisung gelegt. So wurden die ersten SEPA-Überweisungen bereits im Jahr 2008 getätigt, und im Jahr 2009 folgte schließlich das SEPA-Lastschriftverfahren.

Letztendlich haben das EU-Parlament, der Europarat und die Europäische Kommission im März 2012 den Endtermin für die einheitliche SEPA-Einführung auf den 1. Februar 2014 festgelegt. Ab diesem Zeitpunkt werden in der Währung EUR ausschließlich SEPA-Zahlungen in den oben genannten Ländern akzeptiert.

Bestandteile der IBAN

Grundlage für die einheitliche SEPA-Überweisung bzw. SEPA-Zahlung ist die einheitlich strukturierte *IBAN-Nummer* (IBAN = International Bank Account Number). Die IBAN-Nummer besteht aus folgenden Elementen in der vorgegebenen Reihenfolge:

- einem zweistelligem Ländercode
- einer zweistelliger Prüfziffer
- einer maximal dreißigstelligen Konto-ID

In den verschiedenen Ländern ist die IBAN-Nummer weiterhin von ungleicher Länge; wichtig ist allerdings ihre einheitliche Struktur.

Verbindungen zwischen SEPA, IBAN, BIC, SWIFT

Sie sind dazu verpflichtet, in den aktuellen SEPA-Überweisungen sowohl die IBAN-Nummer als auch die internationale Bankleitzahl BIC (Bank Identifier Code) anzugeben. Die BIC-Nummer stimmt in der Regel mit der SEPA-Nummer überein. Ab dem 01. Februar 2014 werden allerdings nationale Zahlungen (innerhalb Deutschlands) ohne BIC möglich sein; die Befreiung von der BIC-Nummer für alle SEPA-Zahlungen ist ab dem Jahr 2016 geplant. Denn die Banknummer verbirgt sich letzten Endes nicht nur hinter der BIC-Nummer (SWIFT-Code, SWIFT = Society for Worldwide Interbank Financial Telecommunication), sondern auch hinter dem Bankschlüssel. Eine große Rolle bei der SEPA-Einführung spielen die SEPA-Formate in den Zahlwegen.

In Ihrem SEPA-Projekt sind folgende Themen unbedingt zu beachten:

- ob Ihre Hausbanken die IBAN-Nummer und aktuell noch den BIC bzw. die SWIFT-Nummer beinhalten
- ob Ihre Kreditoren- bzw. Debitorenstammsätze mit der richtigen IBAN-Nummer versehen sind
- SEPA-Formate
- neue SEPA-Zahlwege

Einen kurzen Überblick zu den einzelnen Themen verschaffen wir Ihnen im folgenden Abschnitt.

9.3.1 Bankendefinition

IBAN im Stamm der Hausbank

Die Hausbanken müssen die IBAN-Nummer und die SWIFT-Nummer beinhalten. Die SWIFT-Nummer muss in den Bankenstammdaten gepflegt werden (siehe Abbildung 9.16).

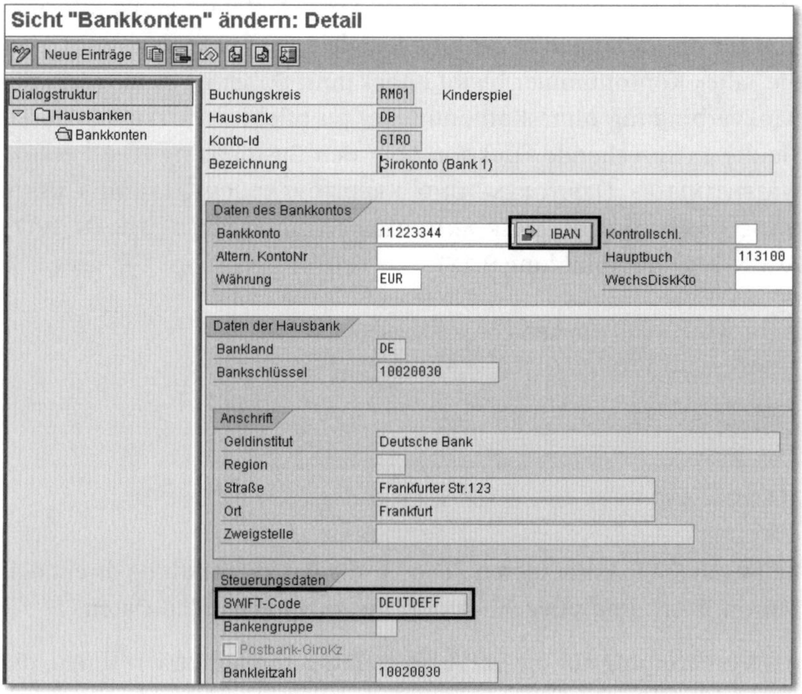

Abbildung 9.16 Definition der Hausbank, inklusive IBAN-Nummer

Die Hausbanken und die dazugehörigen Bankkonten definieren Sie in Verbindung mit Ihrem Buchungskreis über den Customizing-Pfad Finanzwesen (neu) • Bankbuchhaltung • Bankkonten • Hausbanken definieren oder über die Transaktion FI12. Vergleichen Sie hierzu Abschnitt 11.1, »Definition der Hausbanken«.

9.3.2 Bankdaten im Kreditoren- bzw. Debitorenstamm ohne Kontonummer

IBAN in Personenkonten

Die Kreditoren- und Debitorenstämme müssen für die SEPA-Zahlung mit der IBAN-Nummer versehen werden (siehe Abbildung 9.17).

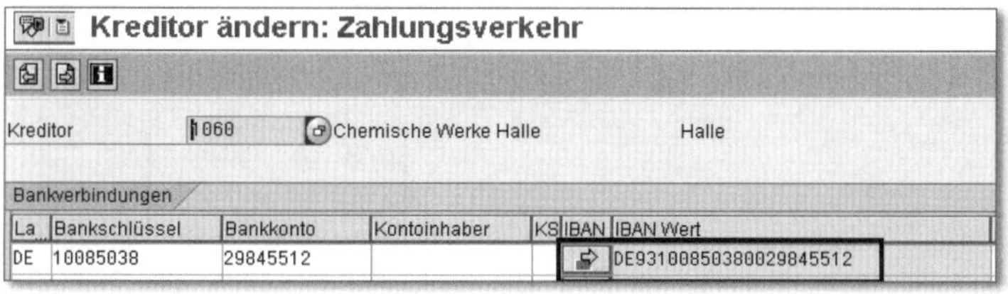

Abbildung 9.17 Bankkontodaten, inklusive IBAN

Bankdaten ohne Kontonummer

Möglicherweise bekommen Sie von Ihren Lieferanten als Information für die zu tätigende Zahlung lediglich eine IBAN-Nummer, und die »alte« Kontonummer bleibt unbekannt. Daher ist es möglich, die Bankverbindung ohne Kontonummer zu pflegen. Hierzu aktivieren Sie die entsprechende Funktion über den Customizing-Pfad FINANZWESEN (NEU) • DEBITOREN- UND KREDITORENBUCHHALTUNG • IBAN OHNE BANKKONTONUMMER AKTIVIEREN (Transaktion F_TIBAN_WO_ACCNO, siehe Abbildung 9.18).

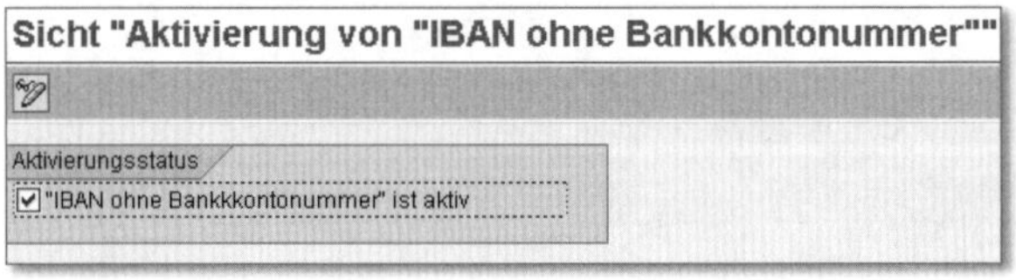

Abbildung 9.18 Pflege der IBAN ohne Kontonummer ermöglichen

Betätigen Sie in einer leeren Zeile für die Bankverbindung direkt den Button IBAN, und pflegen Sie dort die entsprechenden Daten.

Prüfung der Bankdaten bei der Rechnungserfassung

Als Vorbereitung auf die SEPA-Umstellung empfehlen wir Ihnen, die Bankverbindungen Ihrer Lieferanten schon im Vorfeld zu prüfen. Eine solche Prüfung könnte beispielsweise direkt bei der Rechnungserfassung in der Buchhaltung durchgeführt werden, sobald die entsprechenden Informationen auf der Erfassungsmaske zur Verfügung stehen (siehe Abbildung 9.19).

Im SAP-Standard sind die benötigten Felder (BIC bzw. SWIFT und IBAN) ausgeblendet, Sie können sie allerdings mithilfe einer Modifikation des Dynpros 6510 im Programm SAPLMR1M einblenden.

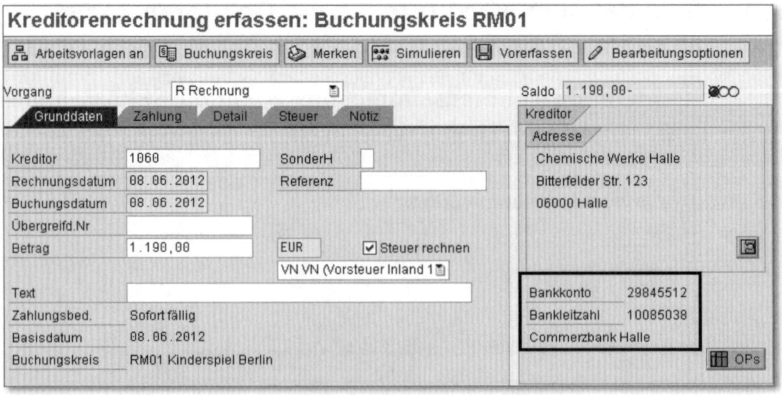

Abbildung 9.19 Bankinformationen bei der Rechnungserfassung

[+]

Modifikation

Falls Sie keine tief gehenden Programmierkenntnisse haben, empfehlen wir Ihnen, die Modifikationen zusammen mit der IT-Abteilung durchzuführen. In der Regel wird hierzu ein Entwicklerschlüssel benötigt, über den lediglich die IT-Mitarbeiter verfügen.

9.3.3 Für SEPA geeignete Datenträgerformate

Datenträgerformate für SEPA

Die Änderungen in den SEPA-Zahlungen üben Einfluss auf die Datenträgerformate aus. Das SEPA-Datenträgerformat basiert auf dem ISO-Standard UNIFI (ISO 20022) und ist ausschließlich über die PMW (Payment Medium Workbench) abzubilden (siehe Abschnitt 9.2.2, »Ausgehende Zahlung«). Es gibt ein Standarddatenträgerformat für SEPA-Zahlungen, aber da das ISO 20022-Format flexibel ist, kann es von Bank zur Bank variieren, und die Formate können sich somit doch unterscheiden. SAP liefert einige Standardformate für die SEPA-Zahlungen aus, z. B.:

- SEPA_CT – SEPA Credit Transfer (Überweisung)
- SEPA_CT_CML – SEPA Credit Transfer for CML
- SEPA_DD – SEPA Direct Debit (Bankeinzug)
- SEPA_EDD_CML – SEPA EDD for CML

Die ausgelieferten Formate müssen Sie genau testen und sie eventuell nach Abstimmung mit Ihren Banken noch anpassen. Die Erstellung von neuen Datenträgerformaten in der PMW können wir an dieser Stelle nicht detailliert erläutern, da es sich hierbei um ein technisches Thema handelt und wir Ihnen hier lediglich die Grundlagen nahebringen können. Genauere Informationen können Sie den Büchern »SEPA und SAP« von Claus Wild und Jörg Siebert (Espresso Tutorials) sowie »SEPA-Umstellung mit SAP« von Jürgen Weiss (SAP PRESS) entnehmen.

Im nächsten Abschnitt erläutern wir Ihnen, wie Sie die neuen SEPA-Formate in die SEPA-Zahlwege integrieren.

9.3.4 Neue Zahlwege für SEPA-Zahlungen

In der Umstellungsphase empfehlen wir, zusätzlich zu den aktuell verwendeten Zahlwegen, neue SEPA-Zahlwege anzulegen. So können Sie die SEPA-Zahlwege schon testen, und falls eine Bank Ihre

SEPA-Überweisung nicht umsetzen kann, haben Sie immer noch die Möglichkeit, die betreffende Zahlung über den »alten« Zahlweg durchzuführen. Hätten Sie die »alten« Zahlwege bereits geändert, bliebe Ihnen nichts anderes übrig, als zunächst nur den Fehler zu ermitteln und zu beheben. Erst im Anschluss daran könnten Sie die Zahlung erneut verschicken.

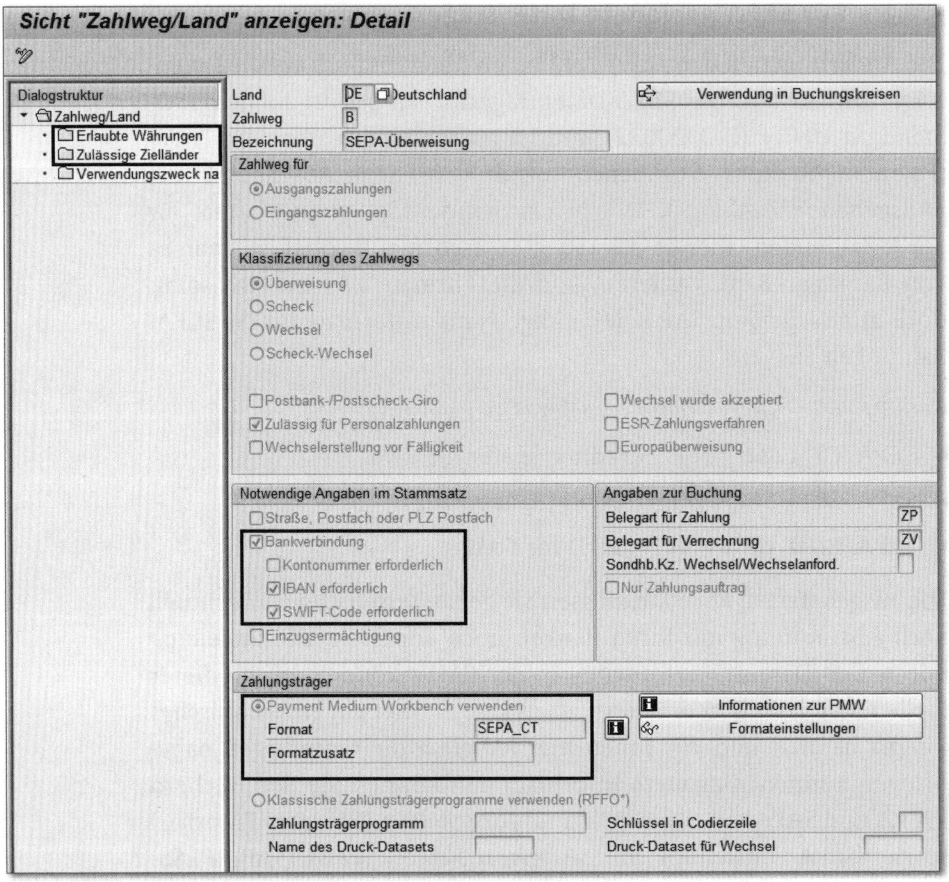

Abbildung 9.20 Zahlweg für SEPA

Notwendige Angaben in den SEPA-Zahlwegen

In der Definition der Zahlwege ist es wichtig, dass Sie die notwendigen Daten im Kreditoren- bzw. Debitorenstammsatz festlegen und das richtige PMW-Format eintragen. Die IBAN ist und bleibt für die SEPA-Zahlungen erforderlich. Bei den Auslandszahlungen ist der SWIFT-Code (BIC-Code) bis 2016 verpflichtend und daher in Abbildung 9.20 aktiviert worden.

SEPA-Zahlungen sind nur für die Währung EUR konzipiert. Um Fehler zu vermeiden, können Sie die Währung EUR dem entsprechenden Zahlweg zuordnen, nachdem Sie den Button ERLAUBTE WÄHRUNGEN in der Dialogstruktur betätigt haben (siehe Abbildung 9.21).

Angabe der Währung und der Zielländer im Zahlweg

Abbildung 9.21 Erlaubte Währungen für einen Zahlweg

Wie schon erwähnt, sind SEPA-Zahlungen nur in bestimmten Ländern realisierbar. Um Fehler zu vermeiden, z. B. das Versenden einer SEPA-Überweisung in ein Nicht-SEPA-Land, steht Ihnen ab EHP5 eine neue Funktionalität zur Verfügung, mit deren Hilfe Sie einem Zahlweg bestimmte Zielländer zuordnen können. Nachdem Sie den Button ZULÄSSIGE ZIELLÄNDER betätigt haben, tragen Sie die SEPA-Länder in der Spalte ZULÄSSIGE ZIELLÄNDER ein (siehe Abbildung 9.22).

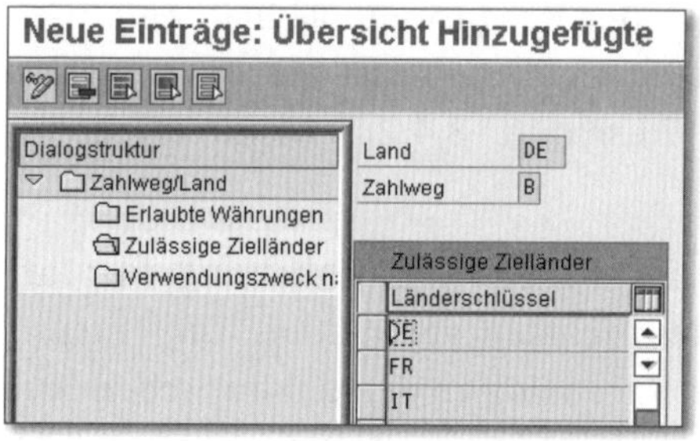

Abbildung 9.22 Zielländer für einen Zahlweg

Für die SEPA-Lastschrift (Einzugsermäßigung) müssen Sie einen eigenen Zahlweg definieren. Dazu benötigen Sie Einstellungen in der Mandatsverwaltung, sowohl im Customizing als auch in den Debitorenstammdaten. Da die Erklärung dieser Einstellungen den Rahmen des Buches sprengen würden, verweisen wir Sie wieder auf die Bücher »SEPA und SAP« von Claus Wild und Jörg Siebert (Espresso Tutorials) sowie »SEPA-Umstellung mit SAP« von Jürgen Weiss (SAP PRESS).

[!] **SAP-Hinweise**

Zur SEPA-Einführung hat SAP einige Hinweise ausgeliefert, die Sie in Abhängigkeit Ihrer SAP-Version und der verwendeten SAP-Komponenten beachten sollten, z. B. die SAP-Hinweise 1012293, 1062489, 1090321, 1251446, 1251447, 1590159 und 1645240.

Auf die SEPA-Einführung müssen Sie sich zusammen mit Ihrer Buchhaltung rechtzeitig vorbereiten. Denn die IT-Abteilungen sind zwar für die technische Umsetzung zuständig, aber die korrekten IBAN-Nummern, in Verbindung zu Ihren Kreditoren und Debitoren, müssen von der zuständigen Fachabteilung geliefert werden.

Auch dürfen Sie in diesem Zusammenhang nicht die Anpassung Ihrer eigenen Standardformulare, auf denen die Bankverbindung Ihres Unternehmens vermerkt ist, vergessen.

9.4 Weitere Einstellungen in der Kreditorenbuchhaltung

In Kapitel 8, »Debitorenbuchhaltung«, haben Sie neben den klassischen Geschäftsvorfällen weitere Konzepte wie Buchungen mit Sonderhauptbuchkennzeichen oder Mahnungen kennengelernt. Das Mahnwesen können Sie auch in der Kreditorenbuchhaltung einsetzen. Die entsprechenden Einstellungen nehmen Sie in denselben Customizing-Punkten wie in Abschnitt 8.4.2, »Mahnverfahren«, beschrieben vor.

Ebenso können Sie auch in der Kreditorenbuchhaltung für Ihre Buchungen Sonderhauptbuchkennzeichen verwenden. Die entsprechenden Einstellungen nehmen Sie analog zu den debitorischen Sonderhauptbuchkennzeichen vor; weitere Informationen zu dieser Thematik finden Sie im nächsten Abschnitt. Darüber hinaus zeigen wir Ihnen, wie Sie im Bereich der Kreditorenstammdaten oder der Kreditoreneinzelposten Systemnachrichten steuern können.

9.4.1 Kreditorische Sonderhauptbuchvorgänge

Definition der Sonderhauptbuchvorgänge

Ebenso wie in der Debitorenbuchhaltung (siehe Abschnitt 8.4.1, »Sonderhauptbuchvorgänge«) gibt es auch in SAP ERP Buchungssätze, die logisch zur Kreditorenbuchhaltung gehören, im Hauptbuch aber auf einem anderen Sachkonto gebucht werden als das im Stammsatz hinterlegte Abstimmkonto. Zu diesen Sondervorgängen gehören z. B. Anzahlungen. Das abweichende Abstimmkonto für die kreditorischen Buchungen definieren Sie über den Customizing-Pfad FINANZWESEN (NEU) • DEBITOREN- UND KREDITORENBUCHHALTUNG • GESCHÄFTSVORFÄLLE • GELEISTETE ANZAHLUNG • ABWEICHENDES ABSTIMMKONTO FÜR ANZAHLUNGEN HINTERLEGEN oder über die Transaktion OBYR (siehe Abbildung 9.23).

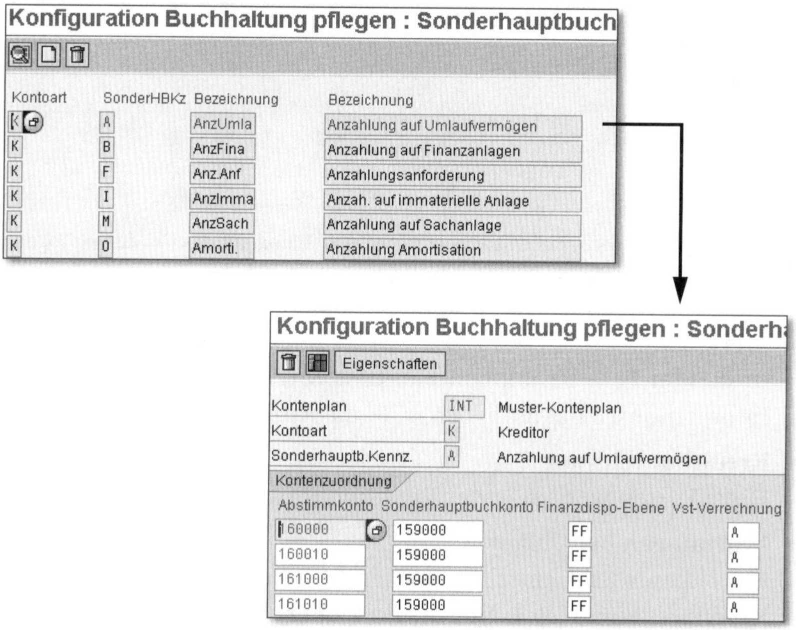

Abbildung 9.23 Kontenfindung für die kreditorischen Sonderhauptbuchkennzeichen

Zuordnung der Sonderhauptbuchkonten

Zu jedem in den kreditorischen Stammdaten hinterlegten Abstimmkonto definieren Sie ein Sonderhauptbuchkonto. Die Sonderhauptbuchkonten kennzeichnen Sie als Abstimmkonten, bei denen Sie die Einzelpostenanzeige aktivieren sollten. In der Spalte FINANZDISPO-EBENE tragen Sie Daten ein, die Sie im Cash Management verwenden; in der Spalte AUGST-VERRECHNUNG pflegen Sie den Schlüssel für die Kontenfindung zur Steuerverrechnung bei Anzahlungen. Diesen Schlüssel und die dazugehörigen Konten definieren Sie über den Customizing-Pfad FINANZWESEN (NEU) • DEBITOREN- UND KREDITORENBUCHHALTUNG • GESCHÄFTSVORFÄLLE • GELEISTETE ANZAHLUNG • KONTO FÜR STEUERVERRECHNUNG HINTERLEGEN oder über die Transaktion OBXB.

Einstellungen zu den Sonderhauptbuchkennzeichen

Bei der Definition der Kontenfindung des Sonderhauptbuchkennzeichen im Bereich EIGENSCHAFTEN pflegen Sie weitere Daten zum Sonderhauptbuchkennzeichen (siehe Abbildung 9.24):

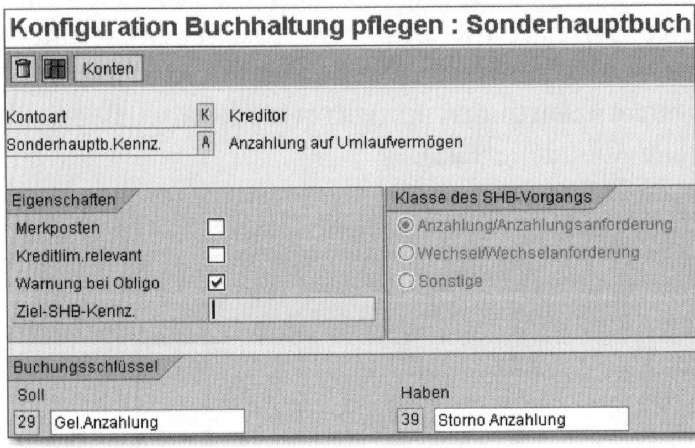

Abbildung 9.24 Eigenschaften zur geleisteten Anzahlung auf das Umlaufvermögen (Sonderhauptbuchkennzeichen A)

- **Merkposten**
  In diesem Feld bestimmen Sie, dass Merkpostenbuchungen nur Informationscharakter haben, z. B. die Anzahlungsanforderung.
- **Kreditlim.relevant**
  Diese Posten werden in der Kreditlimitprüfung berücksichtigt.
- **Warnungen bei Obligo**
  Über dieses Feld entscheiden Sie, dass Sie beim Buchen auf ein Kreditorenkonto eine Information über die gebuchten Sonderhauptbuchvorgänge erhalten.
- **Ziel-SHB-Kennz.**
  Dieses Merkmal ist nur für Merkposten sinnvoll. So tragen Sie beispielsweise für eine Anzahlungsanforderung (Sonderhauptbuchkennzeichen F) die Anzahlung (Zielsonderhauptbuchkennzeichen A) als Zielvorgang ein.
- **Klasse des SHB-Vorgangs**
  In diesem Bereich entscheiden Sie durch Anklicken der entsprechenden Option, ob es sich bei einem Vorgang um eine Anzahlung bzw. um Anzahlungsanforderung, einen Wechsel bzw. eine Wechselanforderung oder um sonstige Sonderhauptbuchvorgänge handeln soll.

- **Buchungsschlüssel**
  Nur die hier angezeigten Buchungsschlüssel können Sie bei der Buchung mit Sonderhauptbuchkennzeichen verwenden. Falls Sie eigene Buchungsschlüssel für Sonderhauptbuchvorgänge definieret haben, können Sie diese über den Customizing-Pfad FINANZWESEN (NEU) • DEBITOREN- UND KREDITORENBUCHHALTUNG • GESCHÄFTSVORFÄLLE • GELEISTETE ANZAHLUNG • KONTO FÜR STEUERVERRECHNUNG HINTERLEGEN oder über die Transaktion OBXB unter dem Vorgang ANZAHLUNGEN (ANZ) festlegen.

Sonstige Sonderhauptbuchvorgänge definieren Sie über den Customizing-Pfad FINANZWESEN (NEU) • DEBITOREN- UND KREDITORENBUCHHALTUNG • GESCHÄFTSVORFÄLLE • BUCHUNGEN MIT ABWEICHENDEM ABSTIMMKONTO • SONSTIGE SONDERHAUPTBUCHVORGÄNGE • ABWEICHENDES ABSTIMMKONTO FÜR KREDITOREN HINTERLEGEN oder über die Transaktion OBXT. Die Kontenfindung und ihre Eigenschaften verhalten sich analog zu den Anzahlungen.

Die Einstellungen zu den kreditorischen Sonderhauptbuchvorgängen in Verbindung mit Wechseln nehmen Sie über den Customizing-Pfad FINANZWESEN (NEU) • BANKBUCHHALTUNG • GESCHÄFTSVORFÄLLE • WECHSELVORGÄNGE • SCHULDWECHSEL • SCHULDWECHSEL ERSTELLEN • ABWEICHENDES ABSTIMMKONTO FÜR SCHULDWECHSEL HINTERLEGEN (Transaktion OBYM) und über den Customizing-Pfad FINANZWESEN (NEU) • BANKBUCHHALTUNG • GESCHÄFTSVORFÄLLE • WECHSELVORGÄNGE • UMKEHRWECHSEL • AUSGESTELLTE UMKEHRWECHSEL • ABWEICHENDES ABSTIMMKONTO F. KRED. UMKEHRWECHSEL HINTERLEGEN (Transaktion OBYM) vor.

9.4.2 Nachrichtensteuerung

Rolle der Nachrichtensteuerung

Über die *Nachrichtensteuerung* stellen Sie die Eigenschaften von Systemnachrichten nach Ihren Anforderungen ein. Hierzu stehen Ihnen die folgenden Optionen offen:

- Nachrichten können als Hinweis im Dialogfenster oder in der Fußzeile angezeigt werden.
- Sie haben die Möglichkeit, Warnungen in Fehlermeldungen abzuändern.
- Nicht benötigte Meldungen schalten Sie ganz aus.

Nachrichtensteuerung ändern Die entsprechenden Einstellungen nehmen Sie auf Mandantenebene vor. In bestimmten Fällen ist es sinnvoll, die Nachrichtensteuerung benutzerabhängig zu definieren, damit eine Nachricht beispielsweise für bestimmte Anwender als Fehlermeldung und für andere Anwender nur als Warnung angezeigt wird.

Über den Customizing-Pfad Finanzwesen (neu) • Debitoren- und Kreditorenbuchhaltung • Kreditorenkonten • Stammdaten • Anlegen der Kreditorenstammdaten vorbereiten • Nachrichtensteuerung für Kreditorenstamm ändern verändern Sie die Nachrichten im Bereich der Kreditorenstammdaten und der Debitorenstammdaten (als Arbeitsgebiet F2 definiert, siehe Abbildung 9.25).

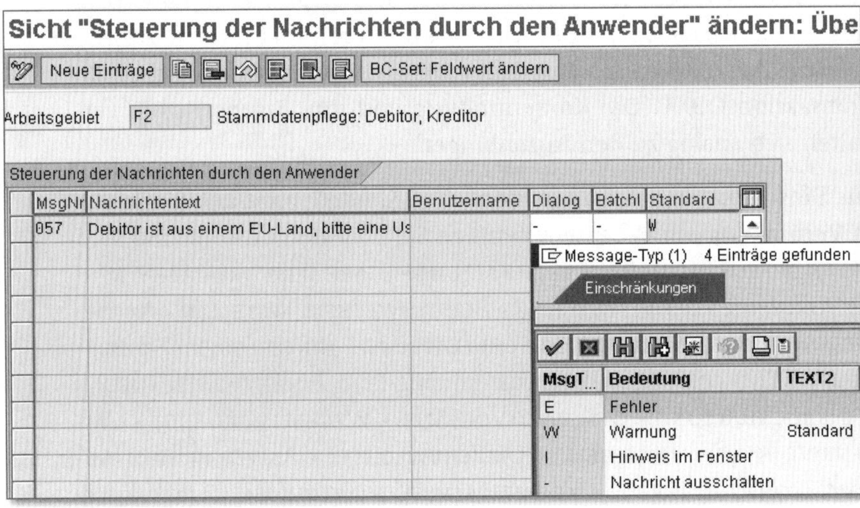

Abbildung 9.25 Nachrichtensteuerung im Bereich »debitorische und kreditorische Stammdaten« (Arbeitsgebiet F2)

Die angegebenen Nachrichten können Sie Ihren Anforderungen entsprechend verändern oder über den Button Neue Einträge neue Nachrichten hinzufügen und diese endsprechend steuern. Für jede Nachricht gibt es eine Nummer und einen dazugehörigen Text. Falls Sie die Nachrichten benutzerabhängig steuern möchten, tragen Sie den entsprechenden Benutzer in der Spalte Benutzername ein. In der Spalte Dialog legen Sie fest, wie die Nachricht in der Dialogverarbeitung erscheinen soll, und in der Spalte Batchl entscheiden Sie noch über die Darstellungsart der Nachricht in der *Batch-Input-Verarbeitung*.

Nachrichtentypen

Für die Nachrichten nehmen Sie die folgenden Festlegungen vor:

- Fehler (E)
- Warnung (W)
- Hinweis im Fenster (I)
- Nachricht ausschalten (–)

In der Spalte STANDARD sehen Sie, wie die entsprechende Nachricht im Standard gesteuert ist.

Über den Customizing-Pfad FINANZWESEN (NEU) • DEBITOREN- UND KREDITORENBUCHHALTUNG • KREDITORENKONTEN • EINZELPOSTEN • ANZEIGEN EINZELPOSTEN • ANZEIGEN EINZELPOSTEN OHNE ALV • NACHRICHTENSTEUERUNG FÜR ANZEIGE DER EINZELPOSTEN ÄNDERN können Sie das Erscheinen der Nachrichten zu den debitorischen und kreditorischen Einzelposten (Arbeitsgebiet F4) verändern.

[+]

Arbeitsgebiet F* für Nachrichten aus dem Finanzwesen

Über den Customizing-Pfad FINANZWESEN (NEU) • GRUNDEINSTELLUNGEN FINANZWESEN • BELEG • VORSCHLAGSWERTE • NACHRICHTENSTEUERUNG FÜR BELEGBEARBEITUNG ÄNDERN haben Sie die Möglichkeit, Nachrichten aus allen Arbeitsgebieten zu bearbeiten. Das entsprechende Arbeitsgebiet wählen Sie erst bei der Durchführung dieser Transaktion aus; die für das Finanzwesen relevanten Arbeitsgebiete fangen mit »F« an.

9.5 Periodische Arbeiten

Unter den *periodischen Arbeiten* versteht man Prozesse, die Sie regelmäßig, z. B. monatlich oder jährlich, durchführen. In der Kreditorenbuchhaltung sind dies z. B. die Saldenbestätigung, die Fremdwährungsbewertung oder die Umgliederung. Die Fremdwährungsbewertung haben Sie schon in Abschnitt 5.2.6, »Periodische Arbeiten/Abschlussarbeiten«, kennengelernt. In diesem Abschnitt zeigen wir Ihnen nun die Einstellungen zu den folgenden periodischen Prozessen und Funktionen:

- Saldenbestätigung als besondere Art der Korrespondenz
- Umgliederung

9.5.1 Saldenbestätigung

Definition der Formulare für die Saldenbestätigung

Am Jahresende schicken Sie an Ihre Partner *Saldenbestätigungen* heraus, um die Forderungen und Verbindlichkeiten auf ihre Richtigkeit hin zu überprüfen. Für jedes Schreiben und die entsprechende Rückantwort sowie für jede Auswertungsliste muss im SAP-System ein Formular definiert werden; die Formulare bestimmen den Inhalt und die Formatierung der einzelnen Anschreiben und Listen. Im Standardsystem stehen Ihnen hierzu entsprechende Programme und Standardformulare zur Verfügung. Sie können die ausgelieferten Formulare verwenden, oder Sie kopieren die existierenden Formulare und passen sie an Ihre Anforderungen an. Die Formulare können Sie als SAPscript-basierte Formulare oder als PDF-basierte Formulare definieren. Diese Definition nehmen Sie über den Customizing-Pfad Finanzwesen (neu) • Grundeinstellungen Finanzwesen (neu) • Korrespondenz • SAPscript-basierte Formulare • Formulare für Korrespondenz definieren (Transaktion SE71) oder unter Finanzwesen (neu) • Grundeinstellungen Finanzwesen (neu) • Korrespondenz • SAPscript-basierte Formulare • Formulare für Korrespondenz definieren (Transaktion SFP) vor.

Zuordnung der Formulare für die Saldenbestätigung

Formulare, die Sie verwenden möchten, müssen Sie dem jeweiligen Programm noch über den Customizing-Pfad Finanzwesen (neu) • Grundeinstellungen Finanzwesen (neu) • Korrespondenz • SAPscript-basierte Formulare • Formularnamen für Korrespondenzdruck zuweisen (siehe Abbildung 9.26).

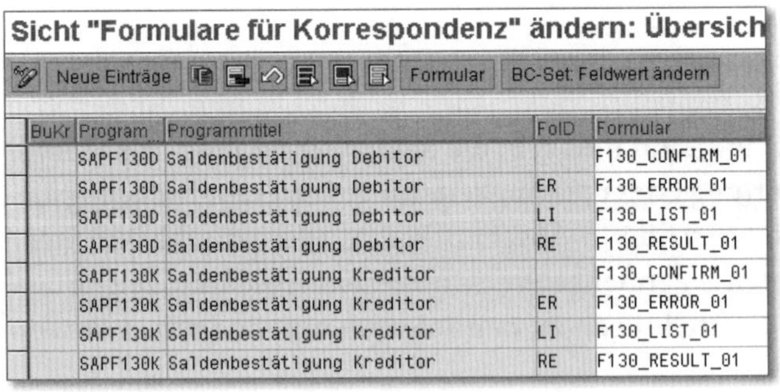
Sicht "Formulare für Korrespondenz" ändern: Übersich

Neue Einträge | Formular | BC-Set: Feldwert ändern

BuKr	Program	Programmtitel	FoID	Formular
	SAPF130D	Saldenbestätigung Debitor		F130_CONFIRM_01
	SAPF130D	Saldenbestätigung Debitor	ER	F130_ERROR_01
	SAPF130D	Saldenbestätigung Debitor	LI	F130_LIST_01
	SAPF130D	Saldenbestätigung Debitor	RE	F130_RESULT_01
	SAPF130K	Saldenbestätigung Kreditor		F130_CONFIRM_01
	SAPF130K	Saldenbestätigung Kreditor	ER	F130_ERROR_01
	SAPF130K	Saldenbestätigung Kreditor	LI	F130_LIST_01
	SAPF130K	Saldenbestätigung Kreditor	RE	F130_RESULT_01

Abbildung 9.26 Formularzuordnung für die Saldenbestätigung

Die Zuordnung der Formulare können Sie buchungskreisabhängig oder buchungskreisübergreifend vornehmen. In der Spalte FoID

(Formularidentifikation) kennzeichnen Sie, für welchen Zweck (Briefe oder Auswertungslisten) die Formulare angelegt worden sind.

Adresse für die Rückantwort hinterlegen

Nachdem Sie Ihre Formulare definiert und zugeordnet haben, hinterlegen Sie die Adresse, an die die Debitoren oder Kreditoren ihre Rückantwort für die Saldenbestätigung schicken sollen. Denn diese Adresse weicht oft von der Buchungskreisadresse ab. Die *Rückantwortadresse* hinterlegen Sie über den Customizing-Pfad Finanzwesen (neu) • Debitoren- und Kreditorenbuchhaltung • Geschäftsvorfälle • Abschluss • Zählen • Korrespondenz Saldenbestätigung • Rückantwortadressen für Saldenbestätigung hinterlegen (siehe Abbildung 9.27).

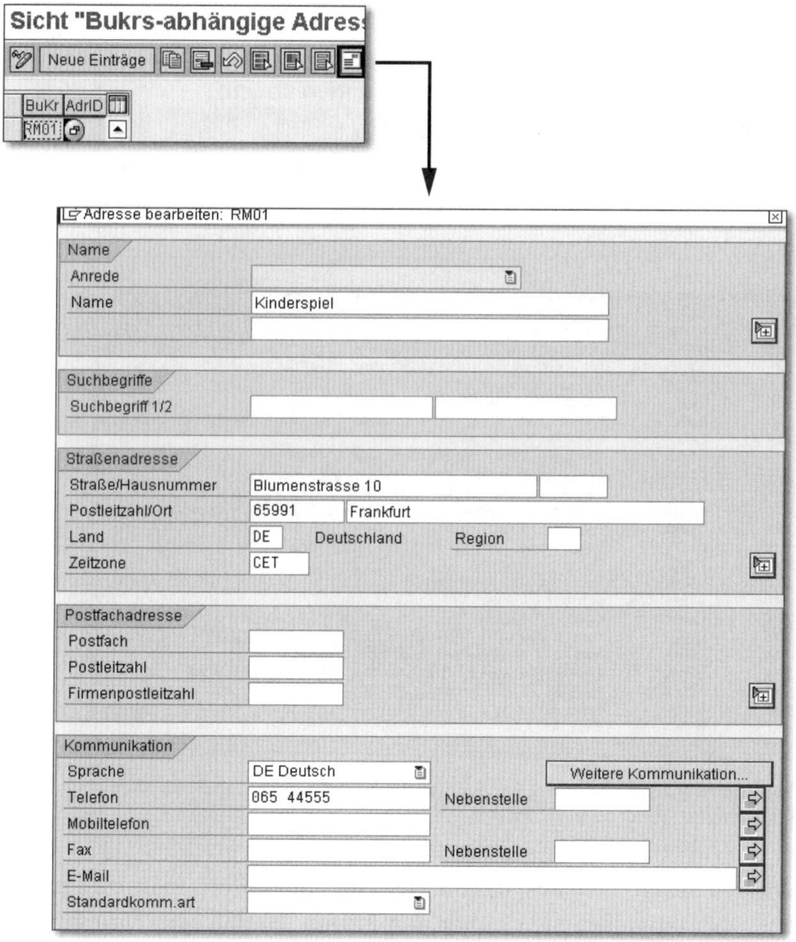

Abbildung 9.27 Pflege der Rückantwortadresse für die Saldenbestätigung

Für jeden Buchungskreis können Sie mehrere Rückantwortadressen pflegen, indem Sie jeder Adresse eine Adressidentifikation (Spalte ADRID) zuordnen. Bei jedem Programmlauf in der Anwendung geben Sie die gewünschte Identifikation an.

Selektionskriterien

Für das Saldenbestätigungsprogramm steht Ihnen eine Liste von *Selektionskriterien* zur Verfügung. Falls Sie noch weitere Kriterien als die bereits vorhandenen benötigen, können Sie weitere Kriterien aus der Liste pro Kontoart (Debitor oder Kreditor) aktivieren. Dies erfolgt über den Customizing-Pfad FINANZWESEN (NEU) • DEBITOREN- UND KREDITORENBUCHHALTUNG • GESCHÄFTSVORFÄLLE • ABSCHLUSS • ZÄHLEN • KORRESPONDENZ SALDENBESTÄTIGUNG • SELEKTIONSKRITERIEN FÜR SALDENBESTÄTIGUNG ANGEBEN oder über die Transaktion FSSP (siehe Abbildung 9.28).

Selektionskriterien für Saldenbestätigungen ändern

Demo Client -ERP   Selektionskriterien für Saldenbestätigungen ändern
Palo Alto

Tabelle	Feld	Kurzbeschreibung
Aktive Selektionsmöglichkeiten		
LFA1	NAME1	Name 1
Inaktive Selektionsmöglichkeiten		
LFA1	ANRED	Anrede
LFA1	BAHNS	Bahnstation
LFA1	BBBNR	Internationale Lokationsnummer (Teil 1)
LFA1	BBSNR	Internationale Lokationsnummer (Teil 2)
LFA1	BEGRU	Berechtigungsgruppe
LFA1	BRSCH	Branchenschlüssel
LFA1	BUBKZ	Prüfziffer der internationalen Lokationsnummer
LFA1	DATLT	Datenleitungsnummer
LFA1	DTAMS	Meldeschlüssel für Datenträgeraustausch
LFA1	DTAWS	Weisungsschlüssel fuer Datenträgeraustausch
LFA1	ERDAT	Datum, an dem der Satz hinzugefügt wurde
LFA1	ERNAM	Name des Sachbearbeiters, der das Objekt hinzugefügt hat
LFA1	ESRNR	ESR-Teilnehmernummer
LFA1	FISKN	Kontonummer des Stammsatzes mit fiskalischer Anschrift
LFA1	KONZS	Konzernschlüssel
LFA1	KTOKK	Kontengruppe Kreditor
LFA1	KUNNR	Debitorennummer 1
LFA1	LAND1	Länderschlüssel
LFA1	LNRZA	Kontonummer des abweichenden Zahlungsempfängers
LFA1	LOEVM	Zentrale Löschvormerkung für Stammsatz
LFA1	LZONE	Transportzone, in die bzw. aus der geliefert wird
LFA1	NAME2	Name 2
LFA1	NAME3	Name 3
LFA1	NAME4	Name 4
LFA1	ORT01	Ort

Abbildung 9.28 Aktivierung der zusätzlichen Selektionskriterien für die Saldenbestätigung

Wählen Sie ein Feld aus, das Sie als Selektionskriterium nutzen möchten, und aktivieren Sie es über den Button MARKIEREN. Nun können Sie das neue Feld beim Ausführen des Programms in der Anwendung als Selektionsfeld nutzen.

9.5.2 Umgliederung – Umbuchung und Rasterung von Verbindlichkeiten und Forderungen

Umgliederungsprogramm

Bevor Sie Ihre Bilanz und GuV erstellen, müssen Sie in bestimmten, im Folgenden dargestellten Fällen zu Ihren ursprünglichen Buchungen *Korrekturbuchungen* vornehmen:

- Falls Debitorenkonten einen Haben-Saldo ausweisen. Solche Debitoren werden in SAP ERP *kreditorische Debitoren* genannt.
- Falls Ihre Kreditorenkonten einen Soll-Saldo ausweisen (*debitorische Kreditoren*).
- Falls das Abstimmkonto für bereits bebuchte Debitoren oder Kreditoren geändert worden ist, Sie aber die auf dem alten Abstimmkonto gebuchten Forderungen bzw. Verbindlichkeiten in der Bilanz gemeinsam auf dem neuen Abstimmkonto zeigen möchten.
- Falls Sie Ihre Forderungen und Verbindlichkeiten nach der Restlaufzeit gliedern möchten.
- Falls Sie die Investitionen für bestimmte Buchungskreise getrennt ausweisen möchten.

Für diese Korrekturbuchungen steht Ihnen ein *Umgliederungsprogramm* zur Verfügung, das im ersten Schritt die Umbuchungen für die geänderten Abstimmkonten vornimmt. Anschließend werden die Forderungen und Verbindlichkeiten nach der Restlaufzeit gerastert. Die Korrekturbuchungen werden pro Hauptbuchkonto, Geschäftsbereich und Währung vorgenommen. Da die Durchführung von Korrekturen nicht direkt auf den Abstimmkonten möglich ist, arbeitet das Programm mit einem Korrekturkonto. Um in der Bilanzstruktur korrekte Werte darzustellen, weisen Sie die Abstimmkonten und die dazugehörigen Korrekturkonten immer einer Bilanzposition zu.

Das Programm führt die Korrekturbuchungen am letzen Tag der Periode/des Jahres durch und nimmt sie am ersten Tag der nächsten Periode wieder zurück, weil diese Umgliederung für das Tagesgeschäft nicht relevant ist.

Die Korrekturbuchungen zur Rasterung nach der Restlaufzeit und zu den debitorischen Kreditoren sehen Sie in Abbildung 9.29 (die Stornobuchungen in der nächsten Periode sind nicht dargestellt).

Die Umgliederungen von Verbindlichkeiten in Bezug auf die Investitionen werden analog zur Rasterung nach der Restlaufzeit gebucht.

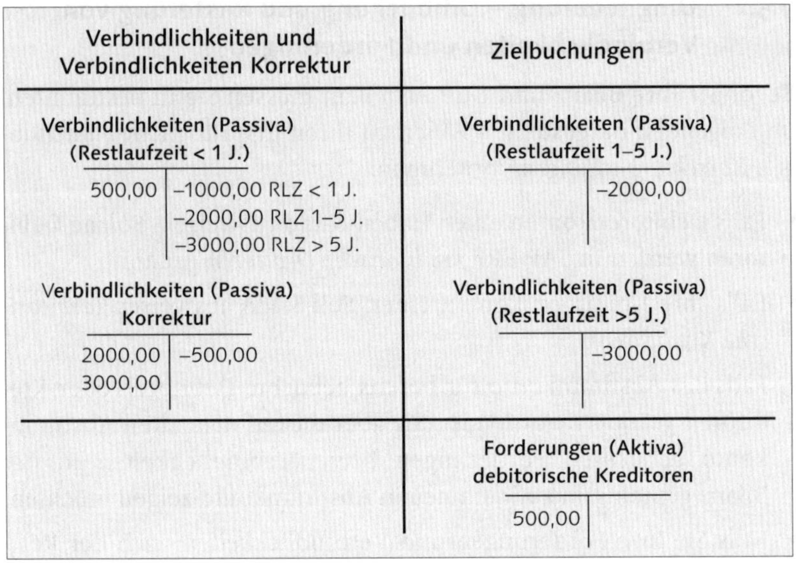

Abbildung 9.29 Buchungslogik bei der Umgliederung von Verbindlichkeiten

Rastermethode definieren

Um die automatische Umgliederung starten zu können, müssen Sie zuvor über den Customizing-Pfad FINANZWESEN (NEU) • HAUPTBUCHHALTUNG (NEU) • PERIODISCHE ARBEITEN • UMGLIEDERN • UMBUCHEN UND RASTERN DER FORDERUNGEN UND VERBINDLICHKEITEN • RASTERMETHODE DEFINIEREN UND KORREKTURKONTEN FORD./VERB. (Transaktion OBBU) die Rastermethode definieren.

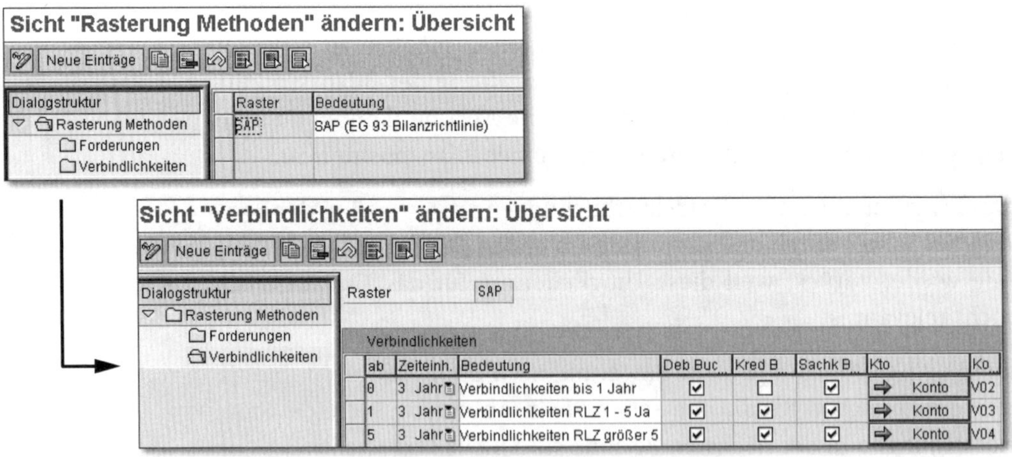

Abbildung 9.30 Definition der Rastermethode für das Umgliederungsprogramm

Im Standardsystem wurde eine vordefinierte Rastermethode ausgeliefert, die Sie verwenden können. Sollte diese nicht Ihren Anforderungen genügen, können Sie eine neue Methode anlegen (siehe Abbildung 9.30).

In der Spalte AB geben Sie die Restlaufzeit für die Rasterung der offenen Posten an, und die Zeiteinheit für die Restlaufzeit tragen Sie in der nächsten Spalte ZEITEINHEIT ein. Durch Einträge in den Spalten DEB BUC, KRED B und SACHK B entscheiden Sie, ob Buchungen für diese Kontoarten durchgeführt werden sollen. In unserer Methode werden Verbindlichkeiten an Kreditoren unter einem Jahr Restlaufzeit nicht umgebucht, an Debitoren (kreditorische Debitoren) jedoch schon.

In der Spalte KTO wird vom SAP-System bei der Definition der Rastermethode ein Schlüssel (V00 bis V99) für die Kontenfindung ermittelt.

Kontenzuordnung für die Rasterung

Über den Button KONTO können Sie direkt die Abstimmkonten, Korrekturkonten und Zielkonten nach der Restlaufzeit pflegen. Auch können Sie die Konten über den Customizing-Pfad FINANZWESEN (NEU) • HAUPTBUCHHALTUNG (NEU) • PERIODISCHE ARBEITEN • UMGLIEDERN • UMBUCHEN UND RASTERN DER FORDERUNGEN UND VERBINDLICHKEITEN • KORREKTURKONTEN FÜR FORD./VERB. NACH RESTLAUFZEIT HINTERLEGEN (Transaktion OBBV) und unter FINANZWESEN (NEU) • HAUPTBUCHHALTUNG (NEU) • PERIODISCHE ARBEITEN • UMGLIEDERN • UMBUCHEN UND RASTERN DER FORDERUNGEN UND VERBINDLICHKEITEN • KORREKTURKONTEN FÜR INVESTITIONEN HINTERLEGEN (Transaktion OBBX) festlegen (siehe Abbildung 9.31).

Falls Sie die Kontenlösung für die parallele Rechnungslegung verwenden, können Sie hier unterschiedliche Konten pro Bewertungsbereich eintragen.

Buchungslogik bei geändertem Abstimmkonto

Im Falle des geänderten Abstimmkontos nehmen Sie Buchungen auf zwei Korrekturkonten – Korrekturkonto zum alten Abstimmkonto gegen Korrekturkonto zum neuen Abstimmkonto – vor (siehe Abbildung 9.32).

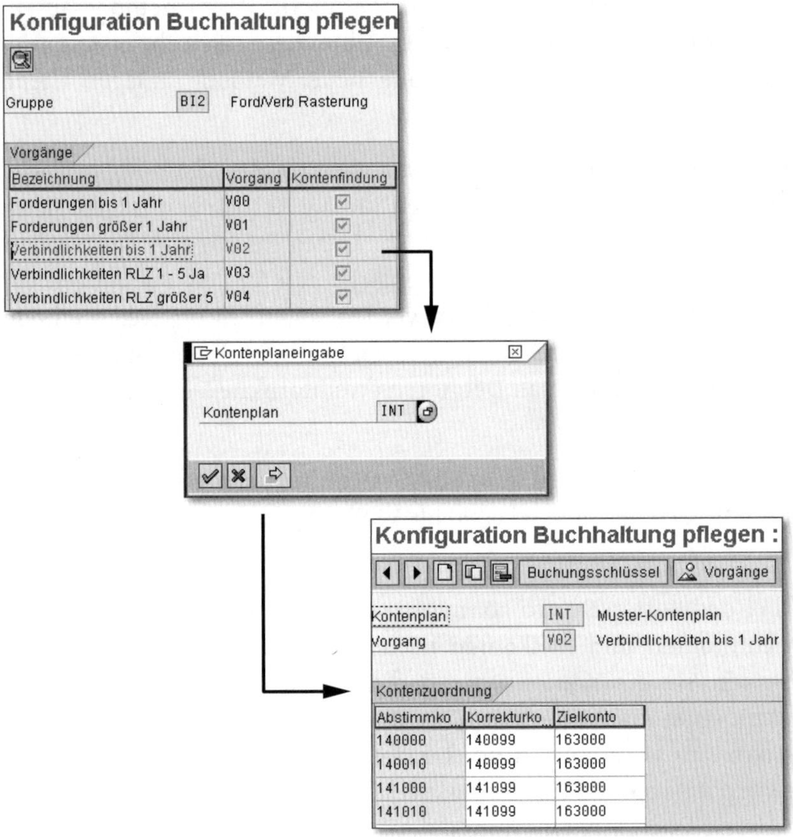

Abbildung 9.31 Kontenpflege für die Umgliederung von Verbindlichkeiten bis zu einem Jahr

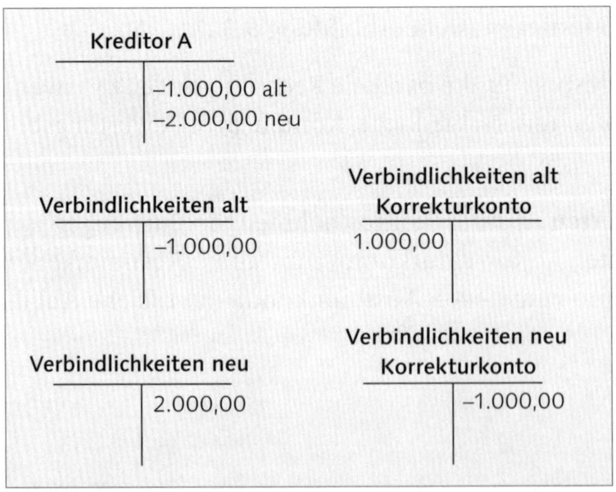

Abbildung 9.32 Umgliederung – Buchungslogik bei geändertem Abstimmkonto

Korrekturkonten für geänderte Abstimmkonten

Die Kontenfindung für geänderte Abstimmkonten pflegen Sie über den Customizing-Pfad Finanzwesen (neu) • Hauptbuchhaltung (neu) • Periodische Arbeiten • Umgliedern • Umbuchen und Rastern der Forderungen und Verbindlichkeiten • Korrekturkonten für geänderte Abstimmkonten hinterlegen oder über die Transaktion OBBW. Hier benötigen Sie nur das Abstimmkonto und das Korrekturkonto; das Zielkonto entspricht dem Korrekturkonto zum neuen Abstimmkonto aus den Stammdaten (siehe Abbildung 9.33).

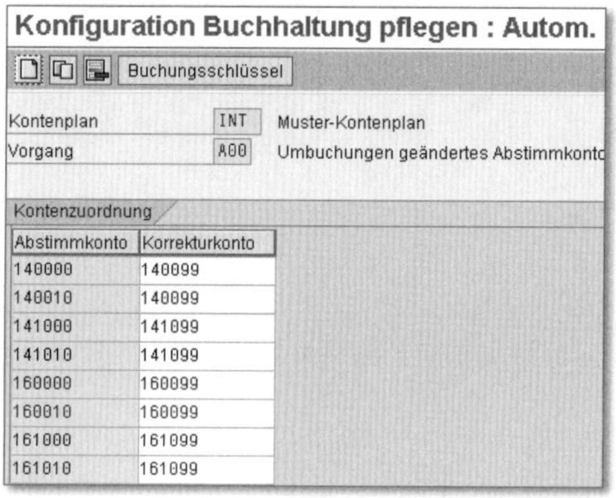

Abbildung 9.33 Kontenfindung für die Umgliederung bei geändertem Abstimmkonto

Mit der Saldenbestätigung und der Umgliederung haben Sie die wichtigsten periodischen Arbeiten für die Kreditorenbuchhaltung kennengelernt. Ein weiterer Punkt, die Fremdwährungsbewertung, gehört noch dazu; dieses Thema haben wir aber bereits in Abschnitt 5.2.6, »Periodische Arbeiten/Abschlussarbeiten«, im Zusammenhang mit dem neuen Hauptbuch beschrieben. Für die Kreditoren steht dieselbe Funktionalität zur Verfügung.

9.6 Fazit

In diesem Kapitel haben wir Ihnen die Einstellungen für die Kreditoren vorgestellt, sofern sie von den Einstellungen für die Debitoren abweichen. Neben den Einstellungen zu den Stammdaten und den Geschäftsprozessen haben wir dabei besonderen Schwerpunkt auf das Zahlprogramm gelegt. Abschließend haben wir noch die Sonderhauptbuchvorgänge für Kreditoren sowie die wichtigsten periodischen Arbeiten erläutert.

Gegenstand dieses Kapitels ist die Anlagenbuchhaltung. Innerhalb dieser Thematik erläutern wir u. a. die einzelnen Organisationseinheiten, verschiedene Ansätze zur Durchführung der parallelen Rechnungslegung, diverse Einstellungen zu den Stammdaten sowie den Abschreibungsvorgang.

10 Anlagenbuchhaltung

Die Anlagenbuchhaltung ist der Teil der Finanzbuchhaltung, in dem Sie die langlebigen Vermögensgegenstände eines Unternehmens erfassen und verwalten. Die Aufgaben dieses Bereiches umfassen sowohl die Bewertung und Buchung von Zugängen und Abgängen des Anlagevermögens als auch die Ermittlung und Buchung von Abschreibungen. Die Anlagenbuchhaltung ist eng mit der Hauptbuchhaltung verbunden, so dass sämtliche Geschäftsvorfälle auch auf die Sachkonten in der Hauptbuchhaltung gebucht werden.

In diesem Kapitel definieren wir zunächst die wichtigsten Organisationseinheiten: den Bewertungsplan und den Bewertungsbereich. Danach vergleichen wir zum Stichwort *parallele Rechnungslegung* die beiden Ansätze »Ledger-Lösung« und »Kontenlösung«.

Im Anschluss daran diskutieren wir die Anlagenstammdaten und die dazu erforderlichen Einstellungen, etwa zu den Anlagenklassen, zum Bildaufbau oder zu den Benutzerfeldern. Es folgt ein Überblick über die Integration der Anlagenbuchhaltung mit dem Hauptbuch, insbesondere im Hinblick auf Sachkonten, Steuerkennzeichen, Bilanzversionen, Belegarten und Buchungsregeln. Des Weiteren stellen wir Ihnen die wichtigsten Einstellungen zu den Anlagenbewegungen vor: die Bewegungsartengruppen und die Bewegungsarten.

Die Abschreibungen stehen im Mittelpunkt des darauffolgenden Abschnitts, in dem wir Ihnen die unterschiedlichen Abschreibungsmethoden (linear, degressiv, progressiv usw.) und die AfA-Schlüssel ausführlich vorstellen. Abschließend zeigen wir Ihnen noch die wichtigsten Einstellungen zum Informationssystem der Anlagenbuchhaltung.

10.1 Einführung in die Anlagenbuchhaltung

Die Anlagenbuchhaltung ist ebenso wie die Debitoren- und Kreditorenbuchhaltung ein Nebenbuch in der Finanzbuchhaltung (siehe Abbildung 10.1).

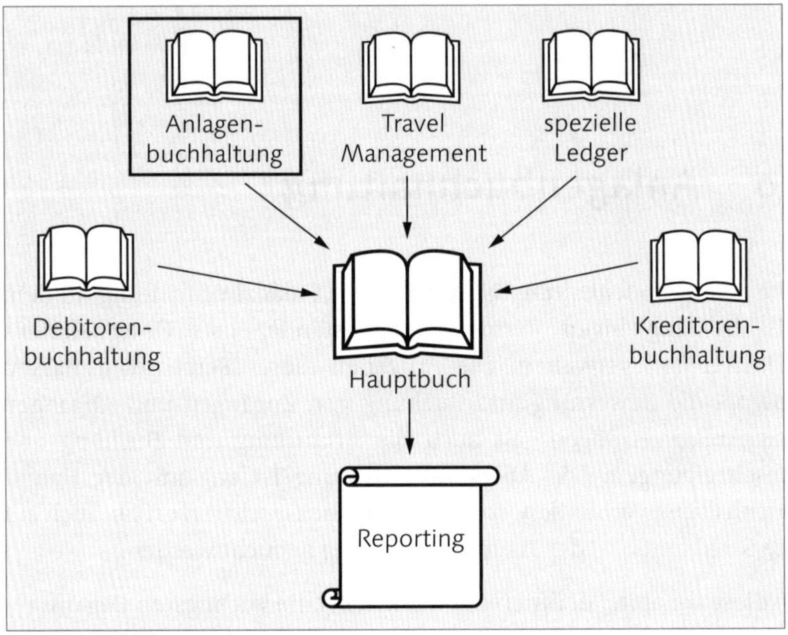

Abbildung 10.1 Anlagenbuchhaltung als Nebenbuch

In der Anlagenbuchhaltung verwalten Sie die Stammdaten Ihrer Vermögensgegenstände und registrieren Geschäftsvorfälle wie z. B. Zugänge, Abgänge oder Umbuchungen. Außerdem errechnen und buchen Sie hier Abschreibungen bzw. Zuschreibungen. Im Anlageninformationssystem stehen Ihnen u. a. Inventarbestandslisten, Bestandslisten Ihres Anlagevermögens, Anlagengitter und Listen zu den Anlagenbewegungen zur Verfügung.

Im Customizing haben Sie die Möglichkeit, Ihre Anlagenbuchhaltung an die spezifischen rechtlichen Anforderungen der verschiedenen Länder anzupassen. SAP liefert hierzu bereits einige landesspezifische Einstellungen aus, die Sie bei Bedarf auch weiterbearbeiten können.

Integration der Anlagenbuchhaltung

Die Anlagenbuchhaltung ist mit anderen Bereichen wie z. B. der Hauptbuchhaltung, dem Controlling, der Materialwirtschaft, der Produktion, dem Investitionsmanagement oder der Instandhaltung eng integriert. So werden Anlagenwerte und -bewegungen direkt auf den Sachkonten in der Hauptbuchhaltung mitgeführt; Abschreibungen und Zinsen können Sie ins Controlling buchen. Im Einkauf können Sie die Bestellungen direkt auf die entsprechende Anlage kontieren oder Anlagen in der Produktion selbst herstellen. Anlagen können in Investitionspläne integriert werden, und aktivierungspflichtige Instandhaltungsleistungen lassen sich aus der Instandhaltung direkt auf eine Anlage abrechnen.

Im folgenden Abschnitt lernen Sie die Organisationsstrukturen und die Customizing-Einstellungen in der Anlagenbuchhaltung für die gesamte Lebensdauer einer Anlage (vom Zugang bis zum Abgang) sowie die Integration in Hauptbuch und Controlling kennen.

10.2 Organisationsstrukturen in der Anlagenbuchhaltung

Auch in der Anlagenbuchhaltung haben Sie es, ebenso wie in anderen Bereichen des Finanzwesens, mit einem Buchungskreis und einem Kontenplan zu tun (siehe Kapitel 3, »Organisationseinheiten und Definitionen«). Zusätzlich definieren Sie in der Anlagenbuchhaltung einen *Bewertungsplan* mit einem oder mehreren *Bewertungsbereichen* sowie *Anlagenklassen*.

Bewertungsplan

Der Bewertungsplan dient der Verwaltung der Bewertungsvorschriften für das Anlagevermögen in einem Land oder für bestimmte Organisationseinheiten (z. B. mehrere Buchungskreise). In der Standardauslieferung von SAP ERP finden Sie bereits vordefinierte länderspezifische Bewertungspläne mit Bewertungsbereichen, die Sie entweder direkt verwenden oder kopieren und anpassen können.

Einen Bewertungsplan definieren Sie unabhängig von anderen Organisationseinheiten; Sie ordnen jedem Buchungskreis einen Bewertungsplan zu und können denselben Bewertungsplan auch in mehreren Buchungskreisen verwenden. Dabei spielt es keine Rolle, ob mehrere Buchungskreise, die zu einem Bewertungsplan gehören, unterschiedliche Kontenpläne verwenden, denn Bewertungsplan und Kontenplan sind unabhängig voneinander.

Bewertungsbereich

Je nach Ihren Anforderungen können Sie Ihre Anlagen unterschiedlich bewerten. So ist es beispielsweise möglich, nach IAS- und lokalen

Vorschriften jeweils abweichende Nutzungsdauern anzusetzen. Durch diese Vorgehensweise entstehen nach einem Nutzungsjahr aus IAS-Sicht und aus lokaler Sicht unterschiedliche Abschreibungs- und Restbuchwerte. Um diese Werte nach den verschiedenen Vorschriften korrekt darzustellen, definieren Sie in Verbindung mit einem Bewertungsplan mehrere Bewertungsbereiche. Ein Bewertungsbereich gibt eine spezielle Bewertungssicht wieder, wie z. B. die Sicht der Handelsbilanz, der Steuerbilanz, der Konzernbilanz oder der kalkulatorischen Werte. Das SAP-System führt separate Verkehrszahlen je Kombination aus Anlage und Bewertungsbereich für Bestandswerte, Abschreibungen, Restbuchwerte usw. (siehe Tabelle 10.1).

	Anschaffungswert (EUR)	Nutzungsdauer	Abschreibung nach 1. Jahr (EUR)	Restbuchwert (EUR)
IAS-Bilanz	60.000	sechs Jahre	10.000	50.000
Steuerbilanz	60.000	sechs Jahre	10.000	50.000
Handelsrecht (lokal)	60.000	drei Jahre	20.000	40.000
kalkulatorische Werte	60.000	zwölf Jahre	5.000	55.000
...				

Tabelle 10.1 Beispiel für die Wertdarstellung einer Anlage in verschiedenen Bewertungsbereichen

Innerhalb eines Bewertungsplans können Sie bis zu 99 Bewertungsbereiche definieren; jeder Bewertungsbereich ist eindeutig einem Bewertungsplan zugeordnet.

Anlagenklasse Jeden Anlagenstammsatz ordnen Sie genau einer Anlagenklasse zu. Ebenso wie die Kontengruppen in der Debitoren- und Kreditorenbuchhaltung dienen auch die Anlagenklassen dazu, die Anlagen zu gruppieren und die Nummernvergabe sowie die Kontenzuordnung zu steuern. Die Anlagenklassen legen Sie auf Mandantenebene an. Weitere Details zu diesem Thema finden Sie in Abschnitt 10.4.1, »Bedeutung und Definition der Anlagenklasse«.

Die Zusammenhänge zwischen Buchungskreis, Kontenplan, Bewertungsplan und Bewertungsbereichen sind in Abbildung 10.2 dargestellt.

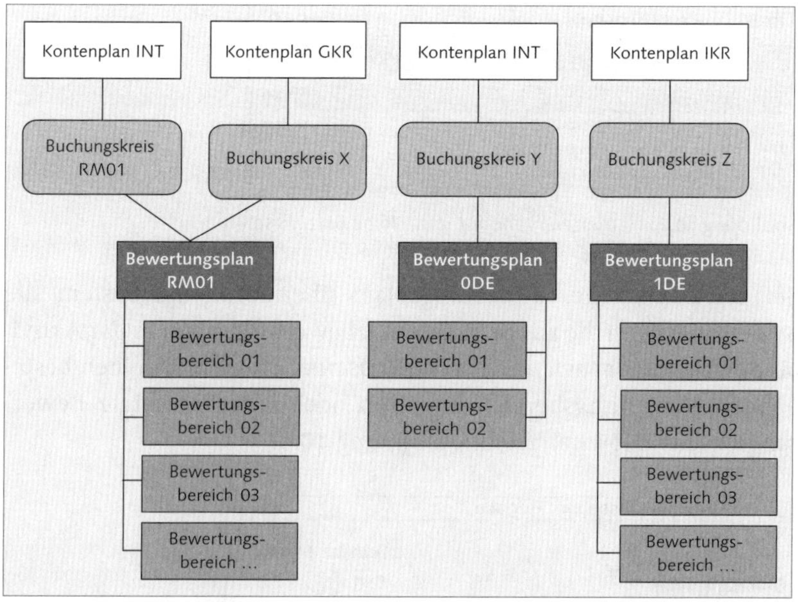

Abbildung 10.2 Zusammenhänge zwischen den Organisationseinheiten in der Anlagenbuchhaltung

10.2.1 Definition eines Bewertungsplans

Bewertungsplan anlegen

Über den Customizing-Pfad Finanzwesen (neu) • Anlagenbuchhaltung • Organisationsstrukturen • Referenzbewertungsplan/ Bewertungsbereiche kopieren • Aktivität: Referenzbewertungsplan kopieren oder über die Transaktion EC08 kopieren Sie einen Referenzbewertungsplan, den Sie als eigenen Bewertungsplan anlegen (siehe Abbildung 10.3).

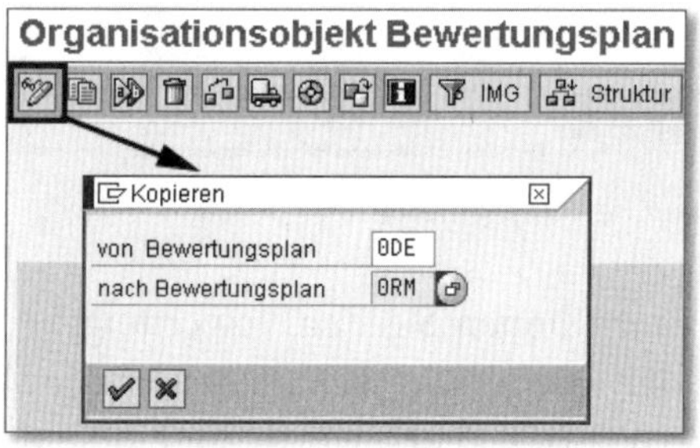

Abbildung 10.3 Bewertungsplan als Kopie eines Referenzbewertungsplans anlegen

In der Sicht Bewertungsplan: Bezeichnung festlegen können Sie Ihren Zielbewertungsplan benennen (siehe Abbildung 10.4).

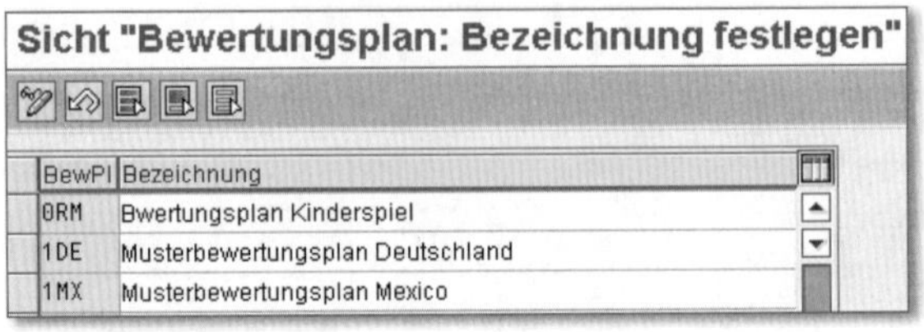

Abbildung 10.4 Namensvergabe für den Zielbewertungsplan

Bewertungsbereiche anpassen

Bei der Kopie eines Bewertungsplans übernimmt das System alle Bewertungsbereiche aus dem Referenzbewertungsplan. In der Aktivität BEWERTUNGSBEREICHE KOPIEREN/LÖSCHEN können Sie einen bestehenden Bewertungsbereich kopieren oder nicht benötigte Bewertungsbereiche löschen (siehe Abbildung 10.5).

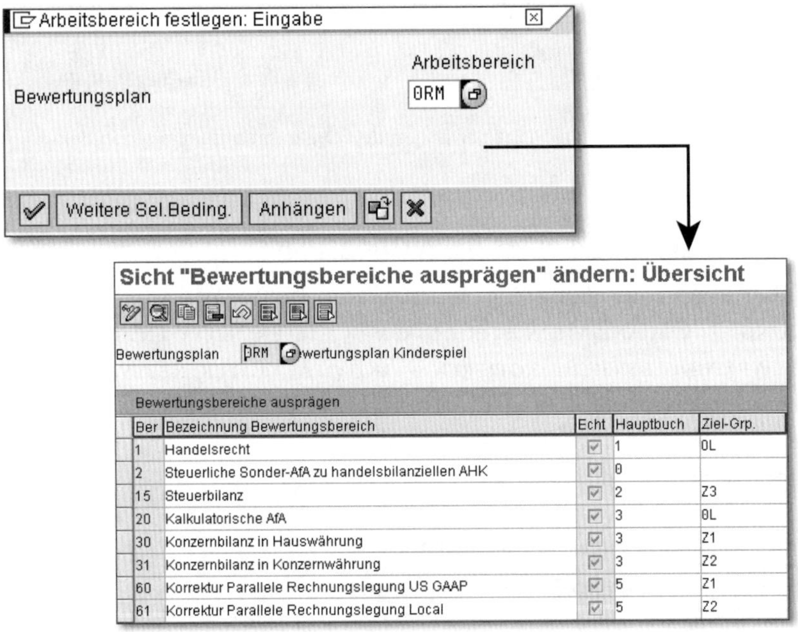

Abbildung 10.5 Anpassung der kopierten Bewertungsbereiche

Für die Abbildung der *Steuerbilanz* können Sie den Bewertungsbereich 15 (Steuerbilanz) verwenden (siehe Kapitel 7, »Steuerbilanz/E-Bilanz in SAP ERP«). Auf Steuerbilanzen gehen wir in diesem Kapitel nicht weiter ein, sondern beschreiben vielmehr weitere Einstellungen, die für die Durchführung von Buchungen in der Anlagenbuchhaltung notwendig bzw. hilfreich sind.

[+]

Arbeiten mit mehreren Bewertungsplänen

Falls in Ihrem SAP ERP-System mehrere Bewertungspläne vorliegen, fordert Sie das System bei der ersten bewertungsplanabhängigen Aktion auf, einen Bewertungsplan auszuwählen. Diese Einstellung bleibt aktiv, solange Sie im System angemeldet sind. Falls Sie Einstellungen für einen anderen Bewertungsplan vornehmen möchten, können Sie über den Customizing-Pfad Finanzwesen (neu) • Anlagenbuchhaltung • Bewertung allgemein • Bewertungsplan oder über die Transaktion OAPL einen neuen Bewertungsplan setzen.

Die Einstellungen für die einzelnen Bewertungsbereiche lernen Sie im folgenden Abschnitt kennen.

10.2.2 Definition der Bewertungsbereiche

Die Bewertungsbereiche definieren Sie über den Customizing-Pfad Finanzwesen (neu) • Anlagenbuchhaltung • Bewertung allgemein • Bewertungsbereiche • Bewertungsbereiche definieren • Aktivität: Bewertungsbereiche definieren. Als Vorlage finden Sie Bewertungsbereiche aus dem kopierten Referenzbewertungsplan. Hier können Sie durch Kopie neue Bewertungsbereiche hinzufügen, vorhandene Bewertungsbereiche ändern oder nicht benötigte Bewertungsbereiche löschen.

Alle Bewertungsbereiche legen Sie in Verbindung mit einem Bewertungsplan an und kennzeichnen sie als »echt« oder »abgeleitet«. Alle Werte eines echten Bewertungsbereichs werden unabhängig von anderen Werten geführt, während ein abgeleiteter Bewertungsbereich aus maximal vier echten Bewertungsbereichen mathematisch ermittelt wird. Im Folgenden erörtern wir je ein Beispiel für einen echten und einen abgeleiteten Bewertungsbereich.

Beispiel 1: Echter Bewertungsbereich

Bedeutung eines echten Bewertungsbereichs

In jedem Bewertungsplan haben Sie einen führenden Bewertungsbereich 01, der als sogenannter *echter Bewertungsbereich* angelegt wird; Sie können aber auch andere Bewertungsbereiche als echte Bewertungsbereiche definieren (siehe Abbildung 10.6).

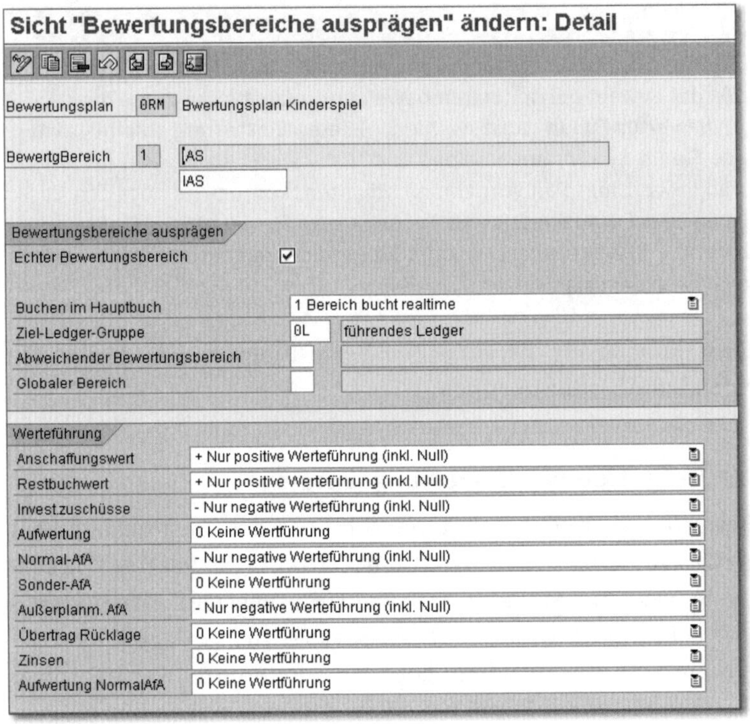

Abbildung 10.6 Einstellungen zu einem echten Bewertungsbereich – Beispiel: Bewertungsbereich 01

Jeden Bewertungsbereich können Sie als maximal zweistelligen Schlüssel anlegen. Für die Beschreibung des Bewertungsbereichs stehen Ihnen zwei Felder zur Verfügung: ein Feld für die Kurzbezeichnung und ein Feld für die vollständige Bezeichnung des Bewertungsbereiches. Einen Bewertungsbereich definieren Sie als echt, um dessen Werte im System zu buchen (anstatt sie zu errechnen). Auch legen Sie in der Definition fest, wie die Werte gebucht (oder nicht gebucht) werden sollen. Die folgenden Einträge stehen Ihnen zur Verfügung:

- 0 – Bereich bucht nicht
- 1 – Bereich bucht realtime
- 2 – Bereich bucht Bestände und Abschreibungen periodisch
- 3 – Bereich bucht nur die Abschreibungen
- 4 – Bereich bucht Bestände und Abschreibungen direkt
- 5 – Bereich bucht nur Bestände
- 6 – Bereich bucht nur Bestände direkt

[+]

Realtime-Buchung

Die erste Option BEREICH BUCHT REALTIME ist nur für den führenden Bewertungsbereich 01 und für passivische Investitionsförderprogramme vorgesehen. Eine ebenso zeitnahe Alternative zur Realtime-Buchung bietet die direkte Buchung. Hier sollten Sie beachten, dass die direkte Buchung im Vergleich zur periodischen Buchung das Belegvolumen deutlich erhöht; die periodische Buchung erfolgt mithilfe eines Bestandsbuchungsprogramms.

Jedem Bewertungsbereich können Sie eine Ziel-Ledger-Gruppe zuordnen, sofern Sie die parallele Rechnungslegung mit der Ledger-Lösung einsetzen. Details hierzu finden Sie in Abschnitt 10.3.1, »Ledger-Lösung«.

Abweichenden Bewertungsbereich zuordnen

Auch haben Sie die Möglichkeit, jedem Bewertungsbereich einen abweichenden Bewertungsbereich zuzuordnen. Hierzu geben Sie den Bewertungsbereich ein, dessen Kontenfindung das SAP ERP-System bei der Vornahme von Buchungen in das parallele Ledger verwenden soll. Auf diese Weise müssen Sie nicht für jeden Bewertungsbereich die Kontenfindung gesondert pflegen. In der Regel tragen Sie hier den Bewertungsbereich 01 ein.

Globalen Bereich zuordnen

Zusätzlich zum abweichenden Bewertungsbereich können Sie einen globalen Bereich zuordnen. Der globale Bewertungsbereich hat mandantenweit in allen Bewertungsplänen eines Konzerns dieselbe Funktion und Bedeutung; er besteht nur aus einem Schlüssel und einer Bezeichnung. Falls Sie mehrere Bewertungspläne verwenden, können Sie jeweils anhand des globalen Bereichs eindeutig den für die Konzernbewertung relevanten Bewertungsbereich identifizieren.

Im Bereich WERTEFÜHRUNG definieren Sie zulässige Werte für vorgegebene Wertearten (Anschaffungswert, Restbuchwert, Normal-AfA usw.). Sie können hier die folgenden Einträge zuordnen:

- *: alle Werte erlaubt
- +: nur positive Werteführung (inklusive null)
- –: nur negative Werteführung (inklusive null)
- 0: keine Werteführung

[+] **Positive und negative Buchwerte**

Positive Anschaffungswerte und Restbuchwerte müssen Sie in allen Bereichen erlauben, die aktivierte Anlagenbestände abschreiben. Negative Restbuchwerte erlauben Sie hingegen in den Bereichen, die unter null abschreiben (z. B. kalkulatorischer Bereich), und in den Bereichen, die passivisch dargestellte Wertberichtigungen führen (Sonderposten).

Beispiel 2: Abgeleiteter Bewertungsbereich

Bedeutung eines abgeleiteten Bewertungsbereichs

Ein abgeleiteter Bewertungsbereich ist ein Bereich, dessen Werte mathematisch errechnet werden. Die Werte der abgeleiteten Bewertungsbereiche können ebenso wie die Werte der echten Bewertungsbereiche gebucht und ins Hauptbuch übergeleitet werden (siehe Abbildung 10.7).

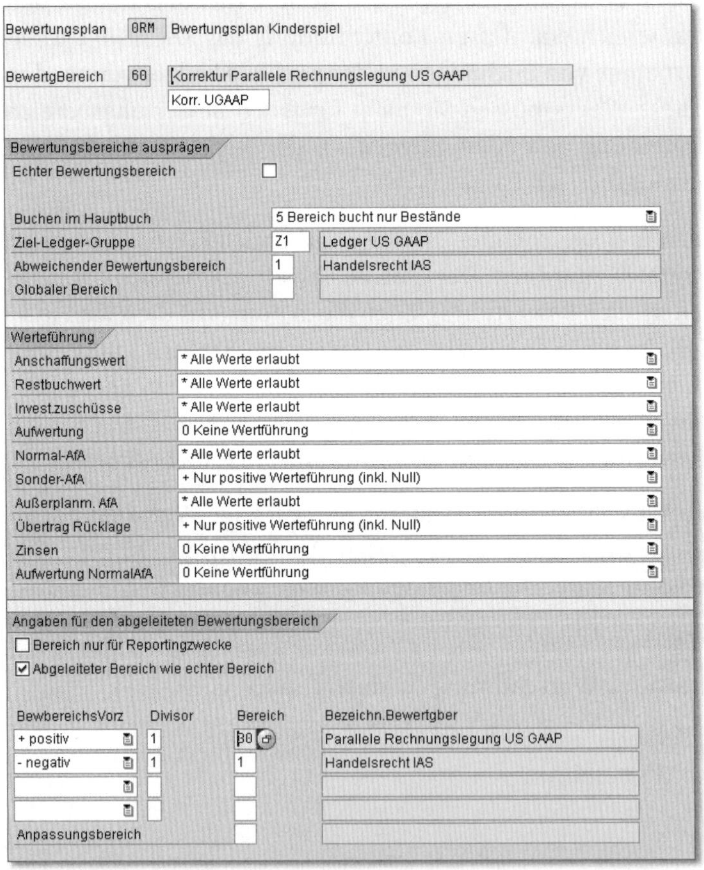

Abbildung 10.7 Einstellungen zu einem abgeleiteten Bewertungsbereich – Beispiel: Bewertungsbereich 60

Wenn Sie das Feld ECHTER BEWERTUNGSBEREICH deaktivieren, legen Sie automatisch einen abgeleiteten Bewertungsbereich an und können nun Angaben für den abgeleiteten Bewertungsbereich vornehmen. Es ist möglich, den abgeleiteten Bewertungsbereich nur für Reporting-Zwecke zu definieren; für diesen Bereich werden dann keine Wertprüfungen durchgeführt.

Werte für den abgeleiteten Bereich ausrechnen [+]

Der Schlüssel eines abgeleiteten Bereichs muss größer als die Schlüssel der zu berücksichtigenden Bereiche sein. So kann beispielsweise der Bereich 03 aus den Bereichen 01 und 02 errechnet werden, aber nicht aus den Bereichen 04 und 05.

Wenn Sie das Feld ABGELEITETER BEREICH WIE ECHTER BEREICH aktivieren, werden die errechneten Differenzen auf Konten gebucht. Nicht aber können Sie beide Felder gleichzeitig aktivieren.

Des Weiteren definieren Sie mathematische Verknüpfungen zu den vorgesehenen echten Bereichen: Im Feld DIVISOR können Sie einen Anteil definieren, der die Werte des echten Bereichs berücksichtigt. Tragen Sie z. B. als Divisor den Wert 2 ein, wird die Hälfte des Wertes des echten Bereichs berücksichtigt.

Werte für den Bewertungsbereich »Korrektur USGAAP« errechnen [zB]

In Abbildung 10.8 ergeben sich die errechneten Werte für den Bereich 60 wie folgt: Von den Werten im Bereich 30 (positiv) werden die Werte von Bereich 1 (negativ) subtrahiert. Da der Divisor jeweils 1 beträgt, werden die Werte zu 100 % berücksichtigt. Stünde z. B. vor dem Eintrag zu Bereich 1 eine 4, würden die Werte von Bereich 1 erst durch 4 geteilt und anschließend von Bereich 30 subtrahiert.

Bereichstyp einstellen

Über den Pfad FINANZWESEN (NEU) • ANLAGENBUCHHALTUNG • BEWERTUNG ALLGEMEIN • BEWERTUNGSBEREICHE • BEWERTUNGSBEREICHE DEFINIEREN • AKTIVITÄT: BEREICHSTYP FESTLEGEN oder über die Transaktion OADC ordnen Sie Ihren echten Bewertungsbereichen jeweils einen Typ zu (siehe Abbildung 10.8).

Auf diese Weise erklären Sie, zu welchem Zweck die einzelnen Bewertungsbereiche angelegt wurden. Bestimmte Bereichstypen spielen eine wichtige Rolle bei der Integration mit anderen Modulen, wie z. B. Bewertungsbereiche vom Bereichstyp 07, die bei der Integration mit dem Investitionsmanagement gesondert behandelt werden müssen.

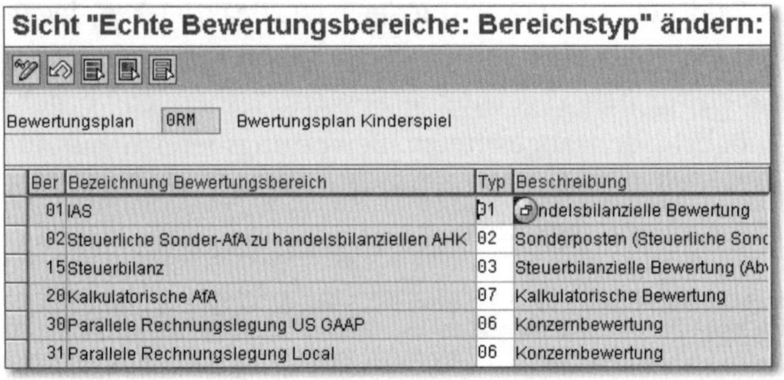

Ber	Bezeichnung Bewertungsbereich	Typ	Beschreibung
01	IAS	01	ndelsbilanzielle Bewertung
02	Steuerliche Sonder-AfA zu handelsbilanziellen AHK	02	Sonderposten (Steuerliche Sonc
15	Steuerbilanz	03	Steuerbilanzielle Bewertung (Ab\
20	Kalkulatorische AfA	07	Kalkulatorische Bewertung
30	Parallele Rechnungslegung US GAAP	06	Konzernbewertung
31	Parallele Rechnungslegung Local	06	Konzernbewertung

Abbildung 10.8 Zuordnung der Bewertungstypen zu den Bewertungsbereichen

[+]

Nicht löschbare Bewertungsbereiche

Die folgenden Bewertungsbereiche können Sie nicht löschen:

- den Leitbewertungsbereich (01)
- einen Referenzbereich für andere Bereiche
- einen Bewertungsbereich, der bei der Aufbauformel eines abgeleiteten Bereichs berücksichtigt wird
- einen Bewertungsbereich, der für das Mitbuchen seiner Bestandswerte vorgesehen ist
- einen Bereich für Investitionsforderungen, solange Förderschlüssel auf diesen Bereich verweisen

Wertübernahme einstellen

Über den Customizing-Pfad FINANZWESEN (NEU) • ANLAGENBUCHHALTUNG • BEWERTUNG ALLGEMEIN • BEWERTUNGSBEREICHE • AHK-WERTÜBERNAHME FESTLEGEN oder über die Transaktion OABC legen Sie Regeln für die Wertübernahme (Anschaffungswert) aus anderen Bewertungsbereichen fest. In der Regel übernehmen die Bewertungsbereiche den Anschaffungswert aus Bereich 01. Sollte dies nicht der Fall sein, kann der jeweilige Betrag nur aus einem Bewertungsbereich übernommen werden, dessen Schlüssel kleiner als der Schlüssel des übernehmenden Bereichs ist, so dass eine Wertübernahme aus Bereich 01 ist nicht möglich ist. Falls Sie zusätzlich in der Spalte IDENT. ein Häkchen gesetzt haben, stellen Sie damit sicher, dass die Anschaffungswerte im Quell- und Zielbewertungsbereich identisch sind und es keine Änderungsmöglichkeiten mehr gibt (siehe Abbildung 10.9).

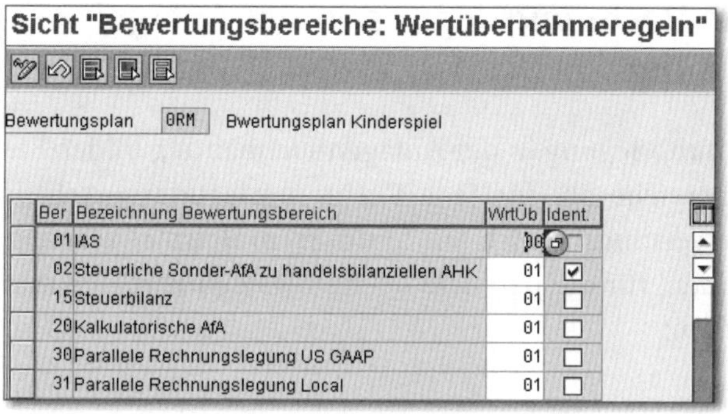

Abbildung 10.9 Definition der Wertübernahmeregeln für Bewertungsbereiche

Über den Customizing-Pfad FINANZWESEN (NEU) • ANLAGENBUCHHALTUNG • BEWERTUNG ALLGEMEIN • BEWERTUNGSBEREICHE • ÜBERNAHME DER BEWERTUNGSPARAMETER FESTLEGEN oder über die Transaktion OABD stellen Sie die Regeln für die Übernahme der Abschreibungsparameter (AfA-Parameter) ein. Zu den AfA-Parametern gehören die Nutzungsdauer, die die Abschreibungsdauer definiert, und der Abschreibungsschlüssel, der die Abschreibungsmethode vorgibt. In diesem Punkt können Sie bestimmen, dass gewisse Bewertungsbereiche die AfA-Parameter aus anderen Bewertungsbereichen automatisch übernehmen sollen. Auf diese Weise müssen die Afa-Parameter nicht mehr manuell in den Anlagenstammdaten gepflegt werden. Wie bei den Wertübernahmeregeln muss der Schlüssel des referenzierten Bereichs kleiner als der Schlüssel des definierten Bereichs sein. Falls Sie zusätzlich ein Häkchen in der Spalte IDENTISCH setzen, können die übernommenen AfA-Parameter nicht mehr geändert werden. Ist das Häkchen hingegen nicht gesetzt, sind die Angaben in den Anlagenstammdaten änderbar (siehe Abbildung 10.10).

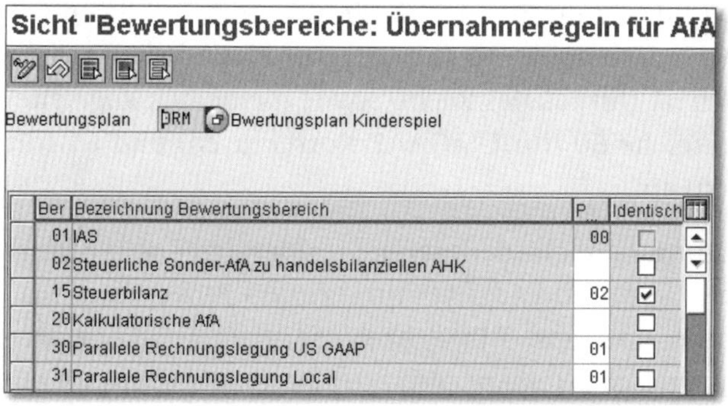

Abbildung 10.10 Definition der AfA-Übernahmeregeln für Bewertungsbereiche

10.3 Parallele Rechnungslegung in der Anlagenbuchhaltung

Abbildung der parallelen Rechnungslegung

Die parallele Rechnungslegung in der Anlagenbuchhaltung bilden Sie über Bewertungsbereiche ab; für jede Rechnungslegungsvorschrift legen Sie einen Bewertungsbereich an. In unserem Beispiel arbeiten Sie mit den folgenden, für die parallele Rechnungslegung relevanten Bewertungsbereichen:

- 01 (IAS)
- 30 (US-GAAP)
- 31 (lokales Recht)

Wie Sie schon in anderen Kapiteln dieses Buches erfahren haben, stehen Ihnen auch in der Anlagenbuchhaltung zwei Möglichkeiten zur Verfügung, um die parallele Rechnungslegung abzubilden: als Ledger-Lösung und als Kontenlösung.

10.3.1 Ledger-Lösung

Parallele Rechnungslegung über Ledger

Die Ledger-Lösung in der Anlagenbuchhaltung können Sie erst einsetzen, wenn Sie schon Ledger und Ledger-Gruppen in den Grundeinstellungen von FINANZWESEN (NEU) definiert haben (siehe Kapitel 4, »Globale Einstellungen im SAP-Finanzwesen«).

Bei der Ledger-Lösung gibt es Vorgaben dazu, wie Sie die einzelnen Bewertungsbereiche definieren.

Den führenden Bewertungsbereich 01 – in unserem Fall IAS – ordnen Sie immer dem führenden Ledger – in unserem Fall 0L – zu. Für jede zusätzliche Rechnungslegungsvorschrift legen Sie je einen echten und einen abgeleiteten Bewertungsbereich an. In unserem Fall legen wir den echten Bewertungsbereich 30 (für US-GAAP) und den echten Bewertungsbereich 31 (für lokales Recht) sowie die beiden abgeleiteten Bewertungsbereiche 60 (für US-GAAP-Korrekturen) und 61 (für lokale Korrekturen) an.

Die echten Bewertungsbereiche definieren Sie über den Customizing-Pfad FINANZWESEN (NEU) • ANLAGENBUCHHALTUNG • BEWERTUNG ALLGEMEIN • BEWERTUNGSBEREICHE • BEWERTUNGSBEREICHE DEFINIEREN • AKTIVITÄT: BEWERTUNGSBEREICHE DEFINIEREN; diese Bewertungsbereiche werden so gesteuert, dass sie nur die Abschreibungen im Hauptbuch buchen. Ordnen Sie außerdem eine entsprechende Ziel-Ledger-Gruppe zu.

Die abgeleiteten Bewertungsbereiche legen Sie im selben Customizing-Pfad wie die echten Bewertungsbereiche an. Ab dem Release SAP ERP 5.0 steht Ihnen eine Transaktion zur Verfügung, die es ermöglicht, schnell und einfach den Deltabewertungsbereich mit den benötigten Einstellungen anzulegen. Diese Funktionalität führen Sie über den Customizing-Pfad FINANZWESEN (NEU) • ANLAGENBUCHHALTUNG • BEWERTUNG ALLGEMEIN • BEWERTUNGSBEREICHE • BEREICHE FÜR PARALLELE BEWERTUNG EINRICHTEN oder über die Transaktion OADB_WZ aus (siehe Abbildung 10.11).

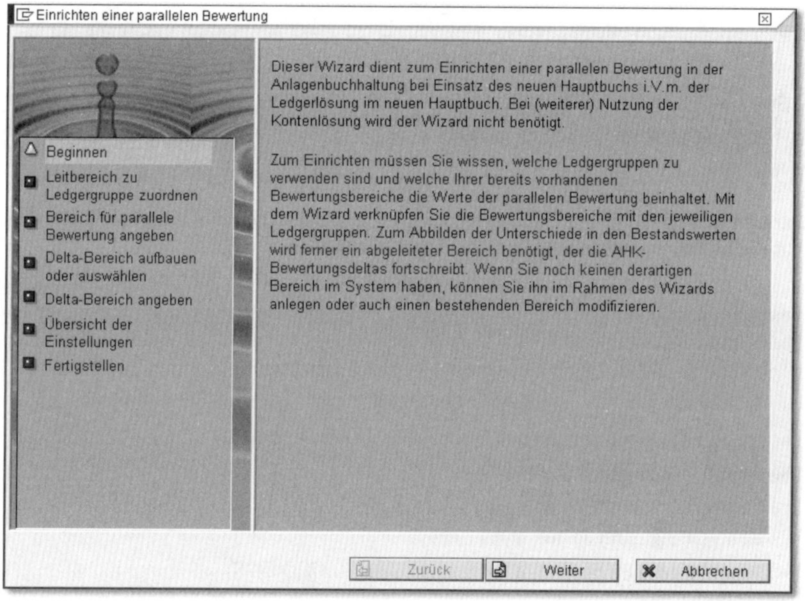

Abbildung 10.11 Wizard zum Einrichten von Deltabewertungsbereichen für die parallele Rechnungslegung in der Anlagenbuchhaltung

Deltabewertungsbereich

Falls Sie Ihre Deltabewertungsbereiche manuell definieren möchten, stellen Sie sie so ein, dass sie nur Bestände im Hauptbuch buchen, und darüber hinaus ordnen Sie ihnen ebenfalls die entsprechenden Ziel-Ledger-Gruppen zu. Die mathematischen Formeln für die Deltabereiche definieren Sie als Differenz zwischen dem echten parallelen Bereich und dem führenden Bereich (für die Werteführung siehe Abbildung 10.6).

In Tabelle 10.2 sehen Sie eine Zusammenstellung unserer Beispieleinstellungen.

Bewertungsbereich	Bezeichnung	Buchen im Hauptbuch	Ziel-Ledger-Gruppe	echter Bereich	abgeleiteter Bereich
01	IAS	realtime	0L	X	
30	US-GAAP	nur Abschreibungen	Z1	X	
31	lokales Recht	nur Abschreibungen	Z2	X	
60	Korrektur US-GAAP	nur Bestände	Z1		30-01
61	Korrektur lokales Recht	nur Bestände	Z2		31-01

Tabelle 10.2 Beispieleinstellungen für Bewertungsbereiche bei Anwendung der parallelen Rechnungslegung in der Anlagenbuchhaltung

[zB]

Buchungslogik

In diesem Zahlenbeispiel lernen Sie die Buchungslogik laut Customizing-Einstellungen in den Bewertungsbereichen 01, 30 und 60 kennen.

- Anlagenzugang im Januar 2008: 60.000 EUR
- Abschreibungsparameter:
  Bereich 01: sechs Jahre
  Bereich 30: drei Jahre
- Abgang mit Erlös im Dezember 2008: 40.000 EUR

Beim Anlagenzugang und Anlagenabgang werden die Werte des führenden Bewertungsbereichs in allen Ledgern fortgeschrieben. Die Abschreibungen werden pro Bereich berechnet und gebucht (siehe Abbildung 10.12).

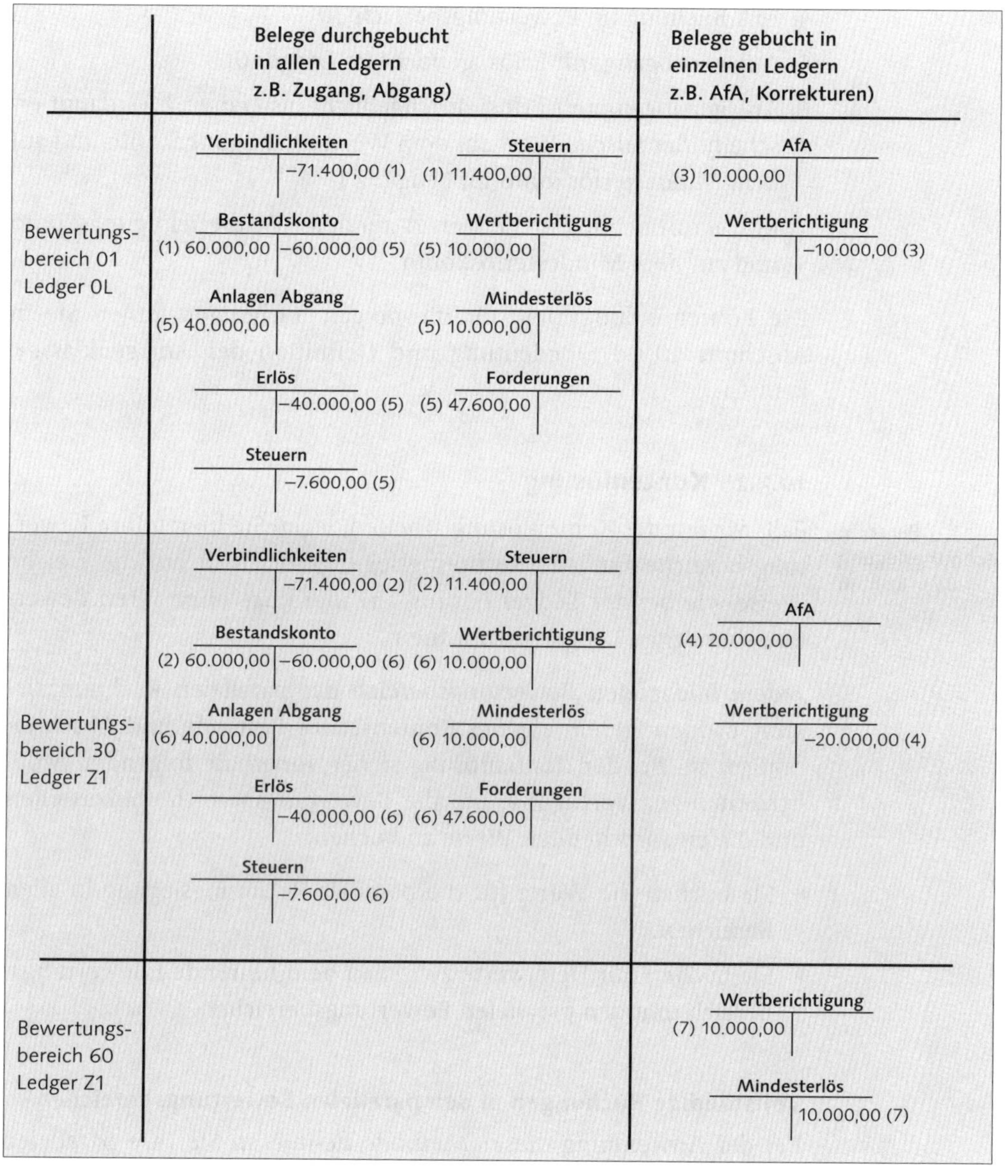

Abbildung 10.12 Buchungslogik in der Anlagenbuchhaltung bei der Ledger-Lösung

Erklärung zu den Buchungen aus Abbildung 10.12:

1. Anlagenzugang, gebucht im Ledger 0L (Bewertungsbereich 01)
2. Anlagenzugang, durchgebucht ins Ledger Z1 (Bewertungsbereich 30)
3. AfA-Buchung im Bewertungsbereich 01

4. AfA-Buchung im Bewertungsbereich 30
5. Anlagenabgang mit Erlös, gebucht im Ledger 0L
6. Anlagenabgang mit Erlös, durchgebucht ins Ledger Z1 – damit erscheint der falsche Wert auf dem Wertberichtigungskonto und auf dem Mindesterlöskonto im Ledger Z1
7. Korrekturbuchung im Ledger Z1 auf dem Wertberichtigungskonto und auf dem Mindesterlöskonto

Die Kontenfindungslogik für die obigen Buchungen lernen Sie in Abschnitt 10.4.1, »Bedeutung und Definition der Anlagenklasse«, kennen.

10.3.2 Kontenlösung

Parallele Rechnungslegung über Konten

Falls Sie mit der Kontenlösung arbeiten, legen Sie hierzu Ihre Bewertungsbereiche für jede Rechnungslegungsvorschrift auf die gleiche Weise wie bei der Ledger-Lösung an, allerdings ohne Ihren Bewertungsbereichen Ledger zuzuordnen.

Jedem buchenden Bewertungsbereich der parallelen Rechnungslegung ordnen Sie ein eigenes Kontenset für Bestände und Abschreibungen zu. Bei der Kontenlösung stehen Ihnen die folgenden Möglichkeiten zur Verfügung, um die Bewertungsbereiche einzustellen und die entsprechenden Werte zu buchen:

- Sie buchen die Werte für die parallele Rechnungslegung in allen Bereichen.
- Sie buchen nur Deltawerte zwischen dem führenden Bewertungsbereich und den parallelen Bewertungsbereichen.

Vollständige Buchungen in den parallelen Bewertungsbereichen

Bei der Anwendung dieser Methode definieren Sie Ihre parallelen Bewertungsbereiche als echte Bereiche und buchen alle Werte (Bestände und Abschreibungen) für alle parallelen Bewertungsbereiche erneut auf eigenen Konten, egal, ob es Differenzen zum führenden Bewertungsbereich gibt oder nicht.

In Tabelle 10.3 sehen Sie ein Zahlenbeispiel für die Bewertungsbereiche 01 (führender Bewertungsbereich IAS) und 30 (paralleler Bewertungsbereich US-GAAP).

	Bereich 01, gebuchte Werte (EUR)	Bereich 30, gebuchte Werte (EUR)
Anschaffungswert	60.000	60.000
Wertberichtigung	10.000	20.000
Erlös	40.000	40.000
Mindererlös	10.000	0

Tabelle 10.3 Zahlenbeispiel für komplette Buchungen in den parallelen Bewertungsbereichen

Deltabuchungen in den parallelen Bewertungsbereichen

Bei der Anwendung dieser Methode buchen Sie nur die Deltawerte für alle parallelen Bewertungsbereiche auf eigenen Konten. Die Bewertungsbereiche für die parallele Rechnungslegung definieren Sie als echte Bewertungsbereiche, verbuchen in diesen Bereichen aber keine Werte. Zusätzlich legen Sie für jeden parallelen Bereich einen abgeleiteten Bewertungsbereich als Differenz zwischen dem parallelen (in unserem Fall 30) und dem führenden Bewertungsbereich 01 an. Der abgeleitete Bewertungsbereich bucht alle Werte auf eigene Konten.

In Tabelle 10.4 sehen Sie ein Zahlenbeispiel für die Bewertungsbereiche 01 (führender Bewertungsbereich IAS), 30 (paralleler Bewertungsbereich US-GAAP) und 60 (Deltabewertungsbereich 30-01).

	Bereich 01, gebuchte Werte (EUR)	Bereich 30, errechnete Werte (EUR)	Deltabereich 60 = 30-01, gebuchte Werte (EUR)
Anschaffungswert	60.000	60.000	0
Wertberichtigung	10.000	20.000	10.000
Erlös	40.000	40.000	0
Mindererlös	10.000	0	–10.000

Tabelle 10.4 Zahlenbeispiel für Deltabuchungen in den parallelen Bewertungsbereichen

Bei der Deltamethode stellen die Konten des Bewertungsbereichs 01 die IAS-Werte dar, während die US-GAAP-Werte sich aus den Konten der Bewertungsbereiche 01 und 60 zusammensetzen.

Die Kontenfindungslogik lernen Sie in Abschnitt 10.4.1, »Bedeutung und Definition der Anlagenklasse«, kennen.

[+] **Vollständige Buchungen sind übersichtlicher als die Deltabuchungen**

Es empfiehlt sich, die vollständigen Buchungen in den parallelen Bewertungsbereichen durchzuführen. Denn obgleich bei der Methode der Deltabuchungen weniger Buchungen anfallen, weil es nicht immer Differenzen zwischen dem führenden und den parallelen Bereichen gibt, sind die gebuchten Beträge hier nicht immer auf den ersten Blick verständlich und nachvollziehbar.

Zuordnung des kalkulatorischen Bewertungsbereichs

Wenn Sie sich die Definition des Ledgers für die parallele Rechnungslegung ins Gedächtnis rufen (siehe Abschnitt 4.2, »Bücher«), wissen Sie, dass Sie im SAP-Standard nur die Werte des führenden Ledgers ins Controlling übernehmen können. Falls Sie sich bei der parallelen Rechnungslegung für die Ledger-Lösung entscheiden und einen kalkulatorischen Bewertungsbereich für Controllingzwecke definiert haben, sollten Sie diesen Bereich auch dem führendem Ledger zuordnen (siehe Abbildung 10.13).

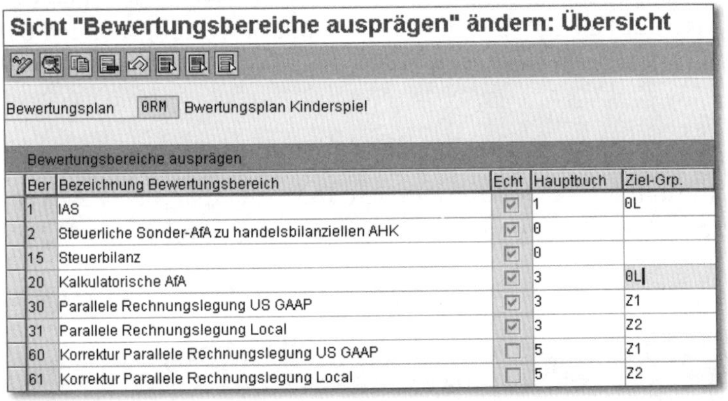

Abbildung 10.13 Zuordnung des kalkulatorischen Bewertungsbereichs zum führenden Ledger 0L

Kombination von Ledger- und Konten-lösung

Um das Vorhandensein von doppelten Werten (aus dem führenden und dem kalkulatorischen Bewertungsbereich) auf den Konten zu vermeiden, legen Sie für den kalkulatorischen Bewertungsbereich ein eigenes Kontenset an. Dieses Szenario ist eine Kombination aus Ledger-Lösung und Kontenlösung.

10.4 Anlagenstammdaten

Ebenso wie bei den Debitoren und Kreditoren benötigen Sie Anlagenstammdaten, bevor Sie Ihre Geschäftsvorfälle in der Anlagenbuchhaltung erfassen können. In den folgenden Abschnitten zeigen wir Ihnen, welche Customizing-Einstellungen die Stammdaten beeinflussen.

10.4.1 Bedeutung und Definition der Anlagenklasse

Anlagenklasse

Die Anlagenklasse ist das wichtigste Strukturierungsmittel in der Anlagenbuchhaltung, um das Anlagevermögen nach unterschiedlichen Kriterien zu gliedern.

In SAP ERP können Sie auf der Mandantenebene beliebig viele Anlagenklassen definieren, die in allen Buchungskreisen verwendet werden können, unabhängig davon, ob Sie Ihre Buchungskreise einem oder mehreren Bewertungsplänen zugeordnet haben.

Teile einer Anlagenklasse

Jede Anlagenklasse besteht aus drei Teilen: einem Kopfteil, einem Stammdatenteil und einem Bewertungsteil. Der Kopfteil beinhaltet die Steuerungsparameter für die Stammdatenpflege und die Kontenfindung, der Stammdatenteil umfasst die Vorschlagswerte zu den Stammdaten, wie z. B. Versicherungsdaten, und im Bewertungsteil stellen Sie Steuerungsparameter und AfA-Vorschlagswerte pro Bewertungsbereich ein (siehe Abbildung 10.14).

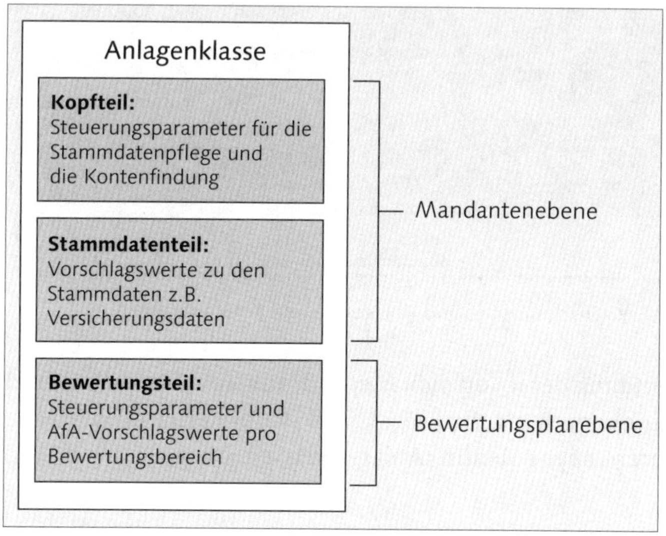

Abbildung 10.14 Struktur der Anlagenklasse

Anlagenklassen definieren

Die Anlagenklassen können Sie auf zwei Arten anlegen:

- manuell über den Customizing-Pfad FINANZWESEN (NEU) • ANLAGENBUCHHALTUNG • ORGANISATIONSSTRUKTUREN • ANLAGENKLASSEN • ANLAGENKLASSEN DEFINIEREN oder über die Transaktion OAOA
- automatisch 1:1 zu Ihren Anlagenbestandskonten über FINANZWESEN (NEU) • ANLAGENBUCHHALTUNG • ORGANISATIONSSTRUKTUREN • ANLAGENKLASSEN • ANLAGENKLASSEN ZU HAUPTBUCHKONTEN GENERIEREN (1 ZU 1) oder über die Transaktion ANKL

Bei der Anwendung der automatischen Methode schlägt das System die folgenden Schlüssel vor, die Sie beim Anlegen von Anlagenklassen benötigen: Kontenfindung, Nummernkreisintervalle, Bildaufbauregeln und Anlagenklassen. Das SAP ERP-System legt diese Schlüssel automatisch an; die Vorschlagswerte können Sie entweder annehmen oder überschreiben (siehe Abbildung 10.15).

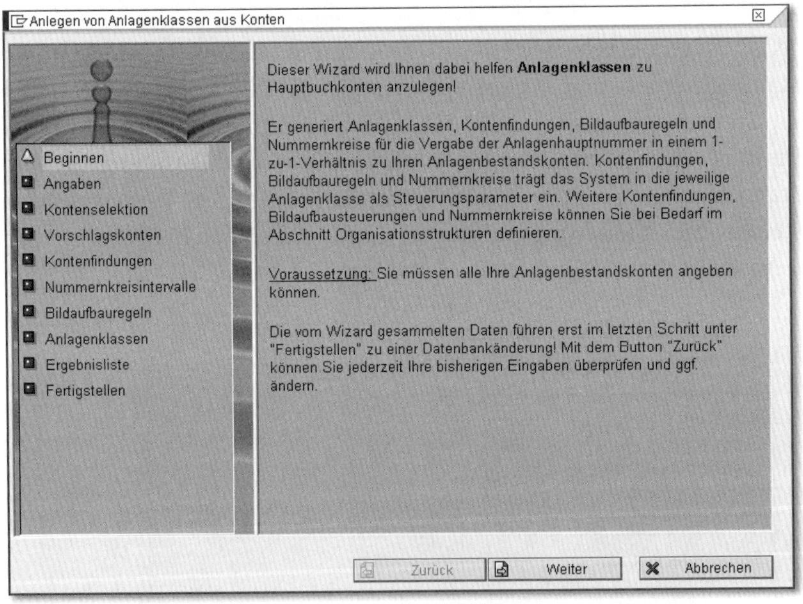

Abbildung 10.15 Wizard zur Anlage von Anlagenklassen auf Kontenbasis

Bei der Anwendung der manuellen Methode müssen Sie die Schlüssel für Kontenfindung, Bildaufbauregel und Nummernkreisintervalle selbst definieren, bevor Sie Ihre Anlagenklassen anlegen.

Kontenfindung

Grundlagen für die Kontenfindung

Mithilfe der Kontenfindung verbinden Sie die Anlagenstammdaten mit den Sachkonten im Hauptbuch, auf die die Bestände und die Abschreibungen gebucht werden sollen. Die Fortschreibung erfolgt im führenden Bewertungsbereich 01 online und in den anderen Bereichen periodisch oder direkt. Den maximal achtstelligen Kontenfindungsschlüssel können Sie beliebig definieren. Zur Vereinfachung können Sie den Kontenfindungsschlüssel z. B. analog zum Anlagenbestandskonto benennen.

Kontenfindungsschlüssel

Dadurch, dass der Kontenfindungsschlüssel das Hauptbuchkonto festlegt, benötigen Sie mindestens so viele Schlüssel für die Kontenfindung, wie Sie Hauptbuchkonten bebuchen möchten. Allerdings können auch mehrere Anlagenklassen denselben Kontenfindungsschlüssel verwenden.

Den Kontenfindungsschlüssel legen Sie unabhängig vom Bewertungsplan und vom Kontenplan an. Dies bedeutet, dass Sie später den gleichen Kontenfindungsschlüssel für unterschiedliche Bewertungspläne und Kontenpläne verwenden können.

Den Kontenfindungsschlüssel definieren Sie über den Customizing-Pfad FINANZWESEN (NEU) • ANLAGENBUCHHALTUNG • ORGANISATIONSSTRUKTUREN • ANLAGENKLASSEN • KONTENFINDUNGEN ANLEGEN (siehe Abbildung 10.16).

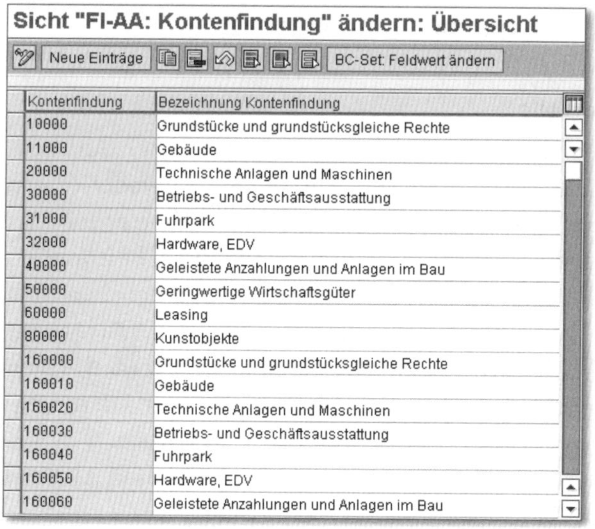
Sicht "FI-AA: Kontenfindung" ändern: Übersicht

Neue Einträge | BC-Set: Feldwert ändern

Kontenfindung	Bezeichnung Kontenfindung
10000	Grundstücke und grundstücksgleiche Rechte
11000	Gebäude
20000	Technische Anlagen und Maschinen
30000	Betriebs- und Geschäftsausstattung
31000	Fuhrpark
32000	Hardware, EDV
40000	Geleistete Anzahlungen und Anlagen im Bau
50000	Geringwertige Wirtschaftsgüter
60000	Leasing
80000	Kunstobjekte
160000	Grundstücke und grundstücksgleiche Rechte
160010	Gebäude
160020	Technische Anlagen und Maschinen
160030	Betriebs- und Geschäftsausstattung
160040	Fuhrpark
160050	Hardware, EDV
160060	Geleistete Anzahlungen und Anlagen im Bau

Abbildung 10.16 Kontenfindungsschlüssel anlegen

In dieser Transaktion definieren Sie nur die Kontenfindungsschlüssel und deren Bezeichnung. Die Kontenzuordnung nehmen Sie hingegen erst später bei der Integration mit dem Hauptbuch vor (siehe Abschnitt 10.5, »Integration mit dem Hauptbuch und dem Controlling«).

Bildaufbauregeln

Grundlagen für eine Bildaufbauregel

Die Bildaufbauregel legt fest, welche Felder in den Anlagenstammsätzen eingabebereit und als Muss-, Kann- oder Anzeigefelder definiert sind. Die Schlüssel für die Bildaufbauregel definieren Sie über den Customizing-Pfad FINANZWESEN (NEU) • ANLAGENBUCHHALTUNG • ORGANISATIONSSTRUKTUREN • ANLAGENKLASSEN • BILDAUFBAUREGELN ANLEGEN (siehe Abbildung 10.17).

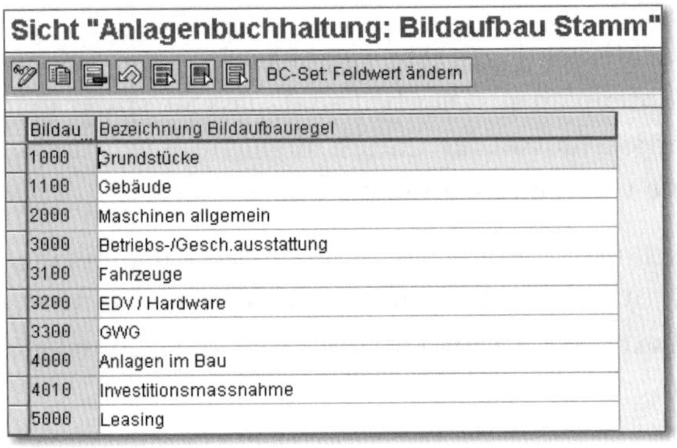

Abbildung 10.17 Schlüssel für die Bildaufbauregel definieren

Nummernkreisintervalle

Nummernkreise einstellen

Der Nummernkreis legt die Vergabe der Nummer des Anlagenstammsatzes fest. Die Anlagennummer können Sie entweder extern oder intern vergeben. Bei der internen Nummernvergabe ordnet das System automatisch die nächste freie Nummer aus einem bestimmten Nummernintervall zu, während die Nummern bei der externen Nummernvergabe vom Benutzer vorgegeben werden. Die Nummernkreisintervalle, die pro Buchungskreis definiert werden, legen Sie über den Customizing-Pfad FINANZWESEN (NEU) • ANLAGENBUCHHALTUNG • ORGANISATIONSSTRUKTUREN • ANLAGENKLASSEN • NUMMERNKREISINTERVALLE DEFINIEREN oder über die Transaktion AS08 an (siehe Abbildung 10.18).

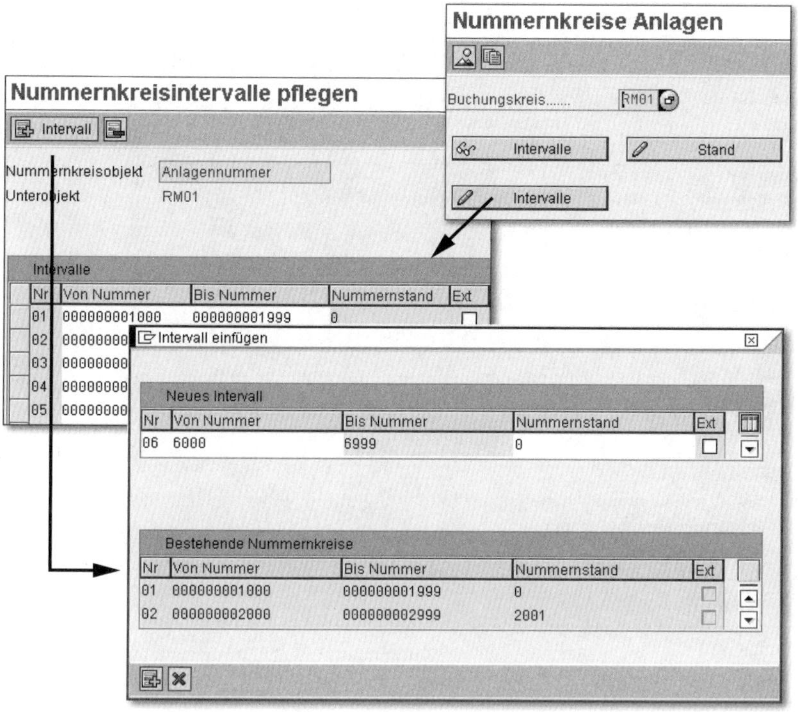

Abbildung 10.18 Nummernkreisintervall hinzufügen

Definition der Anlagenklasse

Anlagenklasse anlegen

Wenn Sie die Schlüssel für die Kontenfindung, die Bildaufbauregel und die Nummernkreisintervalle definiert haben, können Sie über den Customizing-Pfad Finanzwesen (neu) • Anlagenbuchhaltung • Organisationsstrukturen • Anlagenklassen • Anlagenklassen definieren oder über die Transaktion OAOA mit dem manuellen Anlegen von Anlagenklassen fortfahren. Über diese Transaktion können Sie neue Anlagenklassen anlegen und existierende Anlagenklassen verändern (siehe Abbildung 10.19).

Eine Anlagenklasse definieren Sie als maximal achtstelligen Schlüssel. Für die Angabe der Anlagenklassenbezeichnung stehen Ihnen zwei Felder – für eine Kurzbeschreibung und einen Langtext – zur Verfügung. Außerdem können Sie noch ein zusätzliches Textfeld für eine ergänzende Beschreibung der Anlagenklassen anlegen.

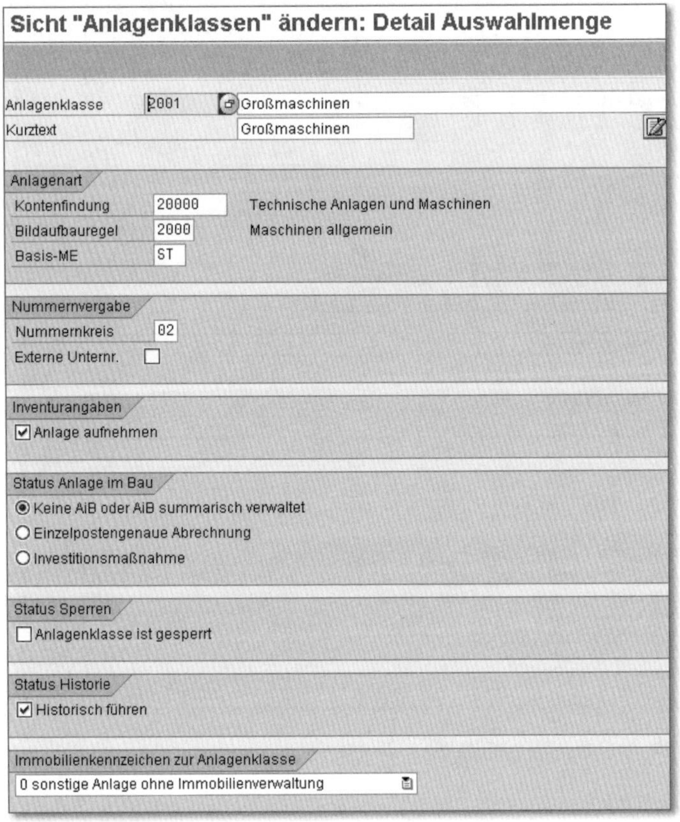

Abbildung 10.19 Manuelles Anlegen von Anlagenklassen und Ändern vorhandener Anlagenklassen

Im Block ANLAGENART ordnen Sie den Schlüssel für die Kontenfindung und für die Bildaufbauregel zu. Außerdem können Sie eine Basismengeneinheit (z. B. ST für Stück) im entsprechenden Feld eintragen. Darüber hinaus verknüpfen Sie die Anlagenklasse mit dem vorher definierten Nummernkreis. Bei der Sicherung eines Anlagenstammsatzes wird eine Nummer aus diesem Nummernkreis gezogen.

Anlagenunternummer

Zu einer Hauptanlage können Sie nachträgliche Zugänge gesondert verwalten. In solchen Fällen fügen Sie zu einer Anlagenhauptnummer eine Anlagenunternummer hinzu. Haben Sie z. B. einen Pkw erworben und kaufen später noch ein Navigationssystem hinzu, erhält der Pkw eine Anlagenhauptnummer und das Navigationssystem eine Anlagenunternummer.

Sofern Sie in der Anlagenklassendefinition das Feld EXTERNE UNTERNR. aktivieren, müssen Sie die Unternummer selbst eingeben, da sie andernfalls vom SAP-System ermittelt wird.

Wenn Sie im Block INVENTURANGABEN das Feld ANLAGE AUFNEHMEN ankreuzen, legen Sie fest, dass im Anlagenstamm von jeder zu dieser Anlagenklasse neu angelegten Anlage das Feld ANLAGE IN INVENTURLISTE AUFNEHMEN bereits als Voreinstellung angekreuzt ist.

Kennzeichen Anlage im Bau

Im Block STATUS ANLAGE IM BAU geben Sie an, worum es sich bei der Anlagenklasse handelt:

- um eine summarisch verwaltete Anlage im Bau oder keine Anlage im Bau
- um eine Anlage im Bau mit einzelpostengenauer Abrechnung
- um eine Investitionsmaßnahme

Eine Anlage im Bau ist eine Anlage, die noch nicht fertiggestellt oder noch nicht aktiviert worden ist. Details zum Thema »Anlagen im Bau« finden Sie in Abschnitt 10.4.2, »Besondere Anlagenklassen«. In unserem Beispiel (Anlagenklasse »Großmaschinen«) handelt es sich um eine normale aktive Anlagenklasse, die daher nicht als Anlage im Bau gekennzeichnet worden ist.

Falls Sie eine Anlage im Bau als Investitionsmaßnahme definieren, bedeutet das, dass die Anlagen dieser Anlagenklasse nur als Investitionsmaßnahmen aus dem Investitionsmanagement (über Innenaufträge) oder aus dem Projektsystem (über PSP-Elemente) angelegt werden können. Auf Investitionsmaßnahmen werden wir allerdings in diesem Buch nicht weiter eingehen.

Wenn Sie das Feld ANLAGENKLASSE IST GESPERRT aktivieren, können Sie keine weiteren Anlagen in dieser Anlagenklasse anlegen.

Über die Aktivierung des Kennzeichens HISTORISCH FÜHREN bewirken Sie im Anlagenstammsatz, dass zur betreffenden Anlage eine Anlagenkarte angelegt wird. Falls Sie dieses Feld in der Anlagenklasse vorbelegen, ist dieses Kennzeichen beim Anlegen einer Anlage zu dieser Anlagenklasse bereits als Voreinstellung aktiv.

Das Feld IMMOBILIENKENNZEICHEN ZUR ANLAGENKLASSE ist nur relevant, wenn Sie die SAP-Immobilienverwaltung einsetzen, die wir an dieser Stelle nicht weiter erläutern können.

Steuerungsangaben einer Anlagenklasse

Die Steuerungsangaben einer Anlagenklasse – Kontenfindung und Bildaufbauregel – gelten mandantenweit. Es ist aber möglich, dass Sie dieselben Anlagenklassen für mehrere Bewertungspläne mit unterschiedlichen Steuerungsdaten nutzen können. Hierzu müssen Sie die Kontenfindung und den Bildaufbau bewertungsplanabhängig festlegen. Die entsprechenden Einstellungen nehmen Sie über den Customizing-Pfad FINANZWESEN (NEU) • ANLAGENBUCHHALTUNG • ORGANISATIONSSTRUKTUREN • ANLAGENKLASSEN • BILDAUFBAU/KONTENFINDUNG BEWERTUNGSPLANABHÄNGIG FESTLEGEN oder über die Transaktion ANK1 vor. Markieren Sie die betreffende Anlagenklasse, und wählen Sie per Doppelklick die Option BEWERTUNGSPLANABHÄNGIGE DATEN aus. Nun erhalten Sie einen Überblick dazu, in welchen Bewertungsbereichen die Anlagenklasse verwendet wird. Per Doppelklick auf einen Bewertungsbereich können Sie die Angaben für die Bildaufbauregel und die Kontenfindung prüfen oder ändern. Falls Ihr Bewertungsplan fehlt, fügen Sie ihn über den Button NEUE EINTRÄGE hinzu und pflegen entsprechend den Schlüssel für die Bildaufbauregel und die Kontenfindung (siehe Abbildung 10.20).

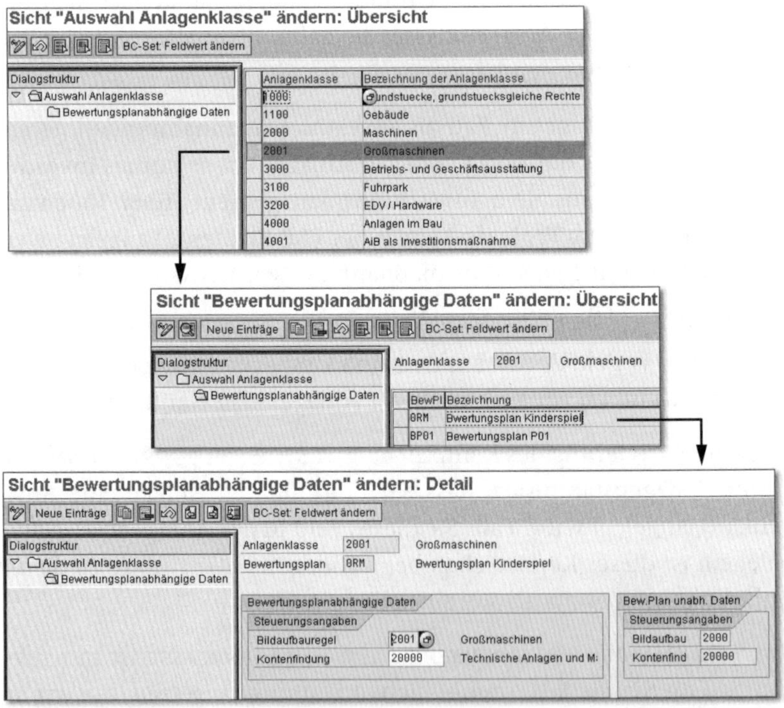

Abbildung 10.20 Festlegung der bewertungsplanabhängigen Eingaben für Bildaufbauregel und Kontenfindung

Vorschlagswerte für die AfA-Parameter festlegen

AfA-Parameter vorschlagen

In der Regel verwenden alle Anlagen der gleichen Anlagenklassen dieselben AfA-Parameter (AfA-Schlüssel und Nutzungsdauer). Um diese Einträge nicht bei jeder Anlagendefinition einzeln vornehmen zu müssen, gibt es die Möglichkeit, über den Customizing-Pfad FINANZWESEN (NEU) • ANLAGENBUCHHALTUNG • BEWERTUNG ALLGEMEIN • ANLAGENKLASSENBEWERTUNG BESTIMMEN oder über die Transaktion OAYZ Vorschlagswerte für den AfA-Schlüssel und die Nutzungsdauer pro Anlagenklasse und Bewertungsbereich festzulegen (siehe Abbildung 10.21).

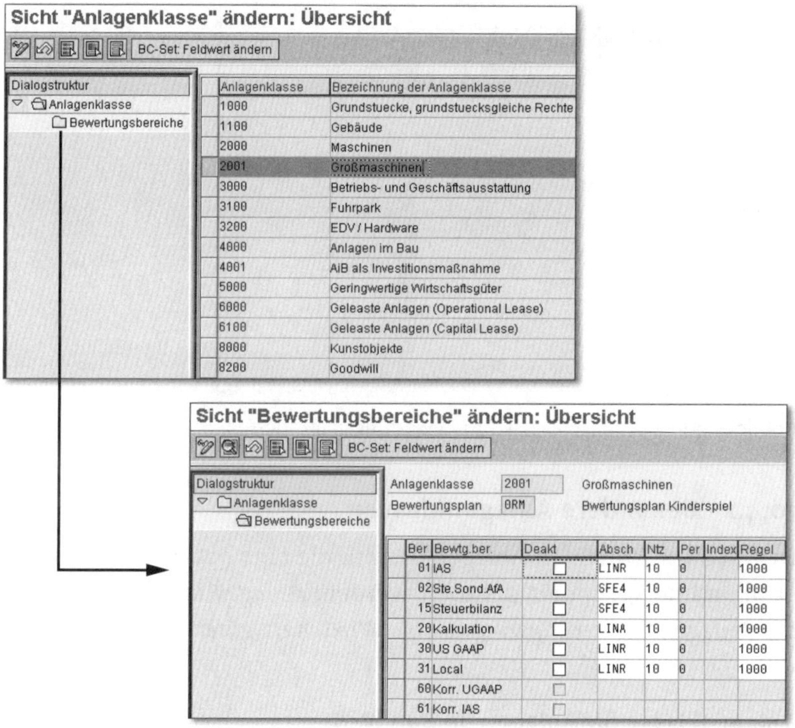

Abbildung 10.21 Vorschlagswerte für die AfA-Parameter (AfA-Schlüssel und Nutzungsdauer) pro Anlagenklasse und Bewertungsbereich festlegen

Die festgelegten Vorschlagswerte sind in jedem Anlagenstammsatz individuell änderbar.

[+]

Änderung von AfA-Vorschlagswerten

Falls Sie Änderungen in den AfA-Parametern vornehmen, gelten die neuen Vorschlagswerte erst ab dem Änderungszeitpunkt. Die bereits angelegten Anlagenstammdaten werden hierdurch nicht geändert.

Sofern Sie bestimmte Anlagenklassen in bestimmten Bewertungsplänen nicht verwenden möchten, können Sie diese über den Customizing-Pfad FINANZWESEN (NEU) • ANLAGENBUCHHALTUNG • BEWERTUNG ALLGEMEIN • ANLAGENKLASSE FÜR BEWERTUNGSPLAN DEAKTIVIEREN oder über die Transaktion AM05 pro Bewertungsplan deaktivieren (siehe Abbildung 10.22).

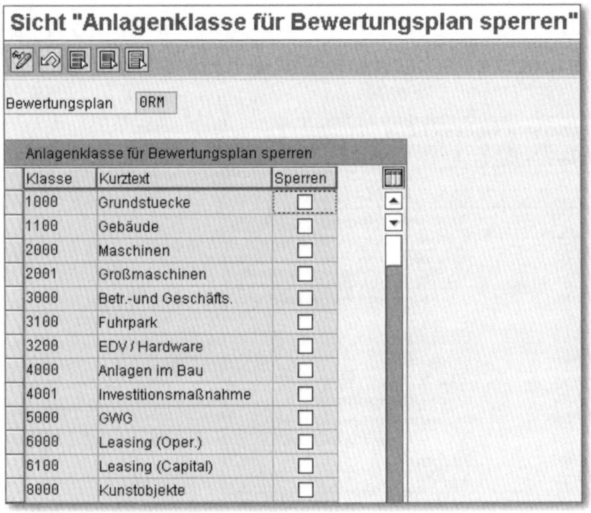
Sicht "Anlagenklasse für Bewertungsplan sperren"

Bewertungsplan 0RM

Anlagenklasse für Bewertungsplan sperren

Klasse	Kurztext	Sperren
1000	Grundstuecke	☐
1100	Gebäude	☐
2000	Maschinen	☐
2001	Großmaschinen	☐
3000	Betr.-und Geschäfts.	☐
3100	Fuhrpark	☐
3200	EDV / Hardware	☐
4000	Anlagen im Bau	☐
4001	Investitionsmaßnahme	☐
5000	GWG	☐
6000	Leasing (Oper.)	☐
6100	Leasing (Capital)	☐
8000	Kunstobjekte	☐

Abbildung 10.22 Anlagenklasse pro Bewertungsplan sperren

10.4.2 Besondere Anlagenklassen

Es gibt zwei Arten von Anlagenklassen, die eine besondere Funktion erfüllen und gesondert definiert werden: *Anlagen im Bau* (AiB) und die Anlagenklasse für *geringwertige Wirtschaftsgüter* (GWG).

Anlagenklasse für Anlagen im Bau (AiB)

Anlagen im Bau

Anlagen im Bau sind besondere Anlagen mit einer eigenen Kontenfindung, die Sie daher auf einem gesonderten Hauptbuchkonto ausweisen. AiB werden nicht abgeschrieben. Um dies sicherzustellen, ordnen Sie Ihrer AiB-Anlagenklasse den AfA-Schlüssel 0000 (keine Abschreibung und keine Zinsen) als Vorschlagswert zu. Allerdings ist es möglich, in den Stammsätzen dieser Anlagenklasse Anzahlungen zu verbuchen.

Sie können einen Stammsatz für eine Anlage im Bau oder mehrere Anlagen im Bau auf einem Stammsatz registrieren (die sogenannte

Sammelverwaltung). Daher kann die Aufteilung der Anlagenwerte bei der Fertigstellung einer Anlage summarisch durch einfaches Umbuchen oder per einzelpostengenauer Abrechnung erfolgen (siehe Abbildung 10.23).

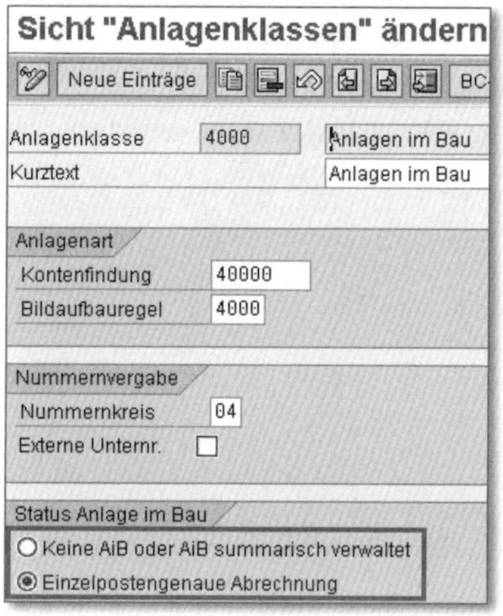

Abbildung 10.23 Status einer Anlage im Bau

Summarische Umbuchung

Für die Fertigstellung einer AiB, die als summarisch verwaltete AiB definiert worden ist, nehmen Sie in der Anwendung eine normale Umbuchung vor.

Einzelpostengenaue Abrechnung

Für die einzelpostengenaue Abrechnung müssen Sie über den Customizing-Pfad FINANZWESEN (NEU) • ANLAGENBUCHHALTUNG • VORGÄNGE • AKTIVIERUNG ANLAGEN IM BAU • ABRECHNUNGSPROFILE DEFINIEREN UND ZUORDNEN • AKTIVITÄT: ZUORDNUNG ABRECHNUNGSPROFIL/BUCHUNGSKREIS FESTLEGEN oder über die Transaktion OAAZ Ihrem Buchungskreis ein *Abrechnungsprofil* zuordnen. Das Abrechnungsprofil legt fest, auf welche Empfänger die Anlage im Bau abgerechnet werden darf. Sie erstellen das Abrechnungsprofil in der Aktivität ABRECHNUNGSPROFIL DEFINIEREN oder über die Transaktion OKO7. Das vordefinierte Abrechnungsprofil, das Sie verwenden können, heißt AI (Abrechnung Anlagen im Bau).

Anlagenklasse für geringwertige Wirtschaftsgüter (GWG)

Geringwertige Wirtschaftsgüter

Geringwertige Wirtschaftsgüter (GWG) werden grundsätzlich in ihrem Anschaffungsjahr voll abgeschrieben. Um diese Anlagen von anderen Anlagen zu trennen, benötigen Sie eine spezielle Anlagenklasse für GWG. Dieser Anlagenklasse können Sie den ausgelieferten AfA-Schlüssel GWG als Vorschlagswert zuordnen. Über den Customizing-Pfad Finanzwesen (neu) • Anlagenbuchhaltung • Bewertung allgemein • Betragsangaben (Buchungskreis/Bewertungsbereich) • GwG-Betrag und GwG-Anlagenklassen festlegen • Aktivität: GwG-Anlagenklassen festlegen oder über die Transaktion OAY2 bestimmen Sie, welche Anlagenklasse für Sie als GWG gelten und wie der Höchstbetrag für Ihre GWGs festgesetzt werden soll (siehe Abbildung 10.24).

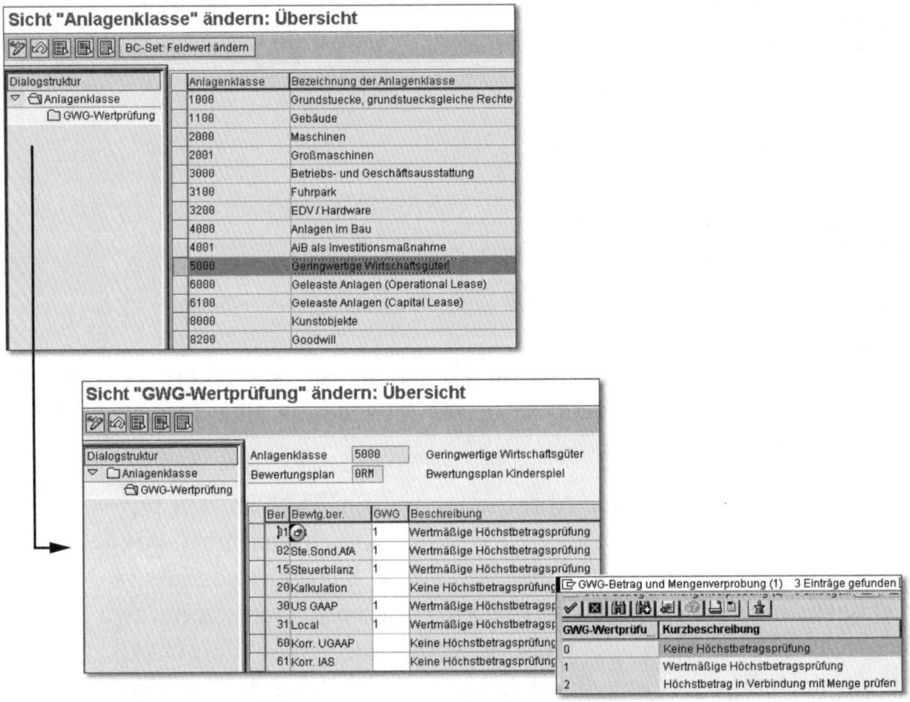

Abbildung 10.24 Festlegung einer Anlagenklasse für geringwertige Wirtschaftsgüter und deren Wertprüfung

Betragsgrenze prüfen

Im Rahmen der Betragsgrenzenprüfung können Sie entweder gar keine Prüfung durchführen, eine wertmäßige Höchstbetragsprüfung vornehmen oder den Höchstbetrag in Verbindung mit den Mengen prüfen lassen. Die wertmäßige Höchstbetragsprüfung bezieht sich auf einzeln gebuchte GWGs. In Verbindung mit den Mengen prüft das System den gesamten Anschaffungswert der Anlage, den es dann durch die auf der Anlage geführte Menge dividiert. Daher müssen Sie die Mengen bei der Buchung miteingeben.

GWG-Betrag festlegen

In der Aktivität GWG-BETRAG FESTLEGEN (Transaktion OAYK) legen Sie den Höchstbetrag für die GWGs fest, den das SAP-System bei jeder Zugangsbuchung in dieser Anlagenklasse überprüft (siehe Abbildung 10.25).

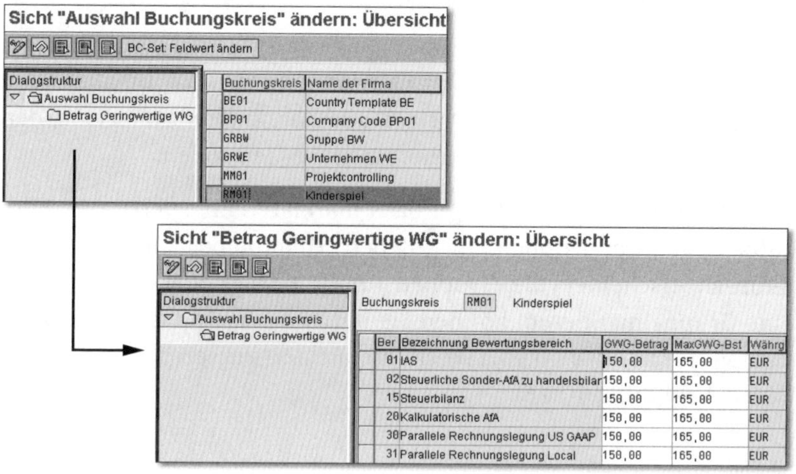

Abbildung 10.25 Zuordnung der Betragsgrenze für geringwertige Wirtschaftsgüter

In der Spalte GWG-BETRAG geben Sie den maximalen GWG-Betrag für die Zugangsbuchungen ein, und unter MAXGWG-BST definieren Sie den Maximalbetrag für die Bestellungen in der Materialwirtschaft. Der Bestellwert kann vom Kaufwert abweichen; daher muss der Bestellbetrag nicht mit dem Zugangsbetrag übereinstimmen.

10.4.3 Bildaufbau

Bildaufbau der Anlagenstammdaten ausprägen

Bevor Sie die Anlagenklassen definiert haben, haben Sie den Schlüssel für die Bildaufbauregel angelegt und der entsprechenden Anlagenklasse zugeordnet. Über den Customizing-Pfad FINANZWESEN (NEU) • ANLAGENBUCHHALTUNG • STAMMDATEN • BILDAUFBAU • BILDAUFBAU ANLAGENSTAMMDATEN DEFINIEREN • AKTIVITÄT: BILDAUFBAU ANLAGENSTAMMDATEN DEFINIEREN bestimmen Sie nun, welche Eingabefelder in den Anlagenstammsätzen angezeigt werden und ob diese als Muss- oder Kann-Felder erscheinen sollen. Auf diese Weise können Sie Ihre Felder anlagenklassenspezifisch steuern.

Neben der Festlegung auf Muss-Feld, Kann-Feld oder Anzeigefeld legen Sie auch die *Pflegeebene* und die *Kopierbarkeit* fest. Die Pflegeebene bestimmt, auf welcher Stufe Sie die Felder pflegen oder ändern können. Mögliche Pflegeebenen sind die Anlagennummer, die Hauptnummer oder die Unternummer. Haben Sie z. B. für ein Feld die Pflegeebene »Hauptnummer« eingestellt, können Sie den Vorschlagswert aus der Anlagenklasse auf der Hauptnummernebene ändern.

Anhand der Kopierbarkeit entscheiden Sie, welche Inhalte beim Anlegen einer Anlage mit Vorlage aus der Referenzanlage in den neuen Anlagenstammsatz übernommen werden sollen.

Für die Ausprägung des Bildaufbaus markieren Sie zuerst eine Bildaufbauregel. Per Doppelklick auf den Menüpunkt Logische Feldgruppen erscheinen die Gruppen für Ihre Stammdaten. Wenn Sie eine Gruppe markieren, können Sie durch einen Doppelklick auf die Option Feldgruppenregelwerk die Felder entsprechend steuern (siehe Abbildung 10.26).

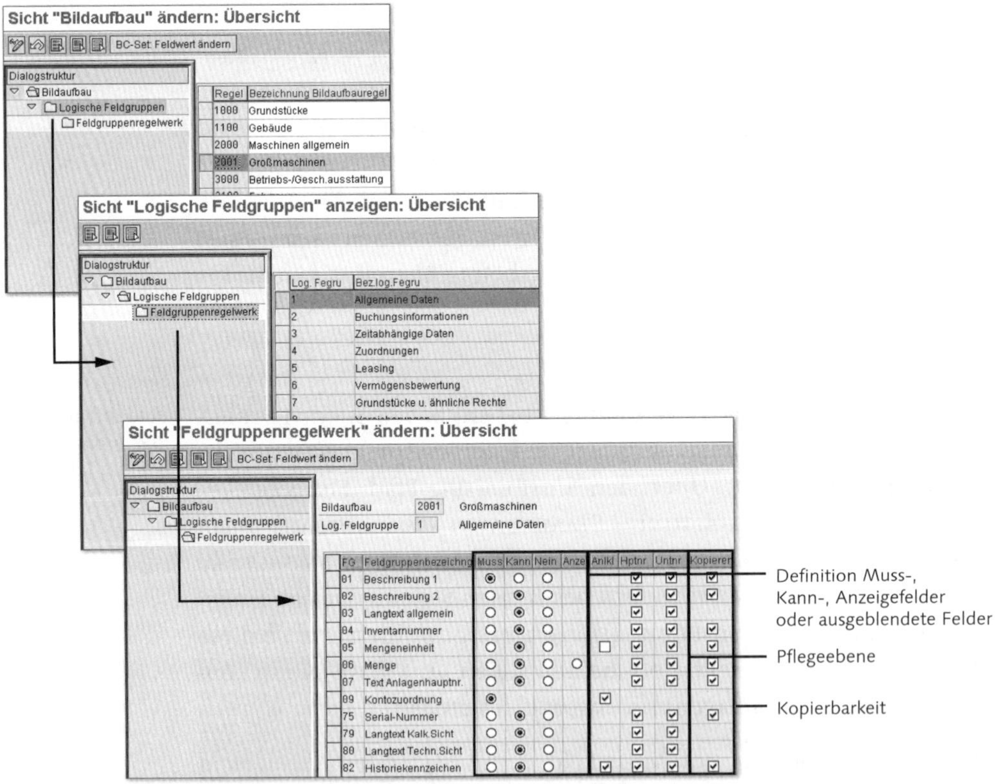

Abbildung 10.26 Definition des Bildaufbaus für die Anlagenstammdaten

Bildaufbau der Bewertungsangaben ausprägen

Neben dem Bildaufbau für die Anlagenstammdaten können Sie über den Customizing-Pfad FINANZWESEN (NEU) • ANLAGENBUCHHALTUNG • STAMMDATEN • BILDAUFBAU • BILDAUFBAU ANLAGENBEWERTUNGSBEREICHE DEFINIEREN oder über die Transaktion AO21 die Bewertungsangaben (AfA-Schlüssel, Nutzungsdauer, Normal-AfA-Beginn usw.) für die Anlagenstammsätze steuern.

Analog zum Stammdatenbildaufbau bestimmen Sie hier, welche Eingabefelder in den Anlagenbewertungsangaben angezeigt werden und ob diese als Muss- oder Kann-Felder erscheinen sollen. Außerdem legen Sie hierüber die Pflegeebene und die Kopierbarkeit fest.

SAP liefert zwei Standardvarianten aus:

- 1000 (AfA auf Hauptnummernebene)
- 2000 (AfA auf Unternummernebene)

Für die Ausprägung des Bildaufbaus für die Bewertungsangaben markieren Sie zunächst eine Bildaufbauregel. Per Doppelklick auf den Menüpunkt FELDGRUPPENREGELWERK können Sie nun die Bewertungsfelder entsprechend steuern (siehe Abbildung 10.27).

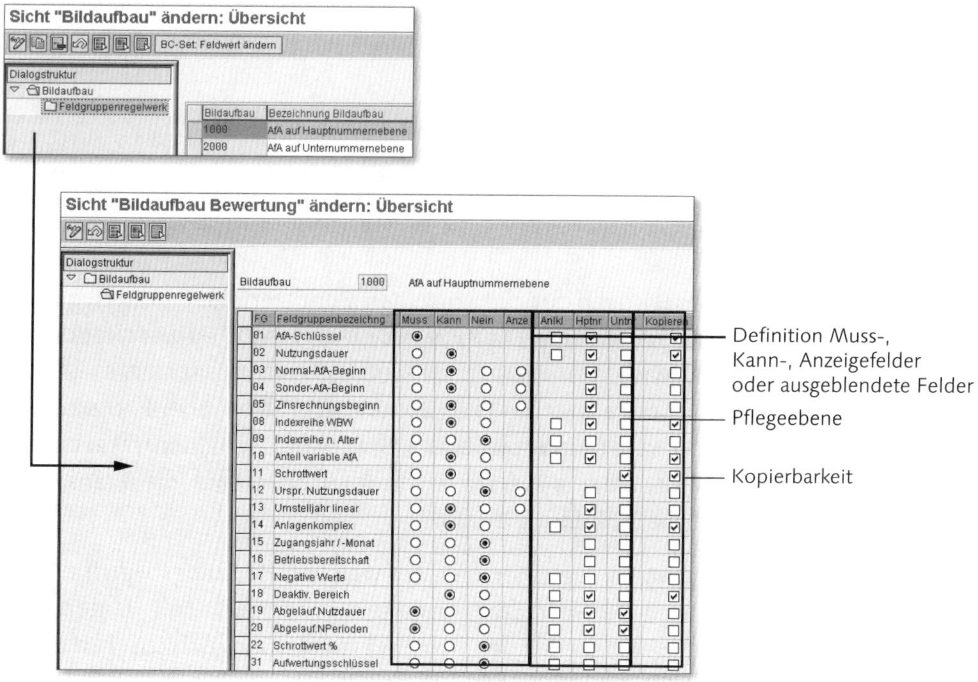

Abbildung 10.27 Definition des Bildaufbaus für die Anlagenbewertungsangaben

Die zugeordnete Bildaufbauregel für die Anlagenbewertungsangaben lassen Sie sich über den Customizing-Pfad FINANZWESEN (NEU) • ANLAGENBUCHHALTUNG • BEWERTUNG ALLGEMEIN • ANLAGENKLASSENBEWERTUNG BESTIMMEN oder über die Transaktion OAYZ anzeigen.

10.4.4 Benutzerfelder/Ordnungsbegriffe

Benutzerfelder definieren

Im Standard von SAP ERP steht Ihnen eine große Palette von Stammdatenfeldern zur Verfügung, die Sie über den Bildaufbau aktivieren oder deaktivieren können. Allerdings kann es vorkommen, dass Sie weitere Felder für Ihre Stammdatenklassifikation benötigen. Zu diesem Zweck können Sie fünf Benutzerfelder, die sogenannten *Ordnungsbegriffe*, an Ihre Bedürfnisse anpassen und in den Anlagenstammdaten hinterlegen. Zur Verfügung stehen Ihnen vier vierstellige und ein achtstelliges Benutzerfeld.

[zB]

Verwendung von Benutzerfeldern

Sie haben eine Anlagenklasse »EDV/Hardware« definiert und möchten Ihre Anlagen innerhalb dieser Anlagenklasse in »Hardware«, »Software« und »Sonstige« unterteilen. Hierzu verwenden Sie ein vierstelliges Benutzerfeld. Das Benutzerfeld nennen Sie »EDV« und legen hierfür die folgenden Ausprägungen an:

- Hardware
- Software
- Sonstige

In den Anlagenstammdaten können Sie in der Registerkarte ZUORDNUNGEN ZU DEM BENUTZERFELD EDV die benötigte Klassifizierung, z. B. »Hardware«, zuordnen.

Die Ausprägungen für die einzelnen Benutzerfelder hinterlegen Sie über den Customizing-Pfad FINANZWESEN (NEU) • ANLAGENBUCHHALTUNG • STAMMDATEN • BENUTZERFELDER • ORDNUNGSBEGRIFFE 4-STELLIG AUSPRÄGEN oder über die Transaktion OAVA bzw. über FINANZWESEN (NEU) • ANLAGENBUCHHALTUNG • STAMMDATEN • BENUTZERFELDER • ORDNUNGSBEGRIFF 8-STELLIG AUSPRÄGEN oder über die Transaktion OAV8 (siehe Abbildung 10.28).

In der Spalte NR legen Sie fest, auf welchen Ordnungsbegriff (1, 2, 3 oder 4) sich die jeweilige Ausprägung beziehen soll. Unter ORDNUNGSBGR 1–4 legen Sie den maximal vierstelligen Schlüssel an und in der letzten Spalte die Beschreibung dazu.

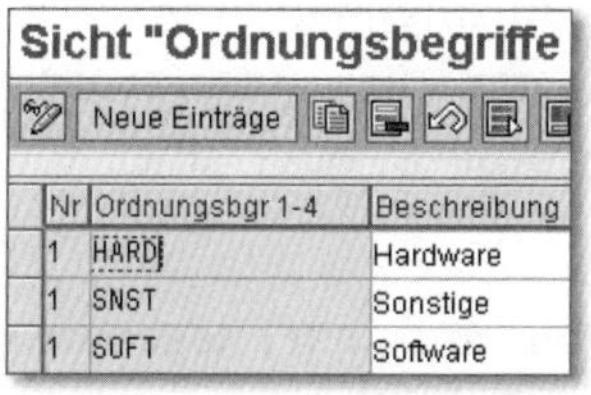

Abbildung 10.28 Vierstelligen Ordnungsbegriff definieren

Prüfung der Ordnungsbegriffe

[+]

Die definierten Ordnungsbegriffe werden in einer Tabelle gespeichert. Für den Ordnungsbegriff 1 haben Sie drei Ausprägungen hinterlegt: HARD für Hardware, SNST für Sonstige und SOFT für Software. In unserem Fall prüft das System die in den Anlagenstammdaten angegebenen Werte gegen die Prüftabelle (Sie benötigen mindestens einen Eintrag pro Ordnungsbegriff). Falls Sie für andere Ordnungsbegriffe keine Ausprägungen definieren, findet diese Prüfung nicht statt, und Sie können beliebige Ordnungsbegriffe manuell angeben. Da im obigen Beispiel z. B. die Ordnungsbegriffe 2–4 nicht ausgeprägt sind, wird gegen diese auch nicht geprüft.

Ordnungsbegriffe benennen

Sie können den einzelnen Ordnungsbegriffen eine spezifische Bedeutung zuordnen (siehe Abbildung 10.29).

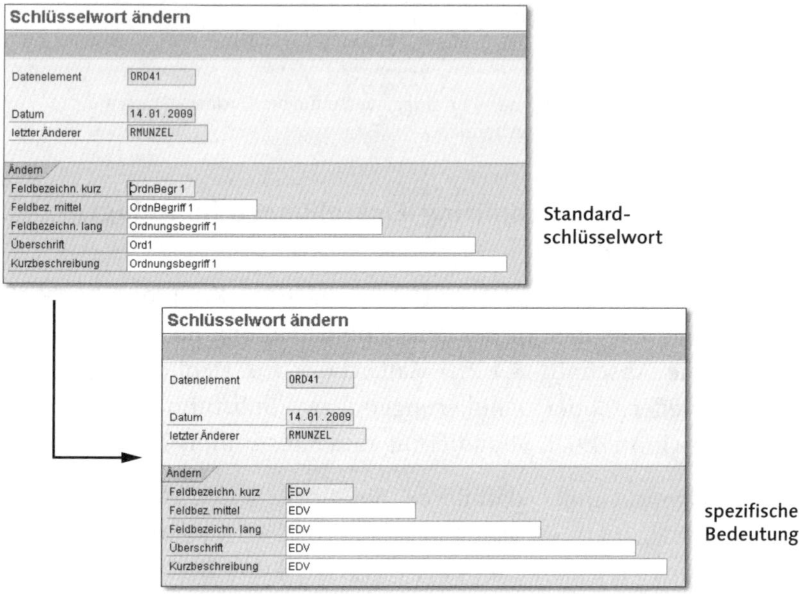

Abbildung 10.29 Vergabe einer spezifischen Bedeutung für die Ordnungsbegriffe

Diese Bedeutung weisen Sie über den Customizing-Pfad FINANZWESEN (NEU) • ANLAGENBUCHHALTUNG • STAMMDATEN • BENUTZERFELDER • SCHLÜSSELWORTE DER ORDNUNGSBEGRIFFE ÄNDERN oder über die Transaktionen OACB bis OACF zu.

Die neuen Begriffe erscheinen nun in Berichten, auf allen Pflegetransaktionen zu den Anlagen und im Kurztext der Feldhilfe.

Vorschlagswert für Ordnungsbegriff hinterlegen

Über den Customizing-Pfad FINANZWESEN (NEU) • ANLAGENBUCHHALTUNG • STAMMDATEN • BENUTZERFELDER • AUSPRÄGUNG BEWERTUNGSPLANABH. IN ANLAGENKLASSE HINTERLEGEN oder über die Transaktion ANK2 können Sie Vorschlagswerte für Ihre Ordnungsbegriffe pro Anlagenklasse und Bewertungsplan hinterlegen (siehe Abbildung 10.30).

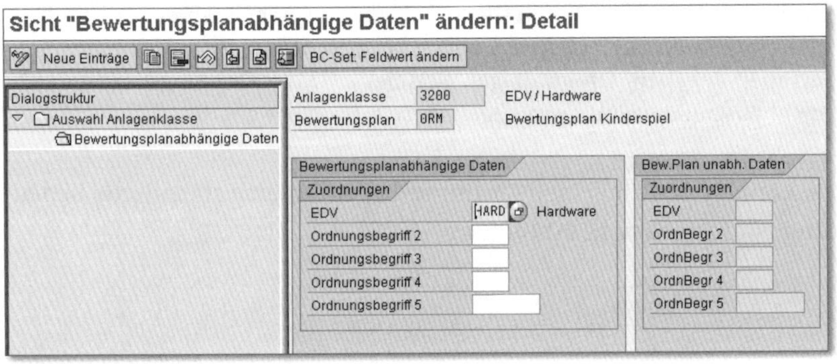

Abbildung 10.30 Zuordnung der Vorschlagswerte für die Ordnungsbegriffe pro Anlagenklasse und Bewertungsbereich

10.4.5 Weitere Customizing-Einstellungen für Anlagenstammdaten

Analog zu Hauptbuchhaltung, Debitoren- oder Kreditorenbuchhaltung können Sie auch in der Anlagenbuchhaltung die Anlagensuchhilfe (siehe Abschnitt 8.1.2, »Matchcodes für Debitorenstammdaten«) erweitern oder Validierungen bzw. Substitutionen anlegen (siehe Abschnitt 4.6.1, »Validierung und Substitution«).

Suchhilfe für Anlagen

Die Anlagensuchhilfe definieren Sie über den Customizing-Pfad FINANZWESEN (NEU) • ANLAGENBUCHHALTUNG • STAMMDATEN • ANLAGENSUCHHILFE PFLEGEN oder über die Transaktion OA11.

Validierung für Anlagen

Die Validierung legen Sie über den Customizing-Pfad FINANZWESEN (NEU) • ANLAGENBUCHHALTUNG • STAMMDATEN • VALIDIERUNG DEFINIE-

REN oder über die Transaktion OACV an. Mithilfe der Validierungsoption können Sie z. B. überprüfen, ob für die Anlagen einer Anlagenklasse nur bestimmte, für diese Anlagenklasse relevante AfA-Schlüssel zugeordnet werden.

Substitution für Anlagen

Die Substitution erstellen Sie über den Customizing-Pfad FINANZWESEN (NEU) • ANLAGENBUCHHALTUNG • STAMMDATEN • SUBSTITUTION DEFINIEREN • AKTIVITÄT: SUBSTITUTION FÜR ANLAGEN DEFINIEREN (Transaktion OACS) bzw. unter AKTIVITÄT: SUBSTITUTION FÜR MASSENÄNDERUNGEN DEFINIEREN (Transaktion OA02) oder unter AKTIVITÄT: SUBSTITUTION FÜR AUTOMATISCHE UMBUCHUNGEN DEFINIEREN.

Mithilfe der Substitution können Sie beim Anlegen von Anlagenstammdaten ein Feld in Abhängigkeit von einem anderen Feld fest vorgeben. Wenn Sie z. B. in den Anlagenstammdaten das Werk X eingetragen haben, darf dem Feld GESCHÄFTSBEREICH nur der Wert Y zugewiesen werden.

Mithilfe der Substitution für die Massenänderung können Sie einen Eintrag in allen Anlagenstammdaten durch einen anderen Eintrag ersetzen lassen, z. B. indem Sie eine alte mit einer neuen Kostenstelle überschreiben lassen.

Auch haben Sie die Möglichkeit, im Rahmen einer Kostenstellenänderung automatisch Umbuchungsbelege von einer Kostenstelle auf eine andere Kostenstelle zu erzeugen. Hierzu definieren Sie eine Substitution für automatische Umbuchungen.

10.5 Integration mit dem Hauptbuch und dem Controlling

Nachdem Sie die Organisationseinheiten in der Anlagenbuchhaltung festgelegt haben, können Sie mit den Eingaben für die Integration mit Hauptbuch und Controlling beginnen.

Einstellungen

Bei der Integration mit dem Hauptbuch sind die folgenden Einstellungen vorzunehmen:

- Zuordnung der Hauptbuchkonten in Kombination mit den Kontenfindungsschlüsseln und den Bewertungsbereichen

- Zuordnung der Steuerkennzeichen für nicht steuerrelevante Vorgänge
- Zuordnung der Bilanzversion pro Bewertungsbereich
- Vorgabe für die Periodizität der Abschreibungsbuchung und der Kontierungsregeln
- Vorgabe der Belegarten für die Abschreibungsbuchung und für die periodische Bestandsbuchung

Für die Integration mit dem Controlling definieren Sie die mitzubuchenden Kontierungsobjekte.

10.5.1 Zuordnung der Hauptbuchkonten

Ermittlung der Sachkonten

Bei der Buchung auf eine Anlage ermittelt das SAP-System anhand des Buchungskreises, des zum Buchungskreis zugeordneten Kontenplans, des Kontenfindungsschlüssels der Anlagenklasse und des Bewertungsbereichs die Sachkonten aus dem entsprechenden Bewertungsplan (siehe Abbildung 10.31).

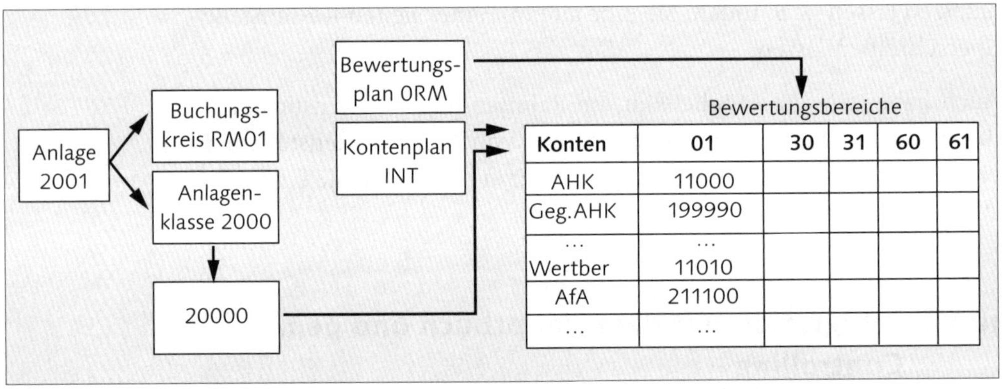

Abbildung 10.31 Logische Ableitung der Konten für eine Anlage

Für die Geschäftsvorfälle der Anlagenbuchhaltung pflegen Sie die relevanten Sachkonten über den Customizing-Pfad Finanzwesen (neu) • Anlagenbuchhaltung • Integration mit dem Hauptbuch • Hauptbuchkonten zuordnen oder über die Transaktion AO90 (siehe Abbildung 10.32).

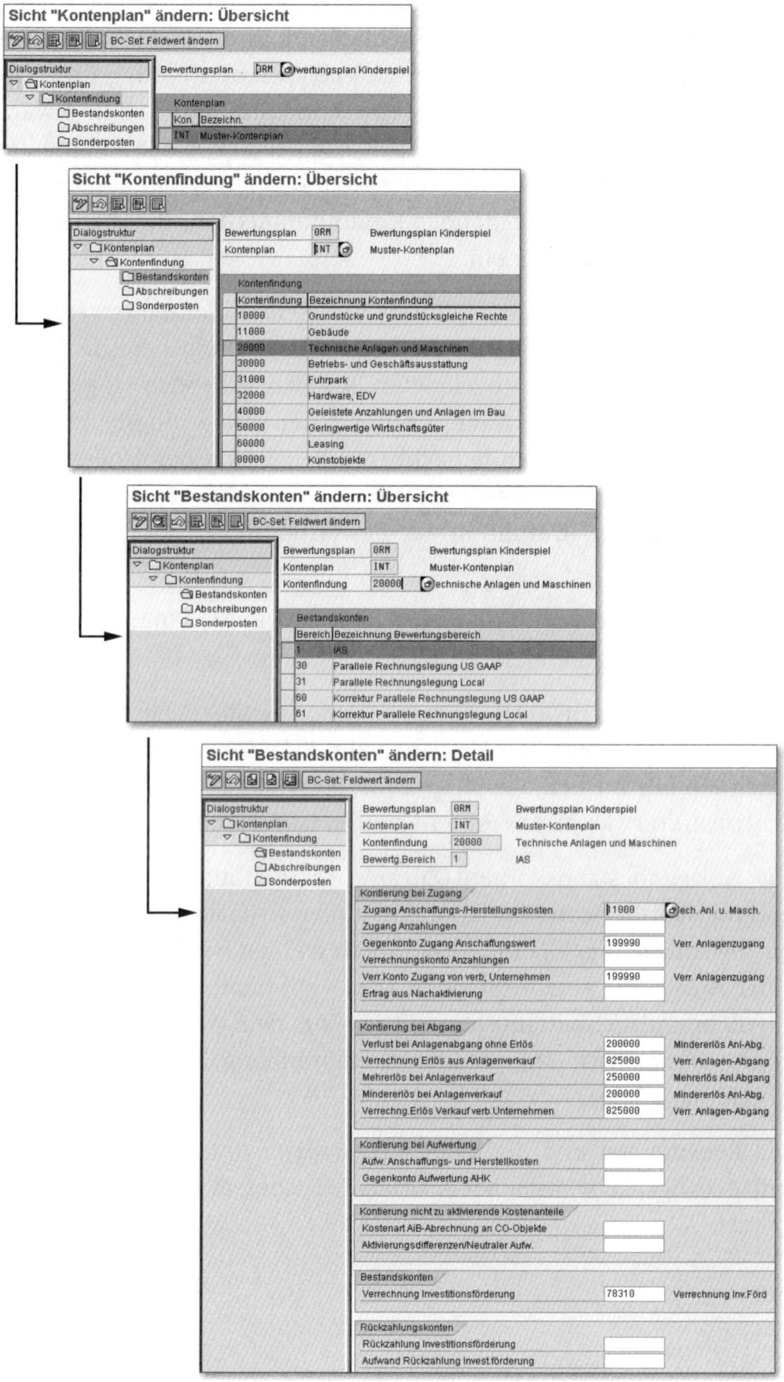

Abbildung 10.32 Sachkontenpflege für die Bestandsbuchungen in der Anlagenbuchhaltung

Kontenfindung pflegen

Falls Sie Ihren Bewertungsplan noch nicht gewählt haben, geben Sie diesen zuerst an, markieren anschließend Ihren Kontenplan und wählen in der Dialogstruktur per Doppelklick den Eintrag KONTENFINDUNG aus. Markieren Sie nun eine Kontenfindungsart, und wählen Sie anschließend für diese per Doppelklick die Menüpunkte BESTANDSKONTEN, ABSCHREIBUNGEN oder SONDERPOSTEN aus. Tragen Sie nun noch die entsprechenden Kontonummern für Ihre bebuchbaren Bewertungsbereiche ein.

Bei der Ledger-Lösung werden immer dieselben Konten in verschiedenen Ledgern gebucht. Falls Sie bei der Bewertungsbereichsdefinition den Bereich 01 als abgeleiteten Bewertungsbereich eingetragen haben, müssen Sie die Konten nur für den Bewertungsbereich 01 pflegen. Für alle anderen bebuchbaren Bewertungsbereiche werden die Konten aus dem Bewertungsbereich 01 übernommen (siehe Abschnitt 10.2.2, »Definition der Bewertungsbereiche«, und Abbildung 10.6).

Im Rahmen der Kontenlösung müssen Sie die Konten für alle bebuchbaren Bewertungsbereiche eintragen.

Es sind allerdings nicht alle Felder auszufüllen; Sie tragen nur Konten für die für Sie relevanten Vorgänge ein. Falls Sie z. B. keine Sonderabschreibung buchen, benötigen Sie auch keinen Eintrag im Feld KONTIERUNG FÜR SONDER-ABSCHREIBUNG (siehe Abbildung 10.33).

Anlagenbestands- und Wertberichtigungskonto

Die Anlagenbestandskonten (Zugang Anschaffungs-/Herstellkosten) und die Wertberichtigungskonten definieren Sie als Abstimmkonten für die Anlagenbuchhaltung. Hierdurch werden bei der Buchung auf einer Anlage die entsprechenden Werte auf dem Anlagenkonto und auf dem Anlagenbestandskonto bzw. auf dem Wertberichtigungskonto automatisch anhand der Kontenfindung aktualisiert (siehe Abbildung 10.34).

Die Rechnungen und die damit verbundene Anlagenzugänge bzw. Anlagenabgänge werden bei der Ledger-Lösung in alle Ledger durchgebucht.

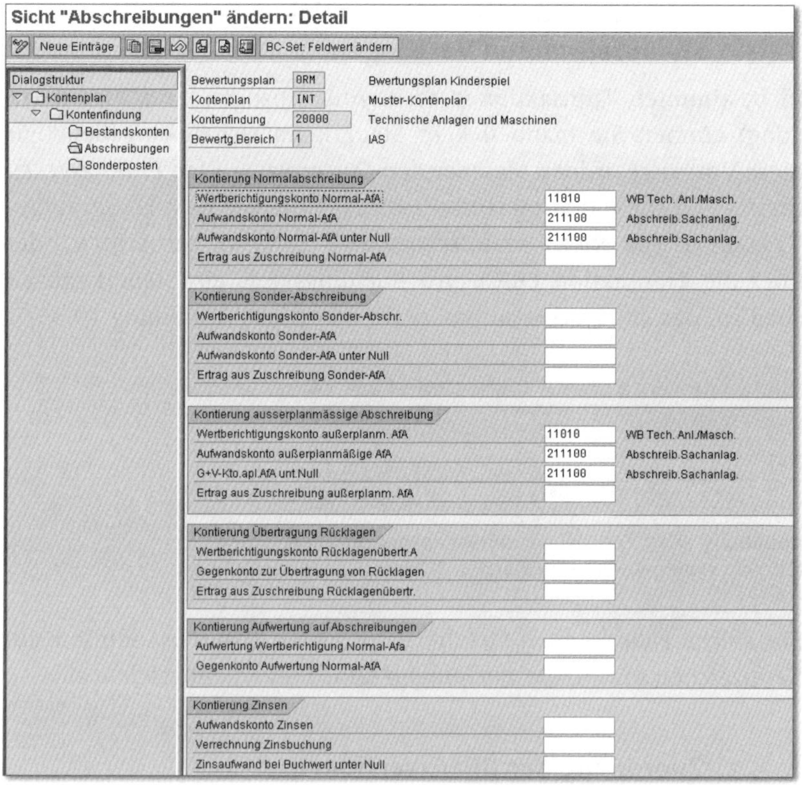

Abbildung 10.33 Sachkontenpflege für die Abschreibungen in der Anlagenbuchhaltung

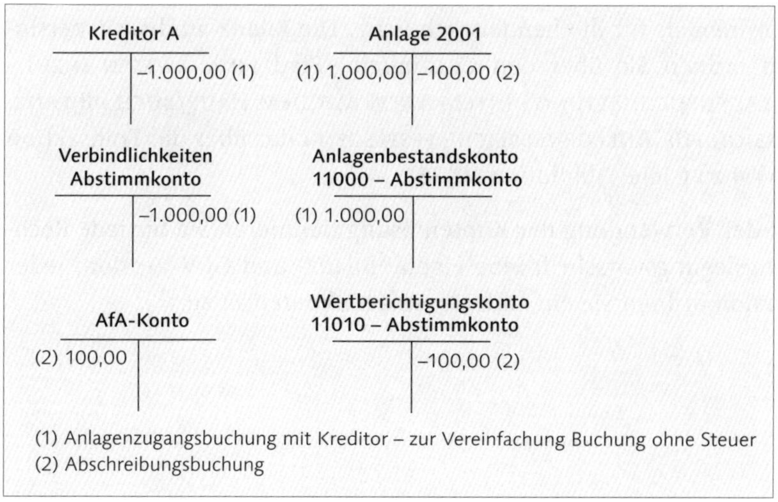

Abbildung 10.34 Buchungstechnik für Anlagenzugang und Abschreibungslauf in der Anlagenbuchhaltung

10.5.2 Zuordnung der Steuerkennzeichen bei nicht steuerrelevanten Vorgängen

Vorbelegung von Steuerkennzeichen

In bestimmten Transaktionen (z. B. Anlagenzugang aus Eigenfertigung) können Sie manuell kein Steuerkennzeichen eingeben. Für diese Vorgänge ordnen Sie über den Customizing-Pfad Finanzwesen (neu) • Anlagenbuchhaltung • Integration mit dem Hauptbuch • Vorsteuer für nicht steuerrelevante Zugänge zuordnen oder über die Transaktion OBCL pro Buchungskreis ein Steuerkennzeichen zu, das das System automatisch setzt (siehe Abbildung 10.35).

Abbildung 10.35 Zuordnung von Steuerkennzeichnen für nicht steuerrelevante Vorgänge

Für solche Fälle können Sie alternativ im Sachkontenstammsatz ein Kennzeichen setzen, das Buchungen ohne Steuerkennzeichen zulässt.

10.5.3 Zuordnung der Bilanzversionen

Bilanzversionen zuordnen

Sie haben die Möglichkeit, dem Buchungskreis und den Bewertungsbereichen die Bilanz- und GuV-Versionen zuzuordnen. So können Sie beispielsweise für die steuerliche Bewertung eine andere Version zuordnen als für die handelsrechtliche. Die Bilanz- und GuV-Versionen ordnen Sie über den Customizing-Pfad Finanzwesen (neu) • Anlagenbuchhaltung • Integration mit dem Hauptbuch • Bilanzversion für Anlagenbereiche festlegen oder über die Transaktion OAYN zu (siehe Abbildung 10.36).

Bilanzversion für die Kontenlösung

Bei der Verwendung der Kontenlösung definieren Sie für jede Rechnungslegungsvorschrift eine eigene Bilanz- und GuV-Version; jeder Version ordnen Sie ein anderes Anlagenkontenset zu.

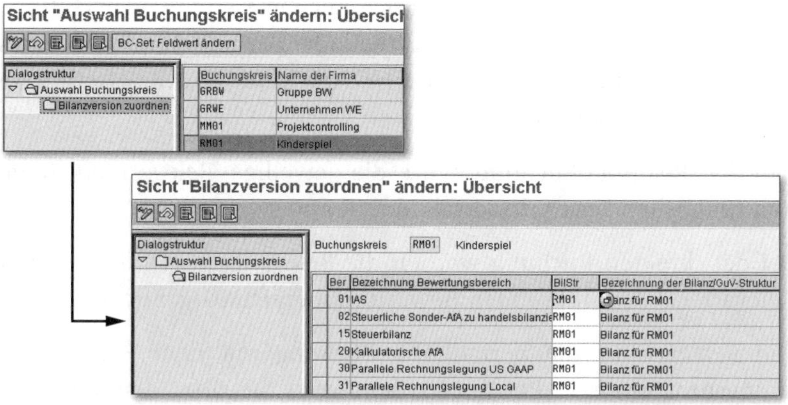

Abbildung 10.36 Buchungskreisabhängige Zuordnung von Bilanzversionen pro Bewertungsbereich

Bilanzversion für die Ledger-Lösung

Falls Sie die Ledger-Lösung verwenden, werden pro Ledger dieselben Konten gebucht. Daher benötigen Sie für die parallele Rechnungslegung keine gesonderte Bilanz- und GuV-Version.

In unserem Beispiel ist die Steuerbilanzversion gleich der Handelsbilanzversion, und aufgrund der Ledger-Lösung ist auch keine eigene Bilanzversion pro Rechnungslegungsvorschrift erforderlich.

10.5.4 Zuordnung der Belegarten für den Abschreibungslauf und für die periodische Bestandsbuchung

Belegarten für die Abschreibungen einstellen

Die Abschreibungsbuchungen können nur mithilfe eines periodischen AfA-Programms gebucht werden. Über den Customizing-Pfad Finanzwesen (neu) • Anlagenbuchhaltung • Integration mit dem Hauptbuch • Abschreibungen in das Hauptbuch buchen • Belegart für das Buchen der Abschreibung festlegen • Aktivität: Belegart für das Buchen der Abschreibung festlegen oder über die Transaktion AO71 ordnen Sie pro Buchungskreis die Belegart für die AfA-Buchung zu. Von SAP wird standardmäßig die Belegart AF ausgeliefert (siehe Abbildung 10.37).

Abbildung 10.37 Zuordnung der Belegart für die AfA-Buchung

Die Bestände pro Bewertungsbereich buchen Sie entweder realtime (nur im Bewertungsbereich 01), direkt oder periodisch mithilfe eines Bestandsbuchungsprogramms (siehe Abschnitt 10.2.2, »Definition der Bewertungsbereiche«).

Bei der Realtime-Buchung wird die jeweilige Belegart aus dem ursprünglichen Geschäftsvorfall übernommen.

Bei der direkten Buchung werden die Belege hingegen anhand der Belegart aus dem führenden Bewertungsbereich 01 gebucht.

Die Belegart für die periodische Buchung mit dem Bestandsbuchungsprogramm RAPERB2000 definieren Sie über den Customizing-Pfad Finanzwesen (neu) • Anlagenbuchhaltung • Integration mit dem Hauptbuch • Bestände periodisch in das Hauptbuch buchen • Belegart für periodische Bestandsbuchung festlegen (siehe Abbildung 10.38).

Abbildung 10.38 Zuordnung der Belegart für die periodische Bestandsbuchung

Die beiden Programme »Abschreibungsbuchung« und »Periodische Bestandsbuchung« gehören zu den periodischen Arbeiten in der Anlagenbuchhaltung.

10.5.5 Periodizität der Abschreibungsbuchung und Buchungsregeln

Periodizität der Abschreibung einstellen

Für Bewertungsbereiche, deren Abschreibungen im Hauptbuch gebucht werden, legen Sie über den Customizing-Pfad Finanzwesen (neu) • Anlagenbuchhaltung • Integration mit dem Hauptbuch • Abschreibungen in das Hauptbuch buchen • Periodizität/Kontierungsregeln festlegen oder über die Transaktion OAYR die Periodizität für die AfA-Läufe fest (siehe Abbildung 10.39).

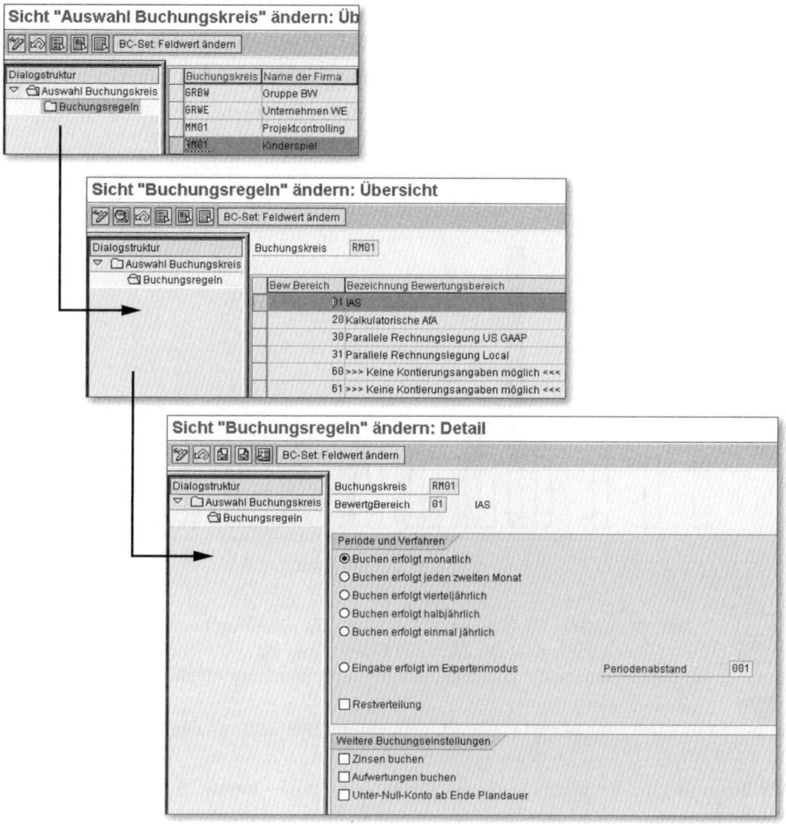

Abbildung 10.39 Periodizität und Buchungsregeln für den AfA-Lauf

Standardmäßig können Sie Ihre AfA-Läufe jeden Monat, alle zwei Monate, vierteljährlich, halbjährlich oder jährlich starten. Falls Sie eine andere Periodizität definieren möchten, aktivieren Sie den Eintrag EINGABE ERFOLGT IM EXPERTENMODUS, um das Feld PERIODENABSTAND manuell pflegen zu können.

Restverteilung und Nachholverfahren

Wenn Sie das Kennzeichen RESTVERTEILUNG im Bereich PERIODE UND VERFAHREN setzen, verteilt das System den noch nicht gebuchten AfA-Wert (zusätzlich zu den vorher geplanten AfA-Werten, z. B. bei einer Nachaktivierung oder bei geänderten AfA-Parametern) auf die in diesem Geschäftsjahr verbleibenden Perioden. Setzen Sie dieses Kennzeichen nicht, wird der ausbleibende AfA-Wert sofort in der nächsten Periode nachgeholt (siehe Abbildung 10.40).

In der Gruppe WEITERE BUCHUNGSEINSTELLUNGEN entscheiden Sie durch Markieren der entsprechenden Optionen, ob Sie bei der AfA-Buchung Zinsen bzw. eine Aufwertung buchen oder ob Sie ab Ende der Plandauer negative Werte erlauben möchten.

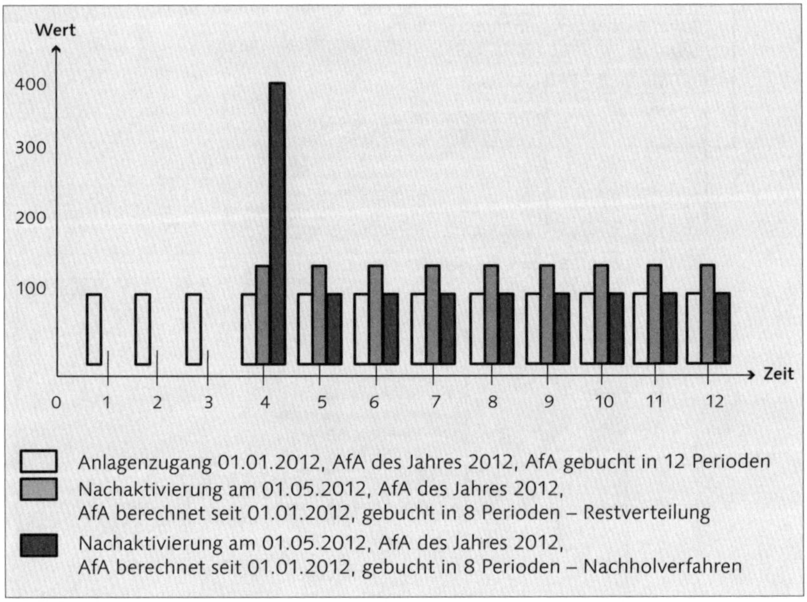

Abbildung 10.40 Vergleich von Afa-Verfahren: regulär, Restverteilung und Nachholverfahren

10.5.6 Integration mit dem Controlling – Festlegung der mitzubuchenden Kontierungsobjekte

Zuordnung zu Controllingobjekten

In den Anlagenstammdaten können Sie Ihre Anlagen bestimmten Controllingobjekten (CO-Objekten) zuordnen.

Einerseits können Sie die CO-Objekte für die AfA- bzw. Zinsbuchungen in den Anlagenstammdaten in der Registerkarte ZEITABHÄNGIG zuordnen, und anderseits haben Sie die Möglichkeit, die CO-Objekte für die Bestandsbuchung in der Registerkarte HERKUNFT im Block INVESTITIONSKONTIERUNGEN zu pflegen. Die Abschreibungen können Sie z. B. auf Kostenstellen, CO-Innenaufträge oder PSP-Elemente buchen, und die Anlagenbestände können Sie als Investitionen auf einen Investitionsauftrag (aus dem Investitionsmanagement) oder auf einem PSP-Element (aus dem Projektsystem) fortschreiben. Bevor Sie diese Kontierungsobjekte eintragen können, müssen Sie sie allerdings zunächst über den Customizing-Pfad FINANZWESEN (NEU) • ANLAGENBUCHHALTUNG • INTEGRATION MIT DEM HAUPTBUCH • MITZUBUCHENDE KONTIERUNGSOBJEKTE • KONTIERUNGSOBJEKTE AKTIVIEREN oder aktivieren (siehe Abbildung 10.41).

Sicht "Kontierungselemente für die Anlagenb

BC-Set: Feldwert ändern

Kontierungselemente für die Anlagenbuchhaltung

Kt.Objekt	Bezeichnung Kontierungsobjekt	Aktiv	Bilanz	Ident
CAUFN	Innenauftrag	[x]	[ ]	[ ]
EAUFN	Investitionsauftrag	[x]	[ ]	[ ]
FISTL	Finanzstelle	[ ]	[x]	[x]
FISTL2	Finanzstelle Investition	[ ]	[x]	[x]
FKBER	Funktionsbereich	[x]	[x]	[x]
FKBER2	Funktionsbereich Investition	[ ]	[x]	[x]
GEBER	Fonds	[ ]	[x]	[x]
GEBER2	Fonds Investition	[ ]	[x]	[x]
GRANT_NBR	Grant	[ ]	[x]	[x]
GRANT_NBR2	Grant Investition	[ ]	[x]	[x]
IAUFN	Instandhaltungsauftrag	[x]	[ ]	[ ]
IMKEY	Immobilienobjekt	[ ]	[ ]	[ ]
KOSTL	Kostenstelle	[x]	[ ]	[x]
LSTAR	Leistungsart	[x]	[ ]	[ ]
PS_PSP_PNR	PSP-Element Investitionsprojekt	[x]	[ ]	[ ]
PS_PSP_PNR2	PSP-Element	[ ]	[ ]	[ ]

Abbildung 10.41 Kontierungsobjekte aktivieren

Kontierungsobjekte [+]

Zusätzlich zur Aktivierung der Kontierungsobjekte müssen Sie diese über den Bildaufbau entsprechend als Muss- oder Kann-Felder definieren. Ist ein Kontierungsobjekt nicht aktiviert, erscheint das entsprechende Feld im Bildaufbau nicht.

Fortschreibung des Kontierungsobjekts

Nachdem Sie Ihre Kontierungsobjekte aktiviert haben, müssen Sie noch deren Fortschreibung pro Buchungskreis, Bewertungsbereich, Bewegungsart und Buchungsart (Bestand oder AfA) ermöglichen. Die entsprechenden Einstellungen nehmen Sie über den Customizing-Pfad FINANZWESEN (NEU) • ANLAGENBUCHHALTUNG • INTEGRATION MIT DEM HAUPTBUCH • MITZUBUCHENDE KONTIERUNGSOBJEKTE • KONTIERUNGSARTEN FÜR KONTIERUNGSOBJEKTE FESTLEGEN oder über die Transaktion ACSET vor (siehe Abbildung 10.42).

Wählen Sie nun einen Buchungskreis und einen dazugehörigen Bewertungsbereich aus, und selektieren Sie anschließend den Ordner KONTIERUNGSOBJEKTE.

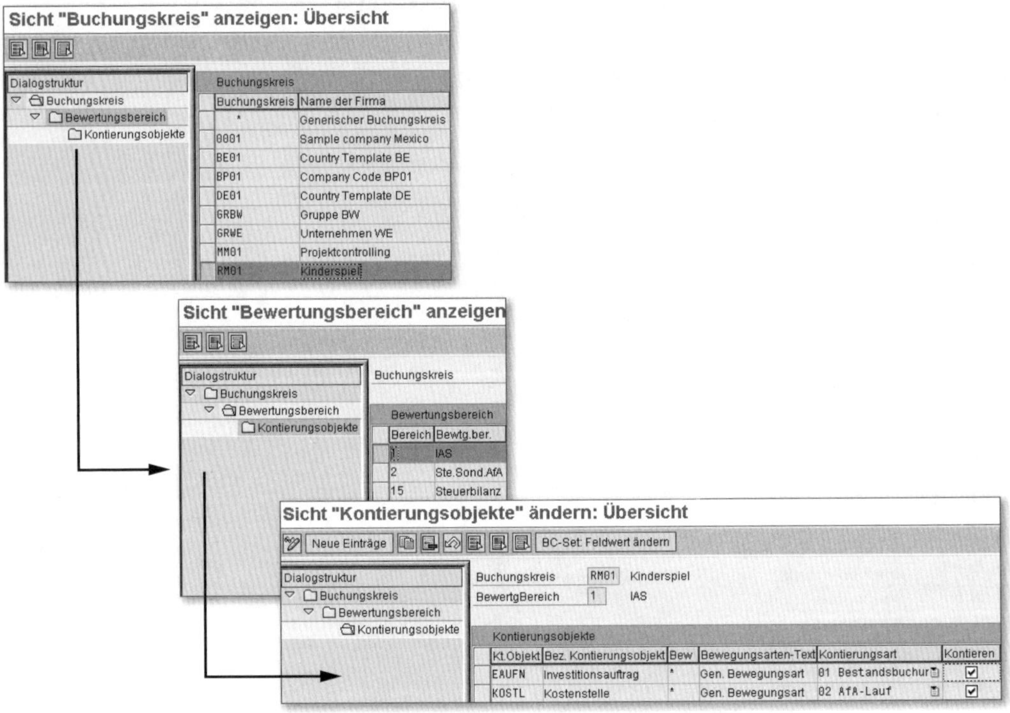

Abbildung 10.42 Kontierungsarten für Kontierungsobjekte festlegen

Je Kontierungsobjekt (z. B. Investitionsauftrag oder Kostenstelle) legen Sie in der Spalte KONTIEREN fest, ob es kontiert werden soll oder nicht. Außerdem bestimmen Sie, für welche Anlagenbewegungsarten diese Festlegung gelten soll (Details zu den Bewegungsarten lesen Sie in Abschnitt 10.6.1, »Bewegungsartengruppen«. Tragen Sie in der Spalte BEW einen Stern (*) ein, gilt der Eintrag für alle Bewegungsarten. Abschließend entscheiden Sie noch anhand der Kontierungsart, ob Sie Bestandsbuchungen oder AfA-Buchungen auf das Kontierungsobjekt buchen möchten – Bestandsbuchungen sind allerdings nur für Investitionsaufträge und -projekte möglich.

[zB]

Vererbung des Kontierungsobjektes

In Abbildung 10.43 werden auf das Kontierungsobjekt »Investitionsauftrag« bei allen Bewegungen Bestandsbuchungen kontiert, und auf das Kontierungsobjekt »Kostenstelle« werden bei allen Bewegungen Abschreibungsbuchungen kontiert. Beides gilt allerdings nur, wenn das jeweilige Kontierungsobjekt in den Stammdaten der Anlage eingetragen ist.

[+]

Bewegungsarten von der Kontierung ausschließen

Detaillierte Einträge haben Vorrang vor allgemeinen Einträgen. Um für einen Kontierungstyp einzelne Bewegungsarten von der Kontierung auszuschließen, gehen Sie wie folgt vor:

Definieren Sie zunächst die Kontierung über den Eintrag »*« für alle Bewegungsarten. Legen Sie anschließend einen weiteren Eintrag an, und geben Sie dann die Bewegungsart an, die Sie ausschließen möchten. Das Feld Kontieren lassen Sie dabei leer. Nun nimmt das das SAP-System für das entsprechende Kontierungsobjekt bei allen Bewegungsarten Kontierungen vor, außer bei den zuvor ausgeschlossenen.

10.6 Anlagenbewegungen

Bewegungsarten

Die Buchung von *Anlagenbewegungen* gehört zum Tagesgeschäft bzw. zu den Abschlussprozessen in der Anlagenbuchhaltung. Unter Anlagenbewegungen versteht man z. B. den Anlagenzugang, den Anlagenabgang, die Anlagenumbuchung und die Abschreibungsbuchung. Um eine Anlagenbewegung zu buchen, benötigen Sie *Bewegungsarten*, die diese Bewegungen genau klassifizieren.

10.6.1 Bewegungsartengruppen

Bedeutung einer Bewegungsartengruppe

Die *Bewegungsartengruppen* sind im SAP-System fest definiert, und Sie können sie weder verändern noch neue hinzufügen. Jede Bewegungsart muss einer Bewegungsartengruppe zugeordnet werden. Die Bewegungsartengruppe trifft die folgenden Festlegungen:

- ob sich die Bewegung auf die Vergangenheit (z. B. Zuschreibungen) oder das laufende Geschäftsjahr bezieht
- welches Vorzeichen der Saldo aller Bewegungen einer Gruppe innerhalb eines Geschäftsjahres ausweisen muss
- ob bei der ersten Bewegung einer Gruppe das Zugangsdatum der Anlage zu setzen ist
- wie wird die Wertberichtigung gesteuert
- ob für eine Bewegung anteilige Wertberichtigungen erfasst werden können (z. B. bei Nachaktivierungen) bzw. zu ermitteln sind (z. B. bei Abgängen)

Steuerung der Bewegungsartengruppen

Zur Steuerung der Bewertungsartengruppe gelangen Sie aus der Sicht ANZEIGE/DEFINITION EINER BEWEGUNGSART (bei Zugängen ist das die Transaktion AO73) über die Menüleiste SPRINGEN • BEWEGUNGSARTENGRP. (siehe Abbildung 10.43). Details zu den Bewegungsarten erfahren Sie in Abschnitt 10.6.2, »Bewegungsarten«.

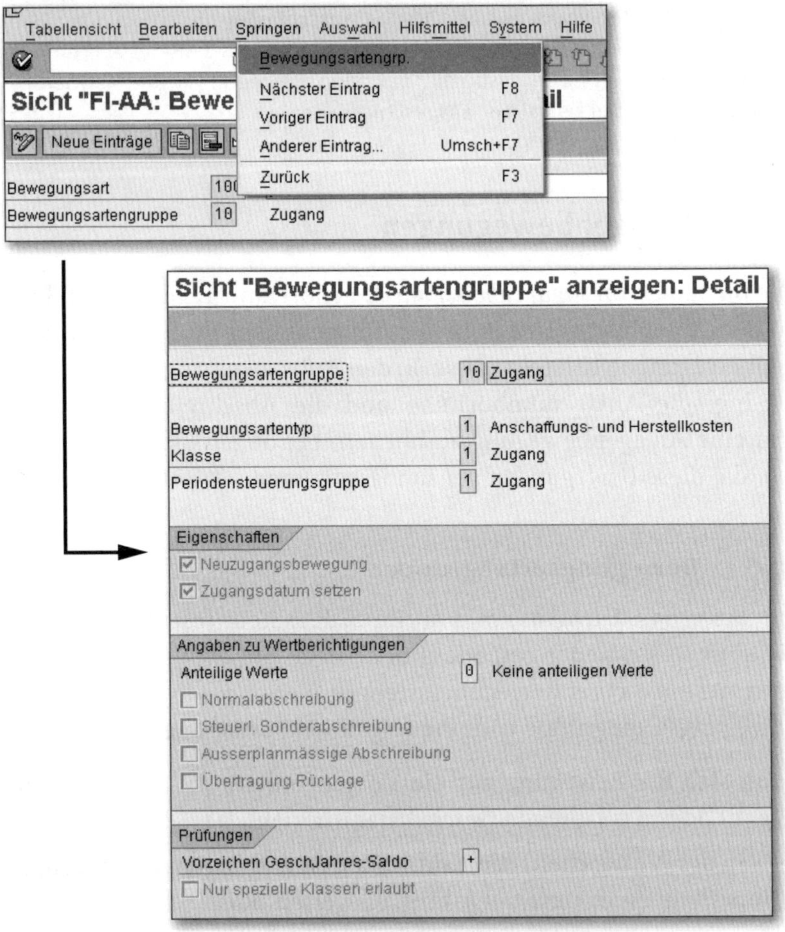

Abbildung 10.43 Steuerung der Bewegungsartengruppe 10 (Zugang)

Beschränkung auf einzelne Anlagenklassen

Die Bewegungsartengruppen können Sie auf bestimmte Anlagenklassen beschränken. Diese Funktionalität nutzen Sie z. B. für Anzahlungen, die nur bei Anlagen im Bau erlaubt sind. Alle Bewegungsarten, die dieser Bewegungsartengruppe zugeordnet sind, können nur in Verbindung zu den zugewiesenen Anlagenklassen verwendet werden.

Diese Festlegung nehmen Sie über den Customizing-Pfad FINANZWESEN (NEU) • ANLAGENBUCHHALTUNG • VORGÄNGE • ZUGÄNGE • ANZAHLUNGSBEWEGUNGSARTEN FÜR ANLAGENKLASSEN ZULASSEN oder über die Transaktion OAYB vor (siehe Abbildung 10.44).

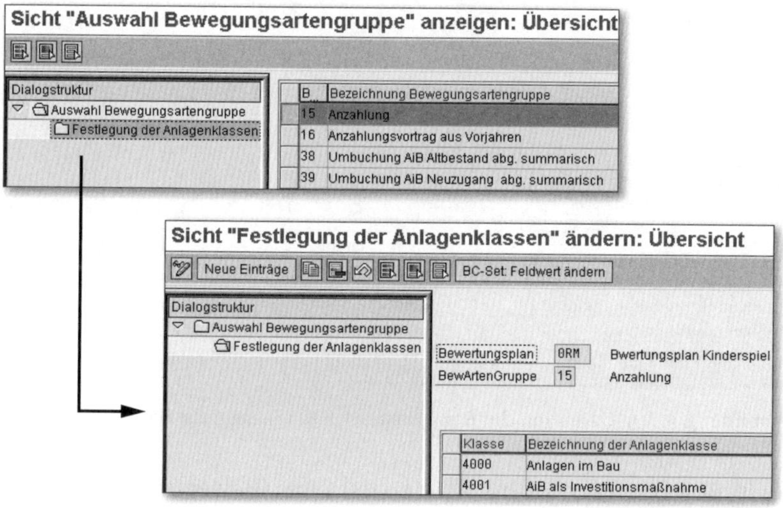

Abbildung 10.44 Bewegungsartengruppen den Anlagenklassen zuordnen

10.6.2 Bewegungsarten

Die von SAP im Standard ausgelieferten Bewegungsarten sind in aller Regel ausreichend; nur für spezielle Vorgänge, die Sie getrennt von anderen Geschäftsvorfällen abbilden möchten, benötigen Sie zusätzliche Bewegungsarten.

Im SAP-System können Sie die Bewegungsarten für Zugänge, Abgänge und Umbuchungen, für die Aktivierung der Anlagen im Bau, für die Nachaktivierung und für manuelle Wertkorrekturen definieren.

Bewegungsarten anlegen

Die Definition der Bewegungsarten für Zugänge erfolgt über den Customizing-Pfad FINANZWESEN (NEU) • ANLAGENBUCHHALTUNG • VORGÄNGE • ZUGÄNGE • BEWEGUNGSARTEN FÜR ZUGÄNGE DEFINIEREN • AKTIVITÄT: BEWEGUNGSART FÜR ZUGÄNGE DEFINIEREN oder über die Transaktion AO73 (siehe Abbildung 10.45).

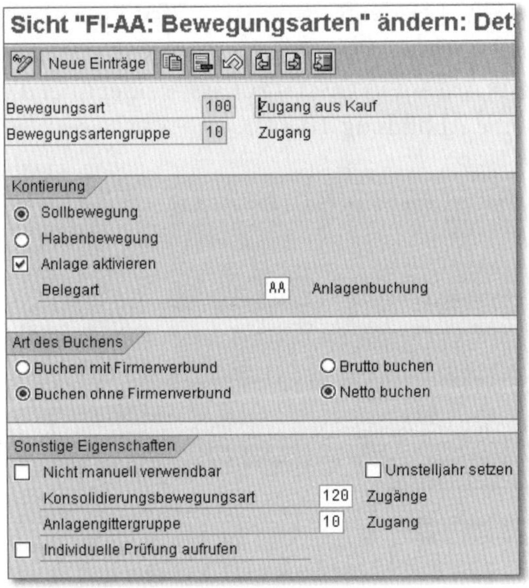

Abbildung 10.45 Definition der Bewegungsart 100 (Zugang aus Kauf)

Ausprägung für die Zugänge

Jede Bewegungsart ordnen Sie zuerst einer Bewegungsartengruppe zu. In unserem Beispiel zeigen wir die Definition einer Bewegungsart, die der Bewegungsartengruppe 10 (Zugang) zugeordnet ist. Im Block KONTIERUNG legen Sie über die entsprechenden Optionen fest, ob mit der Bewegungsart eine Soll- oder eine Haben-Bewegung gebucht, unter welcher Belegart diese Buchung vorgenommen und ob bei bestimmten Zugängen die betroffene Anlage aktiviert werden soll.

In der Gruppe ART DES BUCHENS entscheiden Sie über die entsprechenden Kennzeichen, ob die Buchung ein Firmenverbundkennzeichen (für die Konsolidierung) benötigt und ob es sich um eine Brutto- oder Nettobuchung handeln soll. Beim Bruttobuchen können anteilige Wertberichtigungen innerhalb eines Konzerns erfasst werden, was bei der Nettobuchung nicht der Fall ist.

Unter SONSTIGE EIGENSCHAFTEN können Sie einstellen, dass diese Bewegungsart nicht manuell verwendbar sein soll, sondern nur für anteilige Wertberichtigungsbuchungen anzuwenden ist. Wenn Sie das Kennzeichen UMSTELLJAHR SETZEN aktivieren, schreibt das System im Anlagenstammsatz das Umstelljahr fort, sobald eine entsprechende Zugangsbuchung auf die betreffende Anlage erfolgt (Umstelljahr = Buchungsjahr). Darüber hinaus wird automatisch ein neuer Berechnungsvorgang hinsichtlich dieser Anlage ausgelöst, um den

Abschreibungsbetrag aufgrund der Umstellung neu zu errechnen. Voraussetzung dafür ist das Vorliegen eines AfA-Schlüssels mit der endsprechenden Umstellmethode (zur Definition der AfA-Schlüssel lesen Sie Abschnitt 10.7, »Abschreibungen«). Andernfalls ordnen Sie Ihre Bewegungsarten einer Konsolidierungsbewegungsart und einer Anlagengittergruppe (siehe Abschnitt 10.8.3, »Anlagengitter«) zu. Außerdem können Sie für Ihre Bewegungsarten eine kundenindividuell programmierte Prüfung aufrufen.

Ausprägung für Abgänge

In Abhängigkeit der zugeordneten Bewegungsartengruppe können Sie noch weitere Einstellungen vornehmen (siehe Abbildung 10.46).

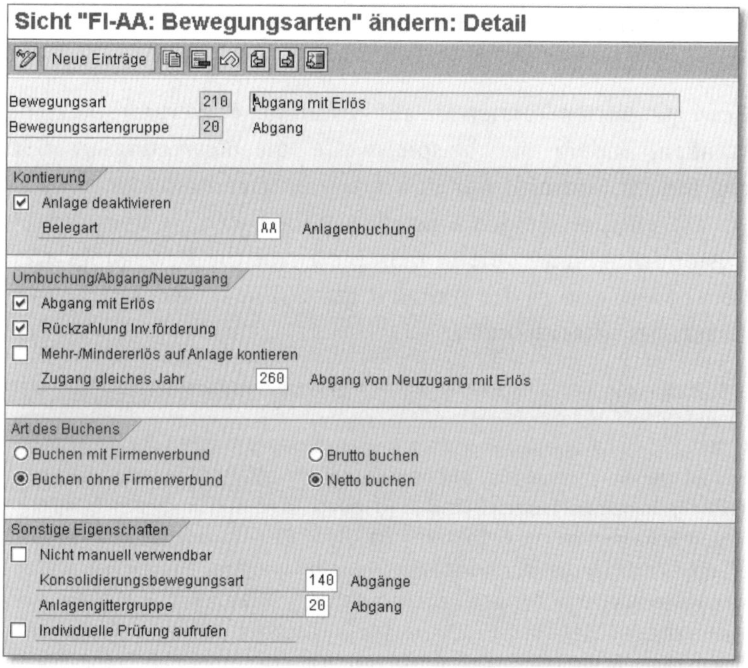

Abbildung 10.46 Definition der Bewegungsart 210 (Abgang mit Erlös)

Zu einer Bewegungsart in der Bewegungsartengruppe »Abgang« entscheiden Sie, ob die betreffende Anlage bei dieser Bewegungsart deaktiviert wird, ob die Eingabe eines Erlösbetrags erforderlich ist und ob eine Rückzahlung der in Anspruch genommenen Investitionsförderung automatisch gebucht werden soll. Auch können Sie den Mehr- bzw. Mindererlös als Wertberichtigung anstatt auf ein GuV-Konto auf eine bestimmte Anlage buchen lassen. Falls der Anlagenabgang im gleichen Jahr wie der Anlagenzugang gebucht wird, wird die

Bewegungsart aus dem Feld ZUGANG GLEICHES JAHR verwendet. Nur so können Sie zwischen »Bewegungen hinsichtlich Altanlagen« und »Bewegungen hinsichtlich Neuanlagen« trennen.

Die Einstellungen zu den Bewegungsarten für Abgänge nehmen Sie über den Customizing-Pfad FINANZWESEN (NEU) • ANLAGENBUCHHALTUNG • VORGÄNGE • ABGÄNGE • BEWEGUNGSARTEN FÜR ABGÄNGE DEFINIEREN • AKTIVITÄT: BEWEGUNGSARTEN FÜR ABGÄNGE DEFINIEREN oder über die Transaktion AO74 vor. Weitere Bewegungsarten sind analog unter FINANZWESEN (NEU) • ANLAGENBUCHHALTUNG • VORGÄNGE in den entsprechenden Ordnern UMBUCHUNGEN, AKTIVIERUNG ANLAGEN IM BAU, BEWEGUNGSARTEN FÜR NACHAKTIVIERUNGEN DEFINIEREN, BEWEGUNGSARTEN FÜR MANUELLE WERTKORREKTUREN DEFINIEREN zu finden.

Bewegungsarten den Bewertungsbereichen zuordnen

Ihre Bewegungsarten können Sie auf bestimmte Bewertungsbereiche beschränken, indem Sie beispielsweise die Bewegungsart 030 (Zugang nur im Konzern) nur in Konzernbewertungsbereichen ausweisen. Die entsprechenden Einstellungen nehmen Sie über denselben Customizing-Punkt vor, in dem Sie zuvor die Bewegungsarten definiert haben, also in der Aktivität BEWEGUNGSARTEN AUF BEWERTUNGSBEREICHE EINSCHRÄNKEN.

[+]

Landesspezifische Besonderheiten bei Rollout-Projekten

Beachten Sie bei Rollout-Projekten die landesspezifischen Besonderheiten. So ist beispielsweise das Buchen von Mehr- bzw. Mindererlösen bei Anlagenabgängen in Deutschland und auch in vielen anderen Ländern zwingend erforderlich. In Frankreich ist diese Art der Buchung hingegen untersagt – dort muss der Restwert gebucht werden. Prüfen Sie unter FINANZWESEN (NEU) • ANLAGENBUCHHALTUNG • VORGÄNGE • ABGÄNGE • BUCHHALTERISCHE BEHANDLUNG VON MEHR-/MINDERERLÖSEN • RESTBUCHWERT ANSTELLE MEHR-/MINDERERLÖSE BUCHEN oder über die Transaktion AO72, ob die Einstellungen hierzu richtig sind.

10.7 Abschreibungen

Durch die Abnutzung des Anlagevermögens wird dessen Wert mittels Abschreibungen korrigiert.

Abschreibungsschlüssel

Die automatische Berechnung der Abschreibungswerte steuert im SAP-System der Abschreibungsschlüssel. Sie finden eine ganze Reihe von ausgelieferten Abschreibungsschlüsseln, die landesspezifische Vorgaben beinhalten; Sie können aber auch weitere Abschreibungsschlüssel anlegen. Die Abschreibungsschlüssel definieren Sie auf der Bewertungsplanebene, wodurch sie buchungskreisübergreifend einsetzbar sind.

Die Abschreibungsschüssel verwenden für die Ermittlung der Abschreibungsbeträge und Zinsbeträge sogenannte *Rechenmethoden*. Bevor Sie mit der Definition eines Abschreibungsschüssels beginnen, müssen Sie daher zunächst sicherstellen, dass die von Ihnen benötigten Rechenmethoden überhaupt existieren, oder Sie müssen diese im Vorfeld anlegen. Im SAP-System stehen Ihnen die folgenden Arten von Rechenmethoden zur Verfügung:

- **Basismethode**
  Die Basismethode steuert die Abschreibungsberechnung anhand der Abschreibungsart (Normal-AfA, Sonder-AfA, Zinsen) und der AfA-Rechenmethode (z. B. Prozentsatz explizit und Endebehandlung). Diese Methode ist bewertungsplanunabhängig und enthält keine länderspezifischen Einstellungen.
- **Degressivmethode**
  Die Degressivmethode legt den Faktor zur Ermittlung des AfA-Prozentsatzes und die Obergrenze bzw. Untergrenze für den AfA-Prozentsatz fest.
- **Höchstbetragsmethode**
  Die Höchstbetragsmethode verwenden Sie, falls Sie die Abschreibungen nur bis zu einer gewissen Höhe buchen möchten.
- **Stufenmethode**
  Die Stufenmethode steuert den Bezugswert (z. B. Anschaffungswert, Restbuchwert) und die Abschreibung, die Sie in Stufen einteilen. Je Stufe legen Sie dabei einen Gültigkeitszeitraum und einen bestimmten Abschreibungsprozentsatz fest; das SAP-System wendet dann den Prozentsatz des jeweils gültigen Zeitraums an.
- **Periodenmethode**
  Die Periodenmethode ermittelt das Abschreibungsbeginn- und Endedatum für Zugänge, nachträgliche Zugänge/Nachaktivierung sowie für Umbuchungen und Abgänge.

10.7.1 Basismethode

Bedeutung der Basismethode

Die Einstellungen für die Basismethode nehmen Sie über den Customizing-Pfad Finanzwesen (neu) • Anlagenbuchhaltung • Abschreibungen • Bewertungsmethoden • Abschreibungsschlüssel • Rechenmethoden • Basismethoden pflegen vor. Abbildung 10.47 zeigt die Definition der Basismethode »Normal: Prozent Dauer« (0011).

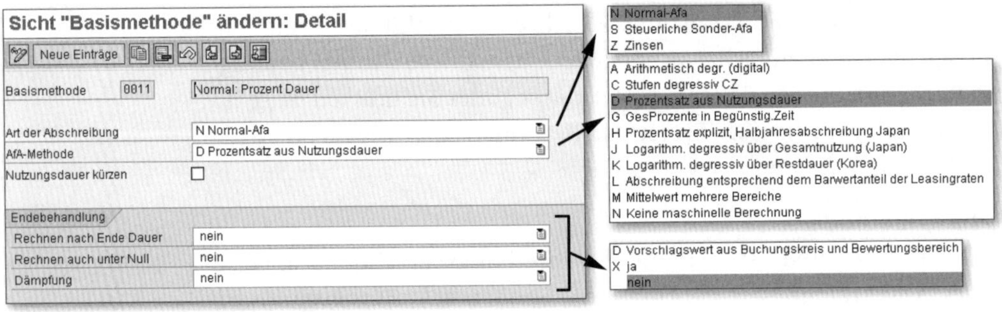

Abbildung 10.47 Definition einer Basismethode mit möglichen Einträgen

Für die Basismethode geben Sie einen maximal vierstelligen Schlüssel und eine Beschreibung dazu an. Außerdem legen Sie die Art der Abschreibung und Art der AfA-Methode fest. Wenn Sie das Kennzeichen Nutzungsdauer kürzen einschalten, wird die geplante Nutzungsdauer so gekürzt, dass das Abschreibungsende immer am Ende des Geschäftsjahres liegt.

In der Endebehandlung entscheiden Sie, ob Sie die AfA nach Ablauf der geplanten Nutzungsdauer fortsetzen möchten und ob Sie mit Abschreibungswerten unter null rechnen bzw. die AfA mit Dämpfung einsetzen möchten. Der Begriff *Dämpfung* besagt, dass die Abschreibung nach Ablauf der geplanten Nutzungsdauer mit dem Prozentsatz berechnet wird, der sich aus der effektiv abgelaufenen Nutzungsdauer in ganzen Jahren ergibt.

[zB]

Abschreibung nach Ablauf der Nutzungsdauer

Die Nutzungsdauer einer Anlage beträgt zehn Jahre. Die Anlage wird nach Ablauf der Nutzungsdauer »mit Dämpfung« so abgeschrieben.

- Bis zum zehnten Jahr wird der Abschreibungsprozentsatz wie folgt ausgerechnet: 1/10 = 10 % des Anschaffungswertes.
- Im elften Jahr beträgt der Abschreibungsprozentsatz 1/11.
- Im zwölften Jahr beträgt der Abschreibungsprozentsatz 1/12 usw.

10.7.2 Degressivmethode

Bedeutung der Degressivmethode

Die Degressivmethode definieren Sie über den Customizing-Pfad FINANZWESEN (NEU) • ANLAGENBUCHHALTUNG • ABSCHREIBUNGEN • BEWERTUNGSMETHODEN • ABSCHREIBUNGSSCHLÜSSEL • RECHENMETHODEN • DEGRESSIVMETHODEN PFLEGEN oder über die Transaktion AFAMD. Die Degressivmethode verwenden Sie für die degressive Abschreibung Ihres Anlagevermögens. Hierbei wird der lineare Prozentsatz, der aus der Nutzungsdauer ermittelt wird, mit einem degressiven Faktor multipliziert. Auf diese Weise kann bei einer kurzen Nutzungsdauer ein sehr hoher Prozentsatz entstehen. Aus diesem Grund können Sie pro Degressivmethode einen maximalen Prozentsatz angeben.

Entsprechend kann bei einer langen Nutzungsdauer ein sehr niedriger Prozentsatz ermittelt werden. Um dies zu verhindern, können Sie einen minimalen Prozentsatz festlegen (siehe Abbildung 10.48).

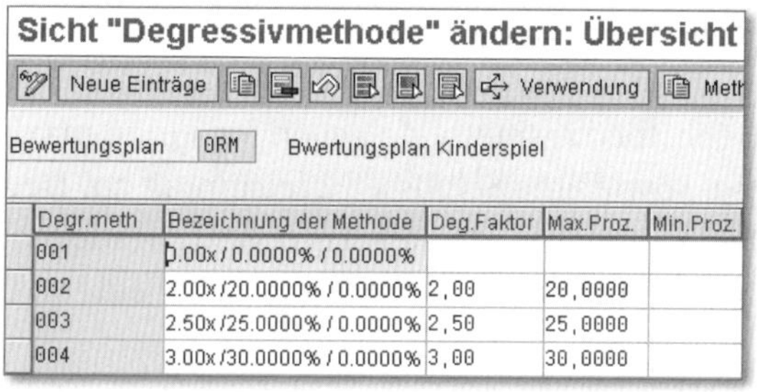

Degr.meth	Bezeichnung der Methode	Deg.Faktor	Max.Proz.	Min.Proz.
001	0.00x / 0.0000% / 0.0000%			
002	2.00x /20.0000% / 0.0000%	2,00	20,0000	
003	2.50x /25.0000% / 0.0000%	2,50	25,0000	
004	3.00x /30.0000% / 0.0000%	3,00	30,0000	

Abbildung 10.48 Definition der Degressivmethode

Seit dem 01.01.2008 ist die degressive Abschreibung in Deutschland nicht mehr zulässig; Sie können sie aktuell nur noch für vor dem 01.01.2008 angeschaffte Altanlagen verwenden.

10.7.3 Höchstbetragsmethode

Bedeutung der Höchstbetragsmethode

Bei der Höchstbetragsmethode können Sie einen maximalen Abschreibungsbetrag definieren, der bis zu einem bestimmten Datum oder in einer bestimmten Anzahl von Jahren nicht überschritten werden darf. Falls nun der vom SAP-System errechnete Betrag höher als der festgelegte Höchstbetrag ist, wird die Abschreibung auf den Höchstbetrag gekürzt. Die Höchstbetragsmethode definieren Sie über den Customizing-Pfad FINANZWESEN (NEU) • ANLAGENBUCHHAL-

TUNG • ABSCHREIBUNGEN • BEWERTUNGSMETHODEN • ABSCHREIBUNGSSCHLÜSSEL • RECHENMETHODEN • HÖCHSTBETRAGSMETHODEN PFLEGEN (siehe Abbildung 10.49).

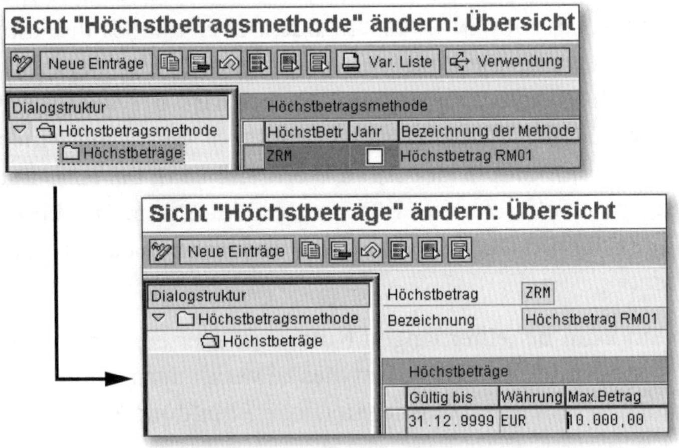

Abbildung 10.49 Definition der Höchstbetragsmethode

Bei der Definition der Höchstbetragsmethode geben Sie einen maximal dreistelligen Schlüssel sowie eine Schlüsselbezeichnung an. Den Höchstbetrag können Sie kumuliert oder als Jahreswert festlegen. Damit der Jahreswert berücksichtigt wird, aktivieren Sie das Feld JAHR.

10.7.4 Stufenmethode

Bedeutung der Stufenmethode

Bei der Stufenmethode können Sie eine oder mehrere Stufen für einen bestimmten Gültigkeitszeitraum und Prozentsatz definieren. Falls Sie mehrere Stufen definieren, wird jede Stufe nach Ablauf des Gültigkeitszeitraums durch die nächste Stufe ersetzt. Die Stufenmethode definieren Sie über den Customizing-Pfad FINANZWESEN (NEU) • ANLAGENBUCHHALTUNG • ABSCHREIBUNGEN • BEWERTUNGSMETHODEN • ABSCHREIBUNGSSCHLÜSSEL • RECHENMETHODEN • STUFENMETHODEN PFLEGEN oder über die Transaktion AFAMS. Im ersten Schritt definieren Sie die Stufenmethode und ordnen den Beginn der Gültigkeitsdauer zu (siehe Abbildung 10.50).

Im zweiten Schritt stellen Sie die benötigten Stufen für Ihre Stufenmethode ein. In den Abbildungen 10.51 und 10.52 zeigen wir Ihnen beispielhaft die Einstellungen zu einer Stufenmethode mit einer Stufe und zu einer Stufenmethode mit vier Stufen.

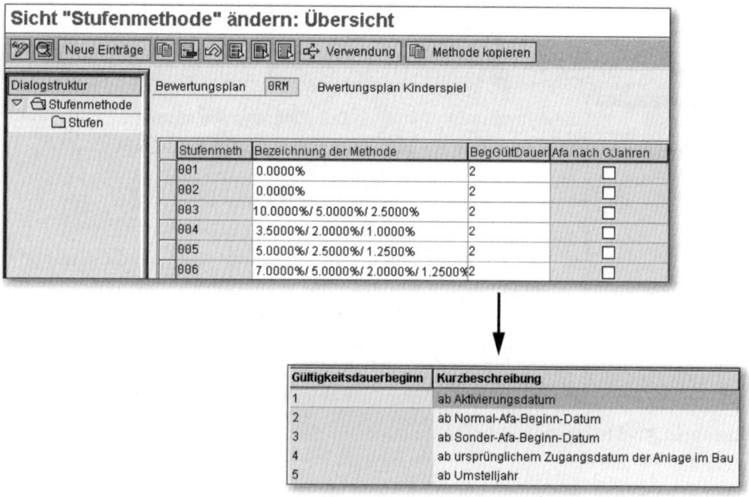

Abbildung 10.50 Übersicht über ausgewählte Stufenmethoden mit zugeordnetem Gültigkeitsdauerbeginn

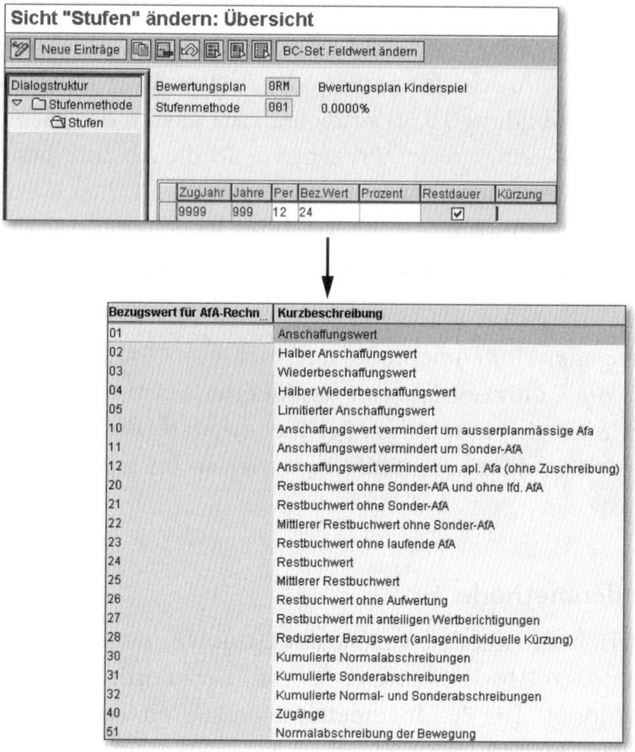

Abbildung 10.51 Stufenmethode 001 mit einer Stufe und mögliche Einträge für den Bezugswert

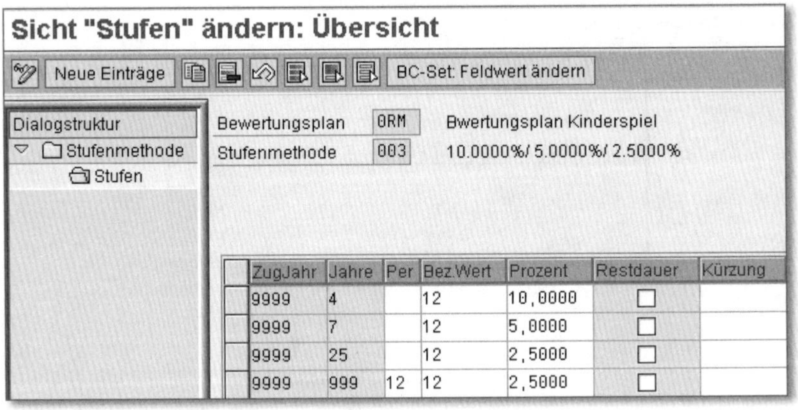

Abbildung 10.52 Stufenmethode 003 mit vier Stufen

In jeder Stufe legen Sie in der Spalte ZUGJAHR das Zugangsjahr der Anlage fest, bis zu dem der Eintrag relevant sein soll. Geben Sie außerdem unter JAHRE und PER die Gültigkeitsdauer der jeweiligen Stufe in Jahren und Perioden an sowie in der Spalte BEZ.WERT den Bezugswert für die Abschreibung.

Den Bezugswert (z. B. Anschaffungswert oder Restbuchwert) wählen Sie aus der in der Abbildung 10.50 gezeigten Liste aus. In der nächsten Spalte können Sie einen festen Prozentsatz für die Abschreibung angeben oder den Prozentsatz durch Ankreuzen des Feldes RESTDAUER anhand der Restnutzungsdauer errechnen lassen. In der Spalte KÜRZUNG können Sie einen Prozentsatz angeben, um den der Bezugswert reduziert wird.

Bei Anwendung der Stufenmethode mit mehreren Stufen ist zu beachten, dass die Gültigkeitsjahre in kumulierter Form angegeben werden. So erstreckt sich in unserem Beispiel die erste Stufe bis zum vierten Kalenderjahr, die zweite Stufe vom vierten bis zum siebten Kalenderjahr usw.

10.7.5 Periodenmethode

Bedeutung der Periodenmethode

Mithilfe der Periodenmethode legen Sie das Datum für den Abschreibungsbeginn und das Abschreibungsende fest. Hierzu ordnen Sie die Periodensteuerung zu. Die Periodenmethode definieren Sie über den Customizing-Pfad FINANZWESEN (NEU) • ANLAGENBUCHHALTUNG • ABSCHREIBUNGEN • BEWERTUNGSMETHODEN • ABSCHREIBUNGSSCHLÜS-

SEL • RECHENMETHODEN • PERIODENMETHODEN PFLEGEN oder über die Transaktion AFAMP. In der Regel verwenden Sie die Periodensteuerung für Zugänge, Nachaktivierungen, Abgänge und Umbuchungen. Auch ist es möglich, die Einträge für Aufwertung, Investitionsförderung, außerplanmäßige Abschreibung und Zuschreibung auf Rücklagen zu pflegen, falls diese nicht mit der Periodensteuerung für die Zugänge übereinstimmen sollten (siehe Abbildung 10.53).

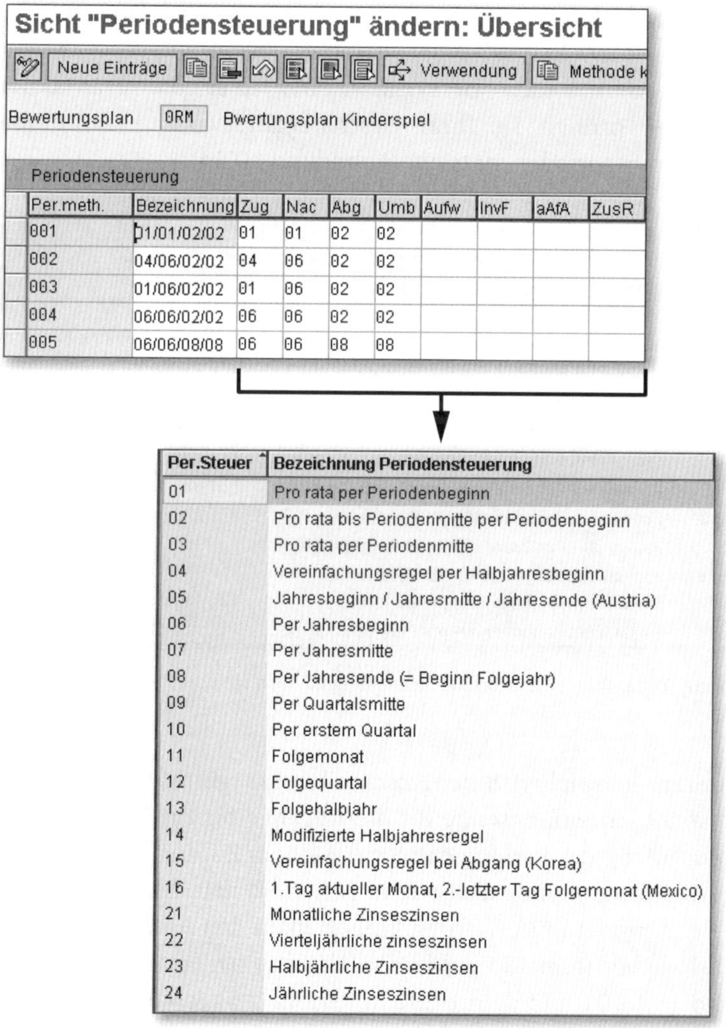

Abbildung 10.53 Definition von verschiedenen Periodenmethoden mit verfügbaren Einträgen für die Periodensteuerung

In der Regel sind die ausgelieferten Definitionen für die Periodensteuerung ausreichend. Für besondere Fälle können Sie weitere Festlegungen über den Customizing-Pfad FINANZWESEN (NEU) • ANLAGENBUCHHALTUNG • ABSCHREIBUNGEN • BEWERTUNGSMETHODEN • PERIODENSTEUERUNGEN • PERIODENSTEUERUNGEN PFLEGEN oder über die Transaktion OAVS vornehmen. Hier definieren Sie zunächst einen Schlüssel und eine Bezeichnung für die Periodensteuerung. Die Ausprägung für die Periodensteuerung definieren Sie über den Customizing-Pfad FINANZWESEN (NEU) • ANLAGENBUCHHALTUNG • ABSCHREIBUNGEN • BEWERTUNGSMETHODEN • PERIODENSTEUERUNGEN • KALENDERZUORDNUNGEN DEFINIEREN oder über die Transaktion OAVH. Hier ordnen Sie Ihrer Geschäftsjahresvariante bestimmte Abschreibungsperioden zu (siehe Abbildung 10.54).

GV	Per.	Bezeichnung Periodensteuerung	Jahr	Mo	Tg	Periode	MonMitte
K4	02	Pro rata bis Periodenmitte per Periodenbeginn		1	15		☐
K4	02	Pro rata bis Periodenmitte per Periodenbeginn		2	14	1	☐
K4	02	Pro rata bis Periodenmitte per Periodenbeginn		2	15	1	☐
K4	02	Pro rata bis Periodenmitte per Periodenbeginn		3	15	2	☐
K4	02	Pro rata bis Periodenmitte per Periodenbeginn		4	15	3	☐
K4	02	Pro rata bis Periodenmitte per Periodenbeginn		5	15	4	☐
K4	02	Pro rata bis Periodenmitte per Periodenbeginn		6	15	5	☐
K4	02	Pro rata bis Periodenmitte per Periodenbeginn		7	15	6	☐
K4	02	Pro rata bis Periodenmitte per Periodenbeginn		8	15	7	☐
K4	02	Pro rata bis Periodenmitte per Periodenbeginn		9	15	8	☐
K4	02	Pro rata bis Periodenmitte per Periodenbeginn		10	15	9	☐
K4	02	Pro rata bis Periodenmitte per Periodenbeginn		11	15	10	☐
K4	02	Pro rata bis Periodenmitte per Periodenbeginn		12	15	11	☐
K4	02	Pro rata bis Periodenmitte per Periodenbeginn		12	31	12	☐

Abbildung 10.54 Pflege der Periodensteuerung 02 (Pro rata bis Periodenmitte per Periodenbeginn)

In unserem Beispiel wird der Abschreibungsbeginn für die Zugänge bzw. das Abschreibungsende für die Abgänge bis zur Periodenmitte auf den Anfang der Periode datiert; bei einem Zugang bis zum 15.01 findet die Abschreibung also z. B. in Periode 0 statt. Die Bewegungen nach der Periodenmitte werden hingegen auf den Anfang der nächsten Periode bestimmt. So wird beispielsweise bei einem Zugang zwischen dem 16.01 und dem 14.02 in Periode 1 abgeschrieben.

Interpretation der Perioden [!]

Das SAP-System interpretiert den Eintrag BLANK bzw. den Wert 0 in der Spalte PERIODE als Beginn der ersten Periode (01.01). Analog bedeutet »Periode 1«, dass es sich um den Beginn der zweiten Periode (01.02) handelt usw.

10.7.6 Anhaltewertschlüssel

Nutzung eines Anhaltewertschlüssels

Für manche Rechnungslegungsvorschriften ist es zwingend bzw. sinnvoll, die Abschreibungen bei Erreichen eines bestimmten Wertes abzubrechen. Um dies zu erreichen, definieren Sie einen Anhaltewertschlüssel über den Customizing-Pfad FINANZWESEN (NEU) • ANLAGENBUCHHALTUNG • ABSCHREIBUNGEN • BEWERTUNGSMETHODEN • WEITERE EINSTELLUNGEN • ANHALTEWERTSCHLÜSSEL DEFINIEREN oder über die Transaktion ANHAL. In dieser Transaktion legen Sie den Anhalteprozentsatz fest, der, multipliziert mit dem Anschaffungswert, den Anhalte- bzw. den Schrottwert ergibt. In Deutschland werden aktuell keine Anhaltewerte berücksichtigt. Aus diesem Grund fahren wir an dieser Stelle nicht mit der Erläuterung der Definition des Anhaltwertschlüssels fort.

Landesspezifische Abschreibung [+]

Prüfen Sie bei der Durchführung von Rollout-Projekten immer die landesspezifischen Bestimmungen zur Abschreibung. So muss beispielsweise in Indien die lineare Abschreibung tagesgenau ermittelt werden, wohingegen in den USA die Quartalsmittelregel gilt, nach der eine Anlage, die in den letzten drei Monaten eines Jahres angeschafft wird, zur Mitte des vierten Quartals aktiviert werden muss.

10.7.7 AfA-Schlüssel

AfA-Schlüssel definieren

Wenn Sie Ihre Rechenmethoden angelegt oder festgestellt haben, dass alle benötigten Rechenmethoden schon vorhanden waren, können Sie Ihre *AfA-Schlüssel* definieren. Die AfA-Schlüssel pflegen Sie über den Customizing-Pfad FINANZWESEN (NEU) • ANLAGENBUCHHALTUNG • ABSCHREIBUNGEN • BEWERTUNGSMETHODEN • ABSCHREIBUNGSSCHLÜSSEL • ABSCHREIBUNGSSCHLÜSSEL PFLEGEN oder über die Transaktion AFAMA. Im nächsten Absatz finden Sie die Erläuterung zum AfA-Schlüssel LINR (lineare Abschreibung über die Restnutzungsdauer bis null mit Vereinfachungsregel, siehe Abbildung 10.55).

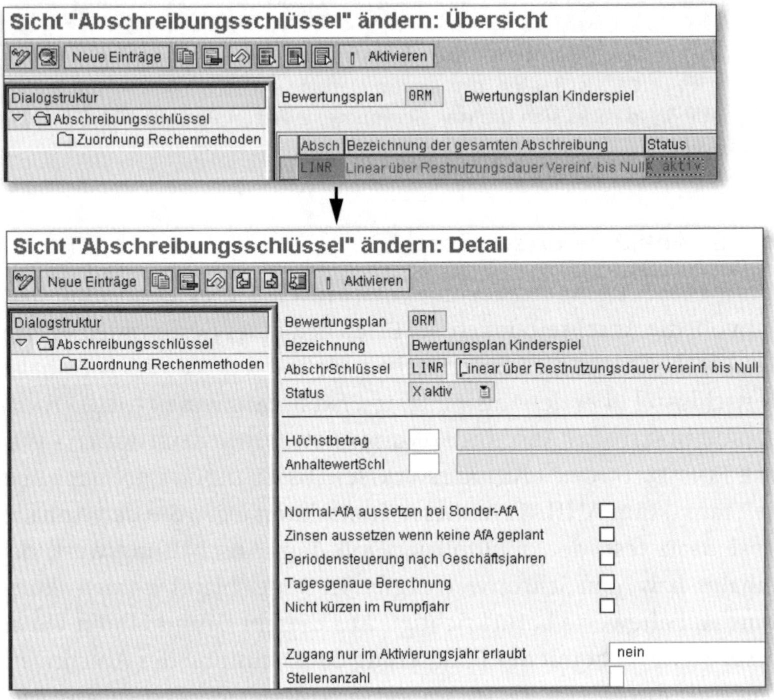

Abbildung 10.55 Ausprägung für den AfA-Schlüssel LINR

Per Doppelklick auf den entsprechenden AfA-Schlüssel pflegen Sie dessen Ausprägungen. Sie können hier die Höchstbetragsmethode als Höchstbetrag und den Anhaltewertschlüssel eintragen oder aber Folgendes entscheiden:

- Bei Sonderabschreibungen ungleich null wird die Normalabschreibung ausgesetzt.
- Zinsen werden nur dann berechnet, wenn auch die Abschreibung berechnet wird.
- Für ausgewählte Buchungskreise und Geschäftsjahre kann die Periodensteuerung abweichend von den verwendeten Periodenmethoden festgelegt werden.
- Die AfA-Berechnung kann tagesgenau erfolgen.
- Abschreibungen in Rumpfjahren dürfen nicht gekürzt werden.
- Anlagenzugänge werden nur im Aktivierungsjahr zugelassen.
- Die Stellen des Abschreibungsprozentsatzes werden auf den Eintrag im Feld STELLENZAHL beschränkt und der Prozentsatz entspre-

chend gerundet. Dabei bezieht sich die Stellenzahl auf die Nachkommastellen bei der Dezimalschreibweise. Lesen Sie hierzu das folgende Beispiel: Der ermittelte Prozentsatz sei 12,25 %, also in Dezimalschreibweise 0,1225. Gibt man nun eine Stellenzahl von 1 an, wird der Prozentsatz auf 0,1 beschränkt, und es ergibt sich somit ein Abschreibungsprozentsatz in Höhe von 10.

Wenn Sie den AfA-Schlüssel markieren und auf ZUORDNUNG RECHENMETHODEN klicken, sehen Sie alle zugeordneten Methoden (siehe Abbildung 10.56).

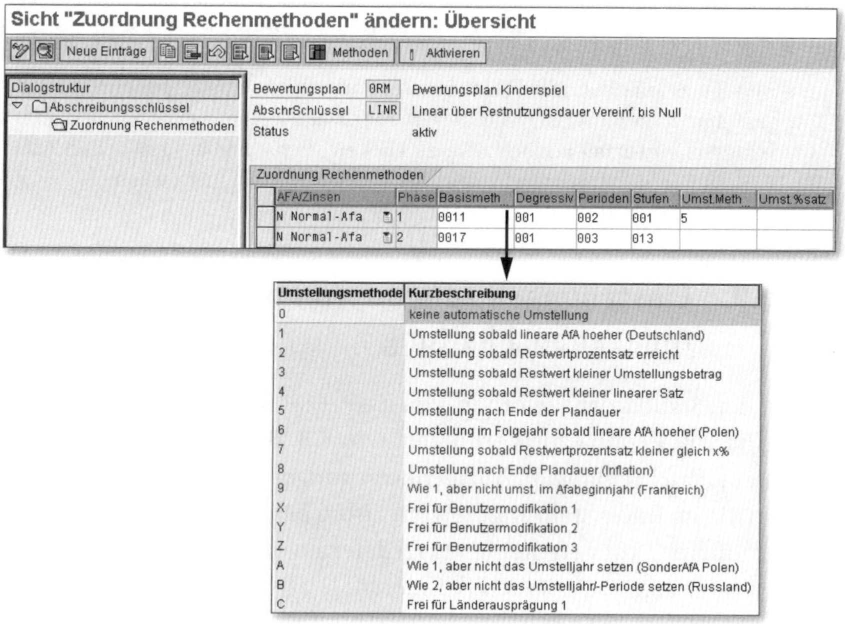

Abbildung 10.56 Zugeordnete Rechenmethoden

Phasen in Abschreibungsvorgängen

Für den AfA-Schlüssel ist es möglich, mehrere Phasen zu definieren, und für jede Phase werden die AfA-Beträge anhand der zugeordneten Rechenmethoden berechnet. Bei Vorliegen von mehreren Phasen müssen Sie eine Umstellmethode zuordnen, die darüber entscheidet, wann die eine Phase endet und die nächste Phase anfängt (siehe Abbildung 10.56). Anstelle der Umstellmethode können Sie einen Umstellprozentsatz eintragen, bei dessen Erreichen die Phase umgestellt werden soll. Das SAP-System stellt also um, sobald der Restbuchwert kleiner ist als der Anschaffungswert, multipliziert mit dem Prozentsatz für die Umstellung.

Falls Sie zusätzlich zur Abschreibung die Zinsen berechnen möchten, fügen Sie einen Eintrag für die Zinsen hinzu (siehe Abbildung 10.57).

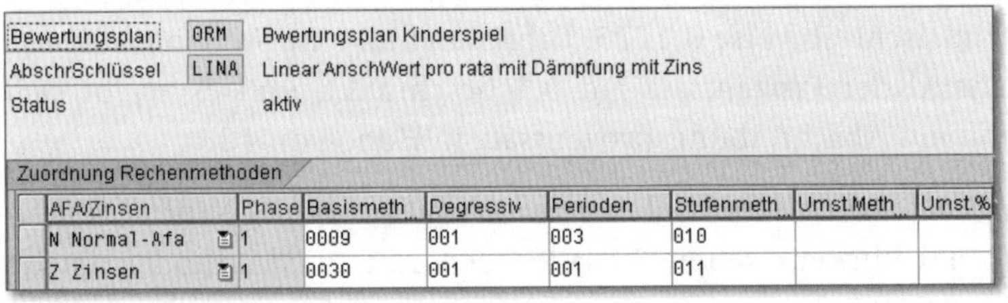

Abbildung 10.57 Definition eines Abschreibungsschlüssels mit Zinsen

[!]

Neue AfA-Schlüssel aktivieren

Falls Sie einen neuen Schlüssel angelegt oder einen existierenden Schlüssel geändert haben, müssen Sie diesen zuerst aktivieren, bevor Sie den AfA-Schlüssel einsetzen können. Hierzu klicken Sie für den ausgewählten AfA-Schlüssel in der Transaktion AFAMA auf den Button AKTIVIEREN.

10.8 Einstellungen zum Informationssystem in der Anlagenbuchhaltung

In der Standardauslieferung von SAP ERP steht Ihnen eine ganze Reihe von Reports zur Verfügung, wie z. B. Bestandslisten, Inventurlisten, Abschreibungen, Anlagenbewegungen oder das Anlagengitter. Um die im Infosystem angezeigten Listen beliebig zu sortieren und zu summieren, können Sie die ausgelieferten Sortiervarianten verwenden oder eigene Varianten definieren.

Neben den gebuchten AfA-Werten können Sie im Informationssystem die Abschreibungswerte bei geänderten AfA-Parametern simulieren lassen. Hierzu verwenden Sie die Simulationsvarianten.

Anlagengitter konfigurieren

Die wichtigste Ergänzung der Bilanz ist das Anlagengitter. In vielen Ländern stellt dieser Report einen Pflichtbericht dar. SAP liefert daher länderspezifische Versionen des Anlagengitters aus, die die gesetzlichen Anforderungen erfüllen; Sie können aber auch eigene Gitterversionen anlegen.

Die Einstellungen zu den Sortier- und Simulationsoptionen sowie zum Anlagengitter erläutern wir in den folgenden Abschnitten.

10.8.1 Sortiervarianten für Anlagenberichte

Sortiervarianten definieren

In allen Auswertungen der Anlagenbuchhaltung können Sie Ihre Daten aufgrund der Sortiervariante sortieren und summieren. Die Einstellungen zur Sortiervariante nehmen Sie über den Customizing-Pfad FINANZWESEN (NEU) • ANLAGENBUCHHALTUNG • INFORMATIONSSYSTEM • SORTIERVARIANTEN FÜR ANLAGENBERICHTE DEFINIEREN oder über die Transaktion OAVI vor. Eine Sortiervariante benennen Sie als einen bis zu vierstelligen Schlüssel, und jeder Sortiervariante können Sie maximal fünf Sortierstufen zuordnen (siehe Abbildung 10.58).

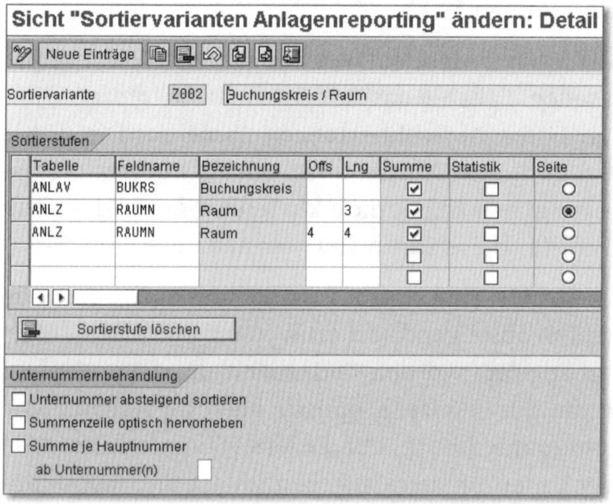

Abbildung 10.58 Definition einer Sortiervariante für die Anlagenberichte

Eine existierende Variante können Sie kopieren und entsprechend anpassen.

Neben dem maximal vierstelligen Schlüssel geben Sie jeder Sortiervariante eine Bezeichnung. Anschließend tragen Sie in der Sortierstufe den technischen Namen des Merkmals (Tabellenname und Feldname) ein, nach dem Sie sortieren und summieren möchten. Auch ist es möglich, nur einen Teil einer Zeichenkette in die Sortiervariante zu integrieren.

[zB]

Verwendung von Zeichenketten – Beispiel Raumnummer

Die Raumnummer besteht bei Ihnen aus einer dreistelligen Gebäudenummer, einem Punkt und einer vierstelligen Zimmernummer, also XXX.YYYY. Das Feld RAUMNUMMER können Sie nun aufteilen, wie es in Tabelle 10.5 gezeigt wird.

Feld	Bezeichnung	Offset	Länge
RAUMN	Raumnummer	0	3
RAUMN	Raumnummer	4	4

Tabelle 10.5 Aufteilung des Feldes »Raumnummer«

In der Spalte OFFSET definieren Sie, wie viele Zeichenkettenstellen übersprungen werden, und in der Spalte LNG legen Sie fest, wie viele Zeichen beachtet werden müssen. In unserem Beispiel repräsentiert die erste Sortierstufe die Gebäudenummer XXX und die zweite Sortierstufe die Zimmernummer YYYY.

In der Spalte SUMME legen Sie fest, auf welcher Sortierstufe die Werte summiert werden sollen. Falls Sie das Feld STATISTIK ankreuzen, können Sie bei einigen Listen Aufschlüsselungen vornehmen (z. B. bei Abschreibungslisten nach dem AfA-Schlüssel oder bei Bewegungslisten nach der Bewegungsart). Durch die Aktivierung des Feldes SEITE findet beim Ausdruck für diese Sortierstufe ein Seitenwechsel statt.

Zusätzlich können Sie für eine Sortiervariante festlegen, dass die Anlagenunternummern absteigend sortiert werden sollen, d. h., dass Anlagen, die zuletzt angelegt worden sind, zuerst angezeigt werden. Auch können Sie die Summenzeile optisch hervorheben und die Summen pro Hauptnummer bilden. Für die letzte Summe müssen Sie noch die Anzahl der Unternummern angeben, ab der die Hauptnummernsummierung aktiviert werden soll. Beachten Sie, dass die Summe je Hauptnummer nicht im Anlagengitter berücksichtigt wird.

10.8.2 AfA-Simulationsvarianten

AfA-Werte simulieren

In der Anlagenbuchhaltung ist es sehr wichtig, die Wertentwicklung des Anlagevermögens planen und analysieren zu können. Um dies zu gewährleisten, müssen Sie die Entwicklung der Abschreibungswerte kennen. In diesem Zusammenhang stehen Ihnen *AfA-Simulationsvarianten* zur Verfügung. Anhand einer AfA-Simulationsvariante ist es möglich, die Abschreibungsreports mithilfe von simulierten AfA-Parametern zu starten.

Simulationsvariante anlegen

Die Simulationsvarianten definieren Sie über den Customizing-Pfad FINANZWESEN (NEU) • ANLAGENBUCHHALTUNG • INFORMATIONSSYSTEM • SIMULATIONSVARIANTEN FÜR ABSCHREIBUNGSBERICHTE DEFINIEREN (siehe Abbildung 10.59).

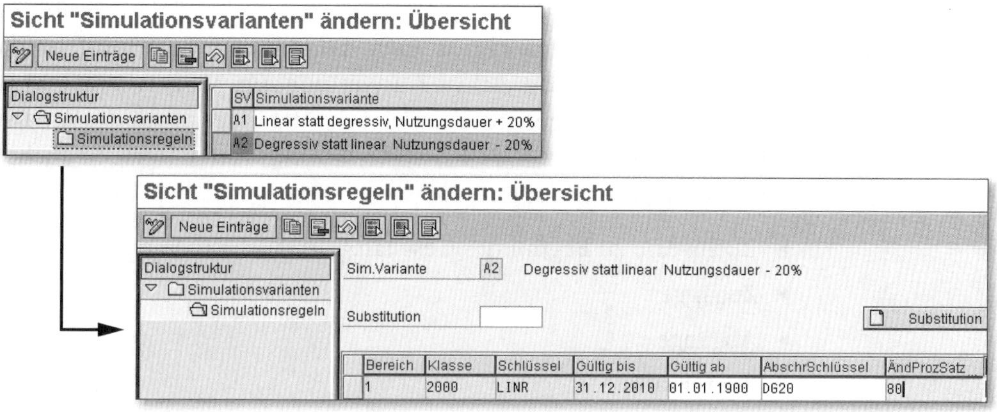

Abbildung 10.59 Definition einer Simulationsvariante mit geänderten Abschreibungsparametern

Definieren Sie einen maximal zweistelligen Schlüssel für die Simulationsvariante, und legen Sie eine Beschreibung dazu an. Für die Simulationsregeln treffen Sie die folgenden Festlegungen:

- den Bewertungsbereich, für den die Simulation relevant sein soll
- die Anlagenklasse
- den Abschreibungsschlüssel, der in der Simulation ersetzt werden soll (der AfA-Schlüssel aus den Anlagenstammdaten)
- ein Gültigkeitsdatum, bis zu dem die simulierten Anlagen aktiviert worden sind
- ein Gültigkeitsdatum, ab dem die simulierten Anlagen aktiviert worden sind
- den neuen Abschreibungsschlüssel
- einen Prozentsatz, um den sich die Nutzungsdauer der simulierten Anlagen ändern soll

Bei einer Eingabe von 120 % handelt es sich um eine Nutzungsdauerverlängerung um 20 %, und bei einer Eingabe von 80 % simulieren Sie eine Nutzungsdauerverkürzung um 20 %.

Bei der Durchführung der Abschreibungssimulation mit einer Simulationsvariante ist zu beachten, dass in der Vergangenheit gebuchte Abschreibungswerte nicht neu berechnet werden können.

10.8.3 Anlagengitter

Bedeutung des Anlagengitters

Das *Anlagengitter* (manchmal auch *Anlagenspiegel* genannt) ist die wichtigste und umfangreichste Auswertung zum Monats- und Jahresabschluss. Das Anlagengitter umfasst die Veränderungen des Anlagevermögens in einem Geschäftsjahr anhand von unterschiedlichen Gruppierungen, wie z. B.:

- Buchwerte zu Beginn des Geschäftsjahres
- Zugänge
- Abgänge
- Korrekturen
- Abschreibungen
- Buchwerte zum Ende des Geschäftsjahres

Im Standard von SAP ERP finden Sie vordefinierte, länderspezifische Anlagengitterversionen. Zusätzlich zu den dort verfügbaren Versionen können Sie eigene Gitterversionen über den Customizing-Pfad Finanzwesen (neu) • Anlagenbuchhaltung • Informationssystem • Anlagengitter • Gitterversionen definieren oder über die Transaktion OA79 anlegen. Es empfiehlt sich, eine existierende Gitterversion zu kopieren und diese anzupassen. Keinesfalls sollten Sie aber die ausgelieferten Gitterversionen verändern. Im in Abbildung 10.60 gezeigten Beispiel wurde die Gitterversion ZRM1 von der Version 0001 kopiert und überarbeitet, und die Spalte 50 wurde gelöscht.

Spalten- und Zeilenaufbau

Für jede Gitterversion müssen Sie den Spalten- und Zeilenaufbau festlegen; maximal können Sie acht Spalten und zehn Zeilen definieren. Die Spalten 00 und 99 sind vordefiniert. Spalte 00 repräsentiert die Werte zum Geschäftsjahresbeginn, und Spalte 99 bildet die Werte zum Geschäftsjahresende ab. Die übrigen Spalten können Sie beliebig von 01 bis 80 definieren, wobei Sie maximal acht Spalten anlegen können. In unserem Beispiel wurden die Spalten analog zu den Bewegungsartengruppen benannt (siehe Abschnitt 10.6.1, »Bewegungsartengruppen«). Auf dem Bildschirm sehen Sie maximal fünf Spalten. Falls Ihre Gitterversion mehr als fünf Spalten enthält, können Sie über die Buttons Spalte links und Spalte rechts hin- und herblättern. Wenn Sie eine neue Spalte bzw. eine neue Zeile definieren möchten, tragen Sie in die freie Spalte eine Nummer ein. Nachdem Sie nun die [↵]-Taste betätigt haben, werden Ihre Spalten und Zeilen unter der Berücksichtigung der neuen Einträge erneut sortiert.

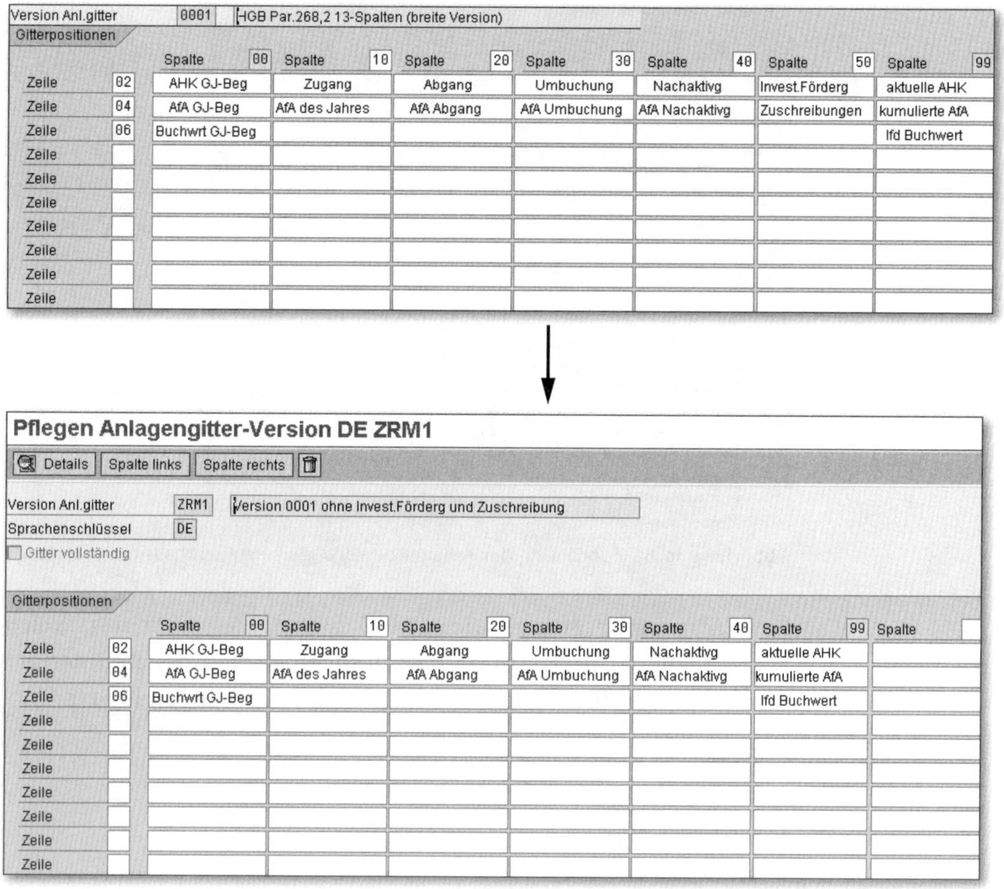

Abbildung 10.60 Definition der Gitterversion ZRM1 auf Basis der Version 0001

Falls Sie eine existierende Spalte bzw. Zeile entfernen möchten, löschen Sie den entsprechenden Eintrag in der Spalten- bzw. in der Zeilennummer – in unserem Beispiel wurde die Spalte 50 gelöscht.

Anlagenbewegungen zuordnen

Nachdem Sie Ihre Spalten und Zeilen angelegt haben, erfassen Sie Überschriften für die Gitterpositionen, wie z. B. die Überschrift »Zugang«. Per Doppelklick auf die jeweilige Gitterposition ordnen Sie ihr die dazugehörigen Anlagenbewegungen zu (siehe Abbildung 10.61).

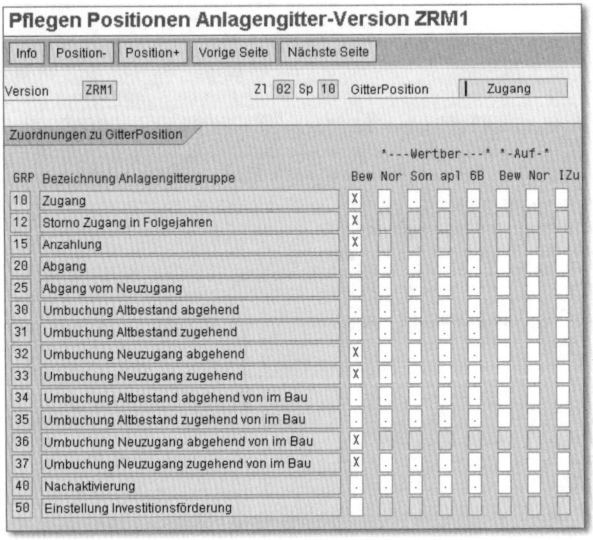

Abbildung 10.61 Zuordnung der Anlagenbewegungen zur Gitterposition »Zugang«

Pro Anlagengittergruppe wie z. B. 10 (Zugang) legen Sie fest, welche Werte in diese Gitterposition fließen sollen. Hierzu stehen Ihnen acht Spalten zur Verfügung, die die folgenden Bedeutungen haben:

- **Bew**
  Anschaffungswert/Bewegungsbetrag
- **Wertber Nor**
  Normal-AfA
- **Wertber Son**
  Sonder-AfA
- **Wertber Apl**
  außerplanmäßige AfA
- **Wertber 6B**
  Rücklagenübertragung
- **Auf-Bew**
  Aufwertung
- **Auf-Nor**
  Aufwertung, Normal AfA
- **IZu**
  Investitionszuschüsse

Abhängig davon, ob die Werte den Anfang oder das Ende des Geschäftsjahres bzw. das laufende Geschäftsjahr betreffen, werden die Einträge als kumulierte oder geplante Werte verstanden.

Sie können die folgenden Einträge pflegen:

- X: Bewegung ist der aktuellen Gitterposition zugeordnet
- .: Bewegung ist einer anderen Gitterposition zugeordnet
- leer: Bewegung ist noch keiner Gitterposition zugeordnet

Beim Eintrag ».« können Sie mithilfe der [F7]-Taste die Zuordnung prüfen, und mithilfe der Taste [F8] prüfen Sie die Vollständigkeit Ihrer Gitterversion.

Wenn Sie sich die Definition der Bewegungsarten ins Gedächtnis rufen, sehen Sie die Verbindung zwischen den Bewegungsarten und den Anlagengittergruppen. Die Anlagengittergruppen wurden vordefiniert und ausgeliefert. Nur falls Sie eine neue Bewegungsart einer gesonderten Anlagengitterposition zuordnen möchten, definieren Sie über den Customizing-Pfad FINANZWESEN (NEU) • ANLAGENBUCHHALTUNG • INFORMATIONSSYSTEM • ANLAGENGITTER • GITTERGRUPPEN DEFINIEREN oder über die Transaktion OAV9 eine neue Anlagengittergruppe.

10.9 Fazit

Sie haben nun alle wesentlichen Einstellungen zur Anlagenbuchhaltung kennengelernt. In diesem Zusammenhang haben wir Sie zunächst mit den grundlegenden Organisationseinheiten, dem Bewertungsplan sowie dem Bewertungsbereich vertraut gemacht und dabei aufgezeigt, welche Auswirkungen diese auf die parallele Berichterstattung mit der Ledger- bzw. der Kontenlösung haben.

Anschließend sind wir weiter ins Detail gegangen und haben Ihnen dargelegt, was unter einer Anlagenklasse zu verstehen ist, welche besonderen Anlagenklassen es gibt (Anlagen im Bau, GWG) und welche Stammdaten zu den Anlagen zu pflegen sind.

Des Weiteren haben Sie gelernt, wie die Anlagenbuchhaltung mit dem Hauptbuch verknüpft ist, wie also die Bestands- und Abschreibungskonten zugeordnet werden, wie die Belegarten und die Periodizität für die Abschreibung eingestellt werden und wie Objekte im Controlling mitgebucht werden können.

Im Anschluss daran haben wir Ihnen einen Überblick über das Customizing der Bewegungsarten und der Bewegungsartengruppen gegeben, um uns dann ausführlich mit den unterschiedlichen Abschreibungsarten zu beschäftigen. Abschließend sind wir noch auf einige Einstellungen zum Informationssystem der Anlagenbuchhaltung eingegangen.

In diesem Kapitel zum Thema »Bankbuchhaltung« beschäftigen wir uns u. a. mit den Hausbanken, dem Kassenbuch, der Scheckeinreichung und dem elektronischen Kontoauszug.

11 Bankbuchhaltung

Die Bankbuchhaltung dokumentiert und verwaltet den Zahlungsfluss in einem Unternehmen mithilfe des Zahlprogramms in SAP ERP, anhand der Durchführung von manuellen Zahlungen und mithilfe des elektronischen Kontoauszugs. Sie bildet damit die Grundlage für den internen und externen Zahlungsverkehr.

In der Bankbuchhaltung können Sie sowohl die Bankenstammdaten als auch die Daten von Wechseln und Schecks pflegen und verwalten. Zusätzlich können Sie hier die laufenden Geschäftsvorfälle mit Ihrer Bank und der Kasse abwickeln. Zu den wichtigsten Geschäftsvorfällen in der Bankbuchhaltung gehören die im Kassenbuch vorgenommenen Buchungen, die Verarbeitung von Kontoauszügen sowie die Wechsel- und Scheckeinreichung.

Die Vorgänge in der Bankbuchhaltung sind mit den anderen Bereichen wie der Hauptbuchhaltung, der Debitoren- und der Kreditorenbuchhaltung fest integriert. Dies bedeutet, dass alle Geschäftsvorfälle, die Sie in der Bankbuchhaltung gebucht haben, je nach Vorgang auf den entsprechenden Sach-, Debitoren- oder Kreditorenkonten zu finden sind. Im Gegensatz zur Debitoren-, Kreditoren- und Anlagenbuchhaltung wird die Bankbuchhaltung allerdings nicht als Nebenbuch bezeichnet, sondern sie ist Teil des Hauptbuches.

In diesem Kapitel zeigen wir Ihnen zunächst, wie Sie Ihre Hausbanken anlegen, und wenden uns danach den Geschäftsvorfällen in der Bankbuchhaltung zu. Unser Augenmerk richten wir dabei besonders auf das Kassenbuch, die Scheckeinreichung und den elektronischen Kontoauszug. Die Buchungen mit Wechselverwendung wurden schon kurz in den Abschnitten 9.2.2, »Ausgehende Zahlung«, und 9.4.1, »Kreditorische Sonderhauptbuchvorgänge«, angesprochen.

Aufgrund der Tatsache, dass im deutschsprachigen Raum der Wechsel nicht sehr häufig verwendet wird, werden wir diese Thematik auch nicht weiter vertiefen.

11.1 Definition der Hausbanken

Bedeutung der Hausbanken

Unter *Hausbanken* versteht man im SAP-System die Daten der Banken, bei bzw. mit denen das Unternehmen eigene Bankkonten unterhält und Geschäfte abwickelt. Jede im System definierte Hausbank erhält einen maximal fünfstelligen Schlüssel, die sogenannte *Hausbank-ID*.

Die meisten Unternehmen unterhalten bei einer Bank mehrere Bankkonten. Jedes im SAP-System angelegte Bankkonto bei der Hausbank wird durch einen maximal fünfstelligen Schlüssel, die sogenannte *Konto-ID*, repräsentiert.

Um den Zusammenhang zwischen Hausbanken und Bankkonten besser zu verstehen, zeigen wir im Folgenden ein Beispiel für eine Hausbank: die Deutsche Bank mit drei Bankkonten (siehe Tabelle 11.1).

Hausbank	Bankkonten	Konto-ID
Deutsche Bank BLZ: 10020030 Bank-ID: DB	Bankkonto: Girokonto in EUR	Konto-ID: GIRO
	Bankkonto: Devisenkonto in USD	Konto-ID: US$
	Bankkonto: Wertpapierkonto in EUR	Konto-ID: WERTP

Tabelle 11.1 Eine Hausbank mit drei Bankkonten

Hausbanken anlegen

Die Hausbanken und die dazugehörigen Bankkonten definieren Sie in Verbindung mit Ihrem Buchungskreis über den Customizing-Pfad Finanzwesen (neu) • Bankbuchhaltung • Bankkonten • Hausbanken definieren oder über die Transaktion FI12. Über den Button Neue Einträge legen Sie die Stammdaten für Ihre Hausbanken an (siehe Abbildung 11.1).

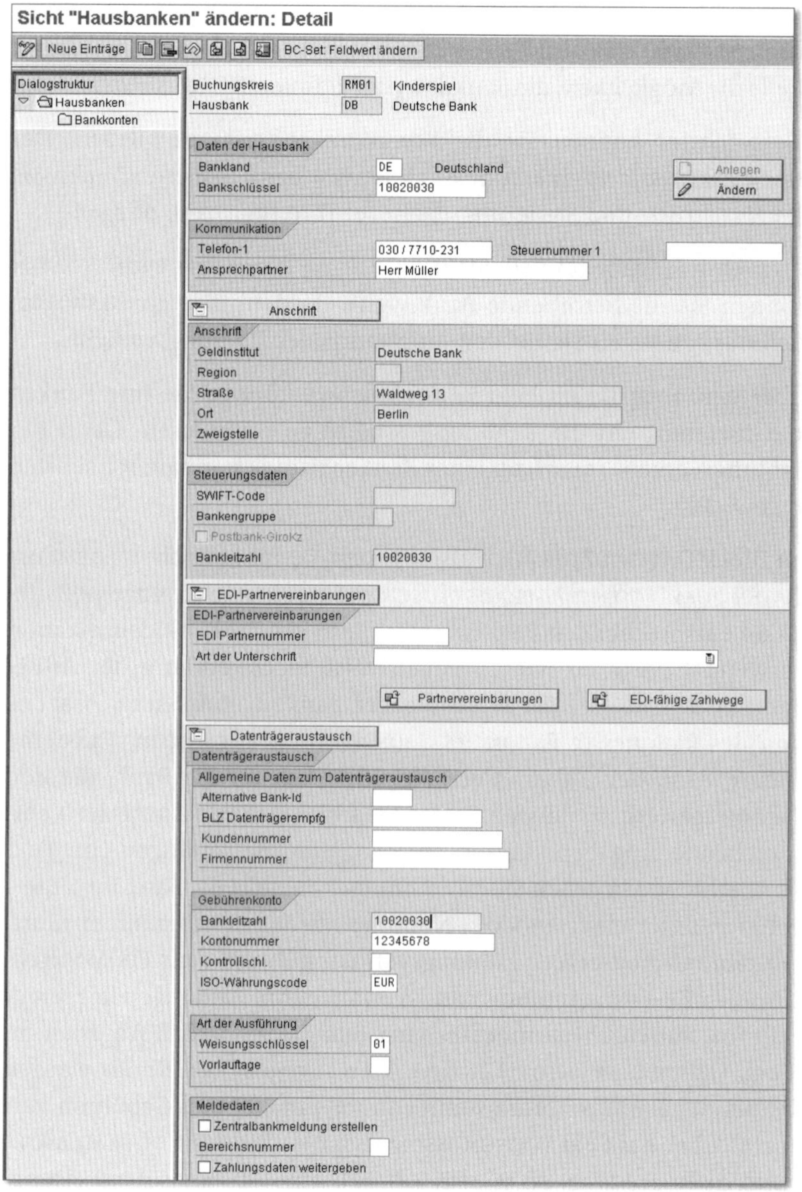

Abbildung 11.1 Daten für die Hausbanken pflegen

Im Feld HAUSBANK geben Sie das maximal fünfstellige Kürzel an, und im Block DATEN DER HAUSBANK ordnen Sie das Bankland und den Bankschlüssel über die entsprechenden Felder zu. Im Feld BANKSCHLÜSSEL werden die Banken, in der Regel anhand der Bankleitzahl, zu jedem Land gespeichert.

Falls die Bankenstammdaten Ihrer Hausbank beim Anlegen des Stammsatzes noch nicht im SAP-System vorliegen, haben Sie an dieser Stelle die Möglichkeit, die Bankdaten zu definieren bzw. sie zu ändern.

Als Nächstes können Sie die Kommunikationsdaten pflegen. Der Block ANSCHRIFT ist zuerst nicht aktiv; erst beim Sichern können Sie die Anschrifts- und Steuerungsdaten für Ihre Hausbank pflegen.

Über eine Eingabe im Feld SWIFT-CODE im Block STEUERUNGSDATEN können Sie die betreffende Bank weltweit identifizieren; diese Einstellung benötigen Sie für den internationalen Zahlungsverkehr.

Über eine Eingabe im Feld BANKENGRUPPE können Sie Ihre Banken klassifizieren, um die Zahlungsgeschäfte zu optimieren. Denn der Zahlungsverkehr innerhalb einer Bankengruppe wird am schnellsten abgewickelt.

Im Block DATENTRÄGERAUSTAUSCH geben Sie im Bereich ALLGEMEINE DATEN ZUM DATENTRÄGERAUSTAUSCH eventuell eine alternative Bank-ID im entsprechenden Feld ein, falls diese bei der Bankidentifikation verwendet wird. So wird beispielsweise in Luxemburg der ABBL-Bankcodes-Schlüssel der Luxemburger Bankenvereinigung (Association des Banques et Banquiers, Luxembourg) angegeben. Falls eine andere Bank den Zahlungsverkehr abwickelt als die Bank, die den Datenträger erhält, müssen Sie im Feld BLZ DATENTRÄGEREMPFG entsprechende Angaben für die empfangende Bank tätigen. Im Feld KUNDENNUMMER geben Sie eine Nummer an, falls die Bank Ihr Unternehmen unter einer anderen Nummer als der Kontonummer führt. Für den internationalen Zahlungsverkehr geben Sie als FIRMENNUMMER die LZB-Firmennummer an. Wenn Sie Ihre Zahlungen in Fremdwährung durchführen möchten, machen Sie zusätzlich Angaben im Block GEBÜHRENKONTO. Auf dem hier angegebenen Konto werden die bei der Fremdwährungsumrechnung anfallenden Gebühren verbucht. Über das Feld WEISUNGSSCHLÜSSEL im Block ART DER AUSFÜHRUNG definieren Sie, ob es sich z. B. um eine Auslandsüberweisung, eine Europaüberweisung oder um eine Schecküberweisung handelt.

Bankkonten anlegen

Nachdem Sie die Angaben zu Ihrer Hausbank gesichert haben, wählen Sie in der Dialogstruktur den Menüpunkt BANKKONTEN aus. Über NEUE EINTRÄGE pflegen Sie nun die Daten zu Ihren Konten bei der ausgewählten Hausbank (siehe Abbildung 11.2).

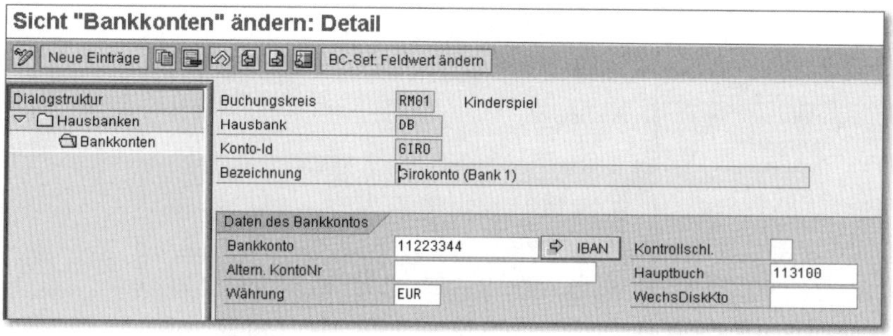

Abbildung 11.2 Datenpflege der Bankkonten

Für jedes Bankkonto geben Sie einen maximal fünfstelligen Schlüssel im Feld Konto-Id und im Feld Bezeichnung den Namen des Bankkontos an. Jedem Bankkonto ordnen Sie anschließend eine Kontonummer und einen Währungsschlüssel zu. Eventuell können Sie zusätzlich eine alternative Kontonummer über das Feld Altern. KontoNr angeben. Diesen Eintrag benötigen Sie, falls Ihre Bank unter derselben Kontonummer mehrere Konten in unterschiedlicher Währung führt. In der Regel besteht die alternative Kontonummer aus der Bankkontonummer und dem Währungsschlüssel. Für den internationalen Zahlungsverkehr und für die *SEPA-Zahlungen* pflegen Sie über den Button IBAN die jeweilige *IBAN-Nummer*. Jedes Bankkonto verbinden Sie mit einem Sachkonto in Ihrem Kontenplan. Diese Verbindung stellen Sie durch einen Eintrag im Feld Hauptbuch her, in dem Sie die Nummer des entsprechenden Sachkontos angeben.

IBAN-Nummer im Produktivsystem ändern [+]

Falls Sie die IBAN-Nummer im Entwicklungssystem nachträglich ändern bzw. pflegen möchten, müssen Sie wissen, dass ein Transport von solchen Änderungen ins Produktivsystem häufig nicht möglich ist. In solchen Fällen verwenden Sie direkt im Produktivsystem die Transaktion FIBAN für die IBAN-Pflege.

Nachdem Sie Ihre Angaben gesichert haben, markieren Sie eine ausgewählte Hausbank in Ihrer Hausbankenliste, um sich dann über den Button Bankkonten eine Übersicht über die von Ihrer Hausbank gehaltenen Bankkonten zu verschaffen (siehe Abbildung 11.3).

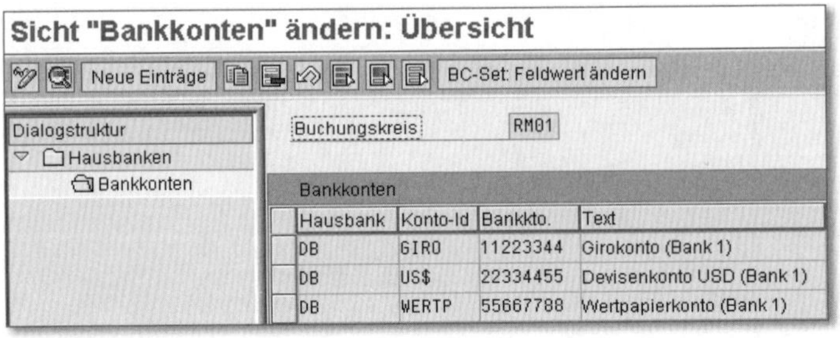

Abbildung 11.3 Übersicht über die Bankkonten bei der Hausbank DB (Deutsche Bank)

[+]

Sprechende Schlüssel vergeben

Für Ihre Hausbanken und die dortigen Bankkonten sollten Sie, falls möglich, sogenannte sprechende Schlüssel vergeben. Damit können Sie auf den ersten Blick erkennen, um welche Bank und um welches Bankkonto es sich handelt.

11.2 Klassische Geschäftsvorfälle in der Bankbuchhaltung

In der Bankbuchhaltung werden Geld-, Scheck- und Wechseleingänge sowie -ausgänge registriert. Die Geschäftsvorfälle können manuell, wie z. B. Buchungen im Kassenbuch, oder maschinell, wie z. B. der elektronische Kontoauszug, verarbeitet werden. In diesem Abschnitt lernen Sie die Einstellungen für das Kassenbuch, für den Scheckeinreicher und für den elektronischen Kontoauszug kennen. Wechselbuchungen wurden bereits kurz in Abschnitt 8.4.1, »Sonderhauptbuchvorgänge«, erwähnt. Auch an dieser Stelle vertiefen wir das Thema »Wechselbuchungen« wegen des seltenen Einsatzes von Wechseln in deutschen Unternehmen nicht weiter.

11.2.1 Kassenbuch

Verwendung des Kassenbuches

Im Kassenbuch registrieren Sie die Bargeldbewegungen und Scheckeinnahmen Tag für Tag, ausgehend bei dem Bestand zu Beginn des Tages in einem Zeitfenster bis zum Ende des Tages. Die Kasse und damit auch das Kassenbuch spiegeln diese Geldbewegungen (Scheckeinnahmen) durch die entsprechenden Buchungen auf dem Hauptbuchkonto »Kasse« in der Buchhaltung wider. Dies bedeutet, dass Sie pro Buchungskreis mehrere Kassenbücher einrichten können, auch mehrere Kassenbücher pro Kassenkonto sind möglich. Üblich, aber nicht zwingend erforderlich, ist wie in Abbildung 11.4 dargestellt, eine 1:1-Zuordnung zwischen Kassenbuch und Kassenkonto.

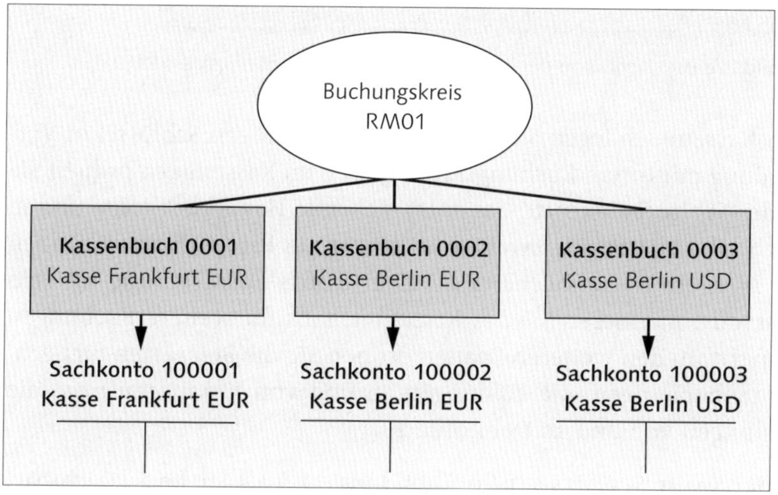

Abbildung 11.4 Kassenbuchzuordnung

Um das Kassenbuch einzurichten, benötigen Sie Sachkonten, auf die Sie die Geschäftsvorfälle des Kassenbuches buchen möchten, sowie Belegarten für die Sachkontenbuchungen, die Zahlungsausgänge und die Zahlungseingänge. Was sich hinter den *Belegarten* verbirgt, wurde bereits in Abschnitt 4.4.1, »Belegkopf«, erläutert. Für die Buchungen im Kassenbuch müssen Sie zuvor pro Buchungskreis ein Nummernkreisintervall für die Kassenbuchbelege definieren, so dass jeder Kassenbeleg eine eindeutige interne Nummer pro Buchungskreis erhält; diese Nummer hat mit der Hauptbuchbelegnummer nichts zu tun. Zusätzlich werden die Kassenbuchbelege pro Buchungskreis und Kassenbuch fortlaufend nummeriert. Das Nummernintervall für die Kassenbuchungen definieren Sie über den Customizing-Pfad Finanzwesen (neu) • Bankbuchhaltung • Geschäftsvorfälle • Kassenbuch • Nummernkreisintervall für Kassenbuchbelege definieren oder über die Transaktion FBCJC1.

Kassenbuch einrichten

Das Kassenbuch definieren Sie über den Customizing-Pfad Finanzwesen (neu) • Bankbuchhaltung • Geschäftsvorfälle • Kassenbuch • Kassenbuch einrichten oder über die Transaktion FBCJC0 (siehe Abbildung 11.5).

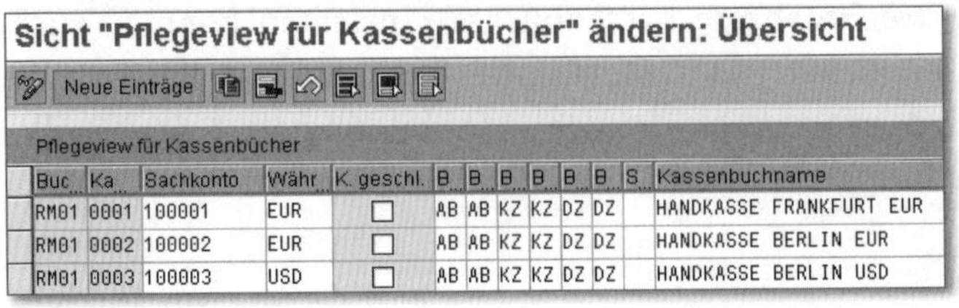

Buc…	Ka…	Sachkonto	Währ…	K. geschl.	B…	B…	B…	B…	B…	B…	S…	Kassenbuchname
RM01	0001	100001	EUR	☐	AB	AB	KZ	KZ	DZ	DZ		HANDKASSE FRANKFURT EUR
RM01	0002	100002	EUR	☐	AB	AB	KZ	KZ	DZ	DZ		HANDKASSE BERLIN EUR
RM01	0003	100003	USD	☐	AB	AB	KZ	KZ	DZ	DZ		HANDKASSE BERLIN USD

Abbildung 11.5 Definition der Kassenbücher für den Buchungskreis RM01

Das Kassenbuch legen Sie als maximal vierstelligen Schlüssel in Verbindung mit Ihrem Buchungskreis an. Jedem Kassenbuch ordnen Sie in der Spalte SACHKONTO das entsprechende Hauptbuchkonto und in der Spalte WÄHR die jeweilige Währung zu. Pro Sachkonto können Sie mehrere Kassenbücher zuweisen. Durch einen Eintrag im Feld K.GESCHL. markieren Sie das Kassenbuch als für weitere Buchungen gesperrt. In den weiteren Spalten ordnen Sie die Belegarten für Sachkontenbuchungen, die Zahlungen an und von Kreditoren bzw. die Zahlungen von und an Debitoren zu.

In der Spalte SCHECKSPLIT (in Abbildung 11.5 als Spalte S… sichtbar) tragen Sie einen Schlüssel für die Splittregeln bei der Scheckeinreichung ein. So werden über den Schlüssel AL bei mehreren Schecks sowohl die Buchungen auf dem Kassenkonto als auch die Gegenbuchungen gesplittet. Der Schlüssel OP verursacht die Aufteilung nur in den Gegenbuchungen zum Kassenkonto, und wenn Sie keinen Eintrag vornehmen, wie in Abbildung 11.5, findet keine Aufsplittung statt.

Die Bezeichnung des Kassenbuches tragen Sie in der Spalte KASSENBUCHNAME ein. Wenn Sie eine Berechtigungsgruppe festlegen, wird der Zugriff auf das Kassenbuch auf Benutzer aus dieser Berechtigungsgruppe beschränkt. Die einzelnen Berechtigungsgruppen pflegen Sie im Rahmen des Berechtigungskonzepts. In die Felder PERSON 1 und PERSON 2 können Sie die Namen z. B. des Kassierers eintragen, und in der Spalte ZUSATZTEXT pflegen Sie weitere Informationen zum Kassenbuch. Die letzten drei Felder sind in Abbildung 11.5 nicht sichtbar; Sie gelangen hierzu, indem Sie nach rechts scrollen.

Geschäftsvorfälle

Die Kassierer sind oft keine Buchhalter und müssen daher keine Buchungslogiken im SAP-System kennen. Aus diesem Grund hinterlegen Sie die Buchungsregeln in den *Geschäftsvorfällen* für das Kassenbuch, und die Buchungen im Kassenbuch nehmen Sie entsprechend auf der Basis von Geschäftsvorfällen vor. In einem Geschäftsvorfall definieren Sie vor allem die Art der Buchung, wie z. B. Erlösbuchung, Aufwandsbuchung, Einzahlung vom Bankkonto, Buchung gegen Debitor usw. Sie entscheiden, auf welchem Gegenkonto zum Kassenkonto die Buchung registriert werden soll und mit welchem Steuerkennzeichen, falls die betreffende Buchung steuerrelevant ist. Die Einstellungen hierzu nehmen Sie über den Customizing-Pfad FINANZWESEN (NEU) • BANKBUCHHALTUNG • GESCHÄFTSVORFÄLLE • KASSENBUCH • GESCHÄFTSVORFÄLLE ANLEGEN, ÄNDERN, LÖSCHEN oder über die Transaktion FBCJC2 vor (siehe Abbildung 11.6).

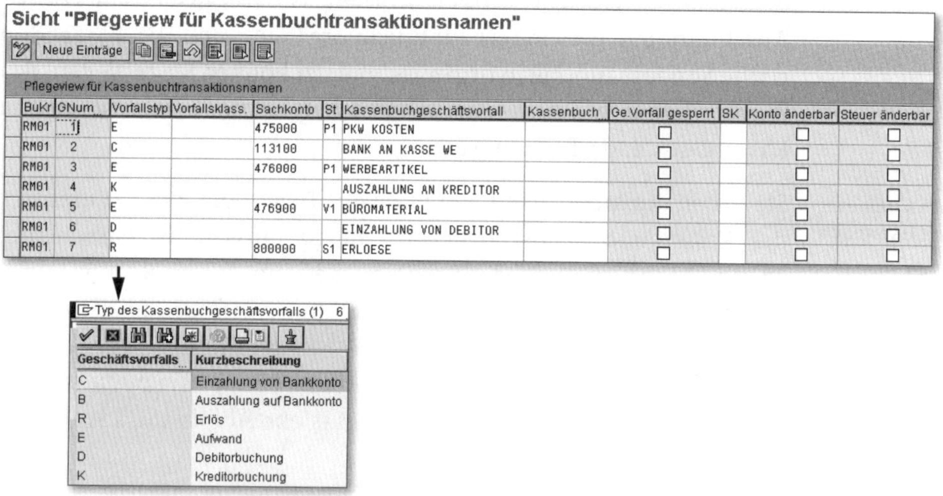

Abbildung 11.6 Definition der Geschäftsvorfälle für das Kassenbuch

Die Geschäftsvorfälle legen Sie in Verbindung zu einem Buchungskreis an; die Geschäftsvorfallnummern werden vom SAP-System automatisch vergeben. In der Spalte VORFALLSTYP legen Sie fest, ob es sich z. B. um eine Aufwandsbuchung oder um eine Debitorenbuchung handelt. Bei einer Aufwandsbuchung ordnen Sie das Aufwandskonto in der Spalte SACHKONTO und das Steuerkennzeichen im Feld ST zu; bei einer Debitoren- bzw. Kreditorenbuchung legen Sie kein Sachkonto fest. Denn dieses wird über die Debitoren- oder Kreditorenstammdaten (Abstimmkonto) ermittelt.

Klassifizierung der Geschäftsvorfälle

Über einen Eintrag in der Spalte VORFALLSKLASS. können Sie Ihre Geschäftsvorfälle eindeutig als »Ausgaben bar«, »Einnahmen bar«, »Einnahmen Schecks« und »Einnahmen bar/Scheck« klassifizieren. In der Spalte KASSENBUCHGESCHÄFTSVORFALL geben Sie die sprachunabhängige Bedeutung zum jeweiligen Geschäftsvorfall an. In der nächsten Spalte KASSENBUCH-GESCHÄFTSVORFALL LANGTEXT (in Abbildung 11.6 als Spalte KASSENBUCH... sichtbar) haben Sie die Möglichkeit, die sprachabhängige Bezeichnung des Geschäftsvorfalls zuzuordnen. Nicht mehr verwendete Geschäftsvorfälle können Sie über die Option GE.VORFALL GESPERRT sperren.

Im Feld SK ist es möglich, ein Sonderhauptbuchkennzeichen anzugeben. Damit erscheinen die Buchungen gegen Kreditoren oder Debitoren auf dem abweichenden Abstimmkonto, das dem Sonderhauptbuchkennzeichen zugeordnet worden ist (vergleiche hierzu die Abschnitte 8.4.1, »Sonderhauptbuchvorgänge«, und 9.4.1, »Kreditorische Sonderhauptbuchvorgänge«. Zuletzt können Sie festlegen, dass das Sachkonto und das Steuerkennzeichen bei der Belegerfassung im Kassenbuch änderbar sein sollen.

Druckparameter für das Kassenbuch

Sie haben die Möglichkeit, am Ende des Tages oder eines Zeitfensters das Kassenjournal auszudrucken. Hierzu müssen Sie das entsprechende Programm und die Programmvariante Ihrem Buchungskreis zuordnen. Die entsprechenden Einstellungen erfolgen über den Customizing-Pfad FINANZWESEN (NEU) • BANKBUCHHALTUNG • GESCHÄFTSVORFÄLLE • KASSENBUCH • DRUCKPARAMETER FÜR KASSENBUCH EINRICHTEN oder über die Transaktion FBCJC3 (siehe Abbildung 11.7).

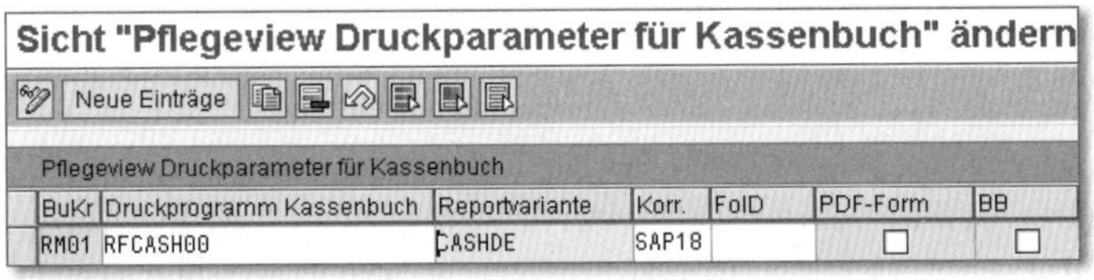

Abbildung 11.7 Druckparameter für das Kassenjournal pflegen

Kassenjournal

Im SAP-System steht Ihnen das Programm RFCASH00 für das Kassenjournal zur Verfügung. Dieses Programm ordnen Sie mithilfe der für Deutschland voreingestellten Variante CASHDE oder anhand einer eigenen Variante Ihrem Buchungskreis zu.

Empfangsbestätigung

Bei der Durchführung einer Auszahlung können Sie eine Empfangsbestätigung aus dem SAP-System ausdrucken. Hierzu ordnen Sie in der Spalte KORR. die Korrespondenzart zu, die für die Steuerung des Druckprogramms zuständig ist. Die entsprechenden Einstellungen nehmen Sie über den Customizing-Pfad FINANZWESEN (NEU) • GRUND-

EINSTELLUNGEN FINANZWESEN (NEU) • KORRESPONDENZ • REPORTZUORDNUNG FÜR KORRESPONDENZART TREFFEN oder über die Transaktion OB78 vor. Dem Druckprogramm wird wiederum über den Customizing-Pfad FINANZWESEN (NEU) • GRUNDEINSTELLUNGEN FINANZWESEN (NEU) • KORRESPONDENZ • SAPSCRIPT-BASIERTE FORMULARE • FORMULARNAMEN FÜR KORRESPONDENZDRUCK HINTERLEGEN ein Formular zugeordnet. Falls Sie die Formulartexte individuell anpassen möchten, kopieren Sie das ausgelieferte Formular und erstellen Ihren eigenen Text über den Customizing-Pfad FINANZWESEN (NEU) • GRUNDEINSTELLUNGEN FINANZWESEN (NEU) • KORRESPONDENZ • SAPSCRIPT-BASIERTE FORMULARE • FORMULARNAMEN FÜR KORRESPONDENZDRUCK HINTERLEGEN oder über die Transaktion SE71. Das modifizierte Formular ordnen Sie nun dem Druckprogramm zu (zu dieser Thematik siehe auch Abschnitt 4.6.2, »Korrespondenz«). Standardmäßig werden die Korrespondenzart SAP18, das Druckprogramm RFKORD80 und das Formular F140_CASH_DOC_01 verwendet.

Im Feld FOID können Sie die Identifikation für ein Formular hinterlegen. Falls Sie einem Druckprogramm mehrere Formulare zugeordnet haben, kann das SAP-System nach dessen Identifikation das entsprechende Formular ansprechen. Wenn das Feld PDF-FORM aktiv ist, verwendet das SAP-System für den Scheckstapeldruck ein PDF-Formular. Auch haben Sie die Möglichkeit, Ihre Empfangsbestätigungen auf Basis von FI-Buchhaltungsbelegen oder von Kassenbuchbelegen auszudrucken. Wenn Sie das Feld BB aktiviert haben, werden nur im Rechnungswesen gebuchte Belege mit der Information aus dem Buchungsbeleg gedruckt. Falls Sie das Feld nicht aktiviert haben, können alle im Kassenbuch gesicherten Belege mit der Information aus dem Kassenbuchbeleg gedruckt werden.

Sie haben einen Überblick dazu erhalten, wie Sie das Kassenbuch konfigurieren können. Nun wenden wir uns der Scheckeinreichung zu.

11.2.2 Scheckeinreichung

Scheckeinreicherliste

Einige Unternehmen in Deutschland erhalten von ihren Debitoren als Zahlungsmittel Schecks. Im SAP-System haben Sie die Möglichkeit, die eingehenden Schecks mit allen dazugehörigen Informationen wie z. B. den Bankdaten und der Nummer der auszugleichenden Rechnung in einer *Scheckeinreicherliste* zu registrieren. Anhand der Verbuchung der Scheckeinreicherliste können Sie die mit Schecks bezahlten Rechnungen ausgleichen. Die eingehenden Schecks werden dabei zunächst auf ein spezielles Scheckeingangskonto gebucht. Nun senden Sie die Schecks und die Scheckeinreicherliste an Ihre Hausbank, so dass die Bank die Beträge von den Debitoren einziehen und sie auf Ihr Bankkonto buchen kann. Die entsprechende Buchung wird auf dem Kontoauszug ausgewiesen, und der erhaltene Betrag gleicht das Scheckeingangskonto im Hauptbuch aus (siehe Abbildung 11.8).

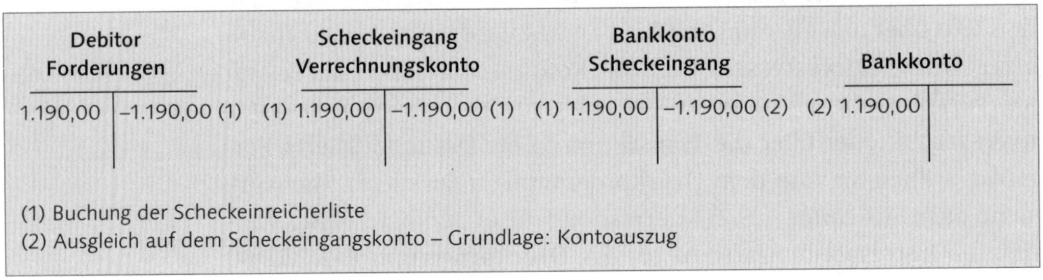

Abbildung 11.8 Buchungslogik der Scheckeinreicherliste

Damit das SAP-System eine bestimmte Buchungslogik anwenden kann, müssen Sie diese im Customizing hinterlegen.

Vorgänge für die Scheckeinreicher

Im ersten Schritt definieren Sie unter FINANZWESEN (NEU) • BANKBUCHHALTUNG • GESCHÄFTSVORFÄLLE • SCHECKEINREICHUNG • GESCHÄFTSVORGÄNGE ANLEGEN UND ZUORDNEN oder über die Transaktion OT53 die internen Vorgänge, um später in Bezug zu einem Vorgang die Buchungslogik im Customizing hinterlegen zu können (siehe Abbildung 11.9).

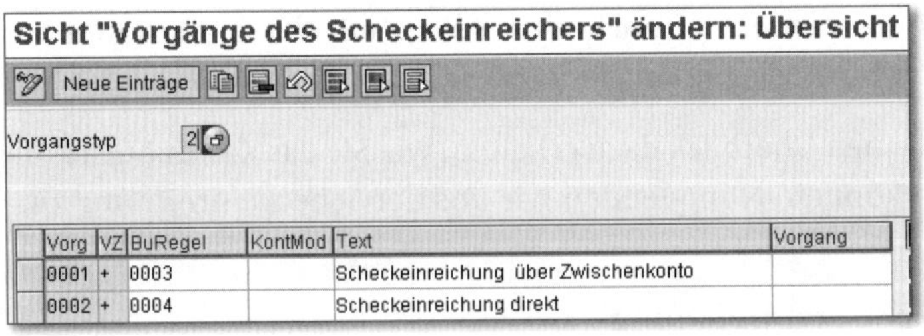

Abbildung 11.9 Vorgänge für den Scheckeinreicher

Den *Vorgangsschlüssel* definieren Sie als einen maximal vierstelligen Schlüssel. In der Spalte VZ entscheiden Sie, ob Sie mit dem entsprechenden Vorgang positive oder negative Werte verbuchen möchten. Diesem Vorgang ordnen Sie nun noch eine Buchungsregel zu, über die die Kontenfindung und die Festlegung der für die Verbuchung notwendigen Informationen (z. B. zu Buchungsschlüssel, Konten oder Belegarten) erfolgen. Im SAP-System finden Sie bereits ausgelieferte Buchungsregeln. Für die Scheckeinreichung wird üblicherweise die Buchungsregel 0003 für die Buchung über ein Zwischenkonto (Verrechnungskonto »Scheckeingang«), wie es in Abbildung 11.8 dargestellt ist, verwendet oder die Buchungsregel 0004 für die direkte Buchung. Auch können Sie weitere Buchungsregeln definieren und anwenden. Als Nächstes stellen wir Ihnen nun die Einstellungen zu den Buchungsregeln vor.

Über einen beliebigen Eintrag im Feld KONT.MOD legen Sie die sogenannte *Kontomodifikation* fest. Anhand der Kontomodifikation können Sie eine genauere Kontenfindung in Abhängigkeit des Kontomodifikationsschlüssels definieren.

Im Feld TEXT geben Sie eine Beschreibung zum jeweiligen Vorgang an, z. B. Scheckeinreichung über Zwischenkonto, und in der Spalte VORGANG tragen Sie einen Schlüssel ein, falls Sie das Valutadatum automatisch bestimmen möchten. Zu diesem Zweck muss eine Regel zum Auffinden des Valutadatums über den Customizing-Pfad FINANZWESEN (NEU) • BANKBUCHHALTUNG • GESCHÄFTSVORFÄLLE • SCHECKEINREICHUNG • WERTSTELLUNGSREGELN DEFINIEREN gepflegt worden sein. In der Praxis wird das Valutadatum in der Regel manuell eingegeben, weshalb wir die automatische Datumsfindung an dieser Stelle nicht vertiefen.

Buchungslogik definieren

Als Nächstes legen Sie über den Customizing-Pfad FINANZWESEN (NEU) • BANKBUCHHALTUNG • GESCHÄFTSVORFÄLLE • SCHECKEINREICHUNG • BUCHUNGSSCHLÜSSEL UND BUCHUNGSREGELN FÜR SCHECKEINREICHUNG DEFINIEREN die Buchungslogik fest, die auf Kontensymbolen basiert. Sie müssen den Buchungsregeln also keine Sachkonten direkt zuordnen, da diese auf den Kontensymbolen basieren. Die Sachkonten bzw. die Sachkontenfindung verknüpfen Sie wiederum durch eine Maskierung mit den Kontensymbolen. Um diese Kontenfindungslogik zu verfolgen, benötigen Sie eine feste Struktur in Ihren Sachkonten – in diesem Fall in den Bankkonten, Scheckkonten bzw. in den Scheckverrechnungskonten. Wichtig ist auch, dass Sie die Definitionen und Zuordnungen in der folgenden Reihenfolge vornehmen:

1. Kontensymbole definieren
2. Konten, Anhang und Markierung den Kontensymbolen zuordnen
3. Schlüssel für die Buchungsregeln definieren
4. Buchungsregeln mit Verwendung der Kontensymbole definieren

Kontensymbole Zuerst benötigen Sie also die Kontensymbole. Diese definieren Sie, indem Sie in der Dialogstruktur den Eintrag KONTENSYMBOLE ANLEGEN auswählen (siehe Abbildung 11.10).

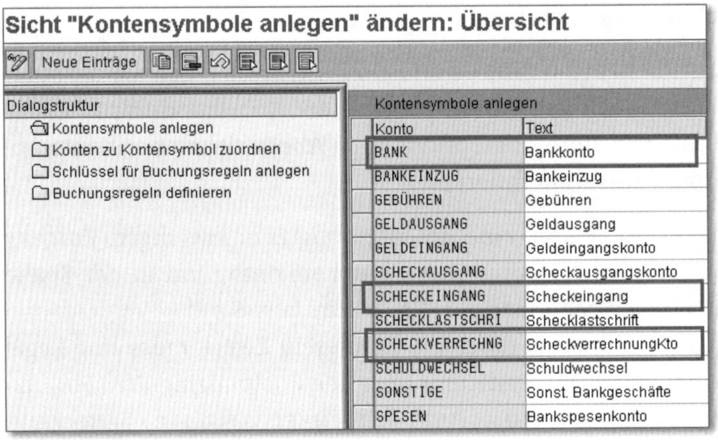

Abbildung 11.10 Definition der Kontensymbole

Im Feld KONTO legen Sie den Schlüssel für das jeweilige Kontensymbol fest, und unter TEXT tragen Sie eine Beschreibung dazu ein.

Sachkontenzuordnung Als Nächstes ordnen Sie den Kontensymbolen die Sachkonten zu, indem Sie in der Dialogstruktur den Eintrag KONTEN ZU KONTENSYMBOLEN ZUORDNEN aktivieren (siehe Abbildung 11.11).

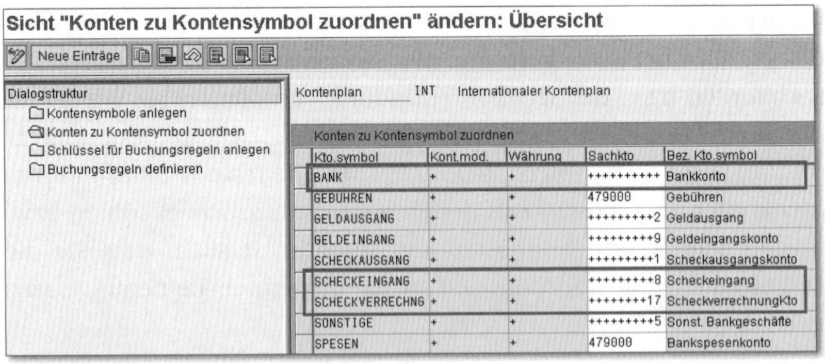

Abbildung 11.11 Kontenzuordnung zu den Kontensymbolen

Dem Kontensymbol ordnen Sie hier pro Kontomodifikation und Währung ein Sachkonto zu. Falls Sie keine Unterscheidung nach Kontomodifikation und Währung benötigen, tragen Sie »+« ein; damit gilt der Eintrag für alle Kontomodifikationen und alle Währungen. In der Spalte SACHKTO können Sie entweder genau ein Konto zuordnen, oder Sie nutzen die Maskierung, so wie es im nachfolgenden Beispiel erklärt wird. Über die Maskierung können Sie durch einen einzigen Eintrag alle Bankkonten bzw. alle Verrechnungskonten oder alle Scheckeingangskonten finden. Die Voraussetzung dafür ist, wie schon erwähnt, eine klare Logik der Sachkonten.

Kontenfindung anhand der Maskierung [zB]

Sie schicken Ihre Schecks an Ihre Hausbank (Deutsche Bank; BLZ 10020030). Das Geld für die Schecks soll auf dem Girokonto 11223344 registriert werden. Anhand dieser Angaben in der Scheckeinreicherliste ermittelt das SAP-System nun das Sachkonto der Hausbank (siehe Abschnitt 11.1, »Definition der Hausbanken«), und anhand der Maskierung die richtigen Sachkonten für den Scheckeingang und die Scheckverrechnung:

- **Sachkonto Bank: ++++++++++**
  Für das Kontensymbol BANK verwenden Sie im Rahmen der Sachkontenfindung die Maskierung. Für das SAP-System bedeutet die Maskierung nun, dass das Bankkonto aus der Sachkontozuordnung in der Hausbank ermittelt wird (Deutsche Bank, Girokonto, also Sachkonto 0000113100).
- **Sachkonto Scheckeingang: +++++++++8**
  Das SAP-System ermittelt die Sachkontonummer aus der Maskierung in der Weise, dass die letzte Ziffer der Sachkontonummer der Hausbank durch eine 8 ersetzt wird, so dass wir das folgende Resultat erhalten: Es wird das Sachkonto »Scheckeingang« mit der Kontonummer 0000113108« ermittelt.
- **Sachkonto Scheckverrechnung: ++++++++17**
  Analog zum Sachkonto »Scheckeingang« wird das Sachkonto für die Scheckverrechnung ermittelt, nur dass hier die letzten zwei Ziffern der Sachkontonummer der Hausbank durch die Zahl 17 ersetzt werden, mit der folgenden Bedeutung: beim ermittelten Sachkonto handelt es sich um das Konto »Scheckverrechnung« mit der Kontonummer 0000113117.

Sie müssen beachten, dass das System die maskierten Einträge als zehnstellige Kontonummer interpretiert. Falls Sie eine kürzere Kontonummer verwenden, geben Sie die Einträge rechtsbündig ein und füllen die fehlenden Stellen mit Nullen.

Anhand dieses Beispiels können Sie deutlich die Vorteile von Kontensymbolen und der Maskierung erkennen. Denn Sie definieren nur ein Kontensymbol für z. B. den Scheckeingang und maskieren die Kontonummer. In Abhängigkeit der Hausbank wird dann das richtige Konto für den Scheckeingang ermittelt. Andernfalls müssten Sie pro Hausbank alle Konten eindeutig zuordnen.

Buchungsregeln

Wenn Sie in der Dialogstruktur den Eintrag SCHLÜSSEL FÜR BUCHUNGSREGEL ANLEGEN aktivieren, sehen Sie die Einstellungen für die Buchungsregeln, die Sie bei der Definition der Vorgänge verwendet haben. Sie können die ausgelieferten Buchungsregeln nutzen oder eigene Buchungsregeln mit einem maximal vierstelligen Schlüssel anlegen. Unter dem Eintrag SCHLÜSSEL FÜR BUCHUNGSREGELN ANLEGEN definieren Sie zunächst den entsprechenden Datensatz und dessen Bezeichnung (siehe Abbildung 11.12).

Abbildung 11.12 Definition des Schlüssels für die Buchungsregeln

Wählen Sie nun in der Dialogstruktur den Menüpunkt BUCHUNGSREGELN DEFINIEREN, und legen Sie die Buchungsregel in Verbindung zu den zuvor angelegten Buchungsregelschlüsseln und Kontensymbolen fest (siehe Abbildung 11.13).

Buchungssteuerung festlegen

In Abhängigkeit dessen, ob ein Buchungsvorgang wie bei Vorgang 0004 nur die Hauptbuchhaltung betrifft oder wie bei Vorgang 0003 die Hauptbuchhaltung und die Nebenbuchhaltung angesprochen werden, legen Sie die Buchungsregeln entweder für einen oder für zwei Buchungsbereiche fest. Der Buchungsbereich 1 (Bankbuchhaltung) steuert die Buchungen in der Bankbuchhaltung (Hauptbuch), und der Buchungsbereich 2 (Nebenbuchhaltung) steuert die Buchungen im Nebenbuch. Für die Buchungsregel 0003 (Scheckeinreichung über Zwischenkonto) benötigen Sie die Buchungssteuerung für das Hauptbuch und für das Nebenbuch (siehe Abbildung 11.13).

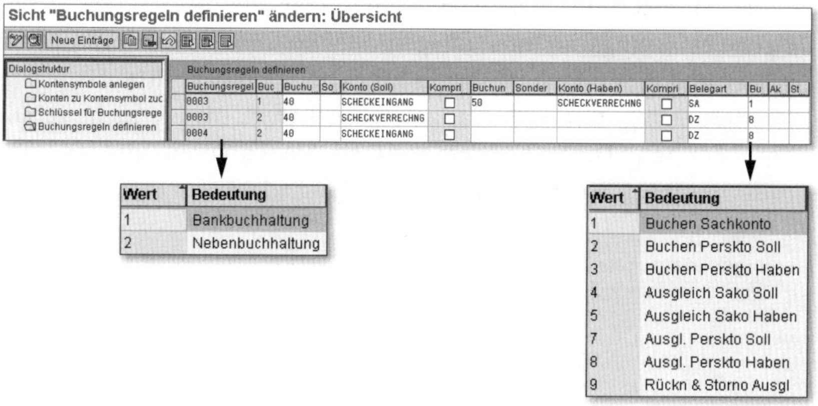

Abbildung 11.13 Definition der Buchungsregeln

Zunächst steuern Sie die Buchungen der Soll-Seite. Wenn es sich um eine Buchung auf einem Sachkonto handelt, tragen Sie den Buchungsschlüssel 40 ein, und in der Spalte KONTO (SOLL) wählen Sie das entsprechende Kontensymbol aus. Über das Kontensymbol findet das SAP-System das passende Scheckeingangs- und Scheckverrechnungskonto.

Über das Komprimierungskennzeichen (Spalte KOMPR) legen Sie fest, dass die Schecks nicht einzeln, sondern als Summe gebucht werden sollen.

Analog zur Soll-Seite definieren Sie die Buchungssteuerung für die Haben-Seite: Für den Buchungsbereich 1 (Bankbuchhaltung) tragen Sie den Buchungsschlüssel 50 ein, und für den Buchungsbereich 2 (Nebenbuchhaltung) lassen Sie den Buchungsschlüssel und das Konto frei. Die benötigten Daten werden über die Scheckinformationen wie z. B. Aussteller oder Belegnummer gefunden, und für die Buchungen im Nebenbuch können Sie noch ein Sonderhauptbuchkennzeichen zuordnen.

Als Nächstes legen Sie die Belegart und die Buchungsart über die entsprechenden Felder fest. Die Buchungsart steuert die Verbuchung (z. B. Sach-, oder Personenbuchung mit oder ohne Ausgleich). Die Spalte AK (Akontobuchungsschlüssel) ist nur für den elektronischen Kontoauszug relevant, und im letzten Feld ST (Stornogrund) tragen Sie den Schlüssel für die Umkehr- oder Stornobuchung ein.

Erfassungsvarianten

Für die Erfassung der Schecks in der Scheckeinreicherliste können Sie über den Customizing-Pfad FINANZWESEN (NEU) • BANKBUCHHALTUNG • GESCHÄFTSVORFÄLLE • SCHECKEINREICHUNG • VARIANTEN FÜR

Scheckeinreichung definieren oder über die Transaktion OT45 eigene Erfassungsvarianten pflegen. Hier können Sie die verfügbaren Felder und deren Reihenfolge in der Scheckeinreicherliste festlegen; standardmäßig wird eine Variante ausgeliefert, die Sie nicht verändern können. Diese Variante können Sie kopieren und an Ihre Anforderungen anpassen (siehe Abbildung 11.14).

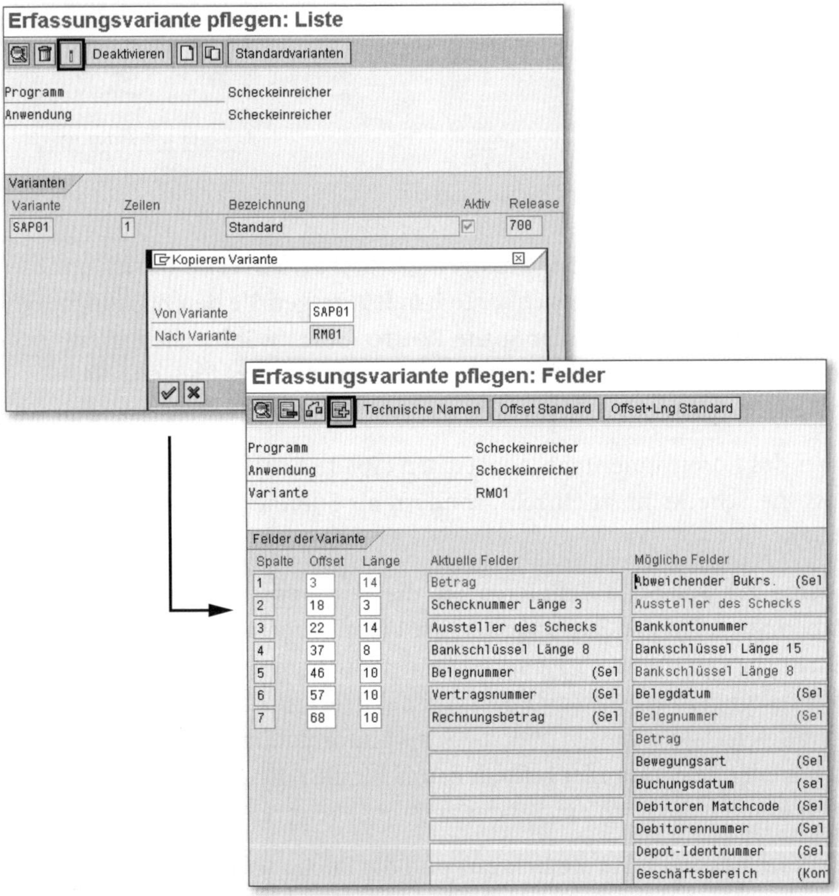

Abbildung 11.14 Definition von eigenen Erfassungsvarianten

In der kopierten Variante können Sie bestimmte Felder löschen (mit Ausnahme des Betragsfeldes) oder weitere Felder hinzufügen sowie deren Reihenfolge verändern. In der Spalte Mögliche Felder sehen Sie alle Ihnen zur Verfügung stehenden Felder. Die markierten Felder wurden schon ausgewählt und sind in der Spalte Aktuelle Felder zu finden. Zu den weiteren Feldern blättern Sie nach unten oder nach oben. Wenn Sie ein weiteres Feld hinzufügen möchten, platzieren Sie den Cursor auf einem aktuellen Feld und klicken auf den Button EINFÜGEN VOR oder auf die F5-Taste, siehe den markierten Button auf dem unteren Screen von Abbildung 11.14. Anschließend wählen Sie das benötigte Feld, das dann automatisch in der Spalte platziert wird. Sowohl den Offset für das Feld als auch die Feldlänge können Sie verändern. Der Offset gibt die Position eines Feldes an, ausgehend vom linken Rand einer Zeile. Beim Einfügen eines Feldes ist zu beachten, dass die maximale Zeilenlänge 80 Stellen beträgt. Nachdem Sie die Variante nun angepasst haben, müssen Sie diese auf dem Einstiegsbild aktivieren. Falls Sie nicht mit der Standardvariante arbeiten möchten, können Sie sie über den Button STANDARDVARIANTEN deaktivieren.

In unserem Beispiel haben wir die bestehende Variante mit einer Zeile kopiert und angepasst; bei der Variantenkopie wird die Zeilenmenge übernommen. Falls Sie eine Variante mit zwei Zeilen definieren möchten, weil Sie mehrere Felder hinzufügen möchten, müssen Sie eine neue Variante anlegen. Bei der Durchführung der Neudefinition können Sie die Zeilenmenge selbst festlegen.

Druckformulare

Die benötigten Formulare zum Ausdrucken der Scheckeinreicherliste ordnen Sie über den Customizing-Pfad FINANZWESEN (NEU) • BANKBUCHHALTUNG • GESCHÄFTSVORFÄLLE • SCHECKEINREICHUNG • FORMULARE DEFINIEREN zu. Falls Sie mehrere Formulare für unterschiedliche Banken benötigen, verwenden Sie die Formularidentifikation.

11.2.3 Elektronischer Kontoauszug

Sie haben die Möglichkeit, von Ihrer Bank eine Datei mit den Kontoauszugsdaten in elektronischer Form zu erhalten. Diese Datei können Sie in das SAP-System einspielen und dort auf den entsprechenden Konten verbuchen. Über die Einstellungen zum elektronischen Kontoauszug schaffen Sie die Grundlage dafür, dass alle Geschäftsvorfälle aus der von der Bank übermittelten Datei automatisch gebucht werden.

Vorgangstypen definieren

Um die elektronisch übermittelten Daten korrekt zu verbuchen, definieren Sie zunächst über den Pfad FINANZWESEN (NEU) • BANKBUCHHALTUNG • GESCHÄFTSVORFÄLLE • ZAHLUNGSVERKEHR • ELEKTRONISCHER KONTOAUSZUG • GRUNDEINSTELLUNGEN FÜR DEN ELEKTRONISCHEN KONTOAUSZUG VORNEHMEN die Vorgangstypen. So können Sie beispielsweise den Vorgangstyp MT940 als Schnittstelle anlegen, an der die Kontoauszugdaten weiterverarbeitet werden sollen. Die Vorgangstypen vergeben Sie, um Banken mit identischem Vorgangsverfahren zusammenzufassen. Die Vorgangstypen definieren Sie, nachdem Sie den Eintrag VORGANGSTYP ANLEGEN in der Dialogstruktur aktiviert haben (siehe Abbildung 11.15).

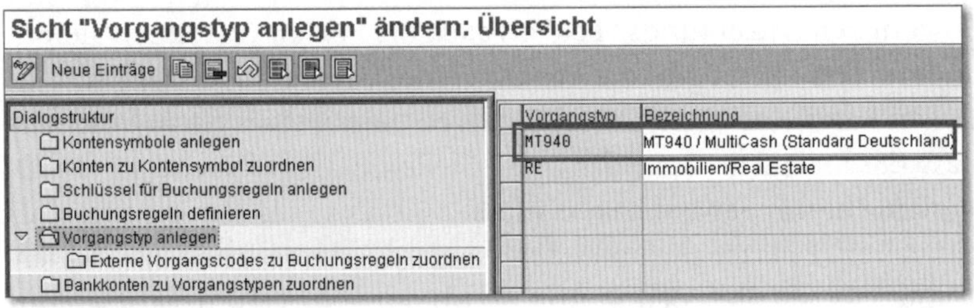

Abbildung 11.15 Definition der Vorgangstypen

An dieser Stelle vergeben Sie einen Vorgangstypschlüssel und dessen Bezeichnung.

Vorgangstypen zuordnen

Im nächsten Schritt ordnen Sie den definierten Vorgangstypen die entsprechenden Banken zu. Hierzu wählen Sie in der Dialogstruktur den Eintrag BANKKONTEN ZU VORGANGSTYPEN ZUORDNEN (siehe Abbildung 11.16).

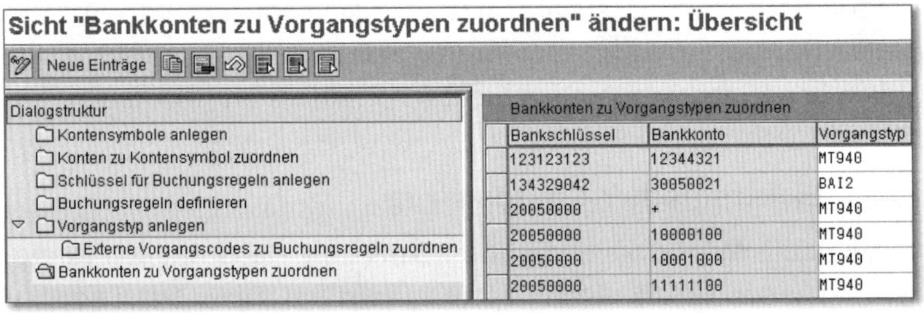

Abbildung 11.16 Vorgangstypen den Banken zuordnen

Wenn Sie den Bankschlüssel und ein »+« in der Spalte BANKKONTO eingeben, ordnen Sie dem betreffenden Vorgangstyp alle Konten bei der gewählten Bank zu; alternativ können Sie auch einzelne Konten explizit auswählen.

Buchungsregeln

Auch für den elektronischen Kontoauszug benötigen Sie Schlüssel für die Buchungsregeln, die Sie schon bei der Scheckeinreichung kennengelernt haben. In diesem Zusammenhang können Sie entweder die ausgelieferten Schlüssel verwenden oder weitere Schlüssel definieren. Die Schlüssel werden später bei der Definition der Buchungsregel eingesetzt (siehe Abbildung 11.17).

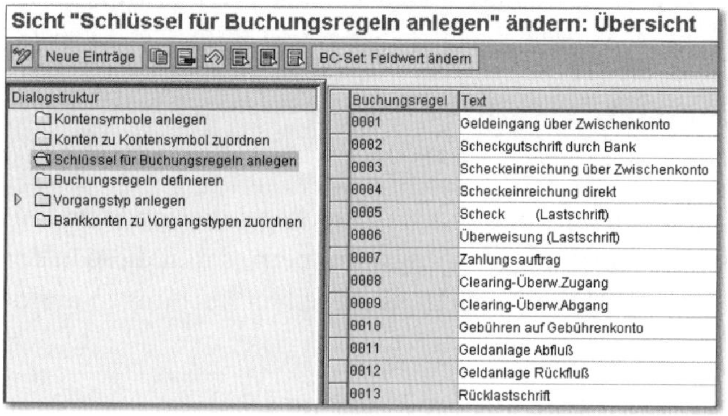

Abbildung 11.17 Definition des Schlüssels für die Buchungsregeln

Nun können Sie, in Abhängigkeit des jeweiligen Vorgangstyps (z. B. MT940), den externen, von der Bank vorgeschriebenen, Geschäftsvorfallcodes die internen Buchungsregeln zuordnen. Dies erledigen Sie, indem Sie den Eintrag EXTERNE VORGANGSCODES ZU BUCHUNGSREGELN ZUORDNEN in der Dialogstruktur markieren. Der Vorteil dieser Vorgehensweise ist, dass Sie diese Zuordnungen nicht pro Bank durchführen müssen, sondern nur pro Vorgangstyp (siehe Abbildung 11.18).

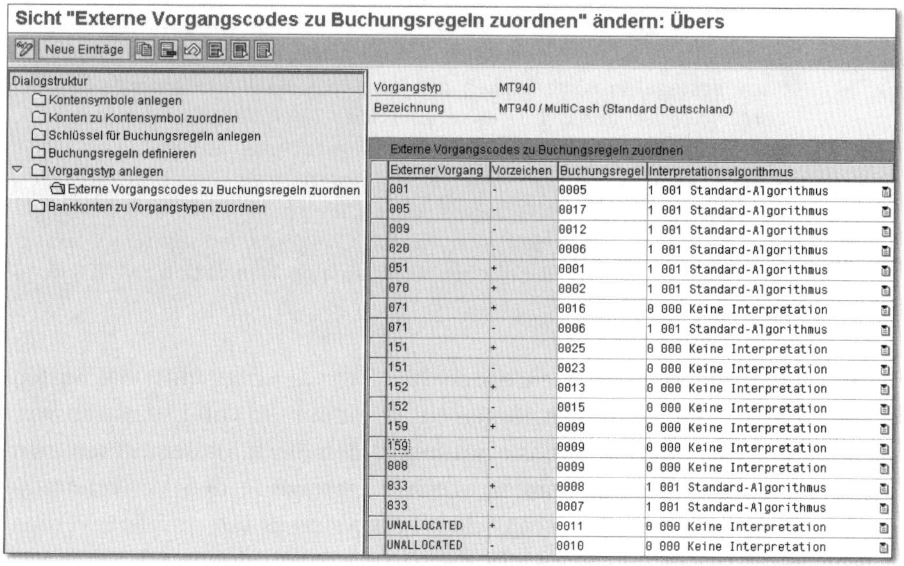

Abbildung 11.18 Zuordnung externer Geschäftsvorfallcodes zu den internen Buchungsregeln

[!] **Separate Vorgangscodes für die SEPA-Zahlungen**

Um die SEPA- und die übrigen Vorgänge auseinanderhalten zu können, verwenden die Banken die Vorgangscodenummern 101 bis 199 ausschließlich für SEPA-Zahlungen. Bei Ihrem SEPA-Projekt sollten Sie außerdem daran denken, die SEPA-Geschäftsvorfälle so einzubinden, dass auch diese Vorgänge mithilfe des elektronischen Kontoauszugs korrekt verarbeitet werden.

Die verschiedenen Banken verwenden in der Regel dieselben im Folgenden dargestellten Buchungsvorgangsnummern, damit diese in der Buchhaltung dieselbe Aktion und damit dieselben Buchungen auslösen:

- Vorgangscode 004 (Lastschrift per Abbuchung)
- Vorgangscode 005 (Lastschrift per Einzugsermächtigung)
- Vorgangscode 020 (Lastschrift per Überweisungsauftrag)

Alle zuvor genannten Vorgänge können Sie derselben Buchungsregel zuordnen. Zusätzlich zur Buchungsregelzuordnung vergeben Sie pro Vorgang ein Vorzeichen: das Vorzeichen »+« zur Kennzeichnung eines Geldeingangs und das »–» für den Geldausgang.

[!] **Gleicher Vorgangscode mit unterschiedlicher Bedeutung**

Leider kommt es immer wieder vor, dass verschiedene Banken unter demselben Vorgangscode unterschiedliche Operationen abbilden. In solchen Fällen gibt es keine Möglichkeit, um im Customizing eine abweichende Buchungsregel in Abhängigkeit der jeweiligen Bank zuzuordnen. Zu den Vorgangscodes, anhand derer verschiedene Operationen abgebildet werden, gehören z. B. der Vorgangscode 051 (manchmal verstanden als allgemeiner Geldeingang und manchmal interpretiert als Gutschrift) oder der Vorgangscode 091 (als Gutschrift oder Einreichung einer Überweisung). Solche Fälle können lediglich mittels Programmierung (Erweiterung FEB00001 für den elektronischen Kontoauszug, Transaktion SMOD) richtig verbucht werden.

Interpretationsalgorithmus

Beim Einlesen eines elektronischen Kontoauszugs muss das System die gelieferten Informationen auf bestimmte Art und Weise auswerten. Der Interpretationslogarithmus, den Sie in diesem Zusammenhang zuordnen, bestimmt, wie die Einträge in den Verwendungszweckzeilen des elektronischen Kontoauszugs interpretiert werden. So versucht beispielsweise der Standardalgorithmus 001, den Verwendungszweck aus der Kontoauszugsdatei in der jeweiligen Belegnummer oder Referenzbelegnummer zu finden. Wenn die Einträge übereinstimmen und der Zahlbetrag mit dem Betrag in der gefundenen Position übereinstimmt, kann diese Position ausgeglichen werden. Falls das SAP-System den Verwendungszweck nicht interpretieren kann, müssen Sie die entsprechenden Vorgänge manuell nachbearbeiten.

Zusätzlich zu den ausgelieferten Interpretationsalgorithmen können Sie eigene Algorithmen in der Erweiterung FEB00001 oder über die Transaktion SMOD programmieren.

Kontensymbole

Die Verbuchung des elektronischen Kontoauszugs basiert analog zur Scheckeinreichung auf den Kontensymbolen. Um die benötigten Kontensymbole zu definieren, aktivieren Sie in der Dialogstruktur den Eintrag KONTENSYMBOLE ANLEGEN (siehe Abbildung 11.19 und Abschnitt 11.2.2, »Scheckeinreichung«).

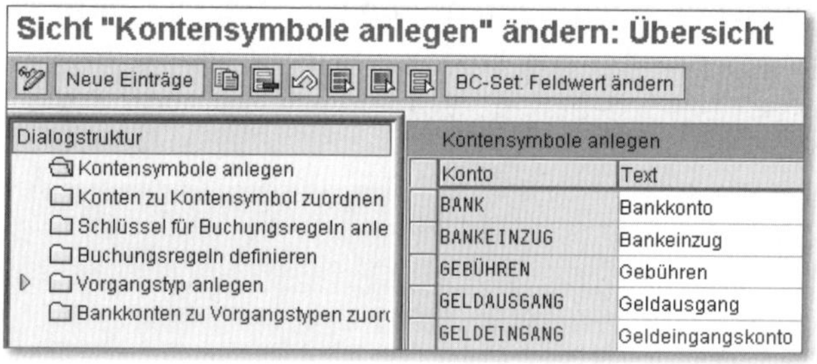

Abbildung 11.19 Kontensymbole definieren

Konten den Kontensymbolen zuordnen

Nachdem Sie die Kontensymbole definiert haben, können Sie über den Eintrag KONTEN ZU KONTENSYMBOL ZUORDNEN die einzelnen Konten mit den Kontensymbolen verknüpfen. Im Gegensatz zur Kontomodifikation für die Scheckeinreichung müssen Sie die detaillierten Kontenfindungsregeln für den elektronischen Kontoauszug programmieren. Die entsprechenden Bestimmungen können Sie z. B. in einem User Exit in der Erweiterung FEB00001 oder in der Transaktion SMOD hinterlegen. Ohne Programmieraufwand können Sie analog zur Kontenzuordnung für die Scheckeinreichung entweder die Sachkonten direkt zuordnen oder die Maskierung verwenden (siehe Abbildung 11.20 und Abschnitt 11.2.2, »Scheckeinreichung«).

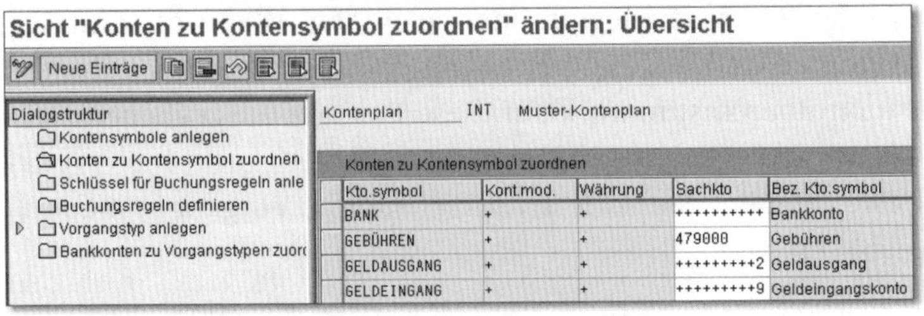

Kto.symbol	Kont.mod.	Währung	Sachkto	Bez. Kto.symbol
BANK	+	+	++++++++++	Bankkonto
GEBÜHREN	+	+	479000	Gebühren
GELDAUSGANG	+	+	+++++++++2	Geldausgang
GELDEINGANG	+	+	+++++++++9	Geldeingangskonto

Abbildung 11.20 Zuordnung der Konten zu den Kontensymbolen

Buchungsregeln Wie schon bekannt, wird bei einer kompletten Maskierung eines Bankkontos die Sachkontonummer aus dem Stammsatz der Hausbank übernommen. Für die Verbuchung der Geldausgänge wird die letzte Ziffer der Kontonummer durch eine 2, und bei den Geldeingängen durch eine 9 ersetzt.

Zu guter Letzt legen Sie die Buchungsregeln in Verbindung mit dem Buchungsregelschlüssel und den Kontensymbolen fest. Die entsprechenden Einstellungen nehmen Sie analog zur in Abschnitt 11.2.2, »Scheckeinreichung«, beschriebenen Vorgehensweise vor (siehe Abbildung 11.21).

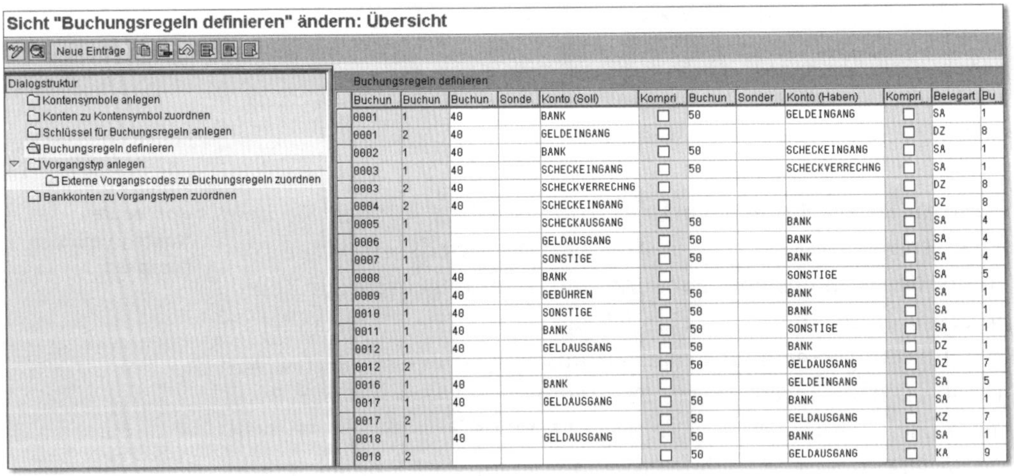

Buchun	Buchun	Buchun	Sonde	Konto (Soll)	Kompri	Buchun	Sonder	Konto (Haben)	Kompri	Belegart	Bu
0001	1	40		BANK	☐	50		GELDEINGANG	☐	SA	1
0001	2	40		GELDEINGANG	☐				☐	DZ	8
0002	1	40		BANK	☐	50		SCHECKEINGANG	☐	SA	1
0003	1	40		SCHECKEINGANG	☐	50		SCHECKVERRECHNG	☐	SA	1
0003	2	40		SCHECKVERRECHNG	☐				☐	DZ	8
0004	2	40		SCHECKEINGANG	☐				☐	DZ	8
0005	1			SCHECKAUSGANG	☐	50		BANK	☐	SA	4
0006	1			GELDAUSGANG	☐	50		BANK	☐	SA	4
0007	1			SONSTIGE	☐	50		BANK	☐	SA	4
0008	1	40		BANK	☐			SONSTIGE	☐	SA	5
0009	1	40		GEBÜHREN	☐	50		BANK	☐	SA	1
0010	1	40		SONSTIGE	☐	50		BANK	☐	SA	1
0011	1	40		BANK	☐	50		SONSTIGE	☐	SA	1
0012	1	40		GELDAUSGANG	☐	50		BANK	☐	DZ	1
0012	2				☐	50		GELDAUSGANG	☐	DZ	7
0016	1	40		BANK	☐			GELDEINGANG	☐	SA	5
0017	1	40		GELDAUSGANG	☐	50		BANK	☐	SA	1
0017	2				☐	50		GELDAUSGANG	☐	KZ	7
0018	1	40		GELDAUSGANG	☐	50		BANK	☐	SA	1
0018	2				☐	50		GELDAUSGANG	☐	KA	9

Abbildung 11.21 Definition der Buchungsregeln für den elektronischen Kontoauszug

Programmauswahl Für das Einlesen des elektronischen Kontoauszugs starten Sie in der Anwendung die Transaktion FF.5, die noch mit dem passenden Programm verknüpft werden muss. Über den Customizing-Pfad FINANZWESEN (NEU) • BANKBUCHHALTUNG • GESCHÄFTSVORFÄLLE • ZAH-

LUNGSVERKEHR • ELEKTRONISCHER KONTOAUSZUG • REPORT- UND VARIANTENAUSWAHL DEFINIEREN ordnen Sie das benötigte Programm und eventuell eine Programmvariante zu (siehe Abbildung 11.22).

Abbildung 11.22 Reportauswahl für den elektronischen Kontoauszug

In Deutschland wird das Programm RFEBKA00 für das Einlesen des elektronischen Kontoauszugs verwendet. In der Spalte TCODE wurden einige Programme zur Transaktion FF.5 zugeordnet.

Zusätzlich zum Programm RFEBKA00 können Sie in der Spalte VARIANTE eine Variante zuordnen, über die das Programm aufgerufen werden soll. Falls Sie bestimmte Programme nicht nutzen, können Sie diese in der Spalte RNA markieren. Hierdurch werden diese Programme beim Start der dazugehörigen Transaktion (z. B. FF.5) auf dem Programmauswahlbild nicht mehr angezeigt. Falls Sie nur ein Programm als aktiv definiert haben, sehen Sie beim Aufruf der Transaktion kein Programmauswahlbild.

Elektronischen Kontoauszug bei der Implementierung genau testen [+]

Bei der Durchführung von Rollout-Projekten sollten Sie den elektronischen Kontoauszug jedes Mal sehr genau testen, wenn Sie einen neuen Buchungskreis einstellen. Zwar verwenden sehr viele Banken in zahlreichen Ländern die gleiche Struktur, z. B. »Multicash« oder »MT940«, die jedoch landesspezifisch unterschiedlich sein kann.

11.3 Fazit

In diesem Kapitel haben Sie die Bankbuchhaltung kennengelernt. In diesem Zusammenhang haben wir Ihnen zunächst die grundlegenden Stammdaten (Hausbanken und Bankkonten) vorgestellt. Anschließend sind wir detailliert auf die drei Hauptfunktionen der Bankbuchhaltung eingegangen, und Sie haben gesehen, wie die Grundeinstellungen, die Geschäftsvorfälle und die Druckparameter für das

Kassenbuch eingestellt werden. Auch haben wir Ihnen gezeigt, wie Sie den Scheckeinreicher anhand von Vorgängen, Erfassungsvarianten und Druckformularen einstellen können. Abschließend haben Sie noch einen Überblick über die wichtigsten Einstellungen zum elektronischen Kontenauszug erhalten: die Grundeinstellungen, den Interpretationsalgorithmus und die Buchungsregeln.

In diesem Kapitel stellen wir Ihnen die Möglichkeiten zur Durchführung des Fast-Close-Abschlusses in SAP ERP vor und erläutern außerdem die Werkzeuge zur Unterstützung des Abschlusses: den Schedule Manager und das Closing Cockpit.

12 Optimierung der Abschlussarbeiten

Die Abschlussarbeiten, die wir jeweils am Ende der Abschnitte zu Hauptbuch, Debitorenbuchhaltung, Kreditorenbuchhaltung und Anlagenbuchhaltung beschrieben haben, fallen bei jedem Monats-, Quartals- oder Jahresabschluss an. Unter dem Stichwort *Fast Close* ist zu verstehen, dass Unternehmen stets bemüht sind, ihre Abschlüsse so schnell und effizient wie möglich fertigzustellen. Zum einen können hierdurch Kosten und Arbeitsaufwand gespart werden, und zum anderen stehen dem Unternehmen durch den Fast-Close-Abschluss schneller die als Entscheidungsgrundlage erforderlichen Geschäftszahlen zur Verfügung. Nicht zuletzt wird auch in den Rechnungslegungsrichtlinien gefordert, Abschlüsse zeitnah zu erstellen. Im HGB werden Unternehmen anhand des Wertaufhellungsprinzips dazu angehalten, auch alle vorhersehbaren Risiken und Verluste zu berücksichtigen, die zwischen dem Stichtag des Abschlusses und der Aufstellung des Jahresabschlusses bekannt geworden sind.

In diesem Kapitel stellen wir Ihnen zunächst die wichtigsten Abschlusstätigkeiten in SAP ERP Financials vor und gehen anschließend auf die Verbesserungen ein, die das neue Hauptbuch im Hinblick auf den Fast-Close-Abschluss mit sich bringt. Anschließend zeigen wir Ihnen die beiden wichtigsten Werkzeuge in SAP ERP zur Unterstützung des Abschlussprozesses: den *Schedule Manager* und das *Closing Cockpit*.

12.1 Monatsabschluss und Jahresabschluss in SAP ERP

Abschlusstätigkeiten

Zu den wichtigsten Abschlusstätigkeiten im Finanzwesen gehören:

- Öffnen und Schließen der einzelnen Perioden
- Durchführung der Fremdwährungsbewertung
- Analyse des WE/RE-Kontos
- Vornahme von Wertberichtigungen
- Rasterung nach Restlaufzeit/Umgliederung
- Vornahme von Rückstellungen für Forderungen
- Durchführung der Saldenbestätigung
- Vornahme von Kostenstellenumlagen/-verteilungen
- Durchführung des Abschreibungslaufs
- Durchführung von Bestandsbuchungen in der Anlagenbuchhaltung
- Erstellen von Bilanz und GuV

Falls Sie mit dem klassischen Hauptbuch arbeiten, kommen noch weitere Tätigkeiten auf Sie zu:

- Nachbelastung GuV
- Übernahme von Materialbeständen, Forderungen und Verbindlichkeiten in die Profit-Center-Rechnung
- eventuelle Abstimmung zwischen Hauptbuch, Profit-Center-Ledger und UKV-Ledger

12.2 Fast Close in Verbindung mit dem neuen Hauptbuch

Abschlussoptimierung im neuen Hauptbuch

Das neue Hauptbuch bringt Ihnen die deutlichste Entlastung, wenn Sie zuvor mit dem klassischen Hauptbuch eine Segmentberichterstattung nach dem Umsatzkostenverfahren erstellt haben. In solchen Fällen setzen Sie in der Regel zusätzlich zum Hauptbuch die Profit-Center-Rechnung und das Umsatzkostenverfahren ein.

Die Neuerungen, die das neue Hauptbuch mit sich bringt (und die wir in Kapitel 5, »Das neue Hauptbuch«, bereits ausführlich beschrieben haben), helfen wie folgt dabei, den Monatsabschluss zu beschleunigen:

- Durch die Belegaufteilung werden Buchungen wie z. B. zu Forderungen, Verbindlichkeiten, Währungsdifferenzen und Skonto bereits online auf die entsprechenden Reporting-Einheiten (wie z. B. Profit-Center) vorgenommen und aufgeteilt. Im klassischen Hauptbuch mussten Sie zunächst die Nachbelastung der Bilanz und GuV sowie einige Übernahmeprogramme in die Profit-Center-Rechnung starten. Dank der Belegaufteilung entfallen somit einige Schritte im Rahmen des Monatsabschlusses.
- Eine Reihe von Buchungen konnte durch die Übernahmeprogramme nicht eindeutig einem Profit-Center zugeordnet werden und musste somit auf einem Hilfs-Profit-Center vorgenommen werden. Zum Monatsabschluss mussten Sie die Werte auf dem Hilfs-Profit-Center somit entweder manuell oder anhand einer Profit-Center-Verteilung umbuchen. Auch dieser Schritt entfällt dank der Belegaufteilung.
- Da Sie die Summentabelle im neuen Hauptbuch so gestalten können, dass sie alle relevanten Reporting-Einheiten wie z. B. Profit-Center, Geschäftsbereich oder Segment enthält, gibt es hier nur noch eine einzige Datenquelle, aus der Sie sowohl das interne als auch das externe Reporting bedienen können.
- Das Abstimmen der Bilanz und GuV im Hauptbuch mit der Profit-Center-Rechnung entfällt, da im neuen Hauptbuch die Profit-Center-Rechnung ins Hauptbuch integriert ist.

Abgesehen von den technischen Verbesserungen durch das neue Hauptbuch, stellt der Abschluss vor allem einen organisatorischen Prozess dar. Das größte Potenzial, um den Abschluss zu beschleunigen, liegt in der Optimierung dieses Prozesses. SAP ERP bietet Ihnen mit dem Schedule Manager und seiner Weiterentwicklung, dem Closing Cockpit, Werkzeuge, die Ihnen dabei helfen können, den Abschlussprozess sichtbar zu machen, ihn zu planen und zu überwachen.

Nach diesem allgemeinen Überblick erläutern wir Ihnen nun, wie Sie den Schedule Manager und das Closing Cockpit konfigurieren und einsetzen können.

12.3 Schedule Manager und Closing Cockpit

Der Schedule Manager und das Closing Cockpit erlauben es, einen detaillierten Ablaufplan zu allen anfallenden Abschlussaktivitäten zu erstellen. Den Abschlussprozess im Ablaufplan können Sie gemäß Ihren Anforderungen gliedern und strukturieren. Außerdem können Sie hier Hintergrundjobs einplanen und die Ergebnisse überwachen. Dabei ist es möglich, den Start der einzelnen Jobs an bestimmte Ereignisse zu knüpfen. So startet beispielsweise das SAP-System automatisch einen Hintergrundjob, sobald ein Mitarbeiter den Vorgängerschritt als beendet gekennzeichnet hat.

Alle am Abschluss beteiligten Mitarbeiter erhalten detaillierte Informationen darüber, wer wann welche Schritte durchzuführen hat und wann diese beendet bzw. welche Fehler dabei aufgetreten sind.

Den beiden Werkzeugen wenden wir uns nun im Detail zu; wir beginnen mit dem Schedule Manager und gehen im Anschluss darauf ein, welche Neuerungen das Closing Cockpit mit sich bringt.

12.3.1 Schedule Manager

Möglichkeiten des Schedule Managers

Der Schedule Manager ist bereits seit dem SAP R/3-Release 4.6 verfügbar; er ist nicht nur auf Aktivitäten in der Finanzbuchhaltung beschränkt, sondern erlaubt auch das Einbinden anderer Prozesse.

Obwohl die Konfiguration des Schedule Managers zum Customizing gehört, können Sie sie aus dem SAP-Anwendungsmenü heraus über den Menüpfad Rechnungswesen • Finanzwesen • Hauptbuch • Periodische Arbeiten • Schedule manager oder über die Transaktion SCMA aufrufen. Der Schedule Manager besteht aus einem Aufgabenplan, einer Monatsübersicht und einer Tagesübersicht (siehe Abbildung 12.1).

Um den Schedule Manager verwenden zu können, müssen Sie zunächst einen *Aufgabenplan* erstellen, in dem Sie alle Tätigkeiten aufnehmen, die im Rahmen des Periodenabschlusses durchzuführen sind. Aus den einzelnen Tätigkeiten des Aufgabenplans bauen Sie dann mithilfe des *Schedulers* einen Ablaufplan für den Monatsabschluss auf, indem Sie die einzelnen Aufgaben zeitlich einplanen. Über den Monitor erhalten Sie einen aktuellen Status darüber, welche Aufgaben bereits abgearbeitet und welche Fehler dabei eventuell aufgetreten sind.

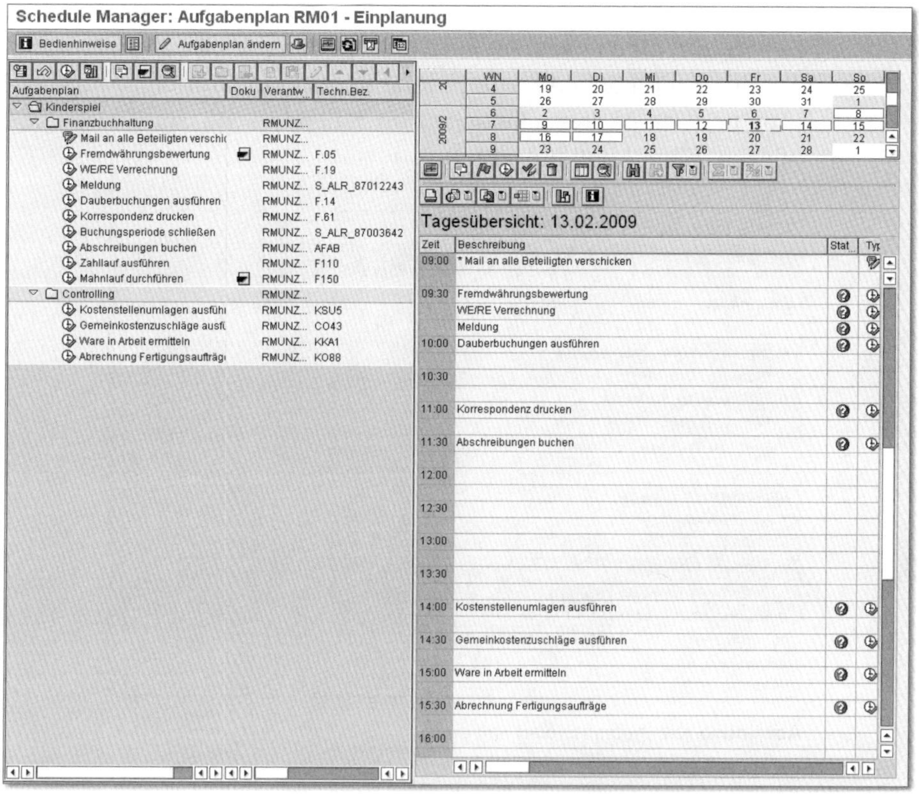

Abbildung 12.1 Schedule Manager – Übersicht

Aufgabenplan

In die Aufgaben des Aufgabenplans können Sie SAP-Programme mit Varianten, Transaktionen, *Merkhilfen* oder *Ablaufdefinitionen* einbinden. Eine Merkhilfe ist nichts weiter als ein Platzhalter für eine Aktivität außerhalb des SAP-Systems (z. B. das Verschicken einer E-Mail über ein externes E-Mail-Programm). Eine Ablaufdefinition fasst eine Reihe von einzelnen Ablaufschritten zusammen und bringt diese in eine logische Reihenfolge. Die einzelnen Schritte umfassen die Einplanung von Programmen in die Jobsteuerung des SAP-Systems sowie Benutzerinteraktionen, bei denen ein Benutzer per Mail eine Information erhält. Ablaufdefinitionen sind Bestandteil der SAP-Komponente *Workflow* und werden an dieser Stelle nicht weiter erläutert, da dies den Rahmen dieses Buches sprengen würde.

Aufgabenplan erstellen

Um einen neuen Aufgabenplan anzulegen, wählen Sie im Menü des Schedule Managers die Punkte AUFGABENPLAN • ANLEGEN. Das SAP-

System fragt Sie dann nach einem Namen für den Aufgabenplan. Geben Sie einen Namen ein, und bestätigen Sie Ihre Eingabe. Anschließend können Sie noch eine Bezeichnung für den Aufgabenplan und einige Einstellungen zum Kalender und zur Darstellung pflegen (siehe Abbildung 12.2).

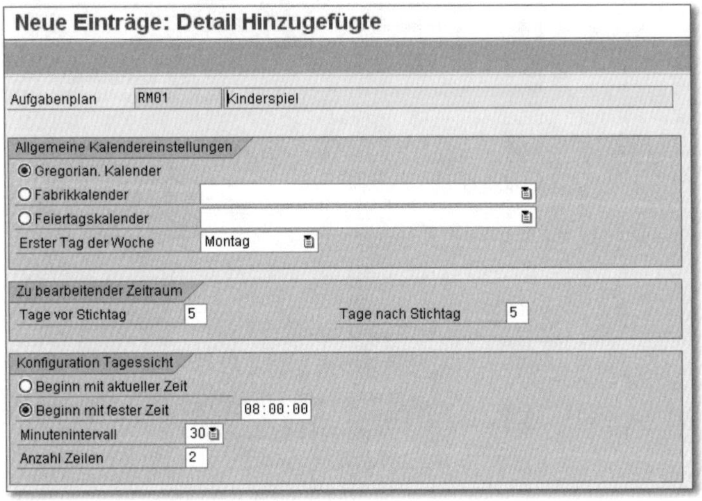

Abbildung 12.2 Aufgabenplan anlegen

Im Bereich ALLGEMEINE KALENDEREINSTELLUNGEN können Sie die Art des zu verwendenden Kalenders bestimmen: einen allgemeinen gregorianischen Kalender, einen *Fabrikkalender* oder einen *Feiertagskalender*. Ein Feiertagskalender enthält für ein Land bzw. eine Region alle arbeitsfreien Tage (Wochenenden und Feiertage) und ermöglicht damit eine genauere Planung des Periodenabschlusses. Der Fabrikkalender ist werksabhängig und noch detaillierter; er enthält alle Informationen des Feiertagskalenders und gibt darüber hinaus noch Auskunft darüber, an welchen Tagen werksspezifisch Betriebsruhe herrscht und wie lang die tägliche Regelarbeitszeit ist.

Schließlich stellen Sie unter ERSTER TAG DER WOCHE noch ein, mit welchem Wochentag die Monatsübersicht des Schedule Managers jeweils beginnen soll.

Im Block ZU BEARBEITENDER ZEITRAUM geben Sie an, über wie viele Tage vor und nach dem Stichtag sich der Abschluss erstrecken soll.

Schließlich konfigurieren Sie noch unter KONFIGURATION TAGESANSICHT, ob die Tagesansicht jeweils zur aktuellen Zeit oder starr zu einer bestimmten Zeit wie z. B. um 8:00 Uhr beginnen soll. Über das Feld MINUTENINTERVALL legen Sie fest, in welchen Zeitintervallen die Einplanung der Aktivitäten erfolgen soll, und über das Feld ANZAHL ZEILEN geben Sie vor, wie viele Zeilen je Zeitblock in der Tagesansicht erscheinen sollen.

Aufgabenplan ausprägen

Wenn Sie Ihren Aufgabenplan speichern, gelangen Sie zur Übersicht, von der aus Sie die einzelnen Aufgaben zu Ihrem Plan pflegen können. Auch können Sie Ihren Ablaufplan noch weiterstrukturieren, z. B. nach einzelnen Tagen oder nach Aufgabengebieten. Klicken Sie hierzu auf den Button AUFGABENGRUPPE EINFÜGEN. Das SAP-System fordert Sie nun auf, einen Namen und einen Verantwortlichen für die entsprechende Gruppe einzutragen (siehe Abbildung 12.3).

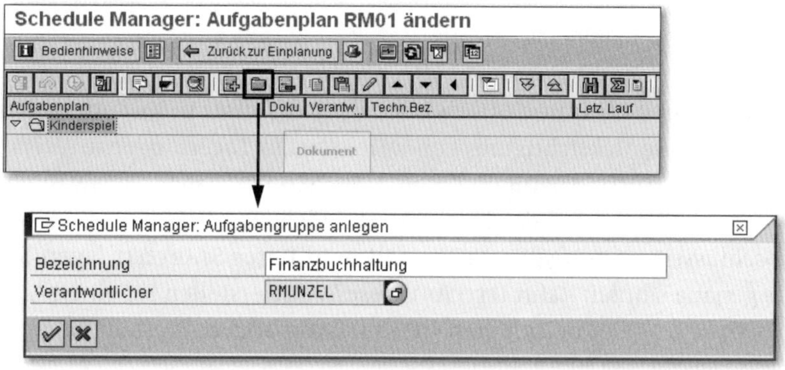

Abbildung 12.3 Gruppe in den Aufgabenplan einfügen

Einzelne Aufgaben festlegen

Wenn Sie die Struktur erstellt haben, legen Sie die einzelnen Aufgaben an. Markieren Sie hierzu die Stelle, an der die entsprechende Aufgabe eingefügt werden soll, und klicken Sie auf den Button AUFGABE EINFÜGEN. Pflegen Sie anschließend die Details zu dieser Aufgabe (siehe Abbildung 12.4).

Geben Sie in die entsprechenden Felder eine Bezeichnung und gegebenenfalls einen Verantwortlichen (sofern dieser schon bekannt ist) ein. Anschließend wählen Sie im Bereich ART DER AUFGABE aus, ob die Aufgabe aus dem Ausführen eines Programms, einer Transaktion oder einer Ablaufdefinition bestehen oder ob es sich lediglich um eine Merkhilfe handeln soll. Im Block TERMIN DER AUFGABE können Sie bereits festlegen, an welchem Tag des Abschlusses die betreffende Aufgabe ansteht.

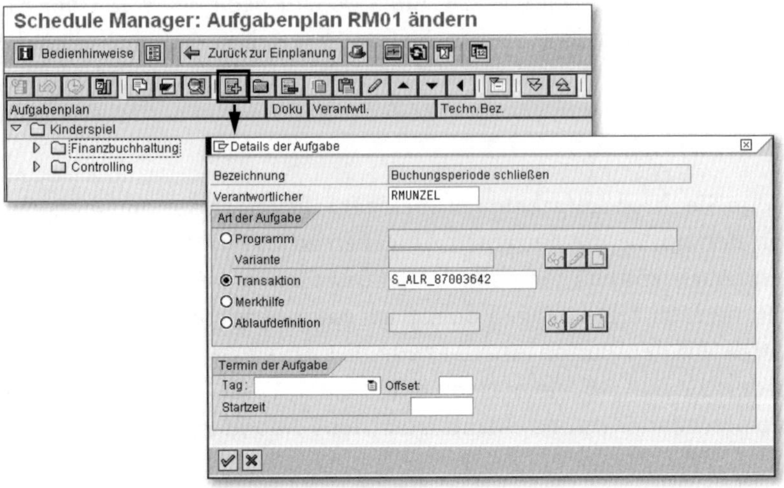

Abbildung 12.4 Aufgabe anlegen

Dabei können Sie unter TAG zwischen einem Offset in Kalendertagen (also ohne Berücksichtigung von arbeitsfreien Tagen) oder in Werktagen (mit Berücksichtigung von arbeitsfreien Tagen) auswählen. Unter OFFSET geben Sie dann an, wie viele Tage nach Beginn des Abschlusses die Aufgabe starten soll, und unter STARTZEIT legen Sie die genaue Uhrzeit dafür fest. Auf diese Weise erstellen Sie einen Aufgabenplan, wie er beispielhaft in Abbildung 12.5 dargestellt ist.

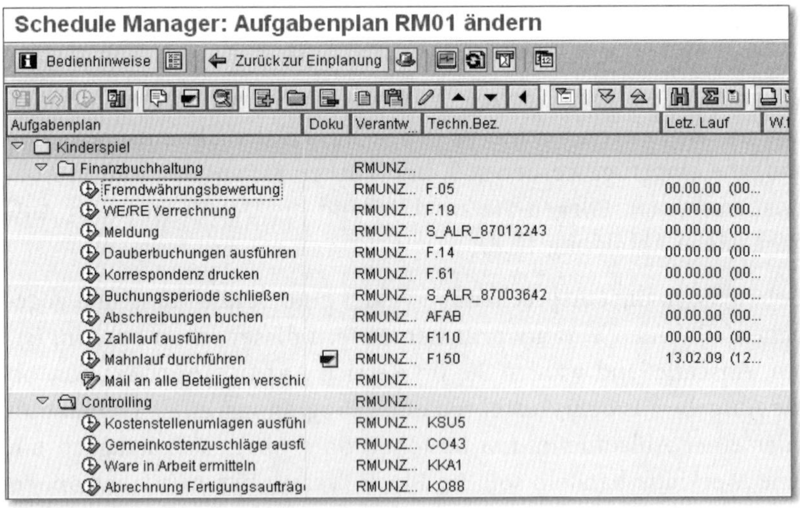

Abbildung 12.5 Beispiel für einen Aufgabenplan

Dokumentation zuordnen

Über den Button Office-Dokument können Sie zu einer Aufgabe eine ausführliche Dokumentation in Form eines Microsoft Office-Dokuments anlegen (siehe Abbildung 12.6).

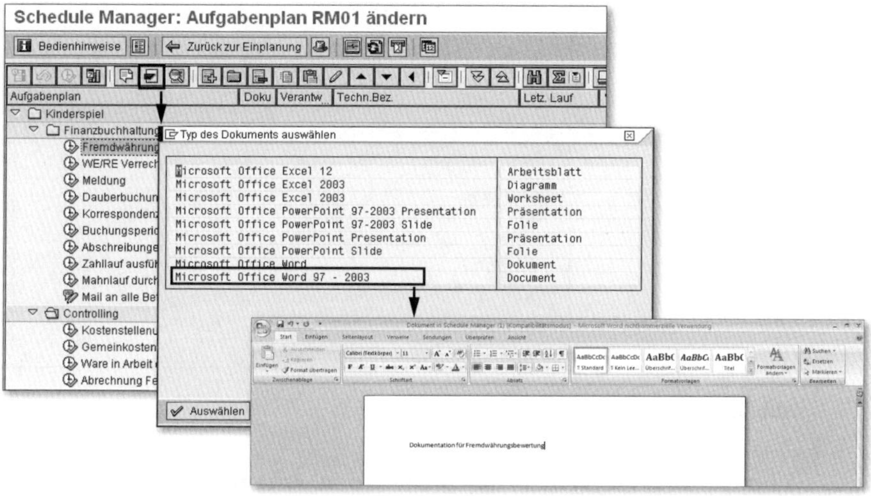

Abbildung 12.6 Dokumentation einfügen

Das SAP-System fragt Sie nun nach der Art der Datei; wählen Sie den passenden Eintrag aus, und geben Sie die Dokumentation direkt im entsprechenden Microsoft Office-Programm ein. In der Spalte Doku erscheint zur angelegten Aufgabe ein Symbol, das anzeigt, dass hierzu eine Dokumentation vorliegt.

Scheduler

Aufgabenplanung

Gehen Sie zurück in die Übersicht des Schedule Managers, und planen Sie dort die Aufgaben aus dem Aufgabenplan ein, indem Sie eine Aufgabe auswählen und anschließend den Button Aufgabe einplanen anklicken (siehe Abbildung 12.7).

Nun erscheint ein Popup-Fenster, in dem Sie die Detaileinstellungen zur Einplanung vornehmen können. Im Block Ausführungsdaten können Sie die einzelnen Aufgaben entweder sofort oder zu einem festen Zeitpunkt in den Plan aufnehmen. Außerdem haben Sie hier die Möglichkeit, die Aufgaben periodisch einzuplanen. Hierzu wählen Sie im Block Periodische Einplanung aus, ob Sie eine tägliche, wöchentliche Bearbeitung usw. wünschen und bis wann die entsprechende Aufgabe eingeplant werden soll.

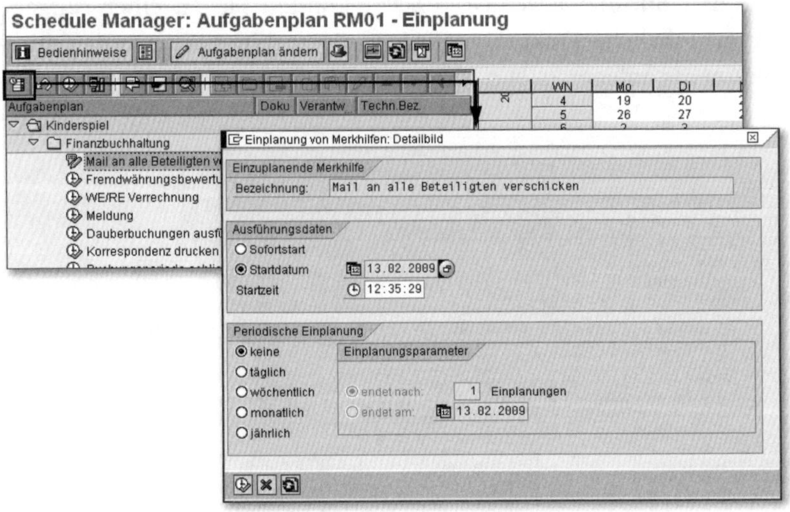

Abbildung 12.7 Aufgabe einplanen

Wenn Sie alle Aufgaben eingeplant haben, erhalten Sie eine Übersicht, wie sie z. B. in Abbildung 12.1 dargestellt ist. Aus der Tagesübersicht heraus können Sie die Abschlusstransaktionen direkt ausführen und deren Status entsprechend ändern (siehe Abbildung 12.8).

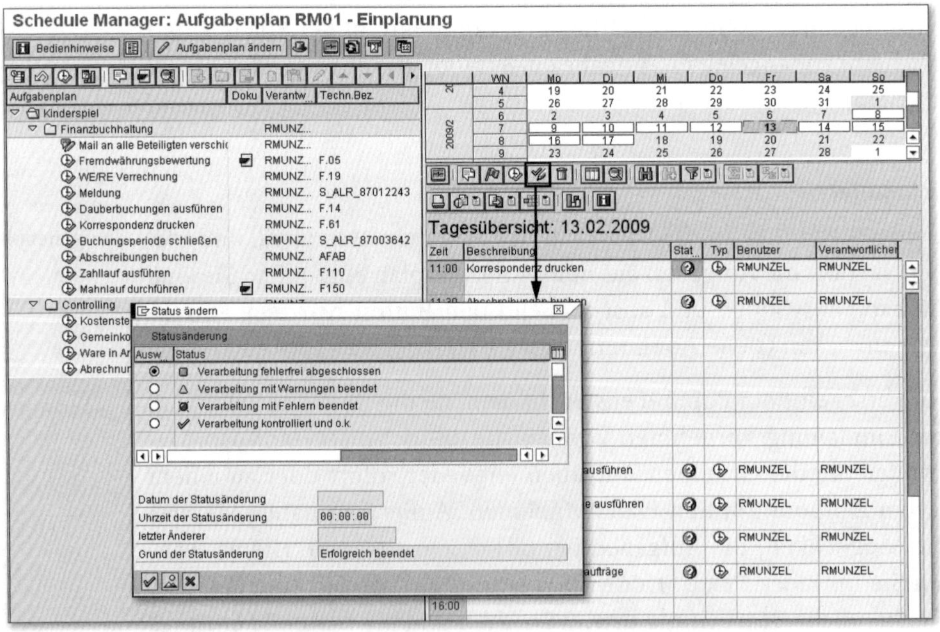

Abbildung 12.8 Status ändern

Monitor

Statusübersicht im Monitor

Mithilfe des *Monitors* des Schedule Managers haben Sie die Möglichkeit, den Status aller eingeplanten Aktivitäten zu verfolgen, insbesondere der Hintergrundjobs. Hierzu wählen Sie in der Tagesübersicht alle Aktivitäten aus (indem Sie auf die Überschrift der linken Spalte ZEIT klicken) und verzweigen anschließend über den entsprechenden Button in den Monitor (siehe Abbildung 12.9).

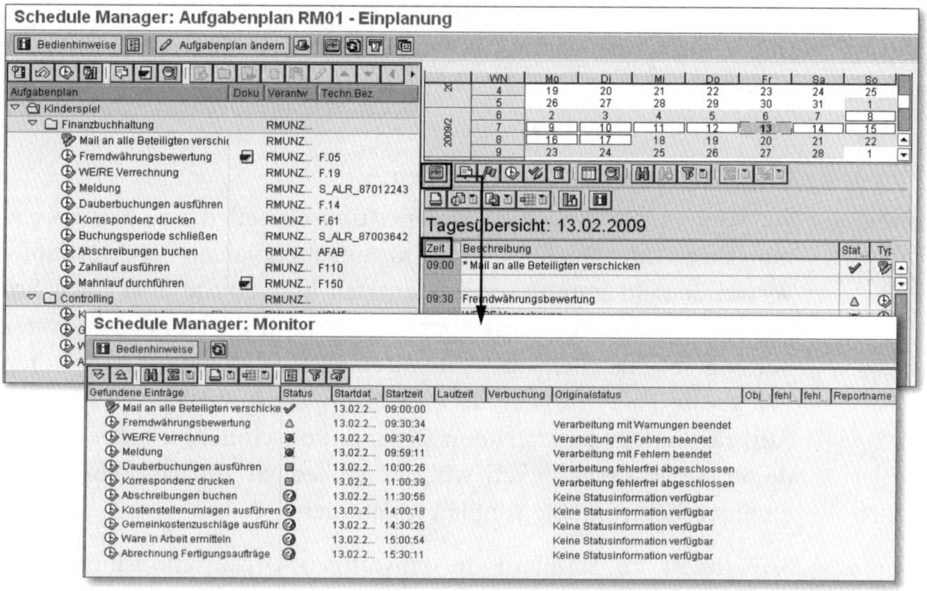

Abbildung 12.9 Absprung in den Monitor des Schedule Managers

Den Monitor des Schedule Managers können Sie über den Button AUFFRISCHEN aktualisieren.

Sie haben nun einen Überblick über die Möglichkeiten des Schedule Managers bekommen. Wir stellen Ihnen nun das Closing Cockpit mit seinen umfassenderen Möglichkeiten vor.

12.3.2 Closing Cockpit

Möglichkeiten des Closing Cockpits

Vom Grundprinzip her unterstützt das Closing Cockpit ebenso wie der Schedule Manager den Periodenabschluss, indem er die Möglichkeit dazu bietet, alle relevanten Aktivitäten aufzulisten und in einen Ablaufplan zu bringen. Das Closing Cockpit bietet darüber hinaus die Möglichkeit, die Aufgabenliste nach Organisationseinheiten wie z. B.

Kostenrechnungskreis oder Buchungskreis zu gliedern, Abhängigkeiten zwischen Aufgaben festzulegen und den Ablaufplan grafisch in einem Gantt-Chart darzustellen.

Zur Konfiguration des Closing Cockpits sind zunächst einige Schritte notwendig, die wir nun erläutern.

Alle Konfigurationseinstellungen zum Closing Cockpit nehmen Sie im Anwendungsmenü über den Pfad RECHNUNGSWESEN • FINANZWESEN • HAUPTBUCH • PERIODISCHE ARBEITEN • ABSCHLUSS COCKPIT • VORLAGEN UND AUFGABENPLÄNE VERWALTEN oder über die Transaktion CLOCOC vor.

Organisationshierarchien anlegen

Verknüpfung mit den Organisationseinheiten

Sie können die einzelnen Organisationseinheiten wie Kostenrechnungskreis oder Buchungskreis im Aufgabenplan als Strukturknoten verwenden. In komplexeren Szenarien können Sie aber auch Programme für den Abschluss über Varianten für die Hintergrundverarbeitung so einstellen, dass sie automatisch nacheinander ablaufen. Für solche Fälle müssen Sie im Ablaufplan zusätzlich die konkrete Ausprägung der betreffenden Organisationseinheiten mitgeben. An dieser Stelle beschränken wir uns an jedoch zunächst einmal auf einen verhältnismäßig simplen Ablaufplan.

SAP liefert im Standard die einstufigen Organisationshierarchien »Buchungskreis« und »Kostenrechnungskreis« aus, die nur aus der entsprechenden Organisationseinheit bestehen. Daneben steht Ihnen auch die zweistufige Hierarchie »Kostenrechnungskreis/Buchungskreis« zur Verfügung. Von der Konfiguration des Closing Cockpits aus können Sie über den Menüpfad VORLAGE/ABSCHLUSSPLAN • ORG.HIERARCHIEN neue Organisationshierarchien anlegen. Betätigen Sie hierzu den Button NEUE ORGHIERARCHIE, und vergeben Sie im daraufhin erscheinenden Popup-Fenster eine Bezeichnung für die neue Hierarchie (siehe Abbildung 12.10).

Als Nächstes müssen Sie die einzelnen Organisationseinheiten zuordnen. Da in unserem Beispiel die Einheit »Profit-Center« noch nicht vorhanden ist, müssen Sie sie zunächst anlegen. Klicken Sie hierzu auf den Button ORG-EBENEN, und es erscheint ein Fenster zum Pflegen von Organisationseinheiten. Klicken Sie nun auf den Button ANLEGEN, um eine neue Organisationseinheit zu erstellen.

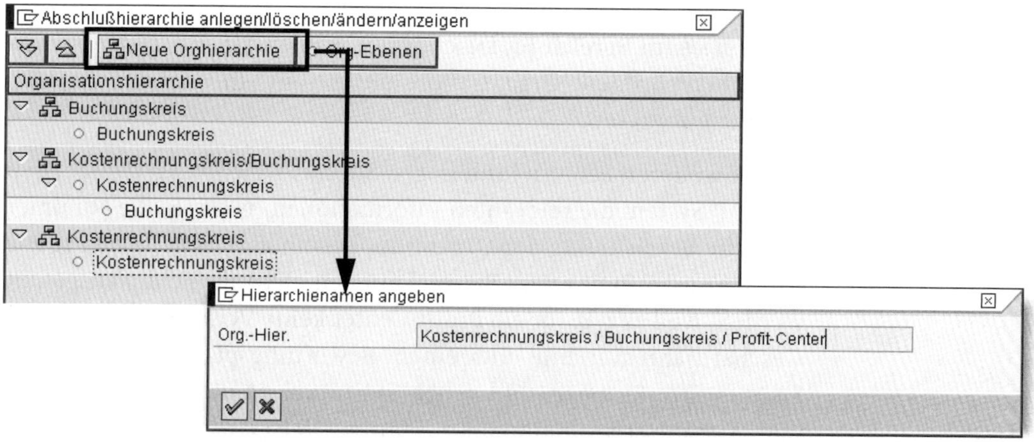

Abbildung 12.10 Organisationshierarchie anlegen

Vergeben Sie einen Namen und eine Bezeichnung, und bestätigen Sie Ihre Eingaben mit der [↵]-Taste. Im nächsten Fenster können Sie die Einheit nun weiter beschreiben (siehe Abbildung 12.11).

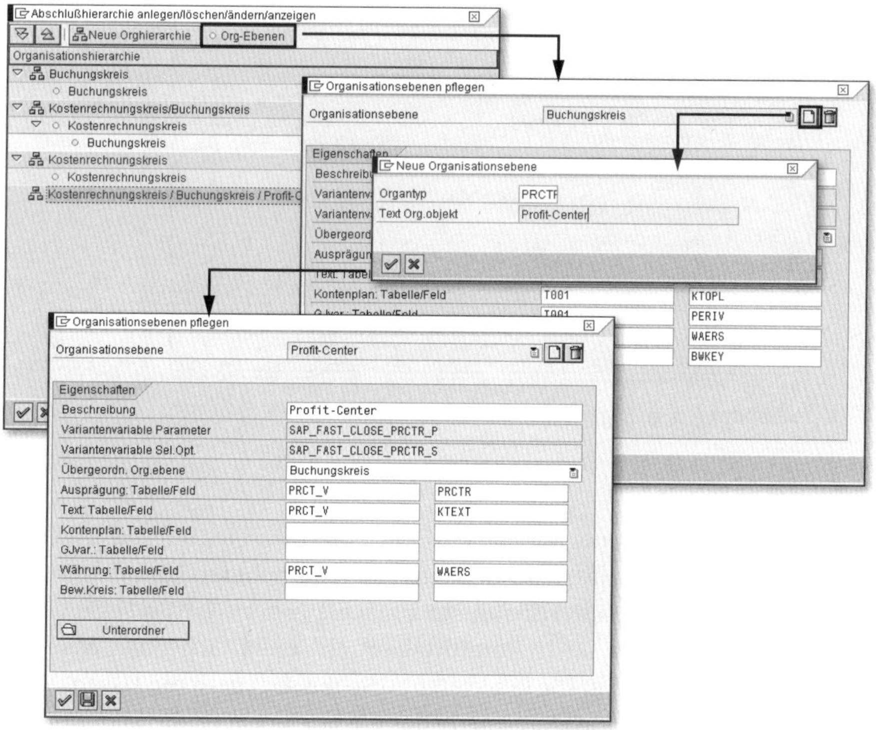

Abbildung 12.11 Organisationseinheit anlegen

Geben Sie zunächst eine Beschreibung ein. Unter ÜBERGEORDNETE ORG.EBENE im Bereich EIGENSCHAFTEN wählen Sie die in der Hierarchie übergeordnete Organisationseinheit aus, in unserem Beispiel den Buchungskreis.

In den weiteren Feldern hinterlegen Sie, aus welchen Systemtabellen das SAP-System die relevanten Informationen, wie z. B. die Nummer bzw. die Bezeichnung der Organisationseinheit, ermitteln soll sowie den Text usw. In unserem Beispiel müssen nicht alle Felder ausgefüllt werden, weil es z. B. für ein Profit-Center keine Verknüpfung zu einer Geschäftsjahresvariante oder einem Bewertungsplan gibt. Speichern Sie nun Ihre Einträge, und gehen Sie zurück in die Pflegemaske für die Organisationshierarchie. Führen Sie anschließend einen Rechtsklick auf die neue Organisationshierarchie aus, und wählen Sie die Option NEUE HIERARCHIESTUFE sowie die entsprechende Organisationseinheit aus. Wiederholen Sie diesen Schritt, um alle Organisationseinheiten aufzunehmen (siehe Abbildung 12.12).

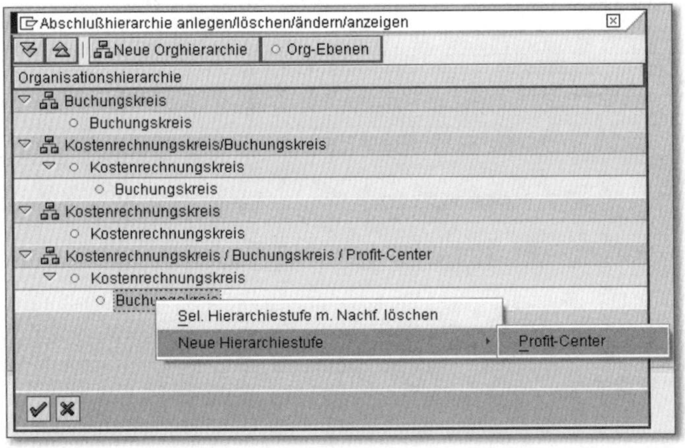

Abbildung 12.12 Organisationshierarchie aufbauen

Vorlage anlegen

Vorlagen für die Aufgabenpläne definieren

Wie beim Schedule Manager arbeiten Sie auch hier mit Aufgabenplänen, in die Sie alle Abschlussaktivitäten aufnehmen können. Im Closing Cockpit können Sie hierzu zunächst generische *Vorlagen* erstellen, aus denen sich komfortabler als beim Schedule Manager Aufgabenpläne für die konkreten Abschlüsse generieren lassen. Wählen Sie im Konfigurationsmenü des Closing Cockpits die Menüpunkte VORLAGE/ABSCHLUSSPLAN • VORLAGE ANLEGEN, um eine neue Vorlage anzulegen. Geben Sie anschließend einen Namen und eine Beschreibung ein, und wählen Sie eine Organisationshierarchie (im Beispiel Kostenrechnungskreis/Buchungskreis) aus (siehe Abbildung 12.13).

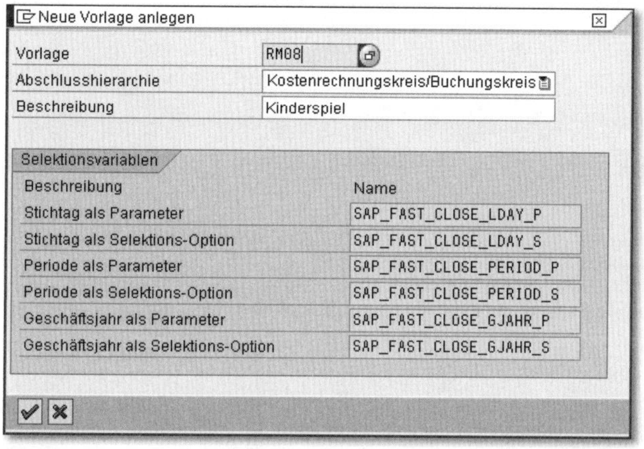

Abbildung 12.13 Vorlage anlegen

Beim Anlegen der Vorlage erscheint im Block Selektionsvariablen eine Reihe von Variablen. Diese können Sie verwenden, wenn Sie in Ihren Ablaufplan Programme einbinden möchten, die Sie mit einer Variante im Hintergrund starten. In der Variante können Sie dann Werte wie Periode, Geschäftsjahr usw. anhand der Selektionsparameter aus dieser Vorlage vorbelegen. Hierdurch müssen Sie Ihre Varianten nicht zu jedem Abschluss anpassen.

Vorschlag für den Periodenabschlussplan

Das SAP-System erstellt nun einen Vorschlag für einen Periodenabschlussplan, entsprechend den gewählten Organisationseinheiten. Der Vorschlag besteht aus den buchungskreisabhängigen Ordnern Debitorenbuchhaltung, Kreditorenbuchhaltung, Hauptbuchhaltung und Anlagenbuchhaltung sowie aus den kostenrechnungskreisabhängigen Ordnern Auftrags-/Projektabrechnung, Produktkosten, Projekte und Abstimmledger. Die kostenrechnungskreisabhängigen Ordner werden zu jedem Kostenrechnungskreis und die buchungskreisabhängigen Ordner entsprechend zu jedem Buchungskreis in Ihrem SAP-System angelegt. Nicht benötigte Ordner können Sie löschen und neue hinzufügen, indem Sie den zu löschenden Ordner auswählen, die rechte Maustaste betätigen und schließlich aus dem Kontextmenü die Option Ordner löschen wählen. Wenn Sie beim Auswählen die [⇧]-Taste gedrückt halten, können Sie mehrere Ordner gleichzeitig auswählen und löschen.

Aufgaben anlegen

Neue Aufgaben definieren

Als Nächstes fügen Sie in den Ordnern Aufgaben hinzu. Hierzu wählen Sie den betreffenden Ordner aus, betätigen die rechte Maustaste und wählen dann die Option AUFGABE HINZUFÜGEN (siehe Abbildung 12.14).

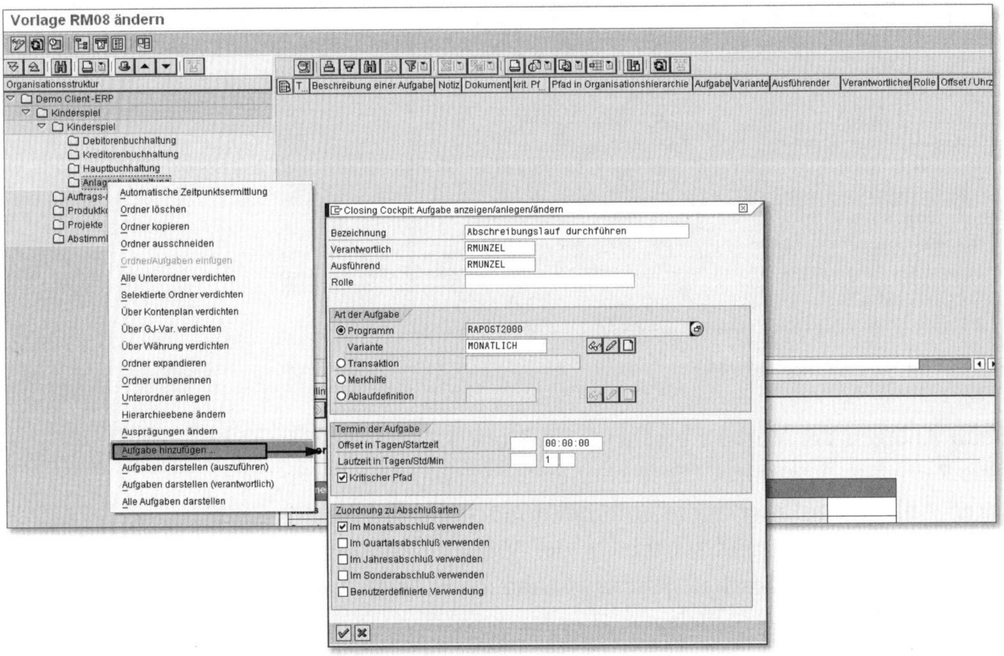

Abbildung 12.14 Aufgabe anlegen

Die Vorgehensweise beim Hinterlegen von Informationen zu einer Aufgabe ähnelt der Vorgehensweise beim Schedule Manager, nur dass Ihnen das Closing Cockpit noch weitere Möglichkeiten zur Verfügung stellt: Zum einen können Sie eine Unterscheidung zwischen dem Verantwortlichen und dem Ausführenden vornehmen und sich hierdurch in der Listanzeige des Closing Cockpits benutzerbezogen anzeigen lassen, welche Aufgaben jeweils abzuarbeiten bzw. zu überwachen sind. Zum anderen haben Sie die Möglichkeit, eine Rolle einzutragen, aus der hervorgeht, welche Berechtigungen für die jeweilige Aufgabe notwendig sind.

Wie beim Schedule Manager können Sie entweder ein Programm mit einer Variante, eine Transaktion, eine Merkhilfe oder eine Ablaufdefinition eingeben. In unserem Beispiel arbeiten wir mit einem Programm, um Ihnen zu zeigen, wie Sie die Selektionsvariablen aus der Vorlage einsetzen können.

Aufgaben terminieren

Im Block TERMIN DER AUFGABE können Sie wiederum einen Offset in Tagen eintragen und darüber hinaus eine erwartete Laufzeit in Tagen, Stunden und Minuten. Außerdem können Sie kennzeichnen, dass sich die betreffende Aufgabe auf dem kritischen Pfad befindet. Der kritische Pfad enthält alle Aufgaben, die derart lange dauern oder so viele abhängige Nachfolgeaufgaben haben, dass sich der gesamte Periodenabschluss verzögert, wenn eine sich auf dem kritischen Pfad befindliche Aufgabe mehr Zeit in Anspruch nimmt als geplant.

Im untersten Block ZUORDNUNG ZU ABSCHLUSSARTEN legen Sie schließlich fest, bei welchen Abschlüssen die Aufgabe relevant sein soll. Wenn Sie dann später aus Ihrer Vorlage Aufgabenpläne für die konkreten Abschlüsse erstellen, geben Sie dabei jeweils an, ob es sich um einen Monatsabschluss, einen Quartalsabschluss usw. handelt. Auf diese Weise werden nur Aufgaben eingebunden, die auch entsprechend gekennzeichnet sind.

[+]

Neue Aufgaben im Schedule Manager bzw. Closing Cockpit

Wenn Sie weitere Aufgaben anlegen, kann es mitunter passieren, dass Sie die Meldung »Die Transaktion/das Programm ist noch nicht an den Schedule Manager angeschlossen« erhalten. Dies bedeutet, dass Sie das Programm noch nicht für den Schedule Manager oder das Closing Cockpit verwenden dürfen, sondern es erst registrieren müssen. Wählen Sie in solchen Fällen im Konfigurationsmenü des Closing Cockpits die Punkte SPRINGEN • PROGRAMM FÜR CLOSING COCKPIT REGISTRIEREN bzw. TRANSAKTION FÜR CLOSING COCKPIT REGISTRIEREN. Beachten Sie außerdem SAP-Hinweis 546987.

Programmvarianten direkt im Closing Cockpit definieren

In unserem Beispiel haben wir zum Programm RAPOST2000 eine Variante eingegeben, die noch nicht existiert. Daher fragt das SAP-System nach, ob wir diese Variante anlegen möchten, was wir bestätigen. Nun gelangen wir automatisch zum Einstiegsbildschirm zum Anlegen einer Variante für das Programm. Füllen Sie hier zunächst alle Pflichteingabefelder aus, und klicken Sie anschließend auf den Button ATTRIBUTE (siehe Abbildung 12.15).

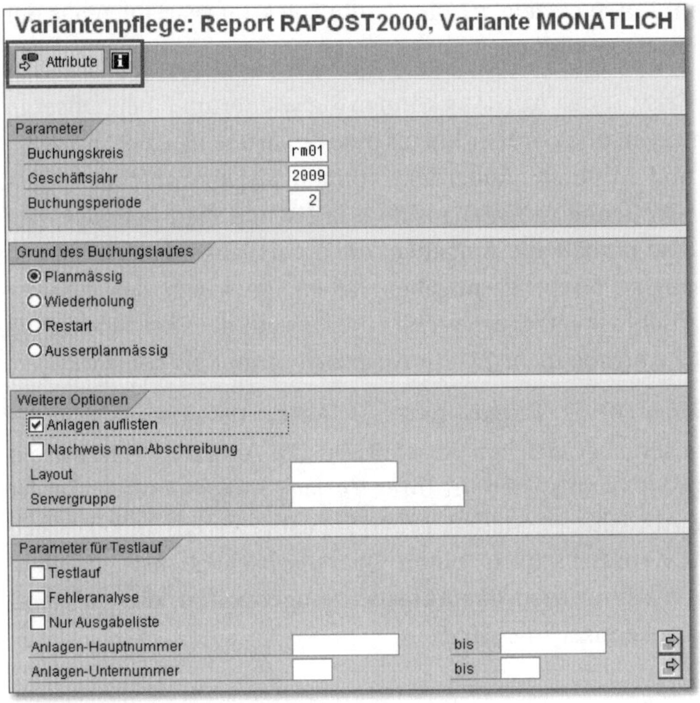

Abbildung 12.15 Variantenpflege – Einstiegsbildschirm

Sie gelangen dann in den Pflegebildschirm für die Variantenattribute (siehe Abbildung 12.16). Hier pflegen Sie zunächst im Feld BEDEUTUNG eine Kurzbeschreibung. In diesem Bildschirm können Sie außerdem den Parametern des Einstiegsbildschirms Variablen zuweisen; Variablen dienen dazu, die Parameter dynamisch mit Werten zu versorgen. So können Sie z. B. einen Parameter für die Periode einsetzen, der immer den Wert der gerade aktuellen Periode annimmt. Dies bringt zum einen den Vorteil mit sich, dass Sie beim manuellen Aufrufen des Programms mit dieser Variante nicht jedes Mal die zeitabhängigen Parameter aktualisieren müssen. Zum anderen ist es Voraussetzung dafür, dass Sie den Report aus dem Closing Cockpit heraus automatisch im Hintergrund starten können und alle Parameter korrekt gefüllt sind.

Variablen für die Programmvariante zuordnen

In unserem Beispiel lassen wir die Parameter BUCHUNGSKREIS, GESCHÄFTSJAHR und BUCHUNGSPERIODE automatisch aus den Selektionsvariablen der Vorlage im Closing Cockpit füllen. Hierzu rufen Sie in den Zeilen zu den jeweiligen Parametern in der Spalte SELEKTIONSVARIABLE die Auswahlhilfe auf und wählen anschließend den Eintrag

»T« aus, der für die Tabellenvariable aus der Tabelle TVARVC steht, in der sich u. a. die Selektionsvariablen aus dem Closing Cockpit und dem Schedule Manager befinden.

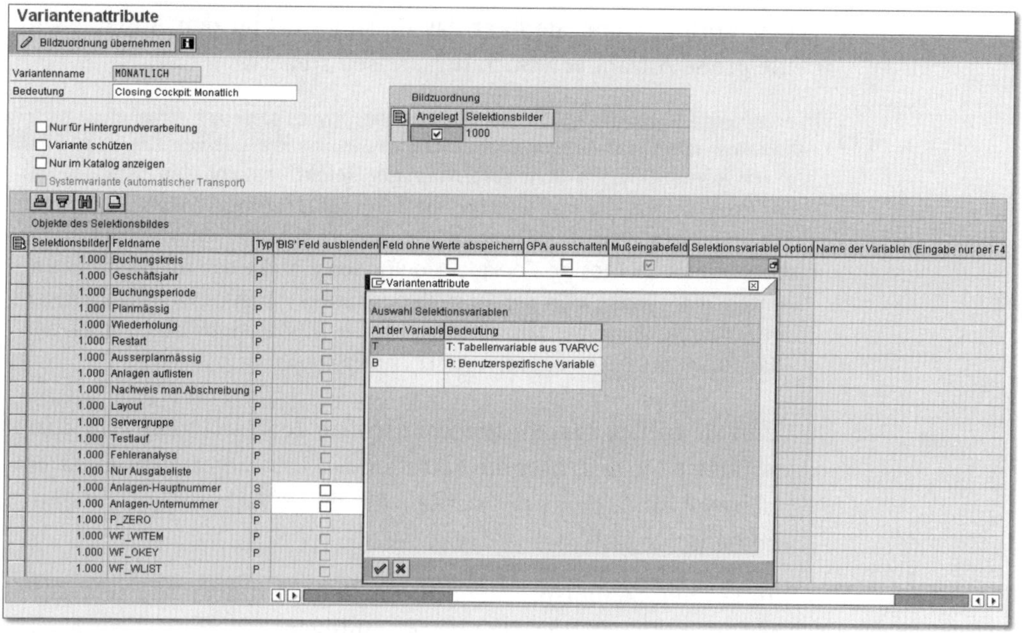

Abbildung 12.16 Variantenattribute pflegen

Wählen Sie nun in der Spalte Name der Variablen die entsprechenden Selektionsvariablen aus der Vorlage aus (siehe Abbildung 12.17). In unserem Beispiel sind dies SAP_FAST_CLOSE_BUKRS_P für den Buchungskreis, SAP_FAST_CLOSE_GJAHR_P für das Geschäftsjahr und SAP_FAST_CLOSE_PERIOD_P für die Periode.

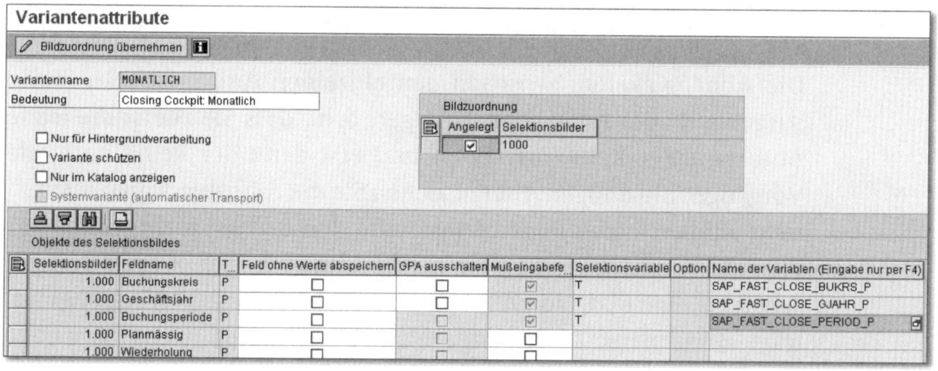

Abbildung 12.17 Selektionsvariablen pflegen

Nun haben Sie sichergestellt, dass beim automatischen Aufruf des Abschreibungsprogramms aus dem Closing Cockpit der Buchungskreis, das Geschäftsjahr und die Periode anhand der Werte in der Aufgabe gesetzt werden. Dies bringt vor allem dann einen beträchtlichen Vorteil, wenn Sie über das Closing Cockpit den Abschluss für eine große Anzahl von Buchungskreisen steuern.

[+]

Selektionsvariablen im Schedule Manager und im Closing Cockpit

Auch können Sie im Schedule Manager Selektionsvariablen pflegen, um für Programme, die im Hintergrund ausgeführt werden sollen, Parameter vorzubelegen. Allerdings stehen Ihnen dort weniger Möglichkeiten zur Auswahl als im Closing Cockpit. Sie können z. B. keine Organisationseinheiten vorbelegen. Von der Einstellungstransaktion für den Aufgabenplan im Schedule Manager aus können Sie die Selektionsvariablen über den Pfad Zusätze • Einstellungen • Selektionsvariablen pflegen.

Wenn Sie zurück zum Einstiegsbildschirm der Variantenpflege springen, stellen Sie fest, dass die betreffenden Parameter nicht mehr eingabebereit sind, denn sie werden für diese Variante ausschließlich automatisch befüllt.

Nun können Sie entsprechend Ihren Anforderungen alle relevanten Abschlussaktivitäten in die Vorlage einfügen.

Abhängigkeiten definieren

Abhängigkeiten zwischen den Aufgaben

Im Closing Cockpit können Sie Ihre Aufgaben in eine logische Reihenfolge bringen, indem Sie Abhängigkeiten zwischen den einzelnen Aufgaben pflegen. Dadurch können Sie z. B. auch für Aufgaben festlegen, dass sie nicht beginnen dürfen, bevor die Vorgängeraufgabe abgeschlossen ist. Um Abhängigkeiten zu pflegen, klicken Sie in der Pflege der Vorlagen auf den Button Abhängigkeiten (siehe Abbildung 12.18).

Die Abhängigkeiten zwischen den einzelnen Aufgaben pflegen Sie ausgehend vom Aufgabennachfolger, d. h., dass Sie zuerst die letzte Aufgabe einer Kette auswählen und erst dann der Reihe nach alle Vorgänger hinzufügen. Hierzu ziehen Sie die Aufgaben von der Übersicht auf der linken Bildschirmseite in den Bereich rechts unten zur Pflege der Abhängigkeiten. Im in Abbildung 12.19 gezeigten Beispiel sehen Sie eine Kette von Abhängigkeiten zur Aufgabe »Fertigungsaufträge abrechnen«. Diese Aufgabe kann erst starten, wenn zuvor alle Vorgängeraufgaben erledigt worden sind.

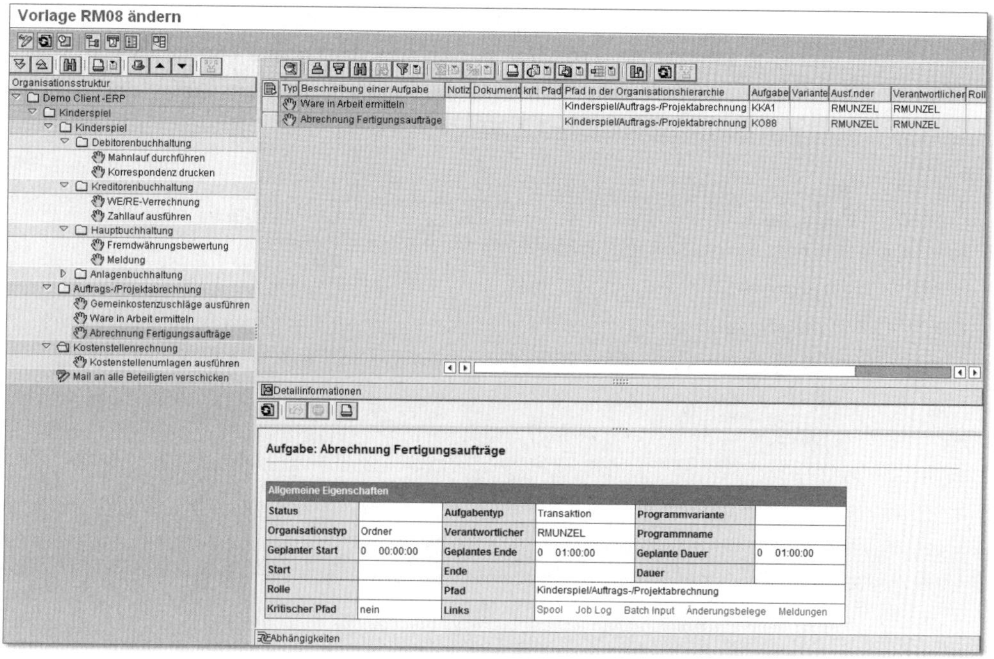

Abbildung 12.18 Wechsel zur Pflege der Abhängigkeiten

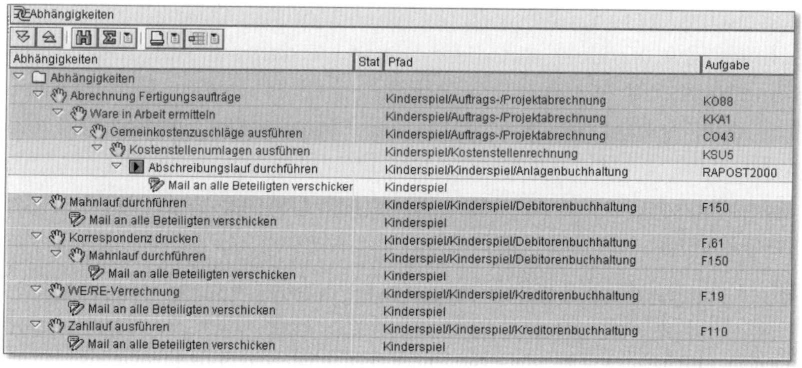

Abbildung 12.19 Abhängigkeiten

Wir haben nun eine Vorlage fertiggestellt. Als Nächstes beschäftigen wir uns damit, wie wir sie in einen Aufgabenplan überführen.

Aufgabenplan anlegen

Aufgabenplan aus der Vorlage generieren

Um einen konkreten Abschluss mit Unterstützung des Closing Cockpits durchzuführen, generieren Sie aus der zuvor angelegten Vorlage einen Aufgabenplan. Hierzu wählen Sie im Einstellungsmenü zum

Closing Cockpit die Optionen VORLAGE/ABSCHLUSSPLAN • AUFGABENPLAN ERSTELLEN. Für den konkreten Abschluss können Sie nun die Rahmendaten eingeben und damit die Selektionsvariablen vorbelegen (siehe Abbildung 12.20).

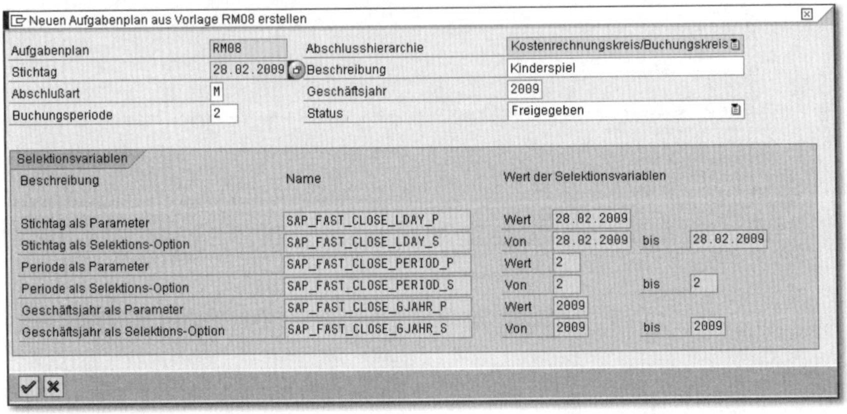

Abbildung 12.20 Aufgabenplan definieren

Nun geben Sie den Stichtag, die Buchungsperiode und das Geschäftsjahr in die entsprechenden Felder ein. Außerdem legen Sie im Feld ABSCHLUSSART fest, ob es sich um einen Monats-, Quartals-, Jahresabschluss usw. handelt. Auf diese Weise werden nur Aufgaben eingebunden, die für die gewählte Abschlussart als relevant gekennzeichnet sind. Sobald Sie den Status auf FREIGEGEBEN setzen, füllt das System die Selektionsvariablen mit den entsprechenden Werten, die dann auch in den Varianten für die Hintergrundprogramme eingesetzt werden.

Closing Cockpit in der Anwendung

Über den Menüpfad RECHNUNGSWESEN • FINANZWESEN • HAUPTBUCH • PERIODISCHE ARBEITEN • ABSCHLUSS COCKPIT oder die Transaktion CLOCO können Sie Ihren Abschluss schließlich anhand Ihres erstellten Ablaufplans durchführen und überwachen (siehe Abbildung 12.21).

Ebenso wie beim Schedule Manager können Sie vom Closing Cockpit aus die einzelnen Schritte des Abschlusses starten und den aktuellen Status abrufen. In der Übersicht können Sie sich die einzelnen Aufgaben wahlweise tabellarisch oder als Gantt-Chart darstellen lassen. Darunter sehen Sie die Details zu jeder Aufgabe, die Sie bei Bedarf ändern können. Statusänderungen wie BEENDET, WARNUNG oder FEHLER werden zur besseren Übersicht in Ampelfarben dargestellt und auch auf die abhängigen Schritte übertragen.

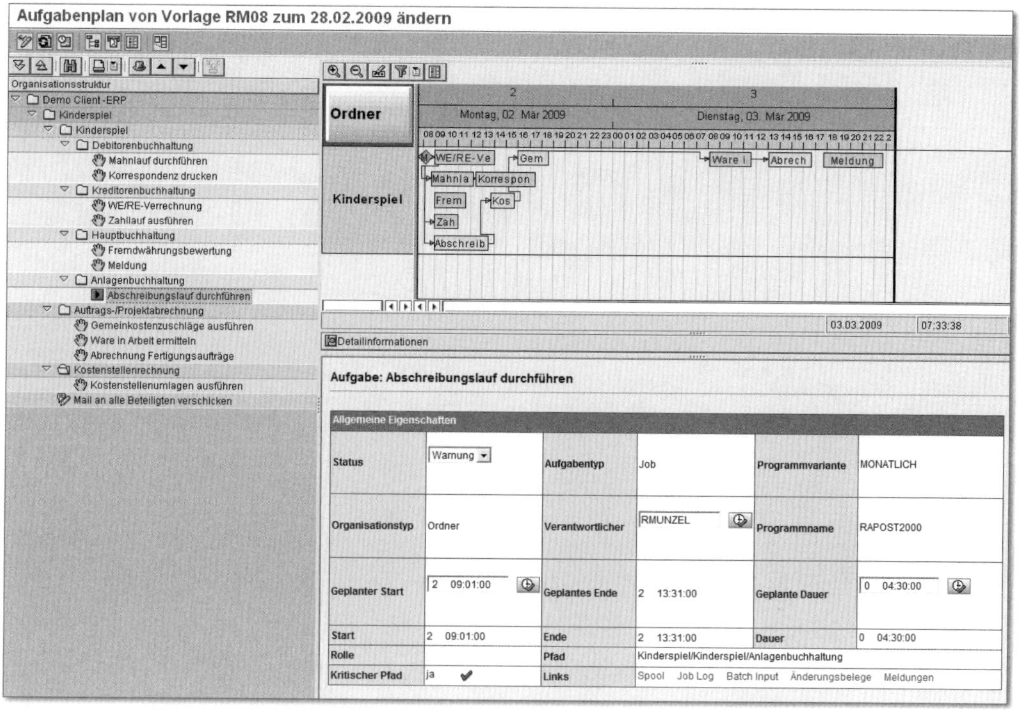

Abbildung 12.21 Closing Cockpit

12.4 Fazit

In diesem Kapitel haben Sie einen Überblick über die wichtigsten Abschlussarbeiten in der Finanzbuchhaltung in SAP ERP bekommen und erfahren, durch welche Neuerungen SAP ERP den Abschluss beschleunigen kann. Anschließend haben wir Ihnen die beiden wichtigsten Werkzeuge, den Schedule Manager und das Closing Cockpit, zur Unterstützung des Periodenabschlusses vorgestellt. Dabei haben Sie erfahren, wie Sie Aufgabenpläne erstellen, um damit die Abschlusstätigkeiten zu überwachen.

Für die Durchführung von Betriebsprüfungen in Unternehmen, die mit SAP ERP arbeiten, hat in den letzten Jahren das Data Retention Tool (DART) von SAP deutlich an Bedeutung gewonnen. In diesem Kapitel skizzieren wir kurz, wo Sie dieses Tool einsetzen und wie Sie es an Ihre eigenen Anforderungen anpassen können.

13 GDPdU mithilfe des DART-Tools in SAP ERP

Was bedeutet GDPdU?

Aufgrund der gesetzlichen Neuregelungen im Steuersenkungsgesetz vom 23. Oktober 2000 (Bundesgesetzblatt, Teil I, S. 1433, Artikel 7 und 8) wurde der Finanzverwaltung das Recht erteilt, ab dem 1. Januar 2002 die mithilfe eines Datenverarbeitungssystems erstellte Buchführung des Steuerpflichtigen mittels Datenzugriff zu prüfen. Die Umsetzung des Rechts auf Datenzugriff regeln die Grundsätze zum Datenzugriff und zur Prüfbarkeit digitaler Unterlagen (GDPdU). Diese Regelungen wurden nach intensiver Erörterung mit den Vertretern der Wirtschaft mit dem BMF-Schreiben (BMF steht für Bundesministerium der Finanzen) vom 16. Juli 2001 veröffentlicht und sind im Bundessteuerblatt, Teil I, S. 415 sowie im Internet unter *www.bundesfinanzministerium.de* anhand des Suchbegriffs »Datenzugriff« zu finden.

Mögliche Zugriffe

Hinsichtlich des Datenzugriffes kann der Prüfer zwischen den folgenden drei Möglichkeiten wählen, die sich auch kombinieren lassen:

- **Unmittelbarer Zugriff (Z1)**
  Der Prüfer selbst erhält einen User mit bestimmten Auswertungsmöglichkeiten in einem Datenverarbeitungssystem, wie z. B. SAP ERP. Es handelt sich hierbei lediglich um eine Leseberichtigung.
- **Mittelbarer Zugriff (Z2)**
  Der Prüfer beauftragt eine dritte Person (meist einen Mitarbeiter), mithilfe eines Users Auswertungen anzufertigen und bestimmte

Daten zur Verfügung zu stellen; es handelt sich auch hier nur um Leserechte.

- **Datenträgerüberlassung (Z3)**
  Steuerrelevante Daten werden auf einem Datenträger zur Analyse zur Verfügung gestellt.

In der Vergangenheit griffen Prüfer oft auf gedruckte Unterlagen zurück. Dies hat sich im Laufe der Zeit geändert; immer öfter werden digitale Unterlagen auf elektronischem Wege angefordert. Dies bestätigt auch die Umfrage, die in Abbildung 13.1 dargestellt ist.

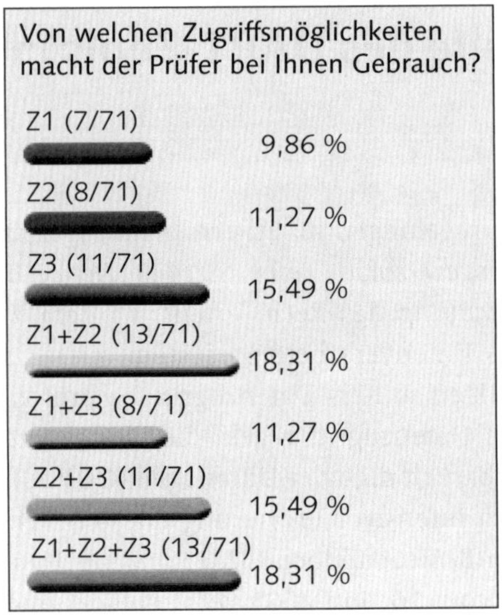

Abbildung 13.1 Ergebnisse einer Umfrage vom15.04.2012 zu den verwendeten Zugriffsmöglichkeiten bei den Betriebsprüfungen (Quelle: www.fico-forum.de)

Aufgrund der Tatsache, dass digitale Unterlagen eine immer größere Rolle bei der Prüfung spielen, gewinnt auch das Werkzeug DART zunehmend an Bedeutung.

DART ist ein Standard-Tool im SAP ERP-System und umfasst eine Schnittstelle zum Datenexport aus dem SAP-System mit den Bewegungsdaten, Stammdaten, Erklärungsdaten und abhängigen Tabellen, die von den Prüfern standardmäßig angefordert werden. Diese Daten werde in einem Format bereitgestellt, das mit der Prüfsoftware IDEA ausgelesen werden kann.

13.1 Die wichtigsten Einstellungen im DART-Tool

Themenbereiche definieren

Damit Sie die Daten aus dem SAP ERP-System exportieren können, müssen Sie zunächst Folgendes definieren:

- die zu transferierenden Daten
- das Verzeichnis, in dem Sie die Daten speichern möchten
- die Dateipfadsyntax (Syntaxgruppe und physischer Dateipfad)

Zugang zum Customizing des Tools DART

Zugang zu DART erreichen Sie nicht über das Customizing, sondern aus der Anwendung heraus über den Menüpfad WERKZEUGE • ADMINISTRATION • VERWALTUNG • DATA RETENTION TOOL oder über die Transaktion FTW0. Hier finden Sie sowohl Zugang zu den Benutzerfunktionen als auch zur Konfiguration von DART. In diesem Abschnitt beschäftigen wir uns grundsätzlich mit den notwendigen, oben genannten Konfigurationseinstellungen (die zu transferierenden Daten, das Verzeichnis, die Dateipfadsyntax).Nachdem Sie die Transaktion FTW0 aufgerufen haben, sehen Sie einen neuen Menübaum mit dem Punkt KONFIGURATION (siehe Abbildung 13.2).

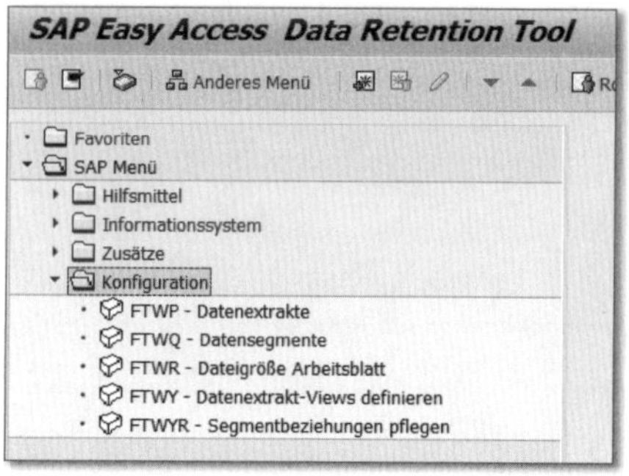

Abbildung 13.2 Konfiguration des Tools DART in SAP ERP

Daten und Datenverzeichnisse

Über KONFIGURATION • DATENEXTRAKTE oder über die Transaktion FTWP legen Sie fest, welche Daten Sie ausliefern möchten und geben die Datenverzeichnisse an, in die die Daten abgelegt werden sollen.

Bewegungsdaten

Im nächsten Schritt legen Sie fest, welche Bewegungsdaten aus dem SAP ERP-System extrahiert werden sollen. Die Auswahl treffen Sie in der Registerkarte BEWEGUNGSDATEN (siehe Abbildung 13.3). In Abhängigkeit davon, welche SAP-Module in Ihrem System eingesetzt werden, setzen Sie die Kennzeichen für die Belege aus den entsprechenden Applikationen.

Darüber hinaus haben Sie die Möglichkeit, hier weitere Beleginformationen zu exportieren, die keine direkte Verbindung zu den Rechnungswesenbelegen haben. Hierzu gehören beispielsweise die statistischen CO-Belegpositionen oder die Preiskonditionen zu den Fakturabelegen.

[!]

Extraktion der Preiskonditionen aus den Fakturabelegen

Informationen zu den Preiskonditionen aus den Fakturabelegen sollten Sie allerdings nur aktivieren, wenn es auch absolut notwendig ist, da das Datenvolumen durch diese Einstellung erheblich erhöht wird.

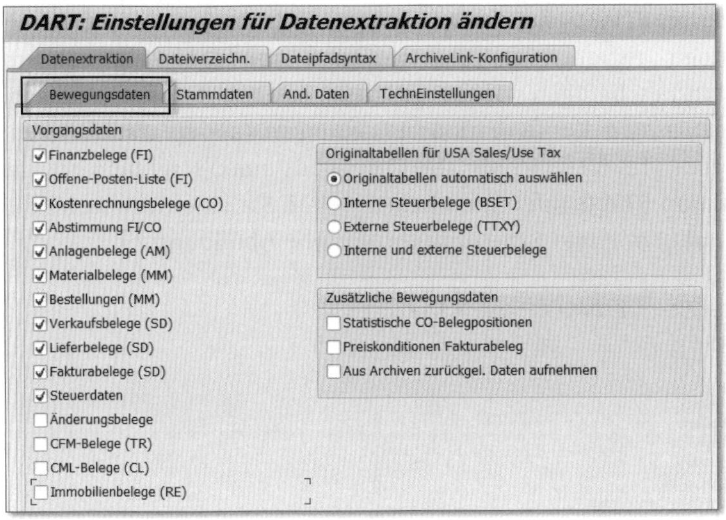

Abbildung 13.3 Bewegungsdaten

Stammdaten In der Registerkarte Stammdaten entscheiden Sie, ob die Controllinghierarchien mitgeschrieben werden sollen (siehe Abbildung 13.4).

Abbildung 13.4 Stammdaten

Konkret handelt es sich hierbei um die Kostenstellen- und Profit-Center-Hierarchien. Die einzelnen Bezeichnungen zu den Hauptbuchkonten werden automatisch mitgeliefert.

Zusätzlich können Sie im Bereich Weitere Optionen das Feld Auswahl Stammdatensegmente aktivieren. Auf diese Weise ermöglichen Sie es dem Anwender, bei der Erstellung der Extrakte die exportierten Stammdaten auszuwählen.

Falls Sie mit kundeneigenen Feldern und Tabellen arbeiten, können Sie diese ebenfalls extrahieren, und Sie haben die Möglichkeit, die eigenen Datenquellen in eine neue Exportstruktur einzufügen. Anschließend müssen Sie dafür sorgen, dass Ihre Daten technisch gelesen und exportiert werden können. Hierzu steht Ihnen die Erweiterung FTXW0002 zur Verfügung.

In der Registerkarte And. Daten können Sie festlegen, dass Ihre eigenen, im Vorfeld in die Exportstruktur aufgenommenen Daten mitexportiert werden.

Zusätzlich können Sie im Bereich CO-Optionen weitere CO-Buchungen für den Export aktivieren (siehe Abbildung 13.5).

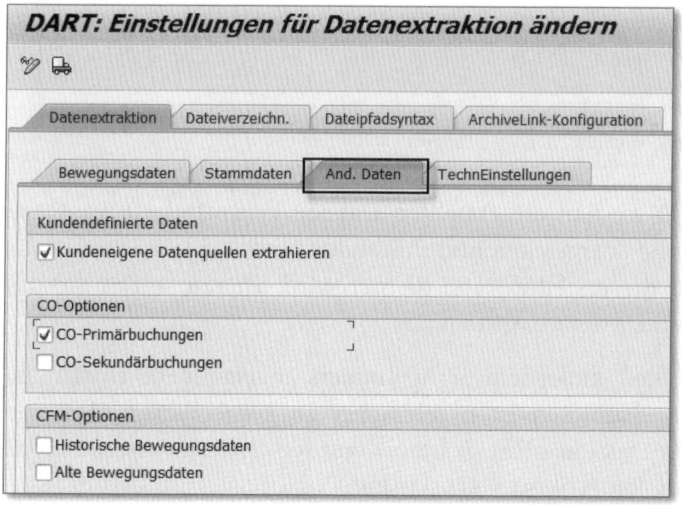

Abbildung 13.5 Registerkarte »And. Daten«

Extraktion der CO-Daten [!]

Seien Sie sich dessen bewusst, dass die Aktivierung der Extraktion der CO-Daten ein sehr hohes Datenvolumen verursacht.

Technische Einstellungen

In der Registerkarte TECHNEINSTELLUNGEN (siehe Abbildung 13.6) definieren Sie z. B. die maximale Größe der Extraktdatei und in welchem Format die Dateien geschrieben werden sollen (Unicode oder Nicht-Unicode). Dieses technische Thema werden wir an dieser Stelle nicht weiter vertiefen, da es nicht im Fokus dieses Kapitels steht.

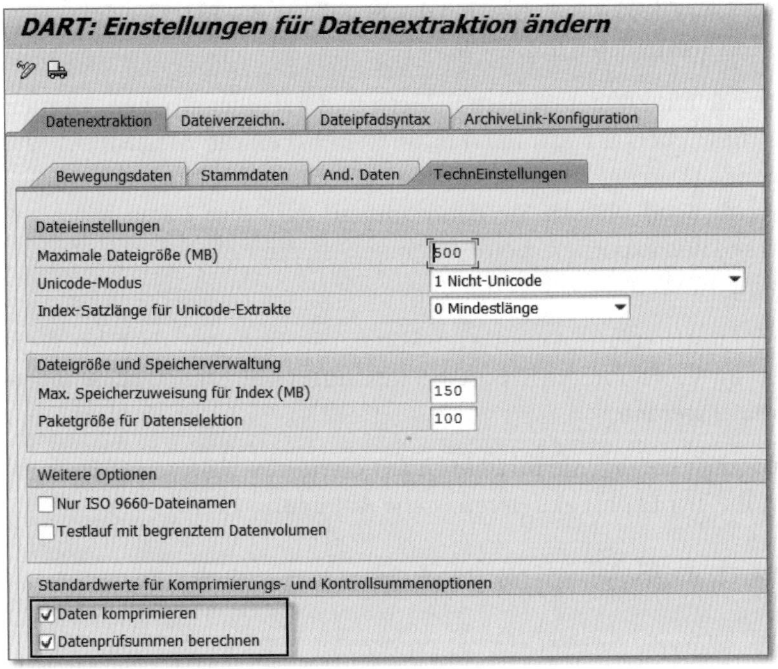

Abbildung 13.6 Technische Einstellungen

In der Regel werden die erstellten Dateien komprimiert, was dazu führt, dass die Leerzeichen und führenden Nullen durch Semikolons ersetzt und die erstellte Datei kleiner wird. Hierzu setzen Sie das Kennzeichen DATEN KOMPRIMIEREN.

Wir empfehlen außerdem, Prüfsummen zu erzeugen. Durch die erstellten Prüfsummen ist es einfacher zu kontrollieren, dass die extrahierten Dateien nicht geändert wurden. Hierzu setzen Sie das Kennzeichen PRÜFSUMMEN BERECHNEN.

Sie haben nun bereits festgelegt, welche Daten Sie exportieren möchten, und ob Sie die Dateien komprimieren bzw. ob Sie Prüfsummen bilden möchten.

Um die Daten extrahieren zu können, müssen Sie dem SAP-System mitteilen, wo die Daten gespeichert werden sollen. Hierzu definieren Sie eine oder mehrere Datenverzeichnisgruppen (siehe Abbildung 13.7).

Definition einer Verzeichnisgruppe

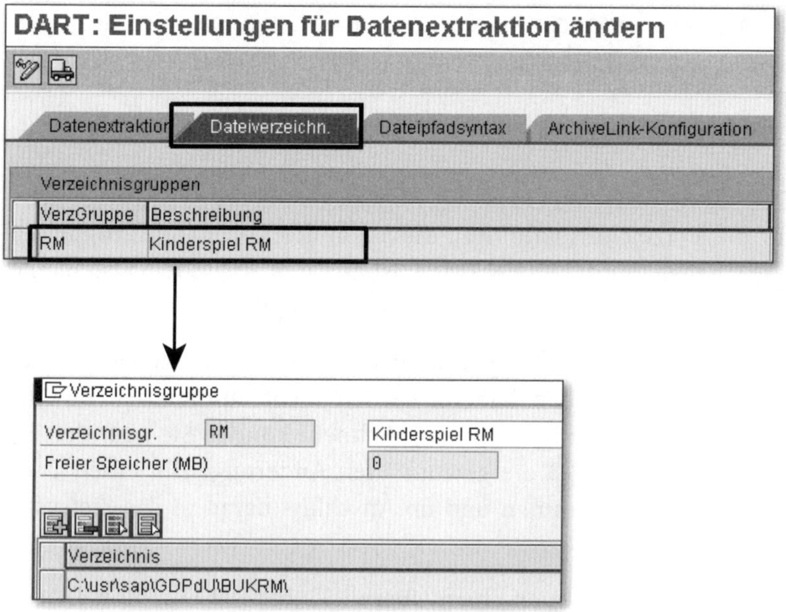

Abbildung 13.7 Datenverzeichnisse

Eine Verzeichnisgruppe ist eine Zusammenstellung von mehreren Verzeichnissen. Es ist möglich, mehrere Verzeichnisgruppen zu definieren, z. B. für mehrere Benutzer oder Buchungskreise, und mehrere Verzeichnisse für verschiedene Datenquellen z. B. Bankdaten, Vetriebsdaten, Daten aus der Materialwirtschaft usw. In unserem Beispiel werden alle Dateien eines Extraktlaufes in einem Verzeichnis abgelegt. Nach einem Doppelklick auf die entsprechende Verzeichnisgruppe tragen Sie den physischen Dateipfad des angelegten Verzeichnisses ein, z. B. *C:\usr\sap\GDPdU\BUKRM*.

Der physische Dateipfad

Abschließend definieren Sie in der Registerkarte DATEIPFADSYNTAX den vollständigen Dateinamen Ihres Verzeichnisses. Die Dateipfadsyntax für Unix und Microsoft Windows NT wurde bereits ausgeliefert (siehe Abbildung 13.8). Für andere Systeme müssen Sie die Dateipfade gegebenfalls noch definieren.

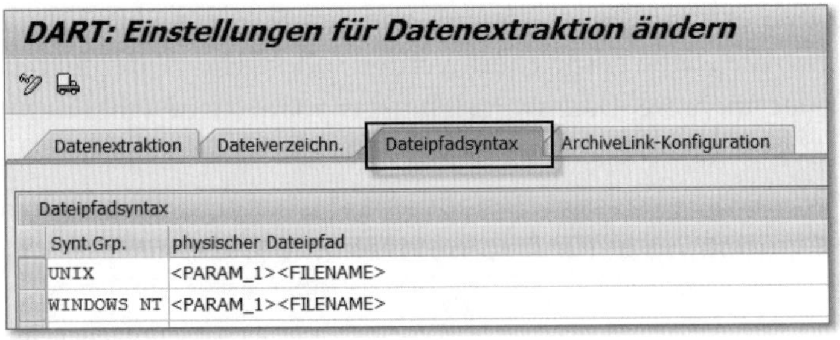

Abbildung 13.8 Dateipfadsyntax

Der physische Dateipfad ist wie folgt zu verstehen: <PARAM_1> steht für die Verzeichnisdefinition, die Sie in der Verzeichnisgruppe definiert haben, und <FILENAME> ist für den logischen Dateinamen gedacht, den der User bei der Extraktion angibt.

Transport von DART-Einstellungen

Die einzelnen Einstellungen, die Sie in den verschiedenen Registerkarten vorgenommen haben, werden nicht automatisch in einen Transportauftrag aufgenommen. Vielmehr können Sie über den Button TRANSPORT () die gewünschten Änderungen in einen Transportauftrag übernehmen und im Anschluss daran in das Zielsystem transportieren.

Datenextrakte-Views

Damit haben wir Ihnen einen Überblick über die Funktionalität des Tools DART gegeben, und Sie kennen nun die nötigsten Customizing-Einstellungen, mit deren Hilfe Sie Datenextrakte erstellen können. Zu erwähnen sind noch die hilfreichen Datenextrakte-Views, die dazu dienen, die Informationen einzuschränken, die Sie an die Prüfer herausgeben.

Standardmäßig selektieren Sie in DART auf Basis von sogenannten Segmenten. Diese Segmente umfassen jeweils einen SAP-Anwendungsbereich, wie z. B. alle FI-Belege, alle SD-Belege oder alle offenen Posten. Interessiert sich ein Prüfer nur für einen Teil dieser Informationen, wie z. B. nur die Lohnabrechnungsbelege, können Sie diese mithilfe von Views bereitstellen. Ein View funktioniert analog zu einem Tabellen-View, mithilfe dessen Sie aus den Segmenten einzelne Felder auswählen können, die extrahiert werden sollen. Darüber hinaus können Sie diese Felder auch einschränken, also z. B. alle Belege innerhalb eines bestimmten Nummernbereiches selektieren. Unserer Meinung nach sind die ausgelieferten Datenextrakte-Views hierzu ausreichend; die Definition neuer Views ist sinnvoll, falls Sie eigene Felder festgelegt haben, die nicht in die vorhandenen Views integriert worden sind.

Vorgehensweise bei der Extraktion der Daten

Nun geben wir Ihnen noch zwei Tipps zur Vorgehensweise bei der Bearbeitung der Extrakte:

1. Zunächst erstellen Sie in der Transaktion FTW1A die zu extrahierenden Dateien. Diese Funktionalität erreichen Sie aus der Anwendung heraus über den Menüpfad Werkzeuge • Administration • Verwaltung • Data Relation Tool • Hilfsmittel • Daten extrahieren.
2. Im folgenden Schritt können Sie die gerade erstellte Datei in kleinere Dateien splitten. Hierzu verwenden Sie die Transaktion S_P6D_40000027 oder den Menüpfad Werkzeuge • Administration • Verwaltung • Data Relation Tool • Hilfsmittel • Datenextrakt-Splitter. Die kleineren Dateien sind logisch aufgeteilt und besser zu analysieren als die größeren. Falls Sie mit Views arbeiten möchten, können Sie Datenextrakte zu ausgewählten Views über den Menüpfad Werkzeuge • Administration • Verwaltung • Data Relation Tool • Informationssystem • Datenextrakt-Views oder über die Transaktion FTWH erstellen.

[+]

Wichtige Informationen zu den DART-Versionen

Welche Views Ihnen zur Verfügung stehen und welche Daten extrahiert werden können, hängt auch davon ab, mit welcher DART-Version Sie arbeiten. Informationen zu den aktuellen DART-Versionen finden Sie unter anderem in den SAP-Hinweisen 582583, 1511234, 1173540, 1419580 und in den verwandten Hinweisen.

Archivierung mit DART

Zu guter Letzt ist nicht zu vergessen, dass Sie das Tool DART nicht nur zur Erstellung der Datenextraktes nach GDPdU, sondern auch als wichtiges Hilfsmittel zur Datenarchivierung verwenden können. Diese Archivierungsthematik wird in SAP-Kurs BIT615 behandelt und die Vertiefung des Inhaltes in Kurs BIT660.

13.2 Fazit

In diesem Kapitel haben wir Ihnen die Bedeutung und Verwendungsmöglichkeiten des Tools DART geschildert, und Sie haben die notwendigen Einstellungen zum Umfang der extrahierten Daten und zur

Speicherung der Dateien kennengelernt. Des Weiteren haben wir Sie darauf hingewiesen, dass Sie weitere Schritte vornehmen müssen, falls Sie mit kundeneigenen Feldern arbeiten und diese auch exportieren möchten. Das Tool DART wird in der Regel mit den Grundsätzen zum Datenzugriff und zur Prüfbarkeit digitaler Unterlagen – GDPdU – in Verbindung gebracht. Es ist aber auch eine wichtige Komponente der Thematik »Datenarchivierung«.

In diesem Kapitel erhalten Sie einen Überblick über die Reporting-Möglichkeiten in SAP ERP und lernen die Werkzeuge QuickViewer, SAP Query und Recherche detailliert kennen.

14 Berichtswesen im SAP-Finanzwesen

Nachdem wir Ihnen bisher gezeigt haben, wie Sie das SAP-Finanzwesen konfigurieren, um auf unterschiedlichen Wegen Daten einzugeben, wenden wir uns nun den Möglichkeiten des Systems zu, die eingegebenen Informationen auszuwerten. Hierzu steht Ihnen zunächst eine große Anzahl an vordefinierten Standardberichten zur Verfügung. Darüber hinaus stellt SAP ERP unterschiedliche Werkzeuge bereit, um eigene Reports zu erstellen.

Zu Beginn dieses Kapitels geben wir Ihnen einen Überblick über die Möglichkeiten des Reportings in SAP ERP. Hierzu stellen wir Ihnen zunächst ABAP-Reports mit ihren Vor- und Nachteilen vor und sehen uns dann SAP Query und den QuickViewer an. Weiter geht es mit den Recherche-Berichten, und zum Abschluss folgt noch ein kurzer Ausblick auf SAP NetWeaver Business Warehouse (SAP NetWeaver BW).

In den darauffolgenden Abschnitten befassen wir uns detailliert mit den drei wichtigsten Werkzeugen für SAP ERP Financials: QuickViewer, SAP Query und Recherche-Berichte. In jedem Abschnitt erstellen wir exemplarisch eine Auswertung mit dem jeweiligen Werkzeug und wägen die Vor- und Nachteile der jeweiligen Methode ab.

14.1 Überblick über die verschiedenen Berichtsarten

Klassen von Reports

Die Reports in SAP ERP lassen sich in folgende Klassen unterteilen:

- ABAP-Reports
- SAP Querys
- Recherche-Berichte
- Querys in SAP NetWeaver BW

ABAP-Reports

Die meisten Standardberichte in SAP ERP Financials sind ABAP-Reports, wie z. B. der Bilanzreport RFBILA00. ABAP-Reports müssen eigens programmiert werden und setzen daher Kenntnisse in ABAP voraus. Hinsichtlich der Programmierung sind Sie an keine Vorgaben gebunden und daher völlig frei bei der Beschaffung, Berechnung und Darstellung der Daten. Bei der Aufbereitung der Daten können Sie zwischen einer klassischen Liste und dem SAP List Viewer (ALV, früher ABAP bzw. Advanced List Viewer) wählen. Die klassische Liste ist starr und bietet dem Anwender keine Möglichkeit, die dargestellten Daten umzustellen oder sie neu zu sortieren (siehe Abbildung 14.1).

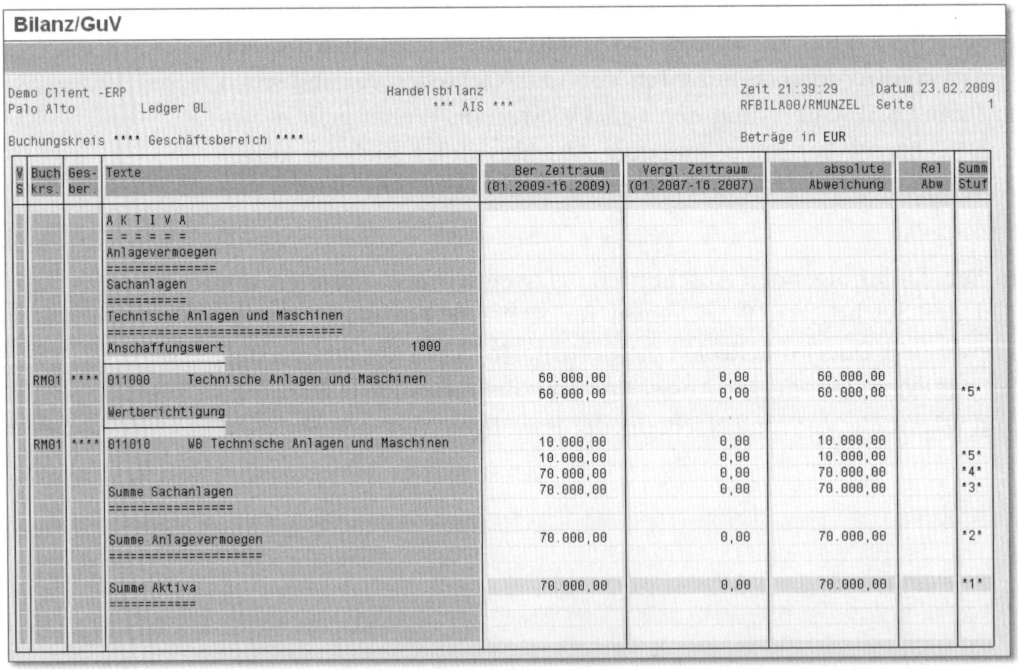

Abbildung 14.1 ABAP-Liste

Im ALV haben Sie die Möglichkeit, Felder ein- bzw. auszublenden, die Daten zu sortieren, Summen und Zwischensummen zu bilden oder Filter zu setzen (siehe das Beispiel in Abbildung 14.2).

SAP List Viewer (ALV)

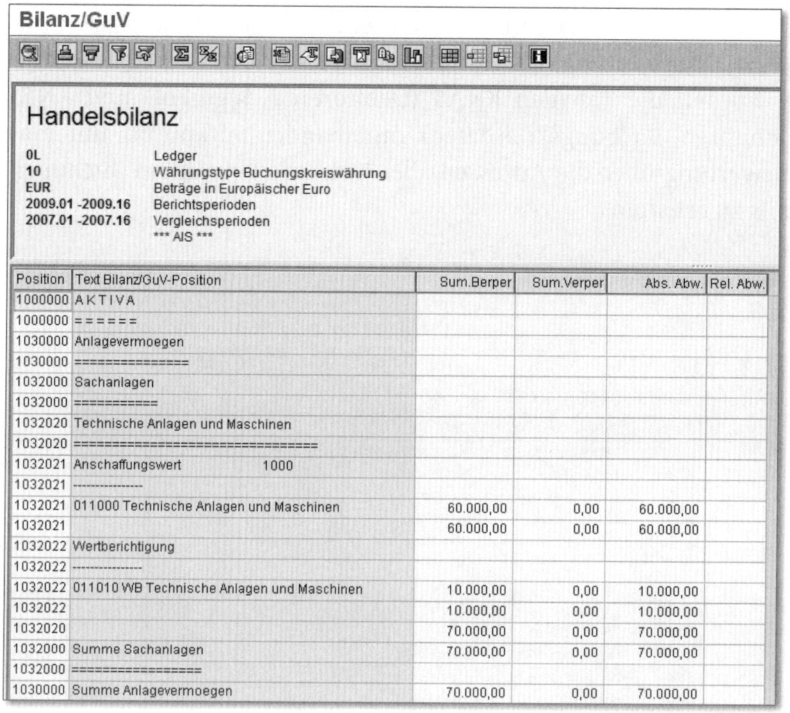
Bilanz/GuV

Handelsbilanz

0L	Ledger
10	Währungstype Buchungskreiswährung
EUR	Beträge in Europäischer Euro
2009.01 -2009.16	Berichtsperioden
2007.01 -2007.16	Vergleichsperioden
	*** AIS ***

Position	Text Bilanz/GuV-Position	Sum.Berper	Sum.Verper	Abs. Abw.	Rel. Abw.
1000000	A K T I V A				
1000000	= = = = = =				
1030000	Anlagevermoegen				
1030000	==============				
1032000	Sachanlagen				
1032000	===========				
1032020	Technische Anlagen und Maschinen				
1032020	================================				
1032021	Anschaffungswert 1000				
1032021	---------------				
1032021	011000 Technische Anlagen und Maschinen	60.000,00	0,00	60.000,00	
1032021		60.000,00	0,00	60.000,00	
1032022	Wertberichtigung				
1032022	---------------				
1032022	011010 WB Technische Anlagen und Maschinen	10.000,00	0,00	10.000,00	
1032022		10.000,00	0,00	10.000,00	
1032020		70.000,00	0,00	70.000,00	
1032000	Summe Sachanlagen	70.000,00	0,00	70.000,00	
1032000	=================				
1030000	Summe Anlagevermoegen	70.000,00	0,00	70.000,00	

Abbildung 14.2 ALV-Darstellung

In ABAP-Reports ist es nicht automatisch möglich, von Summenberichten, wie z. B. der Bilanz, in Einzelpostenberichte zu verzweigen, es sei denn, diese Option wurde explizit programmiert.

Was sind Querys?

Um einfache Abfragen von Datenbanktabellen durchführen zu können, bietet SAP die beiden Werkzeuge *SAP Query* und *QuickViewer*. Mit beiden Tools sind Sie in der Lage, beliebige Daten einer Tabelle darzustellen oder auch mehrere Tabellen miteinander zu verknüpfen und deren Daten auszuwerten. Querys lassen sich relativ einfach und schnell erstellen und erfordern keine Programmierkenntnisse. Auch bieten Querys im Vergleich zum QuickViewer mehr Funktionalität, da Sie mithilfe dieses Werkzeugs z. B. unterschiedliche Reportformate wie einfache Listen, Statistiken und Rankings erstellen können. Darüber hinaus können Sie Ihre Reports mittels Benutzergruppen auch anderen Benutzern zur Verfügung stellen.

QuickViewer

Im QuickViewer können Sie hingegen nur einfache Listen erstellen und Ihre Querys nicht an andere Benutzer weitergeben. Der QuickViewer ist für Einsteiger konzipiert, daher verhältnismäßig leicht zu erlernen und wird in Abschnitt 14.2, »Listen mit dem QuickViewer erstellen«, näher erläutert. In Abbildung 14.3 sehen Sie ein Beispiel für eine Auswertung, die mithilfe des QuickViewers erstellt wurde. Es wurden die Tabellen KNA1 (Debitoren A-Segment) und KNB1 (Debitoren Buchungskreisdaten) miteinander verknüpft, um eine Auswertung über die Adressen aller Debitoren zu einem Buchungskreis zu erhalten.

Debitorenstammdaten

Debitorenstammdaten

Debitor	BuKr	Straße	Ort
13	BP01	55 Main Street	Huntingdon Valley
14	BP01	87 Street Road	Southampton
15	BP01	1000 Capitol Drive	Palo Alto
16	BP01	100 Main Street	New York
17	BP01		New York
18	BP01		Atlanta
19	BP01		Dublin
20	BP01		Dublin
21	BP01	125 Oak Street	Elgin
31	BP01	Hauptstrasse 25	Heidelberg
32	BP01	Karlsruherstraße 128	Heidelberg
33	BP01	Hauptstrasse 18	Heidelberg
51	BP01	111 Chimney Rock St	Miami
BP0002	BP01		Palo Alto
BP000X	BP01		Newtown Square
C2000	BP01	3475 Deer Creek Road	Palo Alto
C2001	BP01	201 W California Ave	Sunnyvale
C6000	BP01	104 Walnut St	Los Altos

Abbildung 14.3 QuickViewer

Recherche-Berichte

Recherche-Berichte erlauben es dem Anwender, die dargestellten Informationen auf unterschiedliche Merkmale herunterzubrechen. So können Sie z. B. die Bilanz nach Segment, anschließend nach Profit-Center und schließlich nach Kontonummer darstellen (siehe Abbildung 14.4). Recherche-Berichte legen Sie mithilfe eines eigenen Werkzeugs an, indem Sie Formulare zur Aufbereitung der Daten definieren und darin die darzustellenden Merkmale festlegen. Das Erstellen von Recherche-Berichten ist komfortabler und schneller als das Programmieren von ABAP-Reports, schränkt Sie aber in der Auswahl der auswertbaren Daten ein. So stehen Ihnen bei einem Bericht in der Finanzbuchhaltung keinerlei Datenelemente aus anderen Modulen (wie z. B. Vertrieb) zur Verfügung. Mit der Thematik »Recherche-Berichte« befassen wir uns ausführlicher in Abschnitt 14.4, »Recherche-Berichte erstellen«.

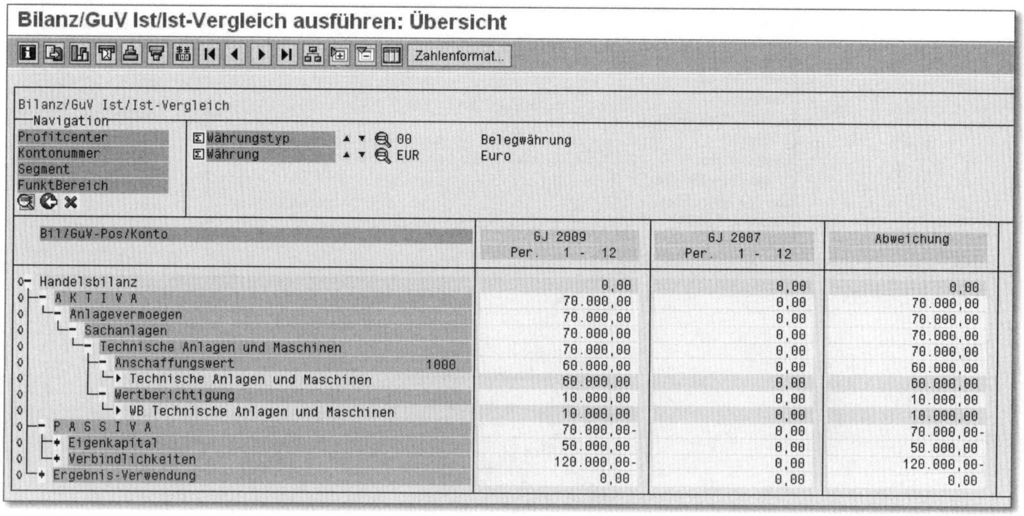

Abbildung 14.4 Recherche-Bericht

Querys in SAP NetWeaver BW

In SAP NetWeaver BW können Sie frei nach Ihren Anforderungen Daten aus unterschiedlichen Quellen in SAP ERP in sogenannten *Info-Cubes* zusammenstellen und darauf basierend Auswertungen (sogenannte *Querys*) vornehmen, die im Prinzip so flexibel wie Recherche-Berichte sind, aber eine noch komfortablere Benutzeroberfläche bieten. Allerdings können wir an dieser Stelle nicht weiter auf die umfangreichen Möglichkeiten von SAP NetWeaver BW eingehen, da dies den Rahmen dieses Buches sprengen würde.

14.2 Listen mit dem QuickViewer erstellen

Arbeiten mit dem QuickViewer

Der QuickViewer ist ein einfaches Werkzeug, um mit wenig Aufwand Ad-hoc-Auswertungen von Tabelleninhalten zu erstellen. Hierbei können Sie sowohl Daten aus einer einzelnen Tabelle darstellen als auch mehrere Tabellen miteinander verknüpfen. Den Einstieg in den QuickViewer erreichen Sie vom SAP-Anwendungsmenü aus über den Menüpfad SYSTEM • DIENSTE • QUICK VIEWER oder über die Transaktion SQVI (siehe Abbildung 14.5).

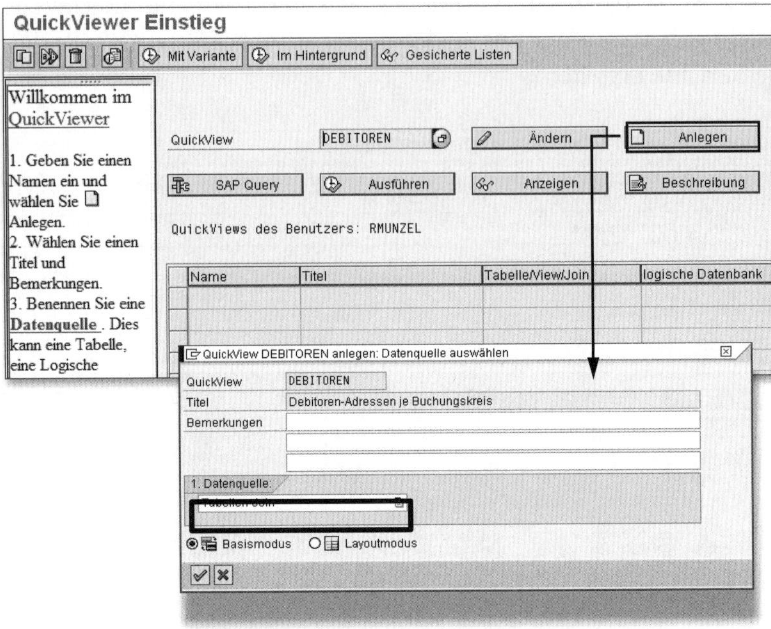

Abbildung 14.5 Einstieg in den QuickViewer

Tabellen-Join

Wir beschreiben Ihnen nun exemplarisch, wie Sie eine Liste erstellen, die es Ihnen erlaubt, die Adressdaten von Debitoren je Buchungskreis darzustellen. Die Adressdaten der Debitoren sind im A-Segment (Tabelle KNA1) und die Buchungskreisdaten im B-Segment (Tabelle KNB1) zu finden. Daher können Sie im B-Segment keine Adressdaten sehen und im A-Segment nicht nach Buchungskreis selektieren. Wenn Sie nun die beiden Tabellen miteinander verknüpfen, können Sie jedoch im QuickViewer anhand von Tabelle KNB1 alle Debitoren je Buchungskreis selektieren und sich aus Tabelle KNA1 die Adressdaten aller selektierten Debitoren anzeigen lassen. Hierzu müssen Sie zunächst als Datenquelle einen sogenannten *Tabellen-Join*, also eine Verknüpfung zwischen zwei oder mehreren Tabellen angeben. Auf diese Weise gelangen Sie in die Join-Definition, in der Sie genauer festlegen können, welche Tabellen Sie auf welche Art miteinander verbinden möchten (siehe Abbildung 14.6). Hier stehen Ihnen der sogenannte Basismodus und der Layoutmodus zur Verfügung, um anhand des Tabellen-Joins das Format des Quick Views zu gestalten. Wir empfehlen Ihnen den Basismodus, da er einfacher zu handhaben ist.

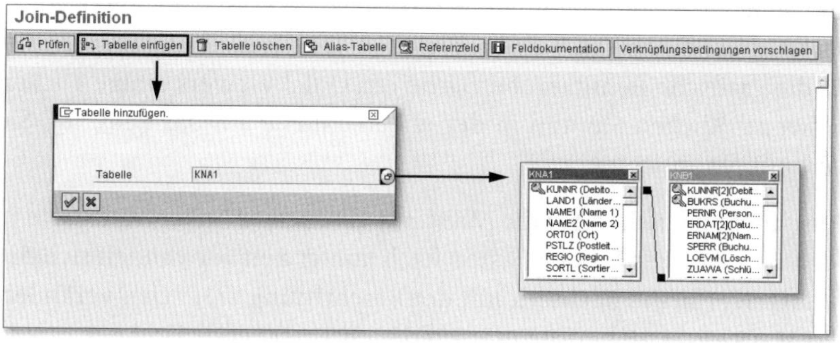

Abbildung 14.6 Tabellen-Join

Klicken Sie nun auf den Button TABELLE EINFÜGEN, um Tabellen in den Tabellen-Join aufzunehmen. Wählen Sie dann jeweils die Tabelle aus. Sie gehen so auch vor, um weitere Tabellen in den Tabellen-Join hinzuzufügen.

Schlüsselfelder verknüpfen

Im Beispiel wurden die Tabellen KNA1 und KNB1 in den Tabellen-Join aufgenommen. Nun verknüpfen Sie die beiden Tabellen miteinander, indem Sie in beiden Tabellen je ein Feld vom gleichen Datentyp mit derselben Bedeutung bestimmen. Idealerweise sollte es sich hierbei um Schlüsselfelder handeln, also um eindeutige Felder, in denen jeder Wert nur einmal vorkommen darf. Das SAP-System hat in unserem Beispiel bereits eine Verknüpfung anhand eines Feldes vorgeschlagen, die allerdings nicht unseren Zweck erfüllt. Vielmehr benötigen wir das Feld KUNNR (Debitorennummer 1), da es in beiden Tabellen Schlüsselfeld ist und die gleiche Bedeutung hat. Löschen Sie zunächst die vorgeschlagene Join-Bedingung, indem Sie mit der rechten Maustaste auf die Verknüpfung klicken und anschließend die Option JOIN-BEDINGUNG ENTFERNEN auswählen (siehe Abbildung 14.7).

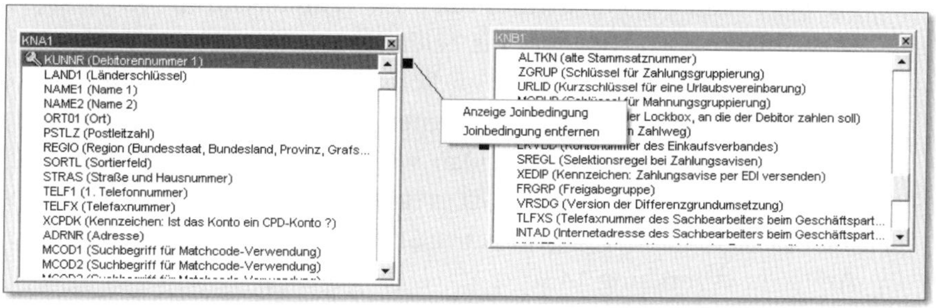

Abbildung 14.7 Join-Bedingung entfernen

Um eine neue Join-Bedingung (im Beispiel zwischen den Feldern KUNNR in beiden Tabellen) zu erstellen, ist etwas Übung notwendig, da die grafische Benutzeroberfläche des QuickViewers einige Tücken aufweist. Klicken Sie nun in der ersten Tabelle auf das Feld, das Sie verknüpfen möchten.

Anschließend ziehen Sie die Maus mit gedrückter linker Maustaste in Richtung anderer Tabelle. Schon nach kurzer Zeit verwandelt sich der Mauszeiger in ein Sechseck mit der Beschriftung COL. Den veränderten Mauszeiger ziehen Sie nun auf das entsprechende Feld der zu verknüpfenden Tabelle; das Ergebnis sollte wie in Abbildung 14.8 gezeigt aussehen.

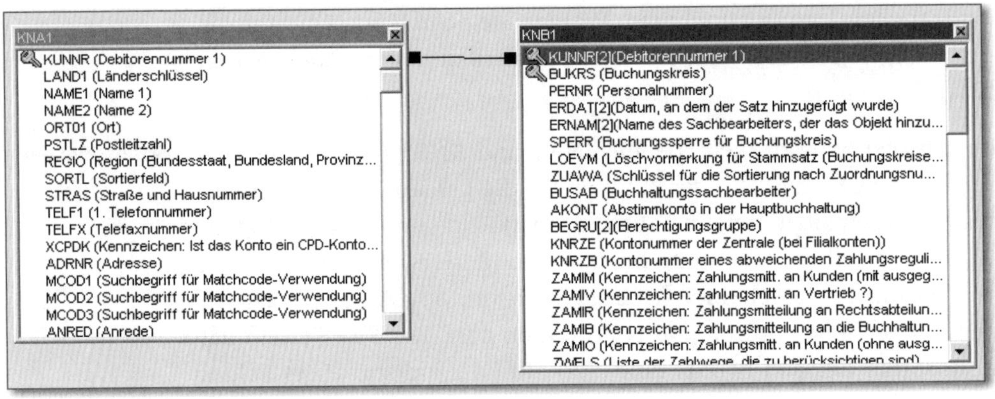

Abbildung 14.8 Join-Bedingung einfügen

Datenfelder und Selektionsfelder

Verlassen Sie nun die Join-Definition über den ZURÜCK-Button (grüner Pfeil), um anschließend in das Listendesign des QuickViewers zu gelangen. Hier legen Sie nun fest, welche Datenfelder aus den beiden verknüpften Tabellen Sie sich in Ihrem Quick View anzeigen lassen und anhand welcher Felder Sie selektieren möchten. Hierzu können Sie die Felder entweder links oben im Teilbildschirm DATENFELDER auswählen oder rechts über die Feldauswahl. Um sich ein Feld anzeigen zu lassen, kreuzen Sie es im Bereich DATENFELDER in der Spalte LISTENFE (Listenfeld) an oder nehmen es rechts in der Registerkarte LISTENFELDAUSWAHL in die Feldauswahl mit auf. Entsprechend kreuzen Sie das Feld in der Spalte SELEKTIO (Selektionsfelder) an oder nehmen es rechts in der Registerkarte SELEKTIONSFELDER in die Liste mit auf (siehe Abbildung 14.9).

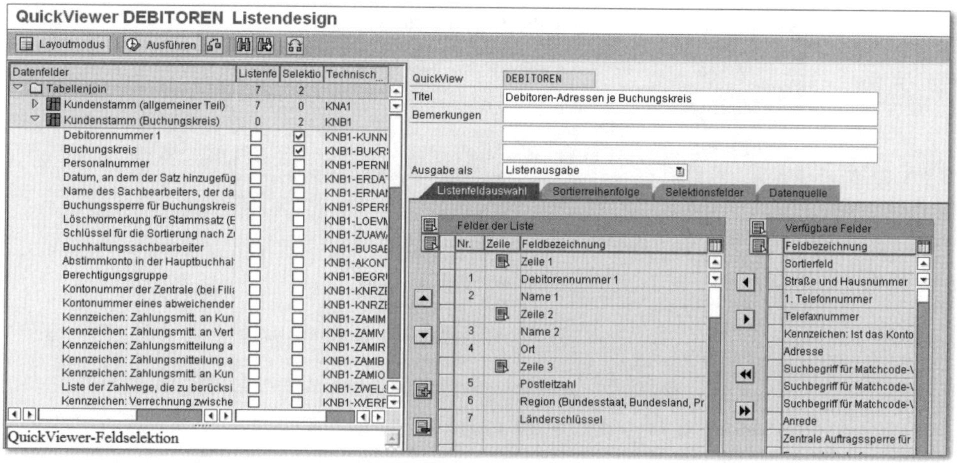

Abbildung 14.9 Listendesign des QuickViewers

In der Listenfeldauswahl rechts haben wir beispielhaft alle Adressfelder eines Debitorenstammsatzes in die Anzeige mit aufgenommen. Die einzelnen Felder erscheinen in der Reihenfolge, in der wir sie eingefügt haben. Die Reihenfolge können Sie aber auch verändern, indem Sie ein Feld markieren und es mit den Pfeiltasten nach oben bzw. nach unten verschieben. Beachten Sie außerdem, dass das SAP-System automatisch einen Zeilenumbruch eingefügt hat und darstellt, welche Felder in der ersten, zweiten bzw. dritten Zeile des QuickViewers angezeigt werden. Diese Aussage gilt jedoch nur für den Fall, dass Sie als Ausgabedarstellung die klassische ABAP-Liste wählen, in der sowohl Länge als auch Position der Felder fest vorgegeben sind. Damit belegen alle Felder genauso viel Platz, wie es ihre Maximallänge erlaubt, selbst wenn die Felder in der Tabelle leer sein sollten oder ein viel kürzerer Text als möglich gepflegt wurde. Wählen Sie hingegen den SAP List Viewer für die Ausgabe, wird die dargestellte Feldlänge dynamisch an die tatsächliche Länge angepasst.

Ausführung eines QuickViewers

Nach der Fertigstellung des QuickViewers ,klicken Sie auf den Button AUSFÜHREN, um ihn zu starten. Sie sehen nun die Selektionsfelder, die Sie zuvor festgelegt haben, und haben außerdem die Möglichkeit, die Ausgabeform festzulegen (siehe Abbildung 14.10).

Listausgabe mit dem QuickViewer

Wählen Sie als Ausgabeform den SAP List Viewer, und führen Sie den QuickViewer aus. Sie sehen dann die Felder, die Sie in die Anzeige aufgenommen haben, abhängig von den selektierten Daten (siehe Abbildung 14.11).

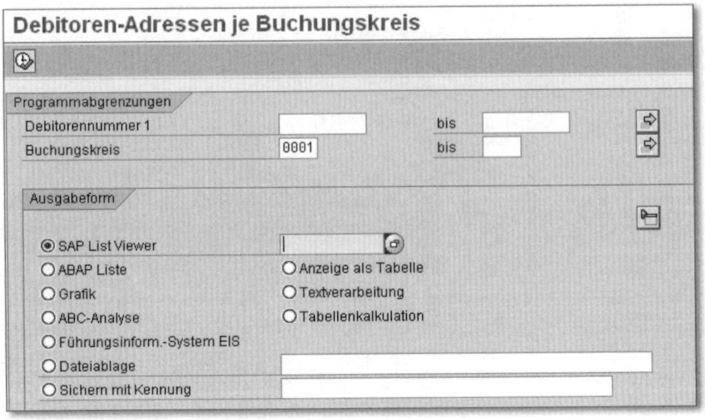

Abbildung 14.10 QuickViewer ausführen

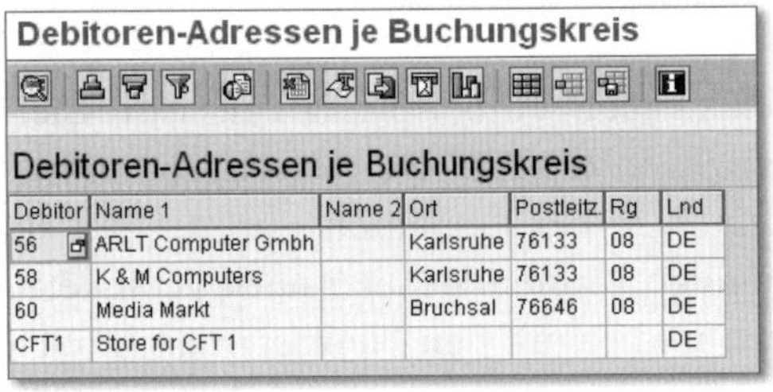

Debitor	Name 1	Name 2	Ort	Postleitz.	Rg	Lnd
56	ARLT Computer Gmbh		Karlsruhe	76133	08	DE
58	K & M Computers		Karlsruhe	76133	08	DE
60	Media Markt		Bruchsal	76646	08	DE
CFT1	Store for CFT 1					DE

Abbildung 14.11 QuickViewer – Ausgabe

Der QuickViewer ist das einfachste Werkzeug in SAP ERP, um eine Auswertung zu erzeugen, und erfordert daher nur wenig Vorkenntnisse; Sie müssen lediglich wissen, in welchen Tabellen die abzurufenden Daten gespeichert sind. Ihre Querys können Sie jedoch nicht an andere Anwender weitergeben.

14.3 Reports mit SAP Query erstellen

SAP Query basiert auf dem gleichen Prinzip wie der QuickViewer und dient der Auswertung einer einzelnen Tabelle oder der Verknüpfung von mehreren Tabellen. SAP Query besteht aus den folgenden Elementen:

- **InfoSet**
  Das InfoSet bildet die Datenbasis für die Berichte. Es nimmt Bezug auf eine oder mehrere Tabellen, die, ebenso wie beim QuickViewer, miteinander verknüpft werden können.

- **Query**
  Über eine Query wird definiert, wie die Daten des InfoSets auszuwerten sind sowie welche Felder und Selektionsfelder in welcher Reihenfolge angezeigt werden sollen. Es ist möglich, basierend auf einem einzigen InfoSet mehrere Querys zu entwickeln, die jeweils andere Daten auswerten. Damit ist die Query-Technik wesentlich flexibler als der QuickViewer.
- **Benutzergruppe**
  Die Benutzergruppe steuert, welche Benutzer auf ein InfoSet zugreifen dürfen. Damit ist es mit SAP Query – anders als beim QuickViewer – möglich, Auswertungen auch anderen Benutzern zur Verfügung zu stellen. Zudem kann man über die Benutzergruppen eine Berechtigungsvergabe organisieren, indem man kritische InfoSets nur einer beschränkten Anzahl von Personen zugänglich macht.

Anlegen einer Benutzergruppe

Wenn Sie eine neue Query anlegen möchten, sollten Sie mit der Benutzergruppe beginnen. Gehen Sie dazu im Anwendungsmenü über Infosysteme • Ad-hoc-Berichte • SAP Query, oder wählen Sie die Transaktion SQ01. Von dort gehen Sie weiter über den Menüpfad Umfeld • Benutzergruppen (Transaktion SQ03). Geben Sie der Benutzergruppe einen Namen, und klicken Sie anschließend auf den Button Anlegen (siehe Abbildung 14.12).

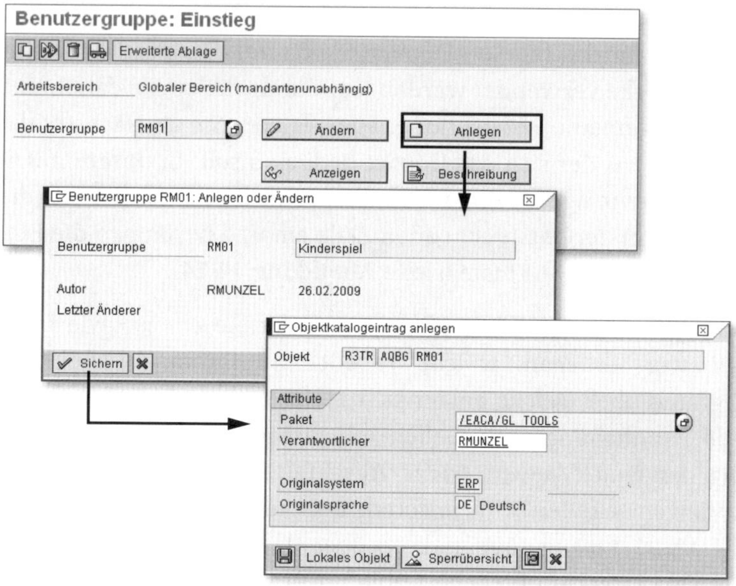

Abbildung 14.12 Benutzergruppe anlegen

Dann pflegen Sie eine Bezeichnung, und sichern im Anschluss daran Ihre Benutzergruppe. Das SAP-System fragt Sie nun noch nach einem *Paket*, das der technischen Zuordnung der Benutzergruppe zu einem Anwendungsgebiet dient. Wählen Sie ein Paket aus, und speichern Sie abschließend Ihre Benutzergruppe.

Über den Button BENUTZER UND INFOSETS ZUORDNEN können Sie nun zunächst alle Benutzer zuordnen, die mit einem bestimmten InfoSet arbeiten dürfen (siehe Abbildung 14.13).

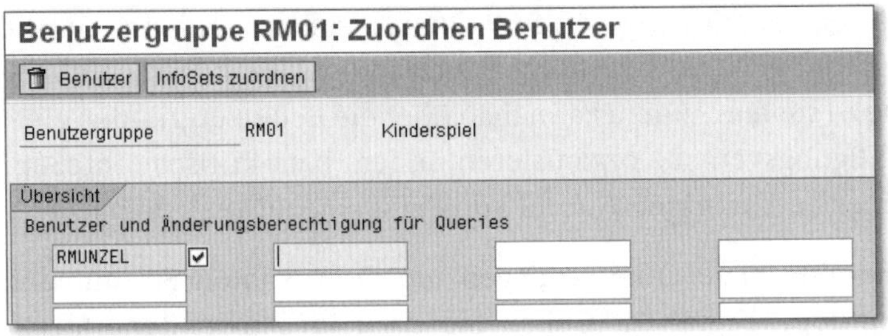

Abbildung 14.13 Benutzer zuordnen

Anlegen eines InfoSets

Im nächsten Schritt legen Sie ein InfoSet an. Wählen Sie im Einstiegsmenü zu den Benutzergruppen den Menüpfad UMFELD • INFOSETS oder die Transaktion SQ02. Geben Sie einen Namen für das anzulegende InfoSet an, und klicken Sie anschließend auf den Button ANLEGEN. Im nun erscheinenden Popup-Fenster vergeben Sie eine Bezeichnung für das InfoSet. Denken Sie daran, dass das InfoSet für mehrere Zwecke verwendet werden kann und wählen Sie daher eine möglichst allgemeine Bezeichnung. Spezifizieren Sie als Nächstes die Datenquelle, aus der sich das InfoSet bedienen soll. In unserem Beispiel wählen wir wieder einen Tabellen-Join. Hierzu tragen wir die erste Tabelle in der entsprechenden Zeile ein und bestätigen die Eingabe mit der Taste [↵]-Taste (siehe Abbildung 14.14).

Join-Definition

Sie gelangen nun zur Join-Definition, in der Sie ebenso wie beim QuickViewer festlegen, welche Tabellen an Ihrem Tabellen-Join beteiligt und über welche Felder sie miteinander verknüpft sein sollen. Die Handhabung des Tabellen-Joins ist identisch mit der Handhabung des QuickViewers (siehe Abschnitt 14.2, »Listen mit dem QuickViewer erstellen«). In unserem Beispiel haben wir erneut die Tabelle KNB1 hinzugefügt und sie über das Feld KUNNR mit der Tabelle KNA1 verknüpft (siehe Abbildung 14.15).

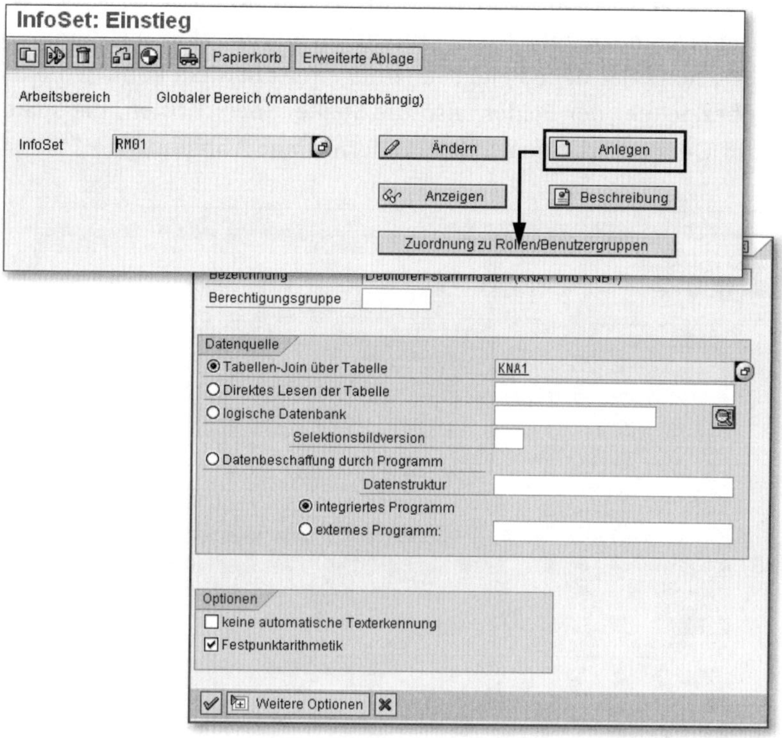

Abbildung 14.14 InfoSet anlegen

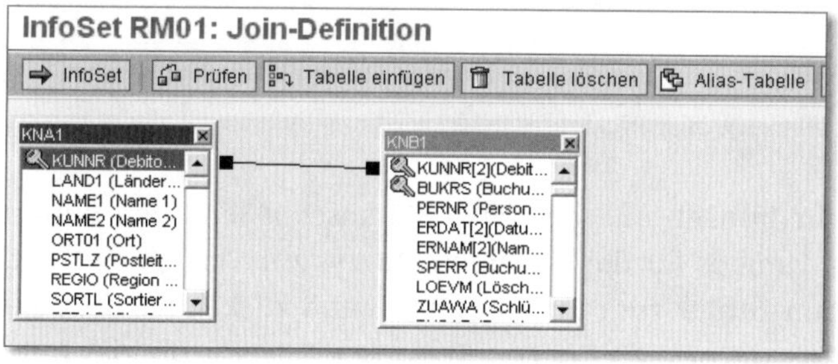

Abbildung 14.15 Join-Definition für ein InfoSet

Nachdem Sie die Pflege der Join-Definition über den Zurück-Button verlassen haben, fragt Sie das SAP-System, wie Sie die Feldgruppen füllen möchten. In diesem Zusammenhang können Sie auswählen, ob Sie alle Tabellenfelder aufnehmen und sie damit für Querys zur Verfügung stellen möchten, ob Sie nur die Schlüsselfelder oder zunächst gar keine Felder aufnehmen möchten, indem Sie leere Feldgruppen anlegen.

InfoSets Nun gelangen Sie zur Pflege des InfoSets. Hier können Sie Felder, die aus den Datenbanktabellen übernommen worden sind, aus dem InfoSet löschen oder neue Felder hinzufügen. Außerdem können Sie die Feldbezeichner der Felder, also die Spaltenüberschriften, die später in der Query erscheinen sollen, ändern (siehe Abbildung 14.16).

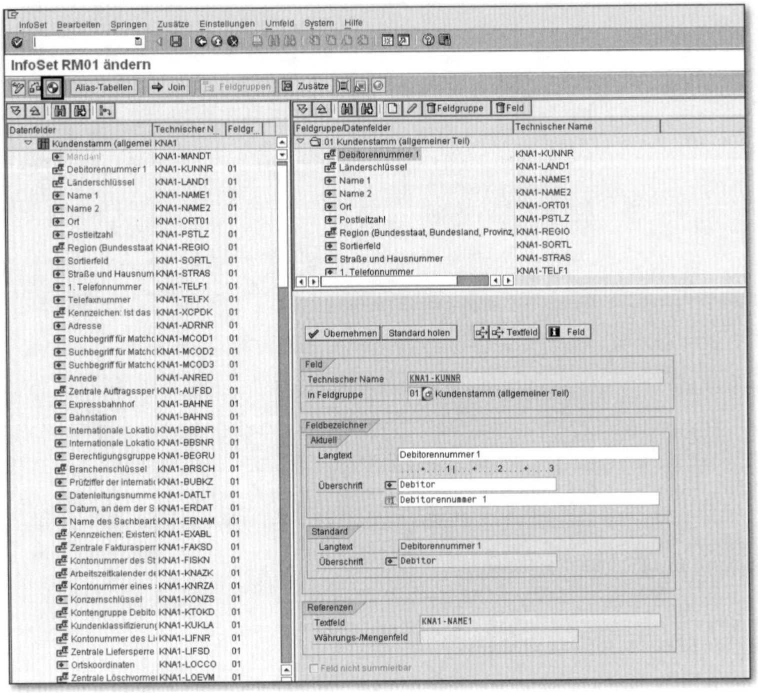

Abbildung 14.16 InfoSet pflegen

Zuordnung des InfoSets zur Benutzergruppe Sichern Sie Ihr InfoSet, und betätigen Sie anschließend den Button Generieren, damit es für die einzelnen Querys zur Verfügung steht. Kehren Sie nun zurück zum Einstiegsmenü und klicken Sie dort auf den Button Zuordnung zu Rollen/Benutzergruppen, um das InfoSet der zuvor erstellten Benutzergruppe zuzuordnen (siehe Abbildung 14.17).

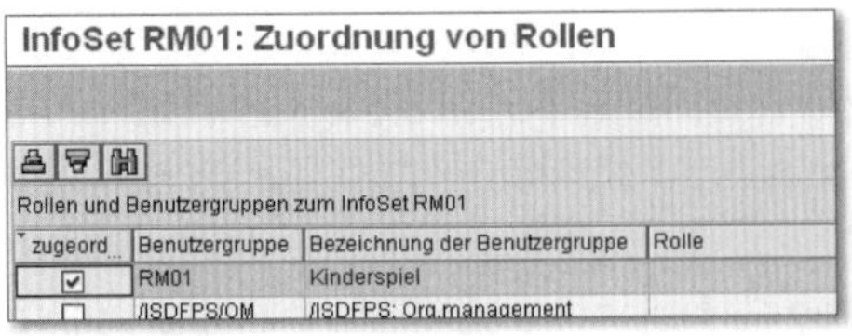

Abbildung 14.17 Zuordnung des InfoSets zur Benutzergruppe

Query anlegen

Wählen Sie nun im Einstiegsmenü UMFELD • SAP QUERY oder die Transaktion SQ01, um zum neu angelegten InfoSet eine Query zu erstellen; im Anschluss daran wählen Sie das zugrunde liegende InfoSet aus. Sie können nun die Grundeinstellungen der Query pflegen (siehe Abbildung 14.18).

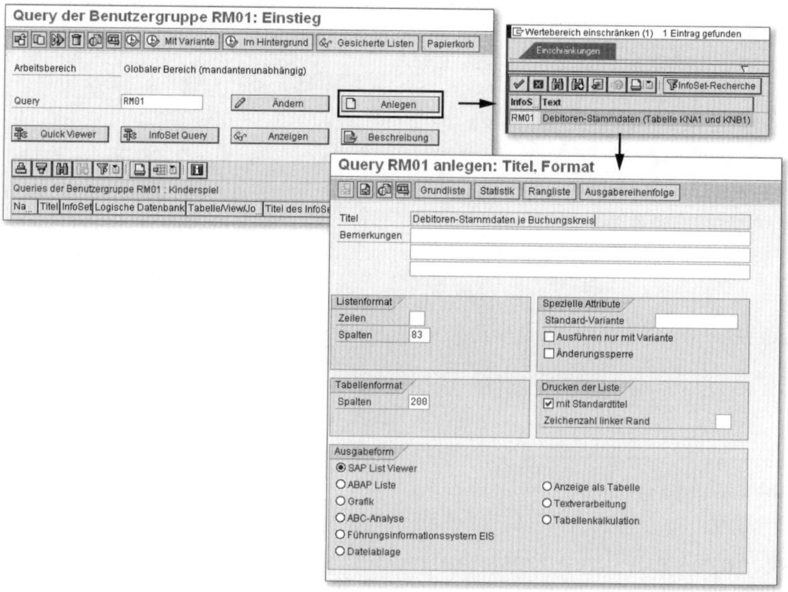

Abbildung 14.18 ABAP-Query – Grunddaten

Pflegen Sie nun einen Titel der Query sowie eventuelle weitere Bemerkungen, und wählen Sie anschließend die Ausgabeform aus (unsere Empfehlung: SAP List Viewer). Klicken Sie nun auf den Button GRUNDLISTE, um die Felder zur Darstellung und Selektion auszuwählen. Analog zum QuickViewer können Sie nun die Auswahl der einzelnen Felder vornehmen.

Kreuzen Sie im Datenfeldbereich links oben für alle Anzeigefelder die Spalte LISTENFELD an und für Selektionsfelder entsprechend die Spalte SELEKTIONSFELDER. Im Layoutbereich rechts können Sie die Position der Felder verändern, indem Sie sie mit der Maus anklicken und verschieben. Wenn Sie ein Feld ausgewählt haben, können Sie unten links im Bereich LISTENFELD: noch die Ausgabelänge, die Ausgabeposition und die Farbe angeben. Außerdem können Sie festlegen, dass das Feld nicht angezeigt werden soll, wenn es den Wert »0« hat (siehe Abbildung 14.19).

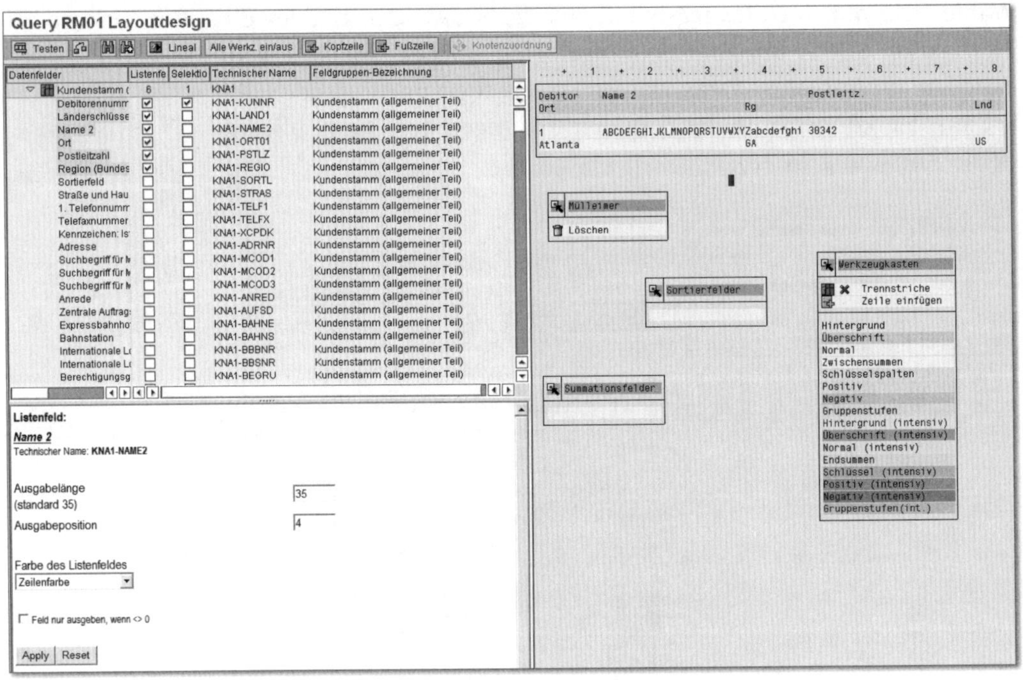

Abbildung 14.19 Query-Layout ändern

Wenn Sie mit Ihren Einstellungen fertig sind, können Sie die Query vom Einstiegsmenü aus oder auch direkt vom Layoutdesign über QUERY_PAINTER • AUSFÜHREN tarten.

Um eine Auswertung mittels einer Query zu erstellen, sind mehr Schritte durchzuführen als beim QuickViewer. Auf der anderen Seite sind InfoSets universeller einsetzbar, da Sie auf derselben Datenbasis mehrere Querys aufbauen können. Außerdem können Sie, wie schon erwähnt, Ihre Berichte anderen Benutzern zur Verfügung stellen. Ein weiterer Vorteil ist, dass Sie Ihre Querys auch als Statistik oder Rangliste darstellen und auf diese Weise variablere Berichte erstellen können.

Einsatzmöglichkeiten

Sowohl der QuickViewer als auch die Anwendung SAP Query sind sehr gut dazu geeignet, Stammdaten auszuwerten. Für die Darstellung von Bewegungsdaten sind allerdings die Recherche-Berichte die weitaus bessere Wahl.

14.4 Recherche-Berichte erstellen

Merkmale und Kennzahlen

Recherche-Berichte dienen dazu, gebuchte Belege anhand der dabei verwendeten *Merkmale* und *Kennzahlen* auszuwerten. Anhand von Merkmalen können die Daten klassifiziert werden, wie etwa nach Konto, Profit-Center, Kostenstelle usw., und die Kennzahlen können Werten entsprechen, wie z. B. Ist-Daten oder Plandaten, Buchungen in Buchungskreiswährung oder Kostenrechnungskreiswährung usw.

Recherche-Berichte können entweder als sogenannte *Ad-hoc-Berichte* erstellt werden oder anhand eines Formulars. Ad-hoc-Berichte können Sie relativ schnell erstellen und dabei für den aktuell gegebenen Zweck die Merkmale und Kennzahlen auswählen. Formulare setzen Sie hingegen ein, um für Ihr Unternehmen standardisierte Berichte zu erstellen, wie z. B. die GuV oder die Segmentberichterstattung.

Formulararten

In einem Formular definieren Sie zunächst die Zeilen und Spalten. Die Kennzahlen stellen Sie entweder in den Zeilen oder in den Spalten dar, und Merkmale können Sie sowohl in den Zeilen als auch in den Spalten auswählen. Entsprechend haben Sie die folgenden Möglichkeiten, um Ihr Formular zu gestalten:

- **Zweidimensional**
  Sie definieren sowohl die Spalten als auch die Zeilen und haben damit einen fest vorgegebenen Bericht.
- **Eindimensional mit Kennzahl**
  Sie legen die Kennzahlen (gegebenenfalls zusammen mit einigen Merkmalen) fest und geben die restlichen benötigten Merkmale erst beim Aufruf des Reports an.
- **Eindimensional ohne Kennzahl**
  Sie erstellen nur die Zeilen oder Spalten mit den Merkmalen und geben die Kennzahlen erst beim Aufruf des Reports an.

Im Bericht legen Sie nun fest, welche Merkmale beim Aufruf des Reports zur Verfügung stehen sollen. Der Anwender kann sich damit die Kennzahlen jeweils in Bezug zu einem Merkmal oder auch zu einer Kombination aus mehreren Merkmalen darstellen lassen.

Wir zeigen nun beispielhaft, wie Sie einen Recherche-Bericht erstellen können, um eine Auswertung Ihrer Bilanzstruktur im neuen Hauptbuch nach Profit-Center zu erhalten. Hierzu wählen wir einen Bericht mit einem eindimensionalen Formular und einer Kennzahl.

14.4.1 Formular anlegen

Formular für Recherche-Bericht definieren

Sie beginnen nun mit der Formularerstellung. Wählen Sie hierzu den Customizing-Pfad Finanzwesen (neu) • Hauptbuchhaltung (neu) • Informationssystem • Recherche-Berichte (Sachkonten) • Formular • Formular festlegen, Aktivität: Formular anlegen oder die Transaktion FGI4. Wählen Sie anschließend einen Formulartyp aus (in unserem Beispiel »Reporting für die Tabelle FAGLFLEXT«), geben Sie einen Namen und eine Bezeichnung an, und wählen Sie aus, ob das Formular ein- oder zweidimensional sein soll. In unserem Beispiel legen wir ein eindimensionales Formular an (siehe Abbildung 14.20). Klicken Sie nun noch auf den Button Anlegen.

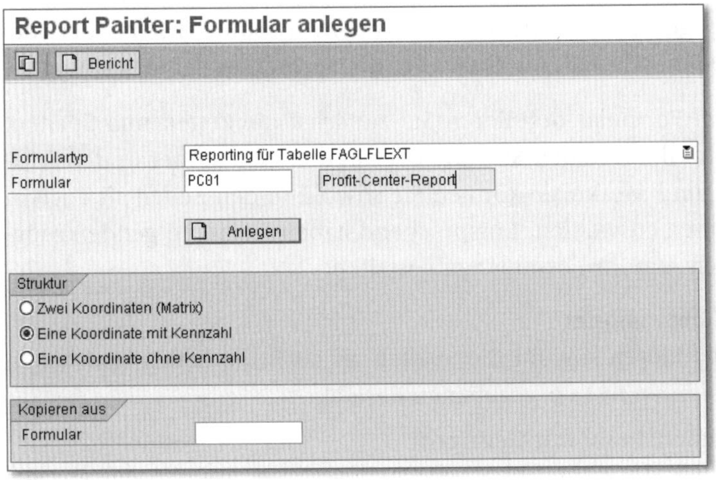

Abbildung 14.20 Recherche-Formular anlegen

Spaltendarstellung

Standardmäßig zeigt das System jetzt nur Zeilen an; in unserem Report werden wir aber Spalten definieren, um die einzelnen Profit-Center darzustellen. Über den Menüpfad Springen • Spaltendarstellung können Sie die Sicht verändern (siehe Abbildung 14.21).

Allgemeine Selektionen

Bevor Sie mit der Spaltengestaltung beginnen, legen Sie zunächst einige Selektionen fest, die für das gesamte Formular gelten sollen. Damit Sie diese nicht in jeder Spalte wiederholen müssen, können Sie dies in den allgemeinen Einstellungen vornehmen. Wählen Sie hierzu den Menüpfad Bearbeiten • Allg. Selektionen • Allg. Selektionen. Aus der rechten Spalte können Sie nun die Merkmale in Ihre Auswahl übernehmen (siehe Abbildung 14.22).

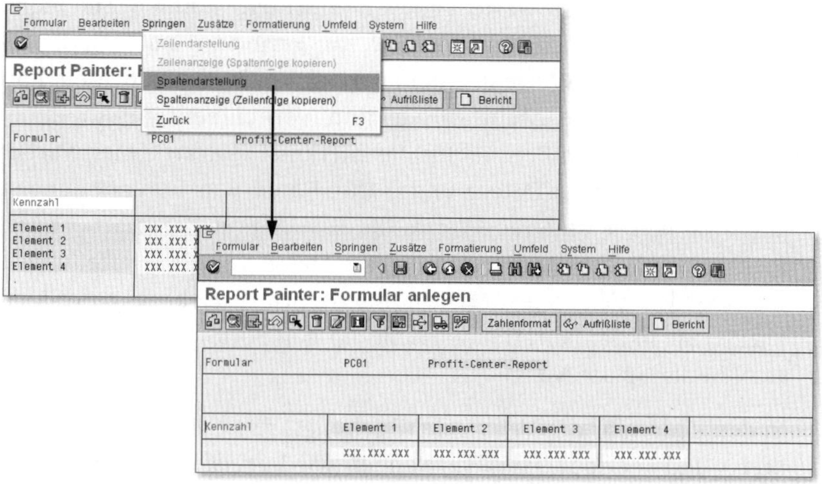

Abbildung 14.21 Umschalten auf die Spaltendarstellung

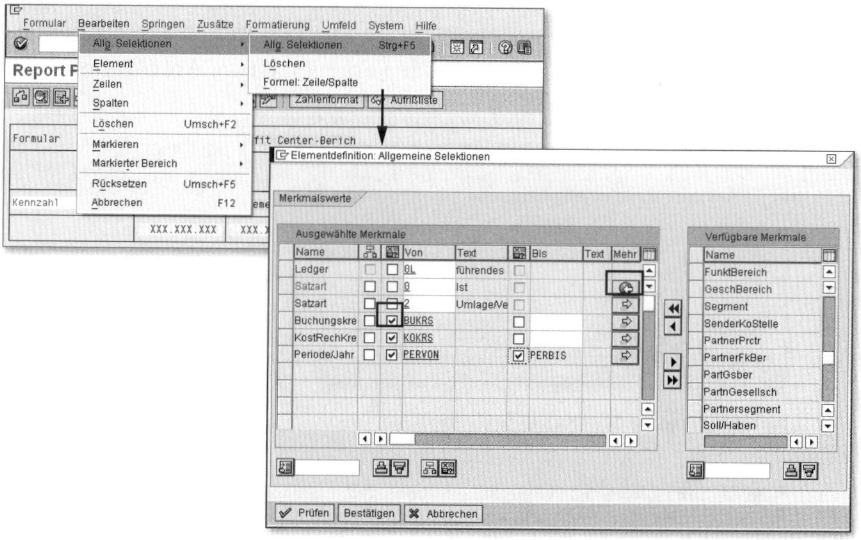

Abbildung 14.22 Allgemeine Selektionen festlegen

Die Merkmale »Ledger«, »Kostenrechnungskreis« und »Buchungskreis« werden in jedem Report über Finanzzahlen benötigt; anhand der Satzart können Sie unterscheiden, ob Sie Plan- oder Ist-Werte darstellen möchten. Da unser Report nur Ist-Werte enthalten soll, nehmen wir die Satzart ebenfalls in die allgemeinen Selektionen auf. Hinzu kommt noch das Merkmal »Periode/Jahr«, das das Geschäftsjahr und die Buchungsperiode angibt.

Mehrfachselektionen

Wenn Sie Merkmalswerte angeben möchten, können Sie hierzu jeweils einen Bereich nennen (z. B. von Periode 1 bis Periode 12). Falls Sie nicht alle Werte in einem Bereich selektieren möchten, können Sie auch eine Mehrfachselektion vornehmen. In Abbildung 14.22 sehen Sie ein Beispiel für das Merkmal »Satzart«; hier wurden die Werte 0 (für Ist-Daten) und 2 (für Daten von Ist-Verteilungen) ausgewählt. Die anderen Werte, die das Merkmal »Satzart« annehmen kann (1 für Plandaten und 4 für Daten von Planverteilungen) wurden also nicht selektiert. Um die Mehrfachselektion zu wählen, klicken Sie in der betreffenden Zeile auf den Button MEHRFACHSELEKTION in der Spalte MEHR.

Variablen

In den Zeilen für die Merkmale »Buchungskreis«, »Kostenrechnungskreis« und »Periode/Jahr« verwenden wir *Variablen*. Variablen können vom Benutzer beim Start des Reports eingegeben werden, um ihn variabel einsetzbar zu gestalten. Um für ein Merkmal eine Variable anzulegen, aktivieren Sie das entsprechende Feld in der Spalte VARIABLE AN/AUS, und es erscheint ein Popup-Fenster, in dem Sie nun einen Namen für die Variable vergeben (siehe Abbildung 14.23).

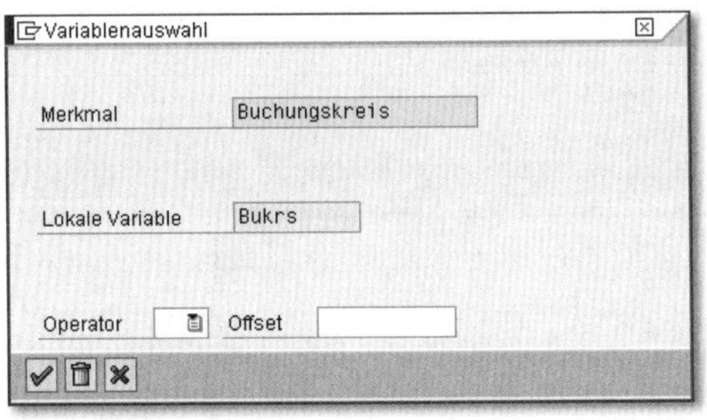

Abbildung 14.23 Variable definieren

[+]

Arbeiten mit Operator und Offset

Die Felder OPERATOR und OFFSET können Sie verwenden, indem Sie die entsprechenden Variablen in Abhängigkeit zueinander setzen. Wenn Sie beispielsweise die Daten des laufenden Geschäftsjahres und die übrigen Daten des vergangenen Jahres in zwei verschiedenen Spalten darstellen möchten, definieren Sie in der ersten Spalte eine Variable für das Geschäftsjahr, die vom Benutzer eingegeben wird; in der anderen Spalte bietet Ihnen das SAP-System hingegen eine bereits existierende Variable zur Auswahl an. Sie markieren nun die ausgewählte Variable und wählen anschließend für den Operator ein Minuszeichen sowie für den Offset den Wert –1. Die zweite Spalte zeigt nun den Wert des vom Benutzer eingegebenen Geschäftsjahres minus 1 an, also das Jahr vor dem gewählten Geschäftsjahr.

Spaltendefinition

Nachdem Sie die allgemeinen Selektionen eingestellt haben, legen Sie die Spalte an. Um eine Spalte zu pflegen, führen Sie zunächst einen Doppelklick auf den Spaltenkopf aus (siehe Abbildung 14.24). Da wir ein eindimensionales Formular mit Kennzahlen definieren, haben Sie hier entsprechend nur die Möglichkeit, eine Kennzahl mit Merkmalen auszuwählen (über die Option VORDEFINIERTE ELEMENTE können Sie Spalten aus anderen Formularen herauskopieren).

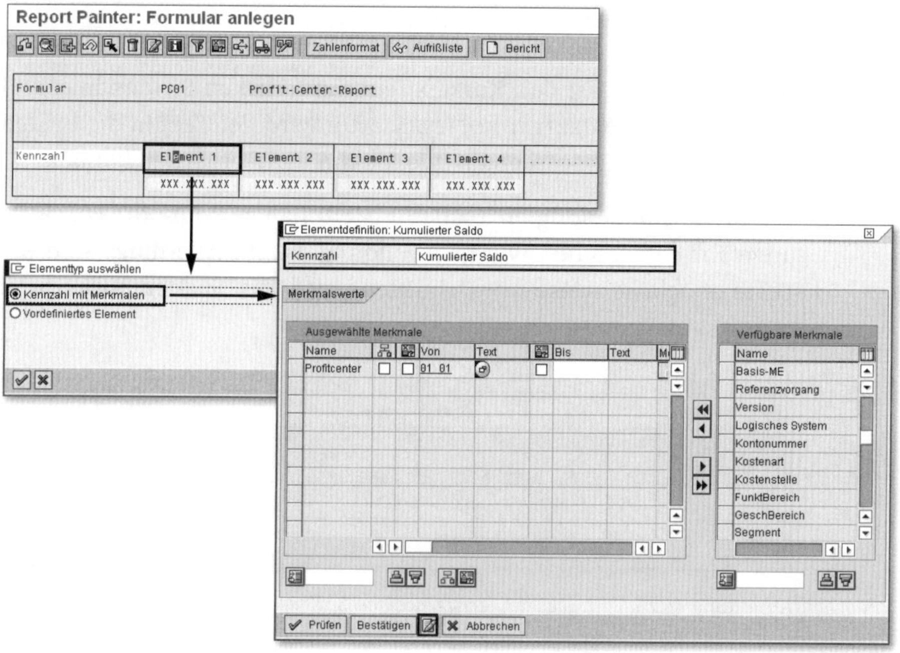

Abbildung 14.24 Spalten definieren

Wählen Sie zunächst eine Kennzahl aus, in unserem Beispiel die Kennzahl KUMULIERTER SALDO, und anschließend die entsprechenden Merkmale. Hier möchten wir in den Spalten die einzelnen Profit-Center des Unternehmens darstellen, also legen wir je eine Spalte pro Profit-Center an.

Spaltentexte

Zu jeder Spalte können Sie jeweils einen Kurz-, einen Mittel- und einen Langtext pflegen. Welcher Text nun dargestellt wird, hängt von den Layouteinstellungen ab, die Sie im Report vorgenommen haben. Um die Spaltenüberschrift zu pflegen, klicken Sie auf den Button KURZ-, MITTEL- UND LANGTEXTE ÄNDERN (siehe Abbildung 14.25).

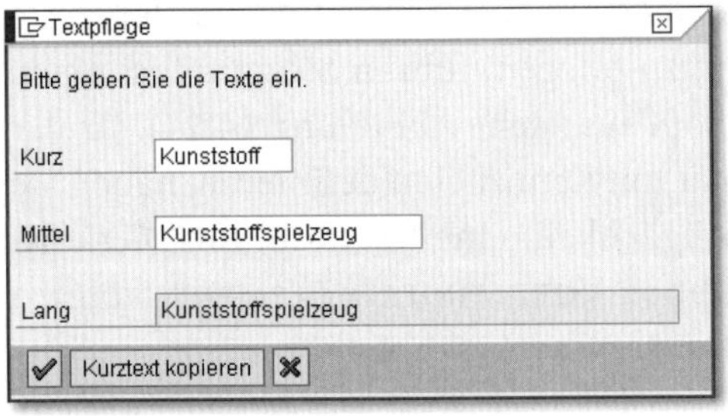

Abbildung 14.25 Überschriftentexte pflegen

Geben Sie zunächst den Kurztext ein, und klicken Sie anschließend auf den Button KURZTEXT KOPIEREN. Nun wird der Text in die beiden anderen Zeilen übernommen, wo Sie ihn dann ergänzen können.

Wenn Sie alle benötigten Spalten erstellt haben, sollte Ihr Formular ungefähr so aussehen wie in Abbildung 14.26. Allerdings sind die Texte möglicherweise abgeschnitten, weil die Spalten nicht breit genug sind.

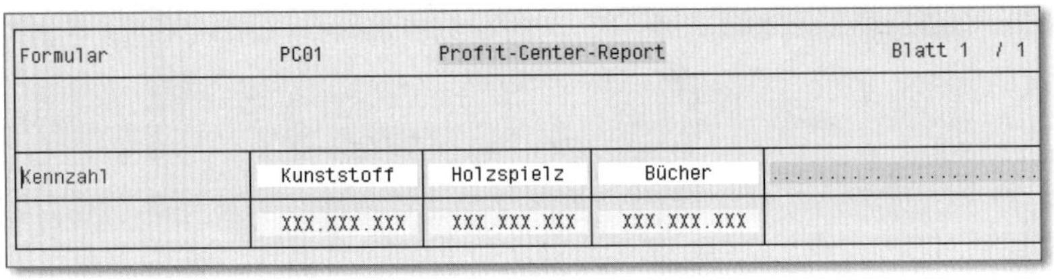

Abbildung 14.26 Formular mit fertiggestellten Spalten

Spalten formatieren

Über den Menüpfad FORMATIERUNG • ALLE SPALTEN • TEXTLÄNGE können Sie die Textlänge für alle Spalten entsprechend Ihren Anforderungen einstellen (auf Kurztext, Mitteltext, als einzeiligen Langtext oder als zweizeiligen Langtext). Über FORMATIERUNG • SPALTE • SPALTENBREITE können Sie außerdem die Spaltenbreite ändern. Um die Breite für alle Spalten auf einmal anzupassen, gehen Sie wie folgt vor: Setzen Sie den Cursor auf die erste Spalte, und klicken Sie dann auf den Button MARKIEREN/ENTMARKIEREN. Anschließend setzen Sie den Cursor auf die letze Spalte und wählen über den Button BLOCK MARKIEREN alle Spalten aus (siehe Abbildung 14.27). Nun können Sie über den Menüpfad FORMATIERUNG • SPALTE • SPALTENBREITE die Breite aller ausgewählten Spalten ändern.

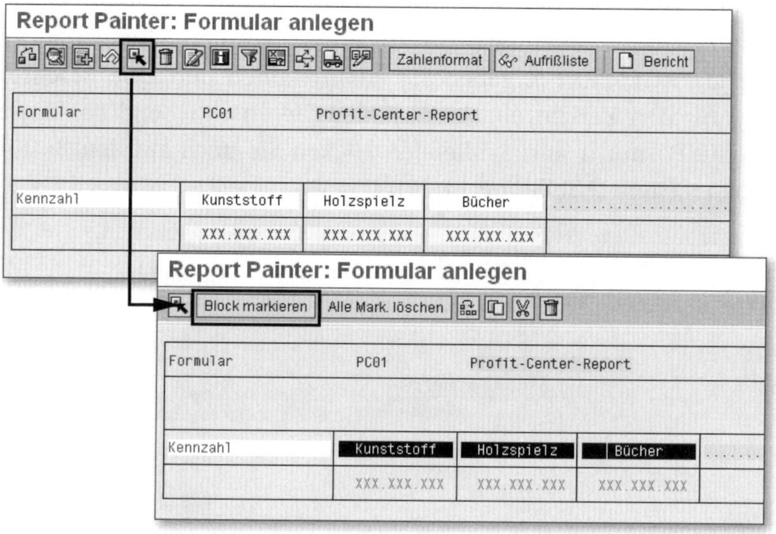

Abbildung 14.27 Alle Spalten auswählen

Wenn Sie Ihre Spalten entsprechend angepasst haben, sollte Ihr Formular aussehen wie in Abbildung 14.28.

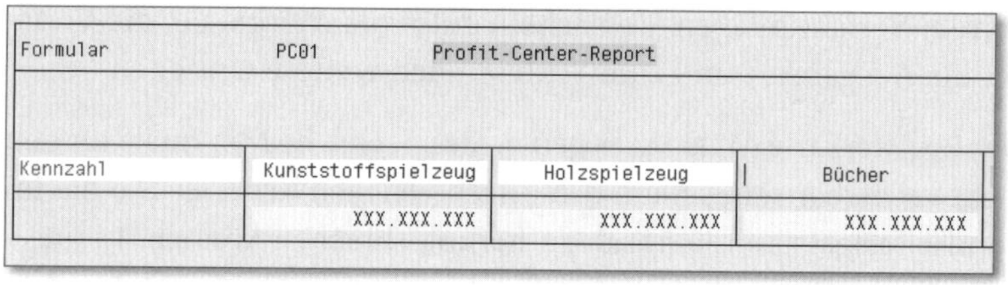

Abbildung 14.28 Fertigformatiertes Formular

Sie haben nun ein Formular für einen Recherche-Bericht erstellt. Im nächsten Schritt zeigen wir Ihnen, wie Sie den dazugehörigen Report anlegen.

14.4.2 Recherche-Bericht anlegen

Recherche-Bericht definieren

Im eigentlichen Recherche-Bericht legen Sie fest, welches Formular Sie verwenden, welche zusätzlichen Merkmale Sie zulassen und ob Sie die Variablen aus dem Formular vorbelegen möchten. Einen Recherche-Bericht erstellen Sie im Customizing unter FINANZWESEN (NEU) • HAUPTBUCHHALTUNG (NEU) • INFORMATIONSSYSTEM • RECHERCHE-BERICHTE (SACHKONTEN) • BERICHT • BERICHT FESTLEGEN • AKTIVITÄT

Bericht anlegen oder über die Transaktion FGI0. Wählen Sie die entsprechende Berichtsart (in unserem Beispiel »Reporting für Tabelle FAGLFLEXT«), geben Sie einen Namen und eine Beschreibung für den Bericht ein, und wählen Sie anschließend das zuvor erstellte Formular aus. Schließlich klicken Sie noch auf den Button Anlegen (siehe Abbildung 14.29).

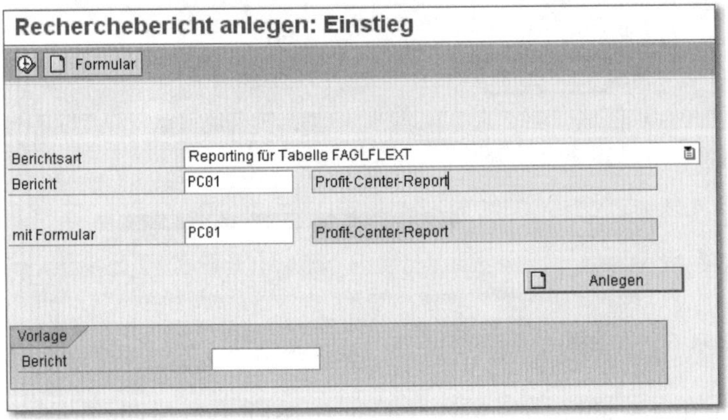

Abbildung 14.29 Bericht anlegen

Merkmale festlegen

Zu Ihrem Bericht pflegen Sie nacheinander die Merkmale, die Variablen, die Ausgabeart und zum Schluss noch weitere Optionen.

In der Registerkarte Merkmale geben Sie an, welche Merkmale für den Bericht verfügbar sein sollen, d. h., nach welchen Kriterien Sie die im Formular festgelegten Kennzahlen herunterbrechen können. In unserem Beispiel mit einem eindimensionalen Formular bedeutet das, dass Sie sich die hier festgelegten Merkmale als Zeilen auflisten lassen können. Die Merkmale »Währung« und »Währungstyp« sind dabei vom SAP-System fest vorgegeben. Im Beispiel haben wir uns auf die Währung EUR und den Währungstyp 10 (Buchungskreiswährung) beschränkt. Außerdem wurden hier die Merkmale »Bil/GuV-Pos/Konto« (Bilanzstruktur) und »Kontonummer« hinzugefügt (siehe Abbildung 14.30).

Hierarchie

Die Bilanzstruktur soll im Report als Hierarchie dargestellt werden, also als aufklappbare Struktur. Hierzu markieren Sie das Kennzeichen Hierarchie (Spalte, wie es auch in Abbildung 14.30 dargestellt ist), und es erscheint ein Dialog, in dem Sie die Bilanzstruktur entweder fest vorgeben oder sie dem Anwender zur Eingabe überlassen können. In unserem Beispiel geben wir die Bilanzstruktur RM01 fest vor (siehe Abbildung 14.31).

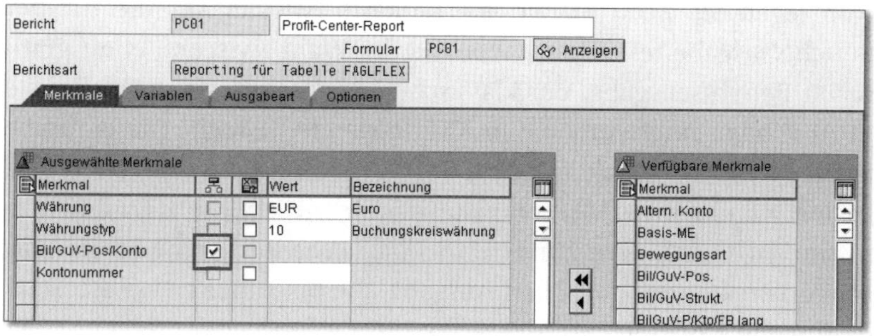

Abbildung 14.30 Recherche-Bericht – Merkmale definieren

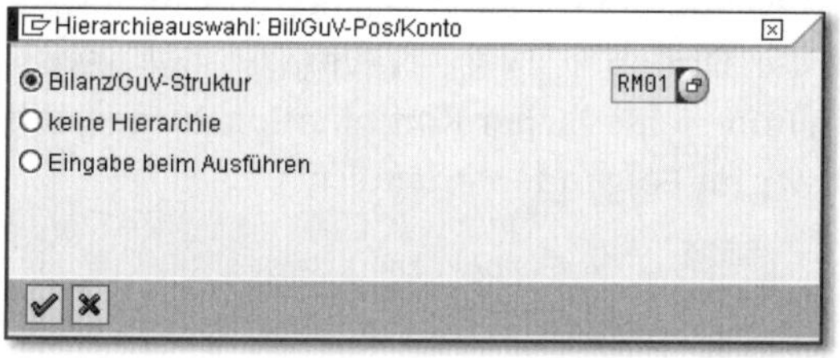

Abbildung 14.31 Vorgabe einer Hierarchie

Variablen vorbelegen

In der nächsten Registerkarte VARIABLEN können Sie die Werte der Variablen aus dem Formular vorbelegen und in der Spalte EINGABE B. AUSFÜHR. festlegen, ob die Variablenwerte vom Benutzer beim Aufrufen des Reports geändert werden dürfen (siehe Abbildung 14.32).

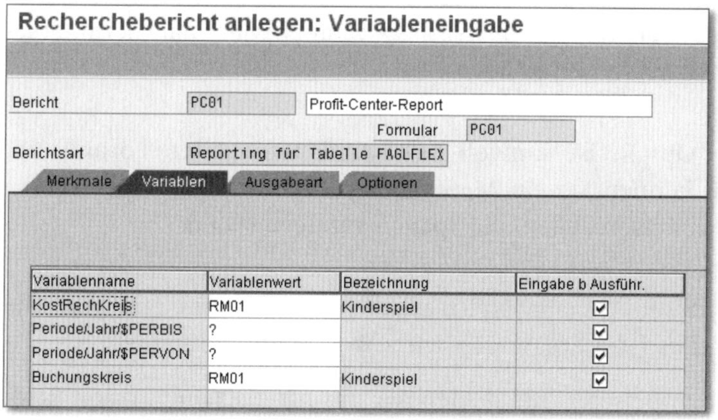

Abbildung 14.32 Recherche-Bericht – Variablen vorbelegen

In unserem Beispielunternehmen wurden die Variablen für den Kostenrechnungs- und den Buchungskreis vorbelegt.

Ausgabeart wählen

Nun legen Sie noch in der Registerkarte AUSGABEART die Art der Berichtsausgabe fest. Hier haben Sie die Wahl zwischen einer grafischen Berichtsausgabe, der klassischen Recherche, einer Objektliste in ALV oder einer Ausgabe in XXL (EXtended EXcel). Die grafische Berichtsausgabe wurde mit dem SAP R/3-Release 4.6 eingeführt und basiert auf einem HTML-Template, das Sie mit einigen HTML-Kenntnissen auch verändern können. Die klassische Recherche ist die Vorgängerversion der grafischen Ausgabe, die bis zum Release 4.5 standardmäßig eingesetzt wurde.

In unserem Beispiel verwenden wir die komfortabelste Ausgabeform, die grafische Ausgabe. Nun gilt es, die Ausgabebereiche festzulegen; zur Wahl stehen die Optionen INFO, NAVIGATION, AUFRISS, DETAIL und GRAFIK, die in unterschiedlicher Kombination ausgewählt werden können und die wir im Folgenden erläutern:

- **Info**
  Wenn Sie die Option INFO auswählen, wird ein Berichtskopf angezeigt, der u. a. den Namen des Reports, die fest vorgegebenen Merkmale und den Selektionszeitpunkt auflistet.
- **Navigation**
  Der Ausgabebereich NAVIGATION ist obligatorisch und bietet Ihnen die Möglichkeit, die Merkmale auszuwählen, anhand derer Sie die Kennzahlen darstellen möchten.
- **Aufriss**
  Aufriss bedeutet, dass Sie die ausgewählten Merkmale heruntergebrochen auswerten können.
- **Detail**
  Diese Option ist sinnvoll bei zweidimensionalen Formularen. Damit können Sie ein Merkmal auswählen und sich im DETAIL-Bereich dessen Zeilen und Spalten anzeigen lassen.
- **Grafik**
  Über diesen Ausgabebereich erhalten Sie außerdem eine grafische Darstellung der Ergebnisse, wie z. B. Spaltendiagramme.

In unserem Beispiel entscheiden wir uns für die Kombination INFO, NAVIGATION, AUFRISS. Denn da wir ein eindimensionales Formular angelegt haben, ist die Detailsicht wenig aussagekräftig, und die grafische Darstellung einer Bilanz liefert ebenfalls keine neuen Erkenntnisse (siehe Abbildung 14.33).

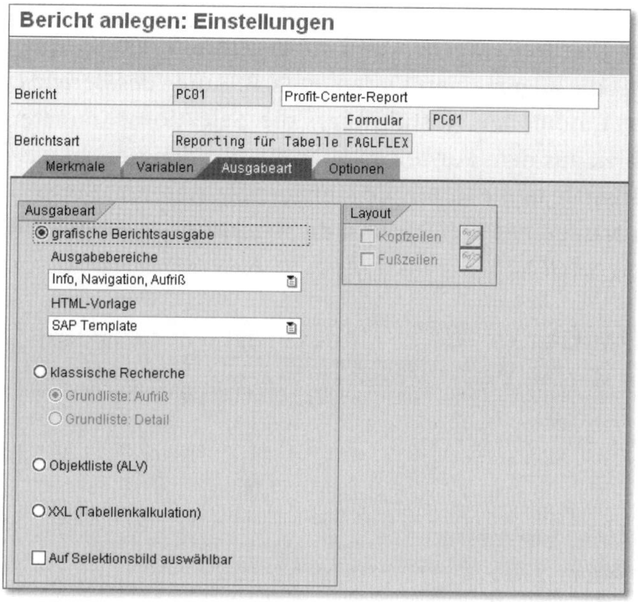

Abbildung 14.33 Recherche-Bericht – Ausgabeart

Im Bereich LAYOUT auf der rechten Bildschirmseite haben Sie außerdem die Möglichkeit, Kopf- und Fußzeilen zu definieren. Dort können Sie beispielsweise statische Informationen wie z. B. Titel, Verwendungszweck und Ersteller des Reports hinterlegen, aber auch dynamische Angaben machen, z. B. hinsichtlich des selektierten Buchungs- und Kostenrechnungskreises. Die Kopf- und Fußzeilen können Sie erst pflegen, nachdem Sie Ihren Bericht gesichert haben. Danach müssen Sie den Report noch im Änderungsmodus aufrufen. Kreuzen Sie dort das Feld KOPFZEILEN bzw. FUSSZEILEN an, und klicken Sie anschließend auf den daneben liegenden Pflege-Button (siehe Abbildung 14.34).

Kopf- und Fußzeilen definieren

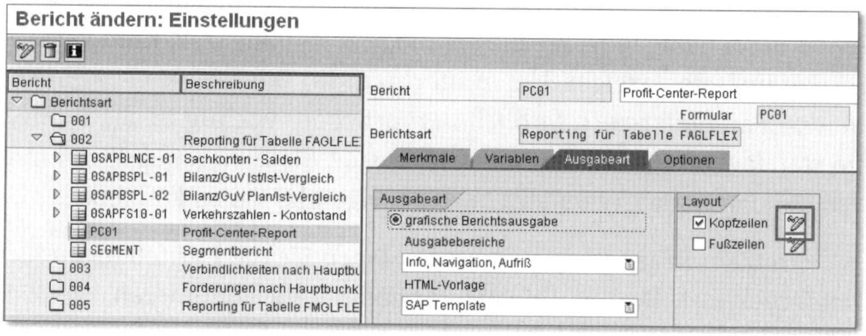

Abbildung 14.34 Recherche-Bericht – Kopfzeilen ändern

In unserem Beispiel erstellen wir die Kopfzeile des Berichts. Dabei können Sie den Text frei eingeben und außerdem mit den entsprechenden Buttons die allgemeinen Variablen (z. B. Autor des Berichts, Zeitpunkt oder Datum der Ausführung), die Selektionsparameter (also die Variablen aus dem Formular) oder die (für den Bericht ausgewählten) Merkmale in die Kopfzeile einbauen. In unserem Beispiel tragen wir den Namen des Reports und die Selektionsparameter ein (siehe Abbildung 14.35).

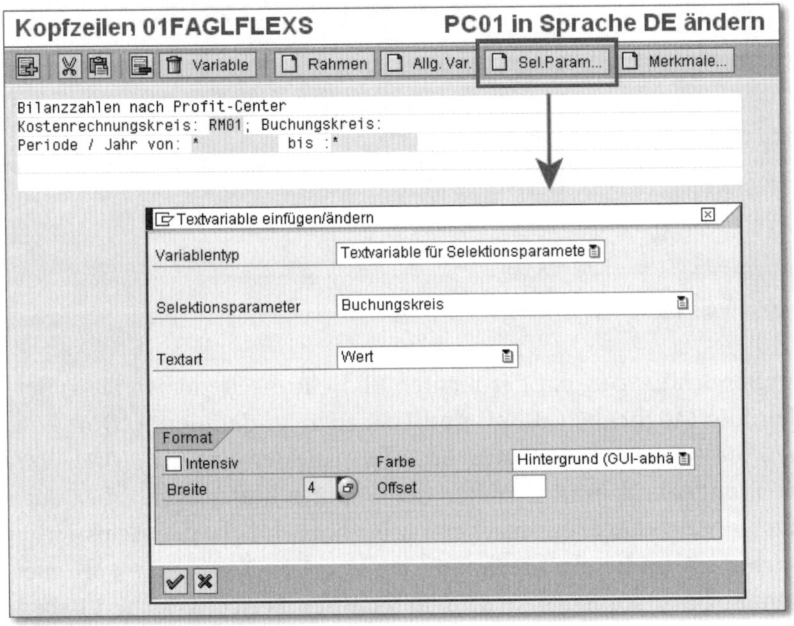

Abbildung 14.35 Kopfzeile mit den Selektionsparametern

Im Beispiel öffnen Sie über den Button SEL.PARAM... ein Dialogfenster, in dem Sie den entsprechenden Selektionsparameter auswählen können. Über TEXTART können Sie entscheiden, ob Sie sich den Wert (z. B. RM01 für den Buchungskreis) oder die Bezeichnung (z. B. Kinderspiel) des Parameters anzeigen lassen möchten. Im Block FORMAT können Sie den Parameter auch farblich hervorheben; wichtig ist die Breite, die standardmäßig auf 1 gesetzt ist. Lassen Sie hier genug Platz, um sich den Parameter in voller Länge anzeigen lassen zu können.

Berichtsschnittstelle

In der letzten Registerkarte OPTIONEN legen Sie die Einstellungen für den Druck fest. Darüber hinaus können Sie hier definieren, welche weiteren Berichte Sie direkt aus diesem Report heraus aufrufen können wollen. Hierzu klicken Sie auf den Button BERICHTS-ZUORDNUNG, und wählen im nun erscheinenden Dialogfenster die Option ZEILE EINFÜGEN (siehe Abbildung 14.36). Nun können Sie einen Report eingeben, der direkt angesprungen werden kann. Voraussetzung dafür ist jedoch, dass alle Aufrufparameter des Zielreports auch in diesem Report versorgt sind.

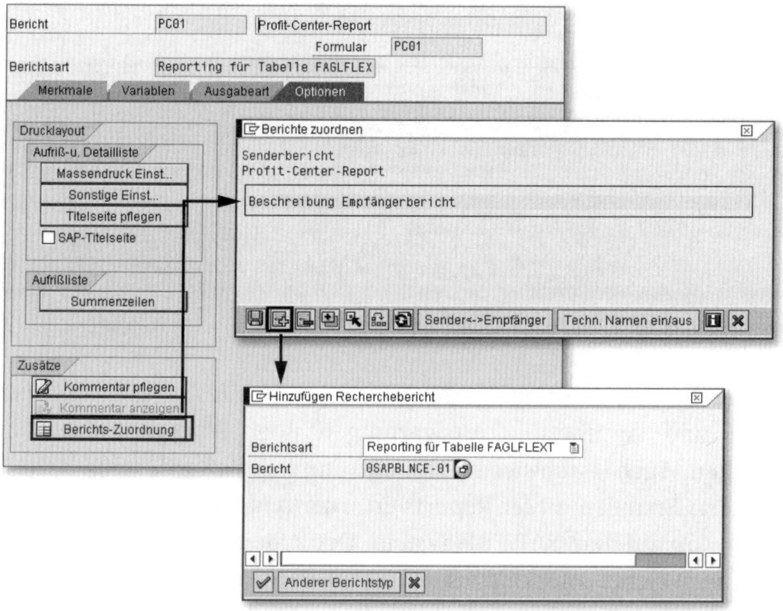

Abbildung 14.36 Recherche-Bericht – Berichtsschnittstelle pflegen

Ausführen des Berichts

Nachdem Sie nun alle Einstellungen zu Ihrem Report festgelegt und gesichert haben, können Sie ihn aufrufen. Klicken Sie hierzu auf den Button AUSFÜHREN. Das Ergebnis des Beispielberichts sehen Sie in Abbildung 14.37.

Oben im Bildschirm sehen Sie den INFO-Bereich mit den allgemeinen Angaben zur Selektion und den von uns erstellten Kopfzeilen. Links unten befindet sich der Bereich NAVIGATION, in dem Sie die Merkmale auswählen können, anhand derer Sie die Kennzahlen herunterbrechen möchten. Rechts unten finden Sie schließlich den AUFRISS-Bereich mit den Kennzahlen. Das aktuell ausgewählte Merkmal ist die Bilanzstruktur, die Sie aufklappen können, da wir sie als Hierarchie eingebunden haben.

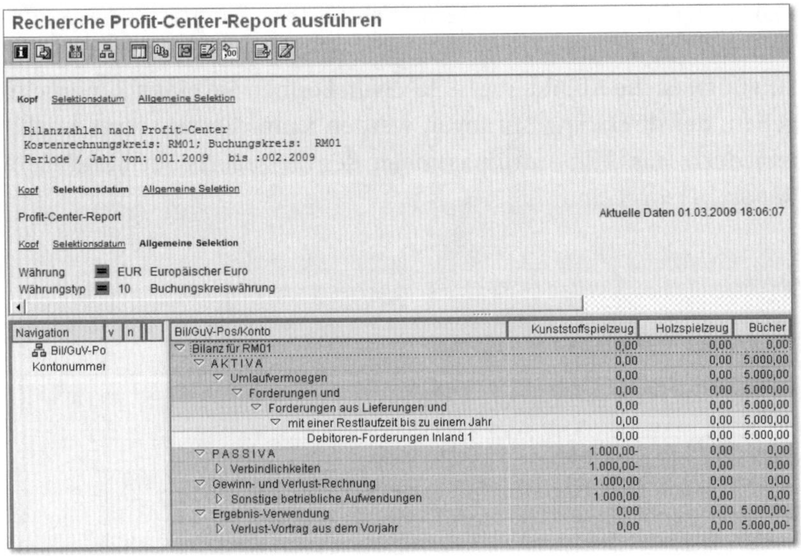

Abbildung 14.37 Aufruf des Beispielberichts

Einsatzmöglichkeiten

Recherche-Berichte sind ein sehr mächtiges Werkzeug, um standardisierte und komfortable Auswertungen über Bewegungsdaten zu erstellen. Auch lassen sich hierdurch komplexe Anforderungen abbilden. Das Erstellen dieser Reports erfordert jedoch einige Übung und Erfahrung mit dem SAP ERP-System. Denn Sie müssen genau wissen, anhand welcher Merkmale Sie an welcher Stelle Einschränkungen vornehmen müssen, um genau an die benötigten Daten zu kommen.

[+]

Verwendung von Sprachen in Recherche-Berichten und Formularen

Beachten Sie bei internationalen Rollout-Projekten, dass Sie Recherche-Berichte und Formulare in alle Anmeldesprachen übersetzen müssen, in denen Ihre Anwender arbeiten. Wurde ein Bericht nicht übersetzt, sind alle Texte im Kopf sowie die Spalten und Zeilen, die Sie gepflegt haben, als Leerzeichen dargestellt. Formulare und Berichte können Sie übersetzen, indem Sie im jeweiligen Pflegemenü (FGI0 oder FGI4) den Pfad Recherchebericht • Übersetzen bzw. Formular • Übersetzen auswählen. Auf diese Weise starten Sie ein sogenanntes Übersetzungsprojekt, mit dessen Hilfe das SAP-System Ihnen alle zu übersetzenden Texte vorlegt.

Mit zunehmender Anzahl der Anmeldesprachen und Berichte kann der Aufwand für das Übersetzen der Berichte beträchtlich steigen. Überlegen Sie daher frühzeitig im Projekt, ob die folgenden Maßnahmen für Sie infrage kommen:

- Vereinbaren Sie, dass sich alle Anwender im gesamten System in nur einer Sprache anmelden, so dass Sie alle Texte nur einmal pflegen müssen.
- Wenn Sie in mehreren Sprachen arbeiten, sparen Sie sich den Aufwand, alle Texte tatsächlich auch in alle relevanten Sprachen zu übersetzen. Stattdessen ist es sinnvoll, die Berichte zwar in allen Anmeldesprachen zu pflegen, aber die Texte immer nur in einer übergreifend akzeptierten Sprache (z. B. in Englisch) einzugeben. Auch wenn die Anwender die Reports auf diese Weise nur in englischer Sprache sehen, können sie ansonsten in ihrer gewohnten Anmeldesprache arbeiten.
- Sollten Sie mit sehr vielen verschiedenen Anmeldesprachen arbeiten, entwickeln Sie ein ABAP-Programm, das automatisch die Texte der Berichte und Formulare von der Standardsprache in alle anderen Sprachen kopiert.

14.5 Fazit

In diesem Kapitel haben wir Ihnen zunächst einen Überblick über die wesentlichen Reporting-Werkzeuge im SAP ERP-Finanzwesen gegeben, von denen wir Ihnen anschließend die drei wichtigsten Tools detailliert vorgestellt haben. Nun kennen Sie die Unterschiede zwischen dem QuickViewer, SAP Query und dem Recherche-Tool und wissen, für welche Anforderungen sie jeweils geeignet sind. Außerdem haben wir Ihnen ausführlich gezeigt, wie man Berichte mit den genannten Werkzeugen erstellt und was dabei zu beachten ist.

Das Finanzwesen ist eng mit anderen Modulen von SAP ERP verknüpft. In diesem Kapitel erhalten Sie einen Überblick über die Integration mit den Modulen »Controlling«, »Vertrieb« und »Materialwirtschaft«.

15 Integration des SAP-Finanzwesens mit anderen Komponenten

Das Rechnungswesen ist aus betriebswirtschaftlicher Sicht der Kern des SAP ERP-Systems. Durch die Integration des Systems schlagen sich alle Transaktionen, die beispielsweise in den Einkaufs-, Bestandsführungs-, Versand-, Fakturierungs-, Produktions- oder Personalabrechnungsprozessen ablaufen, letzten Endes als Buchungen im Rechnungswesen nieder. In diesem Kapitel zeigen wir Ihnen, welche Einstellungen Sie vornehmen müssen, um eine funktionierende Integration des Finanzwesens in SAP ERP mit den angrenzenden Modulen sicherzustellen.

Im ersten Abschnitt betrachten wir die Verknüpfung des Finanzwesens mit den anderen Bereichen anhand der Geschäftsprozesse. Dabei durchleuchten wir zunächst, welche Abhängigkeiten zum Controlling bestehen, beispielsweise anhand der Kontenstammdaten oder der Controllingobjekte. Als Nächstes betrachten wir den Vertrieb, wobei wir uns vor allem auf die Erlöskontenfindung konzentrieren. Schließlich sehen wir uns die Materialwirtschaft mit dem Schwerpunktthema »Kontenfindung« an.

Am Ende des Kapitels folgt ein Abschnitt zur Integration der Stammdaten, in dem wir Sie auf die Verknüpfungspunkte des Rechnungswesens mit den angrenzenden Modulen, z. B. in den Debitorenstammsätzen, hinweisen.

15.1 Integrierte Geschäftsvorfälle zwischen dem ERP-Rechnungswesen und anderen ERP-Komponenten

Verbindung zwischen Komponenten

Im SAP ERP-System nutzen Sie in der Regel nicht nur das Rechnungswesen, sondern auch andere Bereiche. Die folgenden Module werden am häufigsten in Unternehmen eingesetzt und weisen darüber hinaus die engste Integration mit der Finanzbuchhaltung auf:

- Controlling
- Vertrieb
- Materialwirtschaft

Im Folgenden geben wir Ihnen einen Überblick über die Schnittstellen dieser Komponenten mit dem Rechnungswesen.

15.1.1 Integration mit dem Controlling

Integration von Rechnungswesen und Controlling

Das Controlling ist das mit der Finanzbuchhaltung am engsten integrierte Modul in SAP ERP. Während die Finanzbuchhaltung als externes Rechnungswesen z. B. Auskunft darüber gibt, wie hoch die Bilanzsumme des Unternehmens ist, welchen Wert das Anlage- bzw. das Umlaufvermögen hat oder auf welchen Betrag sich die offenen Forderungen belaufen, bildet das Controlling das interne Rechnungswesen. Hier werden beispielsweise Antworten auf die Fragen geliefert, welchen Gewinn das Unternehmen im laufenden Geschäftsjahr bisher erwirtschaftet hat, wie hoch der Anteil der Gemeinkosten an den gesamten Kosten ist, oder ob die Kostenstelle X ihr Budget eingehalten hat.

Primäre Kostenarten

In der Gewinn- und Verlustrechnung (GuV) werden alle Buchungen, die in der Finanzbuchhaltung erfolgen, automatisch an das Controlling weitergeleitet. Voraussetzung dafür ist, dass die GuV-Konten als *primäre Kostenarten* angelegt sind. Eine Primärkostenart ist ein Stammsatz im Controlling, den Sie in einer 1:1-Beziehung zu einem bereits existierenden Konto anlegen. Sie können zu der Kostenart u. a. einen Typ (Kosten oder Erlöse) und eine Gültigkeit bestimmen.

Sekundäre Kostenarten

Sekundärkostenarten werden hingegen nur für Buchungen innerhalb des Controllings verwendet und sind daher mit keinem Konto verknüpft.

Kostenarten anlegen

Eine Kostenart legen Sie im Anwendungsmenü über den Pfad Rechnungswesen • Controlling • Kostenartenrechnung • Stammdaten • Kostenart • Einzelbearbeitung • Anlegen primär oder über die Transaktion KA01 an. Wählen Sie ein Sachkonto aus, und geben Sie einen Gültigkeitszeitraum ein (siehe Abbildung 15.1). Anschließend können Sie die Stammdaten pflegen, z. B. den Kostenartentyp. Außerdem ist es möglich, die Kostenarten maschinell anlegen zu lassen. Für Details hierzu siehe Abschnitt 16.2, »Stammdatenübernahme«.

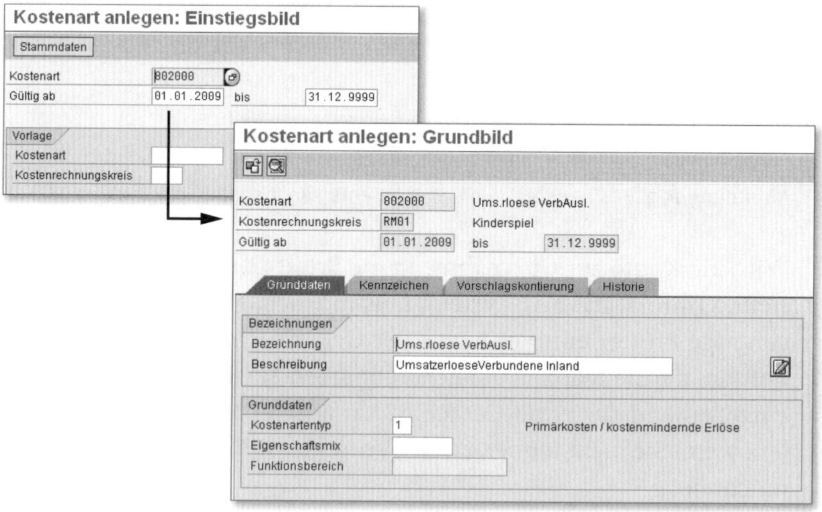

Abbildung 15.1 Kostenart anlegen

Kontierung auf Controllingobjekte

Alle Buchungen, die Sie in der GuV über Kostenarten erfassen, ordnen Sie außerdem sogenannten *Controllingobjekten* zu, um die Herkunft der Kosten oder Erlöse zu dokumentieren. Erlöse buchen Sie z. B. auf die Ergebnisobjekte in der Ergebnis- und Marktsegmentrechnung oder auf Kundenaufträge; Kosten erfassen Sie u. a. auf Kostenstellen oder Innenaufträgen. Welche Controllingobjekte je Kostenart erlaubt sind, steuern Sie über die Feldstatusleiste des zugeordneten Sachkontos (siehe hierzu Abschnitt 4.4.2, »Belegposition«).

Buchungen auf Profit-Center zulassen

Wenn Sie die Profit-Center-Rechnung einsetzen, haben Sie darüber hinaus die Möglichkeit, Bilanzkonten auf Profit-Center aufzuteilen. Dies ist notwendig, wenn Sie z. B. eine Segmentberichterstattung erstellen oder Kennzahlen wie den Return on Investment oder das Working Capital je Geschäftseinheit ermitteln möchten. Um Bilanzkonten überhaupt in die Profit-Center-Rechnung zu übernehmen, müssen Sie sie im Customizing über den Menüpfad Controlling • Profit-Center-Rechnung • Istbuchungen • Zusätzliche Bilanz- und GuV-Konten auswählen • Konten auswählen oder über die Transaktion 3KEH einstellen. Geben Sie je Konto bzw. Kontenbereich ein Vorschlags-Profit-Center an, auf das das Konto gebucht werden soll, sofern bei der Buchung kein anderes Profit-Center angegeben wird (siehe Abbildung 15.2).

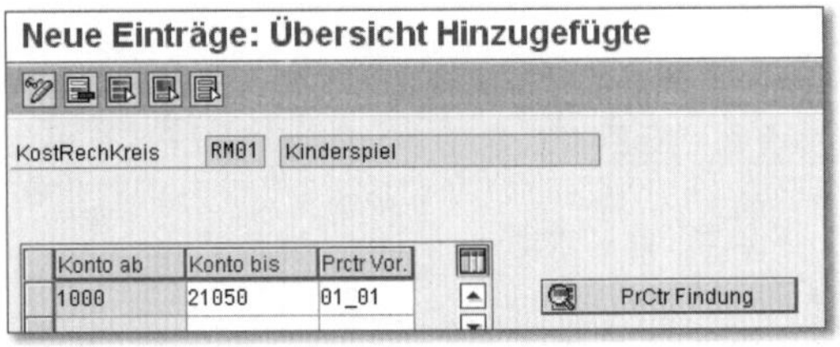

Abbildung 15.2 Bilanzkonten in die Profit-Center-Rechnung übernehmen

Wird ein Konto zur Übernahme in die Profit-Center-Rechnung eingestellt, ermittelt das SAP-System, falls möglich, automatisch das dazugehörige Profit-Center (z. B. aus der Gegenbuchung in der GuV). Bei Konten, die Sie manuell bebuchen, müssen Sie in der Feldstatusleiste entsprechend das Profit-Center als Kann- oder Muss-Eingabe einstellen, wenn Sie nicht immer auf das Vorschlags-Profit-Center kontieren möchten.

15.1.2 Integration mit dem Vertrieb

Buchungslogik bei der Faktura

Im Vertrieb werden die erbrachten Lieferungen und Leistungen an den Kunden fakturiert. Der Fakturabeleg löst wiederum eine Buchung im Finanzwesen aus (siehe Abbildung 15.3).

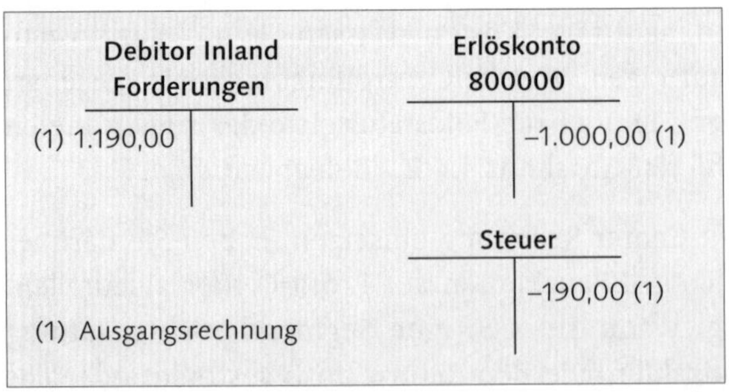

Abbildung 15.3 Buchungslogik für eine Faktura aus dem Vertrieb

Um diese Buchung korrekt fortzuschreiben, benötigt das System Informationen darüber, auf welchen Sachkonten und mit welchen Umsatzsteuerkennzeichen die Werte im Rechnungswesen registriert werden sollen. Hierzu muss die Erlöskontenfindung in unterschiedlichen Bereichen eingestellt werden. In der Regel wird die Faktura auf ein Debitorenkonto, auf ein oder mehrere Erlöskonten, auf Steuerkonten und im Falle von Rabatten auf Erlösschmälerungskonten gebucht. Bei einem Barverkauf muss das richtige Sachkonto für die Kassenverrechnung ermittelt werden, denn es findet hier keine Buchung gegen ein Debitorenkonto statt. Auch können Sie aus dem Vertrieb heraus ein abweichendes Abstimmkonto ermitteln. Zu diesem Zweck können Sie die Kontenfindung über den Customizing-Pfad VERTRIEB • GRUNDFUNKTIONEN • KONTIERUNG/KALKULATION • ERLÖSKONTENFINDUNG • SACHKONTEN ZUORDNEN oder über die Transaktion VKOA anhand unterschiedlicher Kriterien festlegen. Im Standard sind die folgenden Kriterien vordefiniert:

- Kontenplan
- Verkaufsorganisation
- Kontierungsgruppe des Regulierers, z. B. »Kunden Inland«, »Kunden Ausland« oder »verbundene Unternehmen«
- Kontierungsgruppe des Materials, z. B. »Dienstleistungen«, »Handelsware«
- Kontoschlüssel, um bestimmte Arten von Konten zu bebuchen. Verkaufserlöse sollten z. B. auf den zugeordneten Erlöskonten gezeigt werden und Rabatte auf Erlösschmälerungskonten.

Das Mehrwertsteuerkonto wird über das Steuerkennzeichen gefunden, das Sie im Rechnungswesen definiert haben (siehe Abschnitt 4.5, »Umsatzsteuer«). Die Steuerkennzeichen werden wiederum den Stammdaten im Vertrieb zugeordnet.

Kontenfindung für die Erlösbuchungen aus dem Vertrieb [+]

An dieser Stelle zeigen wir Ihnen beispielhaft die Einstellungen zur Kontenfindung anhand einer Fallstrecke, um Ihnen einen Eindruck von den Möglichkeiten dieses Konzepts zu geben. Eine umfangreiche Beschreibung dieses Themas würde es erfordern, tiefer in das Customizing des Vertriebsmoduls einzusteigen, was den Rahmen dieses Buches sprengen würde. Daher setzen wir voraus, dass die Organisationseinheiten und das grundlegende Customizing im Vertrieb bereits eingestellt sind, und konzentrieren uns hier lediglich auf die Kontenfindung.

Fallbeispiel: Erlöskontenfindung

Kontenfindung im Vertrieb – Kontierungsgruppen

In unserem Beispiel werden die Sachkonten in Abhängigkeit der Debitoren- und der Materialart festgelegt. Hierzu gruppieren Sie über den Menüpfad VERTRIEB • GRUNDFUNKTIONEN • KONTIERUNG/KALKULATION • ERLÖSKONTENFINDUNG • KONTIERUNGSRELEVANTE STAMMDATEN ÜBERPRÜFEN in der Aktivität MATERIALIEN: KONTIERUNGSGRUPPEN die Materialarten und in der Aktivität DEBITOREN: KONTIERUNGSGRUPPEN oder über die Transaktion OVK8 die Debitoren.

Für die Materialien definieren wir die Kontierungsgruppen »Handelswaren« und »Leistungen« (siehe Abbildung 15.4).

Abbildung 15.4 Kontierungsgruppen für Materialien

Die Debitoren haben wir in »Debitoren Inland«, »Debitoren Ausland« und »Debitoren verbundene Unternehmen« aufgeteilt (siehe Abbildung 15.5).

Abbildung 15.5 Kontierungsgruppen für Debitoren

Felder für die Kontenfindung

Die Erlöskontenfindung basiert in unserem Beispiel auf den Feldern, die über den Customizing-Pfad VERTRIEB • GRUNDFUNKTIONEN • KONTIERUNG/KALKULATION • ERLÖSKONTENFINDUNG • ABHÄNGIGKEITEN DER ERLÖSKONTENFINDUNG DEFINIEREN oder über die Transaktion V/14 in der Tabelle 001 ausgewählt worden sind (siehe Abbildung 15.6).

In der linken Spalte sehen Sie die für die Kontenfindung aktiven Felder und rechts die verfügbaren Felder. Die Palette der verfügbaren Felder können Sie über denselben Customizing-Pfad unter der Aktivität FELDKATALOG: ERLAUBTE FELDER FÜR DIE TABELLEN erweitern.

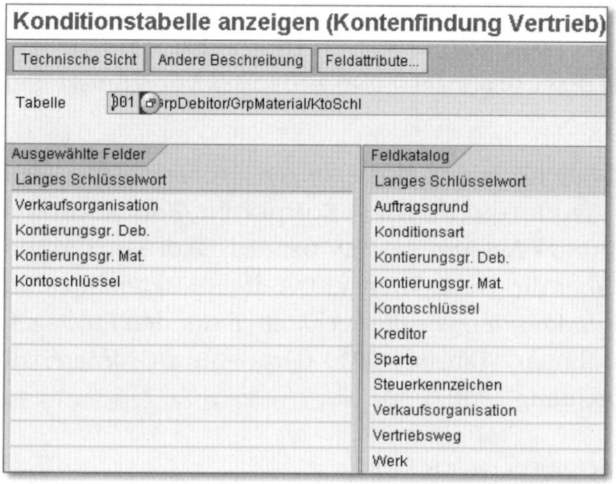

Abbildung 15.6 Ausgewählte Felder für die Kontenfindung im Vertrieb

Zugriffsfolge für die Kontenfindung

Darüber hinaus benötigen Sie für die Kontenfindung eine Zugriffsfolge, die Sie über den Customizing-Pfad VERTRIEB • GRUNDFUNKTIONEN • KONTIERUNG/KALKULATION • ERLÖSKONTENFINDUNG • ZUGRIFFSFOLGEN UND KONTENFINDUNGSARTEN definieren. Über die Zugriffsfolge entscheiden Sie, welche Tabellen und Felder gelesen werden sollen, und in welcher Reihenfolge dies geschehen soll, um das richtige Sachkonto für die Erlösbuchung zu finden. In unserem Beispiel nutzen wir die vordefinierte Zugriffsfolge KOFI (siehe Abbildung 15.7). Bei der Kontenfindung KOFI wird als Erstes auf die Verkaufsorganisation zugegriffen und dann der Reihe nach auf die Kontierungsgruppe »Debitoren« und die Kontierungsgruppe »Materialien« sowie abschließend auf den Kontoschlüssel.

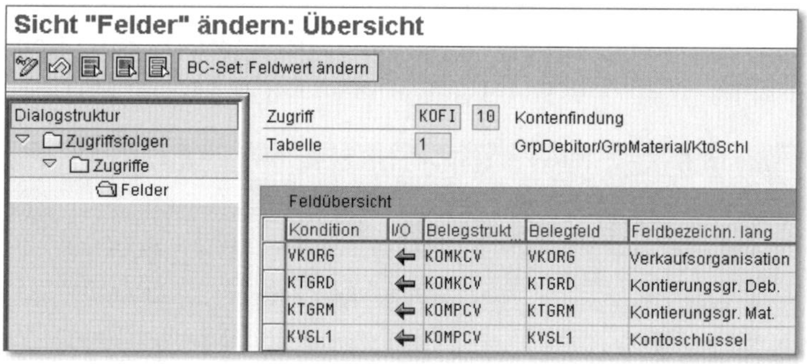

Abbildung 15.7 Felder in der Zugriffsfolge KOFI

Kontoschlüssel

Der Kontoschlüssel ERL für Erlöse wurde über den Pfad Vertrieb • Grundfunktionen • Kontierung/Kalkulation • Erlöskontenfindung • Kontoschlüssel definieren und zuordnen vordefiniert und zugeordnet.

Erlöskonten zuordnen

Basierend auf den beschriebenen Einstellungen, ordnen Sie über den Pfad Vertrieb • Grundfunktionen • Kontierung/Kalkulation • Erlöskontenfindung • Abhängigkeiten der Erlöskontenfindung definieren oder über die Transaktion VKOA die Erlöskonten zu. In unserem Beispiel verknüpfen wir die Sachkonten mit den Einträgen der bereits erwähnten Tabelle 001 (GrpDebitor/GrpMaterial/KtoSchl, siehe Abbildung 15.8).

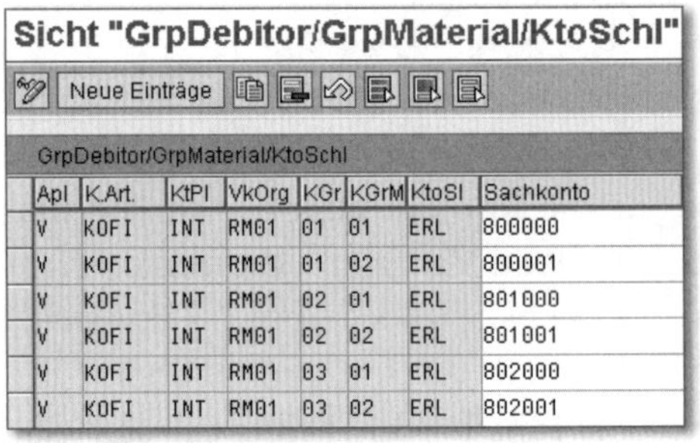
Sicht "GrpDebitor/GrpMaterial/KtoSchl"

Neue Einträge

GrpDebitor/GrpMaterial/KtoSchl

Apl	K.Art.	KtPl	VkOrg	KGr	KGrM	KtoSl	Sachkonto
V	KOFI	INT	RM01	01	01	ERL	800000
V	KOFI	INT	RM01	01	02	ERL	800001
V	KOFI	INT	RM01	02	01	ERL	801000
V	KOFI	INT	RM01	02	02	ERL	801001
V	KOFI	INT	RM01	03	01	ERL	802000
V	KOFI	INT	RM01	03	02	ERL	802001

Abbildung 15.8 Erlöskontenzuordnung

Zusätzlich zu den in der Zugriffsfolge KOFI ausgewählten Feldern VkOrg (Verkaufsorganisation), KGr (Kontierungsgruppe Debitoren), KGrM (Kontierungsgruppe Material) und KtoSl (Kontoschlüssel) tragen Sie noch die Applikation V (Vertrieb) ein, als Konditionsart die Zugriffsfolge KOFI sowie noch den Kontenplan INT.

In unserem Beispiel werden folgende Erlöskonten in Abhängigkeit von der Kombination aus der Kontierungsgruppe »Debitoren« und der Kontierungsgruppe »Materialien« fortgeschrieben (siehe Tabelle 15.1).

Kontierungsgruppe »Debitoren«	Kontierungsgruppe »Material«	Erlöskonto
Debitor Inland (01)	Handelswaren (01)	800000
Debitor Inland (01)	Leistungen (02)	800001
Debitor Ausland (02)	Handelswaren (01)	801000
Debitor Ausland (02)	Leistungen (02)	801001

Tabelle 15.1 Erlöskontenfindung

Kontierungsgruppe »Debitoren«	Kontierungsgruppe »Material«	Erlöskonto
Debitor – verbundenes Unternehmen (03)	Handelswaren (01)	802000
Debitor – verbundenes Unternehmen (03)	Leistungen (02)	802001

Tabelle 15.1 Erlöskontenfindung (Forts.)

Die Finanzbuchhaltung entscheidet darüber, welche Konten hier eingestellt werden, da sie für die ordnungsgemäße Buchführung verantwortlich ist. Die beschriebenen Customizing-Einstellungen werden aber in der Regel vom Vertriebsteam in Absprache mit dem Finanzteam vorgenommen. Beachten Sie, dass die Kontenfindung an der Schnittstelle zwischen Vertrieb und Rechnungswesen sitzt und daher die Einstellungen aus dem Vertriebsmodul sowie aus Finanzbuchhaltung und Controlling darauf Einfluss nehmen. Aus diesem Grund ist eine enge Abstimmung aller Beteiligten notwendig.

15.1.3 Integration mit der Materialwirtschaft

Bei der Integration zwischen Rechnungswesen und Materialwirtschaft haben Sie mit zwei wichtigen Schnittstellen zu tun: Wareneingang und Rechnungseingang.

Buchungslogik beim Wareneingang

Eine Wareneingangsbuchung verändert zum einen die Bestandsmenge in der Logistik und zum anderen den Bestandswert in der Finanzbuchhaltung. Beide Vorgänge werden gleichzeitig vorgenommen, indem das System sowohl einen Materialwirtschafts- als auch einen Rechnungswesenbeleg bucht.

Buchungslogik bei der Kreditorenrechnung

Die Kreditorenrechnungen erfassen Sie über die Rechnungsprüfung in der Materialwirtschaft, wobei je Rechnung ein Material- und ein Finanzbeleg erstellt wird. Der Buchhaltungsbeleg enthält Buchungen auf dem WE/RE-Konto, auf einem Kreditorenkonto und in der Regel auf einem Steuerkonto (siehe Abbildung 15.9). Das SAP-System prüft die Daten auf der Rechnung und vergleicht anhand der zugrunde liegenden Bestellung, ob die richtige Warenmenge berechnet wurde, ob der berechnete Preis mit dem Preis aus der Bestellung übereinstimmt und ob die Ware schon geliefert wurde. Die Bestellung erzeugt einen Einkaufsbeleg in der Materialwirtschaft (ohne Pendant im Rechnungswesen), auf dem die Einkaufskonditionen wie z. B. Liefertermin, Einkaufsmenge oder Einkaufspreis erfasst worden sind. In der Rechnungsprüfung können Sie Toleranzen zu Preis- und Mengenabweichungen definieren. Falls die Toleranzen überschritten werden, sperrt das System die Rechnung zur Zahlung, bis die Unstimmigkeiten geklärt sind und die Rechnung zur Zahlung freigegeben werden kann.

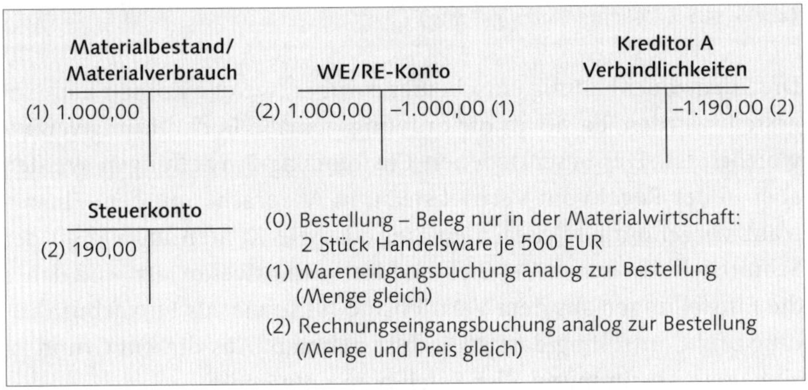

Abbildung 15.9 Buchungslogik bei Wareneingang und Rechnungsprüfung

Um die Belege auf den richtigen Sachkonten zu buchen, müssen Sie im SAP-System die Kontenfindung in der Materialwirtschaft pflegen. Auf dieser Basis werden die Sachkonten für die Vorgänge in der Bestandsführung und in der Rechnungsprüfung automatisch gefunden.

[!]

Kontenfindung für die Buchungen in der Materialwirtschaft

Bevor Sie die Customizing-Einstellungen zur Kontenfindung in der Materialwirtschaft vornehmen können, müssen die Organisationseinheiten und eine Reihe von Customizing-Einstellungen in der Materialwirtschaft bereits feststehen.

Aus Platzgründen können wir diese Einstellungen an dieser Stelle nicht näher beschreiben und beschränken uns daher auf die Ausführungen zur Kontenfindung.

Fallbeispiel: Kontenfindung in der Materialwirtschaft

Kriterien

Die Kontenfindung wird anhand der folgenden Kriterien festgelegt:

- Organisationsebene
- Material
- Buchungsvorgang.

In unserem Beispiel wurde der Buchungskreis einem Werk (Organisationseinheit in der Materialwirtschaft) zugeordnet. Die Werke werden wiederum einem Bewertungskreis zugewiesen. Zusätzlich können Sie für die Kontenfindung noch eine sogenannte Bewertungsmodifikationskonstante festlegen (siehe Abbildung 15.10). Die entsprechende Zuordnung nehmen Sie über den Customizing-Pfad MATERIALWIRTSCHAFT • BEWERTUNG UND KONTIERUNG • KONTENFINDUNG • KONTENFINDUNG OHNE ASSISTENT • BEWERTUNGSKREISE GRUPPIEREN oder über die Transaktion OMWD vor.

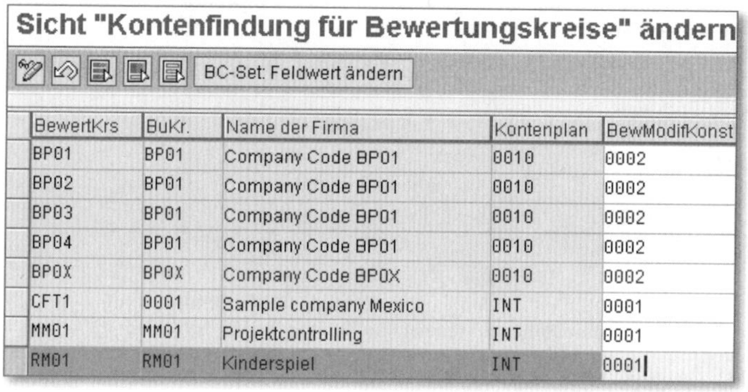

BewertKrs	BuKr.	Name der Firma	Kontenplan	BewModifKonst
BP01	BP01	Company Code BP01	0010	0002
BP02	BP01	Company Code BP01	0010	0002
BP03	BP01	Company Code BP01	0010	0002
BP04	BP01	Company Code BP01	0010	0002
BPOX	BPOX	Company Code BPOX	0010	0002
CFT1	0001	Sample company Mexico	INT	0001
MM01	MM01	Projektcontrolling	INT	0001
RM01	RM01	Kinderspiel	INT	0001

Abbildung 15.10 Zuordnung der Bewertungsmodifikationskonstanten in der Materialwirtschaft

Bewertungsmodifikationskonstante

Anhand dieser Zuordnung ist es möglich, die Kontenfindung pro Bewertungsmodifikationskonstante zu pflegen. Auf diese Weise können Sie die automatische Kontenfindung mit einem wesentlich geringeren Aufwand festlegen als es bei der Kontenzuordnung der Fall ist, z. B. pro Bewertungskreis.

Bewertungsklasse

In den Materialstammdaten werden den Materialien sogenannte Bewertungsklassen zugeordnet; die Bewertungsklasse ist zur Gruppierung von Materialien mit gleicher Kontenzuordnung vorgesehen. Die Bewertungsklassen definieren Sie über den Pfad MATERIALWIRTSCHAFT • BEWERTUNG UND KONTIERUNG • KONTENFINDUNG • KONTENFINDUNG OHNE ASSISTENT • BEWERTUNGSKLASSEN FESTLEGEN oder über die Transaktion OMSK (siehe Abbildung 15.11). Jeder Bewertungsklasse wird eine Kontoklassenreferenz zugewiesen. Diesen Schlüssel erläutern wir an dieser Stelle nicht weiter, weil er für die Kontenfindung keine direkte Relevanz hat.

Sicht "Bewertungsklassen" ändern: Übersicht

Neue Einträge | BC-Set: Feldwert ändern

Bewertungsklassen

BewKl	KRef	Bezeichnung	Bezeichnung
0710	0001	Ausrüstungen 1	Referenz für Rohstoffe
0720	0001	Ausrüstungen 2	Referenz für Rohstoffe
1210	0002	Spezielles Wirtschaftsgut	Referenz für Hilfsstoffe
3000	0001	Rohstoffe 1	Referenz für Rohstoffe
3001	0001	Rohstoffe 2	Referenz für Rohstoffe
3002	0001	Rohstoffe 3	Referenz für Rohstoffe
3003	0001	Rohstoffe 4	Referenz für Rohstoffe
3030	0002	Hilfs- u. Betriebsstoffe	Referenz für Hilfsstoffe
3031	0002	Hilfs- u. Betriebsstoffe2	Referenz für Hilfsstoffe
3040	0003	Ersatzteile	Referenz für Ersatzteile
3050	0004	Verpackung u. Leergut	Referenz für Verpackung
3100	0005	Handelsware 1	Referenz für Handelsware
3110	0005	Handelsware 2	Referenz für Handelsware
3200	0006	Dienstleistungen	Referenz für Dienstleistungen
3300	0007	Unbewertetes Material	Referenz für unbewertete Mat.
7900	0008	Halbfabrikate	Referenz für Halbfabrikate
7920	0009	Fertigerzeugnisse	Referenz für Fertigartikel

Abbildung 15.11 Definition der Bewertungsklassen

Buchungsvorgänge

Die Buchungsvorgänge in der Materialwirtschaft sind fest vorgegeben; sie werden aus dem betriebswirtschaftlichen Vorgang in der Bestandsführung oder in der Rechnungsprüfung abgeleitet. Wenn Sie sich Abbildung 15.9 ins Gedächtnis rufen, erkennen Sie, dass Sie es in diesem Fall mit zwei Vorgängen zu tun haben: dem Wareneingang zur Normalbestellung und dem Rechnungseingang. Beim Wareneingang wird das Bestandskonto gegen das WE/RE-Konto gebucht, und das richtige Bestandskonto wird über den Vorgang BSX (Buchungen auf Bestandskonten) gefunden. Das WE/RE-Konto hingegen ermittelt das System über den Schlüssel WRX (Buchungen auf das WE/RE-Verrechnungskonto).

Zuordnung der Sachkonten

Die Einstellungen hierzu nehmen Sie über den Customizing-Pfad Materialwirtschaft • Bewertung und Kontierung • Kontenfindung • Kontenfindung ohne Assistent • Automatische Buchungen einstellen oder über die Transaktion OMWB vor. Nachdem Sie auf den Button Kontierung geklickt haben, können Sie per Doppelklick einen Buchungsvorgang auswählen und diesem die Sachkonten aus Ihrem Kontenplan zuordnen (siehe die Abbildungen 15.12 und 15.13).

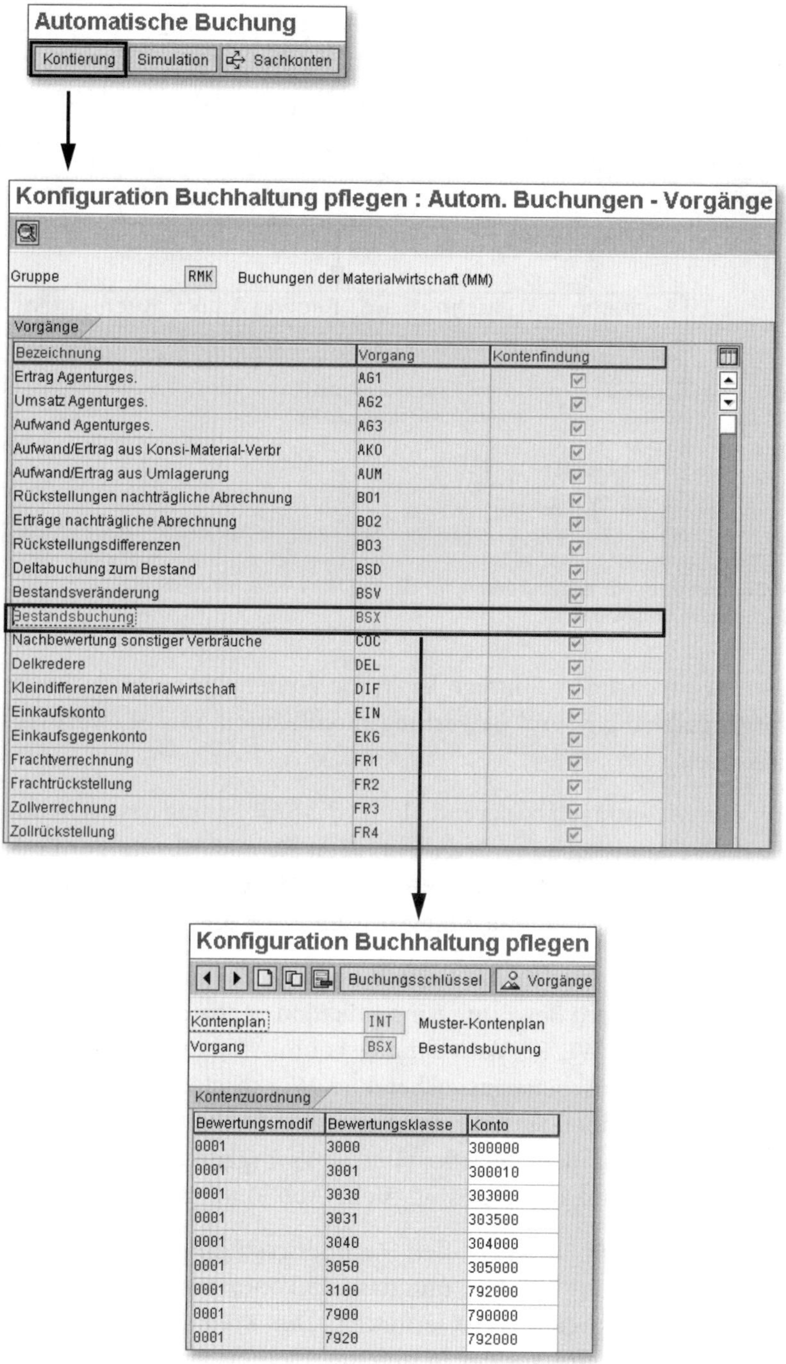

Abbildung 15.12 Kontenzuordnung für die Bestandsbuchung – Buchungsvorgang BSX

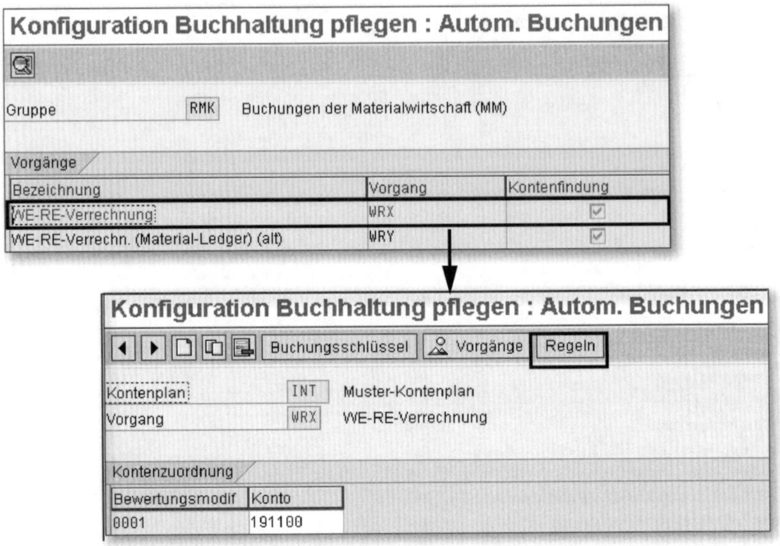

Abbildung 15.13 Kontenzuordnung für das WE/RE-Verrechnungskonto – Buchungsvorgang WRX

Die entsprechenden Einträge legen Sie kontenplan- und buchungsvorgangsabhängig pro Bewertungsmodifikation und Bewertungsklasse fest.

Auf diesen Einträgen basierend, findet das SAP-System das Sachkonto für die Bestandsbuchung. Jetzt benötigen Sie noch das Konto für die Gegenbuchung auf dem WE/RE-Konto; das WE/RE-Verrechnungskonto ordnen Sie dem Buchungsvorgang WRX zu.

In diesem Fall wurden die Konten kontenplan- und buchungsvorgangsabhängig pro Bewertungsmodifikation zugeordnet. Sehr häufig gibt es nur ein WE/RE-Verrechnungskonto, so dass ein Eintrag auf der Organisationsebene ausreichend ist. Wie spezifiziert Sie die Konten pflegen, können Sie über den Button Regeln entscheiden. Beachten Sie aber, dass nicht bei jedem Buchungsvorgang alle Abhängigkeiten verfügbar und änderbar sind (siehe Abbildung 15.14).

Für den zweiten Vorgang, den Rechnungseingang, benötigen Sie ebenfalls das WE/RE-Konto, und das Sachkonto wird auch hier über den Buchungsvorgang WRX ermittelt. Der Kreditor für die Rechnungsbuchung wird aus der Bestellung übernommen, und die Steuerkennzeichen stammen aus den Materialstammdaten.

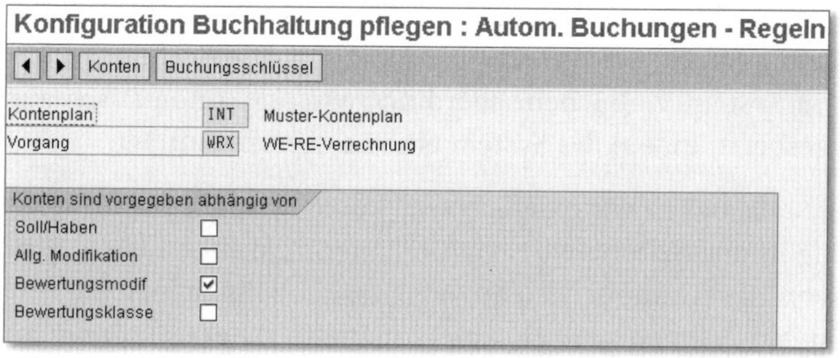

Abbildung 15.14 Regeln für die Abhängigkeiten bei der Kontenpflege

Toleranzgrenzen

Bei der Rechnungsbuchung kann es vorkommen, dass Abweichungen zur Bestellung oder zum Wareneingang vorliegen. Beispielsweise haben Sie zehn Stück einer Ware bestellt und erhalten, wohingegen auf der Rechnung elf Stück berechnet wurden. Oder in Ihrer Rechnung wird ein Stückpreis von 550 EUR ausgewiesen, obwohl Sie einen Preis von 500 EUR vereinbart haben. Um solche Abweichungen abzufangen, können Sie über den Customizing-Pfad Materialwirtschaft • Logistik-Rechnungsprüfung • Rechnungssperre • Toleranzgrenzen festlegen oder über die Transaktion OMR6 die Toleranzen pro Buchungskreis definieren. Bei einer Preisabweichung haben Sie z. B. die Möglichkeit, die Unter- und Obergrenze sowohl absolut als auch prozentual festzulegen (siehe Abbildung 15.15).

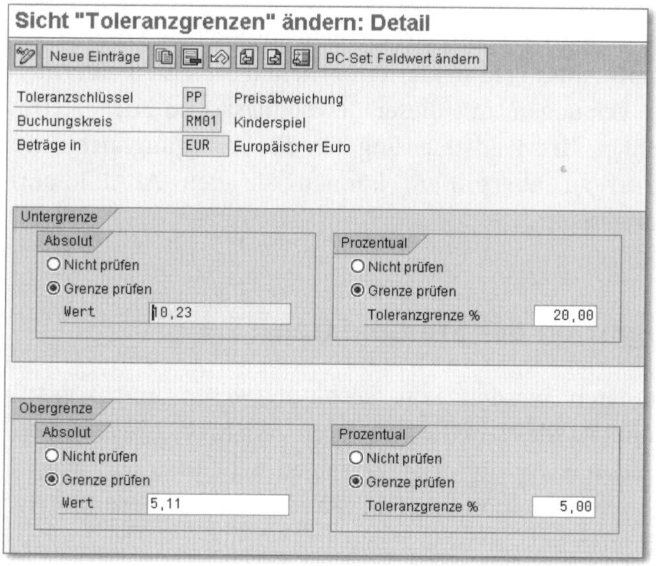

Abbildung 15.15 Toleranzgrenze für Preisabweichung definieren

Falls bei der Rechnungserfassung eine Toleranzgrenze überschritten wird, erhalten Sie eine entsprechende Meldung. Die Rechnung können Sie im System verbuchen, allerdings wird sie automatisch zur Zahlung gesperrt, indem das System eine Zahlsperre einträgt.

An dieser Stelle haben wir lediglich zwei kurze Beispiele für die Kontenfindung in der Materialwirtschaft erläutert, um Ihnen einen Eindruck davon zu vermitteln, welche Möglichkeiten Ihnen hier zur Verfügung stehen. Ihnen jedoch die komplette Kontenfindung zu erklären, wäre an dieser Stelle bei Weitem zu umfangreich. Wie Sie erkennen können, ist für diese Einstellungen wiederum eine enge Abstimmung zwischen den Teams in der Materialwirtschaft und der Finanzbuchhaltung erforderlich. In der Regel werden die Einstellungen von den Spezialisten in der Materialwirtschaft vorgenommen, was wiederum voraussetzt, dass zuvor das Customizing im Rechnungswesen passend eingestellt wurde.

Zusammenhang von Feldstatus und Bewegungsart

Besonders wichtig ist dabei die richtige Definition der Feldsteuerung (Feldstatusgruppen) der Sachkonten. In der Materialwirtschaft verwenden Sie bei jeder Bestands- bzw. Verbrauchsbuchung, ähnlich wie in der Anlagenbuchhaltung, Bewegungsarten. Jede Bewegungsart hat wiederum eine eigene Feldsteuerung, für die Sie entscheiden, welche Felder als Kann-, Muss- oder Anzeigefelder definiert werden sollen. Dabei ist zu beachten, dass die Feldsteuerung der Bewegungsart mit der Feldsteuerung des Sachkontos verträglich sein muss. Haben Sie z. B. in der Bewegungsart ein Feld ausgeschaltet und dieses im Sachkonto als Muss-Feld deklariert, erhalten Sie eine Fehlermeldung, falls Sie versuchen, mit dieser Bewegungsart zu buchen. Um die Verträglichkeit der Feldsteuerung für die Bewegungsarten mit den Sachkonten zu überprüfen, können Sie den ABAP-Report RF07CUFA verwenden.

15.2 Integration der Stammdaten

Einige Stammdaten werden von Rechnungswesen und Logistik gemeinsam genutzt, wie etwa die Debitoren-, die Kreditoren- und die Materialstammdaten. An dieser Stelle zeigen wir Ihnen auf, welche Verknüpfungen Sie beachten müssen, um eine reibungslose Integration zu gewährleisten.

Kontengruppen für Debitoren und Kreditoren

Bei den Debitoren und Kreditoren sollten Sie die Kontengruppen, zu denen die Stammdaten definiert werden, miteinander abstimmen, so dass die Stammdaten stets einheitlich angelegt werden. Im Falle der Debitorenstammdaten sind das Finanzwesen und der Vertrieb beteiligt, die Kreditorenstammdaten werden gemeinsam vom Rechnungswesen und der Materialwirtschaft gepflegt.

Zusätzlich müssen Sie bei den Debitoren die *Kontierungsgruppe* und die *Steuerklassifikation* berücksichtigen. Beide Einstellungen werden in der Vertriebssicht der Kunden (Transaktion VD02) vorgenommen, haben aber Auswirkungen auf die Finanzbuchhaltung (siehe Abbildung 15.16).

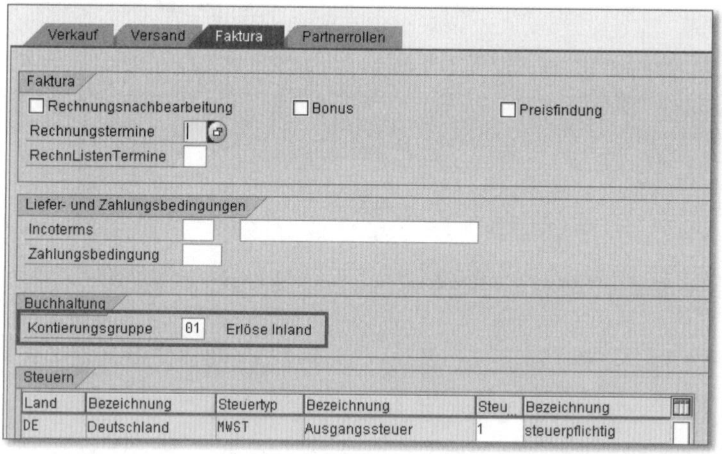

Abbildung 15.16 Debitorenstammdatenfelder mit Auswirkungen auf das Rechnungswesen

Kontierungsgruppe Debitoren

Das Feld Kontierungsgruppe verwenden Sie, um die Erlöskontenfindung (siehe Abschnitt 15.1.2, »Integration mit dem Vertrieb«) zu steuern, z. B. zur Aufteilung in Inlands- bzw. Auslandsumsätze bzw. Umsätze mit verbundenen Unternehmen. Eine ähnliche Unterteilung treffen Sie hinsichtlich der Abstimmkonten. Achten Sie daher darauf, dass das Abstimmkonto und die Kontierungsgruppe der Debitoren zueinander passen.

Steuerklassifikation Debitoren

Die Steuerklassifikation dient zur Ermittlung der Umsatzsteuer. In Abhängigkeit Ihres Kalkulationsschemas für die Steuer (siehe Abschnitt 4.5, »Umsatzsteuer«) stellen Sie anhand dieses Kennzeichens ein, ob ein Kunde in bestimmten Ländern steuerpflichtig ist oder nicht.

Steuerklassifikation Material

Im Materialstamm (Transaktion MM02) finden Sie in den Registerkarten VERTRIEB: VERKORG und VERTRIEB: VERKORG Einstellungen, die Sie zwischen Materialwirtschaft und Finanzbuchhaltung abstimmen müssen.

Anhand der Steuerklassifikation kennzeichnen Sie, ob ein Material in bestimmten Ländern steuerrelevant ist oder nicht (siehe Abbildung 15.17).

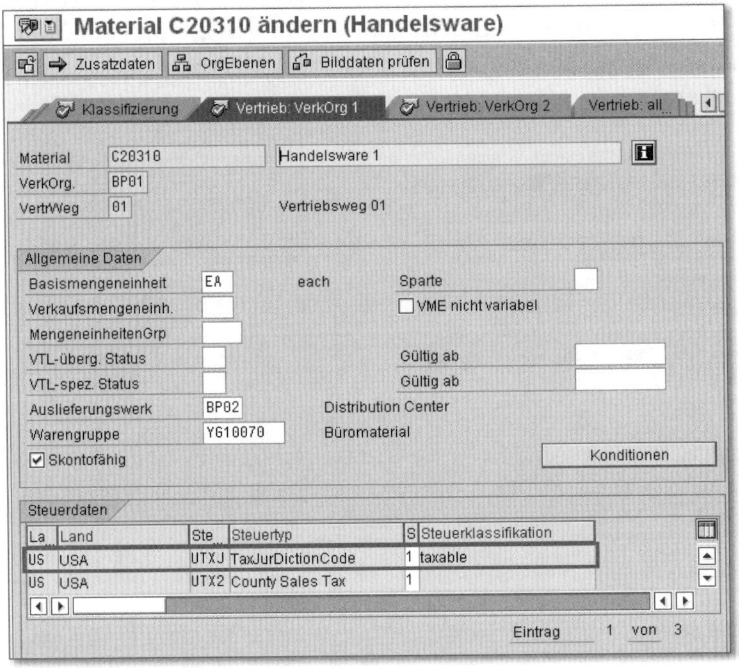

Abbildung 15.17 Steuerklassifikation für das Material

Kontierungsgruppe Material

Die Kontierungsgruppe »Material« können Sie analog zur Kontierungsgruppe »Debitoren« in der Erlöskontenfindung (siehe Abschnitt 15.1.2, »Integration mit dem Vertrieb«) verwenden, um bestimmte Materialarten auf getrennte Erlöskonten zu buchen (siehe Abbildung 15.18).

Sie sehen, dass es eine Reihe von Abhängigkeiten bei der Stammdatenpflege zwischen dem Rechnungswesen und der Logistik gibt, die zu beachten sind. Um einen reibungslosen Ablauf zu gewährleisten, sollten Sie für die zuständigen Sachbearbeiter in Ihrem Unternehmen Regeln dazu definieren, wie die Stammdaten zu pflegen sind.

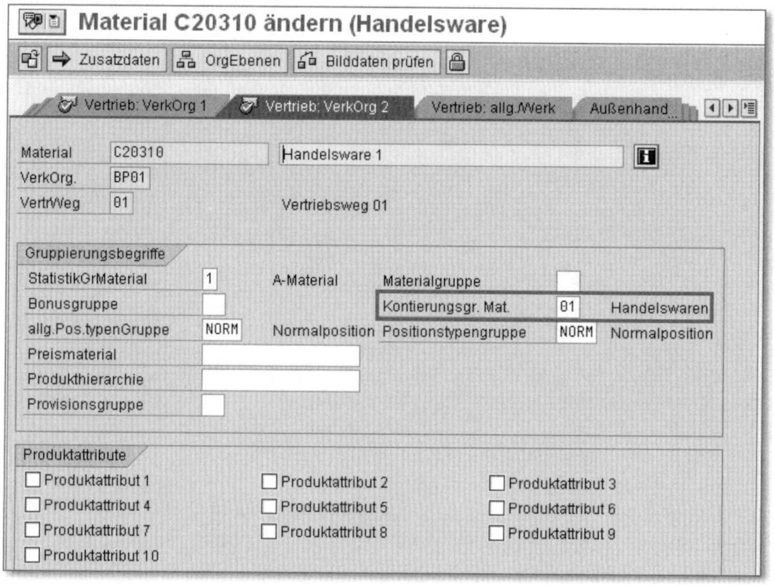

Abbildung 15.18 Kontierungsgruppe »Material«

15.3 Fazit

In diesem Kapitel haben Sie einen Überblick darüber erhalten, welche Wechselwirkungen zwischen der Finanzbuchhaltung und anderen Unternehmensbereichen bei der Konfigurierung Ihres SAP ERP-Systems zu beachten sind. Sie haben die wichtigsten Abhängigkeiten im Customizing zwischen Controlling, Vertrieb und Materialwirtschaft kennengelernt, insbesondere die Kontenfindung. Abschließend haben wir Sie noch auf einige Felder in den Debitoren- und Kreditorenstammdaten sowie in den Materialstammsätzen hingewiesen, die einer Abstimmung der Finanzbuchhaltung mit der Logistik bedürfen.

In diesem Kapitel lernen Sie, welche Voreinstellungen vor der Durchführung der Datenmigration notwendig sind und welche Werkzeuge Ihnen dafür zur Verfügung stehen.

16 Vorbereitung des Produktivstarts und Datenübernahme

Wenn Sie gegen Ende eines Einführungsprojekts für SAP ERP Ihre Customizing-Einstellungen fertiggestellt und getestet haben und Ihre Anwender hinreichend geschult sind, geht es an die Vorbereitungen für den Produktivstart.

In diesem Kapitel zeigen wir Ihnen, welche Customizing-Einstellungen Sie vor dem Produktivstart vornehmen bzw. überprüfen müssen und was Sie dabei beachten sollten.

Im ersten Abschnitt konzentrieren wir uns auf die Übernahme der Stammdaten: Wir beschreiben Ihnen, welche Voraussetzungen Sie zunächst schaffen müssen, erläutern welche Stammdaten Sie üblicherweise übernehmen und geben schließlich Tipps zur Vorgehensweise. Als Nächstes widmen wir uns der Übernahme der Bewegungsdaten. Wiederum werfen wir einen Blick auf die notwendigen Voraussetzungen und geben Ihnen Empfehlungen, wie Sie bei der Übernahme der Daten vorgehen sollten.

Im letzten Abschnitt beschäftigen wir uns schließlich damit, wie die Daten übernommen werden können, und stellen Ihnen das wichtigste und universell einsetzbare SAP-Werkzeug zur Datenübernahme vor: die *Legacy System Migration Workbench* (LSMW).

16.1 Vorbereitende Customizing-Einstellungen

Bevor Sie beginnen, die Stamm- und Bewegungsdaten zu übernehmen, sollten Sie zunächst die folgenden Einstellungen vornehmen bzw. überprüfen:

Spezielle Belegart für die Datenübernahme

Für die Datenübernahme können Sie eine spezielle Belegart anlegen, um die entsprechenden Buchungen von allen anderen Tagesbuchungen zu trennen. Die Belegarten definieren Sie im Customizing unter FINANZWESEN (NEU) • GRUNDEINSTELLUNGEN FINANZWESEN (NEU) • BELEG • BELEGARTEN • BELEGARTEN DER ERFASSUNGSSICHT DEFINIEREN oder über die Transaktion OBA7 bzw. über BELEGARTEN DER ERFASSUNGSSICHT IN EINEM LEDGER DEFINIEREN. Genauere Informationen hierzu finden Sie in Abschnitt 4.4.1, »Belegkopf«.

Nummernkreise überprüfen

Da Nummernkreise nicht transportiert werden dürfen, müssen Sie sie in ihrem noch leeren Produktivsystem manuell pflegen. Prüfen Sie also als Erstes, ob dies schon geschehen ist. Nummernkreise pflegen Sie im Customizing über den Menüpfad FINANZWESEN (NEU) • GRUNDEINSTELLUNGEN FINANZWESEN (NEU) • BELEG • BELEGNUMMERNKREISE • BELEGE IN ERFASSUNGSSICHT bzw. BELEGE IN HAUPTBUCHSICHT. Genauere Informationen dazu finden Sie in Abschnitt 4.4.1.

Altdatenübernahme für die Anlagenbuchhaltung einstellen

Für die Anlagenbuchhaltung müssen Sie die folgenden wichtigen Aktivitäten und Einstellungen vornehmen:

- **Konsistenz prüfen**
  Über den Customizing-Pfad FINANZWESEN (NEU) • ANLAGENBUCHHALTUNG • PRODUKTIONSVORBEREITUNG • KONSISTENZ PRÜFEN können Sie einen Konsistenzreport zu den Einstellungen in der Anlagenbuchhaltung starten (Transaktion OAK6). Eventuelle Fehler sollten Sie vor der Durchführung von weiteren Aktivitäten beheben.
- **Übernahmestatus**
  Unter FINANZWESEN (NEU) • ANLAGENBUCHHALTUNG • DATENÜBERNAHME ANLAGEN • BUCHUNGSKREISSTATUS SETZEN müssen Sie vor der Datenübernahme den Übernahmestatus auf 1 setzen. Dies bedeutet, dass Sie Altdaten übernehmen, aber noch nicht produktiv buchen dürfen. Wenn Sie die Übernahme abgeschlossen haben, setzen Sie den Status auf 0, um produktiv buchen zu können. Nun dürfen Sie keine Altdaten mehr übernehmen.

Datumsangaben

Außerdem müssen Sie angeben, bis zu welchem Datum Sie gebuchte Abschreibungen mitübernehmen möchten. Hierdurch ermittelt das System, in welcher Periode die nächste Abschreibung zu ermitteln ist. Wählen Sie hierzu zunächst den Customizing-Pfad FINANZWESEN (NEU) • ANLAGENBUCHHALTUNG • DATENÜBERNAHME ANLAGEN • PARAMETER FÜR DIE ÜBERNAHME FINANZWESEN (NEU) • ANLAGENBUCHHAL-

TUNG • DATENÜBERNAHME ANLAGEN • DATUMSANGABEN. Wenn Sie eine Übernahme zum Ende eines Geschäftsjahres vornehmen möchten, verzweigen Sie anschließend zu ÜBERNAHMEDATUM/LETZTESABGESCHL. GESCHÄFTSJAHR FESTLEGEN und tragen dort den Stichtag des beendeten Geschäftsjahres ein. Im Falle einer unterjährigen Übernahme tragen Sie unter PERIODE DER GEBUCHTEN AFA FESTLEGEN oder über die Transaktion OAYC zu Ihrem Buchungskreis je Bewertungsbereich das Geschäftsjahr und die Periode der letzten Abschreibung ein, die noch im Altsystem gebucht wurde und deren Daten somit übernommen werden sollen.

Zeitpunkt des Produktivstarts [+]

Auch das Timing des Produktivstarts will gut vorbereitet sein. Wir empfehlen Ihnen dringendst, einen Produktivstart direkt nach einem Monatsabschluss durchzuführen. Denn auf diese Weise können Sie die Daten bis zur gerade abgeschlossenen Periode übernehmen und die neue Periode komplett in SAP ERP buchen. Tun Sie dies nicht, müssen Sie den nächsten Monatsabschluss teilweise in Ihrem Altsystem und zum Teil in SAP ERP durchführen. Noch einfacher wird es, wenn Sie direkt nach einem Jahresabschluss aufsetzen, da Sie dann weniger Daten übernehmen müssen (die GuV weist zu Jahresbeginn einen Saldo von 0 auf, und auch die Übernahme der Anlagenbestände wird einfacher). In solchen Fällen können Sie die Übernahmewerte in einer Sonderperiode buchen (z. B. Periode 13), um diese deutlich von den Buchungen des Tagesgeschäfts zu trennen.

Außerdem müssen Sie berücksichtigen, dass Ihre Buchhaltung ein paar Tage benötigen wird, um die Buchungsperiode nach dem Ende einer Kalenderperiode zu schließen und die für den Produktivstart benötigten Zahlen zusammenzustellen. Solange die Daten nicht aufbereitet und ins SAP-System übernommen worden sind, können Sie in der neu begonnenen Periode auch nur begrenzt Buchungen in SAP ERP vornehmen. So können Sie z. B. neue Debitoren- und Kreditorenrechnungen erfassen, aber keine Buchungen vornehmen, in denen ein Bezug zu den übernommenen Posten besteht, wie z. B. bei Gutschriften oder Zahlungen.

Reihenfolge der Bewertungsbereiche festlegen

Über den Customizing-Pfad FINANZWESEN (NEU) • ANLAGENBUCHHALTUNG • DATENÜBERNAHME ANLAGEN • REIHENFOLGE DER BEWERTUNGSBEREICHE FESTLEGEN oder über die Transaktion OAYE definieren Sie, in welcher Reihenfolge die Bewertungsbereiche während der Datenübernahme im SAP-System erscheinen sollen. Die Sequenzen im SAP-System und in der Datei mit den Übernahmewerten müssen übereinstimmen.

Abstimmkonten zurücksetzen

Die Anlagenbestandskonten sind als Abstimmkonten definiert. Dies bedeutet, dass diese Konten nur in Verbindung mit Buchungen auf den Anlagen fortgeschrieben werden können. Für die Datenübernahme gilt jedoch die Ausnahme, dass die Anlagenstammdaten zusammen mit den Anlagenwerten übernommen werden. Nun sind aber die übernommenen Anlagenwerte auf den Anlagenkonten nicht sichtbar, so dass Sie diese Werte auf den entsprechenden Konten gesondert buchen müssen. Um dies auf den Bestandskonten, die als Abstimmkonten (Anschaffungs- und Herstellkosten sowie Wertberichtigung) definiert worden sind, zu ermöglichen, müssen Sie diese Konten über den Customizing-Pfad FINANZWESEN (NEU) • ANLAGENBUCHHALTUNG • PRODUKTIONSVORBEREITUNG • PRODUKTIVSTART • ABSTIMMKONTEN SETZEN UND RÜCKSETZEN oder über die Transaktion OAMK durch deren Zurücksetzen als manuell bebuchbare Konten definieren. Denn solange die Konten zurückgesetzt sind, können Sie keine Buchungen in der Anlagenbuchhaltung vornehmen.

UKV in Vorbereitung

Falls Sie das UKV-Ledger nutzen, müssen Sie dieses zunächst auf den Status IN VORBEREITUNG setzen, damit Sie die entsprechenden Funktionsbereiche in den Stammdaten eintragen können. Die entsprechenden Einstellungen erfolgen im Customizing unter FINANZWESEN • GRUNDEINSTELLUNGEN FINANZWESEN • BUCHUNGSKREIS • UMSATZKOSTENVERFAHREN • UMSATZKOSTENVERFAHREN ZUR VORBEREITUNG AKTIVIEREN. Tragen Sie hier nun den Status IN VORBEREITUNG ein. Nach der Übernahme der Stammdaten (noch vor der Übernahme der Bewegungsdaten) müssen Sie das UKV-Ledger vollständig aktivieren (siehe Abschnitt 16.3, »Bewegungsdatenübernahme«).

Einstellungen für die Profit-Center überprüfen

Einstellungen zur Profit-Center-Rechnung

Falls Sie die Profit-Center-Rechnung verwenden und diese auch gleich bei der Datenübernahme mit Werten füllen möchten, sollten Sie zuvor über die Customizing-Transaktion CONTROLLING • PROFIT-CENTER-RECHNUNG • GRUNDEINSTELLUNGEN • EINSTELLUNGEN FÜR DEN KOSTENRECHNUNGSKREIS • EINSTELLUNGEN ANALYSIEREN oder über die Transaktion 1KE1 die folgenden Einstellungen prüfen:

- Ist das Steuerungskennzeichen für das letzte abgeschlossene Geschäftsjahr aktiv? Wenn Sie eine Eröffnungsbilanz für Bilanzkonten übernehmen möchten, müssen Sie diese ins Vorjahr buchen.

- Wurde ein Dummy-Profit-Center angelegt? Denn ohne Dummy-Profit-Center finden keine Buchungen in der Profit-Center-Rechnung statt.
- Sind die Steuerungseinträge für die Ist-Buchungen aktiviert? Nur wenn diese Einstellung vorgenommen worden ist, werden Belege online in die Profit-Center-Rechnung durchgebucht.

Default-Kreditlimit im Kreditmanagement überprüfen

Sofern Sie das Kreditmanagement einsetzen, überprüfen Sie im Customizing unter Unternehmensstruktur • Definition • Finanzwesen • Kreditkontrollbereich definieren noch einmal, welche Default-Einstellungen Sie zum Kreditlimit und zur Risikoklasse vorgenommen haben. Beachten Sie, dass diese Default-Einstellungen bei allen neu angelegten Stammsätzen zum Kreditmanagement automatisch gesetzt werden.

Nachdem Sie alle genannten Vorbereitungen im Customizing getroffen haben, können Sie dazu übergehen, die Stammdaten anzulegen, sofern dies noch nicht geschehen ist.

16.2 Stammdatenübernahme

Bevor Sie damit beginnen können, Bewegungsdaten zu übernehmen, benötigen Sie eine Reihe von Stammdaten. Sofern Sie diese nicht manuell anlegen möchten, stehen Ihnen hierzu automatische Verfahren zur Verfügung, die wir Ihnen in Abschnitt 16.4, »Werkzeuge zur Datenübernahme«, vorstellen.

Sachkonten prüfen

Prüfen Sie zunächst die Einstellungen Ihrer Sachkonten; in allen Buchungskreisen müssen die relevanten Sachkonten des entsprechenden Kontenplans vorhanden sein. Zum Anlegen von Sachkonten können Sie den Report RFBISA00 in Verbindung mit der Datenübernahme-Workbench nutzen (siehe Abschnitt 16.4). Falls Sie an einem Rollout-Projekt arbeiten, ist es von Vorteil, wenn Sie für alle beteiligten Buchungskreise denselben Kontenplan verwenden. Denn dann müssen Sie das A-Segment der Sachkonten – die Kontenplandaten – nur einmal erstellen. Die B-Segmente mit den Buchungskreisdaten legen Sie hingegen für jeden Buchungskreis gesondert an.

[+]

Einstellungen der Sachkonten bei Rollout-Projekten prüfen

Überprüfen Sie im Rahmen von Rollout-Projekten die Einstellungen der Sachkonten. Denn es kann beispielsweise sein, dass ein Konto in allen bisher aktiven Buchungskreisen als Abstimmkonto angelegt ist, in einem neuen Buchungskreis aus diversen Gründen jedoch manuell bebuchbar sein soll.

Auch werden in Deutschland z. B. die Preisdifferenzenkonten zu den Materialbeständen als GuV-Konten (Kostenkonten) angelegt. In einigen Ländern wie z. B. Polen müssen Preisdifferenzkonten hingegen als Bilanzkonten definiert werden.

Zusätzlich zu den Sachkonten, auf die Sie im Produktivbetrieb buchen möchten, benötigen Sie für die Datenübernahme ein oder mehrere spezielle Sachkonten. Denn für jede Übernahmebuchung (z. B. auf das Konto »Offene Posten Debitoren«) benötigen Sie ein Sachkonto für die Gegenbuchung. So könnten Sie z. B. für die offenen Posten der Debitoren, der Kreditoren und für die Übernahme der Bilanz jeweils ein separates Sachkonto anlegen. Wenn Sie die Datenübernahme abgeschlossen haben, ergibt die Summe der Übernahmekonten 0. Diese Konten ordnen Sie nun in der Bilanz- und GuV-Struktur der Position »Nicht zugeordnete Konten« zu.

Kostenarten anlegen

Kostenarten können Sie automatisch erstellen. Hierzu verwenden Sie den Customizing-Pfad CONTROLLING • KOSTENARTENRECHNUNG • PRIMÄRE UND SEKUNDÄRE KOSTENARTEN MASCHINELL ANLEGEN • VOREINSTELLUNG VORNEHMEN oder die Transaktion OKB2. Geben Sie hier alle Kostenarten, die Sie im betreffenden Kostenrechnungskreis anlegen möchten, und den Kostenartentyp an. Für die primären Kostenarten können Sie den Typ für ganze Intervalle vorgeben, und sekundäre Kostenarten müssen Sie einzeln behandeln (siehe Abbildung 16.1).

Im nächsten Customizing-Schritt erzeugen Sie, basierend auf Ihren Vorgaben, eine Batch-Input-Mappe zu einem Kostenrechnungskreis mit einem Start- und Endedatum für die Gültigkeit aller anzulegenden Kostenarten (siehe Abbildung 16.2). Anschließend spielen Sie diese Mappe ab, um die Kostenarten anzulegen. In einem Rollout-Projekt ersparen Sie sich an dieser Stelle ein Stück Arbeit, wenn Sie mit nur einem Kostenrechnungskreis für alle Buchungskreise arbeiten. Denn auf diese Weise müssen Sie die Kostenarten nur einmal anlegen.

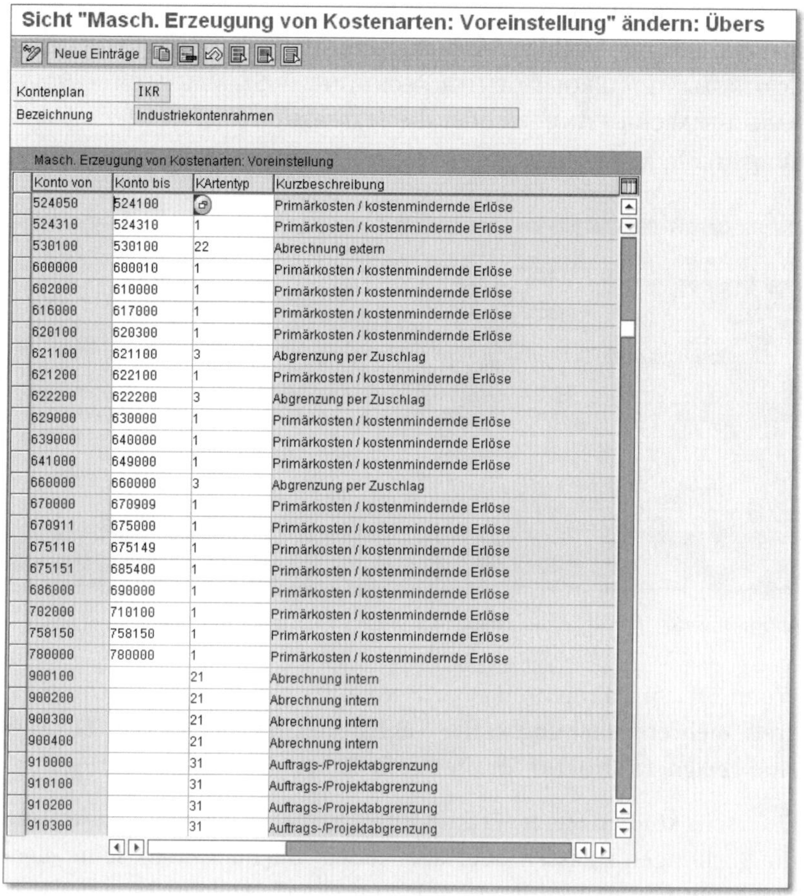

Sicht "Masch. Erzeugung von Kostenarten: Voreinstellung" ändern: Übers

Neue Einträge

Kontenplan IKR

Bezeichnung Industriekontenrahmen

Masch. Erzeugung von Kostenarten: Voreinstellung

Konto von	Konto bis	KArtentyp	Kurzbeschreibung
524050	524100		Primärkosten / kostenmindernde Erlöse
524310	524310	1	Primärkosten / kostenmindernde Erlöse
530100	530100	22	Abrechnung extern
600000	600010	1	Primärkosten / kostenmindernde Erlöse
602000	610000	1	Primärkosten / kostenmindernde Erlöse
616000	617000	1	Primärkosten / kostenmindernde Erlöse
620100	620300	1	Primärkosten / kostenmindernde Erlöse
621100	621100	3	Abgrenzung per Zuschlag
621200	622100	1	Primärkosten / kostenmindernde Erlöse
622200	622200	3	Abgrenzung per Zuschlag
629000	630000	1	Primärkosten / kostenmindernde Erlöse
639000	640000	1	Primärkosten / kostenmindernde Erlöse
641000	649000	1	Primärkosten / kostenmindernde Erlöse
660000	660000	3	Abgrenzung per Zuschlag
670000	670909	1	Primärkosten / kostenmindernde Erlöse
670911	675000	1	Primärkosten / kostenmindernde Erlöse
675110	675149	1	Primärkosten / kostenmindernde Erlöse
675151	685400	1	Primärkosten / kostenmindernde Erlöse
686000	690000	1	Primärkosten / kostenmindernde Erlöse
702000	710100	1	Primärkosten / kostenmindernde Erlöse
758150	758150	1	Primärkosten / kostenmindernde Erlöse
780000	780000	1	Primärkosten / kostenmindernde Erlöse
900100		21	Abrechnung intern
900200		21	Abrechnung intern
900300		21	Abrechnung intern
900400		21	Abrechnung intern
910000		31	Auftrags-/Projektabgrenzung
910100		31	Auftrags-/Projektabgrenzung
910200		31	Auftrags-/Projektabgrenzung
910300		31	Auftrags-/Projektabgrenzung

Abbildung 16.1 Kostenarten anlegen – Voreinstellung

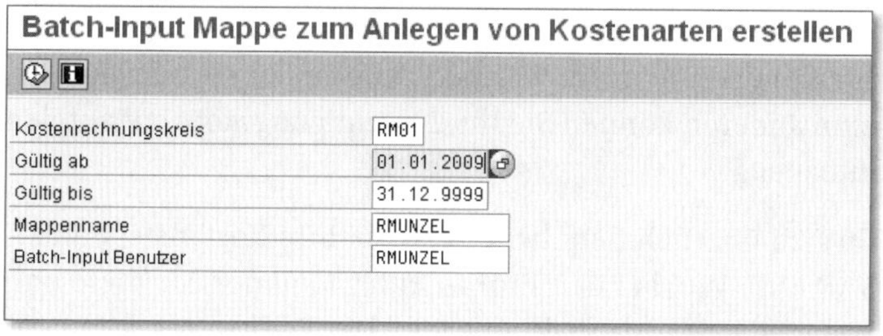

Abbildung 16.2 Erstellen einer Batch-Input-Mappe zum Erzeugen von Kostenarten

Profit-Center-Hierarchie anlegen

Sofern Sie Profit-Center einsetzen, müssen Sie diese zunächst anlegen, bevor Sie Ihre Kostenstellen anlegen können. Sie können Ihre Profit-Center-Hierarchie und die Profit-Center maschinell anlegen (siehe Abschnitt 16.4, »Werkzeuge zur Datenübernahme«) oder manuell pflegen. Wählen Sie hierzu im Anwendungsmenü den Pfad Controlling • Profit-Center-Rechnung • Stammdaten • Standardhierarchie • Ändern oder die Transaktion KCH5N (siehe Abbildung 16.3).

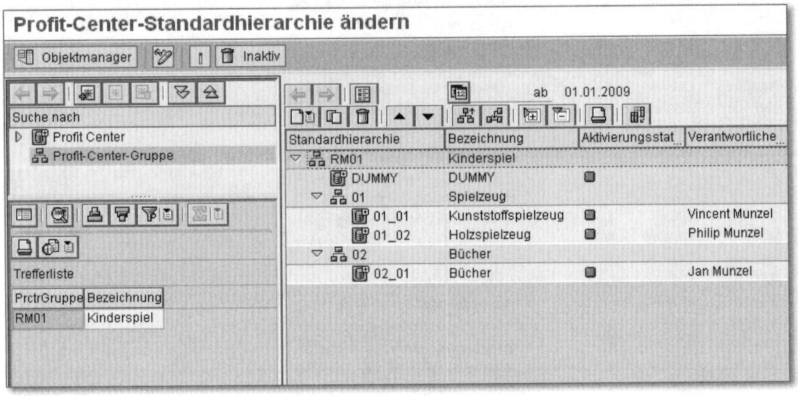

Abbildung 16.3 Profit-Center-Hierarchie pflegen

Wenn Sie im Rahmen eines SAP-Rollouts einem Kostenrechnungskreis mehrere Buchungskreise zugeordnet haben, müssen Sie sich eine geeignete Struktur für die Profit-Center-Hierarchie überlegen.

Einerseits können Sie die Profit-Center in mehreren Buchungskreisen für Buchungen zulassen oder aber jedem Buchungskreis seine eigenen Profit-Center zuordnen. Im letzteren Falle sollten Sie in der Hierarchie jeweils einen Teilbaum je Buchungskreis anlegen und außerdem die Namen der Profit-Center-Präfixe voranstellen, anhand derer die Buchungskreise erkennbar sind. So ist es für die Buchhalter zum einen leichter zu erkennen, auf welche Profit-Center sie buchen können, und zum anderen können Sie Ihr Berechtigungskonzept auf den Präfixen aufbauen.

Kostenstellenhierarchie anlegen

Um Ihre GuV zu übernehmen, benötigen Sie Ihre Kostenstellenhierarchie in SAP ERP. Wie bei den Profit-Centern können Sie diese entweder maschinell oder manuell anlegen. Die Pflegetransaktion für die Kostenstellen erreichen Sie im Anwendungsmenü über den Pfad Controlling • Kostenstellenrechnung • Stammdaten • Standardhierarchie • Ändern oder über die Transaktion OKEON. Die Pflegetransaktion sieht nahezu identisch aus wie bei der Pflege der Profit-Center. Darüber hinaus gelten die gleichen Empfehlungen wie bei der Profit-Center-Hierarchie hinsichtlich der Struktur und der Präfixe.

Anfangsdaten für den Gültigkeitszeitraum der Profit-Center und Kostenstellen [+]

Beachten Sie die Anfangsdaten für den Gültigkeitszeitraum der Profit-Center und Kostenstellen: Wenn Sie eine Kostenstelle einem Profit-Center zuordnen, muss das Profit-Center mindestens genauso lange gültig sein wie die entsprechende Kostenstelle. Sofern Sie die Bilanzdaten aus dem Vorjahr übernehmen, sollten Sie außerdem den Gültigkeitszeitraum der Profit-Center mindestens schon im Vorjahr beginnen lassen.

Übernahme von Debitoren

Für die Übernahme Ihrer offenen Forderungen müssen Sie zunächst die Debitoren im SAP-System anlegen. Idealerweise sollten Sie vorher eine Bereinigung der Daten aus Ihrem Altsystem vornehmen. So ist es beispielsweise sinnvoll, Duplikate zu bereinigen und nur die Debitoren zu übernehmen, mit denen Sie in letzter Zeit (z. B. in den letzten zwei Jahren) Geschäfte getätigt haben. Beachten Sie, dass die Debitorenstammdaten aus verschiedenen Teilen bestehen: aus dem A-Segment, das allgemeine Informationen wie z. B. Adressen enthält, aus den Buchungskreisdaten (relevant für die Finanzbuchhaltung), aus den Vertriebsbereichsdaten (relevant für den Vertrieb) und den Kreditmanagementdaten. Das Anlegen der Debitorenstammdaten sollte in enger Abstimmung zwischen Vertrieb und Finanzbuchhaltung erfolgen, um Dateninkonsistenzen zu vermeiden. Aufgrund des großen Datenvolumens legen Sie die Debitorenstammdaten in der Regel maschinell an.

Alte Kontonummer in den aktuellen Stammdaten [+]

Denken Sie daran, dass Sie Ihre Debitorennummern aus dem Altsystem wiederfinden müssen. Dafür steht Ihnen in der Buchungskreissicht das Feld Alte Kontonummer zur Verfügung.

Übernahme von Kreditoren

Für die Übernahme der Kreditorenstammdaten gilt das Gleiche wie für die Übernahme der Debitorenstammdaten: Auch die Kreditorenstammdaten sind in unterschiedliche Segmente aufgeteilt, und die Finanzbuchhaltung sollte sich mit dem Einkauf hinsichtlich des Anlegens der Stammdaten abstimmen.

Übernahme von Anlagen

Für die Übernahme der Anlagen stehen Ihnen Übernahmeprogramme zur Verfügung, die in einem Arbeitsschritt nicht nur die

Stammdaten (Anlagenklasse, Beschreibung, Zuordnung zur Kostenstelle usw.), sondern auch die Bewegungsdaten (Anschaffungswerte, kumulierte Abschreibung usw.) übernehmen. Wenn Sie Anlagenstammsätze manuell anlegen, wählen Sie den Customizing-Pfad Finanzwesen (neu) • Anlagenbuchhaltung • Datenübernahme Anlagen • Manuelle Übernahme im Dialog • Altanlage anlegen/ändern/anzeigen oder die Transaktion AS91. Über diese Transaktion legen Sie zunächst die Stammdaten einer Anlage an und übernehmen dann über den Button Übernahmewerte die Bewegungsdaten. Dabei müssen Sie die relevanten Werte für alle echten Bewertungsbereiche eintragen (siehe Abbildung 16.4). Allerdings werden die übernommenen Anlagenwerte nicht auf den Sachkonten fortgeschrieben; die Werte auf den Anlagenkonten müssen Sie somit separat buchen (siehe Abschnitt 16.3, »Bewegungsdatenübernahme«).

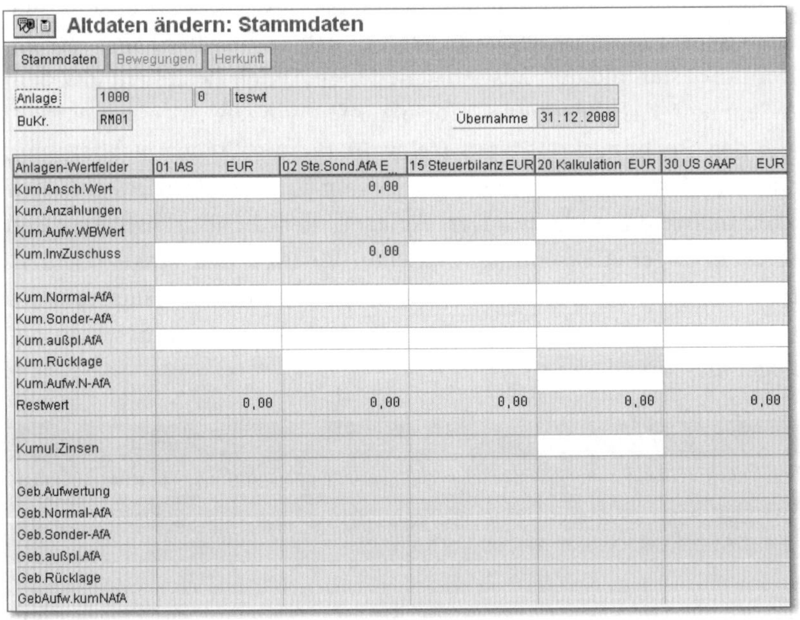

Abbildung 16.4 Übernahme von Anlagenbewegungsdaten

16.3 Bewegungsdatenübernahme

Wenn Sie alle benötigten Stammdaten ins SAP-System geladen haben, können Sie mit der Übernahme der Bewegungsdaten beginnen. Zuvor müssen Sie allerdings noch die folgenden Systemeinstellungen vornehmen:

UKV aktivieren

Sofern Sie das UKV nutzen, müssen Sie es aktiv schalten, damit für Ihre Buchungen ein Funktionsbereich ermittelt wird. Setzen Sie hierzu im Customizing unter FINANZWESEN • GRUNDEINSTELLUNGEN FINANZWESEN • BUCHUNGSKREIS • UMSATZKOSTENVERFAHREN • UMSATZKOSTENVERFAHREN AKTIVIEREN das Kennzeichen AKTIV für Ihren Buchungskreis.

Buchungsperioden öffnen

Öffnen Sie nun die Buchungsperioden für den Zeitraum, für den Sie Ihre Buchungen übernehmen möchten. Hierzu wählen Sie im Anwendungsmenü den Pfad RECHNUNGSWESEN • FINANZWESEN • HAUPTBUCH • UMFELD • LFD. EINSTELLUNGEN • BUCHUNGSPERIODEN ÖFFNEN UND SCHLIESSEN oder die Transaktion S_ALR_87003642. Weitere Informationen zu den Buchungsperioden finden Sie in Abschnitt 5.2.6, »Periodische Arbeiten/Abschlussarbeiten«.

Zur Übernahme der Bewegungsdaten verwenden Sie dieselben Tools wie für die Stammdatenübernahme, die wir in Abschnitt 16.4, »Werkzeuge zur Datenübernahme«, näher erläutern. Im Finanzwesen übernehmen Sie in der Regel die folgenden Daten:

Kreditlimits übernehmen

Sofern Sie nicht für jeden Debitor das Vorschlagskreditlimit aus dem Kreditkontrollbereich ansetzen möchten, müssen Sie für jeden Debitor sein individuelles Kreditlimit eintragen. Falls Sie für die Datenübernahmewerkzeuge eine eigene Batch-Input-Mappe erstellen möchten, wählen Sie für die Pflege der Kreditlimits im Anwendungsmenü den Menüpfad RECHNUNGSWESEN • FINANZWESEN • DEBITOREN • KREDITMANAGEMENT • STAMMDATEN • ÄNDERN oder die Transaktion FD32.

[+]

Pflege von Kredit- und Gesamtlimit

Wenn Sie Ihre Debitoren in mehr als einem Kreditkontrollbereich anlegen, müssen Sie zusätzlich zum individuellen Kreditlimit das Gesamtlimit pflegen.

Offene Debitorenposten übernehmen

Die offenen Debitorenposten buchen Sie einzeln als reine FI-Belege auf die Debitoren. Als Gegenkonto verwenden Sie ein Übernahmekonto, das nicht in der Bilanz auftaucht und zum Ende der Datenübernahme einen Saldo von 0 ausweisen muss. Beim Buchen der Belege müssen Sie jeweils unterscheiden, ob es sich um eine Rechnung, Lastschrift, Gutschrift, Zahlung usw. oder um eine Buchung mit Sonderhauptbuchkennzeichen handelt. Denn hiervon hängt es ab, welche Buchungsschlüssel Sie für die jeweilige Debitorenposition auswählen, welche Sonderhauptbuchkennzeichen Sie eintragen usw. Um die Fälligkeiten der Belege korrekt zu übernehmen, schreiben Sie deren Fälligkeitsdatum in das Basisdatum und tragen dort eine Zahlungsbedingung ein, die sofort fällig ist. Falls Sie die Belegaufteilung im neuen Hauptbuch oder die Profit-Center-Rechnung im klassischen Hauptbuch verwenden, tragen Sie die Aufteilungsmerkmale bzw. das Profit-Center der Gegenbuchung auf dem Übernahmekonto ein. Zum Aufzeichnen einer Batch-Input-Mappe verwenden Sie die Transaktion F-02 für das klassisch Hauptbuch oder im Anwendungsmenü den Pfad Rechnungswesen • Finanzwesen • Hauptbuch • Buchung • Allgemeine Buchung oder die Transaktion FB01L für das neue Hauptbuch bzw. im Anwendungsmenü den Pfad Rechnungswesen • Finanzwesen • Hauptbuch • Buchung • Allgemeine Buchung für Ledger-Gruppe erfassen.

Offene Kreditorenposten übernehmen

Für die Übernahme der offenen Kreditorenposten gilt die gleiche Vorgehensweise wie bei der Übernahme der offenen Posten für die Debitoren.

GuV übernehmen

Dieser Schritt entfällt, wenn Sie Ihren Produktivstart nach der Durchführung des Jahresabschlusses durchführen. Bei der unterjährigen Übernahme transferieren Sie die kumulierten Salden des laufenden Geschäftsjahres Ihrer GuV-Konten, indem Sie sie analog zu den offenen Posten gegen ein Übernahmekonto buchen. Beachten Sie, dass Sie die Salden zuvor auf Kostenstellen bzw. andere Kontierungsobjekte wie Projekte oder Innenaufträge aufteilen und erst bei deren Übernahme gegen diese Controllingobjekte buchen. Falls Sie nur wenige GuV-Konten verwenden, können Sie die Übernahme auch manuell durchführen. Ansonsten können Sie für diesen Schritt die Werkzeuge zur Datenübernahme nutzen.

Bilanz übernehmen

Wie bei der Übernahme der GuV buchen Sie die kumulierten Salden Ihrer Bilanzkonten gegen ein Übernahmekonto. Sofern Sie die Belegaufteilung bzw. die Profit-Center-Rechnung nutzen, sollten Sie Ihre Bilanzkonten bereits vor der Übernahme entsprechend aufteilen und die Salden je Profit-Center, Segment usw. übernehmen. Beachten Sie außerdem, dass die im Folgenden aufgeführten Konten bereits an anderer Stelle übernommen worden sind und sie daher in diesem

Schritt nicht noch einmal bebucht werden dürfen, um doppelte Werte zu vermeiden:

- **Forderungen und Verbindlichkeiten**
  Bei der Übernahme der offenen Debitoren- und Kreditorenposten haben Sie bereits die Abstimmkonten bebucht.
- **Anlagenbestände**
  Die Anlagenwerte auf den Anlagenbestandskonten buchen Sie als Salden über den Customizing-Pfad FINANZWESEN (NEU) • ANLAGENBUCHHALTUNG • PRODUKTIONSVORBEREITUNG • PRODUKTIVSTART • SALDENÜBERNAHME DURCHFÜHREN. Bevor Sie die Buchungen starten, müssen Sie allerdings erst die Anlagenabstimmkonten zurücksetzen.
- **Materialbestände**
  Sofern Sie die Materialwirtschaft in SAP ERP einsetzen, müssen Sie Ihre Bestände nicht nur wert-, sondern auch mengenmäßig übernehmen. In der Regel verwenden Sie hierzu eine Transaktion (z. B. die Transaktion MB11) in der Materialwirtschaft, um die gesamten Bestände einzubuchen. Dabei werden auch die Materialbestandskonten automatisch mitbebucht, so dass Sie sie nicht mehr manuell bebuchen müssen.

16.4 Werkzeuge zur Datenübernahme

Um alle in SAP ERP verfügbaren Methoden zur Datenübernahme zu beschreiben, könnte man ein ganzes Buch füllen. Das wichtigste Werkzeug, die *Legacy System Migration Workbench* (LSMW), ist jedoch auch ohne detailliertere Kenntnisse über BAPIs oder Programmierung von Einsteigern nutzbar. Daher zeigen wir Ihnen in diesem Abschnitt in kompakter Form, wie Sie mit der LSMW Daten migrieren können, ohne näher auf die zugrunde liegende Technologie oder auf fortgeschrittene Techniken eingehen zu müssen.

16.4.1 Überblick über die LSMW

LSMW

In der LSMW organisieren Sie Ihre Datenübernahmeroutinen und die Daten anhand von Projekten, die aus einem oder mehreren Teilprojekten bestehen, die wiederum ein oder mehrere *Objekte* enthalten. Ein Objekt enthält alle Schritte und Übernahmedaten, die z. B.

zum Anlegen eines Sachkontos oder zum Buchen von offenen Posten notwendig sind. Diese Strukturierung erlaubt es Ihnen, Ihre Datenübernahme organisatorisch, zeitlich oder auch logisch so aufzuteilen, dass Sie es Ihnen leichter fällt, den Überblick über Ihre eigenen Migrationswerkzeuge und deren Verwendungszweck zu wahren.

[zB]

Projekt »Finanzbuchhaltung« zur Stamm- und Bewegungsdatenübernahme

Beispielsweise können Sie ein Projekt »Finanzbuchhaltung« mit den Teilprojekten »Stammdaten« und »Bewegungsdaten« anlegen. Ihre Objekte »Anlegen Sachkonto« und »Buchen offene Posten« ordnen Sie entsprechend den Stammdaten bzw. den Bewegungsdaten zu.

Die LSMW erreichen Sie über die Transaktion LSMW. Im Einstiegsbildschirm wählen Sie ein bereits existierendes Projekt mit Teilprojekt und Objekt aus, oder Sie legen ein neues Projekt an (siehe Abbildung 16.5).

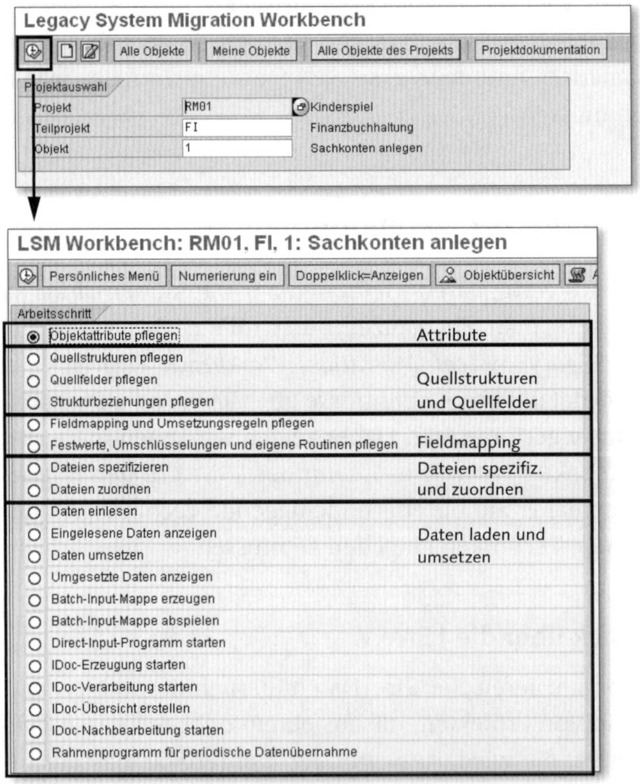

Abbildung 16.5 Einstieg in die LSMW

Nun gelangen Sie in das Pflegemenü für ein Objekt, das im Wesentlichen die folgenden Einstellungen umfasst:

- **Attribute**
  In diesem Arbeitsschritt legen Sie fest, mit welcher Methode Sie die Daten übernehmen möchten. Zur Verfügung stehen Ihnen Standard-Batch-Inputs (SAP-Standardprogramme zum Erzeugen von Batch-Input-Mappen), Business Objects (SAP-Standardprogramme zum direkten Verbuchen von Daten), IDocs (zur Übernahme von Daten aus anderen SAP-Systemen) sowie die Batch-Input-Aufzeichnung (zum Aufzeichnen von eigenen Batch-Input-Mappen).
- **Quellstrukturen und Quellfelder**
  An dieser Stelle legen Sie fest, welche Quellfelder Ihre Übernahmedatei enthalten soll.
- **Fieldmapping und Umsetzungsregeln**
  In diesem Arbeitsschritt bestimmen Sie, wie die Übernahmefelder der verwendeten Methode gefüllt werden sollen: aus den Quellfeldern, mit daraus abgeleiteten Werten oder mit Fixwerten.
- **Dateien spezifizieren und zuordnen**
  Über diese Einstellungen bestimmen Sie, aus welcher Datei Sie die Daten lesen möchten und wie diese aufgebaut ist (z. B. ob die Werte durch Tabstopps oder Kommata getrennt sind, ob sie eine Überschrift enthalten usw.)
- **Daten laden und umsetzen**
  Schließlich können Sie in mehreren Einzelschritten Ihre Daten laden und überprüfen. Im Anschluss daran setzen Sie die Daten um, wenden also die Einstellungen zum Fieldmapping und die Umsetzungsregeln an. Im letzten Schritt erstellen Sie in Abhängigkeit vom gewählten Objekttyp eine Batch-Input- bzw. eine Direct-Input-Mappe oder ein IDoc.

Um die Datenmigration mit der LSMW durchzuführen, gehen Sie alle relevanten Punkte des Objektpflegemenüs der Reihe nach durch. Im Folgenden beschreiben wir, was dort im Einzelnen zu tun ist.

16.4.2 Attribute pflegen

Attribute

Wenn Sie vom Objektpflegemenü aus einen Doppelklick auf den Menüpunkt OBJEKTATTRIBUTE PFLEGEN vornehmen, können Sie festlegen, wie häufig Sie die Daten übernehmen (einmalig oder periodisch) und mit welcher Importtechnik Sie die Daten laden möchten (siehe Abbildung 16.6).

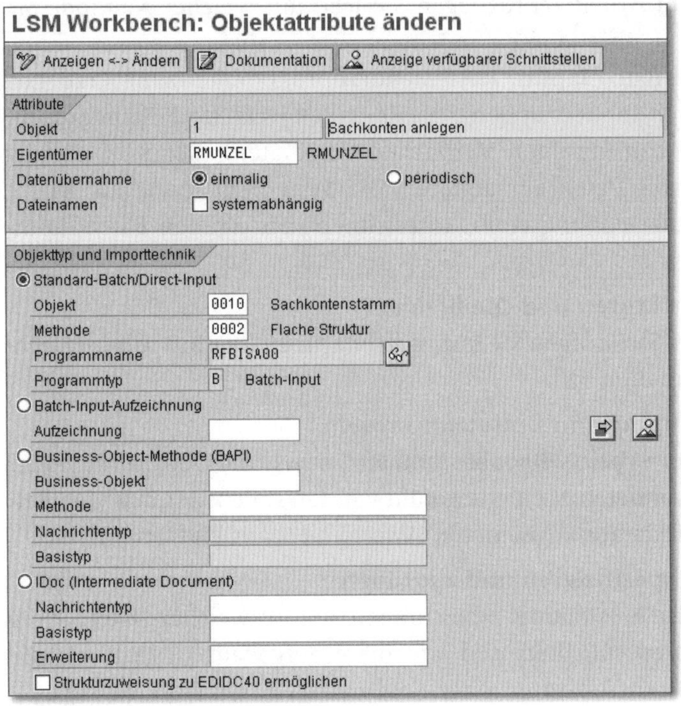

Abbildung 16.6 Objektattribute pflegen

Übernahmeprogramme für Finanzbuchhaltung

Für die Übernahme von Daten der Finanzbuchhaltung betrachten wir an dieser Stelle nur die beiden ersten Importtechniken (Standard-Batch/Direct-Input und Batch-Input-Aufzeichnung), da sie einfacher in der Handhabung sind. Unter STANDARD-BATCH/DIRECT-INPUT können Sie über das Feld OBJEKT eines der bereits vorgegebenen SAP-Standardprogramme auswählen, z. B. zum Anlegen von Sachkonten oder von Lieferantenstammdaten. Für die Datenmigration in der Finanzbuchhaltung sind die folgenden Objekte relevant:

- 0010 – Sachkontenstamm (Programm RFBISA00)
- 0040 – Lieferantenstamm (Programm RFBIKR00)
- 0050 – Kundenstamm (Programm RFBIDE00)
- 0100 – Erstellen von Buchhaltungsbelegen (Programm RFBIBL00)
- 0160 – Anlagen (Programm RAALTD01)

Falls Sie kein Standardprogramm finden, das Ihren Anforderungen genügt, können Sie mit der Batch-Input-Aufzeichnung eine eigene Batch-Input-Mappe aufnehmen.

Änderungen in der Transaktion LSMW [+]

Alle Pflegetransaktionen in der LSMW stehen zunächst standardmäßig im Anzeigemodus. Um die Einstellungen ändern zu können, müssen Sie in jedem Schritt als Erstes auf den Button ANZEIGEN <-> ÄNDERN klicken.

Wenn Sie die passende Importtechnik ausgewählt haben, speichern Sie Ihre Einträge und gehen dann zurück zum Objektpflegemenü.

16.4.3 Quellstrukturen und Quellfelder

Quellstrukturen

Als Nächstes legen Sie eine Quellstruktur an. Diese legt fest, welche externe Daten Sie übernehmen möchten und in welchem Format sie vorliegen. Im Menüpunkt QUELLSTRUKTUREN PFLEGEN erstellen Sie zunächst nur die Quellstruktur. Hierzu klicken Sie auf den Button ANLEGEN STRUKTUR und geben anschließend einen Strukturnamen und eine Beschreibung ein (siehe Abbildung 16.7).

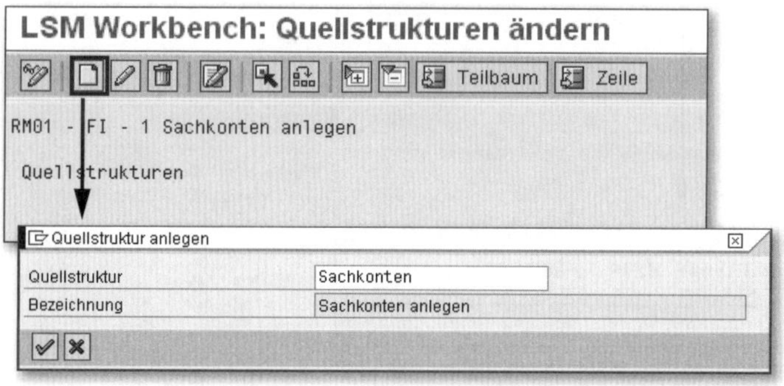

Abbildung 16.7 Quellstruktur anlegen

Quellfelder

Im Menüpunkt QUELLFELDER PFLEGEN legen Sie nun zu Ihrer Quellstruktur alle Felder an, die Sie aus einem externen System hochladen möchten. Wenn Sie ein SAP-Standardprogramm für die Datenübernahme verwenden, müssen Sie zunächst einmal wissen, welche Felder das Programm überhaupt verarbeiten kann und welchen Datentyp (Zahl, Text, Währung usw.) sie haben. Einen Weg, um dies herauszufinden, stellen wir im Folgenden dar:

1. Rufen Sie die Transaktion SXDA_TOOLS auf, und geben Sie im Feld PROGRAMM das Übernahmeprogramm an, das Sie verwenden möchten. Im Feld PROGRAMMTYP wählen Sie nun die gewünschte Verarbeitungsart (BINP für Batch-Input und DINP für Direct-Input) und unter OBJEKTTYP die folgenden Einträge aus:
   - BUS3006 für Sachkontenstammsätze
   - LFA1 für Lieferantenstammsätze
   - KNA1 für Kundenstammsätze
   - BKPF für Buchhaltungsbelege
   - BUS102 für Anlagen
2. Wählen Sie nun den Menüpfad SPRINGEN • MAPPINGPLAN aus (siehe Abbildung 16.8).

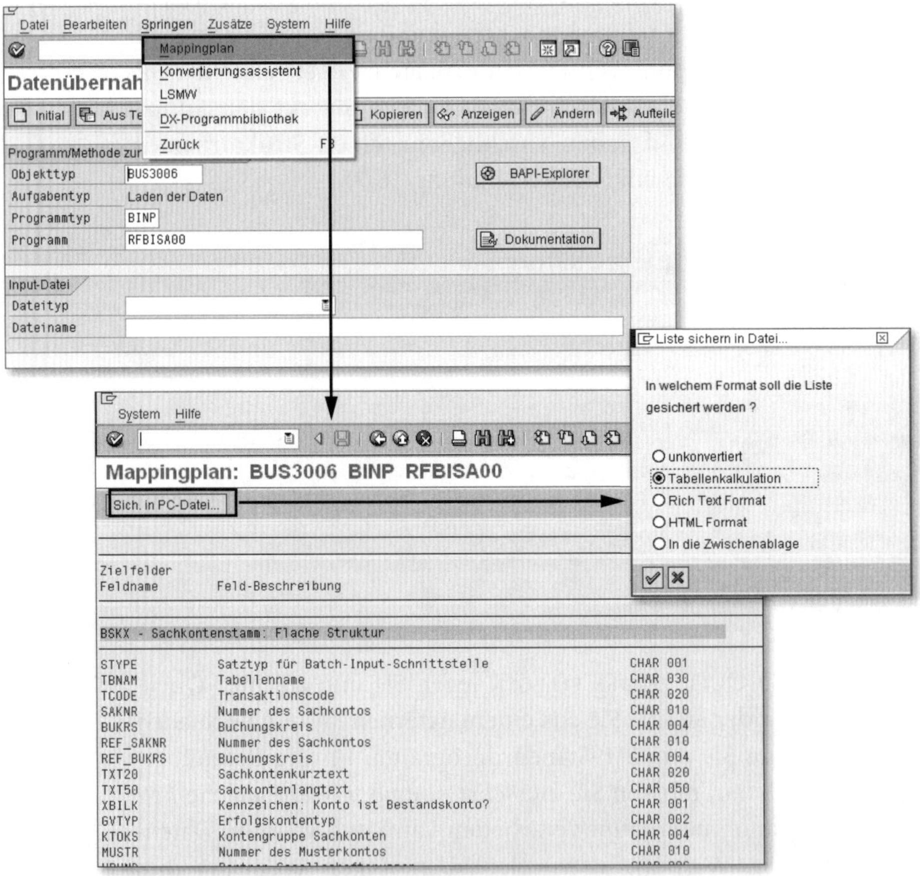

Abbildung 16.8 Mappingplan auf den PC herunterladen

Das SAP-System zeigt Ihnen nun alle Felder an, die das Übernahmeprogramm verarbeiten kann, inklusive Feldbezeichnung, Datentyp (z. B. CHAR für Text) und maximaler Feldlänge (die Zahl in der letzten Spalte). Ihre Mappingdefinition können Sie in einer Microsoft Excel-Datei speichern, indem Sie auf den Button SICH. IN PC-DATEI klicken. Das SAP-System fragt Sie nun nach einem Dateiformat, und Sie entscheiden sich hier für die Option TABELLENKALKULATION. Anschließend geben Sie noch einen Dateinamen und einen Pfad an, um Ihre Tabelle zu speichern. Öffnen Sie nun die Datei auf Ihrem PC, um sie zu überprüfen (siehe Abbildung 16.9).

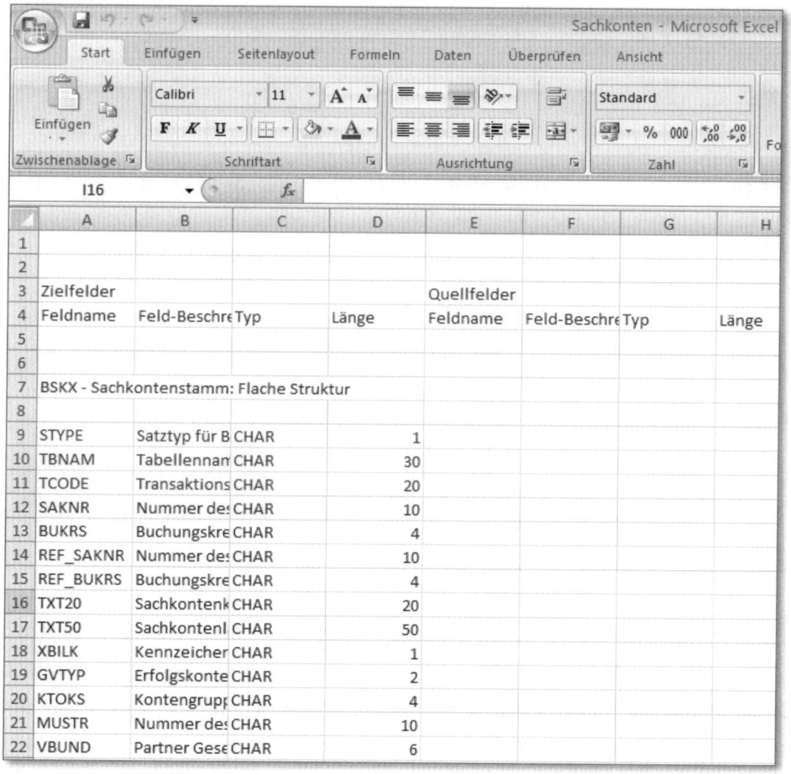

	A	B	C	D	E	F	G	H
1								
2								
3	Zielfelder				Quellfelder			
4	Feldname	Feld-Beschre	Typ	Länge	Feldname	Feld-Beschre	Typ	Länge
5								
6								
7	BSKX - Sachkontenstamm: Flache Struktur							
8								
9	STYPE	Satztyp für B	CHAR	1				
10	TBNAM	Tabellennan	CHAR	30				
11	TCODE	Transaktions	CHAR	20				
12	SAKNR	Nummer de:	CHAR	10				
13	BUKRS	Buchungskre	CHAR	4				
14	REF_SAKNR	Nummer de:	CHAR	10				
15	REF_BUKRS	Buchungskre	CHAR	4				
16	TXT20	Sachkontenk	CHAR	20				
17	TXT50	Sachkontenl	CHAR	50				
18	XBILK	Kennzeicher	CHAR	1				
19	GVTYP	Erfolgskonte	CHAR	2				
20	KTOKS	Kontengrupp	CHAR	4				
21	MUSTR	Nummer de:	CHAR	10				
22	VBUND	Partner Gese	CHAR	6				

Abbildung 16.9 Mappingtabelle in Microsoft Excel

Löschen Sie aus der Mappingtabelle die ersten acht Zeilen, so dass die erste Zeile der Datei die erste Felddefinition enthält, also in unserem Beispiel STYPE. Auch benötigen Sie in diesem konkreten Beispiel die ersten beiden Felder STYP und TBNAM nicht, weil sie bereits im Übernahmeprogramm vorbelegt sind; löschen Sie sie also auch heraus, und speichern Sie anschließend die Datei.

Quellfelder aus der Datei übernehmen

Gehen Sie nun zurück zur LSMW, und rufen Sie im Objektpflegemenü den Punkt QUELLFELDER PFLEGEN auf. Setzen Sie den Cursor auf Ihre Quellstruktur, schalten Sie in den Änderungsmodus, und klicken Sie anschließend auf den Button KOPIEREN FELDER (siehe Abbildung 16.10).

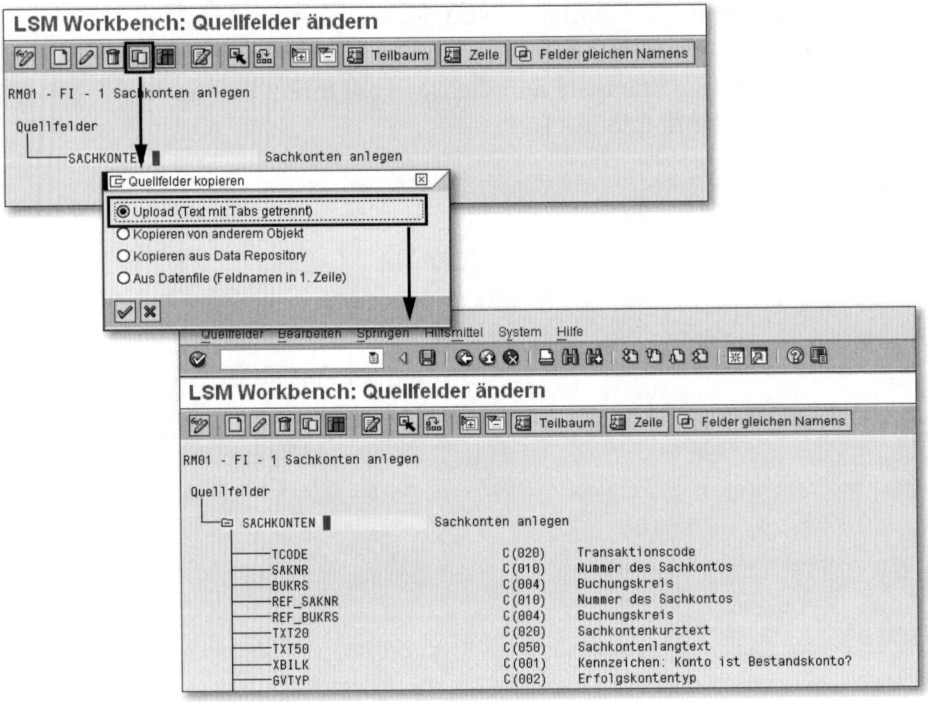

Abbildung 16.10 Quellfelder aus Datei kopieren

Wählen Sie nun die Option UPLOAD (TEXT MIT TABS GETRENNT), und öffnen Sie die Microsoft Excel-Datei, die Sie zuvor gesichert haben (Sie müssen die Datei erst in Microsoft Excel schließen, bevor Sie sie hochladen können). Nun kopiert das SAP-System die Quellfelder aus der Datei. Speichern Sie Ihre Einträge, und kehren Sie zurück zum Objektpflegemenü.

Strukturbeziehungen

Im nächsten Menüpunkt STRUKTURBEZIEHUNGEN PFLEGEN ordnen Sie Ihre Übernahmestruktur dem Migrationsobjekt zu. Wenn Sie diese Transaktion starten, müssen Sie lediglich in den Änderungsmodus umschalten, und das SAP-System schlägt automatisch Ihre Übernahmestruktur vor (siehe Abbildung 16.11); sichern Sie abschließend Ihren Eintrag.

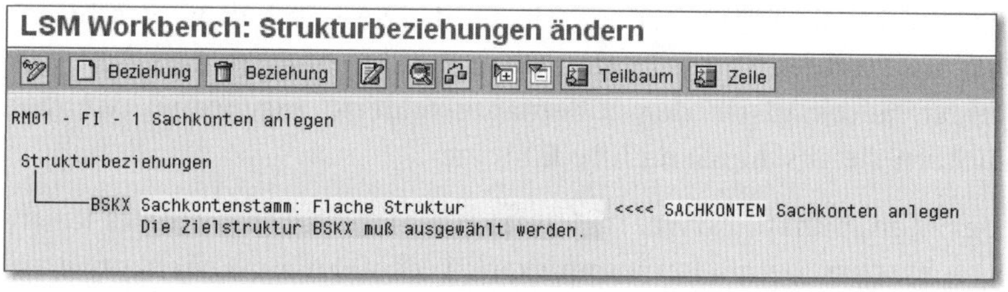

Abbildung 16.11 Strukturbeziehungen pflegen

16.4.4 Fieldmapping und Umsetzungsregeln

Fieldmapping

Im nächsten Schritt FIELDMAPPING UND UMSETZUNGSREGELN PFLEGEN ordnen Sie den Feldern des Übernahmeprogramms die Felder aus Ihrer Übernahmestruktur zu. Da Sie in unserem Beispiel die Quellfelder genauso benannt haben wie die Übernahmefelder, können Sie die Zuordnung hier automatisch vom SAP-System vorschlagen lassen. Wählen Sie hierzu den Menüpfad ZUSÄTZE • AUTO-FIELDMAPPING (siehe Abbildung 16.12).

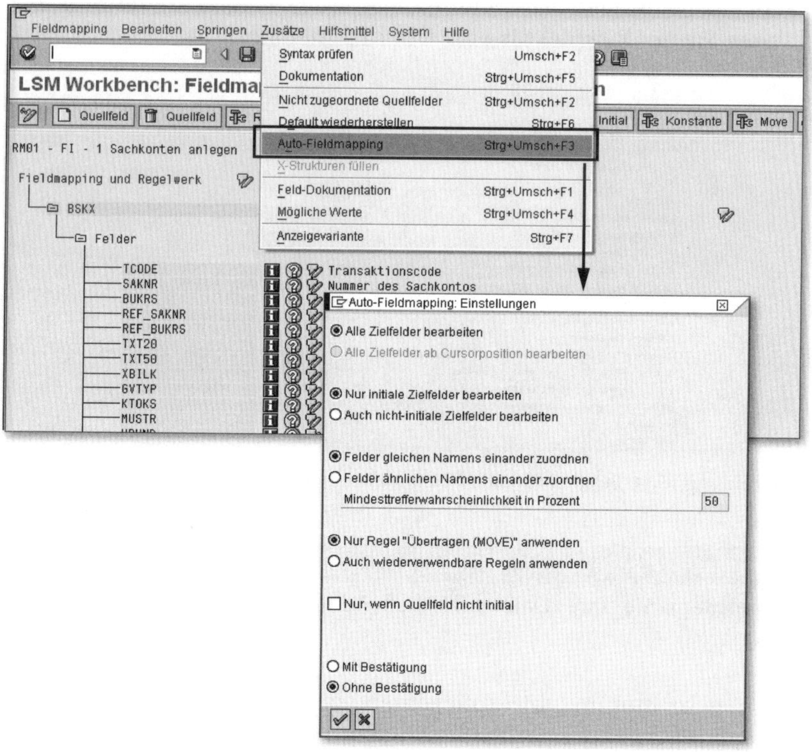

Abbildung 16.12 Fieldmapping

Lassen Sie die Parameter so, wie sie das SAP-System vorgeschlagen hat, und wählen Sie die Option OHNE BESTÄTIGUNG, so dass die Quellfelder automatisch den Übernahmefeldern zugeordnet werden. Sichern Sie abschließend Ihre Einträge.

Der Menüpunkt FESTWERTE, UMSCHLÜSSELUNGEN UND EIGENE ROUTINEN PFLEGEN beinhaltet komplexere Techniken zur Datenkonvertierung, die wir an dieser Stelle nicht weiter erläutern.

16.4.5 Dateien spezifizieren und zuordnen

Nun müssen Sie zunächst einmal eine Übernahmedatei erstellen, die Sie dann im folgenden Menüpunkt: DATEIEN ZUORDNEN zuordnen und später hochladen können.

Übernahmedatei spezifizieren

Für die Übernahmedatei benötigen Sie zunächst alle Quellfelder als Spaltenüberschriften. Für jeden Datensatz (in unserem Beispiel »Sachkonten«), den Sie anlegen möchten, tragen Sie eine Zeile in die Datei ein und füllen entsprechend die Werte in den einzelnen Spalten. Lassen Sie alle nicht benötigten Einträge leer. In Abbildung 16.13 sehen Sie ein Beispiel für eine Übernahmedatei.

	A	B	C	D	E	F	G	H
1	TCODE	SAKNR	BUKRS	REF_SAKNR	REF_BUKRS	TXT20	TXT50	XBILK
2	FS01	1000	RM01			Erloes aus Anlagen-Abgang	Erloes aus Anlagen-Abgang	1
3	FS01	1010	RM01			Grundstuecke, grundstuecksgleiche Rechte	Grundstuecke, grundstuecksgleiche Rechte	1
4	FS01	1050	RM01			Umbewertung Grundstücke	Umbewertung Grundstücke	1
5	FS01	2000	RM01			Bauten	Bauten	1
6	FS01	2010	RM01			WB Bauten	WB Bauten	1
7	FS01	2050	RM01			Umbewertung Bauten	Umbewertung Bauten	1
8	FS01	4000	RM01			Gebäudeeinrichtungen	Gebäudeeinrichtungen	1
9	FS01	4010	RM01			WB Gebäudeeinrichtungen	WB Gebäudeeinrichtungen	1
10	FS01	4050	RM01			Umbewertung Gebäudeeinrichtung	Umbewertung Gebäudeeinrichtung	1
11	FS01	11000	RM01			Technische Anlagen und Maschinen	Technische Anlagen und Maschinen	1
12	FS01	11002	RM01			Konstruktionen	Konstruktionen	1
13	FS01	11010	RM01			WB Technische Anlagen und Maschinen	WB Technische Anlagen und Maschinen	1
14	FS01	11020	RM01			WB Konstruktionen	WB Konstruktionen	1
15	FS01	11050	RM01			Umbewertung technische Anlagen und Maschinen	Umbewertung technische Anlagen und Maschinen	1
16	FS01	12000	RM01			Geringwertige Wirtschaftsgueter (Maschinen)	Geringwertige Wirtschaftsgueter (Maschinen)	1
17	FS01	12010	RM01			WB Geringwertige Wirtschaftsgueter (Maschinen)	WB Geringwertige Wirtschaftsgueter (Maschinen)	1
18	FS01	12050	RM01			Umbewertung Geringwertige Wirtschaftsgüter (Masch)	Umbewertung Geringwertige Wirtschaftsgüter (Masch)	1
19	FS01	13000	RM01			Fahrzeuge	Fahrzeuge	1
20	FS01	13010	RM01			WB Fahrzeuge	WB Fahrzeuge	1

Abbildung 16.13 Beispiel für eine Übernahmedatei

[!]

Format der gespeicherten Datei

Speichern Sie Ihre Datei anschließend im Format »Text« (Tabstopp-getrennt).

Gehen Sie nun im Objektpflegemenü zur Option DATEIEN SPEZIFIZIEREN, wechseln Sie anschließend in den Änderungsmodus, und führen

Sie abschließend einen Doppelklick auf den Punkt ALTDATEN AUF DEM PC (FRONTEND) aus (siehe Abbildung 16.14).

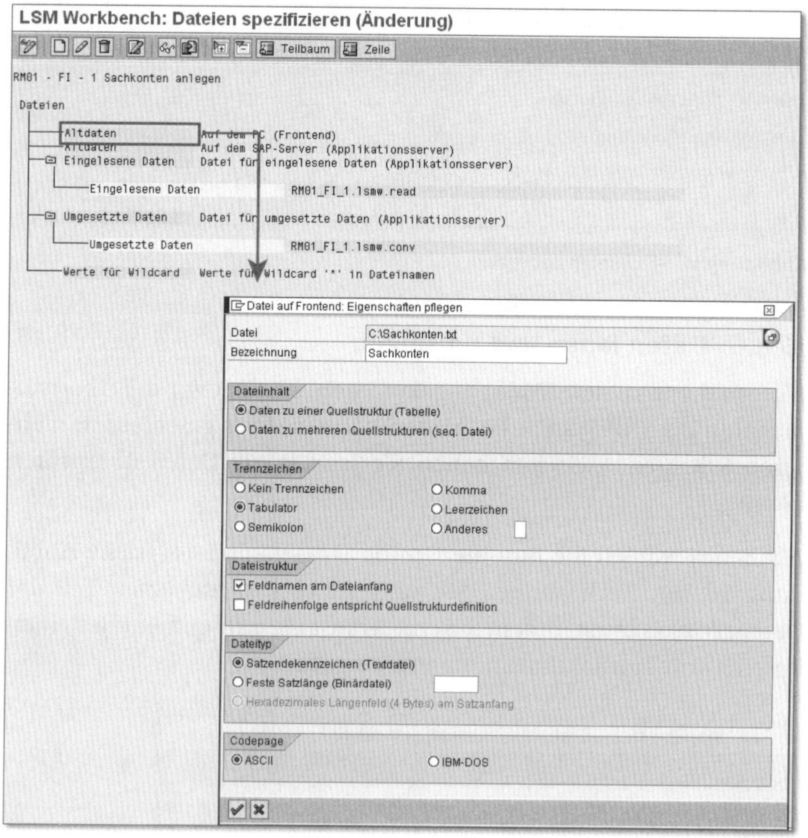

Abbildung 16.14 Dateien spezifizieren

Geben Sie nun den Dateipfad und eine Bezeichnung an. Anschließend wählen Sie im Block DATEIINHALT die Option DATEN ZU EINER QUELLSTRUKTUR (TABELLE) aus. Unter TRENNZEICHEN schalten Sie auf TABULATOR. Schließlich wählen Sie noch im Block DATEISTRUKTUR die Option FELDNAMEN AM DATEIANFANG aus, um zu verhindern, dass die Überschrift als Datenzeile interpretiert wird.

Übernahmedatei zuordnen

Im nächsten Schritt verknüpfen Sie die Übernahmedatei, die Sie gerade angegeben haben, mit der Quellstruktur. Gehen Sie hierzu in den Menüpunkt DATEIEN ZUORDNEN (siehe Abbildung 16.15), schalten Sie anschließend in den Änderungsmodus, und speichern Sie schließlich Ihre Eingaben (ähnlich wie in der Option STRUKTURBEZIEHUNGEN PFLEGEN).

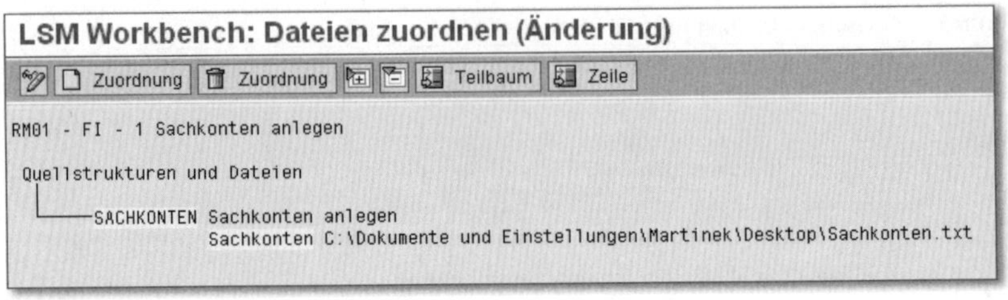

Abbildung 16.15 Dateien zuordnen

16.4.6 Daten laden und umsetzen

Daten laden

Nun sind wir an dem Punkt angekommen, an dem wir die Übernahmedaten ins SAP-System hochladen können. Dies geschieht in mehreren Schritten, zwischen denen Sie jeweils die Daten überprüfen können.

Als Erstes wählen Sie nun die Option DATEN EINLESEN (siehe Abbildung 16.16). Auch können Sie zu Testzwecken nur einen Teil der Datensätze einlesen, indem Sie eine Transaktionsnummer oder einen Bereich von Transaktionsnummern eingeben.

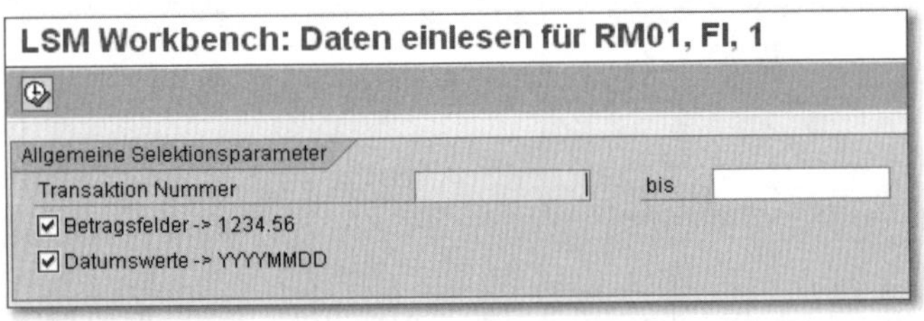

Abbildung 16.16 Daten einlesen

Zum Laden führen Sie diese Transaktion aus, wonach das SAP-System Ihnen meldet, wie viele Datensätze erfolgreich hochgeladen worden sind.

Eingelesene Daten anzeigen

Im nächsten Schritt EINGELESENE DATEN ANZEIGEN können Sie überprüfen, ob die hochgeladenen Daten korrekt den Quellfeldern der Übernahmestruktur zugeordnet worden sind (siehe Abbildung 16.17).

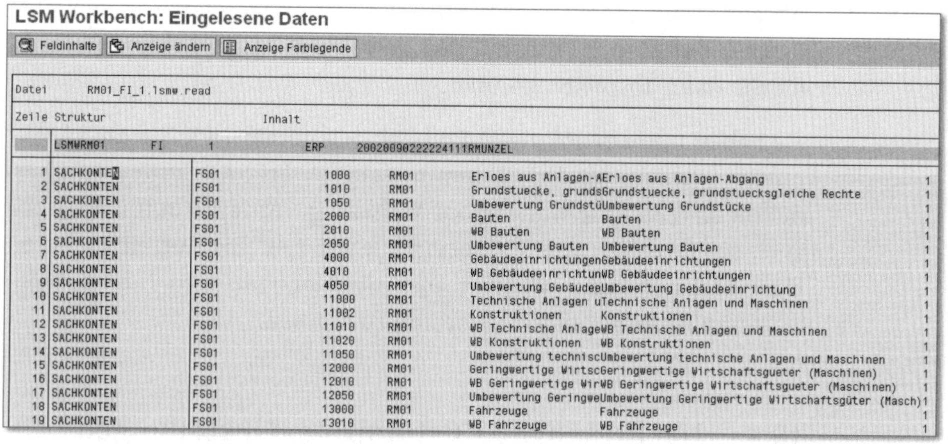

Abbildung 16.17 Eingelesene Daten anzeigen

Klicken Sie nun auf eine Zeile, um den kompletten Datensatz mit seinen Zuordnungen zu den Quellfeldern sehen zu können (siehe Abbildung 16.18).

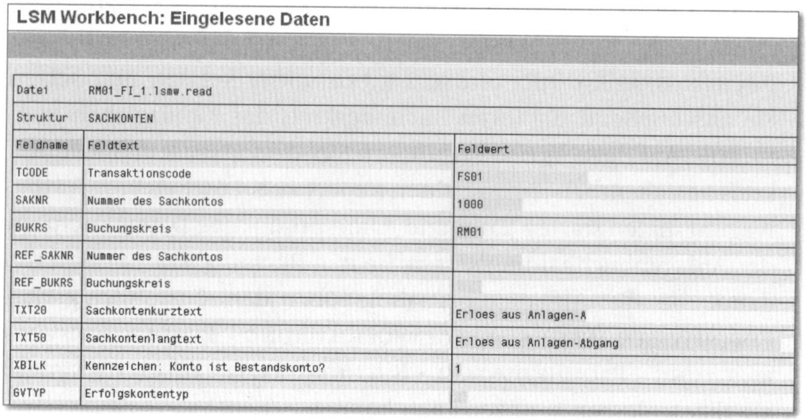

Abbildung 16.18 Details zu den eingelesenen Datensätzen

Daten umsetzen

Kommen wir nun zur Umsetzung der Daten: Im Menüpunkt DATEN UMSETZEN führen Sie die zuvor vorgenommenen Einstellungen zum Fieldmapping aus. Damit werden die hochgeladenen Daten als Übergabewerte im Migrationsprogramm fortgeschrieben. Diese Transaktion funktioniert analog der Transaktion zum Einlesen der Daten. Denn auch hier haben Sie die Möglichkeit, sich anhand der Option UMGESETZTE DATEN ANZEIGEN das Ergebnis der Datenumsetzung anzusehen.

Batch-Input-Mappe erstellen

Abschließend erstellen Sie auf Basis der umgesetzten Daten eine Batch-Input-Mappe anhand des gewählten Migrationsprogramms, die Sie dann abspielen können.

Sie haben nun einen kurzen Einblick bekommen, wie Sie die LSMW nutzen können, um Ihre Daten maschinell ins SAP-System zu übernehmen. Wenn Sie mit diesem Werkzeug vertraut sind, sollten Sie auch die fortgeschrittenen Techniken wie z. B. das Aufzeichnen von eigenen Batch-Input-Mappen ausprobieren, um auch Ihre komplizierteren Anforderungen umsetzen zu können.

16.5 Nachträgliche Customizing-Einstellungen

Wenn Sie mit der Übernahme der Stamm- und Bewegungsdaten fertig sind, müssen Sie noch einige Einstellungen vornehmen, um den Produktivstart abschließen zu können.

- **Buchungskreis produktiv setzen**
  Wählen Sie den Customizing-Pfad Finanzwesen (neu) • Grundeinstellungen Finanzwesen (neu) • Globale Parameter zum Buchungskreis • Buchungskreis produktiv setzen, und setzen Sie anschließend für Ihren Buchungskreis das Kennzeichen Produktiv. Auf diese Weise verhindern Sie, dass in diesem Buchungskreis versehentlich jemand einen Report zum Löschen von Testbewegungsdaten starten kann und damit produktive Daten löscht. In der Anlagenbuchhaltung setzen Sie den Buchungskreis produktiv, damit Sie die Altdatenübernahme über den Customizing-Pfad Finanzwesen (neu) • Anlagenbuchhaltung • Produktionsvorbereitung • Produktivstart • Buchungskreis produktiv setzen als abgeschlossen kennzeichnen können.
- **Abstimmkonten setzen**
  Nach dem Abschließen der Datenübernahme in der Anlagenbuchhaltung müssen Sie die Anlagenbestandskonten wieder als Abstimmkonten kennzeichnen. Die erforderlichen Einstellungen erfolgen über den Menüpfad Finanzwesen (neu) • Anlagenbuchhaltung • Produktionsvorbereitung • Produktivstart • Abstimmkonten setzen und rücksetzen.
- **Übernahmekonto für Buchungen sperren**
  Nach der Datenübernahme müssen alle Übernahmekonten in der

Summe 0 ergeben. Diese Konten werden Sie im Tagesgeschäft nicht mehr nutzen; daher sollten Sie sie sperren, um versehentliche Buchungen darauf zu vermeiden.

16.6 Fazit

In diesem Kapitel haben wir Ihnen den Ablauf des Produktivstarts vorgestellt. Dabei sind wir zunächst auf die vorbereitenden Aktivitäten zur Datenmigration eingegangen. Anschließend haben wir diskutiert, welche Stamm- und Bewegungsdaten üblicherweise bei einem Produktivstart zu übernehmen sind und was dabei jeweils zu beachten ist. Des Weiteren haben Sie das wichtigste Werkzeug zur Datenübernahme in SAP kennengelernt: die LSMW. Deren Verwendung haben wir Ihnen beispielhaft vorgeführt. Abschließend haben wir Ihnen noch einige Hinweise dazu gegeben, welche Nacharbeiten im Anschluss an die Datenmigration anfallen.

Anhang

A Glossar

ABAP (Advanced Business Application Programming) Programmiersprache der vierten Generation von SAP, die speziell für integrierte Standardsoftwareanwendungen konzipiert ist. ABAP unterstützt überdies sämtliche Schritte beim Verbessern der Client-Server-Lösung, von der Erstellung von Prototypen über die Implementierung und das Testen bis zur letztendlichen Optimierung. Die letzte Erweiterung von ABAP sind ABAP-Objekte.

Abgrenzung Technik, mit der Ausgaben, Erlöse, Forderungen und Verluste periodengerecht und verursachungsgerecht aufgeteilt werden.

Abschreibung Herabsetzen des Buchwertes einer Anlage wegen eingetretener Wertminderungen oder aufgrund steuerrechtlicher Vorgaben.

Abstimmkonto Sachkonto, auf dem die Bewegungen der Nebenbuchhaltung, z. B. der Nebenbücher Debitoren, Kreditoren und Anlagen, mitgeführt werden. In der Regel verweisen mehrere Konten der Nebenbuchhaltung auf ein gemeinsames Abstimmkonto. Damit wird der Ausweis der Nebenbuchhaltung in der Hauptbuchhaltung unter bilanziellen Gesichtspunkten erreicht. Beispiel: Ausländische Debitoren können auf ein gemeinsames Abstimmkonto verweisen.

Accrual Engine Werkzeug, mit dem Abgrenzungen automatisch berechnet und gebucht werden. Folgende Anwendungskomponenten basieren auf den Funktionen der Accrual Engine: manuelle Abgrenzungen, Rückstellungen für Mitarbeiterbeteiligungen, Lease Lease Accounting Engine.

Aktiva Summe der Vermögensteile und Rechnungsabgrenzungsposten eines Unternehmens, die auf der linken Seite der Bilanz ausgewiesen werden.

Anlage Gegenstand des Betriebsvermögens, der am Abschlussstichtag als einzelnes Wirtschaftsgut identifizierbar ist und dem dauernden Geschäftsbetrieb dient. Wenn eine Anlage im System durch mehrere Stammsätze (Unternummern) repräsentiert wird, wird sie als *Wirtschaftsgut* bezeichnet. Die einzelnen Teilanlagen (Unternummern) erhalten in diesem Fall die Bezeichnung Anlage.

Anlagen im Bau Anlagen, die sich beim bilanzierenden Unternehmen noch im Fertigstellungsprozess befinden.

Anlagengitter Entwicklung des Anlagevermögens von einem Anfangsbestand über Zugänge, Abgänge, Umbuchungen und Wertberichtigungen zum Endbestand.

Anlagenklasse Hauptkriterium für die Gliederung des Anlagevermögens nach betriebswirtschaftlichen und rechtlichen Erfordernissen. Für jede Anlageklasse können Steuerungsparameter und Standardwerte für die Abschreibungsrechnung und sonstige Stammdaten definiert werden. Jeder Anlagenstammsatz muss genau einer Anlagenklasse zugeordnet werden. Spezielle Anlagenklassen sind z. B. Anlagen im Bau, geringwertige Wirtschaftsgüter, geleaste Anlagen, Finanzanlagen und technische Anlagen.

Arbeitsvorrat Wenn Sie Kontensalden oder Einzelposten anzeigen, setzen Sie Arbeitsvorräte ein, um eine schnelle Abfrage über mehrere Konten gleichzeitig durchzuführen. Arbeitsvorräte können für folgende Objekte definiert werden: BUKRS (Buchungskreis), KUNNR (Kunde), LIFNR (Lieferant) und SAKNR (Sachkonto).

Ausgangssteuer Steuer, die Debitoren auf allen Produktions- und Handelsstufen in Rechnung zu stellen ist. Die Ausgangssteuer stellt gegenüber dem Finanzamt eine Steuerschuld dar.

Ausgleich Verfahren, bei dem offene Posten eines Kontos oder mehrerer Konten als ausgeglichen (bezahlt) gekennzeichnet werden. Wenn die Summe der Soll-Beträge und der Haben-Beträge der einander zugeordneten Posten eines oder mehrerer Konten einen Saldo von null ergibt, können offene Posten ausgeglichen werden.

Bankenstammdaten Die Informationen über eine Bank, die für die Abwicklung von Geschäften mit der Bank erforderlich sind. Diese Informationen werden zentral im SAP-System abgelegt und beinhalten den Namen und die Anschrift der Bank sowie alle landesspezifischen Informationen, sofern erforderlich.

Belegänderungsregeln Belege können unter Verwendung der ursprünglichen Belegnummer und Beachtung der Belegänderungsregeln geändert werden. Diese Regeln legen fest, welche Felder unter welchen Umständen geändert werden können.

Belegart Schlüssel, durch den zu buchende Geschäftsvorfälle unterschieden werden. Die Belegart steuert die Belegablage und legt die zu bebuchenden Kontoarten fest.

Belegaufteilung Automatisches Verfahren, durch das Belegzeilen im Beleg nach ausgewählten Dimensionen aufgeteilt werden (z. B. Forderungszeilen nach Profit-Centern). Zusätzlich kann eine Saldo-Null-Stellung für ausgewählte Dimensionen (z. B. Profit-Center, Segment) bewirkt werden, bei der im Beleg nach dem Erfassen zusätzliche Verrechnungszeilen auf Verrechnungskonten erzeugt werden. Die Belegaufteilung ist unter anderem notwendig, um eine Bilanz und Gewinn- und Verlustrechnung für die ausgewählten Dimensionen erstellen zu können.

Belegkopf Teil eines Belegs, der die Informationen enthält, die für den ganzen Beleg Gültigkeit haben, wie z. B. das Belegdatum und die Belegnummer.

Belegposition Bestandteil eines Belegs mit Informationen zu einer Position. Dazu gehören ein Betrag, eine Kontonummer, die Zuordnung zu Soll oder Haben und weitere Angaben, die von dem zu buchenden Vorgang abhängen.

Bestandskonto Konto, auf dem Zu- und Abgänge eines Bestands geführt werden. Der Saldo eines Bestandskontos wird am Geschäftsjahresende auf sich selbst vorgetragen.

Berichtsvariante Kriterien, die den Inhalt eines Berichts festlegen. Mit einer Berichtsvariante bestimmen Sie, welche Zeilen, Texte und Spalten das System beim Aufruf eines Berichts anzeigt.

Bewegungsart in der Anlagenbuchhaltung Die Bewegungsart klassifiziert den betriebswirtschaftlichen Vorgang (wie z. B. Zugang, Abgang, Umbuchung etc.) und bestimmt, wie der Vorgang im System verarbeitet wird. Die Bewegungsart ist die Grundlage für die Zuordnung des Geschäftsvorfalls zu einer Spalte im Anlagengitter. Jede Bewegungsart gehört zu einer bestimmten Bewegungsartengruppe.

Bewertung Begriff aus der Bilanzierung: Feststellung des Werts sämtlicher Güter des Anlage- und Umlaufvermögens sowie der Verbindlichkeiten zu einem bestimmten Zeitpunkt nach gesetzlichen Vorschriften.

Bewertungsbereich Ein Bewertungsbereich repräsentiert die Bewertung des Anlagevermögens zu einem bestimmten Zweck, z. B. Handelsbilanz, Steuerbilanz, kalkulatorische Werte. Neben den so genannten echten Bewertungsbereichen können abgeleitete Bewertungsbereiche definiert werden. Die Werte für diese abgeleiteten Bereiche werden aus zwei oder mehr echten Bereichen errechnet.

BIC-Code (Bank Identifier Code) Ein international standardisierter Code für die weltweit eindeutige *Identifikation* von Banken. Er ist nicht identisch, aber vergleichbar mit der in Deutschland benutzten Bankleitzahl (BLZ) und hat internationale Gültigkeit. Im BIC-Code werden neben dem Land und dem Bankennamen auch die Bankfilialen erfasst.

Bilanz-/GuV-Struktur Hierarchische Anordnung von Sachkonten. Die Anordnung kann nach gesetzlichen Gliederungsvorschriften erfolgen, nach denen die Bilanz und die Gewinn- und Verlustrechnung erstellt werden. Es kann sich aber auch um eine beliebige Anordnung handeln.

Buchhaltungsbeleg Nachweis über wertmäßige Veränderungen innerhalb eines Buchungskreises aufgrund von Geschäftsvorfällen. Er besteht aus mehreren Positionen (Buchungen), die die Einzelbewegungen kontenbezogen ausweisen. Beim Buchen eines Buchhaltungsbelegs werden die Verkehrszahlen der bebuchten Konten fortgeschrieben. Der Buchhaltungsbeleg gibt den Originalbeleg im System wieder.

Buchungskreis Kleinste organisatorische Einheit des externen Rechnungswesens, für die eine vollständige, in sich geschlossene Buchhaltung abgebildet werden kann. Dies beinhaltet die Erfassung aller buchungspflichtigen Ereignisse und die Erstellung aller Nachweise für einen gesetzlichen Einzelabschluss wie Bilanzen sowie Gewinn- und Verlustrechnungen.

Buchungskreiswährung/Hauswährung Dies ist die Währung des Buchungskreises, in der die Belege angehängt werden. Das SAP-System speichert immer die Buchungskreiswährung.

Buchungsperiode Periode innerhalb eines Geschäftsjahres, für die Verkehrszahlen fortgeschrieben werden. Jeder gebuchte Vorgang wird einer bestimmten Buchungsperiode zugeordnet. Die Verkehrszahlen werden dann für diese Periode fortgeschrieben.

Buchungsperiodenvariante Buchungskreise sind mit einer Buchungsperiodenvariante verknüpft. Diese Variante legt fest, welche Perioden im SAP-System zum Buchen geöffnet sind.

Buchungsschlüssel Zweistelliger numerischer Schlüssel, der bestimmt, wie Positionen gebucht werden. Dieser Schlüssel bestimmt mehrere Faktoren, einschließlich Kontoart, Buchungsart (Soll oder Haben) und Layout der Erfassungsbilder.

Closing Cockpit Werkzeug, um eine strukturierte Oberfläche aufzubauen, auf der Transaktionen und Programme im Rahmen komplexer Abläufe prozessorientiert ausgeführt werden können, wie z. B. Abschlussprozesse. Der strukturelle Aufbau unterstützt dabei sowohl Abläufe innerhalb einer Organisationsstruktur, wie z. B. innerhalb des Buchungskreises, als auch übergreifende Szenarien.

CpD-Konto Konto, auf dem die Verkehrszahlen einer Gruppe von Kunden/Lieferanten ausgewiesen werden, mit denen nur einmal oder selten ein Geschäft abgewickelt wird. CpD-Konten (Conto pro Diverse) erfordern einen speziellen Stammsatz. Bestimmte Kunden-/Lieferantendaten, wie z. B. Adresse und Bankverbindung, werden nicht im Stammsatz, sondern im Beleg eingegeben.

DART (Data Retention Tool) Eine Schnittstelle, mit der ein Export der Daten aus dem SAP ERP-System zur Weiterverarbeitung unter Einhaltung der GDPdU (Grundsäte zum Datenzugriff und zur Prüfbarkeit digitaler Unterlagen) möglich ist. Mithilfe von DART werden die Daten für die Betriebsprüfung exportiert.

Debitorenstammdaten Ein Debitorenkonto enthält Informationen, die der Buchungskreis für die wertmäßige Abbildung von Geschäftsvorfällen mit dem Debitor benötigt. Aufgrund der Zuordnung des Abstimmkontos werden Forderungen gegenüber Debitoren im Hauptbuch auf der Ebene des Sachkontos parallel mitgeführt. Sollen Forderungen pro Sonderhauptbuchkategorie ausgewiesen werden, muss für diese eine Kontenplanposition festgelegt werden (Abstimmkontofindung), auf die im Hauptbuch abzustimmen ist. Diese Zuordnung ist buchungskreisübergreifend.

E-Bilanz (Elektronische Bilanz) Dient der elektronischen Übermittlung einer *Unternehmensbilanz* an das zuständige *Finanzamt*. Ab dem Jahr 2014 (Veranlagungszeitraum 2013) sind alle *buchführungspflichtigen* Unternehmer verpflichtet, ihre Bilanz elektronisch an das Finanzamt zu übermitteln. Rechtsgrundlage hierfür ist *§ 5b* des *Einkommensteuergesetzes* (EStG).

Einkaufsorganisation Organisatorische Einheit innerhalb der Logistik, die das Unternehmen nach den Erfordernissen des Einkaufs gliedert. Eine Einkaufsorganisation beschafft Materialien oder Dienstleistungen, sie handelt mit einem Lieferanten Einkaufskonditionen aus und ist für diese Geschäfte verantwortlich.

Ertragskonto Konto, auf dem Erlöse der gewöhnlichen Geschäftstätigkeit gebucht werden.

Extension Set Gekapselte Neuerungen in SAP ERP, wie z. B. das neue Hauptbuch, die technisch vorhanden, aber erst inaktiv sind und extra aktiviert werden müssen.

Feldstatus Das Ziel des SAP-Systems ist eine genaue und zügige Dateneingabe. Die Verwendung der Feldstatusfunktion erlaubt die Anzeige der entsprechenden Felderkombination zum Zeitpunkt der Dateneingabe. Dadurch werden Fehler verhindert, die bei Ein- und Ausschluss entstehen. Einzelne Felder können als Muss-Felder, Kann-Felder oder als ausgeblendet definiert werden. Dies hängt von der benutzerdefinierten Konfiguration des SAP-Systems ab.

Forderungen Anspruch auf Bezahlung einer gelieferten Ware oder Leistung gegenüber dem Empfänger. Forderungen werden in der Bilanz ausgewiesen unter Umlaufvermögen mit weitergehender Untergliederung, wie beispielsweise Forderungen aus Lieferungen und Leistungen oder Forderungen an verbundene Unternehmen.

Fremdwährungsbewertung Verfahren mit dem Ziel, den Wert des Umlaufvermögens und der Verbindlichkeiten, die in Fremdwährung gebucht wurden, zu einem Stichtag zu bestimmen. Die Bewertung findet in der Regel nach dem Prinzip der Einzelbewertung statt, d. h., für die Bewertung werden die offenen Posten herangezogen. Wenn dies nicht möglich ist (weil das Konto nicht auf der Basis offener Posten geführt wird), wird stattdessen der Kontensaldo bewertet.

Funktionsbereich Organisationseinheit in der Buchhaltung, die die Kosten einer Organisation nach Funktionen unterteilt, wie z. B.: Verwaltung, Vertrieb, Marketing, Fertigung oder Forschung und Entwicklung. Die Unterteilung wird für das Umsatzkostenverfahren vorgenommen.

GDPdU (Grundsätze zum Datenzugriff und zur Prüfbarkeit digitaler Unterlagen) Enthalten Regeln zur Aufbewahrung digitaler Unterlagen und zur Mitwirkungspflicht der Steuerpflichtigen bei *Betriebsprüfungen*.

Gesamtkostenverfahren Verfahren, um die Kosten einer Periode auszuweisen. Während das Umsatzkostenverfahren nur die Kosten berücksichtigt, die zur Erzielung der Erlöse angefallen sind (eine Zunahme des Bestands an Fertigerzeugnissen gilt nicht als Erlös), enthält das Gesamtkostenverfahren sämtliche Kosten in der Periode, unabhängig davon, ob der entsprechende Erlös in der betreffenden Periode angefallen ist.

Geschäftsbereich Organisatorische Einheit des externen Rechnungswesens, die einem abgegrenzten Tätigkeitsbereich oder Verantwortungsbereich im Unternehmen entspricht. Dem Geschäftsbereich können in der Finanzbuchhaltung erfasste Wertebewegungen zugerechnet werden. Geschäftsbereiche stellen Bilanzierungseinheiten dar, die ihre eigenen Abschlüsse für interne Zwecke erstellen.

Geschäftsjahr In der Regel ein Zeitraum von zwölf Monaten, für den das Unternehmen regelmäßig seine Inventur und Bilanz zu erstellen hat. Das Geschäftsjahr kann sich mit dem Kalenderjahr decken, muss es aber nicht.

Hauptbuch Darstellung von Werten, auf deren Basis die Bilanz sowie die Gewinn- und Verlustrechnung erstellt werden. Das Hauptbuch führt Werte auf Buchungskreisebene.

Hausbank Ein Geschäftspartner, der eine Bank repräsentiert, über die Sie Ihre internen Transaktionen abwickeln können.

Hauswährung Währung eines Buchungskreises (Landeswährung), in der die lokalen Bücher geführt werden. Gegenteil: Fremdwährung.

IBAN (International Bank Account Number) Eine internationale, standardisierte Notation für *Bankkontonummern*. IBAN wurde entwickelt, um die Zahlungsverkehrssysteme zu vereinheitlichen.

Kassenbuch In Kontoform geführtes Grundbuch der doppelten Buchhaltung, das die Buchungen über die Bargeldbewegungen aufnimmt. Durch Einstellen des jeweiligen Bargeldbestands am Beginn eines Tages oder eines Wirtschaftsabschnitts weist das Kassenbuch gleichzeitig durch Aufaddieren der Kasseneinnahmen und -ausgaben und Saldieren den jeweiligen Kassenbestand nach. Das Kassenbuch dient als Grundlage für die Eintragung in das Hauptbuch, ist also das Spiegelbild des Hauptbuchkontos Kasse.

Kontenfindung Automatisches Verfahren, um bei Buchungsvorgängen ohne Eingriff des Benutzers die Konten für die Buchungen in der Finanzbuchhaltung zu finden.

Kontengruppe Attribute, die das Anlegen von Stammsätzen bestimmen. Die Kontengruppe bestimmt die für den Stammsatz relevanten Daten und einen Nummernkreis, aus dem die Nummern für die Stammsätze ausgewählt werden. Jedem Stammsatz muss eine Kontengruppe zugeordnet werden.

Kontenplan Verzeichnis aller Sachkonten, die von einem oder mehreren Buchungskreisen gemeinsam verwendet werden. Ein Kontenplan bietet den Rahmen für das Aufzeichnen von Werten, um eine ordnungsgemäße Darstellung von Buchhaltungsdaten zu gewährleisten. Die enthaltenen Sachkonten werden von einem oder mehreren Buchungskreisen verwendet. Der Kontenplan enthält zu jedem Sachkonto die Kontonummer, die Kontobezeichnung und Informationen, die die Funktion des Sachkontos festlegen und das Anlegen des Sachkontos im Buchungskreis steuern. Jedem Buchungskreis muss ein Kontenplan zugeordnet sein. Dies ist der operative Kontenplan, der sowohl von der Finanzbuchhaltung als auch von der Kostenrechnung verwendet wird. Neben dem operativen Kontenplan kann es folgende Kontenpläne geben: Landeskontenpläne, die die nach dem jeweiligen Landesrecht erforderliche Gliederung aufweisen, und Konzernkontenpläne mit der für die Konsolidierung erforderlichen Gliederung.

Kontierung Festlegung der Konten, die bei einem Geschäftsvorfall bebucht werden.

Kontoarten Schlüssel, der den Buchhaltungsbereich angibt, zu dem ein Konto gehört. Kontoarten sind z. B. Anlagenkonten, Debitorenkonten, Kreditorenkonten und Sachkonten. Die Kontoart ist zusätzlich zur Kontonummer für die Identifizierung eines Kontos erforderlich, da dieselbe Kontonummer für jede Kontoart verwendet werden kann.

Konzernkontenplan Der Konzernkontenplan gruppiert verschiedenartige Kontenpläne für die Konzernrechnungslegung.

Korrespondenz Schriftverkehr eines Unternehmens, z. B. Auftragsbestätigungen, Mahnbriefe und Zahlungsmitteilungen.

Kostenart Eine Kostenart klassifiziert den bewerteten Verbrauch einer Organisation von Produktionsfaktoren innerhalb eines Kostenrechnungskreises. Eine Kostenart entspricht einer kostenrelevanten Kontenplanposition.

Kostenrechnungskreis Organisatorische Einheit innerhalb eines Unternehmens, für die eine vollständige, in sich geschlossene Kostenrechnung durchgeführt werden kann. Ein Kostenrechnungskreis kann einen oder mehrere, gegebenenfalls unterschiedliche Währungen führende Buchungskreise umfassen. Die zugehörigen Buchungskreise müssen alle denselben operativen Kontenplan nutzen. Alle innerbetrieblichen Verrechnungen beziehen sich nur auf Objekte desselben Kostenrechnungskreises.

Kostenstelle Organisationseinheit in einem Kostenrechnungskreis, die einen eindeutig abgegrenzten Ort der Kostenentstehung darstellt. Die Abgrenzung kann nach folgenden Aspekten vorgenommen werden: funktional, abrechnungstechnisch, räumlich, Kostenverantwortung.

Kreditlimit Der einem Kunden eingeräumte Höchstbetrag für die Gewährung eines Kundenkredits.

Kreditkontrollbereich Organisatorische Einheit, die einen Verantwortungsbereich für die Vergabe und Überwachung von Krediten darstellt, die an Debitoren gewährt werden. Der Kreditkontrollbereich entspricht organisatorisch einem Buchungskreis oder fasst, falls die Kreditkontrolle buchungskreisübergreifend erfolgen soll, mehrere Buchungskreise zusammen. In einem Kreditkontrollbereich können Kreditinformationen pro Debitor zur Verfügung gestellt werden.

Kreditorenstammdaten Sammelbegriff für alle Kreditorenstammsätze. Die Kreditorenstammdaten enthalten die Daten aller Kreditoren, mit denen ein Unternehmen Geschäfte macht.

Kreditprüfung Prüfung des Kreditlimits und der vergangenen Finanztätigkeit in Bezug auf dieses Limit.

Kurstyp Schlüssel, der den Typ eines Umrechnungskurses im System darstellt. Beispielsweise können Sie einen Geldkurs, einen Briefkurs oder einen Mittelkurs als jeweiligen Kurstyp definieren. Dieser wird dann beim Umrechnen von Währungsbeträgen im System verwendet.

Landeskontenplan Der Kontenplan bietet alternative Kontonummern, um lokale Reporting-Anforderungen zu erfüllen. Die Bezeichnungen Referenzkontenplan oder alternativer Kontenplan sind ebenfalls gebräuchlich.

Ledger Ausschnitt aus einer Datenbanktabelle. Das Ledger enthält nur die für das Reporting benötigten Dimensionen der zugrunde liegenden Tabelle. Ein Ledger wird zu Berichtszwecken als Buch geführt.

Legacy System Migration Workbench (LSMW) Ein Tool, das die Datenmigration von Fremdsystemen (Nicht-SAP-Systemen) ins SAP-System unterstützt. Es ist ein Bestandteil des SAP-Systems und damit plattformunabhängig.

Mahnverfahren Definierte Vorgehensweise, die bestimmt, wie Geschäftspartner gemahnt werden können. Zu einem Mahnverfahren werden u. a. festgelegt: Anzahl der Mahnstufen, Mahnrhythmus, Betragsgrenzen und Mahntexte.

Mandant In kaufmännischer, organisatorischer und technischer Hinsicht eine eigenständige Einheit in einem SAP-System mit separaten Stammsätzen und einem eigenen Tabellenset.

Manuelle Abgrenzungen Ermöglichen es, Abgrenzungen im Bereich »Hauptbuchhaltung« automatisiert zu berechnen und zu buchen. Die Komponente »Manuelle Abgrenzungen« basiert auf dem Werkzeug »Accrual Engine«.

Merkposten Spezieller Posten, der sich nicht auf den Saldo auswirkt. Wenn Sie einen Merkposten buchen, wird ein Beleg generiert; der Posten kann über die Postendarstellung angezeigt werden. Bestimmte Merkposten werden vom Zahlungs- oder Mahnprogramm verarbeitet. Beispiel: Anzahlungsanforderung.

Nebenbuchhaltung Buchhaltung, die ein Nebenbuch umfasst, wie z. B. Debitor, Kreditor, Anlagen. Nebenbücher erläutern die Abstimmkonten des Hauptbuches.

Netto-Verfahren Verfahren, bei dem das erwartete Skonto automatisch von Kosten oder Bestandsbuchungen abgezogen wird, wenn eine Rechnung gebucht wird. Folglich ist es möglich, exakte Anschaffungswerte abzüglich Skonto zu buchen.

Neues Hauptbuch Neue Version des Hauptbuches in SAP ERP Financials ab Release mySAP ERP 2004. Das neue Hauptbuch beinhaltet Funktionen, die das klassische Hauptbuch mit der Komponente »Spezielle Ledger« vereint.

Nummernkreise Nummernbereiche, die Sie Geschäftsobjekten oder deren Unterobjekten der gleichen Art zuordnen können. Beispiele für solche Objekte sind Geschäftspartner, Sachkonten, Aufträge, Buchungsbelege und

Waren. Jeder Nummernkreis besitzt mindestens ein Nummernkreisintervall und eine Nummernvergabeart. Es gibt zwei Arten der Nummernvergabe: Bei der internen Nummernvergabe vergibt das SAP-System beim Speichern eines Datensatzes automatisch eine laufende Nummer, die im relevanten Nummernkreisintervall liegt. Bei der externen Nummernvergabe wird die Nummer vom Benutzer oder einem externen System vergeben. Achten Sie darauf, dass die Nummer im relevanten Nummernkreisintervall liegt.

Nutzungsdauer Zeitraum, in dem es je nach Bewertungsbereich sinnvoll ist, eine Anlage zu nutzen. Innerhalb dieses Zeitraums ist die Anlage i. d. R. vollständig abzuschreiben. Die tatsächliche technische Lebensdauer der Anlage kann diesen Zeitraum übersteigen. In so genannten AfA-Tabellen ist die betriebsgewöhnliche Nutzungsdauer der diversen Anlagetypen festgelegt

Operativer Kontenplan Jeder Buchungskreis im SAP-System verwendet zur Kontenvalidierung bei der Belegbuchung nur die Sachkonten eines Kontenplans. Dieser Kontenplan wird als operativer Kontenplan bezeichnet.

Passiva Summe der Posten eines Unternehmens, die auf der rechten Seite der Bilanz ausgewiesen werden. Zu den Passivposten zählen: Eigenkapital, Rückstellungen, Verbindlichkeiten, Rechnungsabgrenzungsposten.

Payment Medium Workbench (PMW) Die PMW ist ein Werkzeug zur Konfiguration und zur Erstellung von Zahlungsträgern, die ein Unternehmen an seine Hausbanken schicken möchte.

Primärkosten Kosten- oder Erlöspositionen innerhalb eines Kontenplans mit entsprechenden Sachkonten in der Finanzbuchhaltung. Eine Primärkostenart kann nur angelegt werden, wenn sie als Sachkonto im Kontenplan vorhanden ist.

Profit-Center Organisatorische Einheit des Rechnungswesens, die das Unternehmen managementorientiert, d. h. zum Zweck der internen Steuerung, gliedert. Für ein Profit-Center können Ergebnisse ausgewiesen werden, die nach dem Umsatz- oder nach dem Gesamtkostenverfahren ermittelt werden. Durch den Ausweis des gebundenen Vermögens kann das Profit-Center zum Investment Center erweitert werden.

Programm für die Nachbelastung der Bilanz Das Programm SAPF180 gewährleistet Nullsalden pro Geschäftsbereich, die zur Erstellung von Geschäftsbereichsbilanzen erforderlich sind. Bei Aktivierung der Profit-Center-Rechnung werden die Nachbelastungen auch für Profit-Center durchgeführt. Das Programm teilt Forderungen und Verbindlichkeiten, Steuerbuchungen, Skontobuchungen und bewertete Kursdifferenzen auf.

Query Zusammenstellung einer Auswahl von Merkmalen und Kennzahlen (InfoObjects) zur Analyse der Daten eines InfoProviders.

QuickViewer Werkzeug, mit dem Sie Berichte definieren können, ohne selbst zu programmieren. Um einen

Bericht zu definieren, werden nur einzelne Texte, wie z. B. Titel, eingegeben und Felder und Optionen markiert, die den Aufbau des Berichts bestimmen sollen. Den Feldern wird durch Nummerierung eine bestimmte Reihenfolge zugeordnet.

Ratenzahlung Bezeichnet eine Zahlungsbedingung, bei der proportionale Teilzahlungen vorgenommen werden. Jede Teilzahlung kann dabei mit eigenen Zahlungsbedingungen belegt sein.

Realtime Bei einer Datenabfrage zeitnaher Ablauf ohne merkliche Zeitverzögerung zwischen Aufruf und Darstellung der Daten.

Recherche Werkzeug für das Evaluieren der Daten einer Anwendung nach ihren Merkmalen und Kennzahlen. Mithilfe der Recherche können Sie einfache, datengetriebene Listen (Ad-hoc-Berichte) sowie auch aufwändig formatierte Berichte (mittels Formularen) generieren. Mithilfe von Hierarchien, Variablen, Formeln, Zellen und Kennzahlen können Sie Berichte generieren, die alle Benutzeranforderungen erfüllen. Zu den verfügbaren Funktionen zählen die Navigation in der Datenbank und die interaktive Listenverarbeitung (Sortieren, Ranglisten, ABC-Analysen, Ausnahmen etc.). Die Recherche ist außerdem mit SAP Graphics, SAP Mail und dem Excel List Viewer verknüpft.

Rechnung Nachricht an den Käufer von Waren oder Dienstleistungen, die u. a. die folgenden Informationen enthält: Bezeichnung der Waren oder Dienstleistungen, gelieferte Menge und zu zahlender Betrag.

Rechnungseingang Begriff aus der Rechnungsprüfung, mit dem der Erhalt einer Rechnung bezeichnet wird, die von einem Lieferanten (Kreditor) ausgestellt wurde. Im SAP-System wird zwischen folgenden Fällen unterschieden: Rechnungseingang mit Bezug auf eine Bestellung, Rechnungseingang mit Bezug auf einen Wareneingang und Rechnungseingang ohne Bezug.

Rechnungsprüfung Begriff für die Erfassung und Prüfung eingehender Rechnungen (Kreditorenrechnungen). Bei der Rechnungsprüfung werden Kreditorenrechnungen mit der Bestellung und dem Wareneingang verglichen und nach drei Aspekten geprüft: Inhalt, Preis und Menge.

Restposten Posten, der die Differenzen ausweist, die beim Ausgleichen eines offenen Postens aufgetreten sind. Der Restposten wird auf das Konto vorgetragen, dessen offene Posten bearbeitet wurden.

Sachkontenstammsatz Datensatz, der Informationen enthält, die das Erfassen von Daten auf ein Sachkonto und die Verwaltung dieses Kontos steuern. Dazu zählt u. a. die Währung, in der ein Konto geführt wird.

Saldenbestätigung Verfahren, bei dem dem Geschäftspartner die Beträge, die er bestätigen soll, im Einzelnen mitgeteilt werden. Sie bitten den Geschäftspartner um eine Bestätigung, unabhängig davon, ob Übereinstimmung besteht oder nicht.

Saldovortrag Am Ende des Geschäftsjahrs werden die Salden aller Bilanzpositionen vom Vorjahr als Anfangssaldo in das neue Jahr übertragen. Statistische Positionen können bei Bedarf vorgetragen werden. Für Positionen der Gewinn- und Verlustrechnung erfolgt die Steuerung des Vortrags über Fixpositionen bzw. spezielle Positionen. Dies gilt insbesondere für den Vortrag des Bilanzgewinns bei Abbildung der Gewinnverwendung im Anschluss an die Gewinn- und Verlustrechnung. Die Bewegungsarten der Konsolidierung werden auf ihre zugeordneten Vortragsbewegungsarten vorgetragen.

SAPscript Werkzeug im SAP-System für das Textmanagement und den Formulardruck. SAPscript besteht aus fünf Komponenten: einem Editor zum Erfassen und Bearbeiten der Zeilen eines Textes, Stilen und Formularen zur Gestaltung der Druckaufbereitung, einem Composer als zentralem Modul für die Ausgabeaufbereitung, einer Programmierschnittstelle zur Einbindung von SAPscript-Komponenten in eigene Anwendungsprogramme und zur programmgesteuerten Ausgabe über Formulare sowie verschiedenen Datenbanktabellen zur Speicherung von Texten, Stilen und Formularen.

Schedule Manager Ermöglicht und vereinfacht mithilfe umfassender Automatisierung die Definition, Planung, Ausführung und Kontrolle periodisch wiederkehrender Aufgaben, wie z. B. Periodenabschlüsse.

Segment Geschäftszweig eines Unternehmens, für den eine externe Berichterstattung erstellt werden kann. Ein Segment kann in den Stammsatz eines Profit-Centers eintragen werden. Damit wird beim Buchen das Segment aus dem kontierten Profit-Center abgeleitet.

Sekundärkostenart Kostenart, die zur Verrechnung von Kosten im Rahmen der innerbetrieblichen Leistungsverrechnung dient. Diese Kostenarten haben keine Entsprechung in der Finanzbuchhaltung, d. h., sie werden ausschließlich in der Kostenrechnung verwendet und dürfen in der Finanzbuchhaltung nicht als Konto vorhanden sein.

SEPA (Single Euro Payments Area) Bezeichnet im Bankwesen das Projekt eines europaweit einheitlichen Zahlungsraums für Transaktionen in *Euro*. In diesem Zahlungsraum sollen für Kunden keine Unterschiede mehr zwischen nationalen und grenzüberschreitenden Zahlungen erkennbar sein.

Skonto Nachlass für Zahlungen, wenn sie innerhalb einer bestimmten Frist erfolgen.

Sonderhauptbuchkennzeichen Kennzeichen, das einen Sonderhauptbuchvorgang identifiziert. Zu den Sonderhauptbuchvorgängen zählen z. B. Anzahlungen oder Wechsel.

Sonderhauptbuchvorgang Spezieller Vorgang in der Debitoren- und Kreditorenbuchhaltung, der im Haupt- und Nebenbuch gesondert ausgewiesen wird. Dazu zählen u. a. Wechsel, Anzahlungen und Bürgschaften.

Sonderperiode Spezielle Buchungsperiode, die die letzte reguläre Buchungsperiode für Abschlussarbeiten unterteilt.

Spezielle Ledger Anwendung, mit der kundendefinierte Ledger (Bücher) zum Zweck des Berichtswesens geführt wer-

den. Die kundendefinierten Ledger können mit beliebigen Kontierungsbegriffen als Haupt- oder Nebenbücher geführt werden. Kontierungsbegriffe können SAP-Dimensionen aus den verschiedenen Anwendungen und kundeneigene Dimensionen sein.
Beispiel: SAP-Dimension: Konto, Geschäftsbereich, Profit-Center. Kundendefinierte Dimension: Region.

Standardhierarchie Baumstruktur zur Gliederung aller zu einem Kostenrechnungskreis gehörenden Kostenstellen aus Sicht des Management Accountings. Die Zuordnung einer Kostenstelle zu einem Endknoten der Standardhierarchie erfolgt bei der Stammdatenbearbeitung der Kostenstelle oder bei der Unternehmensorganisation. So ist gewährleistet, dass in der Standardhierarchie alle Kostenstellen eines Kostenrechnungskreises zusammengefasst sind. Beim Anlegen eines Kostenrechnungskreises legen Sie den Namen für den obersten Knoten der Standardhierarchie dieses Kostenrechnungskreises fest.

Steuerkennzeichen Zweistelliges Kennzeichen, das Informationen zur Berechnung und zum Ausweis der Umsatzsteuer repräsentiert. Mit dem Steuerkennzeichen wird Folgendes festgelegt: Höhe des Steuersatzes, Art der Steuer (Vorsteuer oder Ausgangssteuer), Rechenart (vom Hundert oder im Hundert).

Substitution Prozess der Ersetzung von Werten bei der Eingabe dieser Werte in das SAP-System. Eingegebene Werte werden dabei mit einer vom Benutzer definierten booleschen Aussage (Voraussetzung) verglichen. Wenn die Aussage wahr ist, werden die betreffenden Werte ersetzt. Die Substitution wird durchgeführt, bevor die Daten in die Datenbank geschrieben werden.

SWIFT-Code (Society for Worldwide Interbank Financial Telecommunication) Im internationalen Zahlungsverkehr ist über diesen weltweit eindeutigen Code eine Identifikation der Bank ohne Angaben von Adresse und Bankleitzahl möglich. Die Angabe des SWIFT-Codes ist vor allem für den automatischen Zahlungsverkehr von Bedeutung.

Teilauszahlung Zahlung, bei der der ausstehende Rechnungsbetrag nur teilweise beglichen wird.

Toleranz Akzeptierte Abweichung von vorgegebenen Werten.

Umsatzkostenverfahren Art der Erfolgsrechnung, bei der den Umsatzerlösen die Kosten bzw. Aufwendungen der zur Erzielung der Umsatzerlöse erbrachten Leistungen (= Umsatzkosten) gegenübergestellt werden. Die Aufwendungen werden vorrangig auf die betrieblichen Funktionsbereiche verteilt, z. B. Herstellung, Verwaltung, Vertrieb, Forschung und Entwicklung. Durch die funktionale Gliederung zeigt das Umsatzkostenverfahren, wofür im Unternehmen Kosten entstanden sind. Es stellt somit den wirtschaftlichen Zweck des Aufwands dar.

Validierung Prozess der Überprüfung von Werten und Wertkombinationen bei der Eingabe dieser Werte in das SAP-System. Eingegebene Werte werden dabei mit einer vom Benutzer definierten booleschen Aussage (Voraussetzung) verglichen. Wenn die Aussage wahr ist, validiert das System die Daten mithilfe einer zweiten booleschen Aussage (Prüfaussage). Wenn die Prüfaussage wahr ist, werden die Daten gebucht. Wenn die Prüfaussage falsch ist, gibt das System eine vom Benutzer definierte Nachricht aus. Ob die Buchung ausgeführt werden kann, hängt vom Typ der ausgegebenen Nachricht ab. Die Validierung wird vor der Buchung durchgeführt, damit nur gültige Daten gebucht werden können.

Verbindlichkeiten Summe der sowohl dem Grund als auch der Höhe und Fälligkeit nach feststehenden Schulden eines Unternehmens (Verbindlichkeiten gegenüber Banken, Lieferanten, aus Kundenanzahlungen etc.).

Verkaufsorganisation Organisatorische Einheit der Logistik, die das Unternehmen nach den Erfordernissen des Vertriebs gliedert. Eine Verkaufsorganisation ist verantwortlich für den Vertrieb von Materialien und Leistungen.

Vorerfasster Beleg Ein unvollständiger Beleg kann vorübergehend im SAP-System gespeichert und später gebucht werden; die Buchung kann vom selben oder einem anderen Benutzer vorgenommen werden.

Vorsteuer Steuer, die vom Kreditor in Rechnung gestellt wird. Der abzugsfähige Teil der Vorsteuer kann gegenüber den Finanzbehörden geltend gemacht werden.

Wareneingang Begriff, der in der Bestandsführung verwendet wird, um den Eingang von Gütern oder Waren in den Bestand zu schreiben. Im SAP-System wird zwischen den folgenden Wareneingangsarten unterschieden: Wareneingang mit Bezug zu einer Bestellung, Wareneingang mit Bezug zu einem Fertigungsauftrag und andere Wareneingänge (ohne Bezug).

Wareneingang/Rechnungseingang Analyse und Umbuchung Mit diesem Programm (RFWEREOO) werden Waren- und Rechnungseingänge analysiert und Korrekturbuchungen erzeugt, um die Geschäftsvorfälle in der Bilanz korrekt darzustellen.

WE/RE-Konto (Wareneingangs-/Rechnungseingangs-Verrechnungskonto) Dieses Sachkonto enthält Buchungen für eingegangene, aber noch nicht berechnete Waren sowie Buchungen für berechnete, aber noch nicht eingegangene Waren.

Wechsel Zahlungsversprechen in Form eines vom ursprünglichen Rechtsgeschäft losgelösten, abstrakten Zahlungspapiers.

XBRL (eXtensible Business Reporting Language) Eine auf XML basierende Sprache, mit der elektronische Dokumente im Bereich »Finanzberichterstattung« erstellt werden. Insbesondere werden Jahresabschlüsse in dieser Sprache generiert.

Zahlungsbedingungen Sind als vierstellige alphanumerische Schlüssel definiert. Das SAP-System wird mit den üblichen Zahlungsbedingungsschlüsseln geliefert, bei der Konfiguration können jedoch weitere Zahlungsbedingungen definiert werden. Jede Bedingung besteht aus bis zu drei möglichen

Kombinationen aus Fälligkeitsdatum und Skontoprozentsätzen.

Zahlungsprogramm Programm zum Vornehmen der Zahlungen in den Zahlungsanordnungen. Das Zahlungsprogramm generiert Belege, die entweder von den Zahlungsträgerprogrammen zur Erzeugung von Zahlungsformularen und -listen verwendet werden oder in der Finanzbuchhaltung zu Buchungen auf den Zahlungsabwicklungskonten führen.

Zahlungssperre Kennzeichnung, die es ermöglicht, ein Konto oder einzelne Posten zum Zahlen zu sperren. Die Zahlungssperre wird im Stammsatz des Geschäftspartners oder in der Belegposition vermerkt.

Zuordnungsfeld Ein Zuordnungsfeld ist ein zusätzliches Referenzfeld für Positionen. Es ist in jeder gebuchten Position enthalten. Über den Inhalt dieses Feldes können die Positionen im Positionsverzeichnis sortiert werden. Das Feld wird entweder automatisch (Sortierschlüssel im Stammsatz) oder manuell (Eingabe in Belegposition) gefüllt.

B Menüpfade

B.1 Kapitel 2 – Einstieg in SAP ERP

B.1.1 ABAP Editor

- Systemmenü: System • Dienste • Reporting (Transaktion SE38)

B.1.2 Batch-Input

- Systemmenü: System • Dienste • Batch-Input • Mappen (Transaktion SM35)

B.2 Kapitel 3 – Organisationseinheiten und Definitionen

B.2.1 Buchungskreis

- Unternehmensstruktur • Definition • Finanzwesen • Buchungskreis bearbeiten, kopieren, löschen, prüfen • Aktivität: Buchungskreis kopieren, löschen, prüfen (Transaktion EC01)
- Unternehmensstruktur • Definition • Finanzwesen • Buchungskreis bearbeiten, kopieren, löschen, prüfen • Aktivität: Buchungskreisdaten bearbeiten
- Finanzwesen (neu) • Grundeinstellungen Finanzwesen (neu) • Globale Parameter prüfen und ergänzen
- Finanzwesen (neu) • Hauptbuchhaltung (neu) • Stammdaten • Sachkonten • Vorarbeiten • Buchungskreis einem Kontenplan zuordnen (Transaktion OB62)

B.2.2 Kontenplan

- Finanzwesen (neu) • Hauptbuchhaltung (neu) • Stammdaten • Sachkonten • Vorarbeiten • Kontenplanverzeichnis bearbeiten (Transaktion OB13)

B.2.3 Geschäftsjahr

- Finanzwesen (neu) • Grundeinstellungen Finanzwesen (neu) • Bücher • Geschäftsjahr und Buchungsperioden • Geschäftsjahresvariante pflegen (Rumpfgeschäftsjahr pflegen) (Transaktion OB29)
- Unternehmensstruktur • Definition • Controlling • Kostenrechnungskreis pflegen (Transaktion OX06)
- Controlling • Controlling Allgemein • Organisation • Kostenrechnungskreis pflegen (Transaktion OKKP)
- Controlling • Profit-Center-Rechnung • Grundeinstellungen • Einstellungen für den Kostenrechnungskreis • Durchbuchungen aktivieren • Steuerungsparameter Istdaten einstellen (Transaktion 1KEF)

B.2.4 Profit-Center

- Controlling • Profit-Center-Rechnung • Grundeinstellungen • Einstellungen für den Kostenrechnungskreis • Einstellungen für den Kostenrechnungskreis pflegen (Transaktion 0KE5)
- Controlling • Profit-Center-Rechnung • Stammdaten • Profitcenter • Dummy-Profitcenter anlegen (Transaktion KE59)Controlling • Profit-Center-Rechnung • Stammdaten • Profitcenter • Standardhierarchie pflegen
- Controlling • Profit-Center-Rechnung • Stammdaten • Profitcenter • Profit Center definieren
- Controlling • Profit-Center-Rechnung • Stammdaten • Profitcenter • Profitcenter definieren • Aktivität: EC-PCA: Anlegen Profit Center (Transaktion KE51)
- Controlling • Profit-Center-Rechnung • Grundeinstellungen • Einstellungen für den Kostenrechnungskreis • Durchbuchungen aktivieren • Steuerungsparameter Istdaten Einstellen (Transaktion 1KEF)
- Controlling • Profit-Center-Rechnung • Istbuchungen • Zusätzliche Bilanz- und GuV-Konten auswählen • Konten auswählen (Transaktion 3KEH)
- Finanzwesen (neu) • Grundeinstellungen Finanzwesen (neu) • Bücher • Ledger • Szenarios und kundeneigene Felder Ledgern zuordnen

- Finanzwesen (neu) • Hauptbuchhaltung (neu) • Geschäftsvorfälle • Belegaufteilung • Belegaufteilungsmerkmale für Hauptbuchhaltung definieren
- Finanzwesen (neu) • Hauptbuchhaltung (neu) • Geschäftsvorfälle • Belegaufteilung • Belegaufteilung aktivieren
- Finanzwesen (neu) • Hauptbuchhaltung (neu) • Stammdaten • Profitcenter • Profitcenter-Standardhierarchie im Kostenrechnungskreis anlegen
- Finanzwesen (neu) • Hauptbuchhaltung (neu) • Stammdaten • Profitcenter • Standardhierarchie definieren (Transaktion KCH4)
- Finanzwesen (neu) • Hauptbuchhaltung (neu) • Stammdaten • Profitcenter • Vorschlagsprofitcenter Konten zuordnen (Transaktion 3KEH)
- Finanzwesen (neu) • Hauptbuchhaltung (neu) • Stammdaten • Profitcenter • Zuordnungen von Kontierungsobjekten zu Profitcentern • Zuordnungen überprüfen (Transaktion 1KE4)

B.2.5 Sonstige Organisationseinheiten

- Unternehmensstruktur • Definition • Finanzwesen • Gesellschaft definieren
- Unternehmensstruktur • Definition • Finanzwesen • Kreditkontrollbereich definieren
- Unternehmensstruktur • Zuordnung • Finanzwesen • Buchungskreis • Kreditkontrollbereich zuordnen
- Unternehmensstruktur • Definition • Finanzwesen • Geschäftsbereich definieren
- Unternehmensstruktur • Definition • Finanzwesen • Segment definieren
- Finanzwesen • Grundeinstellungen Finanzwesen • Buchungskreis • Umsatzkostenverfahren • Funktionsbereich • Funktionsbereich definieren
- Finanzwesen • Grundeinstellungen Finanzwesen • Buchungskreis • Umsatzkostenverfahren • Umsatzkostenverfahren zur Vorbereitung aktivieren
- Finanzwesen • Grundeinstellungen Finanzwesen • Buchungskreis • Umsatzkostenverfahren • Umsatzkostenverfahren aktivieren

- Finanzwesen • Grundeinstellungen Finanzwesen • Buchungskreis • Umsatzkostenverfahren • Ledger für Umsatzkostenverfahren einrichten

B.3 Kapitel 4 – Globale Einstellungen im SAP-Finanzwesen

B.3.1 Neue Hauptbuchhaltung

- Finanzwesen • Grundeinstellungen Finanzwesen • Neue Hauptbuchhaltung aktivieren

B.3.2 Ledger

- Finanzwesen (neu) • Grundeinstellungen Finanzwesen (neu) • Bücher • Ledger • Ledger der Hauptbuchhaltung definieren
- Finanzwesen (neu) • Grundeinstellungen Finanzwesen (neu) • Bücher • Ledger • Szenarios und kundeneigene Felder Ledgern zuordnen
- Finanzwesen (neu) • Grundeinstellungen Finanzwesen (neu) • Bücher • Felder • Kundeneigene Felder • Kontierungsblock bearbeiten (Transaktion OXK3)
- Finanzwesen (neu) • Grundeinstellungen Finanzwesen (neu) • Bücher • Felder • Kundeneigene Felder • Felder in Summentabelle aufnehmen (Transaktion FAGL_GINS)
- Finanzwesen (neu) • Grundeinstellungen Finanzwesen (neu) • Bücher • Ledger • Szenarios und kundeneigene Felder Ledgern zuordnen
- Finanzwesen (neu) • Grundeinstellungen Finanzwesen (neu) • Bücher • Felder • kundeneigene Felder • kundeneigene Felder in Enjoy-Transaktionen aufnehmen
- Finanzwesen (neu) • Grundeinstellungen Finanzwesen (neu) • Bücher • Ledger • Umsatzkostenverfahren aktivieren
- Finanzwesen (neu) • Grundeinstellungen Finanzwesen (neu) • Bücher • Ledger • Ledger-Gruppe definieren
- Finanzwesen (neu) • Grundeinstellungen Finanzwesen (neu) • Bücher • Parallele Rechnungslegung • Rechnungslegungsvorschriften definieren

- Finanzwesen (neu) • Grundeinstellungen Finanzwesen (neu) • Bücher • Parallele Rechnungslegung • Rechnungslegungsvorschrift Ledger-Gruppen zuordnen

B.3.3 Beleg

- Finanzwesen (neu) • Grundeinstellungen Finanzwesen (neu) • Bücher • Felder • Feldstatusvarianten definieren
- Finanzwesen (neu) • Grundeinstellungen Finanzwesen (neu) • Beleg • Belegarten
- Finanzwesen (neu) • Grundeinstellungen Finanzwesen (neu) • Beleg • Belegnummernkreise
- Finanzwesen (neu) • Grundeinstellungen Finanzwesen (neu) • Beleg • Buchungsschlüssel definieren (Transaktion OB41)
- Finanzwesen (neu) • Grundeinstellungen Finanzwesen (neu) • Beleg • Belegänderungsregeln • Belegänderungsregeln
- Finanzwesen (neu) • Grundeinstellungen Finanzwesen (neu) • Beleg • Toleranzgruppen • Toleranzgruppen für Mitarbeiter definieren
- Finanzwesen (neu) • Grundeinstellungen Finanzwesen (neu) • Beleg • Toleranzgruppen • Benutzer/Toleranzgruppen zuordnen
- Finanzwesen (neu) • Grundeinstellungen Finanzwesen (neu) • Bücher • Felder • Feldstatusvarianten definieren
- Finanzwesen (neu) • Grundeinstellungen Finanzwesen (neu) • Beleg • Texte für Belegpositionen hinterlegen
- Finanzwesen (neu) • Grundeinstellungen Finanzwesen (neu) • Beleg • Vorschlagswerte • Vorschlagswerte definieren
- Finanzwesen (neu) • Grundeinstellungen Finanzwesen (neu) • Beleg • Vorschlagswerte • Nachrichtensteuerung für Belegbearbeitung ändern

B.3.4 Umsatzsteuer

- Finanzwesen (neu) • Grundeinstellungen Finanzwesen (neu) • Umsatzsteuer • Grundeinstellungen • Kalkulationsschemata prüfen

- Finanzwesen (neu) • Grundeinstellungen Finanzwesen (neu) • Umsatzsteuer • Grundeinstellungen • Land Kalkulationsschema zuordnen
- Finanzwesen (neu) • Grundeinstellungen Finanzwesen (neu) • Umsatzsteuer • Berechnung • Umsatzsteuerkennzeichen definieren
- Finanzwesen (neu) • Grundeinstellungen Finanzwesen (neu) • Umsatzsteuer • Buchung • Steuerkonten hinterlegen (Transaktion OB40)
- Finanzwesen (neu) • Grundeinstellungen Finanzwesen (neu) • Umsatzsteuer • Buchung • Konto für Kursdifferenzbuchung hinterlegen (Transaktion OBYY)
- Finanzwesen (neu) • Grundeinstellungen Finanzwesen (neu) • Umsatzsteuer • Buchung • Steuerkennzeichen f. nicht steuerrelevante Vorgänge zuordnen (Transaktion OBCL)

B.3.5 Validierung und Substitution

- Finanzwesen (neu) • Grundeinstellungen Finanzwesen (neu) • Werkzeuge • Validierung/Substitution • Validierung in Buchhaltungsbelegen (Transaktion OB28)
- Finanzwesen (neu) • Grundeinstellungen Finanzwesen (neu) • Werkzeuge • Validierung/Substitution • Substitution in Buchhaltungsbelegen (Transaktion OBBH)

B.3.6 Korrespondenz

- Finanzwesen (neu) • Grundeinstellungen Finanzwesen (neu) • Korrespondenz • Korrespondenzarten
- Finanzwesen (neu) • Grundeinstellungen Finanzwesen (neu) • Korrespondenz • SAPscript-basierte Formulare
- Finanzwesen (neu) • Grundeinstellungen Finanzwesen (neu) • Korrespondenz • PDF-basierte Formulare

B.4 Kapitel 5 – Das neue Hauptbuch

B.4.1 Stammdaten

- Finanzwesen (neu) • Hauptbuchhaltung • Stammdaten • Sachkonten • Vorarbeiten • Kontengruppe definieren (Transaktion OBD4)
- Finanzwesen (neu) • Hauptbuchhaltung • Stammdaten • Sachkonten • Vorarbeiten • Ergebnisvortragskonto festlegen (Transaktion OB53)

B.4.2 Enjoy-Transaktionen

- Finanzwesen (neu) • Hauptbuchhaltung • Geschäftsvorfälle • Sachkontenbuchung Enjoy • Belegarten für Enjoy-Transaktionen definieren
- Finanzwesen (neu) • Hauptbuchhaltung • Geschäftsvorfälle • Sachkontenbuchung Enjoy • Buchungsschlüssel für Sachkontenbuchung hinterlegen (Transaktion OBX1)

B.4.3 Belegaufteilung

- Finanzwesen (neu) • Hauptbuchhaltung • Geschäftsvorfälle • Belegaufteilung • Belegaufteilung aktivieren
- Finanzwesen (neu) • Hauptbuchhaltung • Geschäftsvorfälle • Belegaufteilung • Sachkonten für Belegaufteilung klassifizieren
- Finanzwesen (neu) • Hauptbuchhaltung • Geschäftsvorfälle • Belegaufteilung • Belegarten für Belegaufteilung klassifizieren
- Finanzwesen (neu) • Hauptbuchhaltung • Geschäftsvorfälle • Belegaufteilung • Erweiterte Belegaufteilung • Geschäftsvorfallvarianten definieren
- Finanzwesen (neu) • Hauptbuchhaltung • Geschäftsvorfälle • Belegaufteilung • Saldo-Null-Verrechnungskonto definieren (Transaktion GSP_KD)
- Finanzwesen (neu) • Hauptbuchhaltung • Geschäftsvorfälle • Belegaufteilung • Belegaufteilungsmerkmale für Hauptbuchhaltung definieren
- Finanzwesen (neu) • Hauptbuchhaltung • Geschäftsvorfälle • Belegaufteilung • Konstante für nicht zugeordnete Prozesse bearbeiten

- Finanzwesen (neu) • Hauptbuchhaltung • Geschäftsvorfälle • Belegaufteilung • Belegaufteilung aktivieren

B.4.4 Ausgleich

- Finanzwesen (neu) • Hauptbuchhaltung • Geschäftsvorfälle • Ausgleich offener Posten
- Finanzwesen (neu) • Hauptbuchhaltung • Geschäftsvorfälle • Ausgleich offener Posten • Maschinelles Ausgleichen vorbereiten

B.4.5 Accrual Engine • manuelle Abgrenzung

- Finanzwesen (neu) • Hauptbuchhaltung • Geschäftsvorfälle • Manuelle Abgrenzungen • Grundeinstellungen • Buchungskreise zuordnen
- Finanzwesen (neu) • Hauptbuchhaltung • Geschäftsvorfälle • Manuelle Abgrenzungen • Grundeinstellungen • Rechnungslegungsvorschriften • Rechnungslegungsvorschrift zu Buchungskreis zuordnen
- Finanzwesen (neu) • Hauptbuchhaltung • Geschäftsvorfälle • Manuelle Abgrenzungen • Grundeinstellungen • Abgrenzungsarten definieren
- Finanzwesen (neu) • Hauptbuchhaltung • Geschäftsvorfälle • Manuelle Abgrenzungen • Grundeinstellungen • Technische Einstellungen • Abgrenzungsobjekte • Abgrenzungsobjekttypen • Abgrenzungsobjekttypen definieren
- Finanzwesen (neu) • Hauptbuchhaltung • Geschäftsvorfälle • Manuelle Abgrenzungen • Grundeinstellungen • Technische Einstellungen • Abgrenzungsobjekte • Nummernkreise für Abgrenzungsobjekte definieren (Transaktion ACAC_NUMOBJ)
- Finanzwesen (neu) • Hauptbuchhaltung • Geschäftsvorfälle • Manuelle Abgrenzungen • Abgrenzungsberechnung • Abgrenzungsmethoden • Funktionsbausteine für Abgrenzungsmethoden entwickeln
- Finanzwesen (neu) • Hauptbuchhaltung • Geschäftsvorfälle • Manuelle Abgrenzungen • Abgrenzungsberechnung • Abgrenzungsmethoden • Abgrenzungsmethoden definieren
- Finanzwesen (neu) • Hauptbuchhaltung • Geschäftsvorfälle • Manuelle Abgrenzungen • Abgrenzungsbuchung • Buchungssteuerung definieren

- Finanzwesen (neu) • Hauptbuchhaltung • Geschäftsvorfälle • Manuelle Abgrenzungen • Abgrenzungsbuchung • Kontenfindung • Einfache Kontenfindung • Regelwerk definieren (Transaktion ACEA-DET)

B.4.6 Buchungsperioden öffnen und schließen

- Finanzwesen (neu) • Grundeinstellungen Finanzwesen (neu) • Bücher • Geschäftsjahr und Buchungsperioden • Buchungsperioden • Buchungsperioden öffnen und schließen

B.4.7 Bewertung

- Finanzwesen (neu) • Hauptbuchhaltung (neu) • Periodische Arbeiten • Bewerten • Bewertungsmethoden definieren
- Finanzwesen (neu) • Hauptbuchhaltung (neu) • Periodische Arbeiten • Bewerten • Bewertungsbereiche definieren
- Finanzwesen (neu) • Hauptbuchhaltung (neu) • Periodische Arbeiten • Bewerten • Fremdwährungsbewertung • Automatische Buchungen für Fremdwährungsbewertung vorbereiten (Transaktion OBA1)

B.4.8 Umgliederung

- Finanzwesen (neu) • Hauptbuchhaltung (neu) • Periodische Arbeiten • Umgliedern • Korrekturkonten für WE/RE-Verrechnung hinterlegen (Transaktion OBYP)

B.4.9 Bilanz- und GuV-Struktur

- Finanzwesen (neu) • Hauptbuchhaltung (neu) • Periodische Arbeiten • Dokumentieren • Bilanz-/GuV-Strukturen definieren

B.4.10 Umsatzsteuervoranmeldung

- Finanzwesen (neu) • Hauptbuchhaltung (neu) • Periodische Arbeiten • Melden • Elektronische Behördenkommunikation
- Finanzwesen (neu) • Hauptbuchhaltung (neu) • Periodische Arbeiten • Melden • Umsatzsteuermeldung

B.5 Kapitel 6 – Das klassische Hauptbuch

B.5.1 Parallele Rechnungslegung

- Finanzwesen • Grundeinstellungen Finanzwesen • Buchungskreis • Parallele Rechnungslegung • Bewertungsbereiche definieren

B.5.2 Abschlussarbeiten

- Finanzwesen • Hauptbuchhaltung • Geschäftsvorfälle • Abschluss • Umgliedern • Konten für Nachbelastung hinterlegen (Transaktion OBXM)
- Finanzwesen • Hauptbuchhaltung • Geschäftsvorfälle • Abschluss • Bewerten • Fremdwährungsbewertung • Automatische Buchungen für Fremdwährungsbewertung vorber. (Transaktion OBA1)
- Finanzwesen • Hauptbuchhaltung • Geschäftsvorfälle • Abschluss • Bewerten • Fremdwährungsbewertung • Bewertungsmethoden definieren (Transaktion OB59)
- Finanzwesen • Hauptbuchhaltung • Geschäftsvorfälle • Abschluss • Bewerten • Abzinsung langlaufender Forderungen, Verbindlichkeiten und Rückstellungen • Berechnungsmethode definieren (Transaktion F107_PROVMETH)
- Finanzwesen • Hauptbuchhaltung • Geschäftsvorfälle • Abschluss • Bewerten • Abzinsung langlaufender Forderungen, Verbindlichkeiten und Rückstellungen • Konten hinterlegen (Transaktion OBB0)
- Finanzwesen • Hauptbuchhaltung • Geschäftsvorfälle • Abschluss • Umgliedern • Umbuchen und Rastern der Forderungen und Verbindlichkeiten

B.6 Kapitel 8 – Debitorenbuchhaltung

B.6.1 Stammdaten

- Finanzwesen (neu) • Debitoren- und Kreditorenbuchhaltung • Debitorenkonten • Stammdaten • Anlegen der Debitorenstammdaten vorbereiten • Kontengruppe mit Bildaufbau definieren (Debitoren)
- Finanzwesen (neu) • Debitoren- und Kreditorenbuchhaltung • Debitorenkonten • Stammdaten • Anlegen der Debitorenstammda-

ten vorbereiten • Nummernkreise für Debitorenkonten anlegen (Transaktion XDN1)

- Finanzwesen (neu) • Debitoren- und Kreditorenbuchhaltung • Debitorenkonten • Stammdaten • Anlegen der Debitorenstammdaten vorbereiten • Nummernkreise den Kontengruppen für Debitoren zuordnen
- Finanzwesen (neu) • Debitoren- und Kreditorenbuchhaltung • Debitorenkonten • Stammdaten • Anlegen der Debitorenstammdaten vorbereiten • Bildaufbau pro Aktivität definieren (Debitoren)
- Finanzwesen (neu) • Debitoren- und Kreditorenbuchhaltung • Debitorenkonten • Stammdaten • Matchcode • Matchcodes für Debitoren pflegen (Transaktion OB49)

B.6.2 Enjoy-Transaktionen

- Finanzwesen (neu) • Debitoren- und Kreditorenbuchhaltung • Geschäftsvorfälle • Rechnungsausgang/Gutschriftausgang • Rechnungsausgang/Gutschriftausgang Enjoy • Belegarten für Enjoy-Transaktionen definieren
- Finanzwesen (neu) • Debitoren- und Kreditorenbuchhaltung • Geschäftsvorfälle • Rechnungsausgang/Gutschriftausgang • Rechnungsausgang/Gutschriftausgang Enjoy • Steuerkennzeichen pro Vorgang definieren (Transaktion OBZT)
- Finanzwesen (neu) • Debitoren- und Kreditorenbuchhaltung • Geschäftsvorfälle • Rechnungsausgang/Gutschriftausgang • Rechnungsausgang/Gutschriftausgang Enjoy • Buchungsschlüssel für Rechnungs-/Gutschriftseingang hinterlegen

B.6.3 Zahlungsbedingungen

- Finanzwesen (neu) • Debitoren- und Kreditorenbuchhaltung • Geschäftsvorfälle • Rechnungsausgang/Gutschriftausgang • Zahlungsbedingungen pflegen (Transaktion OBXJ)
- Finanzwesen (neu) • Debitoren- und Kreditorenbuchhaltung • Geschäftsvorfälle • Rechnungsausgang/Gutschriftausgang • Zahlungsbedingungen für Raten definieren (Transaktion OBB9)

B.6.4 Ausgleich

- Finanzwesen (neu) • Debitoren- und Kreditorenbuchhaltung • Geschäftsvorfälle • Ausgleich offener Posten • Buchungsschlüssel für Ausgleich (OP) hinterlegen (Transaktion OBXH)
- Finanzwesen (neu) • Debitoren- und Kreditorenbuchhaltung • Debitorenkonten • Einzelposten • Bearbeitung der offenen Posten • Zeilenaufbau definieren (Transaktion O7Z4D)
- Finanzwesen (neu) • Debitoren- und Kreditorenbuchhaltung • Debitorenkonten • Einzelposten • Bearbeitung der offenen Posten • Standard-Zeilenaufbau auswählen (Transaktion O7V3)
- Finanzwesen (neu) • Debitoren- und Kreditorenbuchhaltung • Geschäftsvorfälle • Ausgleich offener Posten • Maschinelles Ausgleichen vorbereiten

B.6.5 Kreditmanagement

- Finanzwesen (neu) • Debitoren- und Kreditorenbuchhaltung • Kreditmanagement • Kreditkontrollkonto • Zuordnung Buchungskreis • Erlaubte Kreditkontrollbereiche
- Finanzwesen (neu) • Debitoren- und Kreditorenbuchhaltung • Kreditmanagement • Kreditkontrollkonto • Vorbereitende Einstellungen für Kreditmanagement durchführen
- Finanzwesen (neu) • Debitoren- und Kreditorenbuchhaltung • Kreditmanagement • Kreditkontrollkonto • Risikoklassen definieren
- Vertrieb • Grundfunktionen • Kreditmanagement/Risikomanagement • Kreditmanagement • Kreditgruppen definieren
- Vertrieb • Grundfunktionen • Kreditmanagement/Risikomanagement • Kreditmanagement • Zuordnung Verkaufsbelege und Lieferbelege vornehmen
- Vertrieb • Grundfunktionen • Kreditmanagement/Risikomanagement • Kreditmanagement • Automatische Kreditkontrolle festlegen
- Logistik Allgemein • Logistik-Informationssystem (LIS) • Logistics Data Warehouse • Fortschreibung • Fortschreibungssteuerung • Fortschreibung aktivieren

B.6.6 Sonderhauptbuchvorgänge

- Finanzwesen (neu) • Debitoren- und Kreditorenbuchhaltung • Geschäftsvorfälle • Erhaltene Anzahlung • Abstimmkonten für debitorische Anzahlungen hinterlegen (Transaktion OBXR)
- Finanzwesen (neu) • Debitoren- und Kreditorenbuchhaltung • Geschäftsvorfälle • Erhaltene Anzahlung • Konto für Steuerverrechnung hinterlegen (Transaktion OBXB)
- Finanzwesen (neu) • Debitoren- und Kreditorenbuchhaltung • Geschäftsvorfälle • Buchungen mit abweichendem Abstimmkonto • Sonstige Sonderhauptbuchvorgänge • Abweichendes Abstimmkonto für Debitoren hinterlegen (Transaktion OBXY)
- Finanzwesen (neu) • Debitoren- und Kreditorenbuchhaltung • Geschäftsvorfälle • Buchungen mit abweichendem Abstimmkonto • Sonstige Sonderhauptbuchvorgänge • Konten für automatische Gegenbuchung hinterlegen (Transaktion OBXS)

B.6.7 Mahnverfahren

- Finanzwesen (neu) • Debitoren- und Kreditorenbuchhaltung • Geschäftsvorfälle • Mahnen • Mahnverfahren • Mahnverfahren definieren (Transaktion FBMP)
- Finanzwesen (neu) • Debitoren- und Kreditorenbuchhaltung • Geschäftsvorfälle • Mahnen • Druck • Formulare definieren
- Finanzwesen (neu) • Debitoren- und Kreditorenbuchhaltung • Geschäftsvorfälle • Mahnen • Grundeinstellungen Mahnen • Mahnsperrgründe definieren

B.6.8 Verzinsung

- Finanzwesen (neu) • Debitoren- und Kreditorenbuchhaltung • Geschäftsvorfälle • Verzinsung • Grundeinstellungen Verzinsung • Verzinsungsarten definieren
- Finanzwesen (neu) • Debitoren- und Kreditorenbuchhaltung • Geschäftsvorfälle • Verzinsung • Zinsberechnung • Zeitabhängige Konditionen definieren
- Finanzwesen (neu) • Debitoren- und Kreditorenbuchhaltung • Geschäftsvorfälle • Verzinsung • Zinsberechnung • Referenzzinssätze definieren (Transaktion OBAC)

- Finanzwesen (neu) • Debitoren- und Kreditorenbuchhaltung • Geschäftsvorfälle • Verzinsung • Buchung der Zinsen • Debitoren Überfälligkeitsverzinsung (Transaktion OBV1)
- Finanzwesen (neu) • Debitoren- und Kreditorenbuchhaltung • Geschäftsvorfälle • Verzinsung • Buchung der Zinsen • Debitoren Saldenverzinsung (Transaktion OBV3)

B.6.9 Wertberichtigung und Verzinsung

- Finanzwesen (neu) • Debitoren- und Kreditorenbuchhaltung • Geschäftsvorfälle • Abschluß • Bewerten • Diverse Bewertungen • Wertberichtigungsschlüssel hinterlegen
- Finanzwesen (neu) • Debitoren- und Kreditorenbuchhaltung • Geschäftsvorfälle • Abschluß • Bewerten • Diverse Bewertungen • Konten hinterlegen (Transaktion OBBO)

B.7 Kapitel 9 – Kreditorenbuchhaltung

B.7.1 Stammdaten

- Finanzwesen (neu) • Debitoren- und Kreditorenbuchhaltung • Kreditorenkonten • Stammdaten • Anlegen der Debitorenstammdaten vorbereiten • Kontengruppe mit Bildaufbau definieren (Kreditoren)
- Finanzwesen (neu) • Debitoren- und Kreditorenbuchhaltung • Kreditorenkonten • Stammdaten • Anlegen der Kreditorenstammdaten vorbereiten • Nummernkreise für Kreditorenkonten anlegen (Transaktion XKN1)
- Finanzwesen (neu) • Debitoren- und Kreditorenbuchhaltung • Kreditorenkonten • Stammdaten • Anlegen der Kreditorenstammdaten vorbereiten • Nummernkreise den Kontengruppen für Kreditoren zuordnen
- Finanzwesen (neu) • Debitoren- und Kreditorenbuchhaltung • Kreditorenkonten • Stammdaten • Anlegen der Kreditorenstammdaten vorbereiten • Bildaufbau pro Aktivität definieren (Kreditoren)
- Finanzwesen (neu) • Debitoren- und Kreditorenbuchhaltung • Kreditorenkonten • Stammdaten • Anlegen der Kreditorenstammdaten vorbereiten • Sensible Felder für 4-Augen-Prinzip definieren (Kreditoren)

- Finanzwesen (neu) • Debitoren- und Kreditorenbuchhaltung • Kreditorenkonten • Stammdaten • Anlegen der Kreditorenstammdaten vorbereiten • Nachrichtensteuerung für Kreditorenstamm ändern
- Finanzwesen (neu) • Debitoren- und Kreditorenbuchhaltung • IBAN ohne Bankkontonummer aktivieren (Transaktion F_TIBAN_WO_ACCNO)

B.7.2 Zahlprogramm

- Finanzwesen (neu) • Bankbuchhaltung • Bankkonten • Hausbanken definieren (Transaktion FI12)
- Finanzwesen (neu) • Debitoren- und Kreditorenbuchhaltung • Geschäftsvorfälle • Zahlungsausgang • Zahlungsausgang automatisch • Zahlweg-/Bankenauswahl für Zahlprogramm • Zahlwege pro Land für Zahlungsverkehr einrichten
- Finanzwesen (neu) • Debitoren- und Kreditorenbuchhaltung • Geschäftsvorfälle • Zahlungsausgang • Zahlungsausgang automatisch • Zahlweg-/Bankenauswahl für Zahlprogramm • Zahlwege pro Buchungskreis für Zahlungsverkehr einrichten
- Finanzwesen (neu) • Debitoren- und Kreditorenbuchhaltung • Geschäftsvorfälle • Zahlungsausgang • Zahlungsausgang automatisch • Zahlungsträger • Zahlungsformulare definieren (Transaktion SE71)
- Finanzwesen (neu) • Debitoren- und Kreditorenbuchhaltung • Geschäftsvorfälle • Zahlungsausgang • Zahlungsausgang automatisch • Zahlweg-/Bankenauswahl für Zahlprogramm • Alle Buchungskreise für Zahlungsverkehr einrichten
- Finanzwesen (neu) • Debitoren- und Kreditorenbuchhaltung • Geschäftsvorfälle • Zahlungsausgang • Zahlungsausgang automatisch • Zahlweg-/Bankenauswahl für Zahlprogramm • Zahlwegzusätze
- Finanzwesen (neu) • Debitoren- und Kreditorenbuchhaltung • Geschäftsvorfälle • Zahlungsausgang • Zahlungsausgang automatisch • Zahlweg-/Bankenauswahl für Zahlprogramm • Zahlende Buchungskreise für Zahlungsverkehr einrichten
- Finanzwesen (neu) • Debitoren- und Kreditorenbuchhaltung • Geschäftsvorfälle • Zahlungsausgang • Zahlungsausgang automa-

tisch • Zahlweg-/Bankenauswahl für Zahlprogramm • Bankenfindung für Zahlungsverkehr einrichten

B.7.3 Korrespondenz

- Finanzwesen (neu) • Grundeinstellungen Finanzwesen (neu) • Korrespondenz • SAPscript-basierte Formulare • Formulare für Korrespondenz definieren (Transaktion SE71)
- Finanzwesen (neu) • Grundeinstellungen Finanzwesen (neu) • Korrespondenz • SAPscript-basierte Formulare • Formulare für Korrespondenz definieren (Transaktion SFP)
- Finanzwesen (neu) • Grundeinstellungen Finanzwesen (neu) • Korrespondenz • SAPscript-basierte Formulare • Formularnamen für Korrespondenzdruck
- Finanzwesen (neu) • Debitoren- und Kreditorenbuchhaltung • Geschäftsvorfälle • Abschluß • Zählen • Korrespondenz Saldenbestätigung • Rückantwortadressen für Saldenbestätigung hinterlegen

B.7.4 Umgliederung und Rasterung

- Finanzwesen (neu) • Hauptbuchhaltung (neu) • Periodische Arbeiten • Umgliedern • Umbuchen und Rastern der Forderungen und Verbindlichkeiten • Rastermethode definieren und Korrekturkonten Ford./Verb. (Transaktion OBBU)
- Finanzwesen (neu) • Hauptbuchhaltung (neu) • Periodische Arbeiten • Umgliedern • Umbuchen und Rastern der Forderungen und Verbindlichkeiten • Korrekturkonten für geänderte Abstimmkonten hinterlegen (Transaktion OBBW)

B.8 Kapitel 10 – Anlagenbuchhaltung

B.8.1 Bewertungsplan

- Finanzwesen (neu) • Anlagenbuchhaltung • Organisationsstrukturen • Referenzbewertungsplan/Bewertungsbereiche kopieren • Aktivität: Referenzbewertungsplan kopieren (Transaktion EC08)

B.8.2 Bewertungsbereiche

- Finanzwesen (neu) • Anlagenbuchhaltung • Bewertung allgemein • Bewertungsbereiche • Bewertungsbereiche definieren
- Finanzwesen (neu) • Anlagenbuchhaltung • Bewertung allgemein • Bewertungsbereiche • AHK-Wertübernahme festlegen
- Finanzwesen (neu) • Anlagenbuchhaltung • Bewertung allgemein • Bewertungsbereiche • Übernahme der Bewertungsparameter festlegen (Transaktion OABD)
- Finanzwesen (neu) • Anlagenbuchhaltung • Bewertung allgemein • Bewertungsbereiche • Bereiche für parallele Bewertung einrichten (Transaktion OADB_WZ)

B.8.3 Anlagenklassen

- Finanzwesen (neu) • Anlagenbuchhaltung • Organisationsstrukturen • Anlagenklassen • Anlagenklassen definieren (Transaktion OAOA)
- Finanzwesen (neu) • Anlagenbuchhaltung • Organisationsstrukturen • Anlagenklassen • Anlagenklassen zu Hauptbuchkonten generieren (Transaktion ANKL)
- Finanzwesen (neu) • Anlagenbuchhaltung • Organisationsstrukturen • Anlagenklassen • Kontenfindungen anlegen
- Finanzwesen (neu) • Anlagenbuchhaltung • Organisationsstrukturen • Anlagenklassen • Bildaufbauregeln anlegen
- Finanzwesen (neu) • Anlagenbuchhaltung • Organisationsstrukturen • Anlagenklassen • Nummernkreisintervalle definieren (Transaktion AS08)
- Finanzwesen (neu) • Anlagenbuchhaltung • Bewertung allgemein • Anlagenklassenbewertung bestimmen (Transaktion OAYZ)

B.8.4 Besondere Anlagen

- Finanzwesen (neu) • Anlagenbuchhaltung • Vorgänge • Aktivierung Anlagen im Bau • Abrechnungsprofile definieren und zuordnen
- Finanzwesen (neu) • Anlagenbuchhaltung • Bewertung allgemein • Betragsangaben (Buchungskreis/Bewertungsbereich) • GwG-Betrag und GwG-Anlagenklassen festlegen

B.8.5 Stammdaten

- Finanzwesen (neu) • Anlagenbuchhaltung • Stammdaten • Bildaufbau • Bildaufbau Anlagenstammdaten definieren
- Finanzwesen (neu) • Anlagenbuchhaltung • Stammdaten • Bildaufbau • Bildaufbau Anlagenbewertungsbereiche definieren (Transaktion AO21)
- Finanzwesen (neu) • Anlagenbuchhaltung • Stammdaten • Benutzerfelder
- Finanzwesen (neu) • Anlagenbuchhaltung • Stammdaten • Benutzerfelder • Schlüsselworte der Ordnungsbegriffe ändern
- Finanzwesen (neu) • Anlagenbuchhaltung • Stammdaten • Benutzerfelder • Ausprägung bewertungsplanabh. in Anlagenklasse hinterlegen (Transaktion ANK2)
- Finanzwesen (neu) • Anlagenbuchhaltung • Stammdaten • Anlagensuchhilfe pflegen (Transaktion OA11)

B.8.6 Validierung und Substitution

- Finanzwesen (neu) • Anlagenbuchhaltung • Stammdaten • Validierung definieren (Transaktion OACV)
- Finanzwesen (neu) • Anlagenbuchhaltung • Stammdaten • Substitution definieren
- Finanzwesen (neu) • Anlagenbuchhaltung • Integration mit dem Hauptbuch • Hauptbuchkonten zuordnen (Transaktion AO90)
- Finanzwesen (neu) • Anlagenbuchhaltung • Integration mit dem Hauptbuch • Vorsteuer für nicht steuerrelevante Zugänge zuordnen (Transaktion OBCL)
- Finanzwesen (neu) • Anlagenbuchhaltung • Integration mit dem Hauptbuch • Bilanzversion für Anlagenbereiche festlegen (Transaktion OAYN)

B.8.7 Belegarten festlegen

- Finanzwesen (neu) • Anlagenbuchhaltung • Integration mit dem Hauptbuch • Abschreibungen in das Hauptbuch buchen • Belegart für das Buchen der Abschreibung festlegen

- Finanzwesen (neu) • Anlagenbuchhaltung • Integration mit dem Hauptbuch • Bestände periodisch in das Hauptbuch buchen • Belegart für periodische Bestandsbuchung festlegen

B.8.8 Integration mit Hauptbuch und Controlling

- Finanzwesen (neu) • Anlagenbuchhaltung • Integration mit dem Hauptbuch • Abschreibungen in das Hauptbuch buchen • Periodizität/Kontierungsregeln festlegen (Transaktion OAYR)
- Finanzwesen (neu) • Anlagenbuchhaltung • Integration mit dem Hauptbuch • Mitzubuchende Kontierungsobjekte • Kontierungsobjekte aktivieren
- Finanzwesen (neu) • Anlagenbuchhaltung • Integration mit dem Hauptbuch • Mitzubuchende Kontierungsobjekte • Kontierungsarten für Kontierungsobjekte festlegen (Transaktion ACSET)

B.8.9 Bewegungsarten

- Finanzwesen (neu) • Anlagenbuchhaltung • Vorgänge • Bewegungsarten definieren

B.8.10 Abschreibung

- Finanzwesen (neu) • Anlagenbuchhaltung • Abschreibungen • Bewertungsmethoden • Abschreibungsschlüssel • Rechenmethoden • Methoden für AfA-Schlüssel pflegen
- Finanzwesen (neu) • Anlagenbuchhaltung • Abschreibungen • Bewertungsmethoden • Abschreibungsschlüssel • Abschreibungsschlüssel pflegen (Transaktion AFAMA)

B.8.11 Berichtswesen

- Finanzwesen (neu) • Anlagenbuchhaltung • Informationssystem • Sortiervarianten für Anlagenberichte definieren (Transaktion OAVI)
- Finanzwesen (neu) • Anlagenbuchhaltung • Informationssystem • Simulationsvarianten für Abschreibungsberichte definieren
- Finanzwesen (neu) • Anlagenbuchhaltung • Informationssystem • Anlagengitter • Gitterversionen definieren (Transaktion OA79)

B.9 Kapitel 11 – Bankbuchhaltung

B.9.1 Hausbanken

- Finanzwesen (neu) • Bankbuchhaltung • Bankkonten • Hausbanken definieren (Transaktion FI12)

B.9.2 Kassenbuch

- Finanzwesen (neu) • Bankbuchhaltung • Geschäftsvorfälle • Kassenbuch • Nummernkreisintervall für Kassenbuchbelege definieren (Transaktion FBCJC1)
- Finanzwesen (neu) • Bankbuchhaltung • Geschäftsvorfälle • Kassenbuch • Kassenbuch einrichten (Transaktion FBCJC0)
- Finanzwesen (neu) • Bankbuchhaltung • Geschäftsvorfälle • Kassenbuch • Geschäftsvorfälle anlegen, ändern, löschen (Transaktion FBCJC2)
- Finanzwesen (neu) • Bankbuchhaltung • Geschäftsvorfälle • Kassenbuch • Druckparameter für Kassenbuch einrichten (Transaktion FBCJC3)

B.9.3 Scheckeinreichung

- Finanzwesen (neu) • Bankbuchhaltung • Geschäftsvorfälle • Scheckeinreichung • Geschäftsvorgänge anlegen und zuordnen (Transaktion OT53)
- Finanzwesen (neu) • Bankbuchhaltung • Geschäftsvorfälle • Scheckeinreichung • Buchungsschlüssel und Buchungsregeln für Scheckeinreichung definieren
- Finanzwesen (neu) • Bankbuchhaltung • Geschäftsvorfälle • Scheckeinreichung • Varianten für Scheckeinreichung definieren (Transaktion OT45)

B.9.4 Elektronischer Kontoauszug

- Finanzwesen (neu) • Bankbuchhaltung • Geschäftsvorfälle • Zahlungsverkehr • Elektronischer Kontoauszug • Grundeinstellungen für den elektronischen Kontoauszug vornehmen

- Finanzwesen (neu) • Bankbuchhaltung • Geschäftsvorfälle • Zahlungsverkehr • Elektronischer Kontoauszug • Report- und Variantenauswahl definieren

B.10 Kapitel 12 – Optimierung der Abschlussarbeiten

B.10.1 Schedule Manager

- Anwendungsmenü: Rechnungswesen • Finanzwesen • Hauptbuch • Periodische Arbeiten • Schedule Manager (Transaktion SCMA)

B.10.2 Closing Cockpit

- Anwendungsmenü: Rechnungswesen • Finanzwesen • Hauptbuch • Periodische Arbeiten • Abschluss Cockpit • Vorlagen und Aufgabenpläne verwalten (Transaktion CLOCOC)

B.11 Kapitel 13 – GDPdU mithilfe des DART-Tools in SAP ERP

B.11.1 Grundeinstellungen im DART-Tool

- Anwendungsmenü: Werkzeuge • Administration • Verwaltung • Data Retention Tool (Transaktion FTW0)
- Anwendungsmenü: Werkzeuge • Administration • Verwaltung • Data Retention Tool • Konfiguration • Datenextrakte (Transaktion FTWP)

B.11.2 Daten extrahieren mittels DART-Tool

- Anwendungsmenü: Werkzeuge • Administration • Verwaltung • Data Retention Tool • Hilfsmittel • Daten extrahieren (Transaktion FTW1A)
- Anwendungsmenü: Werkzeuge • Administration • Verwaltung • Data Retention Tool • Hilfsmittel • Datenextrakt-Splitter (Transaktion S_P6D_40000027)

B.11.3 Datenextrakt-Views im Informationssystem des DART-Tools

- Anwendungsmenü: Werkzeuge • Administration • Verwaltung • Data Retention Tool • Informationssystem • Datenextrakt-Views (Transaktion FTWH)

B.12 Kapitel 14 – Berichtswesen im SAP-Finanzwesen

B.12.1 QuickViewer

- Systemmenü: System • Dienste • QuickViewer (Transaktion SQVI)

B.12.2 SAP Query

- Anwendungsmenü: Infosysteme • Ad-hoc-Berichte • SAP Query (Transaktion SQ01)

B.12.3 Recherche-Berichte

- Finanzwesen (neu) • Hauptbuchhaltung (neu) • Informationssystem • Recherche-Berichte (Sachkonten) • Formular • Formular festlegen (Transaktion FGI4)
- Finanzwesen (neu) • Hauptbuchhaltung (neu) • Informationssystem • Recherche-Berichte (Sachkonten) • Bericht • Bericht festlegen • Aktivität Bericht anlegen (Transaktion FGI0)

B.13 Kapitel 15 – Integration des SAP-Finanzwesens mit anderen Komponenten

B.13.1 Integration mit dem Controlling

- Rechnungswesen • Controlling • Kostenartenrechnung • Stammdaten • Kostenart • Einzelbearbeitung • Anlegen primär (Transaktion KA01)
- Customizing einstellen: Controlling • Profit-Center-Rechnung • Istbuchungen • Zusätzliche Bilanz- und GuV-Konten auswählen • Konten auswählen (Transaktion 3KEH)

B.13.2 Integration mit dem Vertrieb

- Vertrieb • Grundfunktionen • Kontierung/Kalkulation • Erlöskontenfindung

B.13.3 Integration mit der Materialwirtschaft

- Materialwirtschaft • Bewertung und Kontierung • Kontenfindung • Kontenfindung ohne Assistent • Bewertungskreise gruppieren (Transaktion OMWD)
- Materialwirtschaft • Bewertung und Kontierung • Kontenfindung • Kontenfindung ohne Assistent • Bewertungsklassen (Transaktion OMSK)
- Materialwirtschaft • Bewertung und Kontierung • Kontenfindung • Kontenfindung ohne Assistent • Automatische Buchungen einstellen (Transaktion OMWB)
- Materialwirtschaft • Logistik-Rechnungsprüfung • Rechnungssperre • Toleranzgrenzen (Transaktion OMR6)

B.14 Kapitel 16 – Vorbereitung des Produktivstarts und Datenübernahme

B.14.1 Vorbereitung des Produktivstarts

- Finanzwesen (neu) • Anlagenbuchhaltung • Produktionsvorbereitung • Konsistenz prüfen (Transaktion OAK6)
- Finanzwesen (neu) • Anlagenbuchhaltung • Produktionsvorbereitung • Produktivstart • Abstimmkonten setzen und rücksetzen (Transaktion OAMK)
- Finanzwesen (neu) • Grundeinstellungen Finanzwesen (neu) • Globale Parameter zum Buchungskreis • Buchungskreis produktiv setzen
- Finanzwesen (neu) • Anlagenbuchhaltung • Produktionsvorbereitung • Produktivstart • Buchungskreis produktiv setzen
- Finanzwesen (neu) • Anlagenbuchhaltung • Produktionsvorbereitung • Produktivstart • Abstimmkonten setzen und rücksetzen

- Finanzwesen • Grundeinstellungen Finanzwesen • Buchungskreis • Umsatzkostenverfahren • Umsatzkostenverfahren zur Vorbereitung aktivieren

B.14.2 Datenübernahme

- Finanzwesen (neu) • Anlagenbuchhaltung • Datenübernahme Anlagen • Buchungskreisstatus setzen
- Finanzwesen (neu) • Anlagenbuchhaltung • Datenübernahme Anlagen • Parameter für die Übernahme
- Finanzwesen (neu) • Anlagenbuchhaltung • Datenübernahme Anlagen • Datumsangaben
- Finanzwesen (neu) • Anlagenbuchhaltung • Datenübernahme Anlagen • Reihenfolge der Bewertungsbereiche festlegen (Transaktion OAYE)
- Finanzwesen (neu) • Anlagenbuchhaltung • Datenübernahme Anlagen • Manuelle Übernahme im Dialog • Altanlage anlegen/ändern/anzeigen (Transaktion AS91)

B.14.3 Stammdaten

- Controlling • Kostenartenrechnung • Primäre und sekundäre Kostenarten maschinell anlegen • Voreinstellung vornehmen (Transaktion OKB2)
- Controlling • Profit-Center-Rechnung • Stammdaten • Standardhierarchie • Ändern (Transaktion KCH5N)
- Controlling • Kostenstellenrechnung • Stammdaten • Standardhierarchie • Ändern (Transaktion OKEON)
- Rechnungswesen • Finanzwesen • Debitoren • Kreditmanagement • Stammdaten • Ändern (Transaktion FD32)

C Die Autoren

Renata Munzel verfügt über mehr als 15 Jahre Berufserfahrung als SAP-Beraterin, -Trainerin und -Inhouse-Beraterin. Sie hat bei der SAP AG, Siemens und Refratechnik an zahlreichen internationalen SAP-Projekten in unterschiedlichen Branchen als Beraterin und Projektleiterin mitgearbeitet. Renata Munzel ist außerdem mit den polnischen Rechnungslegungsvorschriften bestens vertraut.

Sie erreichen die Autorin per E-Mail unter *renata.munzel@web.de*.

Martin Munzel arbeitet seit 1998 im SAP-Umfeld mit einem Fokus auf Rechnungswesen, Controlling und Projektsystem. In dieser Zeit hat er SAP-Systeme sowohl als Berater (bei Siemens und Capgemini) wie auch als Inhouse-Berater (bei Tech Data und Sartorius) kennengelernt und verfügt somit über einen breiten praktischen Erfahrungsschatz. Seit 2011 ist er als freiberuflicher SAP-Berater und -Trainer tätig.

Sie erreichen den Autor per E-Mail unter *www.martin-munzel.com*.

Index

A

B

C

D

E

F

G

L

T

U

V

W

X

Z

MITMACHEN & GEWINNEN!

Sagen Sie uns Ihre Meinung und gewinnen Sie einen von 5 SAP PRESS-Buchgutscheinen, die wir jeden Monat unter allen Einsendern verlosen. Zusätzlich haben Sie mit dieser Karte die Möglichkeit, unseren aktuellen Katalog und/oder Newsletter zu bestellen. Einfach ausfüllen und abschicken. Die Gewinner der Buchgutscheine werden persönlich von uns benachrichtigt. Viel Glück!

▸ **Wie lautet der Titel des Buches, das Sie bewerten möchten?**

▸ **Wegen welcher Inhalte haben Sie das Buch gekauft?**

▸ **Haben Sie in diesem Buch die Informationen gefunden, die Sie gesucht haben? Wenn nein, was haben Sie vermisst?**

- ☐ Ja, ich habe die gewünschten Informationen gefunden.
- ☐ Teilweise, ich habe nicht alle Informationen gefunden.
- ☐ Nein, ich habe die gewünschten Informationen nicht gefunden. Vermisst habe ich:

▸ **Welche Aussagen treffen am ehesten zu?** (Mehrfachantworten möglich)

- ☐ Ich habe das Buch von vorne nach hinten gelesen.
- ☐ Ich habe nur einzelne Abschnitte gelesen.
- ☐ Ich verwende das Buch als Nachschlagewerk.
- ☐ Ich lese immer mal wieder in dem Buch.

▸ **Wie suchen Sie Informationen in diesem Buch?** (Mehrfachantworten möglich)

- ☐ Inhaltsverzeichnis
- ☐ Marginalien (Stichwörter am Seitenrand)
- ☐ Index/Stichwortverzeichnis
- ☐ Buchscanner (Volltextsuche auf der Galileo-Website)
- ☐ Durchblättern

▸ **Wie beurteilen Sie die Qualität der Fachinformationen nach Schulnoten von 1 (sehr gut) bis 6 (ungenügend)?**

☐ 1 ☐ 2 ☐ 3 ☐ 4 ☐ 5 ☐ 6

▸ **Was hat Ihnen an diesem Buch gefallen?**

▸ **Was hat Ihnen nicht gefallen?**

▸ **Würden Sie das Buch weiterempfehlen?**

☐ Ja ☐ Nein

Falls nein, warum nicht?

▸ **Was ist Ihre Haupttätigkeit im Unternehmen?**
(z.B. Management, Berater, Entwickler, Key-User etc.)

▸ **Welche Berufsbezeichnung steht auf Ihrer Visitenkarte?**

▸ **Haben Sie dieses Buch selbst gekauft?**

- ☐ Ich habe das Buch selbst gekauft.
- ☐ Das Unternehmen hat das Buch gekauft.